"十二五"国家重点图书出版规划项目
先进制造理论研究与工程技术系列

国家精品课程

MECHANICAL DESIGN

机械设计

（第6版）

主　编　王黎钦　陈铁鸣
副主编　郑德志　敖宏瑞

哈爾濱工業大學出版社

内 容 简 介

本书以培养学生基本的综合设计能力为主线,突出了设计性、实践性和综合性。本书按机械设计总论、常用机械零部件设计和机械系统设计三部分,设有:绪论,机械及机械零件的设计基础,机械设计方法简介,摩擦、磨损和润滑,螺纹连接与螺旋传动,轴毂连接,挠性件传动,齿轮传动,蜗杆传动,轴,滚动轴承,滑动轴承,联轴器、离合器及制动器,弹簧,机架零件和机械系统设计共十六章。为便于学生学习专业英语及阅读专业文献,本书每章前有中英文对照的内容提要,在全书最后有机械设计常用中英文词汇表。

本书主要用做高等工业学校机械类专业教材,也可供其他有关专业的师生和工程技术人员参考。

The main line of this book is to develop the student' basic capacity of comprehensive mechanical design. It features design, practicality and comprehensiveness. The contents are constituted of three parts which are the pandect of mechanical design, common element design and mechanical system design. It includes sixteen chapters: introducton, design basis of machinery and machine elements, introduction to mechanical design methodology, friction, wear and lubrication, threaded connection and power screws, connection between shaft and hub, flexible transmission, gear transmission, worm gearing, shaft, rolling-element bearing, journal bearing, couplings, clutches and brakes, spring, frame elements and mechanical system design etc. To facilitate students to learn English and read professional literatures, at the beginning of every chapter, there is an abstract in both Chinese and English, and a Chinese-English glossary commonly used in mechanical design at the end of the book.

This book is mainly used as a mechanical engineereing textbook for institution of higher education, it could also serve as references for teachers, students and technicians in the related fields.

图书在版编目(CIP)数据

机械设计/王黎钦,陈铁鸣主编. —6 版. —哈尔滨:哈尔滨工业大学出版社,2015.7(2024.8 重印)
ISBN 978-7-5603-4955-8
Ⅰ.机… Ⅱ.①王… Ⅲ.机械设计-高等学校-教材 Ⅳ.①TH122
中国版本图书馆 CIP 数据核字(2014)第 237229 号

责任编辑 张 荣
封面设计 卞秉利
出版发行 哈尔滨工业大学出版社
社　　址 哈尔滨市南岗区复华四道街 10 号 邮编 150006
传　　真 0451-86414749
网　　址 http://hitpress.hit.edu.cn
印　　刷 哈尔滨久利印刷有限公司
开　　本 787mm×1092mm 1/16 印张 22 字数 531 千字
版　　次 2015 年 7 月第 6 版 2024 年 8 月第 6 次印刷
书　　号 ISBN 978-7-5603-4955-8
定　　价 48.00 元

总　序

自1999年教育部对普通高校本科专业设置目录调整以来，各高校都对机械设计制造及其自动化专业进行了较大规模的调整和整合，制定了新的培养方案和课程体系。目前，专业合并后的培养方案、教学计划和教材已经执行和使用了几个循环，收到了一定的效果，但也暴露出一些问题。由于合并的专业多，而合并前的各专业又有各自的优势和特色，在课程体系、教学内容安排上存在比较明显的“拼盘”现象；在教学计划、办学特色和课程体系等方面存在一些不太完善的地方；在具体课程的教学大纲和课程内容设置上，还存在比较多的问题，如课程内容衔接不当、部分核心知识点遗漏、不少教学内容或知识点多次重复、知识点的设计难易程度还存在不当之处、学时分配不尽合理、实验安排还有不适当的地方等。这些问题都集中反映在教材上，专业调整后的教材建设尚缺乏全面系统的规划和设计。

针对上述问题，哈尔滨工业大学机电工程学院从“机械设计制造及其自动化”专业学生应具备的基本知识结构、素质和能力等方面入手，在校内反复研讨该专业的培养方案、教学计划、培养大纲、各系列课程应包含的主要知识点和系列教材建设等问题，并在此基础上，组织召开了由哈尔滨工业大学、吉林大学、东北大学等9所学校参加的机械设计制造及其自动化专业系列教材建设工作会议，联合建设专业教材，这是建设高水平专业教材的良好举措。因为通过共同研讨和合作，可以取长补短、发挥各自的优势和特色，促进教学水平的提高。

会议通过研讨该专业的办学定位、培养要求、教学内容的体系设置、关键知识点、知识内容的衔接等问题，进一步明确了设计、制造、自动化三大主线课程教学内容的设置，通过合并一些课程，可避免主要知识点的重复和遗漏，有利于加强课程设置上的系统性、明确自动化在本专业中的地位、深化自动化系列课程内涵，有利于完善学生的知识结构、加强学生的能力培养，为该系列教材的编写奠定了良好的基础。

本着“总结已有、通向未来、打造品牌、力争走向世界”的工作思路，在汇聚多所学校优势和特色、认真总结经验、仔细研讨的基础上形成了这套教材。参加编写的主编、副主编都是这几所学校在本领域的知名教授，他们除了承担本科生教学外，还承担研究生教学和大量的科研工作，有着丰富的教学和科研经历，同时有编写教材的经验；参编人员也都是各学校近年来在教学第一线工作的骨干教师。这是一支高水平的教材编写队伍。

这套教材有机整合了该专业教学内容和知识点的安排，并应用近年来该专业领域的科研成果来改造和更新教学内容、提高教材和教学水平，具有系列化、模块化、现代化的特点，反映了机械工程领域国内外的新发展和新成果，内容新颖、信息量大、系统性强。我深信：这套教材的出版，对于推动机械工程领域的教学改革、提高人才培养质量必将起到重要推动作用。

蔡鹤皋
哈尔滨工业大学教授
中国工程院院士
丁酉年8月

第6版前言

《机械设计》第6版教材是在“高等学校本科教学质量与教学改革工程”(简称“质量工程”)框架下,秉承机械设计课程改革以提高教学质量为目标、以培养学生基本设计能力和创新设计思维为导向的教育理念,在第5版的基础上适度修订完成的。

《机械设计》出版以来,被国内多所高校选作教材,而且使用的高校逐年增加,一方面表明该教材的体系和内容得到了广大师生的认同,另一方面也说明教学改革的理念与兄弟院校达成了共识,特别是在第4版修订过程中补充的机械系统设计和机械设计中常用中英文词汇对照表、可靠性设计、有限元分析等机械设计领域的新知识、新理论和新方法简介,反映了机械设计领域内科学技术的进步,得到了广大师生的充分肯定。

本次修订进一步突出本教材层次分明、概念清晰、行文简洁、知识点合理、概念准确的特点,坚持突出综合性、设计性和实践性的一贯理念。配套资源适度反映了我们机械设计国家精品课程、机械工程实验教学示范中心、机械基础系列课程国家级教学团队的建设成果。修订工作充分考虑了使用本教材的各高等学校反馈的建议,核准并更新了书中涉及的有关标准的内容,修改了文字、符号和插图以及有关计算方面的不当之处。

参加本版教材修订工作的有:哈尔滨工业大学王黎钦(第3章、第16章),陈铁鸣(第5章、第6章),敖宏瑞(第7章、第15章),郑德志(第10章、第11章),赵小力(第1章、第2章、第8章、第9章),姜洪源(第13章、第14章),曲建俊(第4章、第12章),哈尔滨工业大学机械设计系的全体同仁参与了教材内容的修订讨论工作,并结合日常教学过程和教改活动中积累的成功经验,提出了建设性的修改意见。本版教材由王黎钦和陈铁鸣任主编,郑德志和敖宏瑞任副主编。有关配套资源请参阅网址 http://jxsjjpk.hit.edu.cn 和 http://tcme.hit.edu.cn。来信请寄哈尔滨市南岗区西大直街92号424信箱,机械设计系收,邮编150001。

由于编者水平所限,书中难免有缺点、不足和疏漏之处,恳请广大读者来信批评指正。

编　者

2015年6月

目　　录

第 9 章　蜗杆传动

第 10 章　轴

第 11 章　滚动轴承

第 12 章　滑动轴承

第1章 绪　论

内容提要　本章主要介绍本课程的学习内容、性质和任务，并结合课程的特点介绍学习本课程的一般方法。学习本章的重点是了解本课程的性质、特点和学习方法。

Abstract　This chapter covers the topics of contents, natures and tasks included in the course of Machine Design, and introduces the learning methods based on the course characteristics. The main points are the knowledge of the course natures, features and learning methods that the students should understand.

1.1　机械的组成及本课程研究的对象

人类在生产劳动中，创造出了各种各样的机械设备，如机床、汽车、起重机、运输机、自动生产线、机器人等。机械既能承担人力所不能或不便进行的工作，又能较人工生产大大提高劳动生产率和产品质量，同时还便于集中进行社会化大生产。因此，生产的机械化和自动化已成为反映当今社会生产力发展水平的重要标志。改革开放以来，我国社会主义现代化建设在各个方面都取得了长足的发展，国民经济的各个生产部门迫切要求实现机械化和自动化。我国的机械产品正面临着更新换代的局面，要求上质量、上水平和上品种。这一切都对机械工业和机械设计工作者提出了更新、更高的要求。而本课程就是为培养机械工程师而设置的一门重要课程。随着国民经济的进一步发展，本课程在社会主义建设中的地位和作用将日益显得更加重要。

1.1.1　机械的组成

生产和生活中的各种各样机械设备，尽管它们的构造、用途和性能千差万别，但一般都是由原动机、传动装置、工作机（或执行机构）和控制系统四大基本部分组成的，有的复杂机器还有辅助系统。例如，图1.1所示的带式运输机就是由电动机（原动机），V带传动、齿轮传动及联轴器（传动装置），卷筒、输送带（工作机）和控制系统所组成。

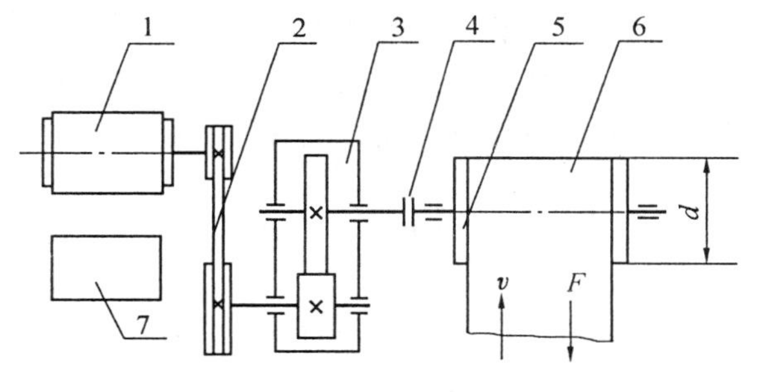

图1.1　带式运输机

1—电动机；2—V带传动；3—齿轮传动；4—联轴器；5—卷筒；6—输送带；7—控制系统

原动机是机械设备完成其工作任务的动力来源，最常用的是各类电动机；传动装置是将原动机的运动和动力传递给工作机的装置；工作机则是直接完成生产任务的执行装置,其结构形式取决于机械设备本身的用途;而控制系统是根据机械系统的不同工况对原动机、传动装置和工作机实施控制的装置。

从制造和装配方面来分析,任何机械设备都是由许多机械零部件组成的。机械零件是机械制造过程中不可分拆的最小单元,而机械部件则是机械制造过程中为完成同一目的而由若干协同工作的零件组合在一起的组合体。凡在各类机械中经常被用到的零部件称为通用零部件,例如,螺栓、齿轮、轴、滚动轴承、联轴器、减速器等;而只有在特定类型的机械中才能用到的零部件称为专用零部件,例如,涡轮机上的叶片、往复式活塞内燃机的曲轴、飞机的起落架、机床的变速箱等。

1.1.2 本课程研究的对象

本课程主要从研究一般机械传动装置的设计出发,研究机械中具有一般工作条件和常用参数范围内的通用机械零部件的工作原理、结构特点、基本设计理论和设计计算方法。

1.2 本课程的性质、地位和任务

本课程是一门设计性的技术基础课。它综合运用工程图学、工程力学、金属工艺学、机械工程材料与热处理、互换性与测量技术基础和机械原理等先修课程的知识及生产实践经验,解决通用机械零部件的设计问题,使学生在设计一般机械传动装置或其他简单的机械方面得到初步训练,为学生进一步学习专业课程和今后从事机械设计工作打下基础。因此,本课程在机械类及近机械类专业教学计划中具有承前启后的重要作用,是一门主干课程。

本课程的主要任务是培养学生:

(1)初步树立正确的设计思想。

(2)掌握设计或选用通用机械零部件的基本知识、基本理论和方法,了解机械设计的一般规律,具有设计一般机械传动装置和一般机械的能力,具有一定的工程意识和创新能力。

(3)具有计算、绘图、查阅与运用有关技术资料的能力。

(4)掌握本课程实验的基本知识,获得实验技能的基本训练。

(5)对机械设计的新发展有所了解。

1.3 本课程的特点和学习方法

本课程和基础理论课程相比较,是一门综合性、实践性很强的设计性课程。因此,学生在学习时必须掌握本课程的特点,在学习方法上应尽快完成由单科向综合、由抽象向具体、由理论到实践的思维方式的转变。通常在学习本课程时应注意以下几点:

(1)理论联系实际。本课程研究的对象是各种机械设备中的通用零部件,只有从整台机械设备分析入手,才能设计出满足实际要求的机械零部件,才能设计出性能优异的机械设备。因此,无论是学习课程还是进行机械设计,都必须了解机械的工作条件和要求,从方案选择、参数选择到结构设计都要联系实际。

(2)抓住设计这条主线,掌握机械零部件的设计规律。本课程的内容看似杂乱无章,不同的机械零部件,在工作原理、材料、结构特点、载荷与应力、失效形式与设计准则等方面都有很大的差异,但是在设计时却都遵循相同的设计规律。只要抓住设计这条主线,就能把本课程的各章内容贯串起来。因此,学习本课程时一定要抓住设计这条主线,熟练掌握设计机械零部件的一般规律。一般情况下,设计程序和要考虑的问题是:

① 研究设计零部件的工作原理、类型、特点及其适用场合;

② 对零部件的工作情况进行分析,如受力分析、应力分析等;

③ 研究零部件的失效形式和防止发生失效的设计计算准则,并导出相应的设计计算公式或校核计算公式;

④ 选择合适的材料及热处理方式,确定材料的机械性能(主要是许用应力);

⑤ 按设计公式确定该零部件的主要几何参数和尺寸,或按校核公式校核已经确定的几何参数和尺寸是否满足设计计算准则(主要是强度条件);

⑥ 进行零部件的结构设计,绘制零、部件工作图。

(3) 努力培养解决工程实际问题的能力。多因素的分析、设计参数多方案的选择、经验公式或经验数据的选用及结构设计,这些都是在解决工程实际问题中经常遇到的,也是学生在学习本课程中的难点。因此,在学习本课程时,一定要尽快适应这种情况,按解决工程实际问题的思维方法,努力培养自己的机械设计能力,特别要注意确立不断修改、逐步完善的设计思路。例如,按齿面接触疲劳强度设计直齿圆柱齿轮传动时,算出小齿轮分度圆直径 $d_1 = 37.5$ mm,而 $d_1 = mZ_1$,若初选齿数 $Z_1 = 21$,则模数 $m = d_1/Z_1 = 37.5/21 = 1.78$ mm,圆整为标准模数,$m = 2.0$ mm,这时 $d_1 = mZ_1 = 2\times21 = 42$ mm > 37.5 mm,显然满足强度条件要求,但是传动尺寸却增大了,传动装置的成本也提高了,可见初选的齿数不合适。应将 Z_1 减小(但 $Z_1 \geqslant Z_{min}$),使计算出的模数值接近于2。故重取 $Z_1 = 19$,$m = 37.5/19 = 1.97$ mm,圆整为 $m = 2.0$ mm,则 $d_1 = mZ_1 = 2\times19 = 38$ mm,此数值既大于37.5 mm,又接近于37.5 mm,这样的设计才合理。此外,还要注重培养结构设计能力,这就要求学生要多看(机械实物或模型)、多想、多问、多练,逐步积累结构设计知识,不断提高结构设计能力。

(4)综合运用先修课程的知识,解决工程实际问题。本课程讲授的各种零部件设计,从分析研究到设计计算,直至完成零部件工作图,都要用到多门先修课程的知识。因此,在学习本课程时,必须及时复习先修课程的有关内容,做到融会贯通、综合应用。

第2章 机械及机械零件的设计基础

内容提要 本章从整机设计的总要求出发,重点介绍了机械及机械零件设计的一些共性问题。这些问题主要有:设计机械时应满足的基本要求和一般步骤、机械零件的载荷和应力、机械零件的材料和结构工艺性、机械设计中的标准化等。

Abstract In this chapter, the common problems encountered in designing a machine and machine components are introduced according to the general design requirements of a mechanical system. These problems consist of the basic requirements and general procedures in designing, load and stress analyses of machine components, materials and technical feasibility of designed structures, standardization in machine design and so on.

2.1 设计机械时应满足的基本要求和一般步骤

2.1.1 设计机械时应满足的基本要求

根据生产及生活的需要不同,设计的机械种类也不同,但设计时应满足的基本要求却往往是相同的,这些基本要求是:

1.使用功能要求

就是要求所设计的机械应具有预定的使用功能,既能保证执行机构实现所需的运动,又能保证组成机械的零部件工作可靠,有适当的使用寿命,而且使用、维修方便。这是机械设计的基本要求。

2.工艺性要求

所设计的机械无论总体方案还是各部分结构方案,在满足使用功能要求的前提下,应尽量简单、实用,在毛坯制造、机械加工与热处理、装配、维修诸方面都具有良好的工艺性,合理选用材料,尽可能选用标准件。

3.经济性要求

经济性要求是一个综合指标,它体现于机械的设计、制造及使用的全过程中。因此,设计机械时,应全面综合考虑。

提高设计、制造经济性的措施主要有:制订机械合理的总体方案,并运用现代设计方法,使设计参数最优化;推广标准化、通用化和系列化;采用新工艺、新材料、新结构;改善零部件的结构工艺性等。

提高使用经济性的措施主要有:选用效率高的传动系统和支承装置,以降低能源消耗;提高机械生产的机械化和自动化水平,以提高生产率;采用适当的防护及润滑,以延长机械的使用寿命等。

4.其他要求

例如,劳动保护的要求(应使机械的操作方便、安全,应使操作者和机械有良好的工作环境),便于装拆、运输的要求,长期保持工作精度的要求等。

2.1.2 设计机械的一般步骤

设计机械时,应按实际情况确定设计方法和步骤,但一台新的机械设备从确定设计任务书到形成产品,基本上都要经过以下几个阶段:

1.计划阶段

计划阶段的任务是在调查研究的基础上,根据生产或生活的需要,制定出设计对象的功能要求、主要技术指标和限制条件,完成设计任务书。它是进行设计、调试和验收机械的主要依据。

2.方案设计阶段

在这一阶段中,充分体现了机械设计具有多个解(方案)的特点,设计者要根据设计任务书的要求,本着技术先进、使用可靠、经济合理的原则,拟定几种不同的原理设计方案——原理图或机构运动简图,并从技术方面和经济方面进行综合评价,从中选出最佳方案。

设计者一定要正确处理继承与创新的关系,同类机械成功的经验应当继承,原先薄弱环节及不符合现有任务要求的部分,应当改进或做根本性改变。

3.技术设计阶段

技术设计阶段的任务主要是:

(1)通过对机械所进行的运动学、动力学分析计算和零部件的工作能力设计,确定主要零部件的基本尺寸。

(2)根据已确定的结构方案和主要零部件的基本尺寸,设计机械的装配工作图和零件工作图。

在这一阶段中,设计者既要重视理论设计计算,更要注重结构设计。

4.技术文件编制阶段

在完成技术设计后,应编制技术文件,主要有:设计计算说明书、使用说明书、标准件明细表等。这些是对机械进行生产、检验、安装、调试、运行、维护的依据。

5.技术审定和产品鉴定阶段

组织专家和有关部门对设计资料进行审定,认可后即可进行样机试制,样机运行后再进行鉴定,考核样机的性能是否符合设计任务书的各项规定。鉴定通过后,经过小批量生产,在进一步考察的基础上改进原设计,定型后,即可根据市场需求量大小决定是否批量生产。

完成以上五个阶段的任务,机械设计工作才告一段落。

2.2 机械零件的载荷和应力

2.2.1 载荷

1.静载荷与变载荷

作用在机械零件上的载荷,按它的大小和方向是否随时间变化分为静载荷与变载荷两类。不随时间变化或变化缓慢的载荷,称为静载荷,如物体重力;随时间作周期性变化或非周期性变化的载荷称为变载荷,前者如内燃机等往复式动力机械的曲轴所受的载荷,后者如承受车身质量的悬挂弹簧所受的载荷。

2.名义载荷与计算载荷

根据原动机或工作机的额定功率计算出的作用于机械零件上的载荷,称为名义载荷。它是机器在平稳工作条件下作用在机械零件上的载荷,它没有反映载荷的不均匀性和其他影响零件受载的因素。在设计计算时,常用载荷系数 K 来考虑这些因素的综合影响。载荷系数 K 与名义载荷 F 的乘积称为计算载荷 F_{ca},即

$$F_{ca} = KF \tag{2.1}$$

2.2.2 应力

1.静应力与变应力

大小和方向不随时间变化或变化缓慢的应力,称为静应力(图 2.1(a))。零件在静应力作用下可能产生断裂或塑性变形。

大小和方向随时间变化的应力,称为变应力(图 2.1(b))。变应力可以由变载荷产生,也可以由静载荷产生,例如,在静载荷作用下的转轴中的应力。零件在变应力作用下可能产生疲劳破坏。表征变应力的基本参数有:最大应力 σ_{max}、最小应力 σ_{min}、平均应力 σ_m、应力幅 σ_a 和循环特征 r,共 5 个参数。其中,$\sigma_m = \dfrac{\sigma_{max} + \sigma_{min}}{2}$,$\sigma_a = \dfrac{\sigma_{max} - \sigma_{min}}{2}$,$r = \dfrac{\sigma_{min}}{\sigma_{max}}$,因而独立的参数只能有 2 个。

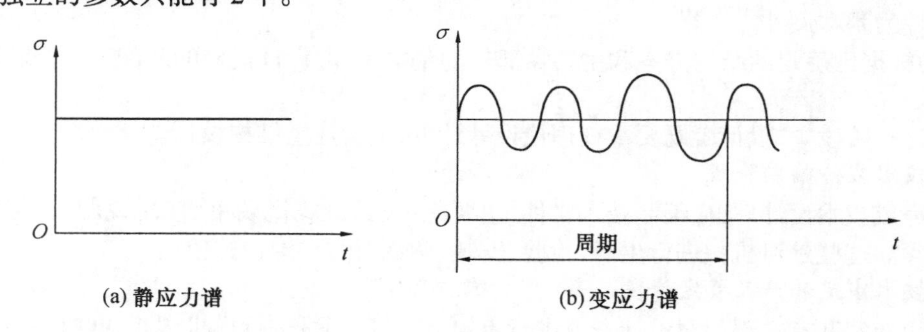

图 2.1 应力谱

周期、应力幅和平均应力保持常数的变应力,称为稳定循环变应力(图 2.2)。按其循环特征 r 的不同,可分为对称循环变应力、脉动循环变应力和非对称循环变应力三种。它们的变化规律见表 2.1。

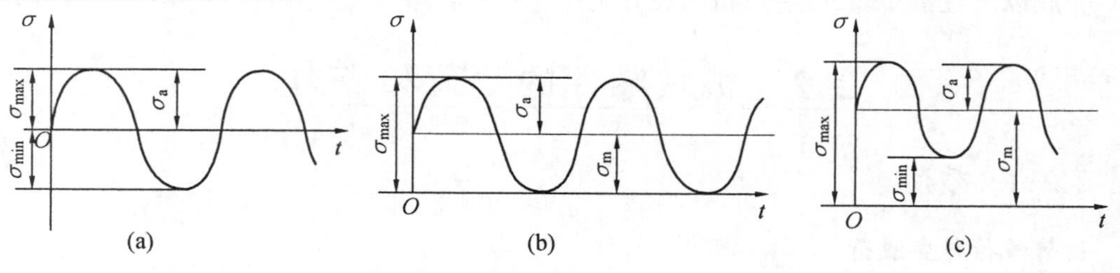

图 2.2 稳定循环变应力谱

表 2.1 稳定循环变应力的变化规律

循环性质	循环特征	应　力　特　点	应力谱
对称循环	$r=-1$	$\sigma_{max}=-\sigma_{min}=\sigma_a,\sigma_m=0$	图 2.2(a)
脉动循环	$r=0$	$\sigma_m=\sigma_a=\sigma_{max}/2,\sigma_{min}=0$	图 2.2(b)
非对称循环	$-1<r<1$	$\sigma_{max}=\sigma_m+\sigma_a,\sigma_{min}=\sigma_m-\sigma_a$	图 2.2(c)

当零件受切应力 τ 作用时,以上定义仍然适用,只需将 σ 改为 τ 即可。

2. 工作应力与计算应力

根据计算载荷,按照材料力学的基本公式求出的、作用于机械零件剖面上的应力称为工作应力。

当零件危险剖面上呈复杂应力状态时,按照某一强度理论求出的、与单向拉伸时有同等破坏作用的应力称为计算应力,以符号 σ_{ca} 表示。计算应力的表达式见材料力学教科书。

3. 极限应力

按照强度准则设计机械零件时,根据材料性质及应力种类而采用材料的某个应力极限值,称为极限应力,以符号 σ_{lim}、τ_{lim} 表示。对于脆性材料,在静应力作用下的主要失效形式是脆性破坏,故取材料的强度极限(σ_B、τ_B) 为极限应力,即 $\sigma_{lim}=\sigma_B,\tau_{lim}=\tau_B$;对于塑性材料,在静应力作用下的主要失效形式是塑性变形,故取材料的屈服极限(σ_s、τ_s) 为极限应力,即 $\sigma_{lim}=\sigma_s,\tau_{lim}=\tau_s$;而材料在变应力作用下的主要失效形式是疲劳破坏,故取材料的疲劳极限(σ_r、τ_r) 为极限应力,即 $\sigma_{lim}=\sigma_r,\tau_{lim}=\tau_r$。

疲劳极限又分无限寿命疲劳极限和有限寿命疲劳极限。在任一给定循环特征 r 的条件下,应力循环达到规定的 N_0 次后,材料不发生疲劳破坏时的最大应力,称为材料的无限寿命疲劳极限,以符号 σ_r、τ_r 表示,工程上最常用的是 σ_{-1} 和 τ_{-1}。N_0 称为应力循环基数,一般对硬度小于等于 350 HBW 的钢材,取 $N_0=10^7$,对硬度大于 350 HBW 的钢材,取 $N_0=25\times10^7$。而在任一给定循环特征 r 的条件下,应力循环 N 次后,材料不发生疲劳破坏时的最大应力,称为材料的有限寿命疲劳极限,以符号 σ_{rN}、τ_{rN} 表示。图 2.3 为根据疲劳试验结果而绘制的材料疲劳曲线。

在有限寿命区,疲劳曲线方程为

$$\left.\begin{aligned}\sigma_{rN}^m\cdot N=\sigma_r^m\cdot N_0=C\\ \sigma_{rN}=\sigma_r\sqrt[m]{\frac{N_0}{N}}=K_N\sigma_r\end{aligned}\right\}\tag{2.2}$$

故（见上式第二行）

式中 C—— 常数;

K_N—— 寿命系数,$K_N=\sqrt[m]{N_0/N}$;

m—— 取决于应力状态和材料的指数,如钢材弯曲时,取 $m=9$,钢材线接触时,接触强度计算,取 $m=6$。

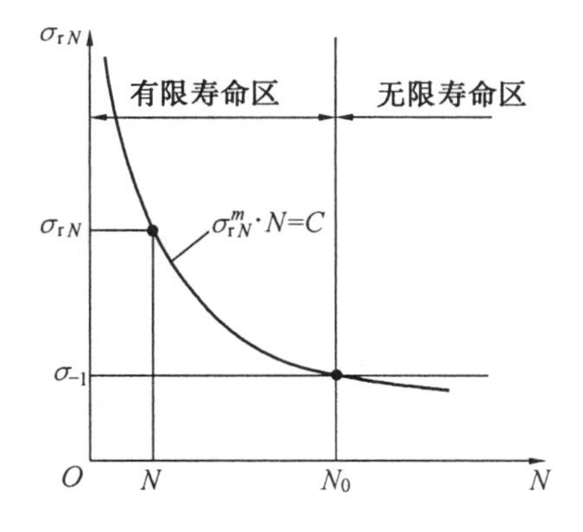

图 2.3 疲劳曲线

应力循环次数 N 的取值范围为 $10^3<N<N_0$,在 $N\geqslant N_0$ 时,按 $N=N_0$;$N<10^3$ 时,按静应力处理。

由于实际零件几何形状、尺寸大小和加工质量等因素的影响，使得零件的疲劳极限要小于材料试件的疲劳极限。影响零件疲劳极限的主要因素有应力集中、绝对尺寸和表面状态。

(1) 应力集中对零件疲劳极限的影响。在零件剖面的几何形状突然变化处(如孔、圆角、键槽、螺纹等)，局部应力要远远大于名义应力，这种现象称为应力集中(图2.4)。应力集中使零件疲劳极限降低的程度，常用有效应力集中系数 K_σ 或 K_τ 来表征。材料、尺寸和受载情况都相同的一个无应力集中试件和一个有应力集中试件的疲劳极限的比值，称为有效应力集中系数，即

$$K_\sigma = \frac{\sigma_{-1}}{\sigma_{-1K}} \qquad K_\tau = \frac{\tau_{-1}}{\tau_{-1K}} \tag{2.3}$$

式中 σ_{-1}、τ_{-1}—— 弯曲、扭转时无应力集中的光滑试件的对称循环疲劳极限；

σ_{-1K}、τ_{-1K}—— 弯曲、扭转时有应力集中的试件的对称循环疲劳极限。

如果计算剖面上有几个不同的应力集中源，则零件的疲劳极限由各 $K_\sigma(K_\tau)$ 中的最大值决定。

(2) 绝对尺寸对零件疲劳极限的影响。零件的绝对尺寸愈大，材料包含的缺陷可能愈多，机械加工后表面冷作硬化层相对越薄，因此零件的疲劳极限愈低。零件绝对尺寸对零件疲劳极限的影响可用绝对尺寸系数 ε_σ 或 ε_τ 来表征。直径为 d 的大尺寸零件的疲劳极限 $\sigma_{-1d}(\tau_{-1d})$ 与直径为 $d_0 = 6 \sim 10$ mm 的标准试件的疲劳极限 $\sigma_{-1}(\tau_{-1})$ 的比值，称为绝对尺寸系数，即

$$\varepsilon_\sigma = \frac{\sigma_{-1d}}{\sigma_{-1}} \qquad \varepsilon_\tau = \frac{\tau_{-1d}}{\tau_{-1}} \tag{2.4}$$

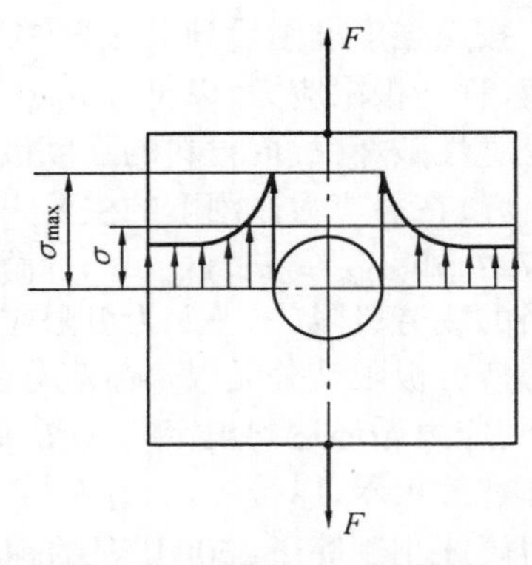

图2.4 受拉平板的应力集中

(3) 表面状态对零件疲劳极限的影响。因为疲劳裂纹多发生在表面，不同的表面状态(表面质量、强化方法等)对零件的疲劳极限会发生不同的影响。通常用表面状态系数 β_σ 或 β_τ 来表征。零件在某种表面状态下的疲劳极限 $\sigma_{-1\beta}(\tau_{-1\beta})$ 与试件在精抛光下的疲劳极限 $\sigma_{-1}(\tau_{-1})$ 的比值，称为表面状态系数，即

$$\beta_\sigma = \frac{\sigma_{-1\beta}}{\sigma_{-1}} \qquad \beta_\tau = \frac{\tau_{-1\beta}}{\tau_{-1}} \tag{2.5}$$

由试验得知，应力集中、绝对尺寸和表面状态只对应力幅有影响。考虑了这些因素的综合影响后，零件的对称循环弯曲疲劳极限 σ_{-1e} 为

$$\sigma_{-1e} = \frac{\varepsilon_\sigma \beta_\sigma}{K_\sigma}\sigma_{-1} \tag{2.6}$$

而零件的对称循环扭切疲劳极限 τ_{-1e} 为

$$\tau_{-1e} = \frac{\varepsilon_\tau \beta_\tau}{K_\tau}\tau_{-1} \tag{2.7}$$

K_σ、K_τ、ε_σ、ε_τ、β_σ、β_τ 值见第10章。

4. 许用应力和安全系数

设计零件时,计算应力允许达到的最大值,称为许用应力。常用带方括号的应力符号$[\sigma]$和$[\tau]$来表示。许用应力等于极限应力$\sigma_{\lim}(\tau_{\lim})$和许用安全系数$[S_\sigma]([S_\tau])$的比值,即

$$[\sigma]=\frac{\sigma_{\lim}}{[S_\sigma]} \qquad [\tau]=\frac{\tau_{\lim}}{[S_\tau]} \tag{2.8}$$

显然,合理选择许用安全系数是强度计算中的一项重要工作。许用安全系数取得过小,则不安全,而取得过大,又会使机器尺寸增大,质量增加,很不经济。因此,合理选择原则是:在保证安全可靠的原则下,尽可能选择较小的安全系数。

影响安全系数的因素很多,主要有:计算载荷的准确性、材料性能数据的可靠性、零件的重要程度和计算方法的精确程度等。通常确定安全系数的方法有三种:

(1) 表格法。此法是各个行业根据本部门多年实践经验而制订的安全系数规范。这种方法适用范围较窄,但简单、具体。

(2) 经验数据法。一般取$[S]=1.25\sim4$。如果材料性能数据可靠,载荷与应力计算准确,可取$[S]=1.25\sim1.5$。

(3) 部分系数法。即取$[S]=S_1\times S_2\times S_3$。式中,$S_1$表示确定计算载荷和应力准确性的系数,一般取$S_1=1\sim1.5$;$S_2$表示材料机械性能不均匀的系数,一般取$S_2=1.2\sim2.5$;$S_3$表示零件重要程度的系数,一般取$S_3=1\sim1.5$。

5. 接触应力

当两物体在压力下接触时,若两接触面(或其中一个)为曲面,便在接触处的表层产生很大的局部应力,这种应力称为接触应力,以符号σ_H表示。例如,齿轮传动、凸轮机构和滚动轴承等,它们在工作时,理论上是通过点、线接触传递运动和载荷,而实际上受载后接触处产生局部的弹性变形,呈面接触,但接触面积很小,所以往往在接触处产生很大的接触应力。

本书只讨论线接触时的接触应力计算。设有两个半径分别为ρ_1和ρ_2的轴线平行圆柱体以正压力F_n相压紧,则其接触处呈一窄带形,如图2.5所示。其接触应力按椭圆柱规律分布,最大接触应力发生在窄带中线的各点上,而且,由于接触应力是在两个物体上的作用力与反作用力的影响下产生的,因此它在两个物体上的分布规律及数值都是相同的。最大接触应力可按赫兹(Hertz)公式计算

$$\sigma_H=\sqrt{\frac{F_n}{\pi L}\frac{\left(\frac{1}{\rho_1}\pm\frac{1}{\rho_2}\right)}{\left(\frac{1-\nu_1^2}{E_1}+\frac{1-\nu_2^2}{E_2}\right)}}=Z_E\sqrt{\frac{F_n}{L}\cdot\frac{1}{\rho_\Sigma}} \tag{2.9}$$

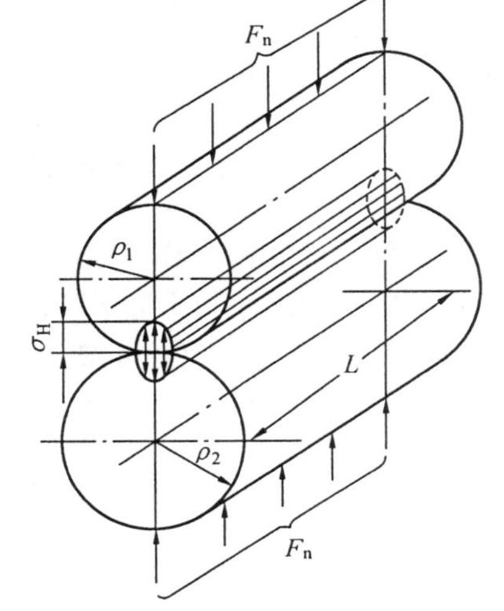

图2.5　接触应力计算简图

式中　F_n—— 正压力(N);

L—— 接触线长度(mm);

ρ_Σ—— 综合曲率半径(mm),$\frac{1}{\rho_\Sigma}=\frac{1}{\rho_1}\pm\frac{1}{\rho_2}$;

(±)—— 正号用于外接触,负号用于内接触;

E_1、E_2—— 两圆柱体材料的弹性模量(MPa);

ν_1、ν_2—— 两圆柱体材料的泊松比;

Z_E—— 材料弹性系数($\sqrt{\text{MPa}}$),$Z_E = \sqrt{\dfrac{1}{\pi\left(\dfrac{1-\nu_1^2}{E_1}+\dfrac{1-\nu_2^2}{E_2}\right)}}$。

2.3 机械零件材料的选用原则

机械零件所用的材料是多种多样的,常用的材料有:钢、铸铁、有色金属和非金属材料等。从各种各样的材料中选择出合适的材料和热处理方式是机械设计中的一个重要问题,也是一个受到多方面因素制约的问题。在以后的各章中,将分别介绍根据经验而推荐的适用材料。下面提出选择材料的一般原则,以作为选择材料的依据。

2.3.1 载荷及应力的大小和性质

载荷及应力方面的因素主要是从强度观点来考虑的,应在充分了解材料的机械性能前提下进行选择。通常,受载大的零件应选用机械强度高的材料;在静应力作用下工作的零件,可选用脆性材料;而在冲击、振动及变载荷作用下工作的零件,则应选用塑性材料。

2.3.2 零件的工作情况

零件的工作情况主要指零件所处的环境特点、工作温度和摩擦磨损的程度等。通常,在湿热环境下工作的零件,应选用防锈和耐腐蚀能力好的材料,如不锈钢、铜合金等。当工作温度变化很大时,一方面要考虑互相配合的两零件材料的线膨胀系数不能相差过大,以免在温度变化时产生过大的热应力,或使配合松动;另一方面也要考虑材料的机械性能随温度而改变的情况。当零件在工作中有可能发生摩擦磨损时,要提高其表面硬度,以增强其耐磨性。因此,应选用适于进行表面处理的淬火钢、渗碳钢、氮化钢等材料。

2.3.3 零件的尺寸和质量

零件的尺寸和质量与材料的品种及毛坯制造方法有关。用铸造材料制造毛坯时,一般不受零件的尺寸和质量限制;而用锻造材料制造毛坯时,则需考虑锻造机械设备的生产能力,一般用于零件尺寸和质量较小的情况。此外,一般情况下应该尽可能选用强度高而密度小的材料,以减小零件的尺寸和质量。

2.3.4 零件结构的复杂程度及材料的加工可能性

对于结构复杂的零件,宜用铸造毛坯,可选用铸造工艺性好的铸造材料,如铸铁、铸钢等;也可以用板材冲压出元件后再焊接而成,需选用冲压工艺性与焊接工艺性好的材料;而结构简单的零件可用锻造毛坯,选用锻造工艺性好的材料,如锻钢等。

2.3.5 材料的经济性

首先应该考虑材料本身的价格，在能达到使用要求的前提下，应尽量选用价格低廉的材料。

其次应该综合考虑选用材料的经济效果。对于大批量生产的零件(轴类零件除外)，宜选用铸造材料，采用铸造毛坯；而对于单件生产的零件，则可选用焊接材料或锻造材料，采用焊接毛坯或自由锻造毛坯；对于某些机械零件，则可采用精密的毛坯制造方法，如精铸、精锻、冲压等。这样既可提高材料的利用率，又节省了机械加工的费用，因此，可获得良好的经济效益。

2.3.6 材料的供应情况

选用材料时，还应考虑当时当地的材料供应情况，应该在满足使用要求的条件下，首先选用库存材料，或当地材料、国产材料。

2.4 机械零件的结构工艺性

使机械零件具有良好的结构工艺性是设计机械零件应满足的基本要求之一，它贯串于毛坯制造、切削加工、热处理及装配、使用、维修等各个阶段。通常应从以下几方面考虑机械零件的结构工艺性，其示例见表2.2。

表2.2 零件结构工艺性示例

	不合理的结构	改进后的结构	改进后结构的优点
铸造工艺性	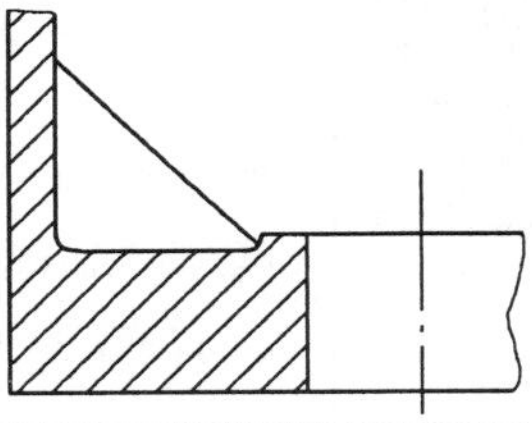	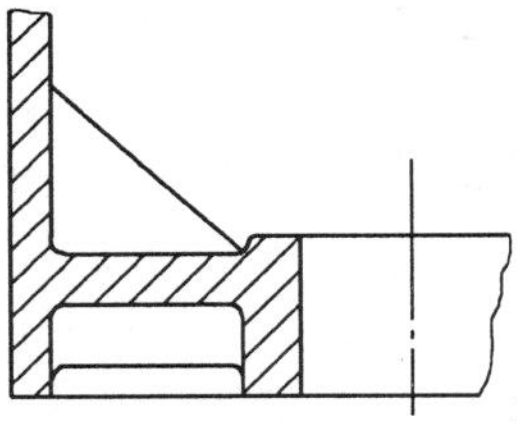	避免缩孔，减轻质量，增加强度和刚度
	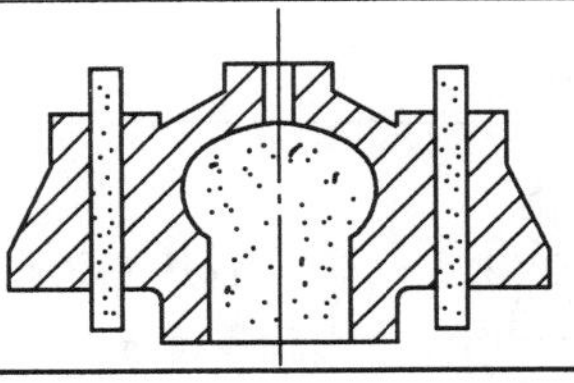	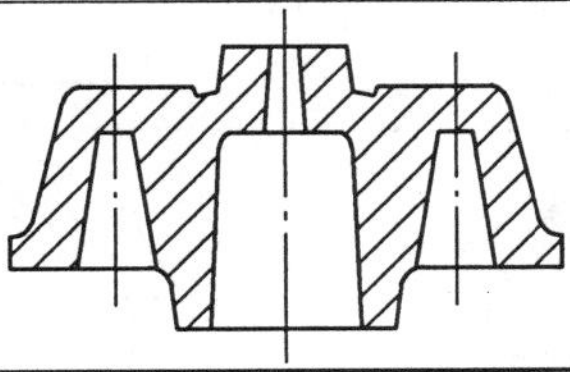	不需用型芯

续表 2.2

	不合理的结构	改进后的结构	改进后结构的优点
模锻工艺性	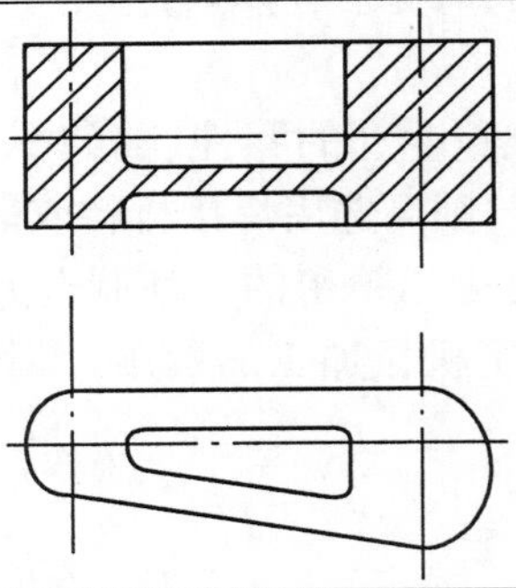	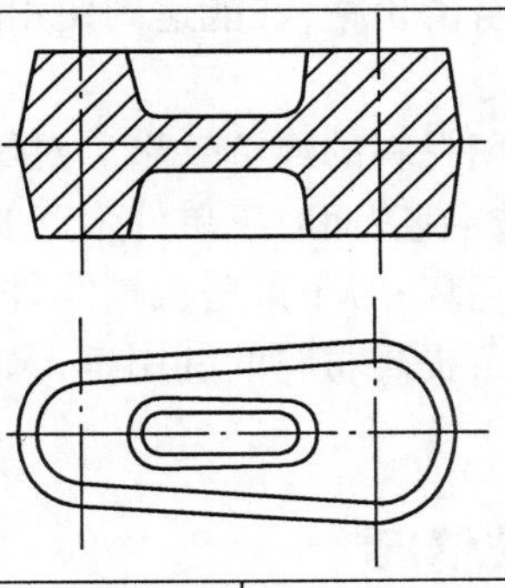	形状对称，有起模斜度，便于锻造
焊接工艺性	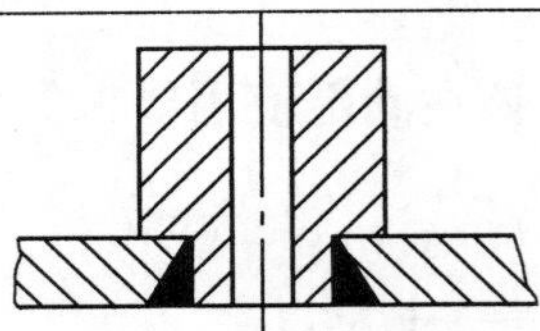	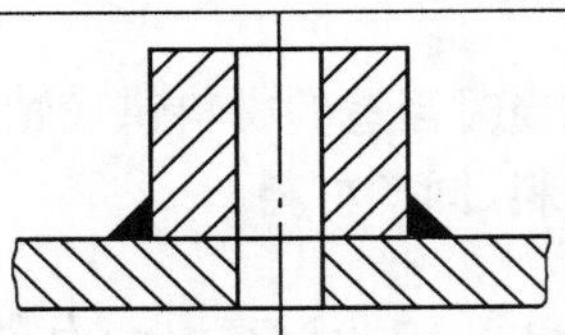	不开坡口，工艺简单
	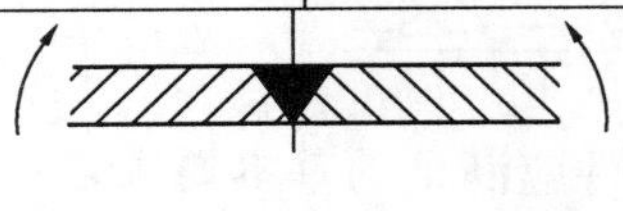	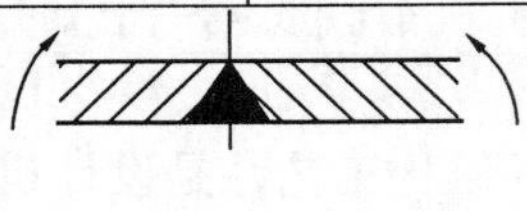	未焊的一侧不受拉应力，焊缝受力好
	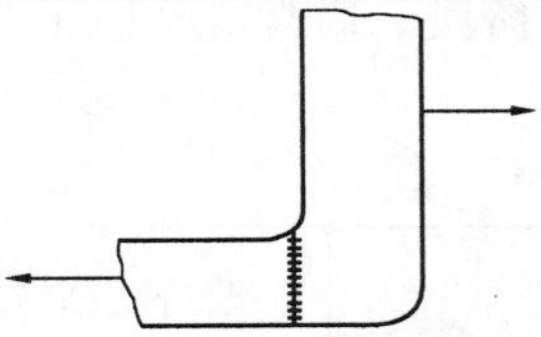	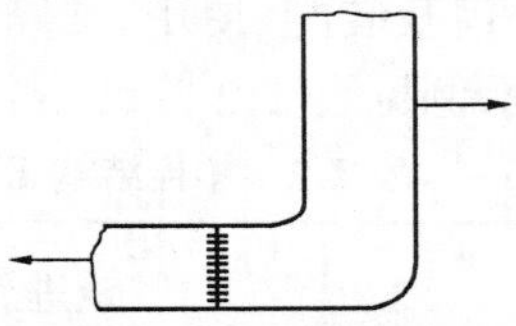	焊缝不在应力集中处，焊缝应力小，强度高
热处理工艺性	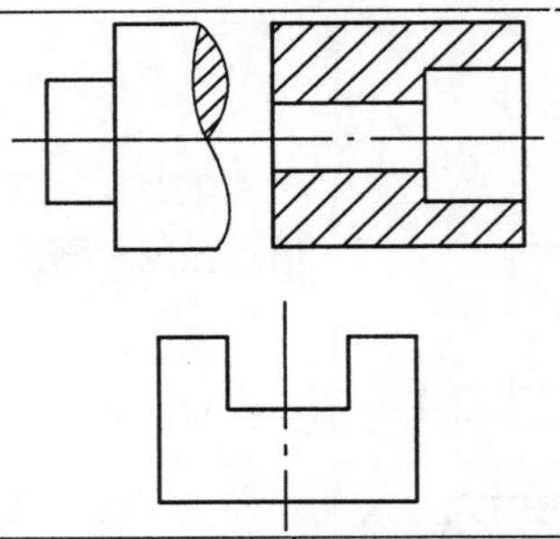	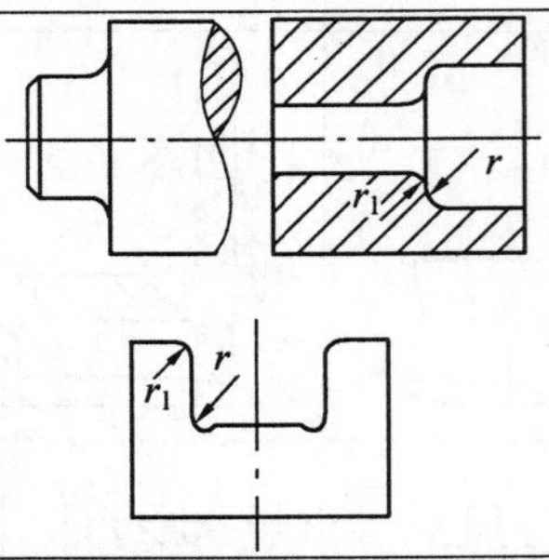 r_1 r	将尖角、棱角倒圆或倒角，可减小应力集中，避免淬火时开裂
	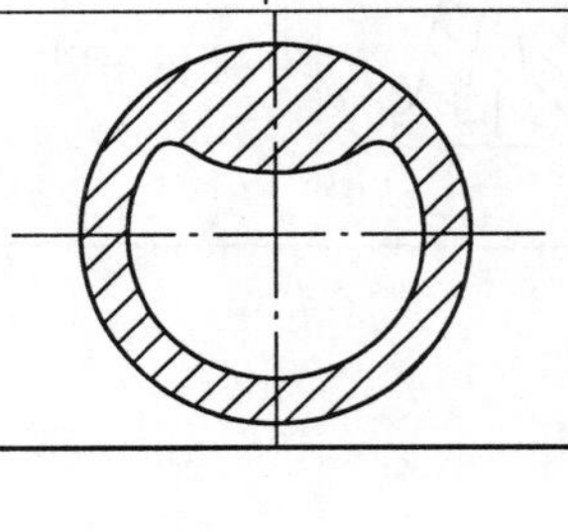	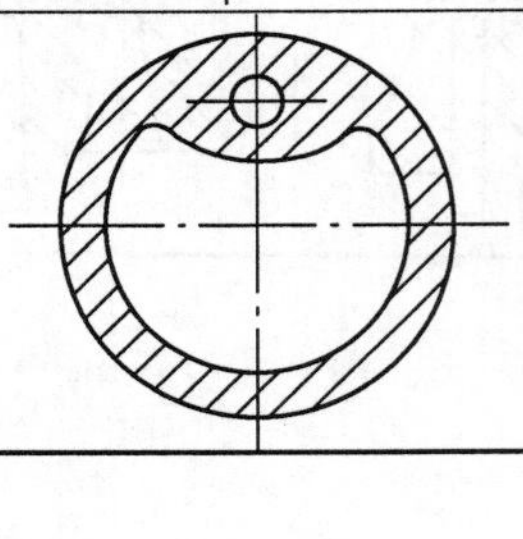	加开工艺孔，减轻剖面厚薄不均匀的程度，使淬火变形小

续表 2.2

	不合理的结构	改进后的结构	改进后结构的优点
切削加工工艺性	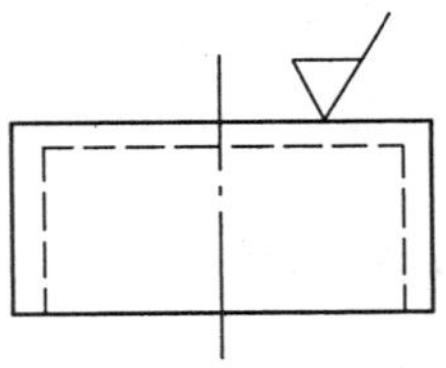	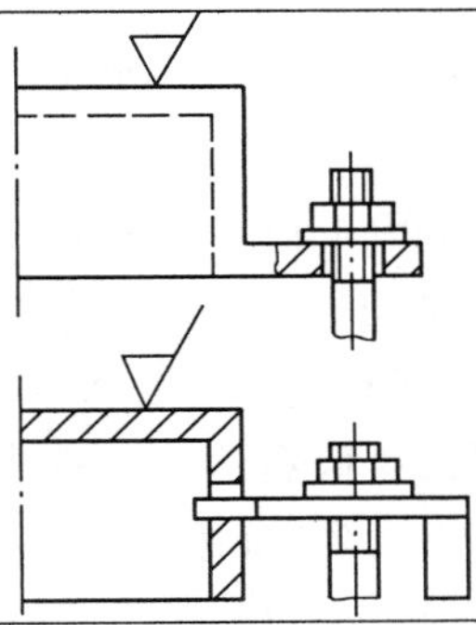	增加夹紧凸缘或开夹紧工艺孔，便于在机床上固定
	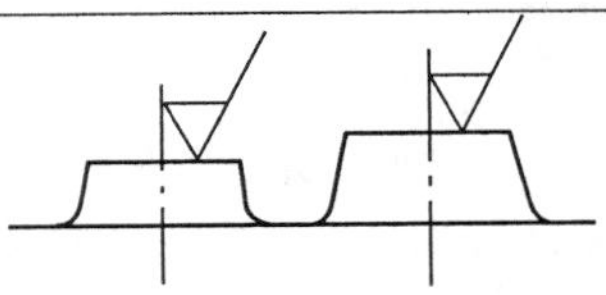	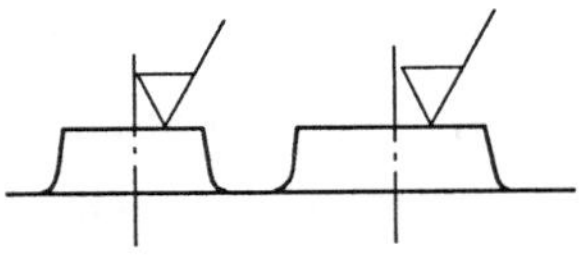	只需一次走刀，并可同时加工几个零件，生产效率高
	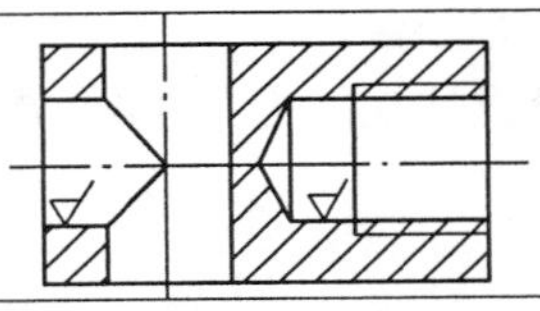	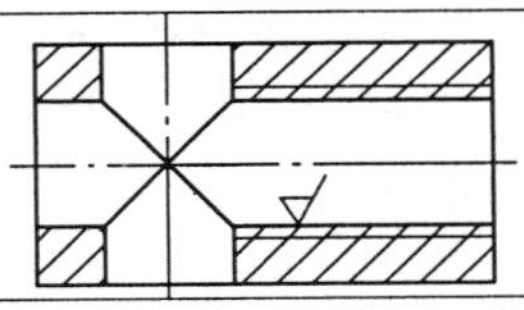	只需一次装卡，并易保证孔的同轴度
	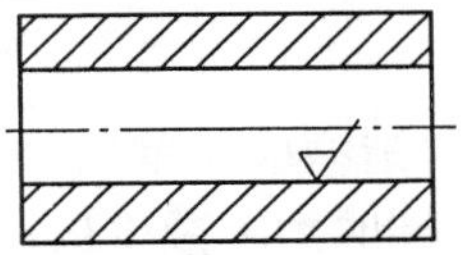	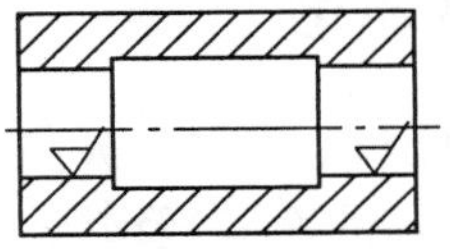	减少精车长度，提高生产效率
装配工艺性	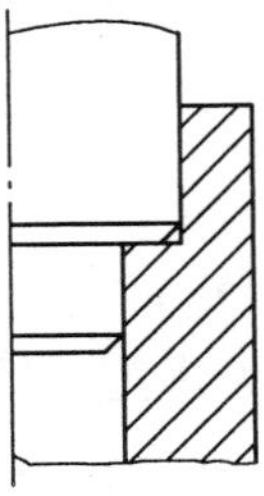	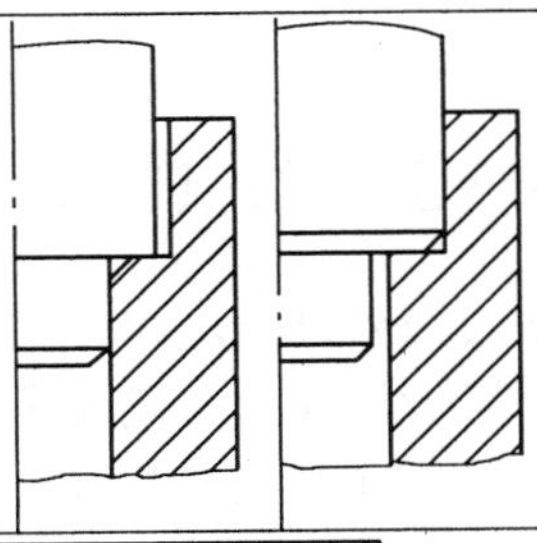	避免两平面（或圆柱面）同时接触，既可降低非配合面的加工精度，又便于装拆
	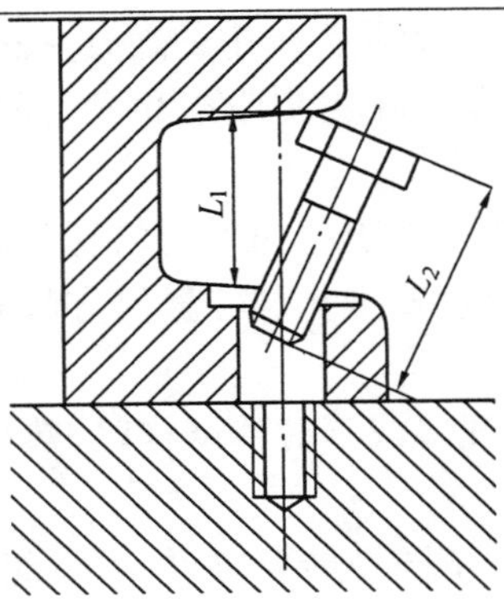 L_1 L_2	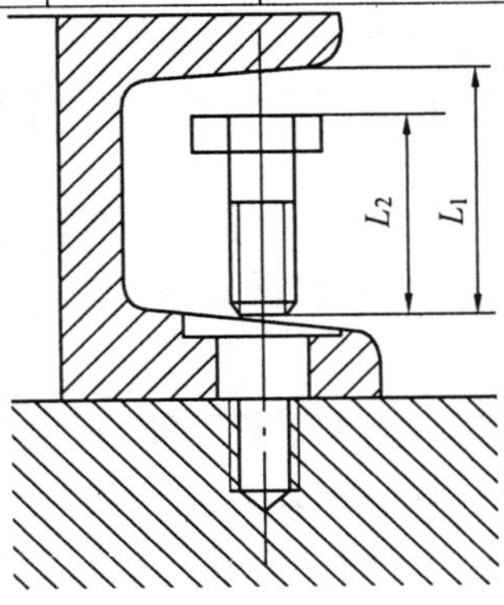 L_2 L_1	保证了必要的安装拆卸紧固件的空间，便于装拆

2.4.1 零件的结构应与生产条件、批量大小及尺寸大小相适应

在大批量生产及有大型生产设备的条件下，宜采用模锻毛坯；对形状复杂、尺寸大的零件，宜采用铸造毛坯。而单件或小批量生产的零件，应避免用铸造或模锻毛坯，否则将会因为模具使用率太低而造成成本提高，宜采用焊接毛坯或自由锻毛坯。

由于获得毛坯的方法不同，零件的结构也要有区别：

设计铸件时，铸件的最小壁厚应满足液态金属的流动性要求；铸件各部分的壁厚应均匀，且不宜过厚，以免产生缩孔及缺陷；铸件不同壁厚的连接处，应采用均匀过渡结构，并在各个面的交接处有适当的铸造圆角；合理选择分型面，垂直于分型面的表面应有适当的铸造起模斜度，以便于造型和起模；要避免易使造型困难的死角，避免采用活块；铸件的结构还应便于清砂。

设计锻件及冲压件时，应力求零件形状简单，不应有很深的凹坑，以便于制造。对于模锻件，应留有适当的锻造起模斜度和圆角半径，尽量设计成对称形状；对于自由锻件，应避免带有锥形和楔形，不允许有加强筋，不允许在基体上有凸台。

设计焊接件时，应尽量不用或少用坡口，避免将焊缝设计在应力集中处，焊缝应错开，以减少内应力，尽量减小焊缝的受力。

2.4.2 零件造型应简单化

零件形状愈复杂，制造愈困难，成本就愈高。因此，零件造型应简单化，尽量采用最简单的表面（如平面、圆柱面、共轭曲面等）及其组合来构成。同时力求减少被加工表面的数量和被加工的面积。

2.4.3 零件的结构应适合进行热处理

很多的机械零件都要通过热处理来改善材料的机械性能、增强零件的工作可靠性、延长使用寿命。因此，在零件结构设计时，一定要考虑零件的热处理工艺性，避免在热处理时产生裂纹及严重变形。通常应注意以下几点：

（1）避免尖角、棱角。零件的尖角、棱角部分是淬火应力最为集中的地方，往往成为淬火裂纹的起点。因此在设计带有尖角、棱角的零件时，应尽量改成圆角、倒角，而且圆角半径要大些。

（2）避免厚薄悬殊。厚薄悬殊的零件，在淬火冷却时，由于冷却不均匀易造成变形及开裂。为此可采用开工艺孔、加厚零件太薄的部分及合理安排孔洞位置等方法来解决零件结构厚薄悬殊的问题。

（3）零件形状力求简单、封闭和对称。零件形状为开口或不对称结构时，热处理时应力分布也不均匀，因此容易引起变形。

（4）采用组合结构。形状特别复杂或者不同部位有不同性能要求时，可用组合结构，如机床铸铁床身上镶钢导轨。

(5)提高零件的结构刚性。

2.4.4 零件的结构应保证加工的可能性、方便性和精确性

设计出的零件结构，不仅应保证能够进行加工，而且还应保证能够很方便地加工出满足精度要求的零件。

2.4.5 零件的结构应保证装拆的可能性和方便性

设计出的零件结构，应保证不仅能够进行装配与拆卸，而且很方便。

2.5 机械设计中的标准化

标准化是组织现代化大生产的重要手段，也是实行科学管理的重要措施之一。因此，对于机械设计工作来说，标准化的作用是很重要的。何谓标准化，GB 3935.1—1996 规定，标准化的定义为："在一定的范围内获得最佳秩序，对实际的或潜在的问题制定共同的和重复使用的规则的活动"。可见，标准化是一个活动过程，其核心环节是贯彻标准，它的基本特征是统一、简化。其意义在于：

(1)能以最先进的方法在专门化的工厂中对那些用途最广泛的零部件进行大量的、集中的制造，以提高质量，降低成本。

(2)统一材料和零部件的性能指标和检验方法，使其能够进行比较，以提高零部件性能的可靠性。

(3)采用标准结构和标准零部件，可以简化设计工作，缩短设计周期，使设计人员将主要精力用于创新、用于多方案优化设计，更有效地提高设计质量。

(4)零件的标准化便于互换和机器的维修。

现已发布的与机械设计有关的标准，从运用范围上来讲，可分为国家标准(GB)、行业标准(如 JB、YB 等)和企业标准三个等级，而按标准的法律属性，又分为强制性标准和推荐性标准。推荐性标准记为 GB/T、JB/T 等。在设计机械零件时，必须自觉地执行标准。

思 考 题

2.1 什么叫静载荷、变载荷、名义载荷和计算载荷？

2.2 什么叫静应力、变应力和稳定循环变应力？

2.3 表示变应力的基本参数有哪些？它们之间的关系式是什么？

2.4 什么叫极限应力、许用应力？试述选用安全系数的原则和方法。

2.5 影响零件疲劳极限的因素有哪些？在疲劳强度计算时如何考虑这些因素的影响？

2.6 试述选择机械零件材料的一般原则。

2.7 设计机械零件时应从哪几方面考虑其结构工艺性？

2.8 什么是零件的标准化，标准化的意义是什么？

第3章 机械零件的设计方法简介

内容提要 机械零、部件设计的流程通常是针对可能的失效形式,选用合适的材料和热处理,针对与可能的失效有关联的主要指标,采用相应的计算方法在结构设计以前进行初步设计计算或在结构设计后进行校核计算,以确保所设计或选择的零、部件结构合理,且在设计寿命内不发生失效。本章主要介绍机械零、部件的常见失效形式、应该满足的基本要求、常用的设计方法。重点掌握常见失效形式及影响因素,基本设计要求、强度和刚度设计方法,了解精度设计、动态性能设计、可靠性设计和有限元分析的基本概念,通过本门课程后续学时对具体零、部件的设计,初步学会如何使用具体方法设计或分析具体的零件。

Abstract Usually the design procedure of a machine element is as follows: predicting the potential failures, selecting proper materials and heat treatment, utilizing suitable calculation methods to carry out the design computations on the major parameters which are associated with possible failures before structure design, or the verification calculations after structure design. All these will make sure that the designed or selected structures of machine elements are reasonable, and that no failure will happen within the required lifetime. This chapter will mainly introduce the common failure modes in machine elements, the basic requirements to be needed in designing elements, and the commonly used design approaches. It will emphasize on the failures and affecting factors, basic considerations, and the design methods of element strength and stiffness, it will also focus on the fundamentals of such approaches as precision design, dynamic performance design, reliability design and Finite Element Analysis (FEA). After design training of different elements in the upcoming chapters, students will gain new skills of design or analysis of machine elements by utilizing certain approaches.

3.1 机械零件的常见失效形式和设计准则

3.1.1 机械零件的主要失效形式

机械零件由于设计时考虑不周、选材和热处理不合适、制造出现缺陷、使用和维护不当、工作条件恶化等原因,导致在设计寿命期内丧失设计时要求的功能时,称为失效。尽管引起机械零件失效的原因十分复杂,导致失效形式多种多样,但在机械零件的设计阶段必须进行充分的考虑,并采取适当措施。下面是常见的机械零件失效形式。

1.断裂

当零、部件在静态外载荷或冲击外载荷作用下,由于某一危险剖面上的应力超过零、部件的强度极限而发生断裂，例如，螺栓被拧断，铸铁零、部件在瞬时冲击过载时局部断裂；或者当零、部件在循环变应力重复作用下，由于某一危险剖面上的应力超过零、部件的疲劳极限而发生疲劳断裂，例如，齿轮轮齿根部的断裂。

断裂是一种严重的失效形式，它不但使零、部件失效，有时还会导致严重的人身及设备事故。

2.塑性变形

当零、部件在外载荷作用下，其上的应力超过了材料的屈服极限，就会发生塑性变形，这会造成零、部件的尺寸和形状产生永久的改变，破坏零、部件之间的相互位置和配合关系，破坏机械系统的精度，使零、部件或机器不能正常工作。例如，齿轮整个轮齿发生塑性变形，就会破坏正确啮合条件，在运转过程中会产生剧烈振动和噪声，甚至无法运转；各种阀门的控制弹簧发生塑性变形，会导致控制力丧失，从而使阀门无法按设计要求正常工作。

3.过量的弹性变形

机械零件受载工作时，必然会发生弹性变形。在设计允许范围内的微小弹性变形，不会对机器的工作性能产生太大的影响，但是过量的弹性变形会使零、部件或机器不能正常工作，有时还会造成较大的振动，致使零、部件损坏。例如，机床主轴的过量弹性变形会降低加工精度，电机主轴的过量弹性变形会改变定子与转子间的间隙，影响电机的性能。

机械零件的弹性变形会随着载荷的大小和传递路径、工作条件等的变化而发生改变。

4.表面失效

绝大多数零、部件都与别的零、部件发生静的或动的接触和配合关系。载荷作用于表面，摩擦和磨损发生在表面，环境介质也包围着表面，因此表面失效是很多机械零件的主要失效形式。

零、部件的表面失效主要是磨损、疲劳点蚀、胶合、塑性流动、压溃和腐蚀等。

表面失效会改变零、部件的配合关系和相对位置关系、降低机械系统的精度、产生噪声和振动等，严重时会导致零件卡死、转动零件被扭断等恶性失效。

5.破坏正常工作条件引起的失效

有些零、部件只有在一定的工作条件下才能正常工作，而破坏了正常的工作条件就会引起失效。例如，在带传动中，若传递的载荷超过了带与带轮接触面上产生的最大摩擦力，就会产生打滑，使传动失效；在高速转动件中，若其转速与转动件系统的固有频率接近时，就会发生共振，使振幅增大，以致引起断裂失效；可靠的润滑是高速机械零部件正常工作的必要条件，轴承没有润滑或润滑不当会发生剧烈温升或卡死，蜗杆传动没有润滑会发生蜗轮表面剧烈磨损等。

同一种零、部件可能有多种失效形式。以轴为例，它可能发生疲劳断裂，也可能发生过大的弹性变形，还可能发生共振。在各种失效形式中，到底以哪一种失效形式为主，应根据零、部件的材料、具体结构和工作条件等来确定。对于载荷稳定的、一般用途的转轴，疲劳断裂是其主要失效形式；对于精密主轴，弹性变形量过大是其主要失效形式；而对于高速转动的轴，发生共振、丧失振动稳定性可能是其主要失效形式。

3.1.2 机械零件的工作能力和设计准则

零、部件不发生失效时的安全工作限度,称为它的工作能力。工作能力可对载荷而言,也可对变形、温度、压力等而言。通常是对载荷而言,故称承载能力。对应于不同的失效形式,零、部件的承载能力也不同。显然,应该优先保证承载能力较小的零部件的承载能力,按照承载能力的最小值去设计。即应保证各失效形式求得的最小承载能力大于或等于外力载荷。

设计机械零件时,保证零、部件不产生失效所依据的基本原则,称为设计准则。常用的有以下几个设计准则:

1.强度设计准则

强度是零、部件在载荷作用下抵抗断裂、塑性变形及表面失效(磨损、腐蚀除外)的能力,是机械零件首先应该满足的基本要求。为了保证零、部件有足够的强度,在设计计算时,应使其危险剖面上或工作表面上的最大工作应力(或计算应力)不超过零、部件的许用应力。其表达式为

拉伸强度
$$\sigma(\text{或 }\sigma_{ca}) \leqslant [\sigma] \tag{3.1}$$

剪切强度
$$\tau \leqslant [\tau] \tag{3.2}$$

满足强度要求的另一种表达方式是使零、部件工作时危险剖面或工作表面上的实际安全系数 S 不小于许用安全系数$[S]$,即

单向应力状态时
$$\left.\begin{aligned} S_\sigma &= \frac{\sigma_{\lim}}{\sigma} \geqslant [S_\sigma] \\ S_\tau &= \frac{\tau_{\lim}}{\tau} \geqslant [S_\tau] \end{aligned}\right\} \tag{3.3}$$

复合应力状态时
$$S = \frac{S_\sigma S_\tau}{\sqrt{S_\sigma^2 + S_\tau^2}} \geqslant [S] \tag{3.4}$$

式中 S_σ、S_τ—— 零、部件只受正应力或剪应力时的安全系数。

2.刚度设计准则

刚度是零、部件在载荷作用下抵抗弹性变形的能力。为了保证零、部件有足够的刚度,设计计算时,应使零、部件工作时产生的弹性变形量 y(它广义地代表任何一种形式的弹性变形量,包括拉伸和压缩变形、弯曲变形或扭转变形)不超过机器性能指标所允许的极限值,即许用变形量$[y]$,其表达式为

$$y \leqslant [y] \tag{3.5}$$

弹性变形量 y 可按各种求变形量的理论公式确定,也可用实验方法确定。许用变形量$[y]$则应根据不同的机器类型及其使用场合,按理论或经验来确定其合理的数值。例如,对一般用途的轴,最大许用弯曲变形量可取$[y] = (0.000\,3 \sim 0.000\,5)L$,式中 L 为轴的跨距,单位为 mm。

3.精度设计准则

精度指标是机械系统和零、部件的基本指标,它影响机械零件上的每一个尺寸,影响它的选材、制造和装配工艺,影响机械系统的性能和成本。因此,精度设计准则应该贯穿机

械设计的整个过程。

机械零件的精度指标用尺寸误差和形状位置误差值进行控制和保证。在设计阶段，精度设计准则主要体现在机械零件误差的分配、综合和匹配设计上。误差分配过程就是将机械系统或部件的总体精度指标对应的误差通过计算尺寸链落实到零件的每一个尺寸。机械零件在详细设计过程中，还需要根据选材、热处理、加工工艺、加工设备、检测手段等适当调整各尺寸的公差值与形位误差值。因此，有必要在设计过程中和设计完成后对尺寸链的误差进行校验，即误差综合，以确保设计终了状态与设计总体指标相匹配，精度指标与加工能力、加工过程、成本相匹配。

4. 寿命设计准则

影响零、部件实际寿命的主要因素是材料的疲劳和由于磨损及腐蚀引起的表面失效。保证零、部件在规定的使用期限内不发生疲劳失效、磨损和腐蚀是寿命设计准则的基本要求。

为防止发生疲劳失效，可依据材料的疲劳极限进行疲劳强度计算。然而，影响磨损的因素很多，计算方法还不完善，所以为了保证零、部件具有良好的耐磨性，一方面应该运用摩擦学原理设计零、部件的结构，选择合适的摩擦副材料和热处理方式，给予充分合理的润滑；另一方面可采用条件性计算，如限制压强 p 及与速度 v 的乘积 pv 值来保证零件表面的边界膜不被压坏和限制两接触零件表面的摩擦功，以保护零、部件表面不产生过量磨损和胶合失效。

至于腐蚀寿命，迄今为止还没有提出相应的计算方法，因而只能从材料选择和工艺措施两方面来提高零、部件的防腐蚀能力。例如，选用耐腐蚀的材料，采用表面镀层、喷涂漆膜及表面阳极化处理等表面保护措施。

5. 振动稳定性准则

机器在运转中一般都有振动，轻微的振动并不妨碍机器的正常工作。但机器中存在着很多周期性变化的激振源，如齿轮的啮合、滑动轴承中的油膜振荡和弹性轴的偏心转动等。如果某一零、部件本身的固有频率与上述激振源的频率重合或成整倍数关系时，这些零、部件就会发生共振，此时零、部件的振幅急剧增大，将在短期内导致零、部件甚至整个系统毁坏。因此，对易于丧失振动稳定性的高速机械，应进行振动分析和计算，以确保零、部件及系统的振动稳定性。也就是说，在设计时要使机器中受激振作用的各零、部件的固有频率 f 与激振源的频率 f_p 错开，通常应保证下述条件

$$0.85f > f_p \quad 或 \quad 1.15f < f_p \tag{3.6}$$

6. 可靠性设计准则

可靠性表示系统、机器或零、部件等在规定时间内能正常工作的能力。可靠性通常用可靠度 R 来表示。系统、机器或零、部件等在规定的使用寿命内和预定的使用条件下，能正常实现其功能的概率，称为可靠度，有关内容详见3.6节。

3.2 设计机械零件时应满足的基本要求和设计方法

3.2.1 设计机械零件时应满足的基本要求

机械零件是组成机械的基本单元，也是加工的最小单元，机械的各项要求的满足取决

于机械零件的正确设计与制造。因此，设计机械零件时，必须首先满足由机械整体出发对该零、部件提出的要求，概括地说，主要有以下基本要求：

1.工作可靠

工作可靠是指在规定的使用寿命内不发生各种失效。因此，在设计零、部件时，要使零、部件满足强度、刚度、寿命及稳定性准则。

2.结构工艺性好

结构工艺性是指在既定的生产条件下，能方便而经济生产出满足使用性能要求的零、部件，并且便于装配成机器。因此，零、部件的结构工艺性应从毛坯制造、热处理、机械加工及装配等几个生产环节加以综合考虑。

3.成本低廉，经济性好

成本低廉和经济性必须从设计和制造工艺两方面着手，设计时应正确选择零、部件的材料，尽量采用价格低廉、供应充足的材料；合理确定零、部件的尺寸和综合工艺要求的结构，如采用轻型的零、部件结构，采用少余量或无余量的毛坯等；合理规定制造时的精度等级和技术条件；尽可能采用标准化的零、部件，以取代需特殊加工的零、部件等。

3.2.2 机械零件的设计方法

根据机械零件的设计过程不同，机械零件常用的设计方法可以概括地分为以下三种：

1.理论设计

根据现有的设计理论和实验数据所进行的机械零件设计，称为理论设计。

理论设计分为：

(1)设计计算。由理论设计计算公式确定零、部件的主要参数和尺寸。

(2)校核计算。先按经验和某些简易的方法初步确定出零、部件的主要参数和尺寸，待结构完全确定以后，用理论校核公式进行校核计算。

设计计算多用于能通过简单的力学模型进行设计的零、部件；而校核计算则较多用于结构复杂、应力分布较复杂，但又能进行强度计算或刚度计算的零、部件。

2.经验设计

根据对某类零、部件已有的设计与实际使用而归纳出的经验公式和数据，或者用类比法所进行的设计，称为经验设计。

经验设计简单方便，对于典型化的零、部件(例如箱体、机架等)，是比较实用的设计方法。但是它也有较大的局限性，在确定零、部件的结构参数时，由于考虑安全问题而容易导致结构笨重。

多数情况下，机械零件的设计同时采用上述两种方法进行，因为设计计算和校核计算只能针对零、部件的主要结构参数，而大量的结构参数需要根据结构要求采取经验设计方法加以确定。

3.模型实验设计

对于一些尺寸特大、结构复杂、工况条件特殊又难以进行理论计算的重要零、部件，为了提高设计的可靠性，可采用模型实验设计的方法。即把初步设计的零、部件或机器做成小模型或小尺寸的样机，通过对模型或样机的实验，考核其性能并取得必要的数据，然后根据实验结果修改原初步设计，使其逐步完善。这样的设计过程，称为模型实验设计。

这种设计方法费时、费钱，因此，只用于特别重要的设计中。

4.虚拟样机技术

上述三种常用的方法是传统的设计方法。随着科学技术的不断发展和进步，特别是随着计算机技术的广泛应用，当今出现了许多现代设计方法，例如，可靠性设计、最优化设计、计算机辅助设计(CAD)、并行设计等；并且已经形成了机械结构设计、性能分析和结构优化的一体化技术和软件，实现了整机设计阶段的可视化，即虚拟设计技术；强化了在设计阶段对产品性能的预测手段，如虚拟设计和装配集成、三维设计和有限元分析集成等。这些新设计方法的出现，使机械设计领域发生很大的变化，使机械设计更科学、更完善，大大缩短了机械产品的开发周期，减少了新产品的开发费用，因而也是未来设计方法发展的方向。

3.3 机械零件的强度和刚度设计方法

机械零件需要有足够的承受外载荷和抵抗变形的能力，即零、部件要有足够的强度和刚度，因此，机械零件的强度和刚度设计是经常使用的设计方法之一。

机械零件承受的载荷通常有简单的轴向拉压力、横向剪切力、弯矩或转矩，它们分别产生轴向拉压正应力、横向剪切应力、弯曲正应力和扭转切应力，以及导致零件的轴向伸长或缩短、横向剪切变形、弯曲挠度和转角、扭转变形。但多数情况下在零件的某一截面上同时承受上述几种载荷的复合作用，因而存在多种应力和变形。由于实际零件的截面形状和位置各不相同，承受的载荷形式各有差异，具体零件的载荷、应力和变形需要根据零件的实际载荷条件和截面位置来分析决定。

机械零件的强度和刚度设计方法主要是保证零件危险截面上的应力小于许用应力、最大变形或转角在允许的范围内。其中，静强度和刚度设计方法只适用于零、部件承受静载荷，或变化非常缓慢且变化次数很少(如 10^3 次以内)的载荷，或瞬时大载荷冲击的零、部件设计；对于经常承受交变载荷作用的零、部件，需要进行疲劳强度和动态刚度设计；对于承受多种复合载荷作用的零、部件危险截面的强度和刚度计算，需要先按单一载荷计算产生的应力，再采用合适的强度理论进行合成计算。这些知识详见先修课程《材料力学》及本书2.2节有关内容。

3.4 机械零件的精度设计方法

随着机械设备向高精度、高转速、高效率和功能集成化、结构轻量化方向的发展，客观上导致了机械结构的复杂化，精度分析、分配与综合计算在总体方案设计和装配校验中越来越重要。机械零件的精度指标用尺寸误差和形状、位置误差值进行控制和保证，因此，精度设计实际上就是对与精度指标相对应的公差指标进行设计。

3.4.1 公差对机械零件的影响

公差是实际零件尺寸和形状、位置相对于理想零件尺寸和形状、位置的允许变动量，它包含尺寸公差和形状、位置公差。尺寸公差又称常规公差，它规定了尺寸的允许变动量，以上下偏差的形式给出。形状、位置公差又称为几何公差，形状公差描述了实际要素的形状对理想要素形状允许的变动量；位置公差描述实际要素对一具有确定方向或位置的理想要素的允许变动量。很显然，设计时追求零件零公差的理想尺寸和形状是不现实的，也是完全没有必要的。

实际零件的公差与材料、热处理、结构形状、公差大小、加工方法等有关，采用不同的加工方法会得到不同的加工精度和加工成本，因此，经济性和可制造性是确定零、部件公差的主要原则。加工工艺方法与工艺成本的关系如图 3.1 所示。

产品的质量与公差存在密切的关系，传统的质量观把产品设计和制造的焦点放在足够的质量上，而不是协调上，认为精度等质量指标落在允许的极值范围内就是合格的和最好的，无须考虑零件实际参数偏离目标的程度。但实际情况是，特征参数的目标值意味着性能是最优的，实际值偏离目标值越远，零件的质量损失会越大。因此，针对公差与成本、公差与质量损失的对应关系的公差优化也是现代精度设计的前沿性课题。

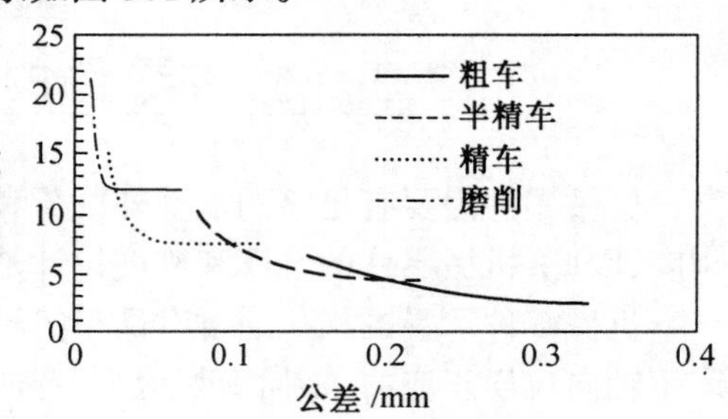

图 3.1 加工方法与工艺成本的关系

精度设计的目标就是在公差分析的基础上，通过将总精度指标对应的总公差合理分配到尺寸链上每一个尺寸上，贯穿到整个机械产品的设计、制造、检验过程中，将传统的被动精度获得方法转变为主动设计和加工保证上，从而使所有零件的精度协调、公差值合理、成本和质量恰到好处。

3.4.2 公差分析方法

公差分析也称公差校验。它是研究尺寸链上各组成环对封闭环的共同作用、影响的结果和影响的程度，即假设组成环的公差已知，确定封闭环的公差，检验给定组成环公差是否满足装配技术条件的精度要求。若不满足要求，则需要修改组成环的公差。进行公差分析需要选取合适的分析方法，目前常用的公差分析方法有极值法和统计法。

极值法认为，只要零件的误差处在上下极限值之间就是 100% 合格的，它不考虑误差在公差带内的分布和误差的综合加减特性，组成环的公差 T_i 和封闭环的公差 T_0 之间的相互关系可用下式表示

$$T_0 = \sum_{i=1}^{n} A_i T_i \tag{3.7}$$

显然，若总精度指标一定，对应的封闭环的公差 T_0 固定，则随着尺寸链上组成零件增

多时,组成环增加,每一零件能够分配得到的公差值减小,也就是精度要求相应提高,加工越困难,造成零件的加工成本也偏高。然而,这一方法在国内还在普遍使用。

统计分析方法认为,经过加工获得的实际尺寸 X_i 是一个随机变量,并服从某种形式的统计分布,处于极值状态的概率是非常小的。这种方法能使零件的尺寸公差放松但绝大多数零件能够满足装配要求,从而在保证装配成功率的前提下降低了零件的加工成本。公差统计分析方法比较繁琐,详见有关公差分析专著。

3.4.3 公差分配原则与公式

所谓公差分配,是指在保证机械产品满足总的精度指标的前提下规定组成环尺寸的合理可行的公差。对于机械产品而言,从设计者的角度考虑,希望组成尺寸链的各环精度越高越好,但从制造者的角度,希望尽可能放大公差,这样可以降低加工难度和节省加工成本,但是公差越大,产品的质量越低,产品的性能越差。因此,公差分配过程实际上是一个平衡制造成本、产品质量和产品性能关系的过程,是一个目标优化的过程,需要考虑加工方法、工艺能力、工艺稳定性、加工批量、装配方法、产品质量等诸多方面的问题。

在进行公差分配时,应该把尺寸链的组成环分成两种,第一种对应的零件是标准件,它的公差是已知的,不需要分配,如轴承的宽度尺寸等;第二种组成环是真正需要合理分配公差的尺寸。为了考虑零件最后误差的分散特性和防备不可预见的随机误差,提高装配成功率,在公差分配时应该留有一定的裕量。

由于封闭环的尺寸公差是已知的,尺寸链组成环较多,因此,将封闭环的公差分配到组成环时有无穷多个解,分配方案也多种多样。

(1) 等公差值法。对所有组成环对应的零件尺寸分配相等的公差,即平均公差,它等于封闭环的公差除以组成环的个数

$$T_{\mathrm{i}} = \frac{T_0}{n} \tag{3.8}$$

(2) 等公差等级法。对待分配公差的全部组成环取相同的公差等级,然后根据标准查出各组成环的公差因子,再确定各组成环的公差。

除此以外,还有等影响法、等工艺能力法和综合因子法等,参见有关专业书籍。

等公差法计算方便,但没有考虑到许多影响因素,一般用于组成环尺寸相近、工艺条件相仿的粗略估算。等精度方法避免了大尺寸小公差的缺点,但只考虑了尺寸大小对精度的影响,却提高了次要零件的加工精度,从而间接提高了成本。

3.4.4 公差设计的依据和步骤

误差分配的依据主要有:

(1) 产品的精度指标和总技术条件。

(2) 工作原理图、装配图和机、电、光、控制等系统图及关键零、部件图,它们提供了各误差源对产品精度的影响程度和互相补偿的可能性,是公差分析与分配的蓝本。

(3) 工艺水平。如加工、装配水平,检验水平和仪器精度水平,使用环境条件等。

(4) 经济观点。各环节的精度控制程度受经济性方面的影响。

据此，可按以下步骤进行误差分配：

(1) 将产品的精度指标转化为整机的允许总误差值。

(2) 在总体设计阶段，主要考虑理论误差和方案误差，在安排总体布局时，应分别考虑机、电、光和控制等系统的原理误差。

(3) 对各项原理误差进行综合，一般不超过允许总误差的1/3(最多1/2)，否则应更改方案或进行误差补偿。

(4) 在草图设计完成后，进行总误差计算。找出各误差源及相应的误差表达式，制定各环节零、部件的公差、元器件的偏差和有关技术要求，明确误差补偿措施或是否修改设计。

(5) 将制定的公差、偏差和技术要求标注到零件图中，体现到装校工艺、试验检定大纲和使用说明书条文中。

(6) 编写技术设计说明书，将精度计算定稿。

3.5 机械零件的动态性能设计方法

机械在启动、稳定运转和停车过程中，稳定性的好坏主要取决于内部是否会产生机械震荡，如果机器的稳定工作频率 f_p 远离机器的谐振频率 f，则机器的动态品质基本不受机械谐振频率的影响而能够稳定运行，否则，会引起机器系统的稳定性、过渡过程特性、动态精度和可靠性等方面的系列问题。

然而传统的机械结构设计只考虑了它的静态特性和在静载作用下的强度和刚度问题，即使外载荷是动态载荷，通常也是按某种等效原则简化成静态载荷处理。机器的静态强度和刚度固然十分重要，但工作时的振动会影响它的工作能力和功能，还会导致与它配套工作设备的破坏，会产生噪声，影响操作者的身心健康，污染环境等。因此，现代机械设计已经逐步发展到静态设计和动态设计并举的程度，以同时满足机械静、动态特性和低振动、低噪声的要求。

动态设计的一般过程是：

(1) 进行静态设计，使设计的机械结构首先满足静态强度和刚度的要求。

(2) 对静态设计的产品图样或需要改进的产品实物建立力学分析模型，完成结构的固有频率、振型、模态及动力响应等动态特性分析。

(3) 根据工程实际要求，给出其动态特性的要求或预期的动态设计目标，按照动力学“逆问题”直接求出主参数值；或者按照动力学“正问题”进行，即如果初步设计结构的动力学特性满足不了实际要求，则需要进行结构修改设计，再对修改后的结构进行动力学分析或者预测，不过这类“正问题”的结构修改和动态特性预测需要反复进行多次才能够完成。

机械动态性能设计的主要内容包括：① 建立一个符合实际的动力学模型；② 选择有效的动态优化设计方法。

常用的机械动态性能设计方法有：

(1) 力学分析法。常用于分析结构的最低固有频率和振型。首先要建立被分析零件的动力学模型,然后根据动力学模型建立广义坐标系,并建立起动力学模型的振动方程,再将振动方程转化成频率方程以求解固有频率。一般来说,振动是由振型叠加而成的。建立等效动力学模型可以参考有关力学和振动方面的专著。

(2) 传递函数法。该方法不必求解微分方程就可以求出初始条件为零的结构在变化载荷作用下的动态过程,同时还可以计算结构参数的变化对结构动态过程的影响。但该类方法只适用于传递函数已知的线性系统且初始条件等于零的情况,对初始条件不为零的情况,必须考虑非零初始条件的动态分析结果的影响。

(3) 模态综合分析法。适用于对复杂机械系统的动态性能分析。其基本思路是,首先按照工程观点和系统结构的几何特点将整个结构划分为若干个子结构,然后建立各子结构的振动方程,进行子结构的模态分析,接下来将子结构的振动方程转变为模态方程,在模态坐标下将各子结构的模态方程进行模态综合,从而计算得到整个结构的振动模态,最后,再返回到原来的物理坐标,得到整体结构的动态特性。

机械机构的动态特性分析过程十分复杂,分析技术在不断探索和发展中。随着计算机技术的发展,数值计算技术在动态特性分析中得到了广泛的应用,开发了标准的软件包,其中最有成效的数值计算手段(如有限元分析技术),使机械结构的动态特性分析变得相对简单多了。

下述分析可对比静态设计和动态设计结果。图 3.2 是一根典型的转轴静态设计的结构,经过用有限元方法对它进行动力学分析,它的一阶和二阶固有频率分别是2 336.08 Hz和5 061.88 Hz,它的静挠度曲线和一阶振型曲线、二阶振型曲线对比如图 3.3 所示。

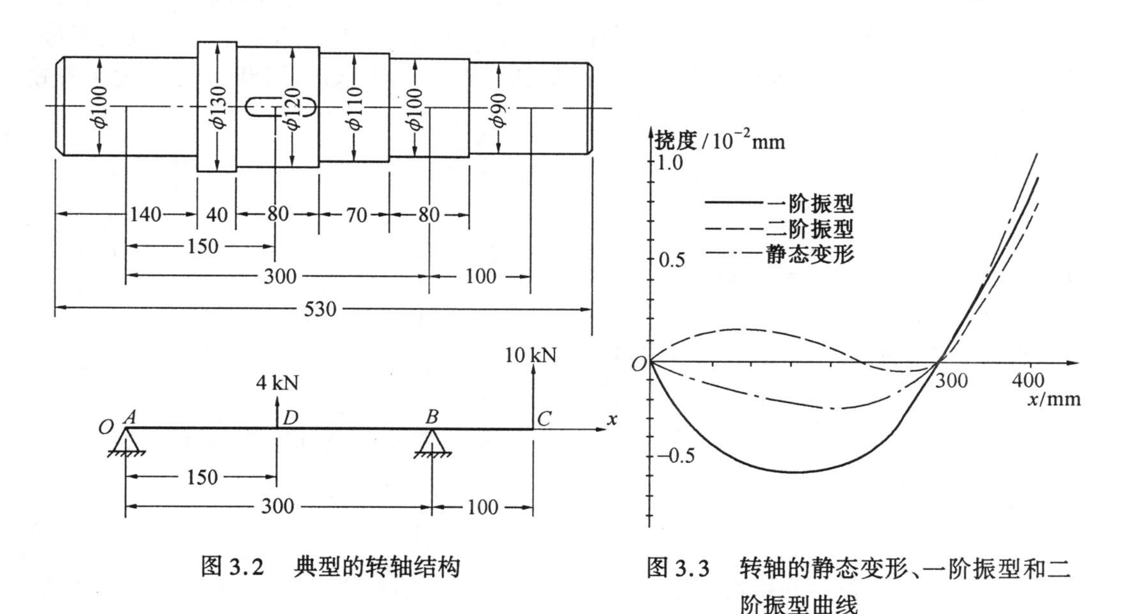

图 3.2　典型的转轴结构

图 3.3　转轴的静态变形、一阶振型和二阶振型曲线

3.6 机械零件的可靠性设计方法

传统的设计方法采用许用应力和安全系数法，它们把设计变量(零件尺寸、材料特性、工作载荷等)当成常量，安全系数的大小由经验来确定，判断设计结果只能使用“安全”或“不安全”。为了保险，往往采用较大的安全系数，导致结构尺寸被人为地放大。而实际情况是尺寸、强度、应力等都是离散的和随时间变化的，可靠性设计方法正是将设计变量看作离散变量的概率设计方法。

可靠性设计方法对于复杂机械系统的设计尤其重要，因为越是复杂的系统，组成零、部件和元器件越多，出错失效的概率会越大。

产品的可靠性定义为：产品在规定的条件下和规定的时间内完成规定功能的能力。可靠性设计的对象可以是系统、机器、部件或者零件，规定的条件可以包括载荷、温度、压力、振动、润滑、腐蚀等，规定的时间可以是寿命、循环次数、周期数、距离等，规定的功能可以包括强度、精度、效率、稳定性等。

3.6.1 可靠性设计的基本指标

常用的有可靠度、累积失效概率(不可靠度)、失效率、失效密度、平均寿命或平均无故障工作时间等。

1. 可靠度

可靠度是指产品在规定的条件下和规定的时间内，完成规定功能的概率，记为 $R(t)$。

一批产品，若其中某件产品在失效前能够可靠工作的时间为 T，T 是一个随机变量，也是一个产品的寿命，其分布密度函数 $f(t)$ 如图3.4所示，则该产品到时间 t 不发生失效的可靠度 $R(t)$ 为

$$R(t) = P(T > t) = \int_t^{\infty} f(t)\mathrm{d}t \qquad (3.9)$$

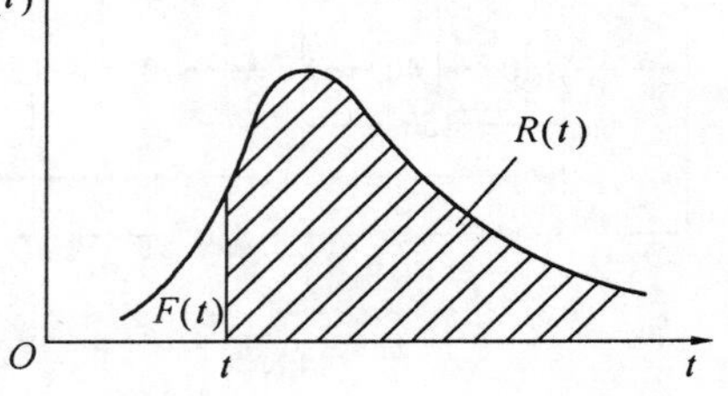

图3.4 分布密度与可靠度的关系

可见，$R(0) = 1$，$R(\infty) = 0$，这与实际的物理意义是吻合的。

可靠度的观测值记为 $\hat{R}(t)$，可由试验求出。若开始投入试验的产品总数为 N 个，到时刻 t 尚能完成规定功能的产品数为 $N_s(t)$，已经失效的产品数为 $N_f(t)$，则

$$\hat{R}(t) = \frac{N_s(t)}{N} = \frac{N - N_f(t)}{N} = 1 - \frac{N_f(t)}{N} \qquad (3.10)$$

产品在规定的条件下和规定的时间内不能完成规定功能的概率，称为累计失效概率，又称不可靠度，一般记为 $F(t)$。零件的可靠和失效是一对互斥的概率事件，根据概率论由图3.4可知，

$$F(t) = P(T \leqslant t) = \int_0^t f(t)\mathrm{d}t = 1 - \int_t^{\infty} f(t)\mathrm{d}t = 1 - R(t) \qquad (3.11)$$

很显然，随着零、部件工作时间的延长，材料性能会发生老化，微观损伤会逐步积累，失效的概率会越来越大，产品的可靠度会逐步变小。

在设计阶段，产品的可靠度不是随意选取的，必须考虑到工艺的可行性和产品的经济性，同时还需要根据使用环境和重要程度选取。其中产品的经济性指标是影响产品竞争力的主要指标，它是指产品在研究、设计、制造、维修及运行中的一切费用，生产者和使用者都需要低成本、高可靠的产品，但二者之间是一对矛盾，如图3.5所示，需要精心权衡找出产品成本低、可靠度合理的设计方案来。表3.1指明了如何根据使用环境和重要程度来选择可靠度等级。

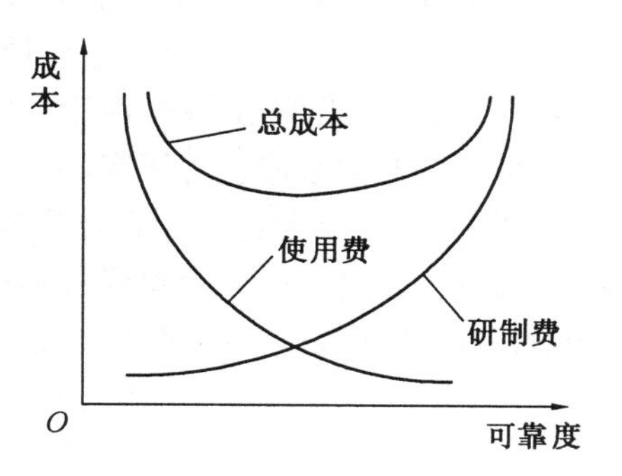

图3.5 产品可靠度与成本的关系

表3.1 可靠度分级及选用原则

	等级	可靠度 R	用途
低	0	<0.9	不重要处，失效损失轻微，后果可以忽略不计，如不重要的轴承，$R=0.5\sim0.8$；车辆低速轴承 $R=0.8\sim0.9$
	1	$\geqslant 0.9$	不很重要处，失效后有一定的损失或危险，但不大，如普通工况使用的轴承，$R=0.9$；易维修的农机齿轮，$R\geqslant0.90$；寿命长的汽轮机齿轮，$R\geqslant0.98$。一般齿轮传动的齿面接触强度有轻微疲劳后，精度会受到破坏，但还可以继续使用，因此也可以选用此等级可靠度
	2	$\geqslant 0.99$	重要处，失效将引起大的损失。选择时，随重要程度增大，可靠度等级增高，如高速机械、重要设施、航空器等。重要齿轮传动的齿面接触强度 $R=0.99$，弯曲强度 $R=0.999$；高可靠性齿轮传动的齿面接触强度 $R=0.999$，弯曲强度 $R=0.9999$；寿命不长但要求可靠性高的飞机主传动齿轮 $R=0.99\sim0.9999$；高速轧机齿轮 $R=0.99\sim0.995$；对建筑结构件，失效后果不严重的次要建筑构件 $R=0.997\sim0.9995$(塑性破坏取低值，脆性破坏取高值)，失效后果严重的一般建筑构件 $R=0.9995\sim0.9999$；失效后果非常严重的重要建筑构件 $R=0.9999\sim0.99999$
	3	$\geqslant 0.999$	
	4	$\geqslant 0.9999$	
高	5	1	失效后会造成灾难性后果，$R>0.99999$，定量难以准确，通常将计算应力乘以大于1的系数予以考虑

2.失效率

失效率是指产品工作到某一时刻 t 时单位时间内发生故障零件数与安全工作零件数的比值，通常用 $\lambda(t)$ 表示。设在 $t\sim t+\Delta t$ 时间间隔内失效产品数为 $\Delta N_{\mathrm{f}}(t)$，则

$$\lambda(t) = \lim_{\Delta t\to 0}\frac{\Delta N_{\mathrm{f}}(t)}{\Delta t}\times\frac{1}{N_{\mathrm{s}}(t)} = \frac{\mathrm{d}N_{\mathrm{f}}(t)}{\mathrm{d}t}\times\frac{1}{N_{\mathrm{s}}(t)} \qquad (3.12)$$

它反映了 t 时刻失效的速率，也称为瞬时失效率。

常见机械零件的失效率 $\lambda(t)$ 与时间 t 的关系如图3.6所示，该曲线形状如浴盆，故常称为浴盆曲线。典型的失效率曲线分为三个区域：Ⅰ 区域为早期失效期，这一阶段失效率较高且下降速率很大，这是由于设计、加工或装配上存在缺陷引起的失效。Ⅱ 区域为偶然失效期，这是正常使用阶段，由于一些偶然因素引起产品失效，因而是随机的，可见 Ⅱ 区对应的时间长短基本上等于零、部件的正常工作寿命。Ⅲ 区域为功能失效期，产品使用到一定时间后，由于老化、疲劳、磨损等造成产品失效率迅速上升，可靠度急剧下降。

可靠性设计的另一个重要目标，在保证可靠度满足要求的前提下，准确预测正常使用寿命，及时决定报废或维修。经过维修以后能够继续工作的零、部件的失效率曲线如图3.7所示。

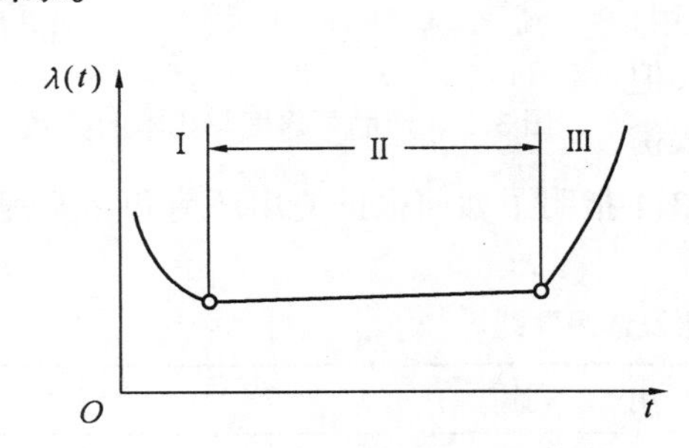

图3.6　不可维修零、部件的失效率曲线

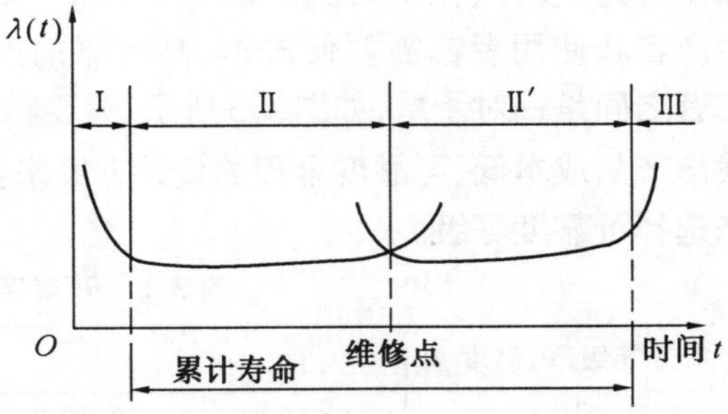

图3.7　可维修零、部件的失效率曲线

3. 失效密度

失效密度是指 t 时刻附近单位时间内失效的零件数与总数之比值。通常用 $f(t)$ 表示，仿照式(3.12)，有

$$f(t)=\frac{\mathrm{d}N_{\mathrm{f}}(t)}{N\mathrm{d}t} \tag{3.13}$$

经过变换整理，得 $\frac{\mathrm{d}N_{\mathrm{f}}(t)}{N}=f(t)\mathrm{d}t$，并对等式两边在 $0\sim t$ 区间积分，考虑到 $N_{\mathrm{f}}(0)=0$，同样可以得到 $F(t)=\int_0^t f(t)\mathrm{d}t$。

$\lambda(t)$ 与 $f(t)$ 之间的区别在于其分母不同。

$$\lambda(t)=\frac{\mathrm{d}N_{\mathrm{f}}(t)}{\mathrm{d}t}\cdot\frac{1}{N_{\mathrm{s}}(t)}=\frac{\mathrm{d}N_{\mathrm{f}}(t)}{\mathrm{d}t}\cdot\frac{1}{N\cdot\left(\frac{N_{\mathrm{s}}(t)}{N}\right)}=\frac{f(t)}{R(t)} \tag{3.14}$$

即

$$f(t)=\lambda(t)R(t)$$

4. 平均寿命或平均无故障工作时间

平均寿命是指产品寿命的平均值，一般记为 MTTF(Mean Time to Failures)。对可修复产品，常用平均无故障工作时间，一般记为 MTBF(Mean Time Between Failures)。它们都表示寿命 T 的数学期望，简记为 $\hat{t}$，即

$$\hat{t}=E(t)=\int_0^{\infty}R(t)\mathrm{d}t \tag{3.15}$$

5. 可靠性特征量间的关系

可靠性特征量中 $R(t)$、$F(t)$、$f(t)$ 和 $\lambda(t)$ 是四个基本函数,只要知道其中一个,其余均可求出,经推导可得如下关系式

$$f(t) = \frac{\mathrm{d}F(t)}{\mathrm{d}t} = -\frac{\mathrm{d}R(t)}{\mathrm{d}t} \tag{3.16}$$

$$\lambda(t) = \frac{f(t)}{R(t)} = -\frac{\mathrm{d}R(t)/\mathrm{d}t}{R(t)} \tag{3.17a}$$

整理得

$$\frac{\mathrm{d}R(t)}{R(t)} = -\lambda(t)\mathrm{d}t \tag{3.17b}$$

对上式在 $0 \sim t$ 区间积分,考虑到 $R(0) = 1$,整理可得

$$R(t) = \mathrm{e}^{-\int_0^t \lambda(t)\mathrm{d}t} \tag{3.18}$$

3.6.2 机械零件静强度的可靠性设计

在对机械零件进行静强度可靠性设计中,把机械设计中的设计参数看成随机变量,其中包括强度、应力和尺寸等,多数情况下可以采用正态分布统计它们的分布特性,通常记为 $N(u_x, \sigma_x)$,其中 u_x 为变量 x 的均值,σ_x 为分布标准差,分布曲线如图 3.8 所示,显然,图中应力和强度分布有互相重叠的区域。根据失效的概念,对单一零件,当实际应力大于强度时就失效。图 3.9 被称为强度 - 应力干涉模型。

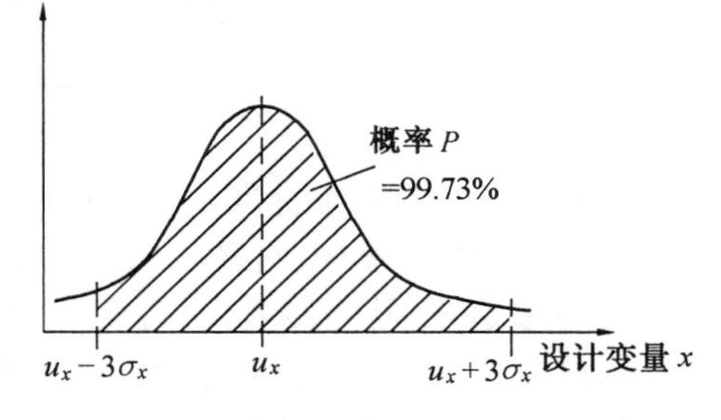

图 3.8 机械零件设计参量 x(强度、应力、尺寸等)的正态分布曲线

该模型认为,应力 x_l 小于强度 x_s 的概率为可靠度 R,即

$$R = P(x_l < x_s) \tag{3.19}$$

由图 3.9 可推导出

$$R = \int_0^{\infty} \left[\int_0^{x_s} f(x_l)\mathrm{d}x_l\right] f(x_s)\mathrm{d}x_s \tag{3.20}$$

该式是求可靠度的一般表达式。当已知应力和强度的分布密度函数 $f(x_l)$ 和 $f(x_s)$ 时,即可求出可靠度。

一般假设强度和应力分布均服从正态分布,即

应力分布密度函数为

$$f(x_l) = \frac{1}{\sqrt{2\pi}\sigma_l}\mathrm{e}^{-\frac{(x_l-u_l)^2}{2\sigma_l^2}} \tag{3.21a}$$

强度分布密度函数为

$$f(x_s) = \frac{1}{\sqrt{2\pi}\sigma_s}\mathrm{e}^{-\frac{(x_s-u_s)^2}{2\sigma_s^2}} \tag{3.21b}$$

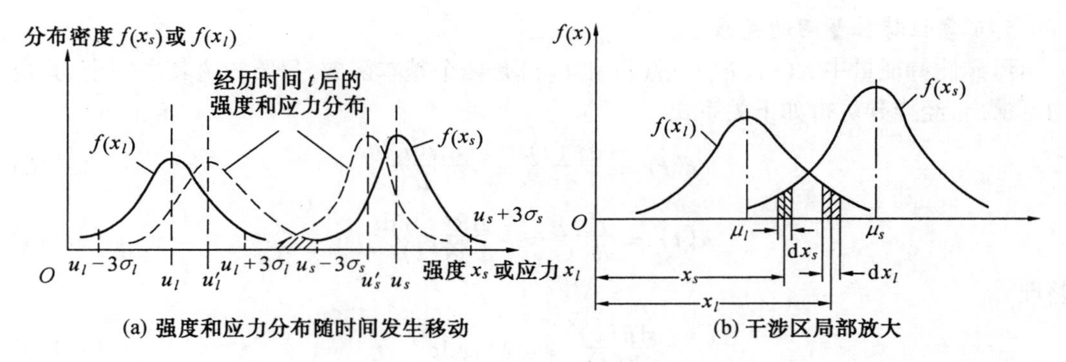

图 3.9 机械零件的强度和应力分布的干涉模型

式中 u_l、u_s—— 应力和强度的均值；

σ_l、σ_s—— 应力和强度的标准差。

根据正态分布代数运算法则，若强度 x_s 和 x_l 的应力均成正态分布，则变量 $(x_s - x_l)$ 也服从正态分布，根据公式(3.19) 经推导并转化为标准正态分布函数，得到静强度可靠度计算公式为

$$R = P(x_s - x_l > 0) = \frac{1}{\sqrt{2\pi}}\int_{-\infty}^{Z_R} e^{-\frac{Z^2}{2}} dZ \tag{3.22}$$

其中

$$Z_R = \frac{u_s - u_l}{\sqrt{(\sigma_s^2 + \sigma_l^2)}} \tag{3.23}$$

公式(3.22) 是一个标准正态分布函数的积分，可以根据积分上限 Z_R 查正态分布函数表得到相应的可靠度 R。公式(3.23) 称为可靠度连接方程，它将应力分布、强度分布与可靠度 R 联系起来。还可以看出，可靠度设计不仅包含了应力和强度的均值，还考虑了二者的分布离散程度。强度均值 u_s 大于应力均值 u_l 越多，传统安全系数设计法会认为越安全，但此时若应力和强度的离散程度很大，即 σ_l 和 σ_s 很大，Z_R 会减小，可靠度反而减小，因此采用高安全系数设计的结果不一定高可靠度，这正是可靠性设计法和安全系数法设计的不同之处。

强度可靠性设计中还需要正确处理现有手册中的材料强度参数和零件的尺寸误差。一般来说，现有材料手册中给出的材料强度指标(如强度极限 σ_B 或屈服极限 σ_s) 是一个变化的范围，标注尺寸和一批零件的实际测量尺寸也都是在一定的公差范围内变动。假设这些随机变量 x 的变化范围为 $x_{\min} \sim x_{\max}$，根据正态分布概率计算特点，变量 x 处于 $(u_x - 3\sigma_x, u_x + 3\sigma_x)$ 以外的概率小于 0.27%，工程上认为这是极小概率事件，不可能出现，因此根据这一理论，可以处理如下。

变量 x 的均值为

$$u_x = \frac{x_{\max} + x_{\min}}{2} \tag{3.24a}$$

变量 x 的标准差为

$$\sigma_x = \frac{x_{\max} - x_{\min}}{6} \tag{3.24b}$$

【例 3.1】 某尺寸标注为 $d = 30^{+0.03}_{-0.15}$ mm，试求该尺寸的均值和标准差。

【解】 均值 $u_d=\dfrac{d_{\max}+d_{\min}}{2}=\dfrac{(30+0.03)+(30-0.15)}{2}=29.94\ \text{mm}$

标准差 $\sigma_d=\dfrac{d_{\max}-d_{\min}}{6}=\dfrac{(30+0.03)-(30-0.15)}{6}=0.03\ \text{mm}$

表示为正态分布形式为 $N(29.94,0.03)$mm。

【例 3.2】 从材料手册中查得某合金的屈服强度极限 $\sigma_s=1\,200\sim1\,600$ MPa，试求该强度极限的均值和标准差。

【解】 屈服强度极限的均值 $u_{\sigma_s}=\dfrac{\sigma_{s\max}+\sigma_{s\min}}{2}=\dfrac{(1\,600+1\,200)}{2}=1\,400\ \text{MPa}$

标准差 $\sigma_{\sigma_s}=\dfrac{\sigma_{s\max}-\sigma_{s\min}}{6}=\dfrac{(1\,600-1\,200)}{6}=66.7\ \text{MPa}$

表示为正态分布形式为 $N(1\,400,66.7)$MPa。

【例 3.3】 图3.10为一根减速器的输出轴，两个轴承的中间是齿轮，圆周力 $F_t=17\,400$ N，径向力 $F_r=6\,410$ N，轴向力 $F_a=2\,860$ N，齿轮的分度圆直径 $d=146$ mm，右侧是带轮，带轮的压轴力 $F=4\,500$ N，$L=193$ mm，$K=206$ mm。齿轮和带轮之间的轴段承受转矩为 $T=1\,270.2$ N·m，通过计算得到了左右轴承的支反力分别是：水平方向 $R_{1H}=8\,700$ N，$R_{2H}=9\,301.11$ N，垂直方向 $R_{1V}=2\,123.24$ N，$R_{2V}=4\,286.76$ N。该轴采用45钢调质处理，最大强度极限 $\sigma_b=590\sim740$ MPa，对称循环疲劳极限 $\sigma_{-1}=350$ MPa，安全系数取 $S=1.7$（$[\sigma_{-1b}]/\text{MPa}=\dfrac{\sigma_{-1}}{s}=205.88$）。(1) 请按第三强度理论设计计算危险轴段直径 d；(2) 假设载荷偏差为 ±5%，轴的直径公差为 $\pm0.005u_d$（u_d 是直径 d 的均值），请按可靠度 $R=99.99\%$ 设计计算轴段公称直径 u_d。

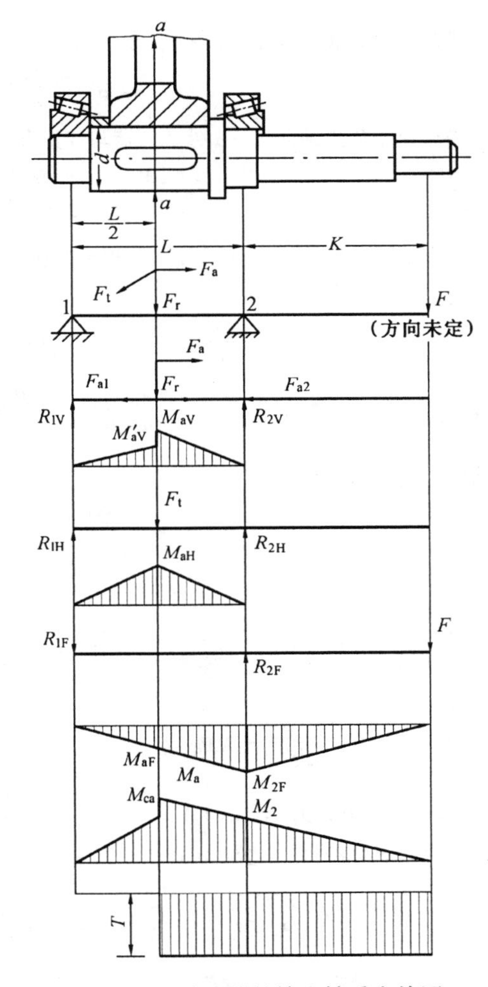

图3.10 减速器的输出轴受力简图

【解】

(1) 按照安全系数法设计。假设危险截面为 a—a 截面。

第三强度理论公式

$$\sigma_e=\sqrt{\sigma_b^2+4(\alpha\tau)^2}=\frac{\sqrt{M_{ca}^2+(\alpha T)^2}}{W}\leqslant[\sigma_{-1b}]$$

式中 W—— 抗弯截面模量(mm³)。

其他参数与第10章有关内容相同。

外力 F 作用方向与带传动的布置有关，在具体布置尚未确定前，可按最不利的情况考虑，把 a—a 截面上支反力产生的合成弯矩 $\sqrt{M_{aV}^2+M_{aH}^2}$ 与带的压轴力产生的弯矩 M_{aF} 直接相加，即 $M_{ca}=\sqrt{M_{aV}^2+M_{aH}^2}+M_{aF}$，代入上述公式计算得 a—a 截面的轴段

直径 $d \geqslant 46.63$ mm。

(2) 按静强度的可靠性设计方法设计。轴的危险截面 $a—a$ 处虽然同时受到弯矩 M 和扭矩 T 的联合作用,但两者是互相独立的随机变量。

因 $$\Delta M = \pm 5\%M = \pm 5\% \times 1\ 399.43 = \pm 69.972\ \text{N}\cdot\text{m}$$

$$\Delta T = \pm 5\%T = \pm 5\% \times 1\ 270.2 = \pm 63.51\ \text{N}\cdot\text{m}$$

即弯矩 $$M = 1\ 399.43 \pm 69.972\ \text{N}\cdot\text{m}$$

假设它们服从正态分布,按照公式(3.24a)、(3.24b),则轴径均值为 $\overline{d}$,标准差

$$\sigma_d = \frac{2 \times 0.005\overline{d}}{6} = 0.001\ 67\overline{d}$$

同理,弯矩 M 的均值为 1 399.43 N·m,标准差

$$\sigma_M = \frac{2 \times 69.971\ 5}{6} = 23.324\ \text{N}\cdot\text{m}$$

扭矩 T 的均值为 1 270.2 N·m,标准差

$$\sigma_T = \frac{2 \times 63.51}{6} = 21.170\ \text{N}\cdot\text{m}$$

将作用于危险剖面 $a—a$ 处的载荷写成正态分布形式为

弯矩 $$N(M, \sigma_M) = N(1\ 399.43, 23.324)\ \text{N}\cdot\text{m}$$

扭矩 $$N(T, \sigma_T) = N(1\ 270.2, 21.17)\ \text{N}\cdot\text{m}$$

抗弯剖面系数的均值 $\overline{W} = \frac{\pi}{32}\overline{d}^3$,根据服从正态分布的随即变量的代数运算法则(详见概率统计等书籍),其标准差为

$$\sigma_W = \frac{\pi}{32}(3\overline{d}^2 \cdot \sigma_d) = \frac{\pi}{32}(3\overline{d}^2 \times 0.001\ 67\overline{d}) = 0.000\ 491\ 855\overline{d}^3$$

弯曲应力为 $$N(u_\sigma, \sigma_\sigma) = \frac{N(u_M, \sigma_M)}{N(u_W, \sigma_W)} = \frac{N(1\ 399.43 \times 10^3, 23.323\ 8 \times 10^3)}{N(\frac{\pi}{32}\overline{d}^3, 0.000\ 491\ 855\overline{d}^3)}\ \text{MPa}$$

弯曲应力均值为

$$u_\sigma = \frac{1\ 399.43 \times 10^3}{\frac{\pi}{32}\overline{d}^3} = \frac{14\ 254.476\ 93}{\overline{d}^3}\ \text{MPa}$$

弯曲应力标准差为

$$\sigma_\sigma = \frac{1}{(\frac{\pi}{32}\overline{d}^3)^2}\sqrt{(1\ 399.43 \times 10^3)^2 \cdot (0.000\ 491\ 855\overline{d}^3)^2 + (\frac{\pi}{32}\overline{d}^3)^2 \cdot (23.323\ 8 \times 10^3)^2} =$$

$$\frac{248\ 075.827\ 7}{\overline{d}^3}\ \text{MPa}$$

所以,弯曲应力分布为 $N(u_\sigma, \sigma_\sigma) = N\left(\frac{14\ 254.476\ 93 \times 10^3}{\overline{d}^3}, \frac{248\ 075.827\ 7}{\overline{d}^3}\right)$ MPa

抗扭截面模量 $W_t = 2W$,扭转切应力 τ 的分布为

$$N(u_\tau, \sigma_\tau) = \frac{N(u_T, \sigma_T)}{N(u_{W_t}, \sigma_{W_t})} = \frac{N(1\ 270.2 \times 10^3, 21.17 \times 10^3)}{N\left(\frac{\pi}{16}\overline{d}^3, 0.000\ 983\ 71\overline{d}^3\right)} = N\left(\frac{6\ 469\ 075.507}{\overline{d}^3}, \frac{112\ 583.812\ 5}{\overline{d}^3}\right)\ \text{MPa}$$

为了求当量应力 σ_e 的均值和标准差,根据第三强度理论当量应力 $\sigma_e = \sqrt{\sigma_b^2 + 4(\alpha\tau)^2}$,考虑到剪切应力 τ 是脉动应力,要乘以应力校正系数 $\alpha = 0.6$,按照正态分布的计算法则计算得 σ_e 的分布为

$$N(\mu_{\sigma_e}, \sigma_{\sigma_e}) = \left(\frac{162.296\ 315 \times 10^5}{\overline{d}^3}, \frac{2.272\ 544\ 829 \times 10^5}{\overline{d}^3}\right)\ \text{MPa}$$

根据公式(3.24a)、(3.24b) 对 45 钢调质处理后的强度基本数据 σ_b 进行处理,得 $u_{\sigma_b} \approx 667$ MPa,其标

准差 $\sigma_{\sigma_b} \approx 25.3$ MPa。

按照设计要求,可靠度 $R = 0.999\,9$,由可靠度正态分布表查得 $Z_R = 3.719$,代入可靠度连接方程式(3.23),得

$$3.719 = \frac{667 - \dfrac{162.296\,315 \times 10^5}{\overline{d}^3}}{\sqrt{25.3^2 + \left(\dfrac{2.272\,544\,829 \times 10^5}{\overline{d}^3}\right)^2}}$$

整理化简得方程

$$\overline{d}^6 - 49\,652.623\,62\overline{d}^3 + 6.024\,426\,4 \times 10^8 = 0$$

解方程,舍弃不合理的根,得 $\overline{d} = 30.565\,210\,41$ mm,取 $\overline{d} = 32$ mm,则

直径 d 的标准差 $\sigma_d = 0.001\,67\overline{d} = 0.053$ mm

直径公差为 $\pm 3\sigma_d = \pm 0.160$ mm

所以,轴的直径为 $d = (32 \pm 0.160)$ mm

比较上述两种计算方法的结果可以看出,尽管安全系数 S 取为1.7,不大,但安全系数设计法的设计结果远大于可靠性设计结果。如果按可靠性设计,轴径可减少$\dfrac{46.62 - 32}{46.62} \times 100\% = 31.4\%$,若折算成质量,这是一个不小的数字;如果是批量生产,其经济效益就很可观,而且有99.99%的可靠度,失效概率仅0.01%,按照工程上极小概率事件不可能发生的概念,几乎不可能出现失效。

事实上,轴在变应力下工作时,往往是疲劳损坏,因此疲劳强度的可靠性设计在高可靠性要求、变载荷作用的机械设计中的地位日益突出,它将强度、载荷、尺寸、应力、寿命等都做随机变量处理,但设计过程比较繁琐,请参考零、部件有关的抗疲劳可靠性设计专业书籍。

3.6.3* 系统的可靠性设计

系统的可靠性设计包括可靠度分析和可靠度分配。系统可靠度分析是指在系统组成零、部件的结构完全确定、相互之间的失效影响关系明确、可靠度已知的情况下,利用建立的系统的可靠度模型,求出系统总的可靠度,以检验是否满足要求;而对于系统总可靠度已知,零、部件之间的失效影响概率确定,系统可靠度数学模型清楚的情况,需要合理确定各零、部件的可靠度,进而确定零件的主要结构参数,达到系统价格和性能最优,这属于可靠度分配的问题,也是可靠度优化的问题。

对于由多个零、部件或子系统组成的机器设备,总可靠度 R_S 的计算模型可分为串联系统、并联系统、混联系统、表决系统、备用冗余系统和复杂系统等模型,请参考有关可靠度设计的专业书籍。

3.7* 机械性能的有限元分析方法

3.7.1 有限元方法解题的基本思路

在对机械结构的力学分析中,我们所关心的问题大部分是最大应力和最大位移的大小和位置、运动零件的谐振频率及振动条件下的变形分布等,如齿轮传动中,轮齿在不同啮合位置的应力分布和变形、齿根过渡圆弧处的最大应力和位置等,从而可以确定危险截面的位置和应力大小,为齿轮的强度设计提供准确的计算依据。

用有限元方法求解问题的基本思路是:假设我们要分析的零、部件结构是一个实体(如齿轮),要确定实体上任意点的位移和应力,如轮齿上某点的应力和位移。首先从实体上取某一个小的连续区域经过

适当的简化后作为分析区域，如取包含一个轮齿稍大的区域，忽略其上的倒角圆角等影响，该区域就是求解域。将连续的求解区域按一定的规则离散成一定形状的有限个微元体，如四面体或六面体，每个微元体称为一个单元，相邻单元之间只有若干个点相连(如四面体或六面体的顶点和中点)，每一个点称为一个节点，单元之间只通过节点传递力、温度、位移等参量。对一个单元而言，单元内部的未知场函数(如位移、应力、温度、电场、磁场等)可以通过一定阶数的单元节点上的相应参量(如节点位移、应力、温度、电场、磁场等)的插值函数来逼近，通过力学平衡等方法可以建立一个单元上的节点力和节点位移之间的关系式，当所有单元的平衡方程都求得以后，在整个求解区域内利用已知边界条件进行平衡方程的求解，从而解得所有节点上的参量值。再反推回去，利用已求得的节点参量值，通过节点参量的插值函数，求得单元内任意一点的未知量近似值。可见有限元方法是一种近似的数值求解方法，单元越小，插值误差越小，精度越高，结果越靠近真解，但此时单元数目会急剧增多，计算量会越大，计算误差越难控制。图3.11是利用有限元法求解轮齿齿根应力分布的模型、网格和结果。

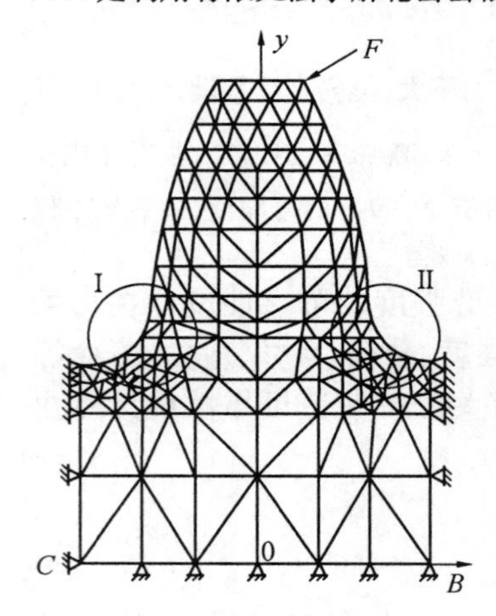

(a) 轮齿应力计算的有限元网格

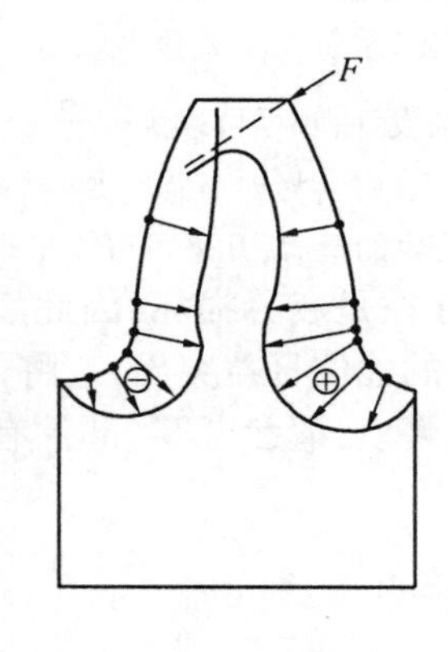

(b) 轮齿表面弯曲应力分布

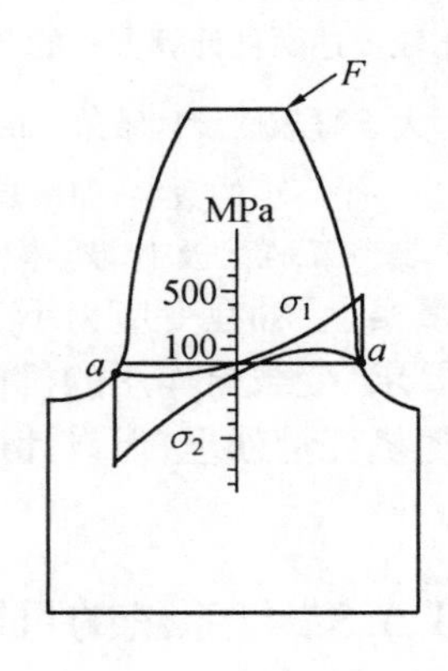

(c) 齿根危险截面 a–a 上的弯曲应力分布

图 3.11 轮齿应力的有限元分析

3.7.2 常用单元类型简介

有限单元法常用的单元类型从形状上分有三角形单元、四边形单元、杆单元、梁单元、四面体单元、三棱柱单元、六面体单元、板壳单元等，各种单元分别用在离散不同的分析模型上，如表3.2所示。

表3.2 常用单元的形状、节点位移分量和应用场所

单元名称	单元图形	每个单元的节点数目	每个节点的自由度(未知量)数目	使用场所
桁杆单元	y, v_j, j, (n), u_j, v_i, w_j, i, u_i, w_i, O, x, z	2个，分别为 i, j	3个(对应 x、y、z 方向的位移分量 u、v、w)	用于分析各短杆两端铆接或铰接的桁架，如塔吊式起重机桁架转臂

续表 3.2

单元名称	单元图形	每个单元的节点数目	每个节点的自由度(未知量)数目	使用场所
梁单元	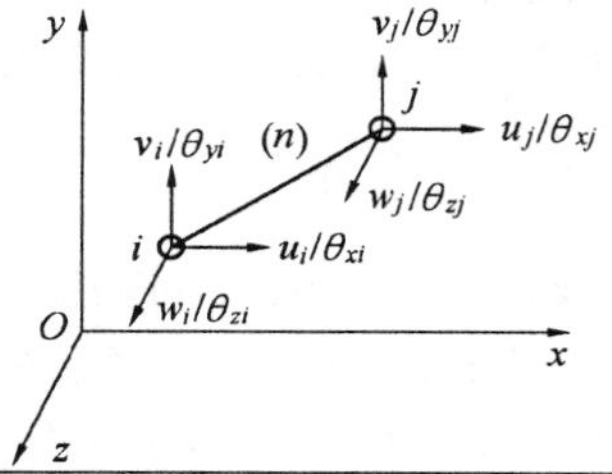	2个，分别为 i，j	6个(对应 x、y、z 方向的位移分量 u、v、w 和转角 θ_x、θ_y 和 θ_z)	用于分析各短杆两端焊接的桁架
平面三角形单元	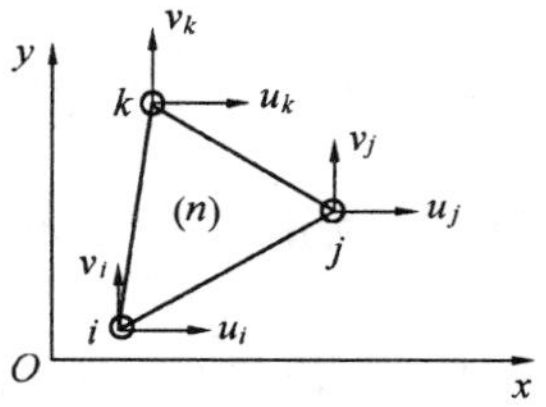	3个，分别为 i，j，k	2个(对应 x、y 方向的位移分量 u、v)	用于分析厚度很小的平面应力问题或厚度无限大的平面应变问题
平面四边形单元	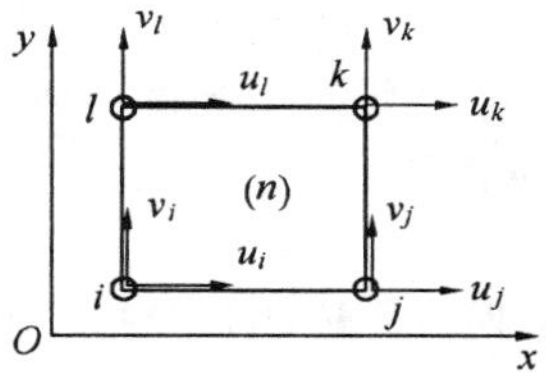	4个，分别为 i，j，k，l	2个(对应 x、y 方向的位移分量 u、v)	用于分析厚度很小的平面结构问题
三维六面体单元	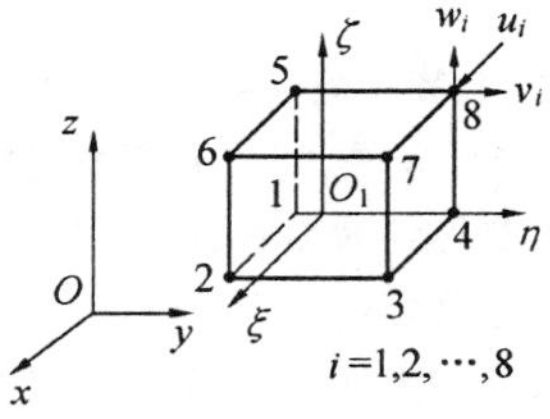 $i=1,2,\cdots,8$	8个，分别为 1，2，…，8	3个(对应 x、y、z 方向的位移分量 u、v、w)	用于分析三维实体结构问题，要求边界表面规则
三维20节点等参数单元	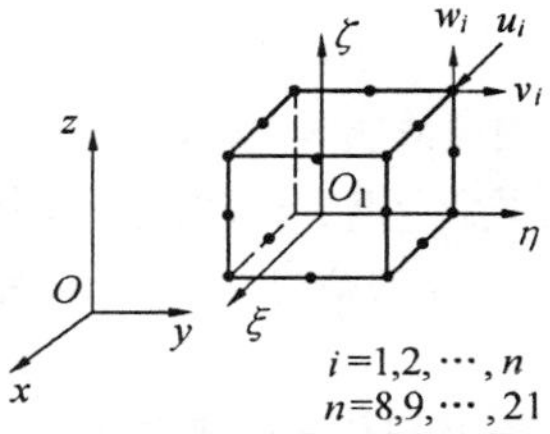 $i=1,2,\cdots,n$ $n=8,9,\cdots,21$	20个，分别为 1，2，…，20	3个(对应 x、y、z 方向的位移分量 u、v、w)	用于三维实体结构问题，边界表面规则或不规则均可，比四面体单元精度高

3.7.3 有限元方法的解题步骤

1.建立计算模型

工程结构往往十分复杂，进行有限元分析前，必须根据实际情况将工程结构简化成既便于有限元分析又不使结构性质失真的计算模型，称为建模。模型简化越少，模型结构越接近实际结构，分析失真的可能性会越小，但需要划分的单元数增多，单元节点数增多，分析费用将与单元数目成指数关系上升。

建立有限元分析模型的方法有以下几种：一是凭经验、凭借积累的有关有限元分析资料和相应知识；二是通过试算，将同一个问题的不同计算模型的结果加以比较，确定哪一种模型最优；三是仿照他人所做过的类似分析，建立自己的计算模型。最优的计算模型应该是在满足工程精度的前提下，使分析费用最低、分析简单。

2.计算模型的合理离散原则划分有限元网格

计算模型的离散要解决单元类型、单元形状、单元数目及复杂边界的离散等问题。对于简单的计算模型可以用一种单元离散，对于复杂的计算模型，往往需要采用多种不同的单元组合来离散。比如，在薄壁箱体类零、部件中，往往有加强筋，这类结构通常采用板单元和梁单元的组合进行离散。离散计算模型时应遵循以下原则：

(1)待求量(如位移、应力、温度等)剧烈变化或变化梯度大的地方，单元尺寸应尽量小些。

(2)分析人员所关心的区域，单元应密些。

(3)结构离散时尽可能采用规则单元，避免形状极度扭曲的单元，防止由于相邻单元间尺寸过分悬殊，导致大尺寸单元的求解误差淹没小尺寸单元的真实解。

(4)尽可能将集中载荷作用点离散成有限元网格的节点，这样集中载荷可以直接当作节点外载荷加到求解域的平衡方程上。

(5)有限元计算结果的精度与单元的相对尺寸直接有关，与单元的绝对尺寸关系并不明显，对于一定尺寸的计算模型，应采取多次试算，逐步加密单元网格，以确定合适的网格密度，当相邻两次不同尺寸的网格计算结果的精度变化很小(工程上可以接受)时，说明网格尺寸已趋于合理，不必再加密单元网格。

离散计算模型，就是要按有限元程序的要求准备好有限元网格数据文件，包括节点编号及坐标，单元编号及每一个单元采用的材料信息、对应的节点号等。

3.求解

解有限元方程之前，还要进行载荷处理，即将体积力、表面力、集中载荷等按一定的方法等效到节点上去，得到等效节点的集中载荷列向量；需要确定计算模型的边界条件，如边界节点是否固定。最后将包含网格节点信息、单元信息、载荷信息、边界条件信息的数据文件作为输入数据文件，启动标准有限元程序求解，得出各节点的位移和应力。如果需要得到计算模型上某点的应力或位移，则需要首先确定该点所在的单元和该单元上的节点，然后从结果文件中调出各节点的坐标和位移，根据坐标插值求得待求点的位移；根据单元内部的应力方程求得待求点的应力。

4.有限元分析的前、后处理

由前面几步已经清楚，要进行有限元计算，就得将计算模型离散成有限个单元，也就是需要提供给计算机每一个单元有哪些节点、每个节点的编号和具体坐标、每个节点上的载荷和每个单元的材料等，即前处理；计算完了以后需要将节点和单元内部的结果对应到具体的结构上，作图或绘制曲线，即后处理。

计算机内存容量及运算速度的增加，使得对大规模复杂问题的整体求解成为可能，还可以通过进一步加密有限元网格，达到提高计算精度的目的。从计算机存储容量上看，通过内外存储交换可以处理无限多的节点自由度。但是无论出现上述哪一种情况，都会使单元和节点信息急剧增加。如果复杂问题的分析前处理采用人工输入计算机再形成数据文件，数据准备工作量是相当大的，而且非常容易出错。应用网格自动生成软件，用户只要给出少量的控制信息，即可生成用户所需要的有限元网格信息文件，可随意控制网格的疏密度或按一定的控制参数生成自适应网格。目前网格的半自动生成方法有子域法、密度函数法、参数映射法等。网格的自适应生成往往还与三维 CAD 相联系，用三维设计软件对被分析对象进行三维设计再进行离散,并进一步进行有限元分析,再利用计算结果对设计或造型结果进行改进。

后处理包括各种等值线(如等应力线等)及各种计算结果曲线处理,必要时还可以提取某一点的数值,可以用颜色表示应力场、面应力分布、分布弯矩等,还可以动态显示变形曲线、振型曲线、激励响应等。目前商用有限元程序都带有造型、前处理和后处理功能,分析结果的可视性得到了大大加强,因而一般的非专业人员也可以进行简单的分析。

3.7.4 常用大型有限元程序简介

由于有限元方法分析问题的范围非常广泛,分析对象非常灵活,可以分析零、部件或系统的性能,可以分析应力、变形、温度、磁场、电场、振动、冲击、碰撞、随机响应等问题,有限元方法已经逐步被认为是一个机械领域专业人员必须掌握的工具。人们已经将三维实体造型、自动网格划分等前处理、有限元计算、结果后处理和结构优化等高度集成为大型通用程序,如 NASTRAN、ALGOR、ADINA、IDEAS、ANSYS 等软件;另外,也可以使用 ProE、UG 等软件进行三维设计和造型,通过这些程序自带的接口程序将造型结果转化为有限元标准输入数据文件,经过添加相关的约束、载荷等数据,就可以采用通用的有限元程序进行计算、分析和处理,这些都属于计算机辅助工程(CAE)方面的内容,在有关的软件说明书和使用手册中有详细的介绍和例题。

第4章 摩擦、磨损和润滑

内容提要 本章概述了机械设计中有关摩擦学方面的一些基本知识。主要包括：摩擦、磨损的分类、机理、特性及影响因素；形成压力油膜的动压和静压原理；弹性流体动压润滑的基本知识；润滑剂的主要性能指标及影响因素。

Abstract The purpose of this chapter is to introduce the basic knowledge about tribology in machine design. It consists of the categories of friction and wear, the mechanisms and characteristics and affecting factors of each category, hydrostatic and hydrodynamic principles of forming pressure oil film, the fundamentals of elastic hydrodynamic lubrication, and the main properties of lubricants and affecting factors.

任何机械工作时，相互接触并做相对运动的界面都存在摩擦。摩擦是一种不可逆的过程，摩擦的结果导致传递能量消耗、摩擦表面及工作环境温度升高、工作条件恶化，甚至有些零件因过热而失效；摩擦还使零件接触面发生磨损，过度磨损会使机械丧失应有的精度而失效。据统计，世界上在工业方面约有1/3~1/2的能量消耗在摩擦上，因磨损而报废的零件约占报废零件的总数的80%。可见，摩擦磨损造成的经济损失是巨大的，不容忽视。实际上，从17世纪人们就开始对摩擦进行系统研究，但是，由于摩擦、磨损和润滑过程的复杂性，对它们的机理，至今仍在研究探讨。从19世纪60年代末，逐渐形成了一门专门的学问——摩擦学。研究表明，在机械设计中，正确运用摩擦学知识与技术，会产生巨大的经济和社会效益。例如，英国1965年节约了5.15亿英镑，日本1974年节约27.3亿美元，我国（调查结果到2000年）每年可节约400亿人民币。现在，人们把运用摩擦学知识进行设计的过程称为“摩擦学设计”。

为了减小摩擦、降低磨损，乃至避免磨损、节约能源、延长机械的使用寿命，在研究机械设计之前，应对摩擦磨损及润滑方面的基本知识和基本原理有所了解，并在机械设计中正确运动这些知识。

值得指出的是，摩擦并非总是有害的，如带传动、摩擦轮传动、摩擦制动器、摩擦防松等正是靠摩擦工作的，这时需要研究增大摩擦技术。

4.1 摩 擦

在外力作用下，两个相互接触的物体，有相对运动或相对运动趋势时，在滑动表面所产生的切向阻力叫做摩擦力，这种现象称为摩擦。摩擦可分为外摩擦和内摩擦。存在于两物体表面间的摩擦称为外摩擦；流体运动时，由于分子间相互作用产生黏剪力，这种存在于流体内部的摩擦称为内摩擦。按摩擦界面的润滑状态，又可将摩擦分为干摩擦、边界摩擦、流体摩擦和混合摩擦。由于后三种摩擦状态是加注了润滑剂之后形成的,所以,又分别称为边界润滑、流体润滑和混合润滑,如图4.1所示。

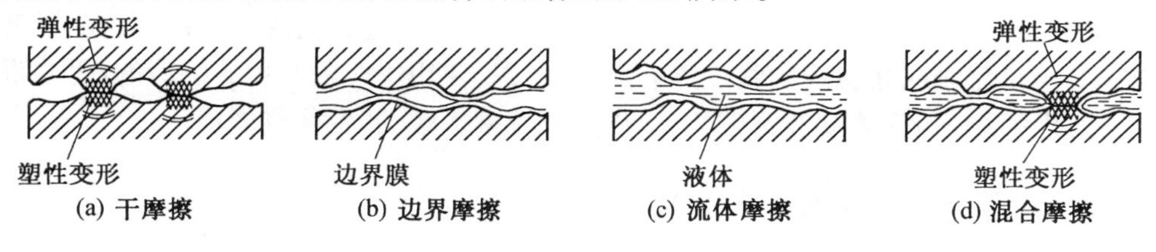

图4.1 摩擦状态

4.1.1 干摩擦

不加润滑剂时,相对运动的零件表面直接接触,这样产生的摩擦称为干摩擦。图4.1(a)所示为干摩擦状态。古典摩擦理论认为,干摩擦的摩擦力大小与名义接触面积无关,而与法向载荷成正比;摩擦力的大小几乎与接触表面间的滑动速度无关;静摩擦力大于动摩擦力,摩擦力的大小可由式(4.1)表示,即

$$F_f = f F_n \tag{4.1}$$

式中 f—— 摩擦因数;

F_n—— 法向载荷;

F_f—— 摩擦力。

古典摩擦定律是不完全正确的,某些观点与实际情况不相吻合。关于摩擦机理,目前被广泛接受的“分子 - 机械理论”认为,任何机械零件表面都具有大小和形状不同的“微峰”。在法向载荷的作用下,两物体接触时,实际接触的只是那些“微峰”,故实际接触面积A_r远小于用几何尺寸表示的名义接触面积A_0。由于A_r很小,在法向力F_n的作用下,在“微峰”处造成很大的压应力,足以使“微峰”产生塑性变形。靠得很近的两表面金属分子的结合力使一些接触点相粘合(冷焊)。当两物体做相对运动时,必须克服粘接阻力剪断这些粘接点,这种剪切力构成了摩擦力的分子引力分量$F_{分子}$;当较硬的表面与较软的表面接触时,较硬的“微峰”将软表面切出沟纹(犁沟),软表面的塑性变形抗力构成了摩擦力的机械分量$F_{机械}$。一般情况下接触表面上的摩擦力由以上两部分组成。摩擦力大小可由式(4.2)表示,即

$$F_f = F_{分子} + F_{机械} = \alpha \cdot A_r + \beta \cdot F_n \tag{4.2}$$

式中 α、β—— 与表面物理、机械性能有关的系数,详细资料可参考有关手册。

影响摩擦因数的因素很多,除摩擦副的配偶材料外,主要还有表面粗糙度、表面膜、镀层和涂层、滑动速度、环境的温度和湿度等。该理论考虑的因素较全面,也较符合实际,所以它不仅适用于干摩擦,而且也适用于边界摩擦。干摩擦的摩擦因数大、磨损严重,设计时应采取一定的措施,尽量避免或减少干摩擦。

4.1.2 边界摩擦

两表面加入润滑剂后,在材料表面会形成一层边界膜,它可能是物理吸附膜和化学吸

附膜,也可能是化学反应膜。当不满足流体动压形成条件,或虽有动压力但压力较低,油膜较薄时,在载荷的作用下,边界膜互相接触,这种摩擦状态称为边界摩擦,见图4.1(b)。边界膜有较好的润滑作用,但一般润滑油的边界膜强度不高,在较大压力作用下边界膜容易破坏,而且温度增高时边界膜的强度显著降低。所以,使用中应限制边界润滑的压力、温度和运动速度,否则,边界膜会遭到破坏,造成金属直接接触,产生严重磨损。

4.1.3 流体摩擦(流体润滑)

如图4.1(c),当两摩擦表面被流体(液体或气体)完全隔开时,摩擦表面不会产生金属间的直接摩擦,但流体层间的相对运动产生内摩擦,流体层间的黏剪阻力就是摩擦力,这种摩擦称为流体摩擦。流体摩擦不会发生金属表面磨损,摩擦因数小,是理想摩擦状态。

实现流体摩擦有下列三种方法,现分述如下:

1.流体动压润滑

流体动压润滑的实现可用图4.3所示的模型来说明。图中有互相倾斜的两块平板A和B,其间充满黏性流体。B板固定不动,当A板沿 x 方向运动时,就会将具有一定黏度的流体带入楔形间隙,形成具有一定动压力的油膜,只要外部作用于A板上的载荷不超过油膜动压力 p 的合力,A板就会与B板保持一定的距离而不接触,形成流体摩擦。有关流体动压承载机理的详细论述见第12章。

2.弹性流体动压润滑

有些高副接触的机械零件(如齿轮、滚动轴承等)局部接触压力很高,接触区的弹性变形及由于压力增高而引起的润滑油黏度的增大是不容忽视的。理论和实践都证明,高副接触表面的弹性变形区也能形成流体润滑膜。将这种考虑了接触区弹性变形和压力对接触区润滑油黏度的影响的动压润滑称为弹性流体动压润滑(EHL),简称为弹流润滑。图4.3表示接触区弹性变形、油膜形状和压力分布曲线。在赫兹应力的作用下接触点产生弹性变形,两表面形成平等的赫兹接触区,接触区的宽度和干接触时的赫兹接触区宽度相等。两表面距离 h_0 称为平均油膜厚度。接触区的出口处油膜变薄,这种现象称为“颈缩”,此处两表面距离 h_{min} 称为最小油膜厚度。只要 h_{min} 大于两表面粗糙度之和,就能实现流体

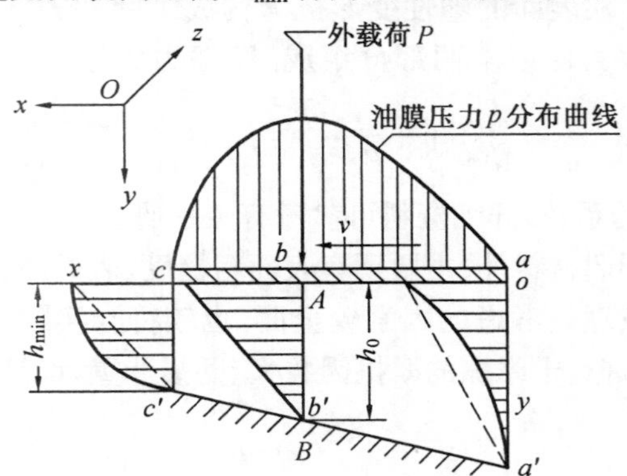

图4.2 流体动压力的形成

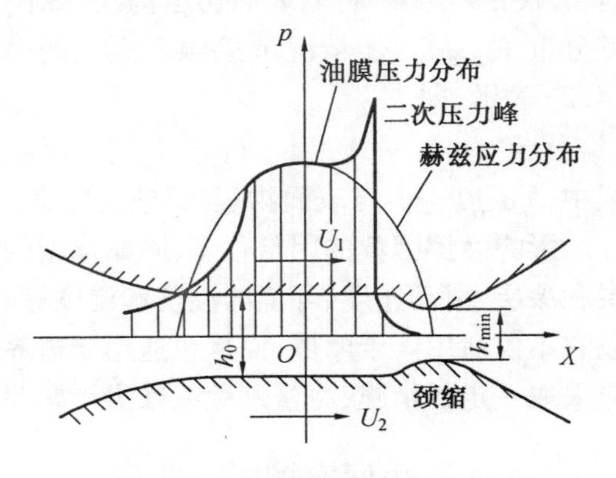

图4.3 弹性流体动压润滑状态

润滑。接触区的压力分布曲线与干接触时基本相同，只是在“颈缩”处出现二次压力峰。油膜厚度的大小与接触表面尺寸、形状，接触体的材料，接触体运动速度，润滑油的黏度，黏压指数，以及载荷大小等诸多因素有关。关于弹流润滑的理论及应用见有关专著。

3. 流体静压润滑

流体动压润滑和弹性流体动压润滑都是靠被润滑表面的运动速度足够大，而将润滑油带入润滑部位的。机器启动和停车时速度较低，此时流体动压力不高，不足以平衡外载荷，不能保证流体润滑，因而不能避免磨损。此外，流体动压力的大小随零件的几何参数、运动参数及载荷的波动而变化，因此不能获得稳定的压力，也不能保证运动精度。采用流体静压润滑可以克服上述缺点，流体静压润滑的模型如图4.4所示。用油泵将润滑油经过节流器以所需要的压力注入被润滑表面的油室，再由油室的封油边流回油箱。油室内压力足够大时，就可以和外载荷相平衡，使两表面保持一定距离，维持流体润滑状态。

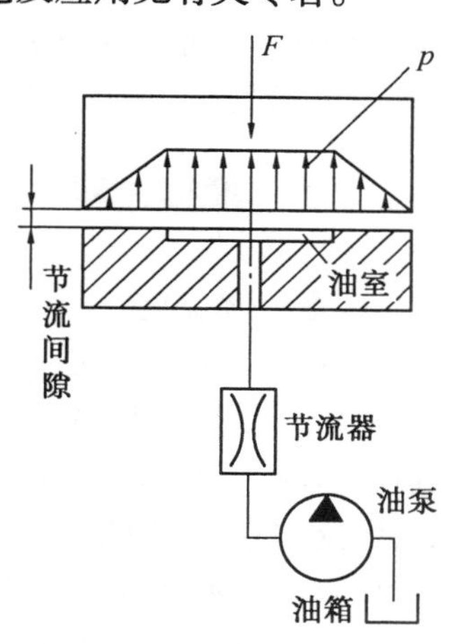

图4.4 流体静压润滑原理

流体静压润滑是靠外界提供具有一定压力的润滑油实现的，承载能力不受两表面的相对速度和表面粗糙度等因素影响，运动精度高。在机床、发电机等设备中应用流体静压润滑已获得满意效果。但流体静压润滑需要一个较复杂的液压(气压)系统，造价较高，维护费用较高。关于静压润滑的理论及应用见有关专著。

4.1.4 混合摩擦

当动压润滑条件不具备，且边界膜遭到破坏时，就会出现流体摩擦、边界摩擦和干摩擦同时存在的现象，这种摩擦状态称为混合摩擦，如图4.1(d)。

不同摩擦状态下的摩擦因数概率值见表4.1。

表4.1 不同摩擦状态下的摩擦因数概率值

摩擦状态	摩擦因数	摩擦状态	摩擦因数
干摩擦(洁净表面，无润滑)		边界摩擦	
相同金属：		矿物油润滑金属表面	0.15 ~ 0.3
黄铜—黄铜	0.8 ~ 1.5	加油性添加剂的油润滑	
青铜—青铜		钢-钢；尼龙-钢	0.05 ~ 0.10
异种金属：		尼龙-尼龙	0.10 ~ 0.20
铜铅合金—钢	0.15 ~ 0.3	流体摩擦	
巴氏合金—钢			
非金属：		液体动压润滑	0.01 ~ 0.001
橡胶—其他材料	0.6 ~ 0.9	液体静压润滑	0.001 ~ 0.000 01
聚四氟乙烯	0.04 ~ 0.12	(与设计参数有关)	
固体摩擦		滚动摩擦	
石墨、二硫化钼	0.06 ~ 0.20	圆柱在平面上纯滚动	0.001 ~ 0.000 01
铅膜润滑	0.08 ~ 0.20	一般滚动轴承	0.01 ~ 0.001

4.2 磨损

运动副表面材料不断损失的现象称为磨损。单位时间内材料的磨损量(体积、质量、厚度等)称为磨损率。一个零件的磨损过程大致可分为三个阶段,如图 4.5 所示。

4.2.1 磨损过程

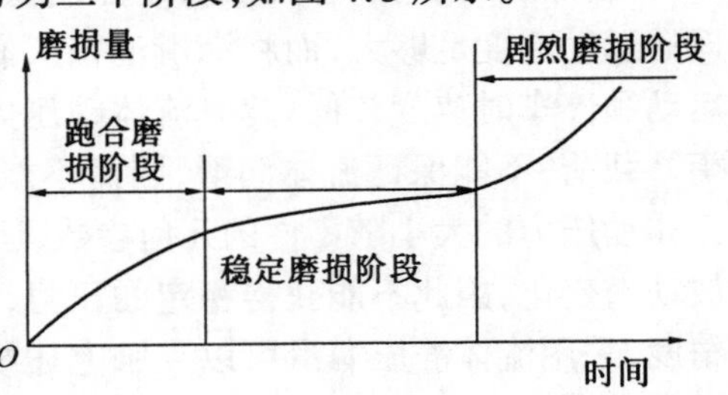

图 4.5 磨损的三个阶段

1.跑合磨损阶段

由于机械零件加工后表面总有一定的粗糙度,在运转初期摩擦副的实际接触面积较小的接触点存在很大剪应力,表面粗糙度微峰容易剪断,因此,这一阶段磨损速度较大。随着跑合的进行,表面粗糙度微峰被磨平,实际接触面积不断增大,磨损速度减慢,磨损速度达到一定值后,进入稳定磨损阶段。

2.稳定磨损阶段

在这个阶段,零件以平稳而缓慢的速度磨损,这个阶段的时间长短代表着零件的使用寿命长短。

3.剧烈磨损阶段

经过稳定磨损阶段后,零件表面材料不断损失,使运动副间隙增大,引起附加动载荷,产生噪声和振动,摩擦副的温度会急剧升高,不能保证良好的润滑状态,磨损速度会急剧增大。此时必须及时更换零件,以免造成事故。因此,使用机器时应力求缩短跑合期,延长稳定磨损期,以保证机器具有一定的使用寿命。

4.2.2 磨损分类

根据磨损机理可将磨损分为粘着磨损、磨粒磨损、疲劳磨损、冲蚀磨损及腐蚀磨损等。

1.粘着磨损

当相对运动的两表面处于混合摩擦或边界摩擦状态,载荷较大,相对运动速度较高时,边界膜可能遭到破坏,两表面粗糙度微峰直接接触,形成粘着结点。此时,若两表面相对运动,粘着结点会遭到破坏,材料会从一个表面转移到另一表面,或离开表面成为磨粒,这种现象称为粘着磨损。粘着磨损是金属摩擦副最普遍的一种磨损形式之一。

粘着磨损与材料的硬度、表面粗糙度、相对运动速度、工作温度及载荷大小等因素有关。同类材料的摩擦副较异类材料的摩擦副容易粘着;脆性材料较塑性材料的抗粘着能力强;在一定范围内零件的表面粗糙度值越小,抗粘着能力越强。

2.磨粒磨损

摩擦副表面上的较硬的微峰及从外界进入摩擦副间的硬质颗粒会起到“磨削”作用,使摩擦副表面材料不断损失,这种磨损称为磨粒磨损。除流体润滑状态外,其他摩擦状态下工作的零件均有可能出现磨粒磨损。磨粒磨损是干摩擦状态下的主要失效形式。磨粒磨损破坏零件表面几何形状，使零件承载面积减小，当工作应力超过许用应力时，会发生突然折断。一般情况下材料的硬度越高，耐磨性越好。

3.疲劳磨损

高副接触的两表面(如齿轮、滚动轴承等)，在接触应力(赫兹应力)的反复作用下，零件工作表面或表面下一定深度处会形成疲劳裂纹，随着裂纹的扩展与相互交接，会使表层金属剥落，出现凹坑，这种磨损称为疲劳磨损，也称为疲劳点蚀或简称点蚀。

材料硬度越低，接触应力越大，越容易出现点蚀；表面粗糙度值较大时，容易发生疲劳点蚀；油的黏度较大时，有利于提高疲劳寿命。

4.冲蚀磨损

具有一定速度的硬质微粒冲击物体表面时，物体表面受到法向力及切向力，当硬质微粒反复作用物体表面时，就会造成表面疲劳破坏，物体表面会不断损失材料，这种磨损称为冲蚀磨损。例如，燃气涡轮机叶片、火箭发动机尾喷管这类零件的破坏均是由于冲蚀磨损而引起的。

5.腐蚀磨损

摩擦副受到空气中的酸或润滑油中残存的少量无机酸和水分的化学或电化学作用，使摩擦副表面材料不断损失，这种磨损称为腐蚀磨损。

4.3 润滑剂和添加剂

润滑剂是润滑油、润滑脂和固体润滑剂的总称。向摩擦表面间加注润滑剂主要作用是减轻或防止磨损，减小摩擦，降低工作表面的温度。当采用循环润滑时，润滑油还能带走摩擦所产生的热量，对降温更有效。此外，润滑剂还具有防锈、传递动力、消除污物、减振和密封等功效。

润滑剂可分为液体润滑剂、气体润滑剂、固体润滑剂和半固体润滑剂四大类。机械的用途、重要性及工作条件不同，所选择的润滑剂也不同。一般机械中常用的润滑剂为润滑油和润滑脂，只有特殊情况(如真空、高温等条件)下需采用固体润滑剂。

4.3.1 液体润滑剂

液体润滑剂通常也称润滑油。常用的液体润滑剂可分为三类：一是有机油，如动植物油；二是矿物油，主要是石油产品；三是化学合成油。其中矿物油具有黏度品种多、适应范围广、挥发性低、稳定性好、防腐性好、价格便宜等特点，故应用最多。动植物油中因含有较多的硬脂酸，其稳定性差且来源有限，所以使用不多。化学合成油不是从石油中提炼的，而是用化学合成的方法制成的新型润滑油，它能满足矿物油所不能满足的某些特殊要求，如高温、低温、高速重载、真空和抗辐射等。它多是针对某些特殊要求而研制，成本较高。主要应用在军工、原子能、宇航等高科技领域中，而在一般机械中应用较少。

1.润滑油的黏度

黏度是润滑油的主要物理性能指标。它反映了润滑油在外力作用下抵抗剪切变形的能力，也是液体内摩擦力大小的标志。图4.6为黏性流体流动模型。A、B平板间充满黏性流体，A 板静止不动，B 板在外力作用下以速度 v 沿 x 方向运动。与 B 板接触的流体层被吸附在 B 板上，随 B 板以速度 v 沿 x 方向运动。与 A 板接触的流体层被吸附在 A 板上，速度为零。中间各流体层的速度从 B 板到 A 板逐渐降低，速度按直线规律分布。外力 F 与流体层间的剪切力相平衡，故有

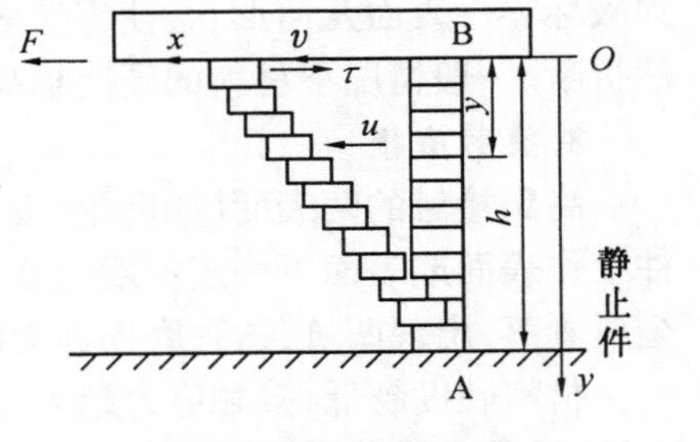

$$F = A \cdot \tau$$

式中　A—— 流体剪切面积(mm^2)；

τ—— 流体剪切应力(MPa)。

图 4.6　黏性流体流动模型

实验研究表明，剪切应力 τ 与流体沿 y 方向速度的梯度成正比，即

$$\tau = -\eta \cdot \mathrm{d}u/\mathrm{d}y \tag{4.3}$$

式中　η—— 流体的黏度；

负号表示沿 y 方向的速度增量 $\mathrm{d}u/\mathrm{d}y$ 为负。

式(4.3) 称为牛顿流体黏性定律，凡符合此定律的流体称为牛顿流体，否则称为非牛顿流体。

黏度的表示方法有多种，下面介绍几种常用的表示方法。

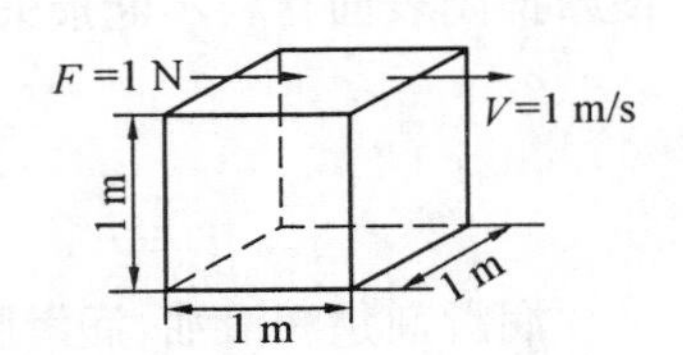

图 4.7　流体的动力黏度

(1) 动力黏度 η。图 4.7 所示为长、宽、高各为 1 m 的流体，如果使立方体顶面流体层相对底面流体层产生 1 m/s 的运动速度，所需要的外力 F 为 1 N 时，则流体的黏度 η 为 1 N · s/m²，称为"帕秒"，常用 Pa · s 表示。用这种方法定义的黏度为动力黏度。若以 cm、dyn 和 cm/s 分别表示长度、外力和速度，则黏度单位为 dyn · s/cm² 叫做"泊"，常用 P 表示。P 的 1/100 为 cP(厘泊)，换算关系为 1 Pa · s = 10 P = 1 000 cP。

(2) 运动黏度 ν。流体的动力黏度与同温度下的密度 ρ 的比值，称为运动黏度

$$\nu = \frac{\eta}{\rho} \tag{4.4}$$

运动黏度的单位是 cm²/s，叫做"斯"，常用 St 表示。St 的 1/100 是 cSt，叫做"厘斯"，换算关系为 $1\ \mathrm{m^2/s} = 10^4\ \mathrm{St} = 10^6\ \mathrm{cSt}$。常用矿物油密度 $\rho = (850 \sim 900)\ \mathrm{kg/m^3}$。

(3) 相对黏度。在生产中有时用相对黏度。恩氏黏度是相对黏度的一种，它是用 200 ml 的黏性流体，在给定的温度 t 下流经一定直径的小孔所需的时间，与同体积的蒸馏水在 20℃ 时流经同样的小孔所需时间的比值来衡量流体的黏性。恩氏黏度用 °Et 表示。

以上三种黏度在生产和经营中都可采用，但润滑计算时多用动力黏度。

2. 润滑油的黏温和黏压特性

(1) 黏温特性。温度对润滑油的黏度有明显影响，图 4.8 给出了几种常用润滑油的黏温曲线，从图中可以看出，润滑油的黏度随温度上升而迅速下降。设计和使用机器时，必须重视温度对黏度的影响。

我国对润滑油的牌号进行了修订。表 4.2 是新标准规定的工业用全损耗通用润滑油黏度牌号。而图 4.8 是新国标规定的机械油牌号。新旧标准除了润滑油牌号有变化外，其

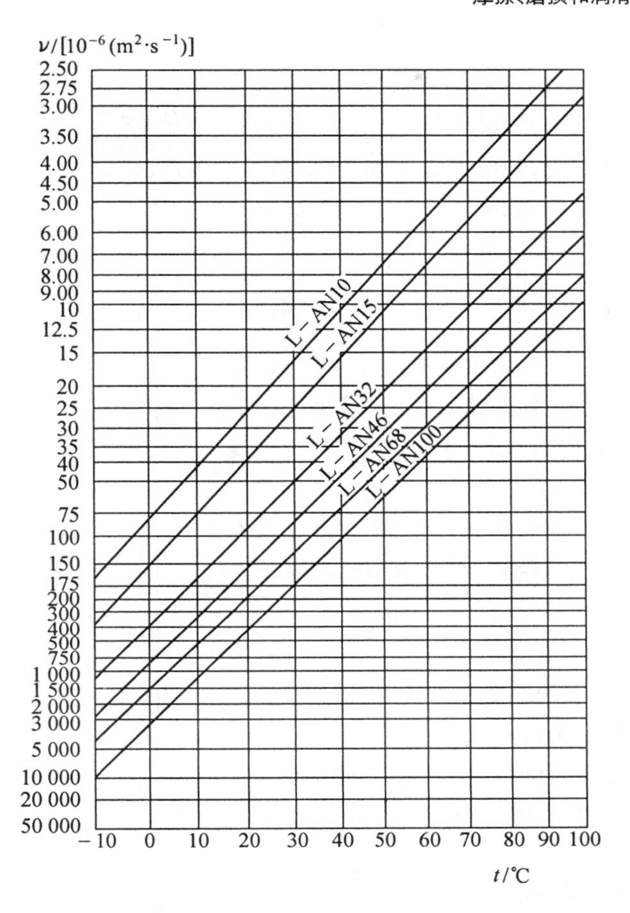

图4.8　几种润滑油的黏温关系曲线

表4.2　工业用全损耗通用润滑油黏度牌号

新国标 黏度牌号	运动黏度范围/ [10^{-6}($m^2 \cdot s^{-1}$)](40℃)	运动黏度平均值/ [10^{-6}($m^2 \cdot s^{-1}$)](40℃)
L-AN5	4.16 ~ 5.04	4.6
L-AN7	6.12 ~ 7.48	6.8
L-AN10	9.00 ~ 11.0	10
L-AN15	13.5 ~ 16.5	15
L-AN22	19.8 ~ 24.2	22
L-AN32	28.8 ~ 35.2	32
L-AN46	41.4 ~ 50.6	46
L-AN68	61.2 ~ 74.8	68
L-AN100	90.0 ~ 110	100
L-AN150	135 ~ 165	150

主要差别是测量黏度的温度不同,旧标准规定的润滑油牌号表示在50℃时测量的运动黏度的平均值,而新标准规定的牌号表示在40℃时测量的运动黏度平均值。目前,尚未制定出对应新标准的黏温曲线。新旧标准规定的黏度值对照如图4.9,应用时可利用图4.9、式

(4.5a)、(4.5b) 进行换算。

实验表明润滑油的黏度随温度的变化存在指数关系。

$$\eta_t = \eta_0(t_0/t)^m \tag{4.5a}$$

式中　m—— 黏温指数,其值取决于油的品种。

对于某种油,只要知道两个温度(t_0, t) 及所对应的黏度(η_0, η),即可求得 m

$$m = \frac{\ln(\eta_t/\eta_0)}{\ln(t_0/t)} \tag{4.5b}$$

可以利用黏温曲线查出某种油在温度 t_0 时的黏度 η_0 和温度 t 时的黏度 η_t,代入式(4.5b),求出这种油的黏温指数 m,然后代入式(4.5a),可计算出任意温度下的黏度。

(2) 黏压特性。润滑油的黏度随压力的升高而增大,这种关系称为黏压特性。实验表明,黏度和压力的关系可以用式(4.6) 表示

$$\eta = \eta_0 e^{\alpha p} \tag{4.6}$$

式中　η_0—— 常压下油的黏度(Pa · s);

p—— 油的压力(Pa);

α—— 黏压指数(m^2/N),α 值与油的种类有关,对于一般的润滑油 $\alpha = (1 \sim 3) \times 10^{-8}$ m^2/N。

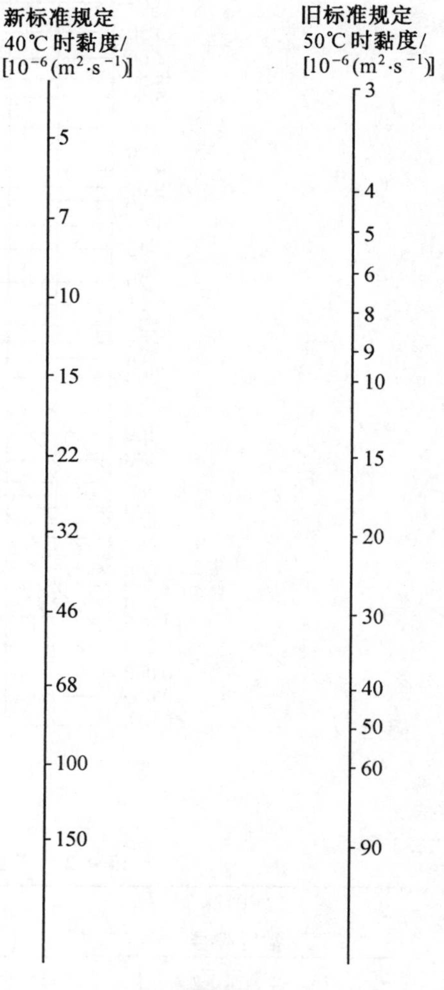

3. 润滑油的其他物理性能指标

(1) 油性。用油性表示润滑油在摩擦表面上的吸附性能,油性越好的润滑油吸附能力越强,它能在金属表面上形成较为牢固的吸附膜。反之,油性差的油吸附能力差。

新标准规定 40℃时黏度/[$10^{-6}(m^2 \cdot s^{-1})$]：5、7、10、15、22、32、46、68、100、150

旧标准规定 50℃时黏度/[$10^{-6}(m^2 \cdot s^{-1})$]：3、4、5、6、8、9、10、15、20、30、40、50、60、90

图 4.9　新旧标准黏度对照

(2) 闪点和燃点。将润滑油加热,油样蒸气与空气混合并接近明火发生闪光时的油温称为闪点;闪光时间连续达到五秒时的油温称为燃点。机器工作温度高时,应选用燃点高的润滑油。

(3) 凝点。润滑油冷却到不能流动时的温度称为凝点。低温下工作的机器应选用凝点低的润滑油。

(4) 极压性。润滑油中的活性分子与摩擦表面形成耐压、减摩、抗磨的化学膜的能力称为极压性。载荷大的高副接触的摩擦副间宜选用极压性好的润滑油。

(5) 酸值。润滑油中含有有机酸,为中和一克润滑油中的有机酸所需的氢氧化钾的毫克数称为酸值。酸值大的润滑油对零件有腐蚀作用,选择润滑时要限制酸值。

进行机械设计时要根据机器的工作条件、载荷性质等综合考虑润滑油的性质、选择润滑油,使润滑油的主要性能(如黏度、油性等) 符合机器要求。表 4.3 列出了常用润滑油的牌号、性能及应用。

表 4.3 常用润滑油的牌号、性能及应用

名称	牌号	相当于旧牌号	运动黏度/[$10^{-6}(m^2 \cdot s^{-1})$] 40℃	运动黏度/[$10^{-6}(m^2 \cdot s^{-1})$] 50℃	主要用途
全损耗系统用油（GB443—1989）	L－AN7	HJ-5	6.12～7.48	4.68～5.61	用于 8 000～12 000 r/min 高速轻负荷机械设备
	L－AN10	HJ-7	9.00～11.0	6.65～7.99	用于 5 000～8 000 r/min 轻负荷机械设备
	L－AN15	HJ-10	13.5～16.5	9.62～11.5	用于 1 500～5 000 r/min 轻负荷机械设备
	L－AN22		19.8～24.2	13.6～16.3	用于 1 500～5 000 r/min 轻负荷机械设备
	L－AN32	HJ-20	28.8～35.2	19.0～22.6	用于小型机床齿轮、导轨、中型电机
	L－AN46	HJ-30	41.4～51.6	26.1～31.3	适用于各种机床、鼓风机和泵类
	L－AN68	HJ-40	61.2～74.8	37.1～44.4	适用于重型机床、蒸汽机、矿山、纺织机械
	L－AN100	HJ-50	90.0～110	52.4～63.0	适用于重载低速的重型机械
	L－AN150	HJ-60	135～165	75.9～91.7	适用于重型机床设备、起重、轧钢设备
轴承油 SH/T 0017—1990	L－FD2	2	2.0～2.4	1.7～2.0	精密机床主轴轴承的润滑；以压力油浴、油雾润滑的滑动轴承或滚动轴承的润滑；N5 和 N7 亦可做高速锭子油；N10 可做普通仪表轴承及缝纫机用油；N15 可做低压液压系统和其他精密机械用油
	L－FD3	3	2.9～3.5	2.4～2.9	
	L－FD5	4	4.2～5.1	3.3～4.0	
	L－FD7	6	6.2～7.5	4.8～5.7	
	L－FD10	HJ-7	9.0～11.0	6.8～8.1	
	L－FD15	HJ-10	13.5～16.5	9.8～11.8	
工业闭式齿轮油（GB 5903—1995）	L－CKC68	50 号	61.2～74.8	38.7～46.6	工业设备的齿轮、蜗轮及蜗杆传动润滑，460 可代替轧钢机油
	L－CKC100	50 或 70 号	90.0～110	55.3～66.6	
	L－CKC150	70 号	135～165	80.6～97.1	
	L－CKC220	120 号	198～242	115～136	
	L－CKC320	150 号	288～352	163～196	
	L－CKC460	250 号	414～506	228～274	

4.3.2 润滑脂

润滑脂是一种半固体润滑剂，在润滑油中加入适量的稠化剂，加热后混合均匀，冷却成为润滑脂。所用润滑油称为基础油。由于基础油和稠化剂不同，润滑脂的性能也不同。常用润滑脂的性能和应用范围见表 4.4。润滑脂的性能指标主要有锥入度、滴点、析油量、机械杂质、灰分、水分等。

1.锥入度

锥入度是一个标准圆锥体在规定质量（150 g）、时间（5 s）和温度（25℃）条件下沉入标准量杯内的润滑脂的深度（以 0.1 mm 为单位来表示）。该值表示润滑脂的稠度，即润滑脂的软硬程度，也标志着润滑脂内阻力的大小和流动性的强弱。低速重载时选用锥入度小的润滑脂。

2.滴点

滴点是在规定的条件下加热,当润滑脂自滴点计的小孔滴下第一个液滴时的温度。它表示润滑脂的耐热性能,是确定润滑脂最高使用温度的依据。通常润滑脂的工作温度至少比其滴点低20℃左右。工作温度高时应选用滴点高的润滑脂。

表4.4 常用润滑脂的牌号、性能和应用

名称	牌号	锥入度 1/10 mm (25 ℃)	滴点/℃	使用温度/℃	主要用途
钙基润滑脂(GB/T 491—2008)	ZG-1	310~340	75	<55	用于负荷轻和有自动供给润滑脂系统的轴承及小型机械的润滑
	ZG-2	265~295	80	<55	用于轻负荷、中小型滚动轴承及轻负荷、高速机械的摩擦面的润滑
	ZG-3	220~250	85	<60	用于中型电动机的滚动轴承、发电机和其他中等负荷、转速摩擦部位的润滑
	ZG-4	175~205	90	<60	用于重负荷、低速的机械与轴承的润滑
	ZG-5	130~160	95	<65	用于重负荷、低速的轴承的润滑
钠基润滑脂(GB/T 492—1989)	ZN-2 ZN-3 ZN-4	265~295 220~250 175~205	140 140 150	<110 <110 <120	耐高温,但不抗水,适用于各种类型的电动机、发电机、汽车、拖拉机和其他机械设备的高温轴承润滑
锂基润滑脂(GB/T 7324—1994)	ZL-1H ZL-2H ZL-3H ZL-4H	310~340 265~295 220~250 175~205	170 175 180 185	<145	是一种多用途的润滑脂,适用于-20~140℃范围内的各种机械设备的滚动和滑动摩擦部位的润滑
铝基润滑脂(SH/T 0371—1992)		230~280	75	50	抗水性好,用于航运机器摩擦部位润滑及金属表面的防腐,是高度耐水性的润滑脂

4.3.3 固体润滑剂

在某些恶劣的工作条件下(如温度很高或很低,载荷很大或冲击载荷大等),润滑油及润滑脂都难以维持良好的润滑,固体润滑剂则能实现有效的润滑。固体润滑剂是一些固体粉末,例如石墨、二硫化钼(MoS_2)、聚四氟乙烯(PTFE)粉末。它们的剪切强度低、摩擦因数小。固体润滑剂的使用方法有直接涂刷、混于易挥发的溶剂中浸渍于金属表面,或作为添加剂加于润滑油或润滑脂中。

应该指出,由于工业生产的发展和科学技术的不断进步,润滑剂的品种在增多,性能不断得到提高,为工业生产提供更多更好的润滑剂。

4.3.4 添加剂

在润滑油和润滑脂中，加入适量的添加剂，可以改善润滑剂的某些性能，还可以延长润滑剂的使用寿命。添加剂种类繁多，按用途不同可分为油性添加剂、极压添加剂、洁净分散剂、抗氧化剂、防锈剂、降凝剂、增黏剂、消泡剂等。它们加入量虽少，一般从百分之几到百万分之几，但对润滑剂性能改善作用十分巨大。

在重载接触副中常使用极压添加剂，它们能在高温下分解出活性元素与金属表面起化学反应，生成一种低剪切强度的金属化合物薄层，以增进抗黏着能力。

油性添加剂也称边界润滑添加剂，是由极性很强的分子组成，在常温下也能吸附在金属表面而形成边界膜。常用添加剂及其作用列于表4.5。

表4.5 常用添加剂及其作用

目　　的	添　加　剂	说　　明
油性添加剂	脂肪、脂肪油、脂肪酸、油酸	加入量1%～3%
抗磨与极压添加剂	硫化异丁烯、磷酸三甲酚酯、环烷酸铅、氯化石蜡、二烷基二硫代磷酸锌、偏硼酸钠	加入量0.1%～5%
抗氧化添加剂 抗腐蚀添加剂	二硫化磷酸锌、硫化烯烃、酚胺、2,6－二叔丁基对甲酚、*N*－苯基萘胺	加入量0.25%～5%
洁净分散剂	石油磺酸钙(或钡)、硫磷化聚异丁烯钡、烷基水杨酸钙、丁二酰亚胺	加入量0.5%～1%
防锈剂	石油磺酸钙(或钡与钠)、烯基丁二酸、双硬脂酸铝、环烷酸锌、羊毛脂	
降凝剂	聚甲基丙烯酸酯、烷基酚、聚α－烯烃、烷基萘	加入量0.1%～1% 低温工作的润滑油使用
增黏剂	聚异丁烯、聚甲基丙烯酸酯	改善油的黏温特性，使之适应较高的工作温度范围，加入量3%～10%
消泡剂	二甲基硅油	加入量1%～10%

注：表中的百分数均为质量分数。

思　考　题

4.1　摩擦有哪几种类型，各有什么特点？

4.2　实现液体摩擦有几种方法，各有何特点？

4.3　磨损有几种主要类型？

4.4　常用润滑剂有几类？

4.5　润滑油黏度的意义是什么？黏度单位有哪几种？影响黏度的主要因素是什么？它们是如何影响黏度的？

4.6　润滑油及润滑脂的主要性能指标各有哪些？

第5章

螺纹连接与螺旋传动

内容提要 各种机器离不开连接,螺纹连接是最常用的连接形式,螺旋传动是利用螺纹传递运动和动力的常用形式,具有一定的共性,本章同时包含了这两部分的基本知识和设计计算。本章的重点是螺纹和螺纹连接的基本知识、单个螺栓连接的强度计算和螺栓组连接的计算。

Abstract There are kinds of connections in various machinery, among them the most common types are threaded fasteners and power screws, the latter are designed to change angular motion into linear motion and usually transmit power, they are similar to each other, so this chapter will include both of them and introduce their fundamentals and design calculations. The emphases will be on the basic knowledge of threads and threaded connections, on strength calculation of the single bolted joints and group bolted joints.

为了便于机器的制造、装配、修理及运输,根据结构的需要在机器上广泛使用着各种连接,将零件结合在一起。熟悉各种连接方法及有关连接件的结构特点、应用场合,掌握正确选择连接的方法和计算,对每一个机械设计人员来说是非常必要的。

通常说的机械连接是将被连接零件间相互固定并且不能做相对运动。按照拆开时是否需要破坏连接件或被连接件来分,连接可分为可拆连接和不可拆连接两类。键与花键连接、销连接、胀紧连接和螺纹连接等属于可拆连接,拆开时,可不必损坏连接件和被连接件。铆接、焊接、粘接等属于不可拆连接,拆开时,必须将连接件或被连接件破坏。过盈配合连接可做成可拆或不可拆连接。

本书将着重讨论机械制造中最常用螺纹连接和轴毂连接。

设计连接时,除应考虑强度和经济性等基本问题外,还应考虑连接的使用要求,满足紧密性、刚度和定心等方面的要求。

就强度来说,要力求连接件与各被连接件的强度相等,力求连接对各种可能的失效具有相等的抵抗力——等强度设计,以使连接中各零件潜在的承载能力都能充分发挥。然而,实际设计中常由于结构上、工艺上和经济上的原因而达不到等强度设计。这时,连接的强度是由连接中强度最薄弱的零件决定的。

螺纹连接是利用螺纹零件构成的连接,属可拆连接。它结构简单、装拆方便,各种螺纹连接件已标准化,故应用广泛。本章叙述的重点为设计机器时如何选择合理的螺纹连接方式、结构及确定螺纹连接的尺寸。

螺旋传动是利用螺杆和螺母组成的螺纹副来实现回转运动与直线运动之间的转换,同时也传递力和转矩,在受力和几何关系上与螺纹连接有很多共性,所以也在本章讲述。

5.1 螺　　纹

5.1.1 螺纹的主要参数

现以圆柱螺纹为例来说明螺纹的主要参数，如图5.1所示。

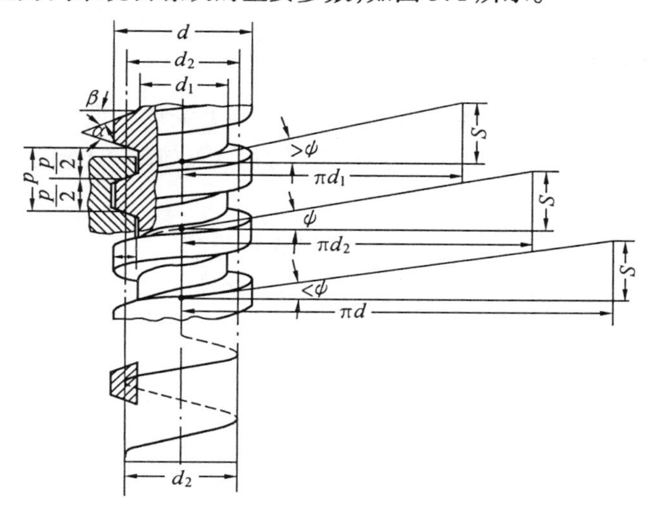

图5.1　螺纹主要参数

d— 螺纹大径，与外螺纹牙顶或内螺纹牙底相切的圆柱体直径，是螺纹的公称直径；

d_1— 螺纹小径，与外螺纹牙底相切的圆柱体直径，常用此作为螺杆危险截面的计算直径①；

d_2— 螺纹中径，螺纹的牙厚和沟槽的轴向宽度相等处的假想圆柱体直径，是螺纹几何关系及受力分析的基准；

p— 螺距，螺纹上相邻两牙在中径线上对应两点间的轴向距离；

n— 线数，螺纹的螺旋线数，在圆柱体上若只有一条螺纹，称为单线螺纹。若有两条、三条或多条螺纹均匀分布的圆柱（图5.2），则称为双线、三线或多线螺纹。线数多少可从端面观察，一般 $n \leqslant 4$，图5.2(b)为三线螺纹；

S— 导程，同一条螺旋线上的相邻两牙在中径线上对应两点间的轴向距离（图5.2），$S = np$；

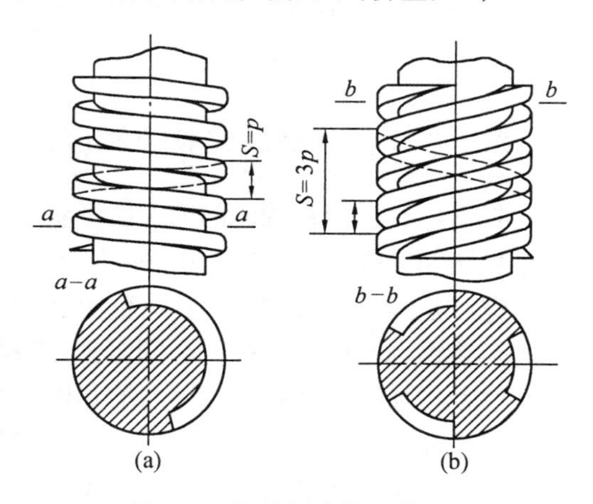

图5.2　螺纹的线数和旋向

---

① 螺杆的拉伸试验证明，螺杆的抗拉强度与直径为 $d_c = \frac{1}{2}(d_2 + d_3)$ 的圆柱光杆抗拉强度相同，式中 $d_3 = d_1 - \frac{H}{6}$，H为牙型三角形的高度，见图5.3。所以在精确的强度计算时，应用 d_c 计算抗拉面积，在一般不要求精确计算时，可用 d_1 代替 d_c，相对较安全。

ψ— 螺纹升角,在中径圆柱上螺旋线的切线与垂直于螺纹轴线的平面之间的夹角,由图5.1可知

$$\tan\psi = \frac{S}{\pi d_2} = \frac{np}{\pi d_2} \tag{5.1}$$

旋向 — 螺旋线绕行的方向,有右旋和左旋,如图5.2所示。一般用右旋,特殊情况下才用左旋;

α、β— 牙型角和牙侧角,轴向剖面内螺纹牙型两侧边的夹角为牙型角 α,螺纹牙型侧边与螺纹轴线的垂直面的夹角为牙侧角 β(图5.1)

除矩形螺纹外,其他螺纹的参数均已标准化。

5.1.2 螺纹副的受力关系、效率和自锁

由于拧紧(或松开)螺纹副的过程相当于一水平力推动一重物沿斜面匀速上升(或下降)的过程。由机械原理教材可推出螺纹副的受力关系、效率和自锁公式如下

圆周力 F_t:

拧紧时
$$F_t = F\tan(\psi + \rho') \tag{5.2}$$

松开时
$$F_t = F\tan(\psi - \rho') \tag{5.3}$$

效率 η:

拧紧时
$$\eta = \frac{\tan\psi}{\tan(\psi + \rho')} \tag{5.4}$$

松开时
$$\eta = \frac{\tan(\psi - \rho')}{\tan\psi} \tag{5.5}$$

自锁条件
$$\psi \leqslant \rho' \tag{5.6}$$

式中 F—— 轴向力(N);

ρ'—— 当量摩擦角,$\rho' = \arctan f'$;

f'—— 当量摩擦因数,$f' = \dfrac{f}{\cos\beta}$;

f—— 摩擦因数。

5.1.3 常用螺纹的特点和应用

根据螺纹在螺杆轴向剖面上的形状不同,可分为三角形螺纹、矩形螺纹、梯形螺纹、锯齿形螺纹和管螺纹等(图5.3)。根据母体的形状,螺纹分为圆柱螺纹和圆锥螺纹。

螺纹是螺纹连接和螺旋传动的重要部分,要求有足够的强度(牙根和杆的断面)和良好的工艺性。此外,连接螺纹必须自锁,管螺纹还要求有紧密性,传动螺纹要求高效率,调整螺纹及传递运动的螺纹则要求有足够的精度,起重螺纹既希望工作行程效率较高,又要求自锁性能好。这些要求取决于正确选择螺纹的牙型和参数。

现将几种常用螺纹的特点和应用场合分述如下。

(1) 普通螺纹。螺纹的牙型角 $\alpha = 2\beta = 60°$(图5.3(a))。因牙侧角 β 大,所以当量摩擦因数大,自锁性能好,主要用于连接。这种螺纹分粗牙和细牙,一般用粗牙。在公称直径 d 相同时(图5.4),细牙螺纹的螺距小,小径 d_1 和中径 d_2 较大,升角 ψ 较小,因而螺杆强度较高,自锁性能更好。常用于承受冲击、振动及变载荷,或空心、薄壁零件及微调装置中。其缺点是牙小、相同载荷下磨损快,易滑扣。

(2) 矩形螺纹。如图5.3(b)所示,牙型为正方形,牙侧角 $\beta = 0°$,所以,效率高,用于传动,没有标准化。因为制造困难,螺母和螺杆同心度差,牙根强度弱,磨损后不好补偿,故常为梯形螺纹所代替。

(3) 梯形螺纹。如图5.3(c)所示,梯形螺纹的牙型角 $\alpha = 2\beta = 30°$,与矩形螺纹相比,效率略低,但牙根强度较高,易于制造,可以车、铣、磨削;且因内外螺纹是以锥面贴合,易于对中。若采用剖分螺母,还可利用径向位移以消除因磨损而造成的间隙。因此,在螺旋传动中应用最普遍。

(4) 锯齿形螺纹。如图5.3(d)所示,工作边的牙侧角 $\beta = 3°$,传动效率高,且便于加工(车、铣);非工作边牙侧角 $\beta' = 30°$,在外螺纹牙根处有相当大的圆角,增加了根部强度。螺纹副的大径处无间隙,便于对中。它综合了矩形螺纹效率高和梯形螺纹牙根强度高的优点,能承受较大的载荷,但只能单向传动。适用于起重螺旋、螺旋压力机、大型螺栓连接(如水压机立柱)等单向受力的传动和连接机构中。

(5) 圆柱管螺纹。圆柱管螺纹是用于管件连接的三角螺纹,牙型角 $\alpha = 55°$,如图5.3(e)所示。圆柱管螺纹的螺纹尺寸代号用公称管子孔径表示,可在密封面间加填料等来密封,适用于压强在1.6 MPa以下的管路连接。

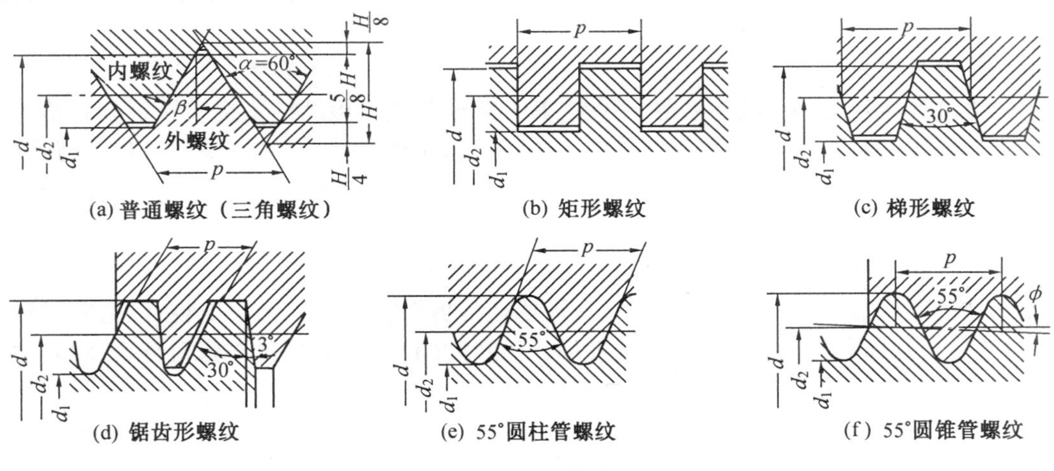

(a) 普通螺纹(三角螺纹)　(b) 矩形螺纹　(c) 梯形螺纹

(d) 锯齿形螺纹　(e) 55°圆柱管螺纹　(f) 55°圆锥管螺纹

图5.3　常用螺纹

(6) 圆锥管螺纹。常用的有牙型角为55°的圆锥管螺纹(图5.3(f))和牙型角60°的圆锥管螺纹,螺纹均匀分布在1∶16的圆锥管壁上。内、外螺纹面间没有间隙,使用时不用填料而靠牙的变形来保证螺纹连接的紧密性。常用于高温高压系统的管件连接。

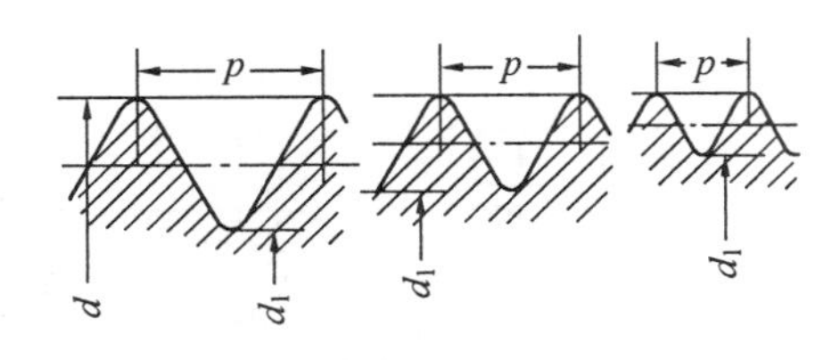

图5.4　粗牙螺纹和细牙螺纹的比较

螺纹还有粗牙螺纹和细牙螺纹之分,如图5.4所示。

5.2 螺纹连接的基本类型和标准螺纹连接件

5.2.1 螺纹连接的基本类型

螺纹连接是指用螺栓、螺母等连接零件将两个或多个被连接件连接成一个整体时连接区域的局部结构的总称。螺纹连接的结构形式很多,但可归纳为以下四种基本类型:

1. 螺栓连接

螺栓连接是用螺栓穿过被连接件的光孔后拧紧螺母来实现的,用于连接两个都不太厚的零件,其结构形式如图 5.5 所示。由于无需在被连接件的孔上切制螺纹,且不受被连接件材料的限制,结构简单、装拆方便、损坏后容易更换,故应用广泛。

螺栓连接按其受力状况不同,分为受拉螺栓连接和受剪螺栓连接,其结构有所不同。前者在螺栓和孔壁间有间隙(图 5.5(a)),孔的加工精度要求低,又称普通螺栓连接。因加工和装拆方便,应用最广。后者螺栓杆部与孔之间一般采用基孔制过渡配合(图 5.5(b)),用以承受横向载荷,有时还兼起两被连接件的精确定位作用。此时孔需精制,如铰孔,连接件需铰制孔用螺栓,故又称铰制孔用螺栓连接。

2. 螺钉连接

当被连接件之一受结构限制,不能在其上穿通孔或希望结构紧凑或希望有光整的外露表面或无法装拆螺母时,可以直接在不能穿通孔的被连接件上加工螺纹孔以代替螺母,如图 5.6(a),这种连接称为螺钉连接。它不宜用于经常拆卸的场合,以免磨损被连接件的螺孔。

3. 双头螺柱连接

在需要用螺钉连接的结构且连接又需要经常拆卸或用螺钉无法安装时,则需用双头螺柱连接。其座端旋入并紧定在螺纹孔中,拆卸时也不旋出,另一端与螺母旋合,将两被连接件连接成一体(图 5.6(b))。

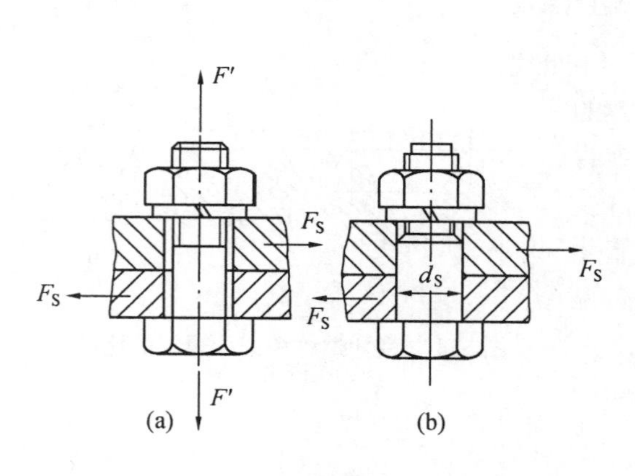

图 5.5 螺栓连接

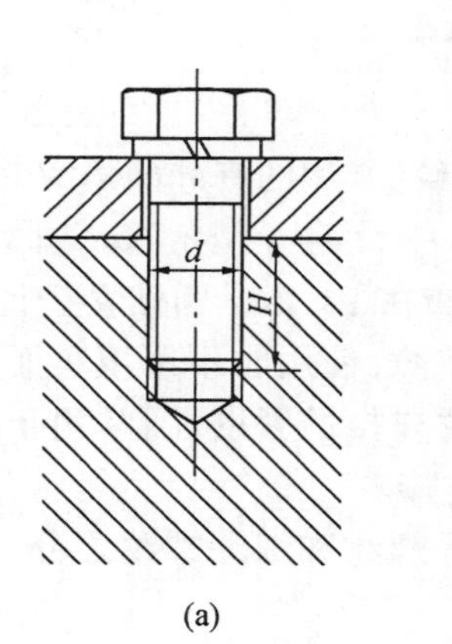

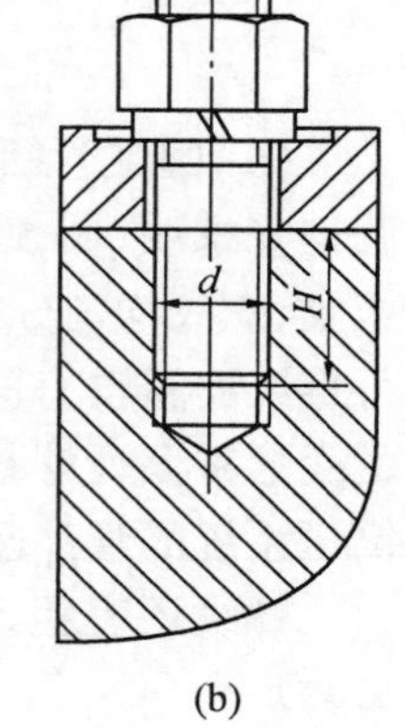

图 5.6 螺钉、双头螺柱连接

4. 紧定螺钉连接

如图5.7所示，紧定螺钉连接是利用紧定螺钉旋入一零件的螺纹孔中，其末端顶紧另一被连接的表面(图5.7(a))或顶入相应的凹坑中(图5.7(b))。这种连接通常用来固定两个零件的相对位置，有时也可以传递不大的力或力矩。

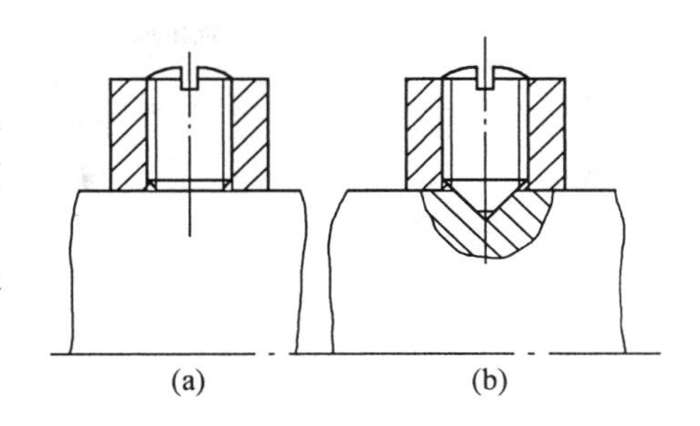

图5.7 紧定螺钉连接

5.2.2 标准螺纹连接件

螺纹连接件包括螺栓、螺钉、双头螺柱、紧定螺钉、螺母、垫圈及防松零件等，大多已有国家标准，公称尺寸为螺纹大径。螺纹连接件的制造精度分为A、B、C三级。A级精度最高，用于要求装配精度高及受震动、变载荷等重要连接。C级用于一般连接。

(1) 螺栓。结构形式很多，如图5.8所示，图5.8(a)为最常用的一般受拉螺栓，细杆螺栓(图5.8(b))常用于受冲击、震动或变载荷处；图5.8(c)为铰制孔用螺栓。

(2) 螺钉。结构和螺栓大体相同，但头部形状多种多样，如图5.9所示，以适应不同的装配空间、拧紧程度、连接外观等方面的需要。

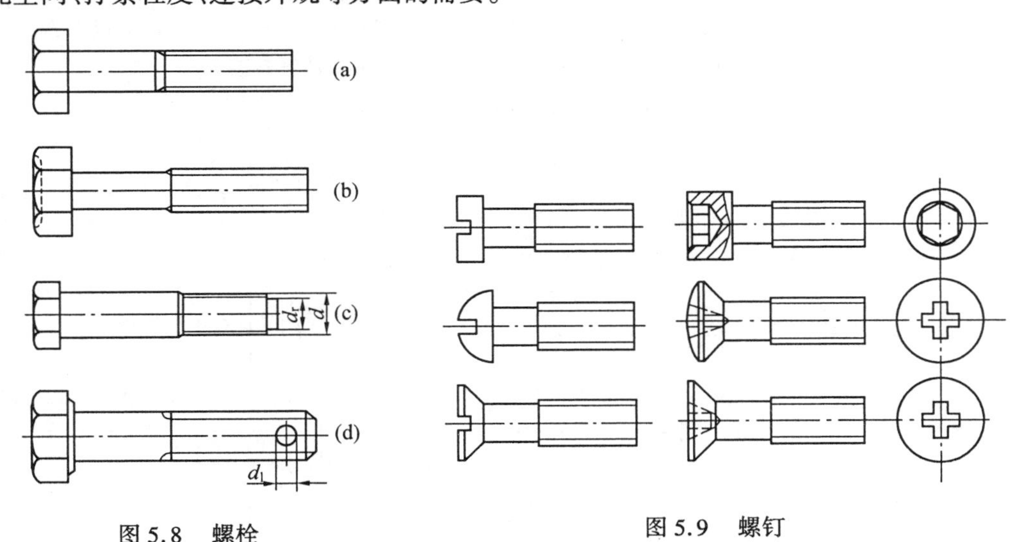

图5.8 螺栓

图5.9 螺钉

(3) 双头螺柱。有旋入端和螺母端，旋入端长度有$1d$、$1.25d$、$1.5d$、$2d$等，以适应拧入不同材料的零件。其结构见图5.6。

(4) 紧定螺钉。紧定螺钉的头部和末端形状很多，见图5.10。末端有较高的硬度。平端用于被顶表面硬度较高或常需调整相对位置的连接。圆柱端顶入被顶零件上的坑中，可传递一定的力或力矩。锥端用于被顶表面硬度较低或不常调整的场合。

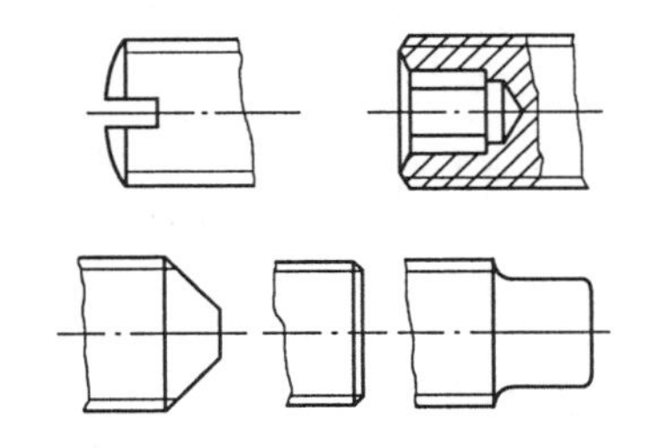
图5.10 紧定螺钉的头部和末端

(5) 螺母。螺母的结构形式很多,六角螺母应用最普遍,其厚度有标准的和薄的两种。

(6) 垫圈。主要用以保护被连接件的支承表面。有大、小垫圈及用于工字钢、槽钢的方斜垫圈等等。

(7) 防松零件。见本章 5.4 节。

应说明的是螺钉连接有时用螺栓连接,也称螺钉连接;同样,用螺钉连接,通过两连接件的光孔,拧上螺母,也构成螺栓连接。

5.2.3 螺纹连接件常用材料和力学性能等级

制造螺纹连接件常用的材料一般为普通碳素结构钢和优质碳素结构钢,如 Q215、Q235 和 10、15、35、45 钢等。在承受变载荷或有冲击、振动的重要连接中,可用合金钢,如 15Cr、20Cr、40Cr、15MnVB、30CrMnSi 等。螺母材料一般较相配合螺栓的硬度低 20 ~ 40 HBW,以减少螺栓磨损。随着生产技术的不断发展,高强度螺栓的应用日益增多。当有防腐蚀或导电等要求时,也可用铜或其他有色金属。

螺纹连接件按材料的机械性能分级。螺栓、螺钉、双头螺柱及螺母的力学性能等级见表 5.1。常用标准螺纹连接件的每个品种都规定了具体性能等级,例如 C 级六角头螺栓性能等级为 4.6 或 4.8 级;A、B 级六角头螺栓为 8.8 级。选定规定性能等级后,可由表 5.1查出相应的 σ_B 和 σ_s 值。规定性能等级的螺栓、螺母在图纸上只标注性能等级。

表 5.1 螺栓、螺钉、螺柱和螺母的力学性能等级

(根据 GB/T 3098.1—2000 和 GB/T 3098.2—2000)

			性能等级(标记)										
			3.6	4.6	4.8	5.6	5.8	6.8	8.8 ≤M16	8.8 >M16	9.8	10.9	12.9
螺栓、螺钉、螺柱	抗拉极限 σ_B/MPa	公称值	300	400		500		600	800		900	1 000	1 200
		最小值	330	400	420	500	520	600	800	830	900	1 040	1 220
	屈服极限 σ_s/MPa	公称值	180	240	320	300	400	480	640	640	720	900	1 080
		最小值	190	240	340	300	420	480	640	660	720	940	1 100
	布氏硬度/HBW	最小值	90	114	124	147	152	181	238	242	276	304	366
	推荐材料		10 Q215	15 Q235	15 Q215	25 35	15 Q235	45	35	35	35 45	40Cr 15MnVB	30CrMnSi 15MnVB
相配合螺母	性能级别		4 或 5			5		6	8 或 9		9	10	12
	推荐材料		10 Q215						35			40Cr 15MnVB	30CrMnSi 15MnVB

注:性能等级的标记代号含义为小数点前的数字为公称抗拉强度极限 σ_B 的 1/100,小数点后的数字为屈强比的 10 倍,即$(\sigma_s/\sigma_B) \times 10$。

5.3 螺纹连接的预紧

在实际使用中,绝大多数的螺纹连接都必须在装配时将螺母拧紧,称为紧连接。预紧可使连接在承受工作载荷之前就受到预紧力 F' 的作用,以防止连接受载后与被连接件之间出现间隙或横向滑移,也可以防松。所需预紧力 F' 的大小与工作载荷有关,其计算见5.6节。

预紧力 F' 过大,会使连接超载;预紧力不足,则又可能导致连接失效。因此,重要的连接,在装配时对预紧力应进行控制,可通过控制拧紧力矩等方法来实现。

拧紧螺母时,要克服螺纹副的摩擦力矩 T_1 和螺母与支承面间的摩擦力矩 T_2(图5.11)。因此,拧紧力矩 T 为

$$T = T_1 + T_2$$

参考式(5.2)

$$T_1 = F'\tan(\psi + \rho')\frac{d_2}{2}$$

按止推环摩擦力矩(参考图5.12的符号)

$$T_2 = \frac{1}{3} f F' \frac{D_1^3 - d_0^3}{D_1^2 - d_0^2} \tag{5.11}$$

式中 f——螺母与被连接件支承表面间的摩擦因数。

因此

$$T = \frac{1}{2}\left[\frac{d_2}{d}\tan(\psi + \rho') + \frac{2f}{3d}\frac{D_1^3 - d_0^3}{D_1^2 - d_0^2}\right] F'd \tag{5.12}$$

将常用钢制M10 ~ M68普通螺栓的 d、d_2、d_0、D_1、ψ 值代入计算式,并取 $f \approx 0.15$、$\rho' \approx 8.5°$,平均可得

$$T = 0.2F'd \tag{5.13}$$

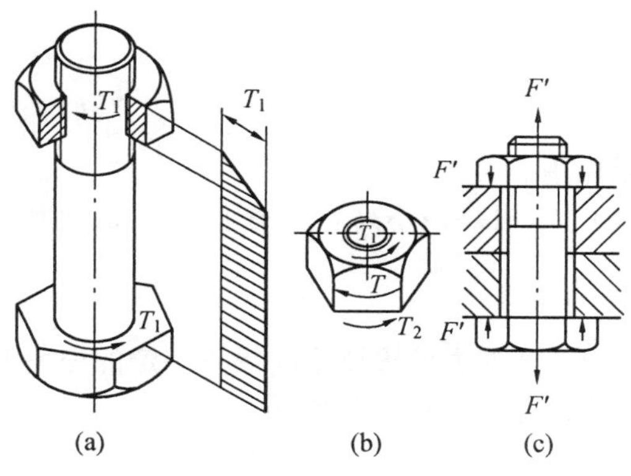

图5.11 拧紧螺母的力矩和预紧力

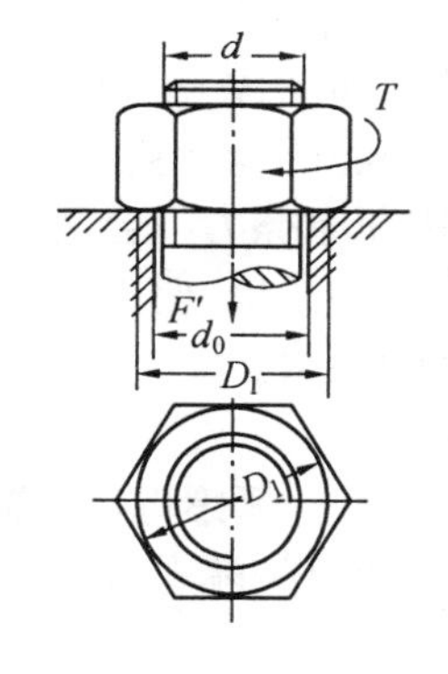

图5.12 计算螺母支承面力矩用的符号

装配时控制拧紧力矩的方法有多种,例如,使用测力矩扳手(图5.13)或定力矩扳手(图5.14),装配时测量螺杆的伸长等。

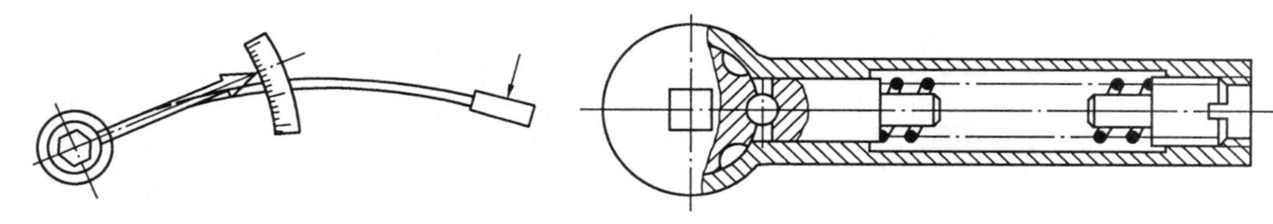

图5.13 测力矩扳手

图5.14 定力矩扳手

5.4 螺纹连接的防松

连接螺纹都是满足自锁条件的,即螺纹升角小于螺纹副的当量摩擦角,似乎可以保证拧紧后不会自动松脱。但赖以自锁的是螺纹副间保持有足够阻止相对运动的摩擦力,这个摩擦力只有在静载荷作用时才会保持不变,而在冲击、振动或变载荷下或温度变化大时,螺纹副中的正压力发生变化,有可能在某一瞬间消失,使摩擦力为零,产生相对滑动。这种现象多次重复,连接就会逐渐松脱,使工作失常,甚至发生事故。所以在设计螺纹连接时必须考虑防松。

防松的实质就是防止螺纹副间的相对转动。防松的方法很多,就其工作原理可分为摩擦防松、机械防松和破坏螺纹副关系的永久性防松三类。

5.4.1 摩擦防松

摩擦防松的原理是使螺纹副中有不随连接所受外载荷而变的压力,从而始终存在摩擦力,以阻止相对转动。

1.双螺母

在螺杆上连续拧上两个螺母,如图5.15,图中(a)、(b)、(c)分别表示单螺母及上面螺母拧紧过程。上螺母拧紧后,两螺母接触面上产生对顶力 N(图(c)),使螺纹旋合部分的螺栓杆受拉、螺母受压,在两个螺母和螺栓之间形成一个封闭力,它不受外载荷变化的影响,始终保持螺纹表面间存在压力,因而摩擦力不会消失,起到防松作用。

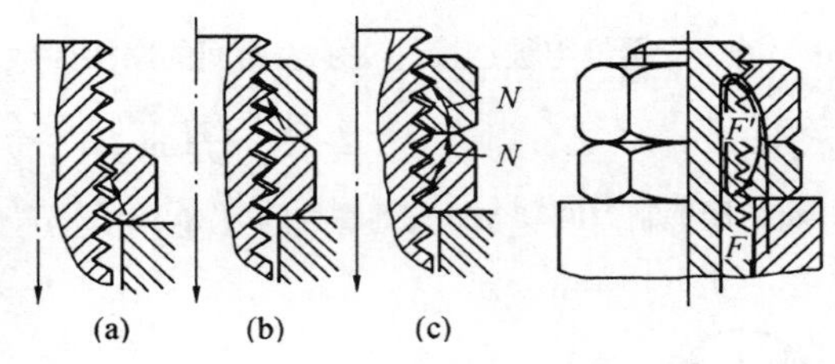

图5.15 双螺母

双螺母防松结构简单、使用方便,但结构尺寸大、可靠性不高。适用于平稳、低速和重载的固定装置上的连接。

2.弹簧垫圈

如图5.16所示,拧紧螺母后,弹簧垫圈被压平,其弹力使螺纹副间保持一定的压力而防松。此外,垫圈切口尖端逆着旋松的方向,也有阻止螺母反转的作用。

3.锁紧螺母

锁紧螺母的类型很多。如图5.17所示是在拧紧螺母时利用嵌在螺母内的尼龙圈挤入旋合螺纹中或螺母椭圆口的弹性变形箍紧螺杆,增大该处摩擦力而防松。

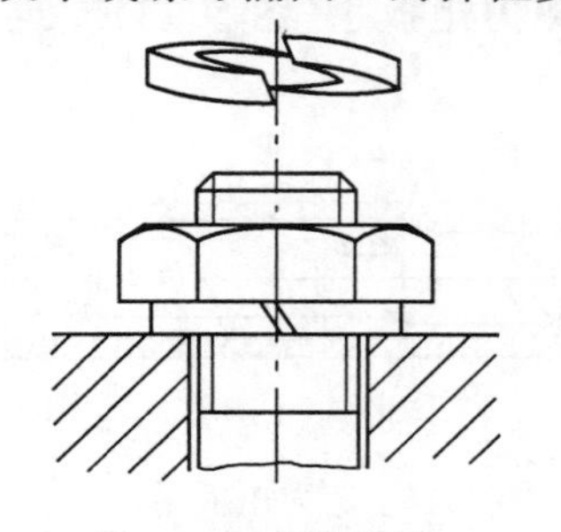

图5.16 弹簧垫圈

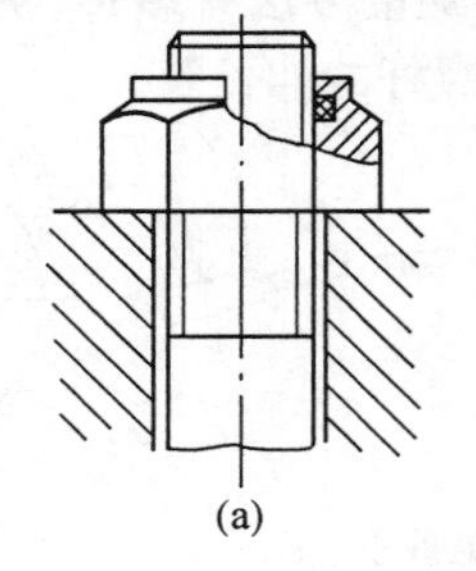

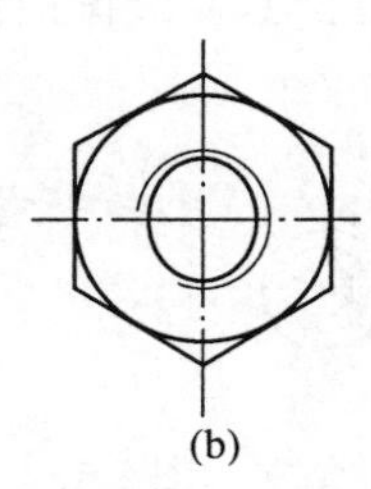

图5.17 锁紧螺母

5.4.2 机械防松

利用专用止动元件锁住螺纹副而阻止其相对转动,防松可靠、应用广泛。例如:

(1)开口销与六角开槽螺母。如图5.18(a)拧紧螺母后,把开口销插入螺母槽与螺栓尾部孔中,并将销尾部掰开,阻止螺母与螺杆相对转动。

(2)止动垫圈。种类很多,例如图5.18(b)为与圆螺母配用的止动垫圈,内舌插入杆上预制的槽中,拧紧螺母后将其外翅之一弯入与圆螺母对应的槽中,使螺杆与螺母不能相对转动。图5.18(c)为与一般六角螺母相配用的止动垫圈,垫圈约束螺母,而自身又被约束在被连接件上,使螺母不能转动,但同时还必须保证螺栓不转动。

(3)串联钢丝。如图5.18(d),钢丝穿入一组螺钉头部的小孔并拉紧。当螺钉有松动趋势时,钉头逆时针转,将使钢丝被拉得更紧。适用于螺钉组,在使用时应注意钢丝穿入孔中的方向。

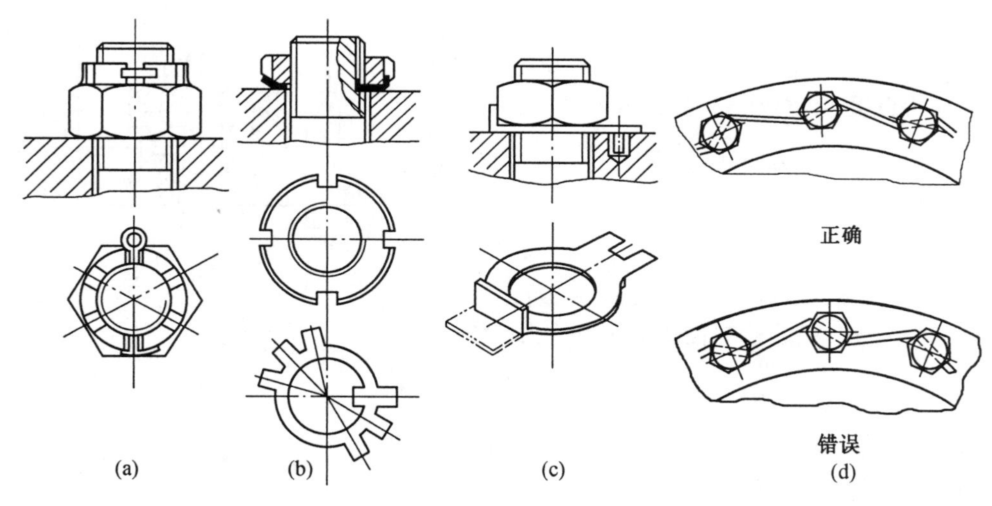

图5.18 机械防松装置

5.4.3 永久性防松

如图5.19所示,拧紧螺母后点焊或冲点破坏螺纹,或在旋合段涂以金属黏结剂,使内、外螺纹不能相对运动。这种防松方法方便、可靠,但拆开连接时必须破坏螺纹副。

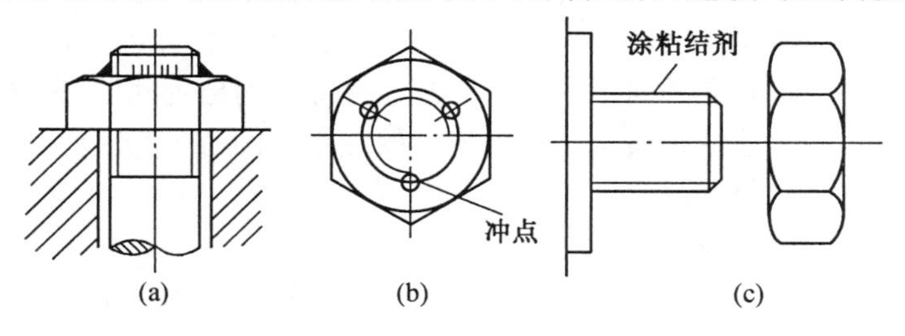

图5.19 永久性防松

5.5 单个螺栓连接的强度计算

通常情况下，螺栓连接都是成组使用的，单个螺栓连接的工作载荷须按螺栓组受力分析求得(5.6节)。

单个螺栓需要考虑强度的部位有：螺纹根部剪切、弯曲，螺杆截面拉伸、扭转等。由于螺栓已标准化，螺纹部分保持与螺杆等强度，因此，计算中只需考虑螺杆断面的强度。

本章以螺栓连接为例叙述强度计算方法，但它同样也适用于螺钉和双头螺柱连接。

在少数场合下，连接在承受工作载荷之前，不需要拧紧螺母，称为松连接，它只能承受轴向静载荷。松连接与紧连接的强度计算方法不同，分别叙述如下。

5.5.1 松螺栓连接

图5.20所示为起重吊钩螺栓连接。装配时不需要将螺母拧紧，因此，螺栓在工作时才承受轴向载荷 F(忽略自重，单位为N)，其强度条件为

$$\sigma = \frac{4F}{\pi d_1^2} \leqslant [\sigma] \tag{5.14}$$

或

$$d_1 \geqslant \sqrt{\frac{4F}{\pi[\sigma]}} \tag{5.15}$$

式中 σ—— 松连接螺栓的拉应力(MPa)；

$[\sigma]$—— 松连接螺栓的许用拉应力(MPa)，

$$[\sigma] = \frac{\sigma_s}{S}$$

对普通钢制螺栓 $S = 1.2 \sim 1.7$，对安全性能要求高的(如起重吊钩等)，S 常取5；

d_1—— 螺栓的小径(mm)；

σ_s—— 螺栓材料的屈服极限(MPa)，见表5.1。

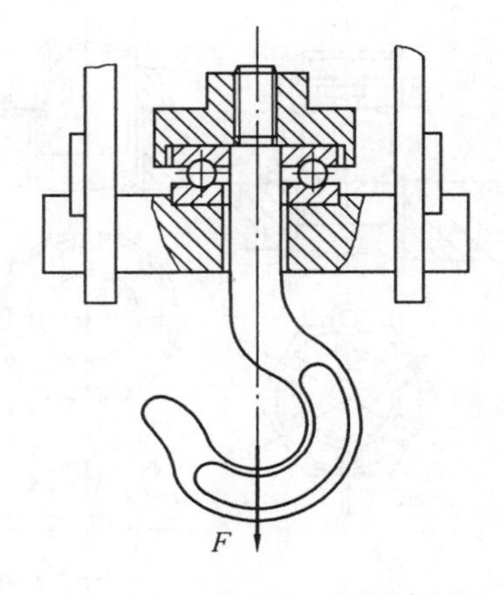

图5.20 起重吊钩的松螺栓连接

5.5.2 紧螺栓连接

紧螺栓连接的特点是承受工作载荷之前，螺母必须拧紧到一定程度，使被连接件之间产生足够的预紧力 F'，以便在承受横向工作载荷(图5.21)时，被连接件之间不致因摩擦力不足而发生滑动；或在承受轴向工作载荷时被连接件之间出现间隙。紧螺栓连接可承受静载荷和变载荷。后面讲述两种典型紧螺栓连接的应用实例，它们分别为受横向工作载荷和受轴向工作载荷的紧螺栓连接。

1. 受横向工作载荷的紧螺栓连接

如图5.21所示，被连接件承受横向工作载荷 F_s。连接靠预紧力 F' 在接合面上所产生的摩擦力平衡外载荷。装配时拧至所需预紧力 F'(5.6节)。拧紧螺母后，当连接承受工作载荷 F_s 时，螺栓所受拉力保持不变，仍为 F'。此外，在拧紧螺母时，螺栓还受到摩擦力矩

$T_1 = F'\tan(\psi+\rho')\dfrac{d_2}{2}$ 的作用。因此，螺杆截面上的拉应力和扭转切应力分别为

$$\sigma = \frac{4F'}{\pi d_1^2}$$

$$\tau = \frac{T_1}{W_t} = \frac{F'\tan(\psi+\rho')\dfrac{d_2}{2}}{\dfrac{\pi d_1^3}{16}} = \frac{4F'}{\pi d_1^2}\tan(\psi+\rho')\frac{2d_2}{d_1}$$

对于常用的M10 ~ M68钢制普通螺栓，$d_2 \approx 1.1d_1$、$\psi \approx 2°30'$，取 $\rho' = \arctan 0.15$，代入上式，得

$$\tau \approx 0.5\sigma$$

螺栓一般由塑性材料制成，在拉、扭复合应力作用下，可由第四强度理论求得螺栓的当量应力为

$$\sigma_e = \sqrt{\sigma^2+3\tau^2} = \sqrt{\sigma^2+3(0.5\sigma)^2} \approx 1.3\sigma \tag{5.16}$$

所以，螺栓的强度条件为

$$\sigma_e = \frac{4\times 1.3F'}{\pi d_1^2} \leqslant [\sigma] \tag{5.17}$$

或

$$d_1 \geqslant \sqrt{\frac{4\times 1.3F'}{\pi[\sigma]}} \tag{5.18}$$

式中 $[\sigma]$—— 紧连接螺栓材料的许用拉应力(MPa)，由螺栓性能等级及表5.3确定。

此强度条件表明把螺栓的拉应力 σ 增加30%，相当于考虑了扭转切应力。

必须指出，式(5.17)、(5.18)中的“1.3”只适用于单线三角形螺纹。对于矩形螺纹，此值应为1.2；对于梯形螺纹，此值应为1.25。此外，1.3(或1.2、1.25)必须乘在拧紧时所受的轴向力上。

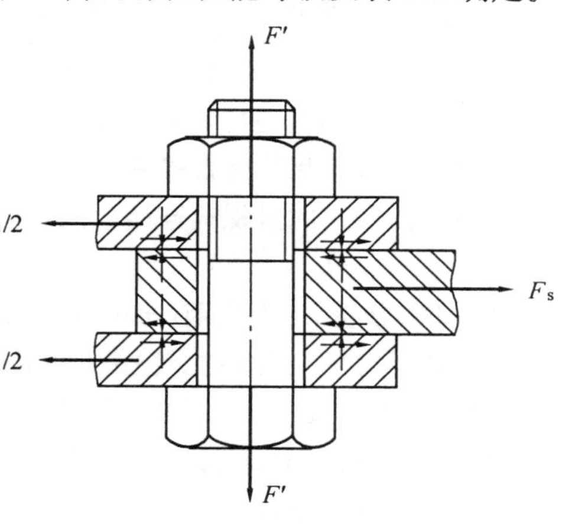

图5.21 连接受横向载荷

上述靠摩擦力传递横向工作载荷的紧螺栓连接，在承受冲击、振动或变载荷时，工作不可靠，且需要较大的预紧力(使接合面不滑动的预紧力 $F' \geqslant F_s/f$，若 $f = 0.2$，则需 $F' \geqslant 5F_s$)，因此螺栓直径较大。但由于结构简单和装拆方便，且近年来使用高强度螺栓，因此这种连接仍经常使用。此外，为了减少螺栓上的载荷，可以采用套、键、销等各种抗剪件来承受横向载荷，如图5.22所示，此时螺栓仅起连接作用，所需预紧力小，螺栓直径也小。

受横向工作载荷时，也常采用铰制孔用螺栓连接，如图5.23所示。在工作剪力 F_s 的作用下，螺栓在接合面处的横截面受剪切、螺栓与孔壁接触表面受挤压。连接的预紧力和摩擦力较小，可忽略不计。

螺栓杆的剪切强度条件为

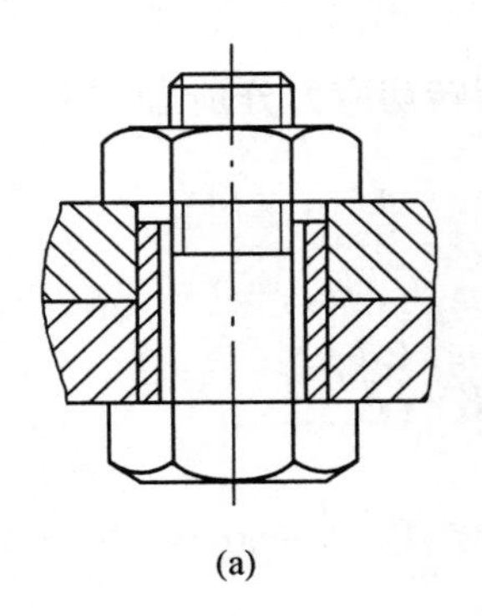
(a)

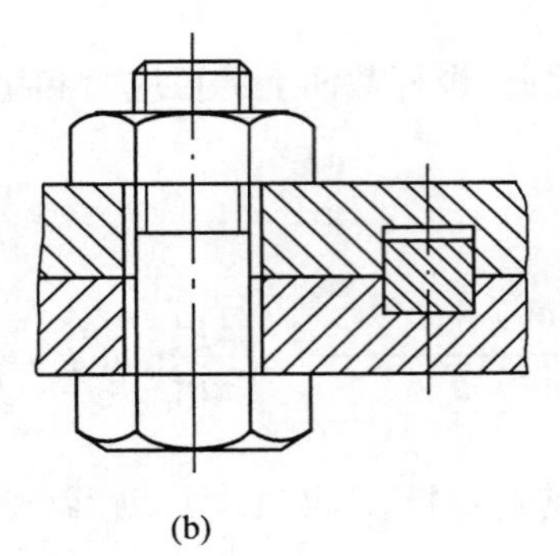
(b)

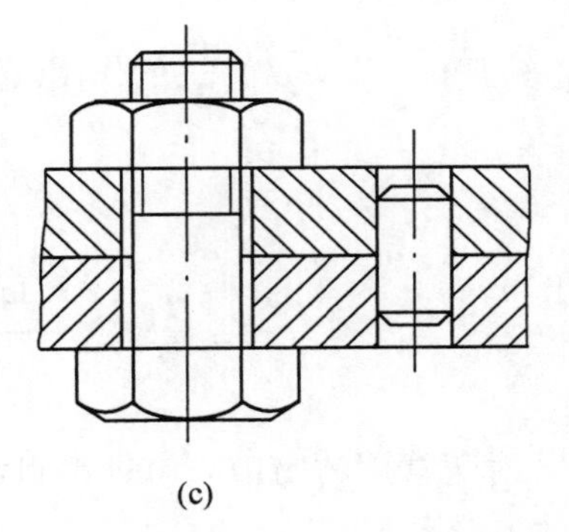
(c)

图 5.22　用抗剪件承受横向载荷

$$\tau = \frac{4F_s}{\pi d_0^2 m} \leqslant [\tau] \tag{5.19}$$

螺栓与孔壁的挤压强度条件为

$$\sigma_p = \frac{F_s}{d_0 h_{\min}} \leqslant [\sigma]_p \tag{5.20}$$

式中　d_0—— 螺栓剪切面直径(mm)；

m—— 螺栓剪切面数目，在图 5.23 中 $m = 1$；

$h_{\min}$—— 螺栓杆与孔壁挤压面的最小高度(mm)，设计时应使 $h_{\min} \geqslant 1.25d_0$；

$[\tau]$—— 螺栓的许用切应力(MPa)，见表 5.4；

$[\sigma]_p$—— 螺栓或孔壁材料的许用挤压应力(MPa)，其值见表 5.4。

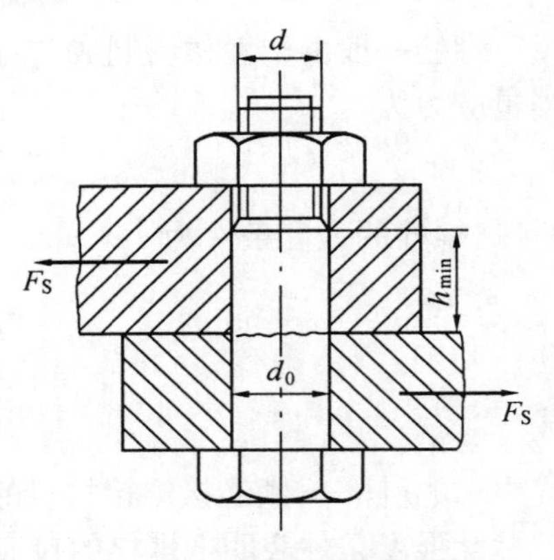

图 5.23　铰制孔用螺栓连接

2. 受轴向工作载荷的紧螺栓连接

这种受力形式的紧螺栓连接应用十分广泛，图 5.24 所示汽缸盖的螺栓连接是一个典型实例。

(1) 受力分析。工作之前(缸内无压力)螺栓必须拧紧，螺栓承受预紧拉力 F'，被连接件承受预紧压力 F'。工作时，连接受到工作载荷 F 的作用，由于螺栓和被连接件的弹性变形，螺栓受到的总拉力 F_0 不等于预紧力 F' 和工作拉力 F 之和，而与 F'、F 以及螺栓刚度 C_B 和被连接件刚度 C_m 有关。当连接中各零件受力均在弹性极限以内，F_0 可根据静力平衡和变形协调条件计算。

如图 5.24 所示，当螺母尚未拧紧时(图 5.24(a))，各零件均不受力，也无变形。拧紧后(图 5.24(b))，被连接件受到压力 F'，产生压缩变形 δ_m，而螺栓受到被连接件所给的拉力 F'，拉伸变形 δ_B。当受工作载荷 F 后(图 5.24(c))，螺栓所受拉力增至 F_0，其拉伸变形增加 $\Delta\delta_B$。此时被连接件由于螺栓的伸长而随之被放松，压缩变形量减少 $\Delta\delta_m$，其减少量正是螺栓的增长量，即 $\Delta\delta_m = \Delta\delta_B$，于是被连接件所受压力由原来的 F' 减小到 F''，称 F'' 为剩余预紧力。

由螺栓的静力平衡条件，可得

$$F_0 = F + F'' \tag{5.21}$$

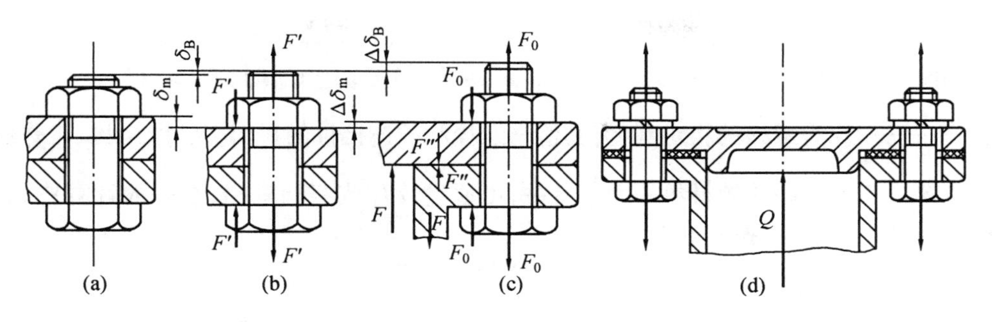

图5.24　有工作拉力时螺栓和被连接件的受力和变形

根据变形协调条件　　　　　　$\Delta\delta_B = \Delta\delta_m$

其中　　　　$\Delta\delta_B = \dfrac{F_0 - F'}{C_B} = \dfrac{F + F'' - F'}{C_B}$　　　$\Delta\delta_m = \dfrac{F' - F''}{C_m}$

整理后，得

$$F'' = F' - \frac{C_m}{C_B + C_m}F \tag{5.22}$$

由式(5.22)可得 F_0 的另一表达式

$$F_0 = F' + \frac{C_B}{C_B + C_m}F \tag{5.23}$$

连接中各力之间的上述关系，可用力与变形关系图清楚地予以表示。

图5.25(a)、5.25(b)分别为预紧后螺栓与被连接件的受力－变形关系图，螺栓的受力与变形按直线关系变化，刚度 $C_B = \tan\gamma_B$；被连接件的受力与变形亦按直线变化，刚度 $C_m = \tan\gamma_m$。为便于分析，将图5.25(a)、(b)合并，得图5.25(c)。当有工作载荷 F 作用时，螺栓受力由 F' 增至 F_0，变形量由 δ_B 增至 $\delta_B + \Delta\delta_B$，在图5.25(d)中，由 A 点沿 O_1A 线移动 B 点；被连接件因压缩变形量减少 $\Delta\delta_m = \Delta\delta_B$，而由 A 点沿 O_2A 线移到 C 点，其受力为 F''、变形量为 $(\delta_m - \Delta\delta_m)$。由图中各线段的几何关系即可得连接中各力之间的关系，例如 $\overline{BD} = \overline{BC} + \overline{CD} = \overline{ED} + \overline{BE}$，即为 $F_0 = F + F'' = F' + \dfrac{C_B}{C_B + C_m}F$；$\overline{ED} = \overline{CD} + \overline{CE}$，即为 $F' = F'' + \Delta F_m = F'' + \dfrac{C_m}{C_B + C_m}F$。

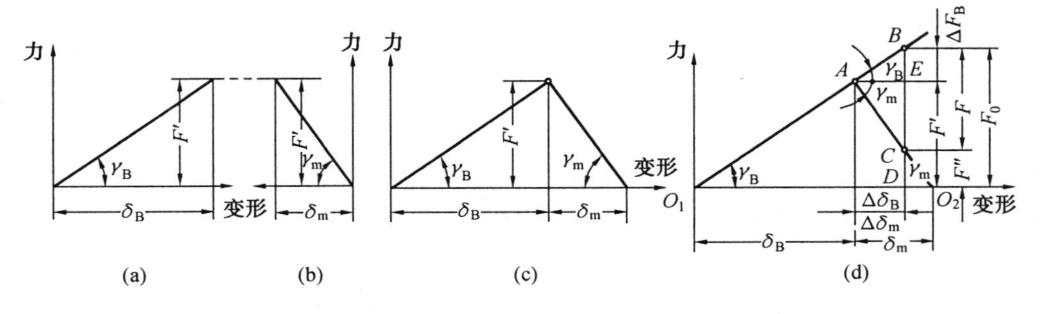

图5.25　螺栓和被连接件的受力与变形的关系

由式(5.23)可知，螺栓所受总拉力 F_0 为预紧力 F' 与工作拉力的一部分 ΔF_B 之和，F

的另一部分 ΔF_m 使被连接件的压力由 F' 减少到 F''。这两部分的分配关系与螺栓和被连接件的刚度成正比。当 $C_B \gg C_m$ 时，$F_0 \approx F' + F$；当 $C_B \ll C_m$ 时，$F_0 \approx F'$。

$\dfrac{C_B}{C_B + C_m}$ 称为螺栓的相对刚度，其值与螺栓和被连接件的材料、尺寸、结构、工作载荷作用位置及连接中垫片的材料等因素有关，可通过计算或实验求出，在一般计算中，若被连接件材料为钢铁，可按表 5.2 选取。

表 5.2　螺栓的相对刚度

被连接钢板间所用垫片	$\dfrac{C_B}{C_B + C_m}$
金属垫片（或无垫片）	0.2 ~ 0.3
皮革垫片	0.7
铜皮石棉垫片	0.8
橡胶垫片	0.9

当工作载荷 F 过大或预紧力 F' 过小时，接合面会出现缝隙，导致连接失去紧密性，并在载荷变化时发生冲击。为此，必须保证 $F'' > 0$。设计时，根据对连接紧密性的要求，F'' 可按下列参考值选取

对紧固连接

静载时　　$F'' = (0.2 \sim 0.6)F$

变载时　　$F'' = (0.6 \sim 1.0)F$

对气密连接

$$F'' = (1.5 \sim 1.8)F$$

为了保证得到预期的剩余预紧力 F''，必须在拧紧螺母时控制预紧力 F'，使其满足式(5.22)。

(2) 静强度计算

设计时，根据工作载荷 F 和工作要求选择剩余预紧力 F''，用式(5.21)求螺栓总拉力 F_0，以对螺栓进行强度计算。为了保证所需 F''，应按式(5.22)求得预紧力 F'，并在拧紧时予以保证。若 F' 已由其他条件确定，则用式(5.23)求 F_0，并用式(5.22)求 F''，以检验其是否达到需要值。

考虑到承受工作载荷后，可能发现连接较松而需要补充拧紧（这种拧紧应尽量避免），则螺纹力矩为 $F_0\tan(\psi + \rho')d_2/2$。因此，其强度条件为

$$\sigma = \frac{4 \times 1.3F_0}{\pi d_1^2} \leqslant [\sigma] \tag{5.24}$$

或

$$d_1 \geqslant \sqrt{\frac{4 \times 1.3F_0}{\pi[\sigma]}} \tag{5.25}$$

式中　$[\sigma]$—— 紧连接螺栓的许用拉应力(MPa)，见表 5.3。

(3) 疲劳强度计算

对于受变载荷的螺栓连接，按式(5.25)设计尺寸后，还需进行疲劳强度校核。

当工作载荷在 $0 \sim F$ 之间变化时，螺栓所受总拉力在 $F' \sim F_0$ 之间变化，如图 5.26 所示。螺栓危险截面上的最大、最小拉应力和应力幅分别为

$$\sigma_{\max}=\frac{4F_0}{\pi d_1^2}\quad \sigma_{\min}=\frac{4F'}{\pi d_1^2}$$

$$\sigma_a=\frac{C_B}{C_B+C_m}\cdot\frac{2F}{\pi d_1^2}$$

考虑到对疲劳破坏起主要作用的是应力幅 σ_a，故其疲劳强度条件为

$$\sigma_a=\frac{C_B}{C_B+C_m}\frac{2F}{\pi d_1^2}\leqslant[\sigma]_a \tag{5.26}$$

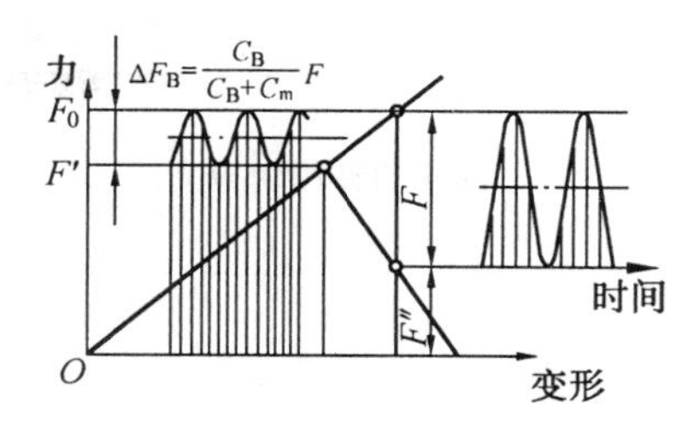

图 5.26 变载荷下螺栓拉力的变化

其中许用应力幅

$$[\sigma]_a=\frac{\varepsilon_\sigma k_m\sigma_{-1}}{K_\sigma S_a} \tag{5.27}$$

式中 σ_{-1}—— 螺栓材料的对称循环拉压疲劳极限(MPa)，其值近似为 $0.45\sigma_B$；

K_σ—— 有效应力集中系数，见表5.3；

k_m—— 螺纹制造工艺系数，见表5.3；

ε_σ—— 尺寸系数，见表5.3；

S_a—— 安全系数，见表5.3。

5.5.3 螺栓连接的许用应力

螺栓连接的许用应力与是否预紧、能否控制预紧力、载荷性质(静载或变载)及材料等因素有关，可参考表5.3和表5.4选用。由表5.3可看出，不控制预紧力时螺栓的许用应力还和螺栓直径有关。因此，设计时首先要估计直径，若计算结果和原估计直径相差很大，应重新估计、重新计算，直到所估计的直径与计算结果接近为止。这种方法在机械设计中是经常采用的，应逐步熟悉它。

表5.3 普通螺栓紧连接的许用应力和安全系数

<table>
<tr><td rowspan="2">载荷情况</td><td rowspan="2">许用应力</td><td colspan="8">不控制预紧力时 S</td><td colspan="4">控制预紧力时 S</td></tr>
<tr><td>直径
材料</td><td colspan="3">M6 ~ M16</td><td colspan="4">M16 ~ 30</td><td colspan="4">不分直径</td></tr>
<tr><td rowspan="2">静载</td><td rowspan="2">$[\sigma]=\frac{\sigma_s}{S}$</td><td>碳钢</td><td colspan="3">4 ~ 3</td><td colspan="4">3 ~ 2</td><td colspan="4" rowspan="4">1.2 ~ 1.5</td></tr>
<tr><td>合金钢</td><td colspan="3">5 ~ 4</td><td colspan="4">4 ~ 2.5</td></tr>
<tr><td rowspan="8">变载</td><td rowspan="2">按最大应力
$[\sigma]=\frac{\sigma_s}{S}$</td><td>碳钢</td><td colspan="3">10 ~ 6.5</td><td colspan="4">6.5</td></tr>
<tr><td>合金钢</td><td colspan="3">7.3 ~ 5</td><td colspan="4">5</td></tr>
<tr><td rowspan="6">按循环应力幅
$[\sigma]_a=\frac{\varepsilon_\sigma k_m\sigma_{-1}}{K_\sigma S_a}$</td><td colspan="8">$S_a=2.5\sim5$</td><td colspan="4">$S_a=1.5\sim2.5$</td></tr>
<tr><td rowspan="2">尺寸系数 ε_σ</td><td>d/mm</td><td>≤12</td><td>16</td><td>20</td><td>24</td><td>30</td><td>36</td><td>42</td><td>48</td><td>56</td><td>64</td></tr>
<tr><td>ε_σ</td><td>1.0</td><td>0.87</td><td>0.80</td><td>0.74</td><td>0.67</td><td>0.63</td><td>0.60</td><td>0.57</td><td>0.54</td><td>0.53</td></tr>
<tr><td colspan="2" rowspan="2">有效应力集中系数
K_σ</td><td colspan="2">σ_B/MPa</td><td colspan="2">400</td><td colspan="2">600</td><td colspan="2">800</td><td colspan="2">1 000</td></tr>
<tr><td colspan="2">K_σ</td><td colspan="2">3.0</td><td colspan="2">3.9</td><td colspan="2">4.8</td><td colspan="2">5.2</td></tr>
<tr><td colspan="12">螺纹制造工艺系数 k_m： 辊压 $k_m=1.25$ 车制 $k_m=1$</td></tr>
</table>

表 5.4 螺栓许用切应力及许用挤压应力 MPa

螺栓的许用切应力 $[\tau]$	静载	$\frac{\sigma_s}{2.5}$	
	变载	$\frac{\sigma_s}{3.5\sim5}$	
螺栓或被连接件的许用挤压应力 $[\sigma]_p$	静载	钢 $\frac{\sigma_s}{1.25}$	
		铸铁 $\frac{\sigma_B}{2\sim2.5}$	
	变载	较静载时减小 20% ~ 30%	

5.5.4 受轴向工作拉力作用的紧螺栓连接设计流程图

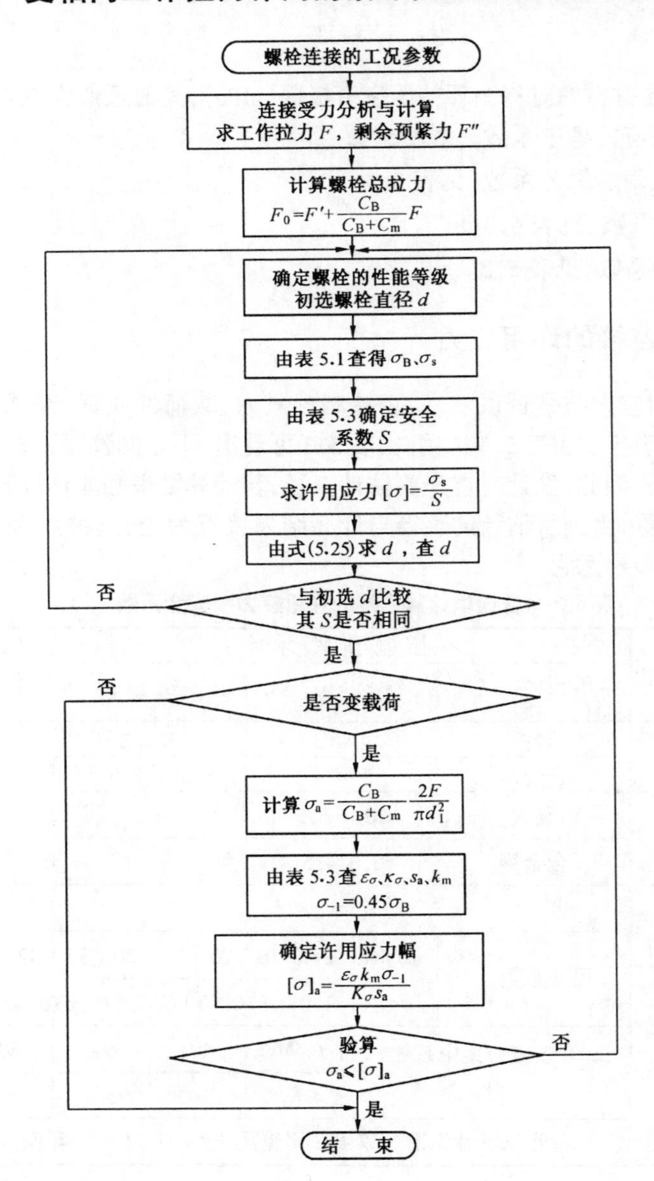

5.6 螺栓组连接设计

大多数机器的螺纹连接件都是成组使用的，其中以螺栓组连接最典型，下面讨论它的设计和计算问题。其基本结论也适用于双头螺柱组和螺钉组连接。

设计螺栓组连接时，首先要选定螺栓的数目及布置形式；然后确定螺栓连接的结构尺寸。在确定螺栓尺寸时，对不重要的螺栓连接，可参考现有机器设备，用类比法确定，不再进行强度校核。对于重要的连接，应根据工作载荷分析各螺栓的受力状态，找出受力最大的螺栓及工作载荷，然后按5.5节的方法对其进行强度计算。下面讨论螺栓组连接的结构设计和受力分析。

5.6.1 螺栓组连接的结构设计

螺栓组连接结构设计的目的在于合理确定连接结合面的几何形状和螺栓的布置形式，力求各螺栓和结合面间受力均匀，便于加工和装配。为此，设计时应综合考虑以下几方面的问题。

(1) 连接结合面的几何形状常设计成轴对称的简单几何形状(图5.27)。这样便于加工和便于对称布置螺栓，使螺栓组的对称中心和结合面的形心重合，以保证连接结合面受力比较均匀。

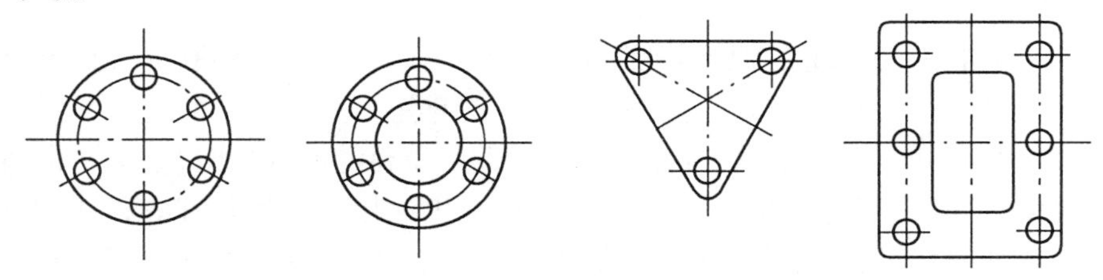

图5.27 螺栓组连接结合面常用的形状

(2) 螺栓的布置应使各螺栓的受力合理。对于受剪的铰制孔用螺栓连接，不要在平行于工作载荷的方向上成排布置八个以上的螺栓，以免载荷分布过于不均。当螺栓连接承受弯矩或扭矩时，应使螺栓的位置靠近接合面的边缘，以减小远离几何中心处螺栓的受力(图5.28)。

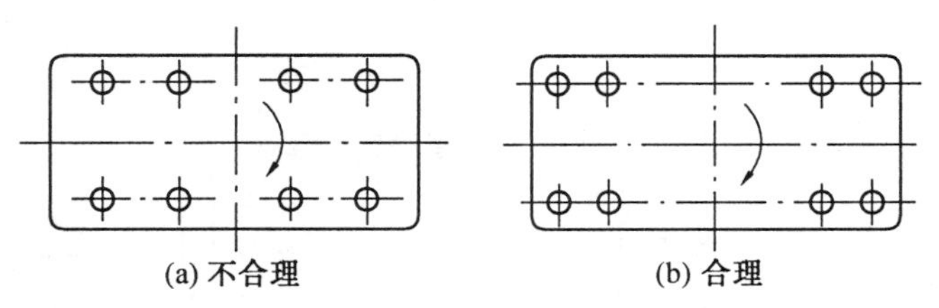

图5.28 螺栓组受弯矩或扭矩时螺栓的布置

如果同时承受轴向载荷和较大的横向载荷时，应采用销、套筒、键等抗剪零件来承受横向载荷(图5.22)，以减小螺栓的预紧力及尺寸。

(3) 螺栓的排列应有合理的间距、边距。布置螺栓时，各螺栓轴线间及螺栓轴线和机体壁间的最小距离，应按扳手所需活动空间的大小来决定。扳手空间的尺寸(图 5.29) 可查阅有关标准。对压力容器等紧密性要求较高的重要连接，螺栓的间距 t_0 不得大于表 5.5 推荐的数值。

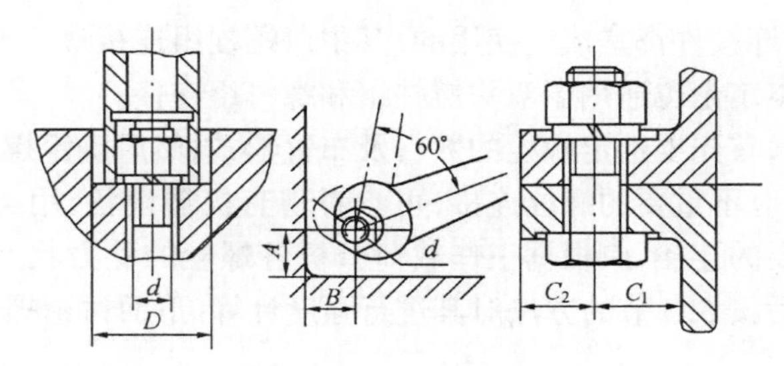

图 5.29 扳手空间尺寸

表 5.5 螺栓间距

	工作压力/MPa					
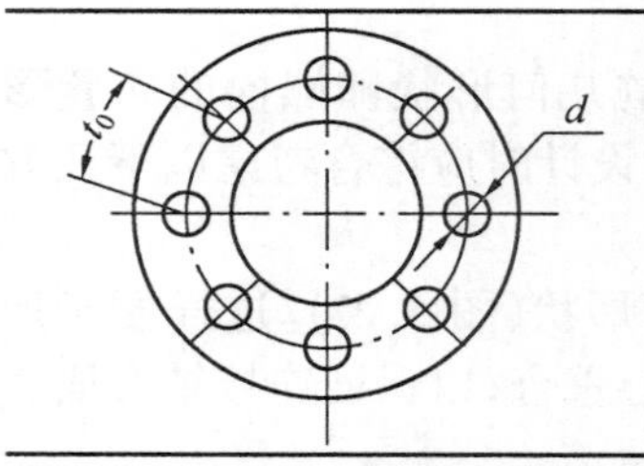	≤1.6	>1.6 ~ 4	>4 ~ 10	>10 ~ 16	>16 ~ 20	>20 ~ 30
	t_0/mm					
	$7d$	$5.5d$	$4.5d$	$4d$	$3.5d$	$3d$

注:表中 d 为螺纹公称直径

(4) 分布在同一圆周上的螺栓数目，应取 4、6、8 等偶数，以便钻孔时在圆周上分度和画线。同一螺栓组中螺栓的材料、直径和长度均应相同。

(5) 避免螺栓承受偏心载荷。导致螺栓承受偏心载荷的原因如图 5.30 所示。除了要在结构上设法保证载荷不偏心外，还应在工艺上保证被连接件上螺母和螺栓头的支承面平整，并与螺栓轴线相垂直。对于在铸锻件等粗糙表面上安装螺栓时，应制成凸台或沉头座(图5.31)。当支承面为倾斜面时，应采用斜垫圈(图 5.32) 等。

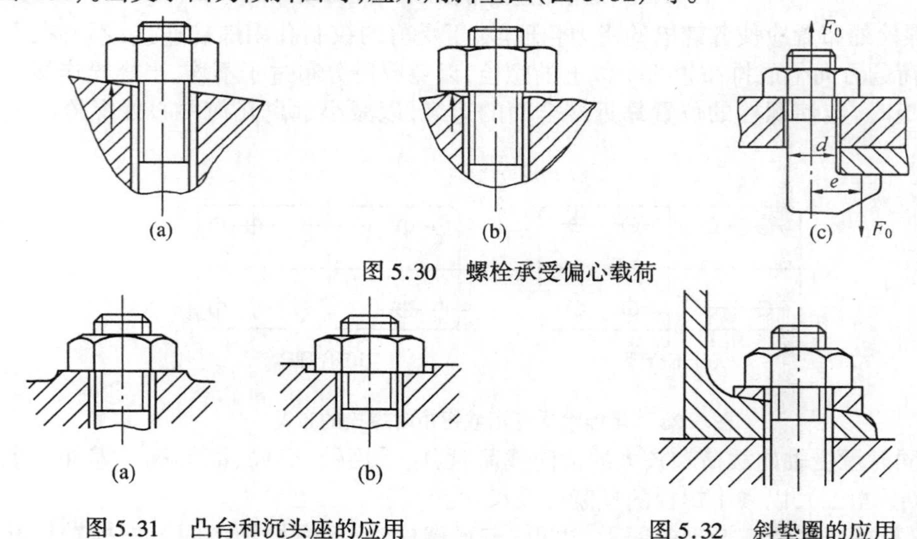

图 5.30 螺栓承受偏心载荷

图 5.31 凸台和沉头座的应用

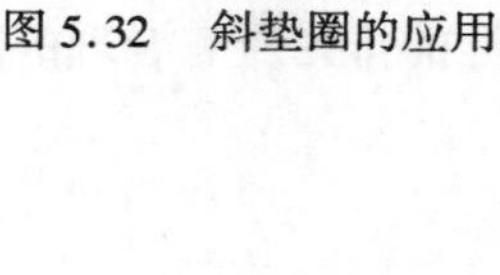

图 5.32 斜垫圈的应用

除以上各点外，还应根据工作条件合理选择螺栓的防松装置。

5.6.2 螺栓组连接的受力分析

螺栓组连接受力分析的任务，就是确定螺栓组受力最大的螺栓及其所受工作载荷的大小，以便进行螺栓连接的强度计算。

下面对几种典型螺栓组受力情况进行分析，为简化计算，分析时，常做如下假定：① 被连接件是刚体；② 各螺栓的拉伸刚度或剪切刚度（即螺栓的材质、直径和长度）及预紧力都相同；③ 螺栓的应变在弹性范围内。

1. 受轴向载荷 Q 的螺栓组连接

如图 5.24 的汽缸盖螺栓组连接，载荷 Q 作用线与螺栓中心线平行并通过螺栓组形心，因此各螺栓所分担的工作载荷相等。设螺栓数目为 z，则

$$F = \frac{Q}{z} \tag{5.28}$$

F 即为作用在单个螺栓上的轴向工作载荷。

2. 受横向载荷 R 的螺栓组连接

如图 5.33 所示，横向载荷 R 通过螺栓组形心。载荷可通过普通螺栓或铰制孔用螺栓连接来传递。

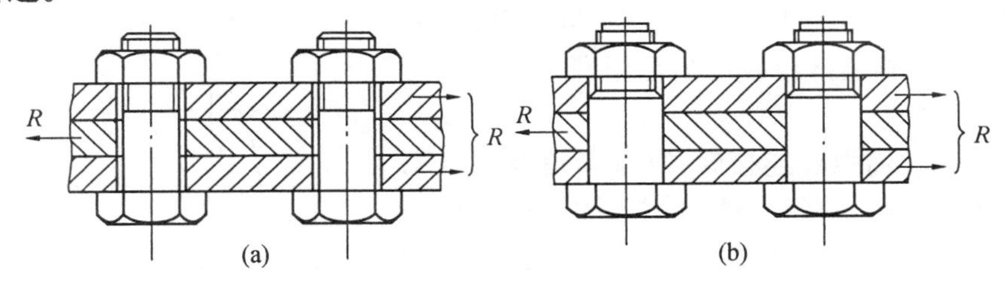

图 5.33 受横向载荷的螺栓组

(1) 用普通螺栓连接。如图 5.33(a) 所示，连接靠接合面间的摩擦力平衡外载荷，螺栓只受预紧力。根据力平衡，有

$$fF'mz = K_f R$$

每个螺栓所需的预紧力

$$F' = \frac{K_f R}{fmz} \tag{5.29}$$

式中 f—— 接合面间摩擦因数，见表 5.6；

m—— 接合面数，在图 5.33 中 $m = 2$；

z—— 螺栓数；

K_f—— 考虑摩擦因数不稳定及靠摩擦传力有时不可靠而引入的可靠性系数。一般取 $K_f = 1.1 \sim 1.3$。

连接预紧后，不论有无外载荷 R，螺栓所受的力不变，始终为 F'。

表 5.6　连接接合面间摩擦因数 f

被连接件	接合面的表面状态	f
钢或铸铁零件	干燥的机加工表面	0.10 ~ 0.16
	有油的机加工表面	0.06 ~ 0.10
钢结构件	经喷砂处理	0.45 ~ 0.55
	涂富锌漆	0.35 ~ 0.40
	轧制、经钢丝刷清理浮锈	0.30 ~ 0.35
铸铁对砖、混凝土、木料	干燥表面	0.40 ~ 0.45

(2) 用铰制孔用螺栓连接。如图 5.33(b) 所示，连接靠螺栓杆受剪切力来平衡外载荷 R。假设被连接件为刚体，则各螺栓所受的工作剪力相等。根据板的平衡条件，有

$$zF_s = R$$

每个螺栓连接所受的横向工作载荷为

$$F_s = \frac{R}{z} \tag{5.30}$$

3. 受旋转力矩 T 的螺栓组连接

图 5.34 为一机座的螺栓组连接，旋转力矩 T 作用在接合平面内，使机座有绕螺栓组形心旋转的趋势。此载荷可用普通螺栓或铰制孔用螺栓连接来传递。

(1) 采用普通螺栓连接时，靠预紧后在接合面上各螺栓处摩擦力对形心的力矩之和平衡外加力矩 T。设摩擦力作用在各螺栓中心处，因其方向为阻止运动趋势的方向(图 5.34(a))，根据机座的力平衡，可得

$$fF'r_1 + fF'r_2 + \cdots + fF'r_z = K_f T$$

由此可得每个螺栓连接所需的预紧力为

$$F' = \frac{K_f T}{f(r_1 + r_2 + \cdots + r_z)} = \frac{K_f T}{f\sum_{i=1}^{z} r_i} \tag{5.31}$$

式中　$r_1, r_2, \cdots, r_z$—— 各螺栓中心至螺栓组形心 O 的距离；

K_f—— 可靠性系数，$K_f = 1.1 \sim 1.3$；

f—— 接合面间摩擦因数，见表 5.6。

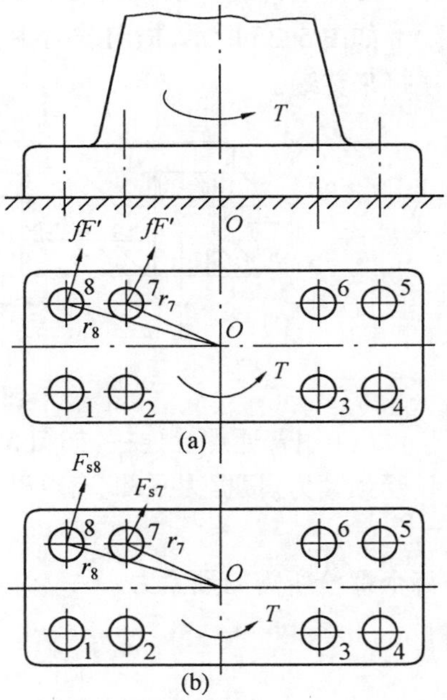

图 5.34　受旋转力矩的螺栓组

(2) 采用铰制孔用螺栓连接时，忽略接合面上的摩擦力，外加力矩 T 靠螺栓所受剪力对底板旋转中心的力矩之和来平衡。各螺栓所受工作剪力 F_{si} 的方向垂直于螺栓中心到底板旋转中心的连线，如图 5.34(b) 所示。

根据机座的静力平衡条件，有

$$F_{s1}r_1 + F_{s2}r_2 + \cdots + F_{sz}r_z = T \tag{5.32}$$

根据螺栓的变形协调条件，各螺栓的剪切变形量与螺栓中心至机座旋转中心 O 的距离成正比(假设被连接件为刚体，没有变形)，而每个螺栓的剪切变形量与其所受工作剪力成正比，即各螺栓的剪切刚度相同，故有

$$\frac{F_{s1}}{r_1} = \frac{F_{s2}}{r_2} = \cdots = \frac{F_{sz}}{r_z} \tag{5.33}$$

各螺栓所受工作剪力，通过联立式(5.32)、(5.33)即可求出，在图5.34中，1、4、5、8四个螺栓与点 O 的距离相等且最大，所以它们所受的工作剪力也最大。

通过式(5.33)与式(5.32)联立，得

$$\frac{F_{s1}}{r_1}(r_1^2 + r_2^2 + \cdots + r_z^2) = T$$

由此即可求得受力最大螺栓所受的工作剪力

$$F_{smax} = F_{s1} = F_{s4} = F_{s5} = F_{s8} = \frac{Tr_1}{r_1^2 + r_2^2 + \cdots + r_8^2} = \frac{Tr_{max}}{\sum_{i=1}^{z} r_i^2} \tag{5.34}$$

4. 受倾覆力矩 M 的螺栓组连接

图5.35为一受倾覆力矩 M 作用的螺栓组连接。M 作用在通过 S—S 轴线并垂直于接合面的对称平面内。机座用普通螺栓连接在底板上。假设：被连接件是弹性体，但变形后其接合面仍保持平直，预紧后在 M 的作用下机座有绕其对称轴线 O—O 翻转的趋势。

拧紧后，连接受预紧力 F' 作用，螺栓受拉，地基受压(图5.35(b))。在 M 作用下，图中轴线左边螺栓的拉力和变形增加，轴线右边的则减小；而地基在轴线左边的压力和变形减小，右边的增加，其分布如图5.35(c)所示。由底板静力平衡条件，可得

$$F_1L_1 + F_2L_2 + \cdots + F_zL_z = M \tag{5.35}$$

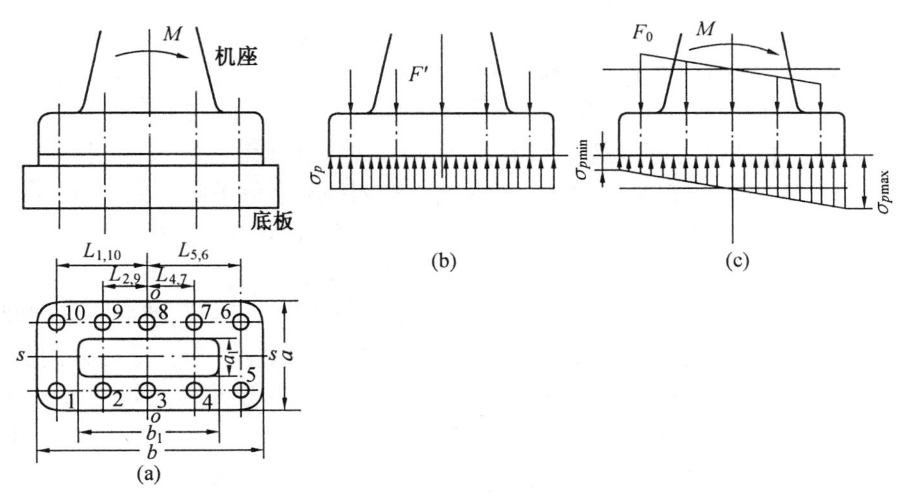

图5.35 受倾覆力矩的螺栓组

根据变形协调条件可知，各螺栓的伸长变形的增量 $\Delta\delta_{Bi}$ 和它到底板对称轴线 O—O 的距离 L_i 成正比。因此，由于倾覆力矩的作用，各螺栓所受工作拉力的大小也与其至对称

轴线的距离成正比,即

$$F_1/L_1 = F_2/L_2 = \cdots = F_z/L_z \tag{5.36}$$

联立两式可求得每个螺栓所受的工作拉力 F_i,其中受力最大的螺栓为距对称轴线最远的螺栓,其工作拉力为

$$F_1 = F_{10} = \frac{ML_1}{L_1^2 + L_2^2 + \cdots + L_z^2}$$

即

$$F_{\max} = \frac{ML_{\max}}{\sum_{i=1}^{z} L_i^2} \tag{5.37}$$

受倾覆力矩的螺栓组连接除要求螺栓有足够的强度外,还应保证接合面既不出现缝隙,也不被压溃。因此,接合面右端应满足

$$\sigma_{p\max} = \sigma_p + \Delta\sigma_{p\max} \leqslant [\sigma]_p \tag{5.38}$$

即

$$\sigma_{p\max} \approx \frac{zF'}{A} + \frac{M}{W} \leqslant [\sigma]_p \tag{5.39}$$

左端应满足

$$\sigma_{p\min} = \sigma_p - \Delta\sigma_{p\max} > 0 \tag{5.40}$$

即

$$\sigma_{p\min} \approx \frac{zF'}{A} - \frac{M}{W} > 0 \tag{5.41}$$

式中　$[\sigma]_p$—— 接合面材料的许用挤压应力(MPa),见表5.7。

表5.7　连接接合面材料的许用挤压应力$[\sigma]_p$

材　　料	钢	铸　　铁	混凝土	砖(水泥浆缝)	木　　材
$[\sigma]_p$/MPa	$0.8\sigma_s$	$(0.4 \sim 0.5)\sigma_B$	2.0 ~ 3.0	1.5 ~ 2.0	2.0 ~ 4.0

注:(1)σ_s 为材料屈服极限(MPa);σ_B 为材料强度极限(MPa)。

(2) 当连接接合面的材料不同时,应按强度较弱者选取。

(3) 连接承受静载荷时,$[\sigma]_p$ 应取表中较大值;承受变载荷时,则应取较小值。

由式(5.39)、(5.41) 求得预紧力 F',并取两者的较大值和最大工作拉力 $F_{\max}$,求得作用在螺栓上的总拉力 F_0,再用式(5.25) 求出所需螺栓的直径。

在实际使用中,螺栓组所受的载荷常常是上述四种状态的不同组合。不论螺栓组连接受力情况如何,均可利用静力分析方法,将各种受力状态转化为上述四种基本受力状态的某种组合。例如,例5.1是轴向载荷 Q、横向载荷 R 和倾覆力矩 M 的组合。因此,只要分别计算出螺栓组在这些基本受力状态下,每个螺栓连接处的工作载荷,然后将轴向载荷代数相加,横向载荷向量相加,即可确定螺栓组中受力最大的螺栓及其所受的轴向和(或)横向工作载荷。一般来说,对于普通螺栓连接,按所受横向载荷及旋转力矩来确定作用于连接的预紧力 F',然后求出螺栓的总拉力 F_0,进行螺栓的强度计算。对于铰制孔用螺栓连接,则按横向载荷和旋转力矩确定受力最大的螺栓所受的工作剪力,然后进行剪切和挤压强度计算。

【例5.1】　设计图5.36所示的轴承座螺栓组连接,轴承座及底板材料皆为铸铁。载荷 P 作用在通过接合面纵向对称轴线并垂直于接合面的平面内。

【解】 采用普通螺栓连接，螺栓数目 $z=4$，对称布置，各部分尺寸如图 5.36 所示。

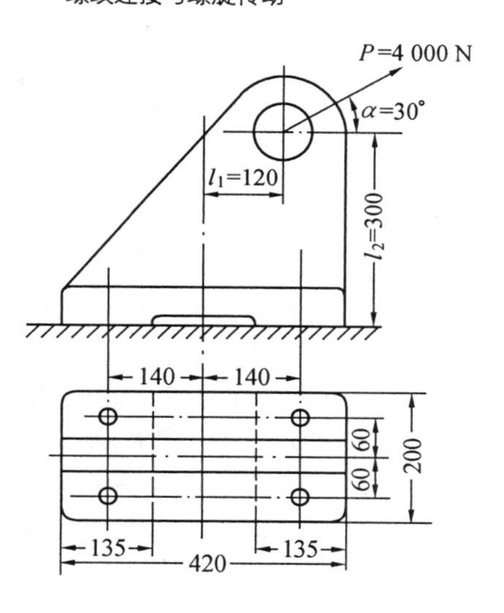

图 5.36 轴承座螺栓组

(1) 分析螺栓组连接的载荷。外力 P 是倾斜的，可分解为互相垂直的二分力，并移到接合面上螺栓组的形心处，得

横向载荷 $R = P\cos\alpha = 4\,000\times\cos 30° = 3\,464\ \text{N}$

轴向载荷 $Q = P\sin\alpha = 4\,000\times\sin 30° = 2\,000\ \text{N}$

倾覆力矩

$$M = Rl_2 - Ql_1 = 3\,464\times 300 - 2\,000\times 120 = 799\,200\ \text{N}\cdot\text{mm}$$

(2) 计算受力最大的螺栓承受的工作载荷 F。

Q 使每个螺栓所受的工作载荷均等，其值为

$$F_1 = \frac{Q}{z} = \frac{2\,000}{4} = 500\ \text{N}$$

由于 M 的作用使对称轴线左边两螺栓处的工作拉力增大，右边两螺栓处工作拉力减小，其值为

$$F_2 = \frac{Ml}{4l^2} = \frac{799\,200\times 140}{4\times 140^2} = 1\,427\ \text{N}$$

横向力 R 不直接引起轴向工作载荷。

显然，轴线左边两螺栓所受轴向工作拉力最大，均为

$$F = F_1 + F_2 = 500 + 1\,427 = 1\,927\ \text{N}$$

(3) 确定每个螺栓所需的预紧力 F'。预紧力 F' 的大小应能保证接合面在横向载荷 R 的作用下不产生相对滑动。

预紧力 F' 使接合面间产生正压力；Q 使压力减小；可以认为 M 对接合面上总的压力无影响，因为 M 使左边的压力减小，右边的压力以同样大小增大。因此，可得保证接合面不滑动的条件为

$$f\left(zF' - \frac{C_m}{C_B + C_m}Q\right) \geqslant K_f R$$

由表 5.6 取接合面上的摩擦因数 $f = 0.13$；考虑到铸铁的弹性模量略小于钢，故由表 5.2 取螺栓相对刚度 $\frac{C_B}{C_B + C_m} = 0.3$；取可靠性系数 $K_f = 1.2$，则每个螺栓所需的预紧力

$$F' = \frac{1}{z}\left(\frac{K_f R}{f} + \frac{C_m}{C_B + C_m}Q\right) = \frac{1}{4}\left[\frac{1.2\times 3\,464}{0.13} + (1-0.3)\times 2\,000\right] = 8\,344\ \text{N}$$

取 $F' = 8\,500\ \text{N}$。

(4) 检查接合面上的挤压应力。左端边缘是否会出现间隙、右端是否会被压坏。

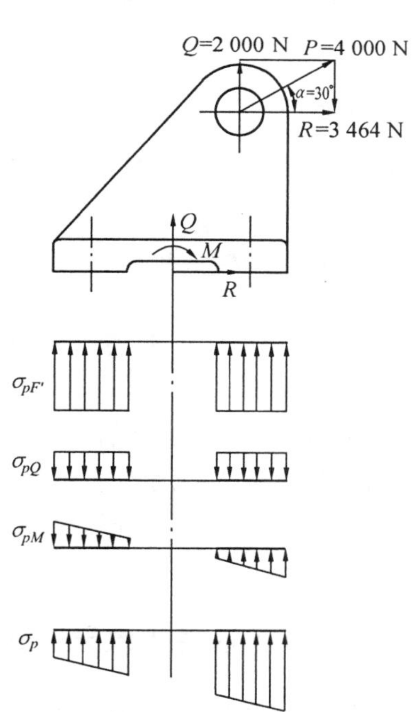

图 5.37 螺栓组载荷及接合面上挤压应力

接合面上由 F'、Q、M 形成的挤压应力分布如图 5.37，不计 M 对预紧力的影响，其中

$$\sigma_{pF'} = \frac{4F'}{A} = \frac{4\times 8\,500}{2\times 135\times 200} = 0.630\ \text{MPa}$$

$$\sigma_{pQ} = \frac{\frac{C_m}{C_B + C_m}Q}{A} = \frac{(1 - 0.3) \times 2\,000}{2 \times 135 \times 200} = 0.026 \text{ MPa}$$

$$\sigma_{pM} = \frac{M}{W} = \frac{799\,200}{\frac{200(420^3 - 150^3)}{12} \times \frac{2}{420}} = 0.142 \text{ MPa}$$

接合面左端的挤压应力最小,为

$$\sigma_{p\min} = \sigma_{pF'} - \sigma_{pQ} - \sigma_{pM} = 0.630 - 0.026 - 0.142 = 0.462 \text{ MPa} > 0$$

故接合面左端边缘不会出现间隙。

若不满足 $\sigma_{p\min} > 0$(或规定数值),则应加大预紧力 F'。

接合面右端的挤压应力最大,为

$$\sigma_{p\max} = \sigma_{pF'} - \sigma_{pQ} + \sigma_{pM} = 0.630 - 0.026 + 0.142 = 0.746 \text{ MPa}$$

由手册查得铸铁的 $\sigma_B = 100$ MPa,由表 5.7,$[\sigma]_p = 0.5\sigma_B = 0.5 \times 100 = 50$ MPa,故有

$$\sigma_{p\max} \ll [\sigma]_p$$

接合面不会被压坏。

如果出现 $\sigma_{p\max} > [\sigma]_p$ 的情况,则应改变螺栓组布置或改变被连接件材料或加大底面尺寸。

(5) 求螺栓直径 d。由式(5.23),螺栓的总拉力为

$$F_0 = F' + \frac{C_B}{C_B + C_m}F = 8\,500 + 0.3 \times 1\,927 = 9\,078 \text{ N}$$

选用 4.8 级螺栓,其 $\sigma_s = 320$ MPa。

根据表 5.3,考虑到螺栓的预紧力不一定经严格控制,故其安全系数与螺栓直径有关,初估直径为 6 ~ 16 mm,取 $S = 3.5$,得螺栓的许用应力为

$$[\sigma] = \frac{\sigma_s}{S} = \frac{320}{3.5} = 91 \text{ MPa}$$

由式(5.25) 得

$$d_1 = \sqrt{\frac{4 \times 1.3F_0}{\pi[\sigma]}} = \sqrt{\frac{4 \times 1.3 \times 9\,078}{\pi \times 91}} = 12.850 \text{ mm}$$

查普通螺纹标准 GB/T 196—1981,M16 螺栓的 $d_1 = 13.853$ mm;M14 螺栓,其 $d_1 = 11.835$ mm;故选 M16。与原估直径相符,故不必修改$[\sigma]$。

5.7 提高螺栓连接强度的措施

正确分析螺栓连接的受力情况,是保证其强度的重要因素;此外,螺栓连接的结构、制造和装配工艺、螺纹牙受力分配、附加应力、应力集中、应力幅大小等因素也将影响螺栓强度。所以从各方面采取提高螺栓强度的措施,是螺纹连接设计和正确使用螺栓所必须考虑的。

5.7.1 改善螺纹牙上载荷分配

螺纹连接的载荷是通过螺纹牙传递的,如果螺母和螺杆都是刚体,且制造无误差,则每圈螺纹之间的载荷分配是均匀的,如图 5.38(a) 所示。但一般螺栓和螺母都是弹性体,受力后,螺栓、螺母和螺纹牙均产生变形。螺栓受拉伸长、螺距增大;螺母受压,螺距减小。

这种螺距的变化差要靠螺纹牙的变形来补偿，造成各圈螺纹牙受力不均，如图 5.38(b) 所示。从传力开始的第一圈（下端）螺纹变形最大，因而受力也最大；以后各圈受力递减，到第八至十圈后，几乎不受力，所以再加高螺母并不能提高螺纹牙的强度。

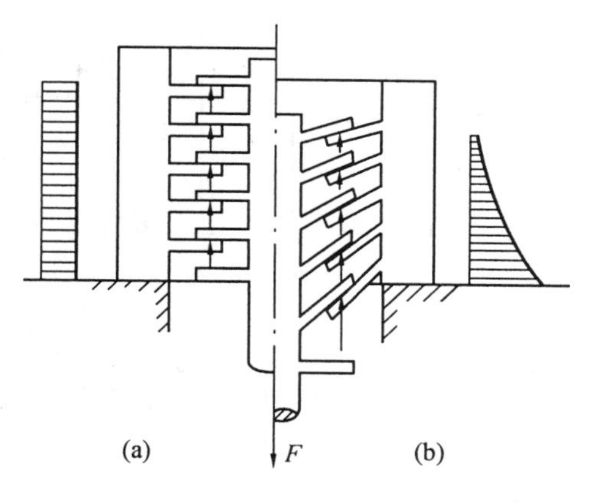

图 5.38　螺纹牙间载荷分配

为了使各圈螺纹受力比较均匀，常采用以下一些方法：

设计时尽可能使螺母也受拉，以便使螺母和螺杆的变形相一致，如图 5.39(a)、(b) 所示。图 5.39(a) 中螺母的锥端和螺杆上端的锥孔，使螺母螺杆的刚度沿旋合长度方向是变化的，有利于减小螺距的变化差。采用内斜螺母（图 5.39(c)），使螺杆上原受力大的螺牙受力点外移，刚度变小，易于变形，而把部分力转移到原受力小的螺牙上。

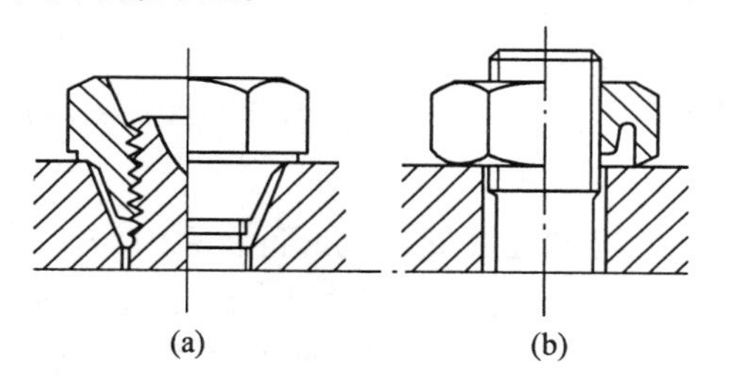

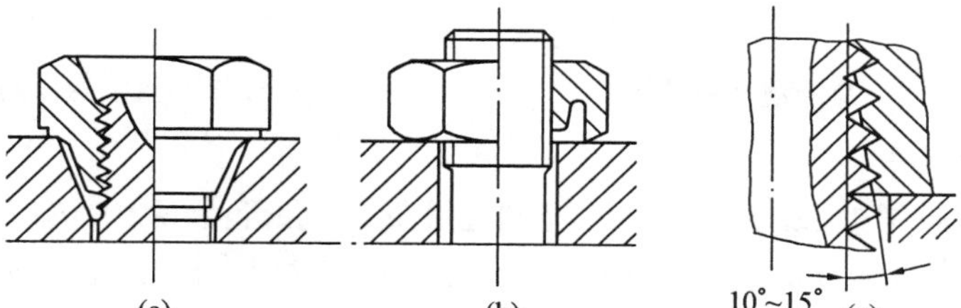

图 5.39　均载螺母的结构

选用较软的螺母材料，弹性模量小，容易变形，也可改善螺纹牙受力不均的情况。

采用钢丝螺套（图 5.40）。它是由菱形截面钢丝精确绕制的内外均为三角形螺纹的螺套，装在内外螺纹之间。由于它有一定弹性，可起到均载作用。

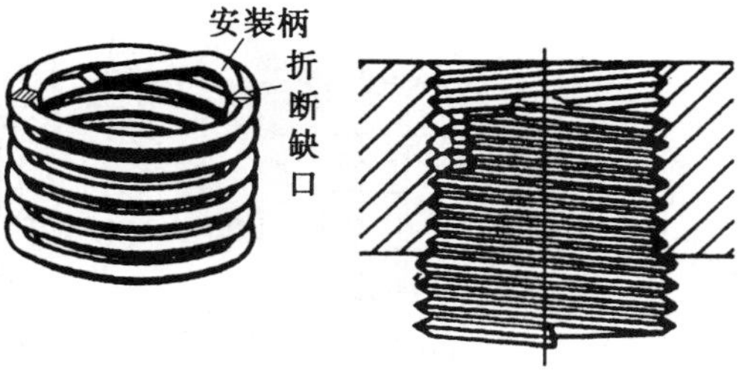

安装柄
折断缺口

(a)　(b)

图 5.40　钢丝螺套

5.7.2　提高疲劳强度的措施

1. 减小应力幅

减小螺栓刚度或增大被连接件刚度，均可使螺栓的应力幅减小，如图 5.41(a)、(b) 所示。

为减小螺栓刚度，可适当增大螺栓的长度、减小螺栓杆直径、或做成空心杆、或在螺母下安装弹性元件等，如图 5.42(a)、(b)、(c) 所示。为增大被连接件的刚度，应采用刚性大的垫片。若需密封元件时，可采用图 5.43 所示密封环结构代替密封垫片。

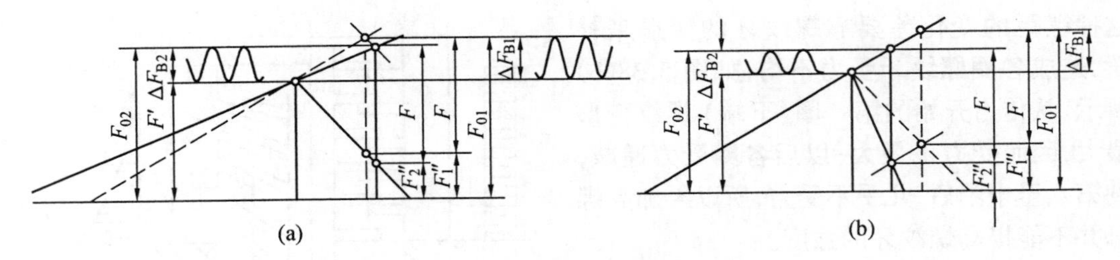

图 5.41　减小螺栓应力幅的措施

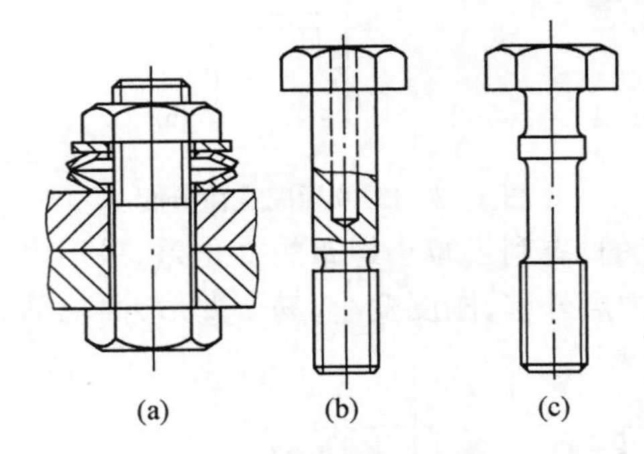

图 5.42　减小螺栓刚度的结构

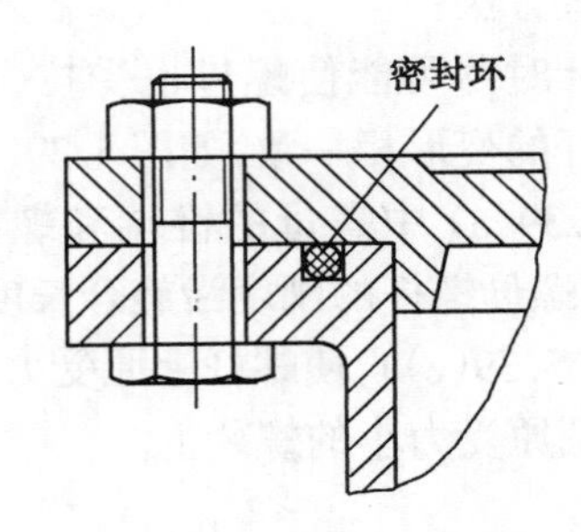

图 5.43　汽缸盖密封环密封

2.减小应力集中

螺杆上螺纹收尾处、螺栓头部到螺杆的过渡处,都会产生应力集中,这是产生断裂的危险部位。为了减小应力集中,可在螺纹收尾处采用较大的圆角过渡或退刀槽,在螺栓头部和杆部过渡处制成减载环,如图 5.44 所示。此外,辗压螺纹比切制的螺纹在牙根处产生的应力集中要小。

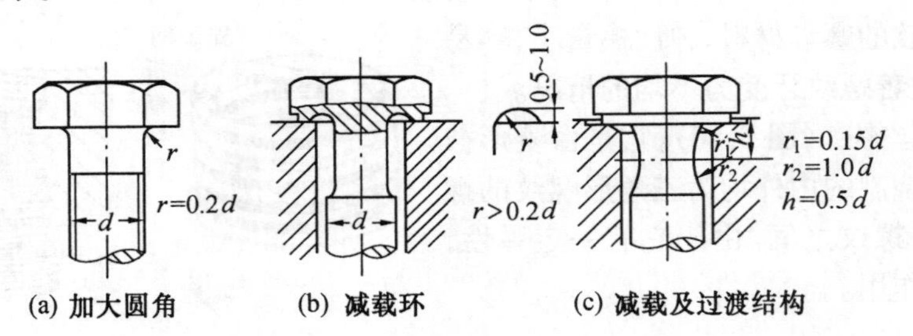

图 5.44　减小应力集中的结构

5.8　螺旋传动

5.8.1　螺旋传动的类型和应用

螺旋传动常用于机床、起重机械、锻压设备、测量仪器及其他机械设备中,其作用多是变回转运动为直线运动,并传递力和转矩。

螺旋传动按其用途,可分为调整螺旋、传力螺旋和传导螺旋。

调整螺旋用以调整或固定零件位置，如机床进给机械中的微调螺旋。一般不在工作载荷作用下做旋转运动。

传力螺旋用以举起重物或克服很大的轴向载荷，如螺旋千斤顶。传力螺旋一般为间歇性工作，每次工作时间较短、速度也不高，但轴向力很大，通常需要自锁，因工作时间短，不追求高效率。

传导螺旋用以传递动力及运动，如机床丝杠。传动螺旋多在较长时间内连续工作，有时速度也较高，因此要求有较高的效率和精度，一般不要求自锁。

螺旋传动按其螺纹间摩擦性质的不同，可分为滑动螺旋、滚动螺旋和静压螺旋。滑动螺旋结构简单、加工方便、应用最广。本章主要介绍滑动螺旋的设计计算方法。

5.8.2 滑动螺旋的失效形式和材料

滑动螺旋多用梯形螺纹，重载传力螺旋也用锯齿形螺纹，对效率要求高的传导螺旋也可用矩形螺纹。滑动螺旋工作时，螺杆承受轴向载荷和转矩；螺杆和螺母的螺纹牙承受挤压、弯曲和剪切，如图5.45、5.46所示。

滑动螺旋的失效形式有：螺纹磨损、螺杆断裂、螺纹牙根剪断和弯断，螺杆很长时还可能失稳。一般常根据抗磨损条件或螺杆受压断面强度条件设计螺杆尺寸，对其他失效形式进行校核计算。此外，对有自锁要求的螺旋副，要校核其自锁条件，对传动精度要求高的螺旋副，需校核由螺杆变形造成的螺距变化量是否超过许用值。

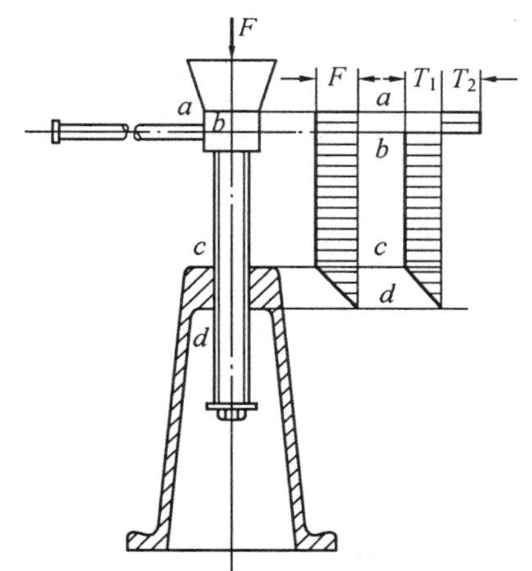

图5.45 千斤顶螺杆受力图

螺杆的材料要求有足够的强度，常用45、50钢；需要经热处理以达到高硬度的重要螺杆，如机床丝杠等，则常用合金钢，如65Mn、40Cr、T12、20CrMnTi等材料。

螺母材料除要有足够的强度外，还要求在与螺杆材料配合时摩擦因数小、耐磨。常用的材料有铸锡青铜，如ZCuSn10P1、ZCuSn5Pb5Zn5，重载低速时用强度较高的铸铝青铜ZCuAl10Fe3或铸铝黄铜ZCuZn25Al6Fe3Mn3；低速不重要的螺旋传动也可用耐磨铸铁。

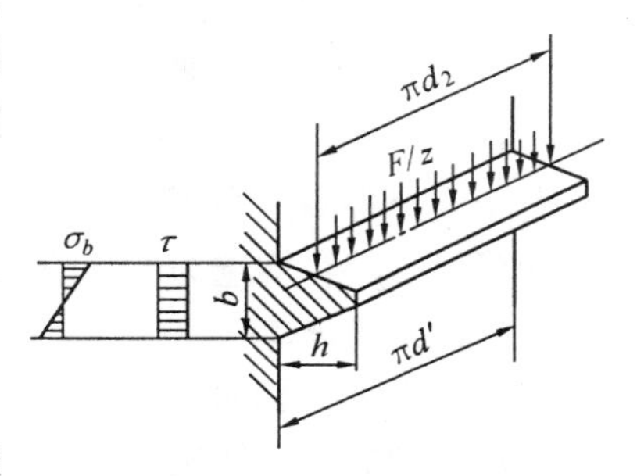

图5.46 展开后的一圈螺纹

5.8.3 滑动螺旋的设计计算

1.耐磨性计算

螺纹的磨损多发生在螺母上，磨损与螺纹工作表面的压强、滑动速度、工作表面的粗糙度及润滑状况等因素有关，其中最主要的是压强。压强愈大，螺纹工作表面愈容易磨损。所以，耐磨性计算主要是限制螺纹工作表面的压强，以防止过度磨损。

假想螺纹牙可展开成一长条，如图5.46所示。设螺旋的轴向载荷为 F，螺母旋合高度为 H、螺距为 p、螺纹旋合圈数为 $z = H/p$、螺纹工作高度为 h、承压面积（垂直于轴线方向上的投影面积）为 A，螺纹工作面上的压强为 p_s，则螺纹的耐磨性条件为

$$p_s = \frac{F}{A} = \frac{F}{\pi d_2 hz} = \frac{Fp}{\pi d_2 hH} \leqslant [p] \tag{5.42}$$

若需按耐磨性条件设计螺纹中径 d_2，可引用系数 $\psi = H/d_2$ 以消去 H，得

$$d_2 \geqslant \sqrt{\frac{Fp}{\pi \psi h [p]}} \tag{5.43}$$

对于矩形和梯形螺纹，$h = 0.5p$，则

$$d_2 \geqslant 0.8\sqrt{\frac{F}{\psi [p]}} \tag{5.44}$$

对于锯齿形螺纹，$h = 0.75p$，则

$$d_2 \geqslant 0.65\sqrt{\frac{F}{\psi [p]}} \tag{5.45}$$

式中 $[p]$—— 许用压强（MPa），见表5.8。

表5.8 滑动螺旋传动的许用压强

螺杆和螺母的材料	滑动速度 v_s/(m·s^{-1})	许用压强[p]/MPa
钢对青铜	低速	18 ~ 25
	< 0.05	11 ~ 18
	0.1 ~ 0.2	7 ~ 10
	> 0.25	1 ~ 2
钢对耐磨铸铁	0.1 ~ 0.2	6 ~ 8
钢对铸铁	< 0.04	13 ~ 18
	0.1 ~ 0.2	4 ~ 7
钢对钢	低速	7.5 ~ 13
淬火钢对青铜	0.1 ~ 0.2	10 ~ 13

注：$\psi < 2.5$ 或人力驱动时，[p]可提高约20%；螺母为剖分式时，[p]应降低15% ~ 20%。

系数 ψ 的值，可根据螺母结构选定。对于整体式螺母，磨损后间隙不能调整，取 $\psi = 1.2 \sim 2.5$；对于剖分式螺母，间隙可调整；或需螺母兼作支承而受力较大时，可取 $\psi = 2.5 \sim 3.5$；对于传动精度较高、要求寿命较长的情况，允许取 $\psi = 4$。

由于旋合各圈受力不均，应使 $z \leqslant 10$。

计算出 d_2 后，应选为标准值，螺纹的其他参数根据 d_2 按标准确定。

2.螺杆强度计算

螺杆断面承受轴向力 F 和转矩 T_1 的作用，例如千斤顶螺杆受力，如图5.45所示，这里转矩为螺纹副的摩擦转矩 T_1。根据第四强度理论，螺杆危险截面的强度条件为

$$\sigma = \sqrt{\left(\frac{4F}{\pi d_1^2}\right)^2 + 3\left(\frac{16T_1}{\pi d_1^3}\right)^2} \leqslant [\sigma] \tag{5.46}$$

对于传力螺旋，因所受轴向力大、速度低，常需根据螺杆强度确定尺寸，则可将上式简

化为相似式(5.18)的形式,以设计螺杆螺纹小径,即

对于矩形和锯齿形螺纹

$$d_1 \geqslant \sqrt{\frac{4 \times 1.2F}{\pi[\sigma]}} \tag{5.47}$$

对于梯形螺纹

$$d_1 \geqslant \sqrt{\frac{4 \times 1.25F}{\pi[\sigma]}} \tag{5.48}$$

式中 d_1—— 螺杆螺纹小径(mm);

$[\sigma]$—— 螺杆材料的许用应力(MPa),见表5.9;

F—— 螺杆所受轴向力(N);

T_1—— 螺杆所受转矩(N·mm),$T_1 = F\tan(\psi + \rho')\dfrac{d_2}{2}$。

表5.9 螺杆和螺母的许用应力 MPa

材料		许用应力		
		$[\sigma]$	$[\sigma]_b$	$[\tau]$
螺杆	钢	$\dfrac{\sigma_s}{3 \sim 5}$		
螺母	青铜		40 ~ 60	30 ~ 40
	耐磨铸铁		50 ~ 60	40
	铸铁		45 ~ 55	40
	钢		$(1 \sim 1.2)[\sigma]$	$0.6[\sigma]$

3.螺母螺纹牙强度计算

因螺母材料强度低于螺杆,所以螺纹牙的剪切和弯曲破坏大多发生在螺母上。可将展开后的螺母螺纹牙看作一悬臂梁,如图5.46所示。

螺纹牙根部的剪切强度校核计算式为

$$\tau = \frac{F}{\pi d' b z} \leqslant [\tau] \tag{5.49}$$

螺纹牙根部的弯曲强度校核计算式为

$$\sigma_b = \frac{\dfrac{F}{z}\dfrac{h}{2}}{\dfrac{\pi d' b^2}{6}} = \frac{3Fh}{\pi d' z b^2} \leqslant [\sigma]_b \tag{5.50}$$

上二式中 d'—— 螺母螺纹大径(mm);

h—— 螺纹牙的工作高度(mm);

b—— 螺纹牙根部厚(mm),梯形螺纹的 $b = 0.65p$,锯齿形螺纹的 $b = 0.74p$,矩形螺纹的 $b = 0.5p$;

$[\tau]$、$[\sigma]_b$—— 螺母材料的许用切应力和许用弯曲应力(MPa),见表5.9。

如果螺杆和螺母材料相同,因螺杆螺纹小径 d_1 小于螺母螺纹大径 d',则应校核螺杆

螺纹牙强度，只要将上二式中的 d' 改为 d_1 即可。

4.螺纹副自锁条件校核

对有自锁要求的螺旋，要校核其自锁性，其条件为

$$\psi \leqslant \rho' \qquad \rho' = \arctan f'$$

螺纹副的当量摩擦因数 f' 见表5.10。

表5.10　螺旋传动螺纹副的当量摩擦因数 f'（定期润滑）

螺纹副材料	钢对青铜	钢对耐磨铸铁	钢对铸铁	钢对钢	淬火钢对青铜
当量摩擦因数 f'	0.08 ~ 0.10	0.10 ~ 0.12	0.12 ~ 0.15	0.11 ~ 0.17	0.06 ~ 0.08

注：大值用于起动时，运转时取小值。

5.螺杆的稳定性计算

对于细长的受压螺杆，当轴向压力 F 大于某一临界值时，螺杆会发生横向弯曲而失去稳定。

受压螺杆的稳定性条件式为

$$\frac{F_c}{F} \geqslant 2.5 \sim 4 \tag{5.51}$$

式中　F_c——螺杆稳定的临界载荷(N)。

临界载荷 F_c 与螺杆材料及长径比(柔度) $\lambda = \frac{\mu l}{i} = \frac{4\mu l}{d_1}$ 有关。

对于淬火钢螺杆：

当 $\lambda \geqslant 85$ 时　$F_c = \frac{\pi^2 EI}{(\mu l)^2}$

当 $\lambda < 85$ 时　$F_c = \frac{490}{1 + 0.000\,2\lambda^2} \cdot \frac{\pi d_1^2}{4}$

对于不淬火钢螺杆：

当 $\lambda > 90$ 时　$F_c = \frac{\pi^2 EI}{(\mu l)^2}$

当 $\lambda < 90$ 时　$F_c = \frac{340}{1 + 0.000\,13\lambda^2} \cdot \frac{\pi d_1^2}{4}$

对于 $\lambda < 40$ 的螺杆，一般不会失稳，不需进行稳定性校核。

上列各式中　l——螺杆的最大工作长度(mm)，若螺杆为两端支承，取 l 为两支点间的距离，若螺杆一端以螺母为支承，则取 l 为螺母中部到另一端支点间的距离；

μ——螺杆长度系数，与螺杆的支承情况有关，见表5.11；

I——螺杆危险截面的轴惯性矩(mm^4)，$I = \frac{\pi d_1^4}{64}$；

i——螺杆危险截面的惯性半径(mm)，$i = \sqrt{\frac{I}{A}} = \frac{d_1}{4}$，其中 A 为危险截面的面积(mm^2)；

E——螺杆材料的弹性模量，对于钢，$E = 2.07 \times 10^5$ MPa。

若上述计算结果不满足稳定性条件,应适当增大螺杆的小径 d_1。

表 5.11 螺杆长度系数 μ

端部支承情况	长度系数 μ	备 注
两端固定	0.5	判断螺杆端部支承情况的方法:
一端固定,一端不完全固定	0.6	滑动支承时:若 l_0 为轴承长度;d_0 为轴承直径
一端铰支,一端不完全固定	0.7	$l_0/d_0 < 1.5$ 铰支
两端不完全固定	0.75	$l_0/d_0 = 1.5 \sim 3.0$ 不完全固定
两端铰支	1.0	$l_0/d_0 > 3.0$ 固定支承
一端固定,一端自由	2.0	整体螺母做支承时:
		同上,此时 $l_0 = H$(螺母高度)
		剖分螺母做支承时:为不完全固定支承
		滚动支承时:有径向约束 —— 铰支;有径向和轴向约束 —— 固定支承

对采用凸缘式受拉螺母的传力螺旋(如螺旋千斤顶),有时还应对受拉螺母筒体进行强度校核,其载荷为轴向力和螺纹副的摩擦扭矩,根据第四强度理论校验,其受拉螺母筒壁危险截面的外径为 D,内径为螺母螺纹的大径 d'。

5.8.4 滚动螺旋传动简介

为了降低螺旋传动的摩擦、提高效率、克服爬行现象,用滚动摩擦代替滑动摩擦,制成了滚动螺旋。

滚动螺旋传动的结构形式很多,其工作原理如图 5.47 所示。当螺杆或螺母转动时,滚珠依次沿螺纹滚道滚动,借助于返回装置使滚珠不断循环。滚珠返回装置的结构可分为外循环和内循环两种。图 5.47(a) 为外循环,滚珠在螺母的外表面经导路返回槽中循环。图 5.47(b) 为内循环,每一圈螺纹有一反向器,滚珠只在本圈内循环。外循环加工方便,但径向尺寸大。一般螺母 3 ~ 5 圈,过多时受力不均,不能提高承载能力。

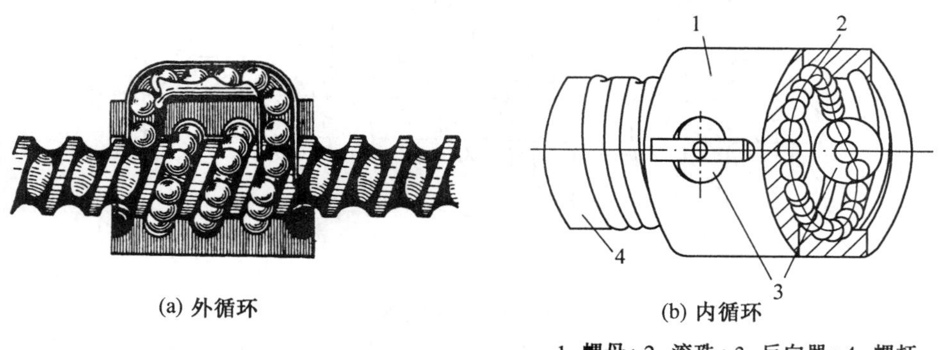

(a) 外循环　(b) 内循环

1–螺母;2–滚珠;3–反向器;4–螺杆

图 5.47 滚动螺旋结构原理图

5.8.5 静压螺旋传动简介

静压螺旋传动的结构和工作原理类似于多环静压推力轴承,如图 5.48 所示。螺杆为普通的梯形螺纹螺杆，在螺母的每圈螺纹牙两侧面的中径处，各均匀分布三个油腔，将同侧油腔分别连接起来，由节流器控制。油泵提供的压力油经节流器分别进入各油腔，形成静压油膜，使摩擦因数大大降低。其静压油膜的形成原理详见第十二章。

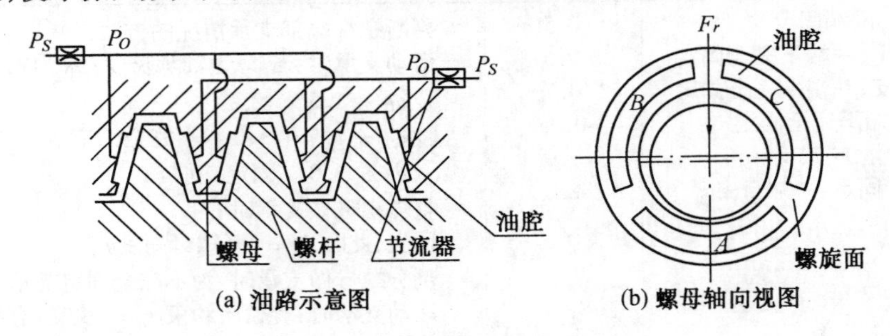

(a) 油路示意图　(b) 螺母轴向视图

图 5.48　静压螺旋传动示意图

静压螺旋传动的优点为：液体摩擦因数小、起动力矩小、机械效率高、寿命长，在螺纹副间隙中有压力油膜，具有良好的消振性，承载能力高、传动刚度大、传动平稳，能正反向工作，换向时无空程，传动精度高。其缺点为：螺母结构复杂，加工困难，安装调整较困难，不自锁，需要良好的供油装置。因此，静压螺旋传动仅用于要求精度高、定位准确和要求传动效率高的场合。

思考题与习题

5.1　题图 5.1(a)、(b)、(c)表示三种被连接件结构的形状和有关尺寸，它们的材料均为铸铁，欲用 M12 的螺纹连接件连接，为了防止松脱应使用弹簧垫圈。请确定连接类型，并从手册中查出所用螺纹连接件(包括弹簧垫圈)尺寸、画出正确的连接结构。

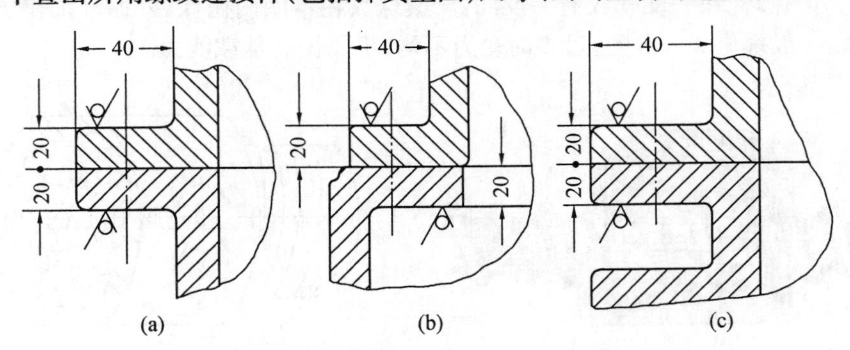

题 5.1 图　连接结构

5.2　题图 5.2 为一刚性凸缘联轴器，凸缘间用铰制孔用螺栓连接，螺栓数目 $Z = 6$，螺杆无螺纹部分直径 $d_0 = 17$ mm，材料强度级别为 8.8，两个半联轴器材料为铸铁，试计算联轴器能传递的转矩。若欲传递同样的转矩，且采用普通螺栓连接时，试确定螺栓直径。

5.3　一气缸和气缸盖的连接结构如题图 5.3 所示。已知气缸内压力在 0 ~ 1 MPa 之间变化，螺栓间弧线距离不得小于 150 mm，试确定螺栓数目及直径。

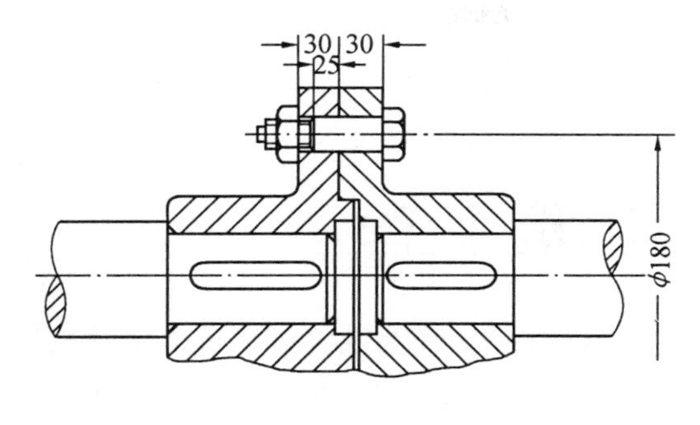

题5.2图　联轴器

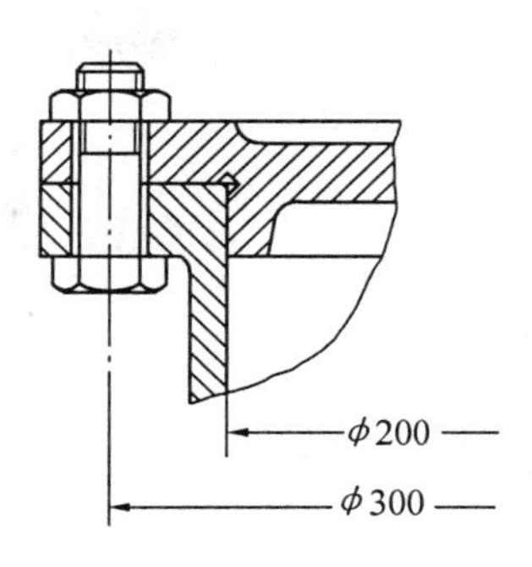

题5.3图　汽缸

5.4　题图5.4为一托架，20 kN的载荷作用在托架宽度方向的对称线上，用四个螺栓将托架连接在一钢制横梁上，试确定应采用哪种连接类型，并计算出螺栓直径。

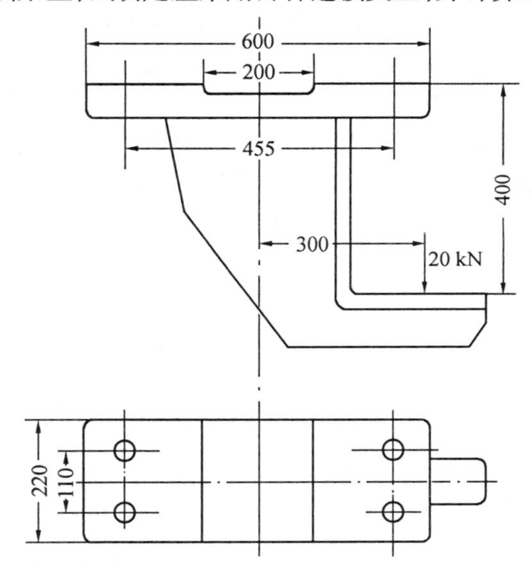

题5.4图　托架

5.5　螺纹按牙型分有哪几种？各用在什么场合？

5.6　普通螺栓和铰制孔用螺栓各是怎样受力的？

5.7　为什么大多数螺栓在承受工作载荷前都要拧紧？扳动扳手拧紧螺母及连接时，拧紧力矩要克服哪些地方的阻力矩？这时螺栓和被连接件各受到什么力？

5.8　为什么说螺栓的受力与连接的载荷既有联系又有区别？连接受横向载荷时，螺栓就一定受工作剪力吗？

5.9　螺母的螺纹圈数为什么不宜大于10？

5.10　螺纹连接为什么会松脱？试举出五种防松装置，并用图表示其防松原理。

5.11　怎样提高受轴向变载荷连接螺栓的疲劳强度？

5.12　为什么要防止螺栓受偏心载荷？在结构设计时如何防止螺栓受偏心载荷？

第6章 轴毂连接

内容提要 本章主要介绍键连接、花键连接、胀紧连接、过盈连接和型面连接等轴毂连接形式。本章重点是键连接、花键连接的类型、结构特点及普通平键连接的尺寸选择和校核计算。

Abstract This Chapter will introduce you various types of connections between shaft and hub, including key connections, spline connections, expanding connections, interference-fitting connections and shaped-surface connections. The emphases will be on the styles, structure features, dimension selections and verifying calculations of flat key assemblies and spine connections.

轴毂连接主要是实现轴和轴上零件的圆周方向固定,同时可传递运动和转矩,有些轴毂连接还可同时实现轴向固定。它也是机械制造中主要的连接形式,其中常用的有键连接和花键连接,另外还有过盈连接、胀紧连接和型面连接等。

6.1 键连接

键有多种类型,都有国家标准,设计时可根据使用要求及轴与轮毂的尺寸,选择键的类型和尺寸,然后校核强度。

6.1.1 平键连接

平键的横截面是矩形,它的两侧面为工作面,上表面与轮毂键槽底面间有间隙(图6.1(a)),工作时靠轴槽、键及毂槽侧面的挤压来传递转矩。平键连接结构简单、装拆方便、对中性好,故应用最为广泛,但不能承受轴向力。常用的平键有普通平键和导向平键。

1.普通平键

普通平键用于静连接,按端部形状可分为圆头平键(A型)、方头平键(B型)和单圆头平键(C型)(图6.1)。A型和C型键的轴上键槽用指状铣刀加工(图6.2(a)),键在轴槽中固

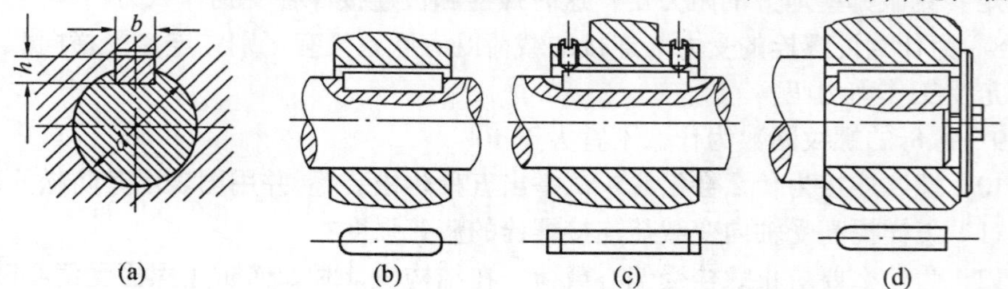

图6.1 普通平键连接

定良好，但轴槽端部的应力集中较大，键的端部圆头与轮毂键槽不接触，不能承载，这对窄轮毂的承载能力影响较大，C型键适用于轴端。B型键的轴槽用盘形铣刀加工(图6.2(b))，轴槽端部的应力集中较小，但在轴上轴向定位较差，要用紧定螺钉把键固定在键槽中。

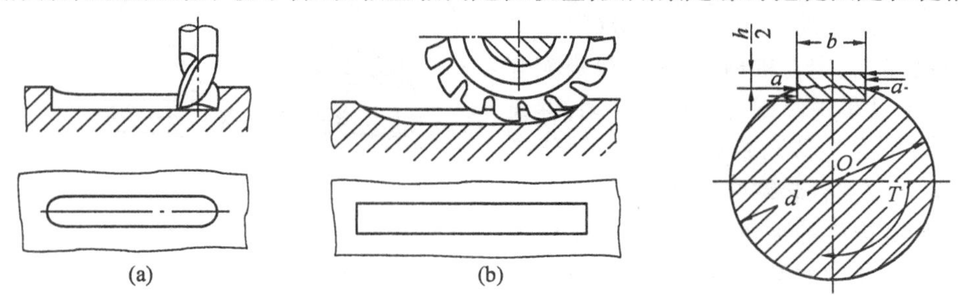

图6.2　轴上键槽的加工　　　　图6.3　平键连接的受力分析

设计时，普通平键的宽度 b 及高度 h 按轴径 d 从标准中查得，长度 L 按轮毂长度从标准中查得，但应比轮毂长略短些。

键的材料一般用抗拉强度极限 $\sigma_B \geqslant 600$ MPa 的碳素钢，常用45钢。当轮毂材料为有色金属或非金属时，键的材料可用20钢或Q235钢。

平键的两侧面是工作面，工作时两侧面受到挤压(图6.3)，a—a 剖面受剪切。对于键按标准选择尺寸及键为常用材料组合的普通平键连接，其主要失效形式是键、轴槽和毂槽三者中强度最弱的工作面被压溃。设计时，按工作面的平均挤压应力 σ_p 进行条件性计算，其强度条件为

$$\sigma_p = \frac{2T}{kld} \leqslant [\sigma]_p \tag{6.1}$$

式中　σ_p——工作面的挤压应力(MPa)；

T——传递的转矩(N·mm)；

d——轴的直径(mm)；

l——键的工作长度(mm)，A型 $l = L - b$，B型 $l = L$，C型 $l = L - b/2$，L、b 为键的公称长度和键宽(mm)；

k——键与毂槽的接触高度(mm)，k 可从标准中查到，通常取 $k = h/2$；

$[\sigma]_p$——许用挤压应力(MPa)，见表6.1。

表6.1　键连接的许用挤压应力 $[\sigma]_p$ 和许用压强 $[p]$　　MPa

	连接方式	键、轴和轮毂中最弱的材料	载荷性质		
			静载荷	轻微冲击	冲击
$[\sigma]_p$	静连接(普通平键、半圆键)	钢	120 ~ 150	100 ~ 120	60 ~ 90
		铸铁	70 ~ 80	50 ~ 60	30 ~ 45
$[p]$	动连接(导向平键、滑键)	钢	50	40	30

注：动连接中，连接表面经过淬火时，$[p]$ 可提高 2 ~ 3 倍。

计算后如强度不够，可适当增加键长。如强度仍不够，可用双键，按180°布置。计算时，

为考虑载荷分布的不均匀性，按 1.5 个键计算。

2. 导向平键连接

导向平键用于动连接。导向平键(图6.4)较长，需用螺钉固定在轴槽中，而与毂槽配合较松，轴上传动零件沿键可做轴向移动，键长应大于轮毂长度与移动距离之和。为了便于拆键，在键上加工有起键螺纹孔。

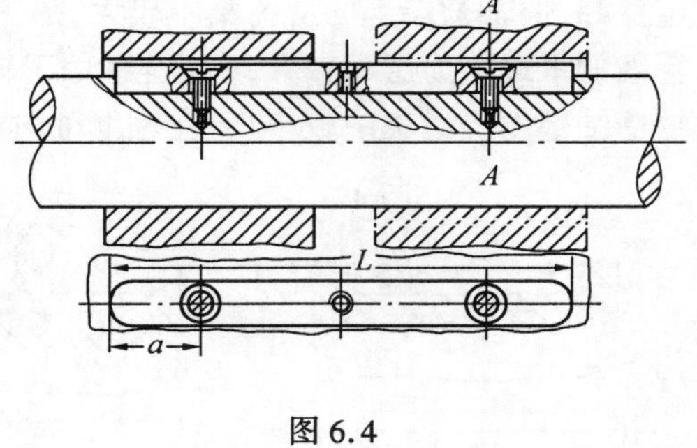

图 6.4

导向平键连接的主要失效形式是工作面的磨损。因此，要做耐磨性计算，限制其压强 p，强度条件为

$$p = \frac{2T}{kld} \leqslant [p] \tag{6.2}$$

式中　$[p]$—— 许用压强(MPa)，见表 6.1；其他参数同式(6.1)。

6.1.2　半圆键连接

半圆键连接(图 6.5) 的工作原理与平键连接一样，键的两侧面为工作面，键的上表面与轮毂的链槽底面间有间隙。轴上键槽用半径和宽度与键相同的半圆键槽专用铣刀铣出，因而，键在轴槽中能绕其几何中心摆动，以适应毂上键槽底面的斜度。半圆键连接的优点是对中性好、工艺性好，缺点是轴槽较深，对轴的强度削弱较大。它主要用于轻载或位于轴端的连接，尤其适用于锥形轴端。

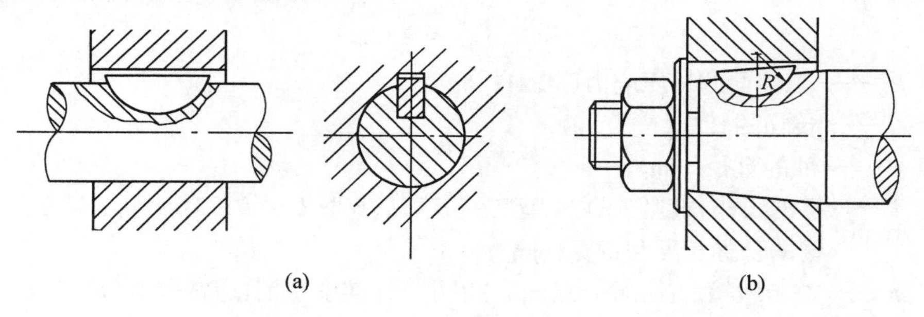

图 6.5　半圆键连接

6.1.3　楔键连接

楔键的上下面分别与毂和轴上键槽的底面贴合，为工作面(图 6.6)。键的上表面及相配的轮毂键槽底面各有 1 : 100 的斜度。装配时把楔键打入键槽内，其上下面产生很大的压力，工作时即靠此压力产生的摩擦力传递转矩，还可传递单向轴向力。由于楔键连接在楔紧时破坏了轴与轮毂的对中性(图 6.6(b))，因此仅用于对中要求不高、载荷平稳和低速的连接。

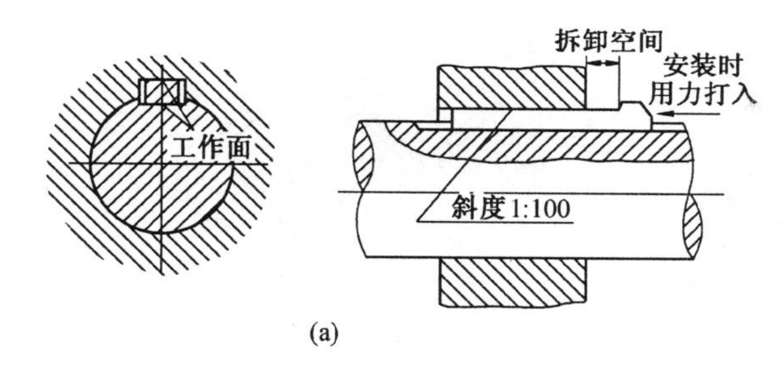

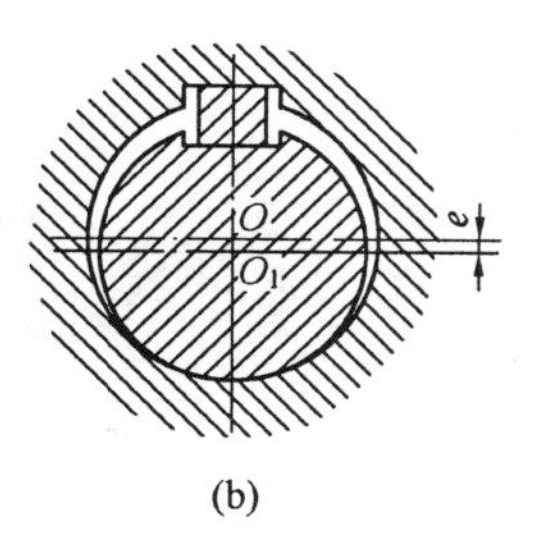

图6.6 楔键连接

6.2 花键连接

花键连接由具有多个沿周向均布的凸齿的外花键和有数目相同对应凹槽的内花键组成。齿的侧面是工作面,靠它与轮毂键槽上相应表面间的挤压传递运动和转矩。花键已标准化。花键按其齿形不同,可分为矩形花键和渐开线花键两种。

花键连接的主要优点是:齿数较多而且受力均匀,故承载能力大;齿槽较浅,齿根应力集中较小,对轴和轮毂的强度削弱小;轴上零件与轴的对中性、导向性好。其缺点是加工时需专用设备和刀具、量具,成本较高。

6.2.1 矩形花键连接

矩形花键键齿两侧面平行,且对称于轴线,矩形花键连接(图6.7)应用很广。矩形花键连接以小径(d)定心①,对轴和孔的小径都进行磨削加工,定心精度高,特别是有利于保证带花键孔的齿轮加工时定位定心。

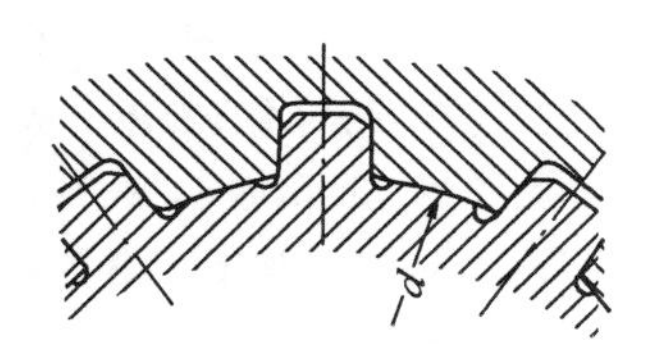

图6.7 矩形花键连接

矩形花键按齿的尺寸和数量分轻系列和中系列。轻系列承载能力较小,用于轻载荷的静连接;中系列多用于较重载荷的静连接或在空载下移动的动连接。

6.2.2 渐开线花键连接

渐开线花键的齿形是渐开线。根据分度圆压力角的不同,应用较多的有30°压力角渐开线花键(图6.8(a))和45°压力角渐开线花键(亦称三角形花键)(图6.8(b))两种,后者齿数多、模数小、承载能力低,但对轴的削弱较小,常用于轻载小直径连接,特别适用于薄壁零件间的连接。30°压力角渐开线花键模数大,较矩形花键齿根较厚和齿根圆角较大,应力集中较小,强度高、寿命长。渐开线花键可利用加工齿轮的各种方法进行加工,故工艺性较好。连接中按齿侧定心,齿侧受力时有径向分力,可自动定心。

---

① 在旧国标中,定心方式尚有按大径(D)定心和按齿侧(b)定心。前者用于毂孔表面硬度不高(小于40 HRC)而可用拉刀加工的场合;后者用于较重载荷而定心要求不高的连接,大径定心目前还有应用,但新国标(GB/T 1144—2001)中这两种定心方式已取消。

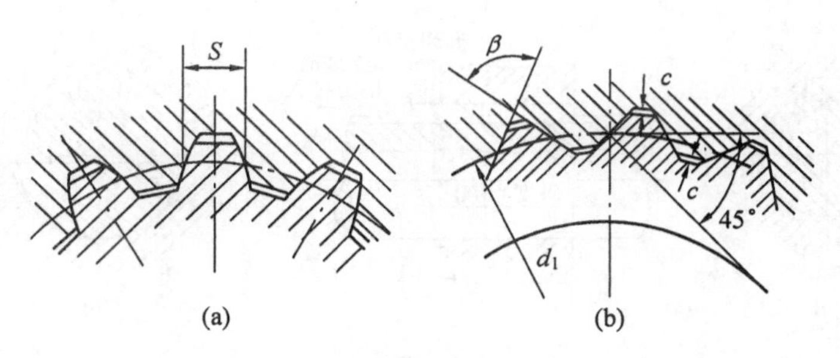

图 6.8 渐开线花键连接

6.3* 胀紧连接

胀紧连接是一种无键连接。它是由在轴与毂孔之间成对布置的以内、外锥面贴合并挤紧的胀紧连接套构成的连接(图 6.9),在轴向力作用下,内环内径减小而箍紧轴,外环的外径增大而撑紧毂孔,于是在接触面间产生径向压力,工作时靠此压力产生的摩擦力来传递转矩和轴向力。

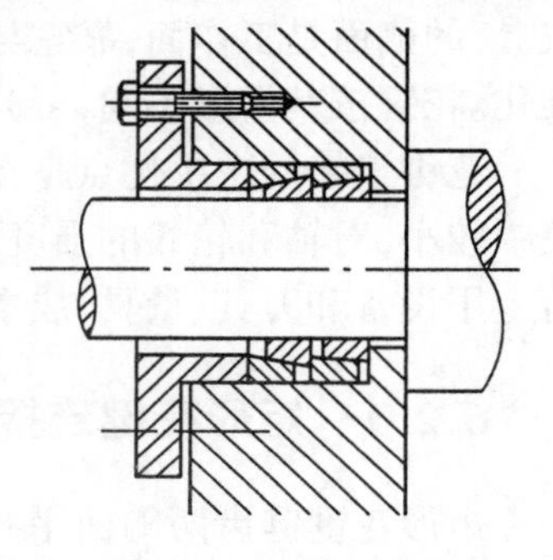

图 6.9 胀紧连接

胀紧连接的定心性好,装拆和调整轴与轮毂方便,承载能力大,有密封作用和安全保护作用,且避免了键槽对轴的削弱,但配合面的精度较高,径向尺寸较大。由于内外环配合面上摩擦力的影响,压紧时,从压紧端起,各对环的轴向压力和径向压力递减,因此胀紧连接套的对数不宜过多,一般不超过 3~4 对。

胀紧连接套的材料常用 65Mn、55Cr2、60Cr2 钢等制造,并经热处理。胀紧连接套锥面的锥角一般为12.5°~17°,并要求锥面配合良好。当直径 $d<38$ mm 时,内、外环与轴和毂孔的配合,取 H7/h6;当直径 $d>38$ mm,取 H8/h7。胀紧连接套各配合表面粗糙度为 $Rz6.3$、$Rz3.2$。胀紧连接套现已制订,有国家标准(GB/T 5867—1986),有 $Z1\sim Z5$ 五种结构类型,有的类型为便于变形和胀紧,套筒开有纵向缝隙。

6.4* 其他形式轴毂连接

除以上介绍的轴毂连接方式外,还有很多其他连接形式,如过盈配合连接、型面连接、销连接等,以下主要介绍过盈配合连接和型面连接。

过盈配合连接利用材料的弹性,通过一定装配方法使轴与毂孔配合面间产生过盈,从而产生径向压力,工作时靠径向压力产生的摩擦力传递转矩和轴向力,这种连接结构简单、对中性好、承载能力大、耐冲击性好,缺点是对配合面加工精度要求较高、装拆不便,因此常用于受冲击载荷的轴毂连接和蜗轮、齿轮的齿圈与轮芯的连接。

当圆柱面过盈连接的过盈量不大时,一般用压入法装配,即用轴向压力把轴直接压入毂孔中。这种方法常因擦伤配合表面而减小过盈量,从而降低连接的紧固性。当过盈量较大时,常用温差法装配,即加热轴上零件使毂孔扩大,冷却轴使轴径缩小,从而使轴与孔间产生间隙进行套装,待恢复正常温度,即能形成连接。因装配时能避免擦伤配合表面,故连接质量比压入法好。

当圆锥面过盈连接的过盈量不大时,可用螺母压紧轮毂产生相对轴向移动,从而径向产生过盈(图 6.10(a))。锥度通常为 1:10~1:50,用螺母压紧时为 1:8~1:30。锥度小,压紧所需轴向力小,但不易拆卸；锥度大，拆卸方便，但压紧所需轴向力也大。

对于大型零件的过盈配合，为减小所需轴向力和避免擦伤配合表面，常用液压法(图 6.10(b))，即在配合面间注入高压油，使毂孔扩大、轴径缩小，由高压油膜把两配合表面分隔开，再使两零件作相对轴向移动，完成装拆。在轴向移动中，两表面不接触，不擦伤配合表面，轴向力也较小。装拆时为产生高压油膜，对配合表面的几何形状有一定要求，圆锥配合面既适合装，也适合拆，而圆柱配合面只适合拆卸，不适合安装。

型面连接是轮毂和轴沿光滑非圆表面接触而构成的连接(图 6.11)。轴和毂孔可做成柱形或锥形，前者只能传递转矩，后者除传递转矩外，还能传递轴向力，当不允许有间隙并且可靠性要求较高时，常采用锥形非圆表面。

型面连接的优点是装拆方便，能保证良好的对中性；连接面上没有应力集中源，减少了应力集中，故可传递较大的转矩。但它加工比较复杂，为保证精度需在专用机床上磨削加工，故目前应用还不广泛。

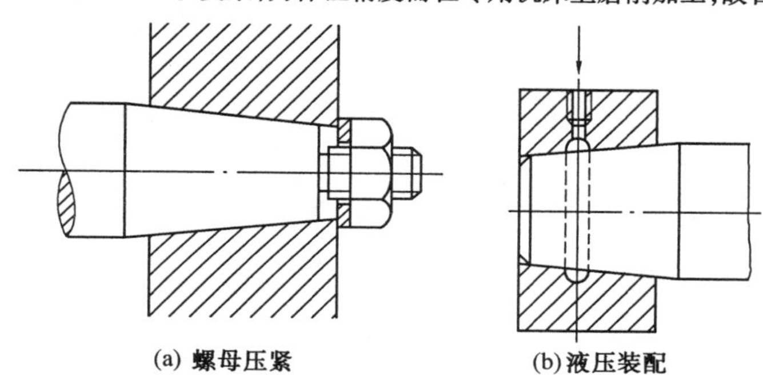
(a) 螺母压紧　　(b) 液压装配

图 6.10　圆锥面过盈配合

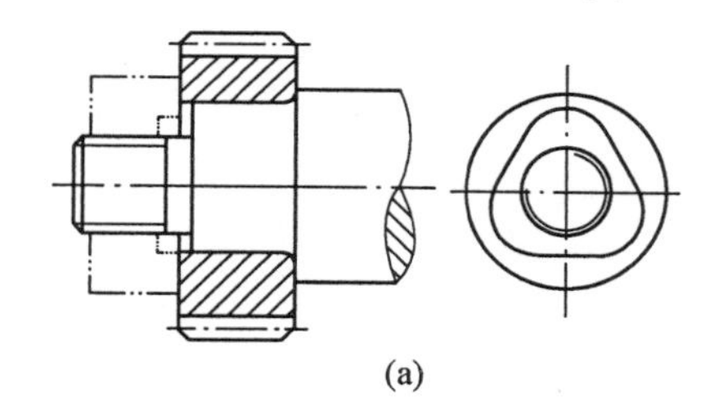
(a)

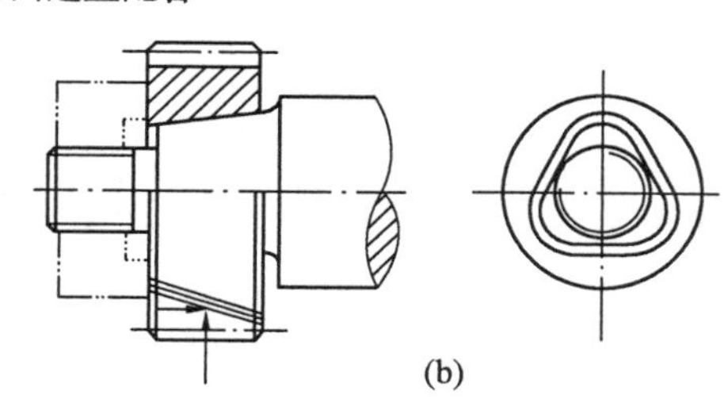
(b)

图 6.11　型面连接

型面连接常用的型面曲线有摆线和等距曲线两种。等距曲线如图 6.12 所示，因与其轮廓曲线相切的两平行线 T 间的距离 D 为一常数，故加工与测量比较简单。

此外，型面连接也有采用方形、正六边形及带切口的圆形等截面形状。

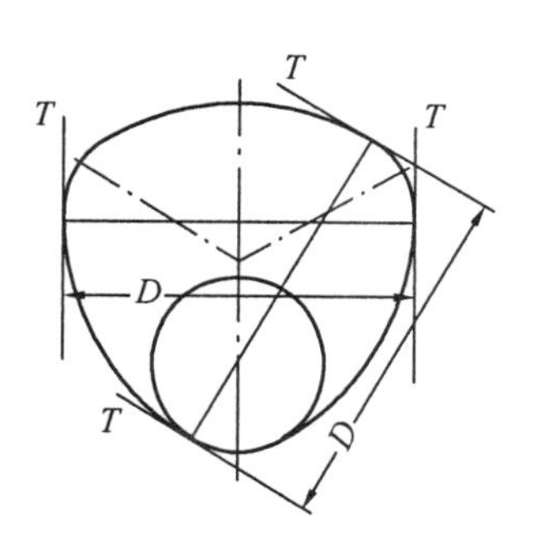

图 6.12　型面连接用等距曲线

思考题与习题

6.1　平键的标准截面尺寸如何确定？其长度如何确定？

6.2　平键连接、半圆键连接、楔键连接各自的失效形式是什么？静连接和动连接的校核计算有何不同？

6.3　平键和楔键连接的工作原理上有何不同？各有什么特点？各使用在什么场合？

当采用双键时各应如何布置？为什么？

6.4 花键有哪几种？各用在什么场合？哪种花键应用最广？

6.5 图示减速器的低速轴与凸缘联轴器及圆柱齿轮之间分别用键连接。已知轴传递的功率 $P = 9$ kW，转速 $n = 400$ r/min，轴与齿轮的材料均为钢，联轴器材料为铸铁，工作时有轻微冲击。试选择两处键的类型和尺寸，并校核其连接强度。

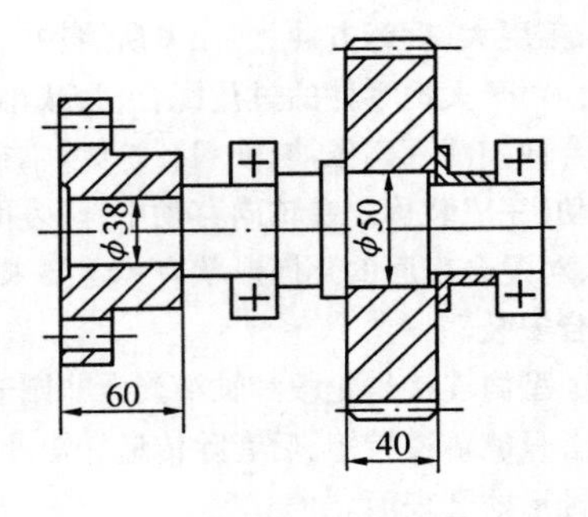

题6.5图

第7章 挠性件传动

内容提要 带传动和链传动均属挠性件传动，也是常用的机械传动类型。本章主要介绍带传动和链传动的类型、特点、工作原理、普通V带传动及滚子链传动的设计。本章重点为带传动的工作原理、受力和应力分析、弹性滑动、失效形式和设计计算；链传动的工作原理、失效形式及运动特性分析。

Abstract Belt and chain drives, which are widely used in mechanical systems, are the major types of flexible power transmission. This chapter will introduce you their types, basic features, principles, and how to design a V-belt drive system and a roller chain transmission. The emphases of this chapter are on the working mechanisms, force and stress analyses, elastic creep, failure modes, and the design calculations for belt drives, and on the principles, failure modes, kinematic characteristic analyses for chain drives.

机器一般都有传动装置，它是将原动机的运动和动力传给工作机的中间装置，有以下作用：

(1)减速(或增速)。工作机速度往往和原动机速度不一致，用传动装置可以达到改变速度的目的。

(2)调速。许多工作机的转速需要根据工作要求进行调整，而依靠原动机调速往往不经济，甚至不可能，而用传动装置很容易达到调整速度的目的。

(3)改变运动形式。原动机的输出轴一般为等速回转运动，而工作机要求的运动形式则是多种多样的，如直线运动、螺旋运动、间歇运动等，靠传动装置可实现运动形式的改变。

(4)增大转矩。工作机需要的转矩往往是原动机输出转矩的几倍或几十倍，通过减速传动装置可实现增大转矩的要求。

(5)动力和运动的传递和分配。一台原动机常需要带动若干个不同速度、不同负载的工作机，这时传动装置还起到分配动力和运动的作用。

传动装置按其工作原理可分为机械传动、流体(液体、气体)传动、电力传动三类。本书只介绍机械传动。

机械传动按传动原理，可分为摩擦传动、啮合传动和推压传动(如凸轮机构传动)；按传动装置的结构，可分为直接接触传动和有中间挠性件的传动；按传动比能否改变，可分为定传动比传动和变传动比传动等。

挠性件传动是常用的机械传动类型，主要包含带传动、链传动和绳传动。它在主、从动轮之间有一中间挠性件，靠轮与中间挠性件的摩擦或啮合，将主动轴上的运动和动力传递到从动轴上。它们结构比较简单，特别适合于两轴中心距较大的场合。本章主要介绍带传动和链传动的类型、特点、工作原理及传动设计。

7.1 带传动概述

7.1.1 摩擦型带传动的工作原理和特点

带传动按传动原理不同,可分为摩擦型带传动和啮合型带传动。摩擦型带传动是靠带与带轮间的摩擦力传递运动和动力;啮合型带传动(同步带传动)是靠带齿与带轮轮齿的啮合传递运动和动力。摩擦型带传动如图 7.1 所示,通常由主动轮、从动轮和传动带组成。传动带以一定的初拉力 F_0 紧套在带轮上,在 F_0 的作用下,带与带轮的接触面间产生正压力,当主动轮 1 回转时,接触面间产生摩擦力,主动轮靠摩擦力使传动带 3 与其一起运动。同时,传动带靠摩擦力驱使从动轮 2 与其一起转动,从而使主动轴上的运动和动力通过传动带传递给了从动轴。

摩擦型带传动主要特点如下:

(1) 传动带具有弹性和可曲挠性,可吸收振动并缓和冲击,从而使传动平稳、噪声小。

(2) 当过载时,传动带与带轮间可发生相对滑动而不损伤其他零件,起过载保护作用。

(3) 结构简单,成本低,适合于主、从动轴间中心距较大的传动。

(4) 由于有弹性滑动存在,故不能保证准确的传动比,传动效率较低。

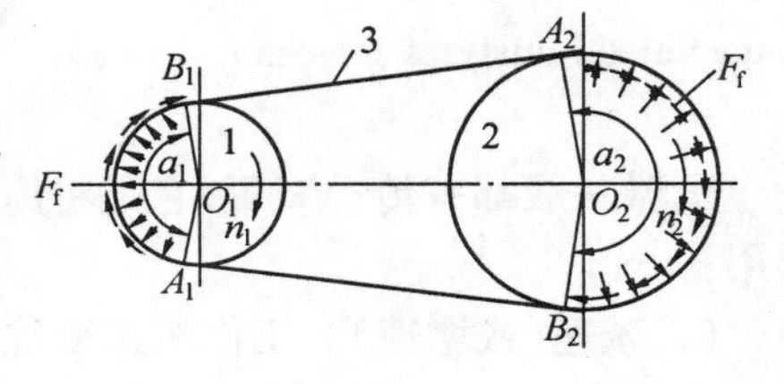

图 7.1 摩擦型带传动工作原理

1— 主动轮;2— 从动轮;3— 传动带

(5) 张紧力会产生较大的压轴力,使轴和轴承受力较大,轴承和传动带寿命降低。

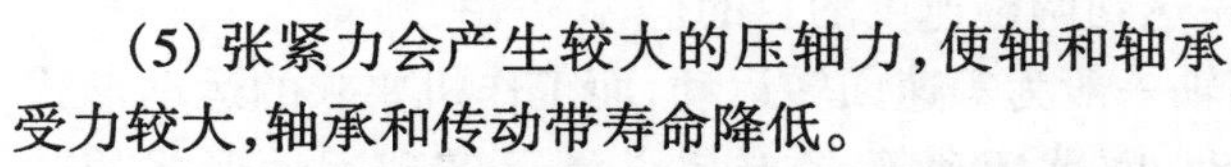

(6) 摩擦易产生静电火花,不适于高温、易燃、易爆等场合。

7.1.2 传动带的类型

靠摩擦力工作的传动带按截面形状不同,主要分为平带、V 带(如普通 V 带、窄 V 带、联组 V 带)和特殊带(如多楔带)。平带以其内圆周表面为工作面(图 7.2(a)),Q 为由张紧力引起的带对带轮的压力,N 为带轮对带的正压力,则工作时带与带轮缘表面间的摩擦力为

$$F_f = fN = fQ \tag{7.1}$$

V 带的工作面是两侧面(图 7.2(b))。工作时,带轮对带的正压力为 N,根据径向力平衡条件,得

$$Q = 2N\sin\frac{\varphi_0}{2} \qquad 即 \qquad N = \frac{Q}{2\sin\frac{\varphi_0}{2}}$$

则 V 带与轮槽两侧面的摩擦力为

$$F_{\mathrm{f}} = 2fN = \frac{fQ}{\sin\frac{\varphi_0}{2}} = f'Q \tag{7.2}$$

式中 φ_0——V带轮的轮槽角(表7.9);

f——带与带轮间摩擦因数;

f'——V带传动的当量摩擦因数,$f' = \dfrac{f}{\sin\frac{\varphi_0}{2}}$。

比较式(7.1)和式(7.2)可见$f' > f$,这就表明在相同张紧力情况下,V带在轮槽表面上能产生较大的正压力N和摩擦力,即V带传动能力比平带的大。

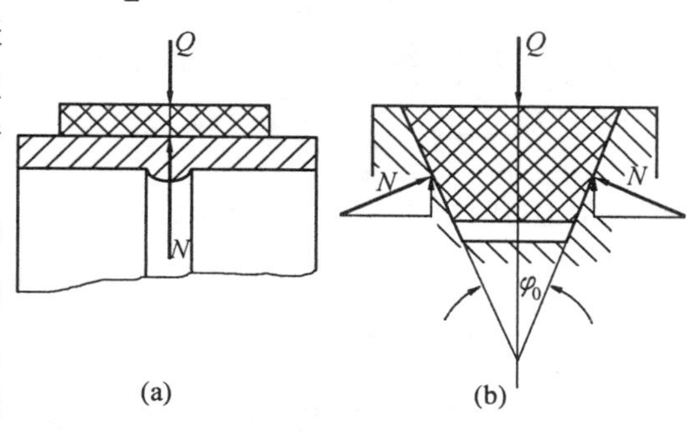

图7.2 平带和V带传动的受力比较

窄V带(图7.3(a))是采用聚酯等合成纤维做抗拉体的新型V带。与普通V带相比,当高度h相同时,窄V带的顶宽b约缩小1/3,它的顶部呈弓形,侧面(工作面)呈内凹曲线形,承载能力显著地高于普通V带,适用于传递大功率且要求结构紧凑的场合。

联组V带是几条相同的V带在顶面连成一体的传动带(图7.3(b))。由于连接层的相互控制作用,使联组V带不仅具有单根V带的优点,而且减少或克服了各单根V带传动时的横向振动,增加了横向稳定性,保证了各根V带长度一致,提高了传动效率,整个胶带的载荷均匀,从而提高了带的寿命。联组V带用于大功率、重负荷、高转速、振动较大的传动中。

多楔带是平带和V带的组合结构,其楔形部分嵌入带轮上的楔形槽内(图7.3(c)),靠楔面摩擦工作。多楔带兼有平带和V带的优点,柔性好、摩擦力大、能传递较大的功率,并解决了多根V带长短不一而使各根带受力不均的问题。传动比可达10,带速可达40 m/s。

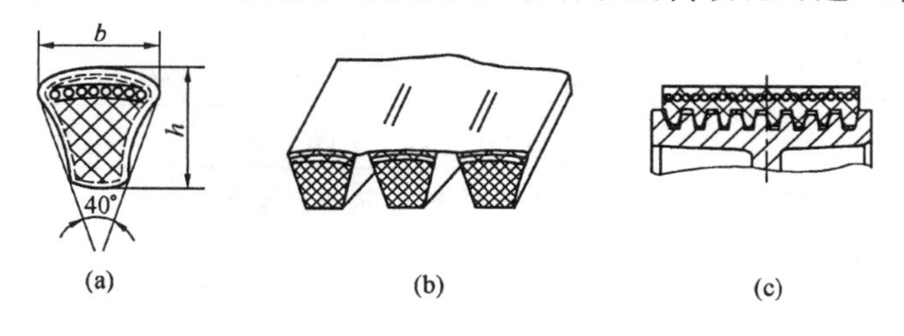

图7.3 窄V带、联组V带及多楔带结构

7.2 普通V带的结构、型号和基本尺寸

7.2.1 普通V带的结构

对V带的结构要求是曲挠性好、横向刚度大、承载能力高、寿命长。其中普通V带是应用最广的一种传动带。

普通V带其截面呈梯形，由胶帆布、顶胶、缓冲胶、芯绳、底胶等组成(见图7.4)。它根据结构分为包边V带和切边V带(普通切边V带、有齿切边V带和底胶夹布切边V带)两种①。胶帆布由涂胶帆布制成，它能增强带的强度，减少带的磨损。顶胶层、底胶层和缓冲胶由橡胶制成，在胶带弯曲时，顶胶层受拉，底胶层受压，可在底胶加几层底胶夹布或横向纤维，以提高其横向刚度。芯绳是V带的骨架层，用来承受纵向拉力，它由一排粗线绳组成，线绳材料采用聚酯等纤维材料。

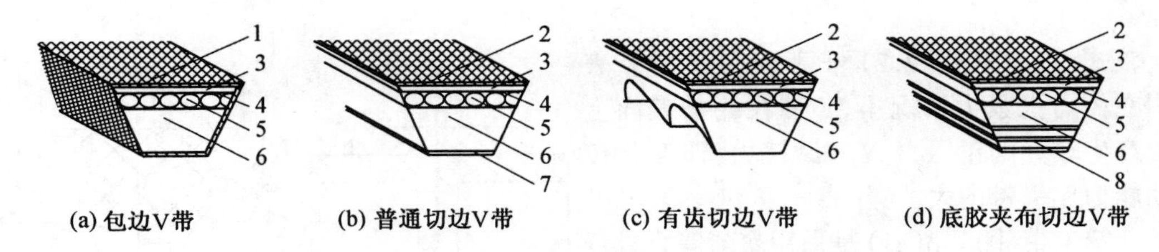

(a) 包边V带　(b) 普通切边V带　(c) 有齿切边V带　(d) 底胶夹布切边V带

图7.4　普通V带结构

1—胶帆布；2—顶布；3—顶胶；4—缓冲胶；5—芯绳；6—底胶；7—底布；8—底胶夹布

7.2.2　普通V带的型号和基本尺寸

根据国标GB/T 11544—2012规定，按截面尺寸的不同，我国的普通V带分为Y、Z、A、B、C、D、E七种型号，其截面基本尺寸见表7.1。

国家标准规定，普通V带的长度用基准长度 L_d 表示。普通V带的基准长度见表7.2。

表7.1　普通V带截面基本尺寸

带型	Y	Z	A	B	C	D	E
b/mm	6.0	10	13	17	22	32	38
b_p/mm	5.3	8.5	11	14	19	27	32
h/mm	4.0	6	8	11	14	19	23
h_a/mm	0.96	2.01	2.75	4.12	4.8	6.87	8.24
φ	40°						
$m/(\mathrm{kg\cdot m^{-1}})$	0.02	0.06	0.1	0.17	0.3	0.6	0.8

表7.2　普通V带基准长度 L_d 及长度系数 K_L

基准长度 L_d/mm	带型						
	Y	Z	A	B	C	D	E
	K_L						
200	0.81						
224	0.82						
250	0.84						
280	0.87						
315	0.90						
355	0.92						

① 在旧国标中还有一种帘布结构的V带，其生产工艺简单，但物理、机械性能较差，新国际(GB/T 1171—2006)已将其撤消。

续表 7.2

基准长度 L_d/mm	带型						
	Y	Z	A	B	C	D	E
	K_L						
400	0.96	0.87					
450	1.00	0.89					
500	1.02	0.91					
560		0.94					
630		0.96	0.81				
710		0.99	0.83				
800		1.00	0.85				
900		1.03	0.87	0.82			
1 000		1.06	0.89	0.84			
1 120		1.08	0.91	0.86			
1 250		1.10	0.93	0.88			
1 400		1.14	0.96	0.90			
1 600		1.16	0.99	0.92	0.83		
1 800		1.18	1.01	0.95	0.86		
2 000			1.03	0.98	0.88		
2 240			1.06	1.00	0.91		
2 500			1.09	1.03	0.93		
2 800			1.11	1.05	0.95	0.83	
3 150			1.13	1.07	0.97	0.86	
3 550			1.17	1.09	0.99	0.89	
4 000			1.19	1.13	1.02	0.91	
4 500				1.15	1.04	0.93	0.90
5 000				1.18	1.07	0.96	0.92
5 600					1.09	0.98	0.95
6 300					1.12	1.00	0.97
7 100					1.15	1.03	1.00
8 000					1.18	1.06	1.02
9 000					1.21	1.08	1.05
10 000					1.23	1.11	1.07
11 200						1.14	1.10
12 500						1.17	1.12
14 000						1.20	1.15
16 000						1.22	1.18

注:V带在做垂直其底边的纵向弯曲时,在带中保持不变的周线称为V带的节线,由节线组成的面称为节面。V带节面的宽度 b_p 称为节宽。在V带轮轮槽上与所配用的V带节面处于同一位置,并在规定公差范围内与V带的节宽值 b_p 相同的槽宽 b_d 称为V带轮轮槽的基准宽度(表7.9中的的图)。带轮在轮槽基准宽度处的直径 d_d 称为V带轮的基准直径(表7.9中的图)。而在规定张紧力下,V带位于两测量带轮基准直径上的周线长度 L_d 称为V带的基准长度。

7.3 带传动的理论基础

7.3.1 带传动的几何计算

带传动的主要几何参数有:带轮的基准直径 d_{d1}、d_{d2}、带传动的中心距 a、包角 α、带的基准长度 L_d 等,它们的近似关系和计算公式如下(图7.5)。

(1) 包角 α。传动带与带轮接触弧所对应的中心角称为包角。由图可见,小带轮上的包角为

$$\alpha_1 \approx 180° - \frac{d_{d2} - d_{d1}}{a} \times 57.3° \tag{7.3}$$

式中 d_{d2}、d_{d1}—— 带轮基准直径(mm)。

(2) 带的基准长度 L_d(mm) 为

$$L_d \approx 2a + \frac{\pi}{2}(d_{d2} + d_{d1}) + \frac{(d_{d2} - d_{d1})^2}{4a} \tag{7.4}$$

(3) 中心距 a。已知带长时,由式(7.4)得中心距 a(mm)为

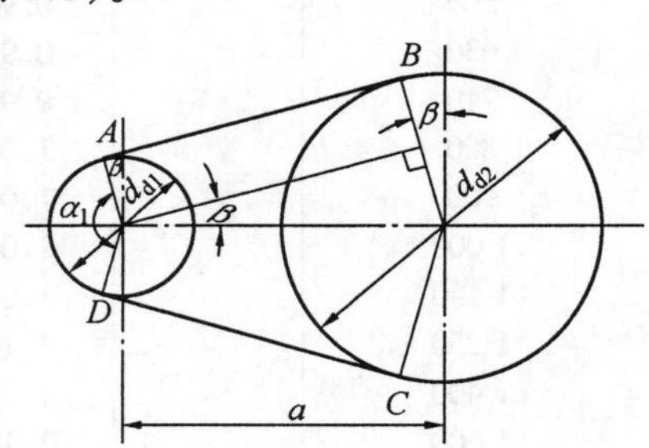

图7.5 带传动的几何关系

$$a \approx \frac{2L_d - \pi(d_{d2} + d_{d1}) + \sqrt{[2L_d - \pi(d_{d2} + d_{d1})]^2 - 8(d_{d2} - d_{d1})^2}}{8} \tag{7.5}$$

7.3.2 带传动的受力分析

靠摩擦力传递运动和动力的带传动,不工作时,主动轮上的驱动转矩 $T_1 = 0$,带轮两边传动带所受的拉力均为初拉力 F_0(图7.6(a));而工作时,主动轮上的驱动转矩 $T_1 > 0$,当主动轮转动时,在摩擦力的作用下,带绕入主动轮的一边被进一步拉紧,称为紧边,其所受拉力由 F_0 增大到 F_1,而带的另一边则被放松,称为松边,其所受拉力由 F_0 降到 F_2(图7.6(b))。F_1、F_2 分别称为带的紧边拉力和松边拉力。

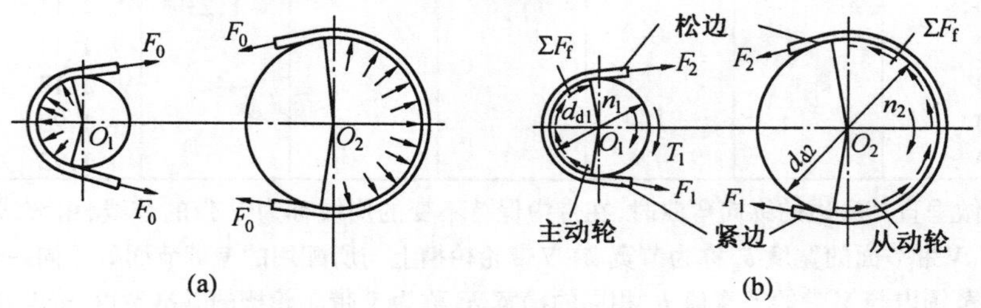

图7.6 带传动的受力分析

当取主动轮一端的带为分离体时,根据作用于带上的总摩擦力 F_f 及紧边拉力 F_1 与松边拉力 F_2 对轮心 O_1 的力矩平衡条件,可得

$$F_f = F_1 - F_2$$

而带的紧、松边拉力之差就是带传递的有效圆周力 F,即

$$F = F_1 - F_2 \tag{7.6}$$

显然 $F = F_f$，由图7.6(b)可以看出，有效圆周力不是作用在某一固定点的集中力，而是带与带轮接触弧上各点摩擦力的总和。

若假设带在工作前后总长度不变，则带工作时，其紧边的伸长增量等于松边的伸长减量。由于带工作在弹性变形范围内，则可认为紧边拉力的增量等于松边拉力的减量，即

$$F_1 - F_0 = F_0 - F_2 \quad 或 \quad F_1 + F_2 = 2F_0 \tag{7.7}$$

当带处在带轮上即将打滑而尚未打滑的临界状态时，F_1 与 F_2 的关系可用著名的欧拉公式表示，即

$$F_1 = F_2 e^{f\alpha_1} \tag{7.8a}$$

式中 e—— 自然对数的底（e = 2.718）；

f—— 带和带轮间的摩擦因数（对V带传动用当量摩擦因数 f'）；

α_1—— 带在小带轮上的包角（rad）。

将式(7.6)、(7.7)、(7.8a)联立求解，可得欧拉公式的另一形式，即传动带所能传递的最大有效圆周力（临界值）

$$F_{max} = 2F_0 \frac{1 - \frac{1}{e^{f\alpha_1}}}{1 + \frac{1}{e^{f\alpha_1}}} \tag{7.8b}$$

由式(7.8b)可见，F_{max} 与初拉力 F_0、包角 α_1 和摩擦因数 f 等因素有关。F_0 大、α_1 大、f 大，则产生的摩擦力大，传递的最大有效圆周力亦大。

7.3.3 传动带的应力分析

传动带在工作中，不仅有拉力产生的应力，而且还有由于离心力产生的应力和弯曲产生的应力。

(1) 由紧边和松边拉力产生的应力。

紧边拉应力 $$\sigma_1 = \frac{F_1}{A}$$

松边拉应力 $$\sigma_2 = \frac{F_2}{A} \tag{7.9}$$

式中 A—— 传动带的横截面积（mm^2）。

σ_1 和 σ_2 值不相等，带绕过主动轮时，拉力产生的应力由 σ_1 逐渐降为 σ_2，绕过从动轮时，又由 σ_2 逐渐增大到 σ_1。

(2) 由离心力产生的应力。带绕过带轮做圆周运动时，由于本身质量将产生离心力，为平衡离心力在带内引起离心拉力 F_c 及相应的拉应力 σ_c。如图7.7，设带以速度 v（m/s）绕带轮运动，带中的离心拉应力 σ_c 为

$$\sigma_c = \frac{F_c}{A} = \frac{mv^2}{A} \tag{7.10}$$

式中 m—— 带每米长度的质量（kg/m），其值见表7.1。

离心力引起的拉应力作用在带的全长上,且各处大小相等。

(3) 由带弯曲产生的应力。带绕过带轮时发生弯曲(图 7.8),产生弯曲应力(只发生绕在带轮部分上),由材料力学公式可得

$$\sigma_b = \frac{E_b Y_a}{\rho} = \frac{2E_b Y_a}{d_d} \tag{7.11}$$

式中 d_d—— 带轮基准直径(mm);

ρ—— 曲率半径,$\rho = \frac{d_d}{2}$(mm);

Y_a—— 带最外层至中性层的距离(mm),对平带 $Y_a = \frac{h}{2}$,对 V 带 $Y_a \approx h_a$;

E_b—— 带材料的弹性模量(MPa)。

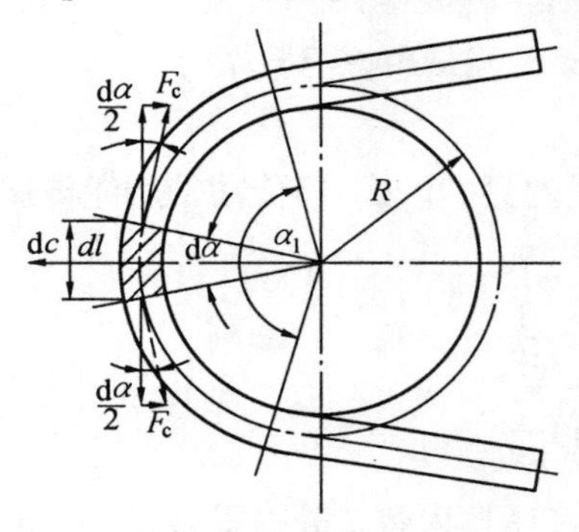

图 7.7 带的离心拉力

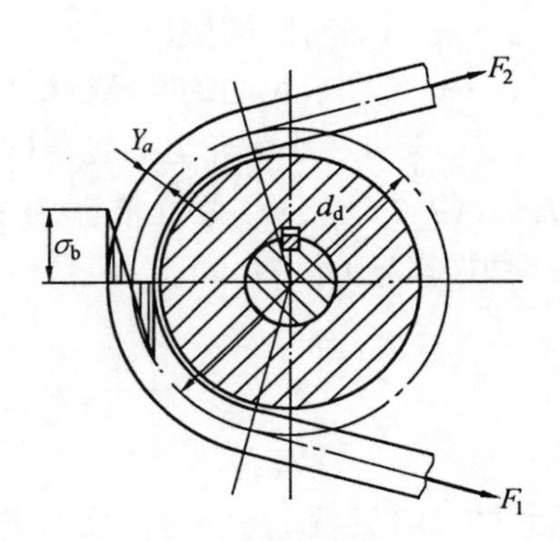

图 7.8 带的弯曲应力

由式(7.11) 可见,带轮直径越小,带越厚,弯曲应力愈大。

带中各截面上的应力大小,如用自该处所作的径向线(即把应力相位转 90°) 的长短表示,可画成图 7.9 所示的应力分布图。可见,带在工作中所受的应力是变化的,最大应力产生在由紧边进入小带轮处,其值为

$$\sigma_{max} = \sigma_1 + \sigma_{b1} + \sigma_c \tag{7.12}$$

在一般情况下,弯曲应力最大,离心应力较小。离心应力随带速的增加而增加。

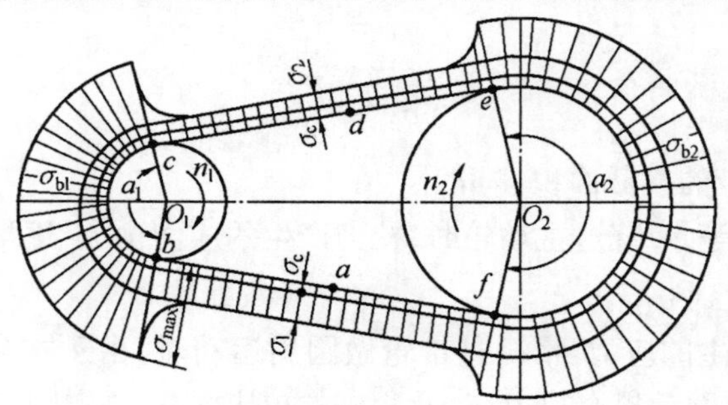

图 7.9 带工作时应力变化

显然处于变应力状态下工作的传动带,当应力循环次数达到某一值后,带将发生疲劳破坏。

7.3.4 带传动的弹性滑动和打滑现象

带工作时，如带不伸长，主动轮和从动轮的圆周速度 v_1 和 v_2 将与带的线速度 v_0 相等，即 $v_1 = v_2 = v_0$。因为 $\frac{\pi d_{d1} n_1}{60 \times 1\,000} = \frac{\pi d_{d2} n_2}{60 \times 1\,000}$，则理论传动比 i 为

$$i = \frac{n_1}{n_2} = \frac{d_{d2}}{d_{d1}} \tag{7.13}$$

实际上胶带是有弹性的，受拉力后将产生弹性伸长，拉力愈大，伸长量愈大；反之愈小。带工作时，由于紧边拉力 F_1 大于松边拉力 F_2，因此带在紧边的伸长量将大于松边的伸长量。在图7.10中，当带的紧边在 b 点进入主动轮时，带速与带轮圆周速度相等，皆为 v_1。带随带轮由 b 点转到 c 点离开带轮时，其拉力逐渐由 F_1 减小到 F_2。从而使带的弹性伸长量也相应减少，亦即带相对带轮向后缩了一点，这就使带速逐渐落后于带轮圆周速度 v_1，到 c 点后带速降到 v_2。同样，当带绕过从动轮时，带所受的拉力由 F_2 逐渐增大到 F_1，其弹性伸长量逐渐增加，致使带相对带轮向前移动一点，使带速逐渐大于从动轮圆周速度，即 $v_2 < v < v_1$。这种由于带的弹性变形而引起带与带轮之间的相对滑动现象称为弹性滑动。弹性滑动是带传动中不可避免的现象，是正常工作时固有的特性。

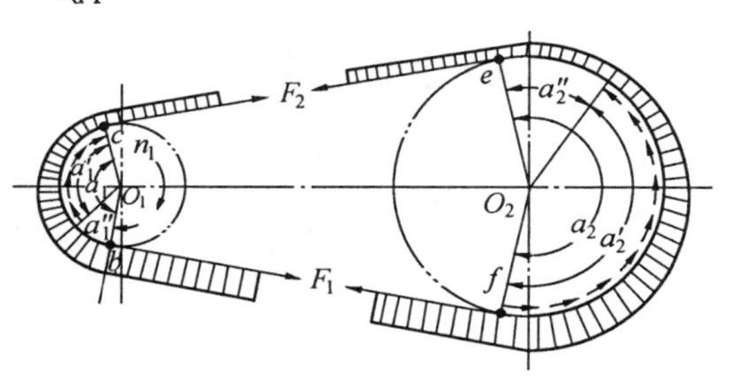

图 7.10　带传动中的弹性滑动

弹性滑动会引起下列后果：

(1) 从动轮的圆周速度总是落后于主动轮的圆周速度，并随载荷变化而变化，导致此传动的传动比不准确。

(2) 损失一部分能量，降低了传动效率，会使带的温度升高，并引起传动带磨损。

由于弹性滑动引起从动轮圆周速度低于主动轮圆周速度，其相对降低率通常称为带传动的滑动系数或滑动率，用 ε 表示

$$\varepsilon = \frac{v_1 - v_2}{v_1} = \frac{\pi d_{d1} n_1 - \pi d_{d2} n_2}{\pi d_{d1} n_1} = \frac{n_1 - i n_2}{n_1} \tag{7.14}$$

这样，计入弹性滑动时的从动轮转速 n_2 与主动轮转速 n_1 的关系应为

$$n_2 = (1 - \varepsilon)\frac{d_{d1}}{d_{d2}} n_1 \tag{7.15}$$

一般情况下，带传动的滑动系数 $\varepsilon = 1\% \sim 2\%$。

在正常情况下，并不是全部接触弧上都发生弹性滑动。接触弧可分为有相对滑动的滑动弧和无相对滑动的静弧两部分，两段弧所对应的中心角分别称为滑动角 α' 和静角 α''。静弧总是发生在带与带轮同速度的接触区域(图 7.10)。

带不传递载荷时，滑动角为零。随着载荷的增加，滑动角 α' 逐渐增大，而静角 α'' 则逐渐减小。当滑动角 α' 增大到 α_1 时，达到极限状态，带传动的有效圆周力达到最大值。若传递的外载荷超过最大有效圆周力，带就在带轮上发生显著的相对滑动现象，即打滑。打滑

将造成带的严重磨损,并使带的运动处于不稳定状态,传动失效。带在大轮上的包角大于小轮上的包角,所以打滑总是在小轮上先开始。

打滑是由于过载引起的,因而避免过载就可避免打滑。

7.3.5 带传动的失效形式和设计准则

由前面分析可以看出,带传动的主要失效形式是打滑和带的疲劳破坏。因此,带传动的设计准则是在保证带工作时不打滑的条件下,具有一定的疲劳强度和寿命。

为满足强度条件,在设计时要求 $\sigma_{max} \leqslant [\sigma]$,即

$$\sigma_{max} = \sigma_1 + \sigma_{b1} + \sigma_c \leqslant [\sigma] \tag{7.16a}$$

当 $\sigma_{max} = [\sigma]$ 时,带传动将发挥最大效能,则得

$$\sigma_1 = [\sigma] - \sigma_{b1} - \sigma_c \tag{7.16b}$$

式中 $[\sigma]$—— 在一定条件下,由带的疲劳强度决定的许用拉应力。

在即将打滑的临界状态下,带传动的最大有效圆周力可由式(7.6)、(7.8a) 求得

$$F_{max} = F_1\left(1 - \frac{1}{e^{f'\alpha_1}}\right) = \sigma_1 A\left(1 - \frac{1}{e^{f'\alpha_1}}\right) \tag{7.16c}$$

带的有效圆周力 F(N) 与带传递的功率 P(kW)、带速 v(m/s) 之间关系是

$$P = \frac{F_{max} \cdot v}{1\,000} \tag{7.17}$$

将式(7.16b) 和式(7.16c) 代入式(7.17) 可得,带既不打滑又有一定疲劳强度时所能传递的功率

$$P_0 = ([\sigma] - \sigma_{b1} - \sigma_c)\left(1 - \frac{1}{e^{f'\alpha_1}}\right)\frac{Av}{1\,000} \tag{7.18}$$

在载荷平稳、包角 $\alpha_1 = \pi$ rad(即 $i = 1$)、带长 L_d 为特定长度、抗拉体为化学纤维芯绳结构的条件下,由式(7.18) 求得单根普通 V 带所能传递的基本额定功率 P_0,见表 7.3。

当实际工作条件与上述特定条件不同时,应对 P_0 值加以修正。

若 $i \neq 1$,大轮和小轮对弯曲应力的影响是不同的。当 $i > 1$ 时,带在大轮上弯曲程度较小,即带绕过大轮时所产生的弯曲应力较绕过小轮时要小。因此,在同样寿命条件下,$i > 1$ 时带所能传递的功率可以相应增大一些。这一功率增量 ΔP_0(kW) 可由下式计算

$$\Delta P_0 = K_b n_1\left(1 - \frac{1}{K_i}\right) \tag{7.19}$$

式中 K_b—— 弯曲影响系数,见表 7.4;

K_i—— 传动比系数,见表 7.5;

n_1—— 小带轮转速(r/min)。

因此,在上述条件下单根 V 带所能传递的功率为 $P_0 + \Delta P_0$。若实际工作情况与上述条件不同时,还应引入相应的系数对功率值加以修正。

表 7.3 普通 V 带基本额定功率 P_0 kW

带型	d_{d1}/mm	$n_1/(r\cdot min^{-1})$																		
		100	200	400	700	800	950	1 200	1 450	1 600	2 000	2 400	2 800	3 200	3 600	4 000	4 500	5 000	5 500	6 000
Y	20						0.01	0.02	0.02	0.03	0.03	0.04	0.04	0.06	0.06	0.06	0.07	0.08	0.09	0.10
	28					0.03	0.04	0.04	0.05	0.05	0.06	0.07	0.08	0.09	0.10	0.11	0.12	0.13	0.14	0.15
	35.5				0.04	0.05	0.05	0.06	0.06	0.07	0.08	0.09	0.11	0.12	0.13	0.14	0.16	0.18	0.19	0.20
	40				0.04	0.05	0.06	0.07	0.08	0.09	0.11	0.12	0.14	0.15	0.16	0.18	0.19	0.20	0.22	0.24
Z	50		0.04	0.06	0.09	0.10	0.12	0.14	0.16	0.17	0.20	0.22	0.26	0.28	0.30	0.32	0.33	0.34	0.33	0.31
	63		0.05	0.08	0.13	0.15	0.18	0.22	0.25	0.27	0.32	0.37	0.41	0.45	0.47	0.49	0.50	0.50	0.49	0.48
	71		0.06	0.09	0.17	0.20	0.23	0.27	0.30	0.33	0.39	0.46	0.50	0.54	0.58	0.61	0.62	0.62	0.61	0.58
	80		0.10	0.14	0.20	0.22	0.26	0.30	0.35	0.39	0.44	0.50	0.56	0.61	0.64	0.67	0.67	0.66	0.64	
A	75		0.15	0.26	0.40	0.45	0.51	0.60	0.68	0.73	0.84	0.92	1.00	1.04	1.08	1.09	1.07	1.02	0.96	0.80
	90		0.22	0.39	0.61	0.68	0.77	0.93	1.07	1.15	1.34	1.50	1.64	1.73	1.83	1.87	1.88	1.82		
	100		0.26	0.47	0.74	0.83	0.95	1.14	1.32	1.42	1.66	1.87	2.05	2.19	2.28	2.34	2.33			
	125		0.37	0.67	1.07	1.19	1.37	1.66	1.92	2.07	2.44	2.74	2.98	3.16	3.26					
B	125		0.48	0.84	1.30	1.44	1.64	1.93	2.19	2.33	2.64	2.85	2.96	2.94	2.80					
	140		0.59	1.05	1.64	1.82	2.08	2.47	2.82	3.00	3.42	3.70	3.85	3.83						
	160		0.74	1.32	2.09	2.32	2.66	3.17	3.62	3.86	4.40	4.75	4.89							
	180		0.88	1.59	2.53	2.81	3.22	3.85	4.39	4.68	5.30	5.67								
C	200		1.39	2.41	3.69	4.07	4.58	5.29	5.84	6.07	6.34	6.02								
	250		2.03	3.62	5.64	6.23	7.04	8.21	9.04	9.38	9.62									
	315		2.84	5.14	8.09	8.92	10.05	11.53	12.46	12.72										
	400		3.91	7.06	11.02	12.10	13.48	15.04												
D	355	3.01	5.31	9.24	13.70	14.83	16.15	17.25	16.77	15.63										
	400	3.66	6.52	11.45	17.07	18.46	20.06	21.20												
	450	4.37	7.90	13.85	20.63	22.25	24.01	24.84												
	500	5.08	9.21	16.20	23.99	25.76	27.50													
E	500	6.21	10.86	18.55	26.21	27.57	28.32													
	560	7.32	13.09	22.49	31.59	33.03	33.40													
	630	8.75	15.65	26.95	37.26	38.62														
	710	10.31	18.52	31.83	42.87	43.52														

注:优选带轮直径系列:20,28,31.5,35.5,40,45,50,56,63,71,75,80,90,100,112,125,140,150,160,180,200,224,250,280,315,355,400,425,450,500,560,600,630,710,800。

表 7.4 弯曲影响系数 K_b

带型	K_b
Z	0.2925×10^{-3}
A	0.7725×10^{-3}
B	1.9875×10^{-3}
C	5.625×10^{-3}
D	19.95×10^{-3}
E	37.35×10^{-3}

表 7.5 传动比系数 K_i

传动比 i	K_i
1.00 ~ 1.01	1.000 0
1.02 ~ 1.04	1.013 6
1.05 ~ 1.08	1.027 6
1.09 ~ 1.12	1.041 9
1.13 ~ 1.18	1.056 7
1.19 ~ 1.24	1.071 9
1.25 ~ 1.34	1.087 5
1.35 ~ 1.51	1.103 6
1.52 ~ 1.99	1.120 2
≥ 2.00	1.137 3

7.4 普通 V 带传动的设计计算

7.4.1 设计计算的一般步骤和方法

1. 确定设计功率 P_d

设计功率是根据需要传递的名义功率再考虑载荷性质、原动机类型和每天连续工作的时间长短等因素而确定的，表达式为

$$P_d = K_A P \tag{7.20}$$

式中 P—— 所需传递的名义功率(kW)；

K_A—— 工况系数，按表 7.6 选取。

表 7.6 工况系数 K_A

工作机		原动机 Ⅰ类 一天工作时间/h < 10	10 ~ 16	> 16	Ⅱ类 < 10	10 ~ 16	> 16
载荷平稳	液体搅拌机；离心式水泵；通风机和鼓风机(≤ 7.5 kW)；离心式压缩机；轻型运输机	1.0	1.1	1.2	1.1	1.2	1.3
载荷变动小	带式运输机(运送砂石、谷物)，通风机(> 7.5 kW)；发电机；旋转式水泵；金属切削机床；剪床；压力机；印刷机；振动筛	1.1	1.2	1.3	1.2	1.3	1.4
载荷变动较大	螺旋式运输机；斗式提升机；往复式水泵和压缩机；锻锤；磨粉机；锯木机和木工机械；纺织机械	1.2	1.3	1.4	1.4	1.5	1.6
载荷变动很大	破碎机(旋转式、颚式等)；球磨机，棒磨机；起重机；挖掘机；橡胶辊压机	1.3	1.4	1.5	1.5	1.6	1.8

注：1. Ⅰ类 —— 普通鼠笼式交流电动机，同步电动机，直流电动机(并激)，四缸以上的内燃机。
Ⅱ类 —— 交流电动机(双鼠笼式、滑环式、单相、大转差率)，直流电动机(复激、串激)，四缸以下的内燃机。

2. 在起动频繁、经常正反转、工作条件恶劣等场合，表中 K_A 值均应乘以 1.2。

2. 选择带的型号

V带的型号可根据设计功率 P_d 和小带轮转速 n_1 由图7.11选取。当 P_d 和 n_1 值坐标交点位于或接近两种型号区域边界处时，可取相邻两种型号同时计算，比较结果，最后选定一种。

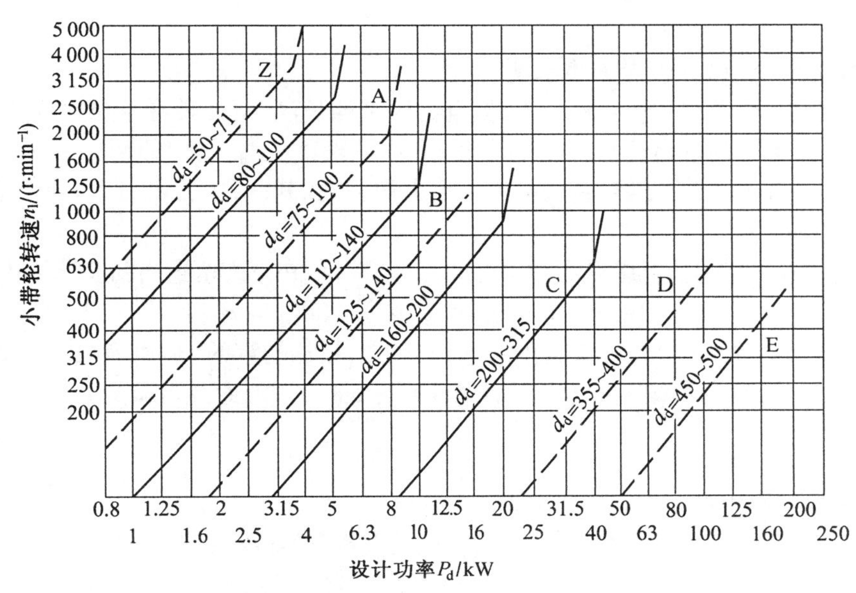

图7.11　普通V带选型图

3. 确定带轮的基准直径 d_{d1} 和 d_{d2}

传动带中的弯曲应力变化是最大的，它是引起带疲劳破坏的主要因素。带轮直径愈小，弯曲应力愈大。因此，为减少弯曲应力应采用较大的小带轮直径 d_{d1}。但 d_{d1} 过大，会使传动的结构尺寸增大。如无特殊要求，一般取 d_{d1} 大于等于许用的最小带轮基准直径 $d_{d\,min}$ 即可(表7.7)。所选带轮直径应圆整为带轮直径系列值，即表7.3中“注”所列数值。

表7.7　V带带轮最小基准直径 $d_{d\,min}$　　mm

槽　型	Y	Z	A	B	C	D	E
$d_{d\,min}$	20	50	75	125	200	355	500

大带轮基准直径 $d_{d2}=\frac{n_1}{n_2}d_{d1}$，计算后也应按表7.7及表7.3中“注”所列数值圆整。当要求传动比精确时，应考虑滑动系数 ε 来计算轮径，此时 d_{d2} 可不圆整。

$$d_{d2}=\frac{n_1}{n_2}d_{d1}(1-\varepsilon) \tag{7.21}$$

通常取 $\varepsilon=0.02$。

4. 验算带的速度 v

由 $P=\frac{Fv}{1\,000}$ 可知，传递一定功率时，带速愈高，圆周力愈小，所需带的根数愈少，但带速过大,带在单位时间内绕过带轮的次数增加,使疲劳寿命降低。同时,增加带速会显著地增大带的离心力,减小带与带轮间接触压力。当带速达到某一数值后,不利因素将超过有利因素,因此,设计时应使 $v \leqslant v_{max}$,一般在 $v = 5 \sim 25$ m/s 内选取,以 $v = 20 \sim 25$ m/s 最有利。对 Y、Z、A、B、C 型带 $v_{max} = 25$ m/s,对 D、E 型带 $v_{max} = 30$ m/s。如 $v > v_{max}$,应减小 d_{d1}。

5. 确定中心距 a 和 V 带基准长度 L_d

中心距小,可以使传动结构紧凑。但也会因带的长度小,使带在单位时间内绕过带轮的次数多,降低带的寿命。同时,在传动比 i 和小带轮直径 d_{d1} 一定的情况下,中心距小,小带轮包角 α_1 将减小,传动能力降低。中心距大则反之。其次,中心距过大,当带速高时,易引起带工作时抖动。

设计时应视具体情况综合考虑,如无特殊要求,可在下列范围内初步选取中心距 a_0

$$0.7(d_{d1} + d_{d2}) \leqslant a_0 \leqslant 2(d_{d1} + d_{d2})$$

初选 a_0 后,按式(7.4)计算带的基准长度 L'_d,根据初算的 L'_d 由表 7.2 选取接近的标准基准长度 L_d,然后再按下式近似地计算中心距(通常中心距是可调的)

$$a \approx a_0 + \frac{L_d - L'_d}{2} \tag{7.22}$$

6. 计算小轮包角 α_1

按式(7.3)计算小轮包角 α_1。增大 α_1,可以提高带的传动能力,由该式可知,α_1 与传动比 i 有关,i 愈大,带轮直径差($d_{d2} - d_{d1}$)愈大,α_1 愈小。因此,为了保证 α_1 不过小,传动比 i 不宜过大。通常应使 $i \leqslant 7$,个别情况下可达 10。

7. 确定 V 带根数 z

$$z = \frac{P_d}{(P_0 + \Delta P_0)K_\alpha K_L} \tag{7.23}$$

式中 K_α—— 包角修正系数,考虑包角 $\alpha \neq 180°$ 对传动能力的影响,由表 7.8 查取;

K_L—— 带长修正系数,考虑带长不为特定带长时对使用寿命的影响,由表 7.2 查取。

带的根数 z 愈多,其受力愈不均匀,故设计时应限制根数。一般 $z < 10$,否则应改选型号,重新设计或改用联组 V 带。

表 7.8 包角修正系数 K_α

包角 α_1/(°)	220	210	200	190	180	170	160	150	140	130	120	110	100	90
K_α	1.20	1.15	1.10	1.05	1.00	0.98	0.95	0.92	0.89	0.86	0.82	0.78	0.74	0.69

8. 确定初拉力 F_0

F_0 是保证带传动正常工作的重要因素,它影响带的传动能力和寿命。F_0 过小易出现打滑,传动能力不能充分发挥。F_0 过大带的使用寿命降低,且轴和轴承的受力增大。单根普通 V 带合适的初拉力可按下式计算

$$F_0 = 500\frac{P_d}{vz}\left(\frac{2.5 - K_\alpha}{K_\alpha}\right) + mv^2 \tag{7.24}$$

式中各符号意义同前，普通 V 带每米长度的质量 m 值见表 7.1。

9. 计算作用在轴上的压力 Q

为了求得对张紧装置应加的力及计算轴和轴承的需要，应计算传动带作用在轴上的压力 Q。

压力 Q 等于松边和紧边拉力的向量和，如果不考虑带两边的拉力差，可以近似地按带两边所受初拉力的合力来计算。由图 7.12 得

$$Q = 2F_0 z\cos\frac{\beta}{2} = 2zF_0\sin\frac{\alpha_1}{2} \tag{7.25}$$

带初次安装在带轮上时，所需初拉力要比带正常工作时大很多，故计算轴和轴承时，通常取 $Q_{\max} = 1.5Q$。

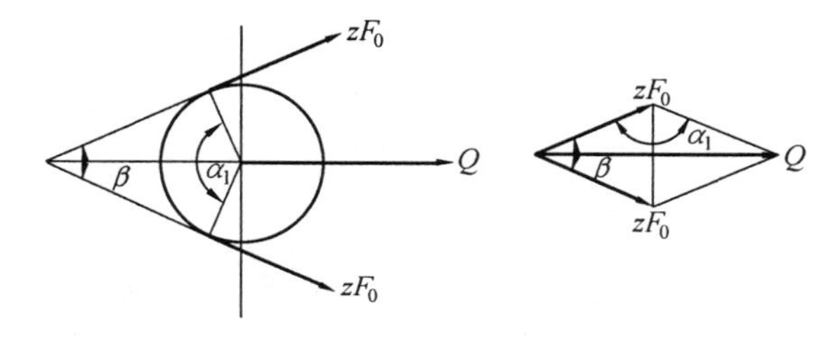

图 7.12 传动带作用在轴上的压力

【例】 设计某铣床传动系统中与电机相接的普通 V 带传动。已知电动机型号为 Y112M-4，额定功率为 $P = 4$ kW，转速 $n_1 = 1\,440$ r/min，传动比 $i = 3.6$，三班制工作，载荷变动小，要求结构紧凑。

【解】

(1) 确定设计功率。由表 7.6 查得工作情况系数 $K_A = 1.3$，则

$$P_d = K_A \cdot P = 1.3 \times 4 = 5.2 \text{ kW}$$

(2) 选取带型。根据 P_d、n_1，由图 7.11 查取，选 A 型带。

(3) 确定带轮的基准直径。根据表 7.7 荐用最小基准直径，可选小带轮直径为 $d_{d1} = 100$ mm，则大带轮直径为

$$d_{d2} = i \cdot d_{d1} = 3.6 \times 100 = 360 \text{ mm}$$

据表 7.3 取 $d_{d2} = 355$ mm，其传动比误差 $\Delta i < 5\%$，故可用。

(4) 验算带的速度

$$v = \frac{\pi d_{d1} \cdot n_1}{60 \times 1\,000} = \frac{\pi \times 100 \times 1\,440}{60 \times 1\,000} = 7.54 \text{ m/s} < 25 \text{ m/s} = v_{\max}$$

故符合要求。

(5) 确定 V 带长度和中心距。根据 $0.7(d_{d1} + d_{d2}) \leqslant a_0 \leqslant 2(d_{d1} + d_{d2})$ 初步确定中心距

$$0.7(100 + 355) = 318.5 \leqslant a_0 \leqslant 2(100 + 355) = 910$$

因要求结构紧凑，故取偏小值 $a_0 = 400$ mm。

根据式(7.4) 计算 V 带基准长度

$$L'_d = 2a_0 + \frac{\pi}{2}(d_{d1} + d_{d2}) + \frac{(d_{d2} - d_{d1})^2}{4a_0} = 1\,555.36 \text{ mm}$$

由表 7.2 选 V 带基准长度为 $L_d = 1\,600$ mm。

由式(7.22) 计算实际中心距 a

$$a = a_0 + \frac{L_d - L'_d}{2} = 400 + \frac{1\ 600 - 1\ 555.36}{2} = 422.32 \text{ mm}$$

(6) 计算小轮包角。由式(7.3) 得

$$\alpha_1 = 180° - \frac{d_{d2} - d_{d1}}{a} \times 57.3° = 180° - \frac{355 - 100}{422.32} \times 57.3° = 145.4°$$

(7) 确定 V 带根数。根据式(7.23) 计算带的根数 z。由表 7.3 查取单根 V 带所能传递的功率为 $P_0 = 1.3$ kW。

由式(7.19) 计算功率增量 ΔP_0。

由表 7.4 查得 $K_b = 0.772\ 5 \times 10^{-3}$

由表 7.5 查得 $K_i = 1.14$

故得

$$\Delta P_0 = K_b n_1 \left(1 - \frac{1}{K_i}\right) = 0.14 \text{ kW}$$

由表 7.8 查得 $K_\alpha = 0.90$

由表 7.2 查得 $K_L = 0.99$

则带的根数为

$$z = \frac{P_d}{(P_0 + \Delta P_0) K_\alpha K_L} = \frac{5.2}{(1.3 + 0.14) \times 0.9 \times 0.99} = 4.05$$

取 $z = 4$ 根。

(8) 计算初拉力。由表 7.1 查得

$$m = 0.1 \text{ kg/m}$$

由式(7.24) 得初拉力

$$F_0 = 500 \frac{P_d}{zv}\left(\frac{2.5 - K_\alpha}{K_\alpha}\right) + mv^2 = 500 \frac{5.2}{4 \times 7.54}\left(\frac{2.5 - 0.9}{0.9}\right) + 0.1 \times 7.54^2 = 158.9 \text{ N}$$

(9) 计算作用在轴上的压力。由式(7.25) 得

$$Q = 2zF_0 \sin\frac{\alpha}{2} = 2 \times 4 \times 158.9 \times \sin\frac{145.4°}{2} = 1\ 213.69 \text{ N}$$

(10) 带轮结构设计(略)。

7.5 V 带 轮

带轮通常由三部分组成:轮缘(用以安装传动带)、轮毂(与轴连接)、轮辐或腹板(连接轮缘和轮毂)。

对带轮的主要要求是质量小且分布均匀、工艺性好、与带接触的工作表面要仔细加工(通常表面粗糙度 $\sqrt{Ra3.2}$ 或 $\sqrt{Ra1.6}$),以减少带的磨损。转速高时要进行动平衡。对于铸造和焊接,带轮的内应力要小。

带轮的常用材料是铸铁,如 HT150、HT200;转速较高时可用铸钢或用钢板冲压后焊接而成;小功率时可用铸铝或非金属。

带轮的典型结构形式有以下几种:

实心式(图 7.13(a)),用于尺寸较小的带轮($d_d \leqslant (2.5 \sim 3)d$ 时);

腹板式(图 7.13(b)),用于中小尺寸的带轮($d_d \leqslant 300$ mm 时);

孔板式(图7.13(c)),用于尺寸较大的带轮($(d_s - d_k) > 100$ mm时);

椭圆式辐轮(图7.13(d)),用于尺寸大的带轮($d_d > 500$ mm时)。

V带轮的结构设计主要是根据直径大小选择结构形式,根据带型确定轮槽尺寸(表7.9),其他结构尺寸可参考图7.13中经验公式或根据有关资料确定。

普通V带两侧面间的夹角是40°,带在带轮上弯曲时,由于截面形状的变化使带的楔角变小(图7.14)。为使带轮槽角适应这种变化,国标规定普通V带轮槽角为32°、34°、36°、38°。

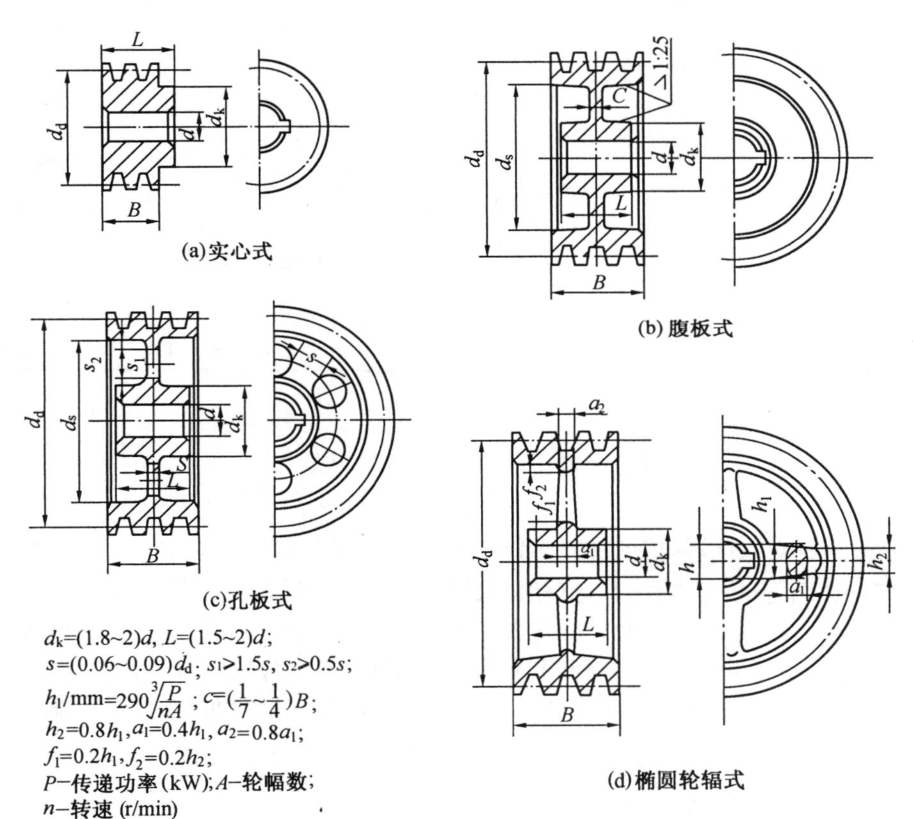

图7.13 V带轮结构

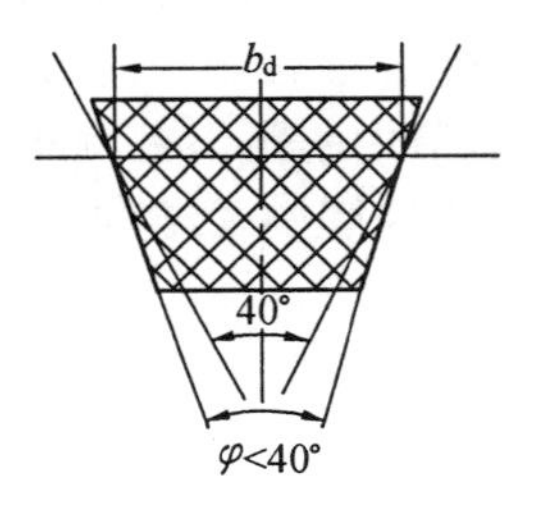

图7.14 V带弯曲后楔角变化

表 7.9 普通 V 带带轮轮槽尺寸 (GB/T 13575.1—2008) mm

轮槽剖面尺寸	型			号			
	Y	Z	A	B	C	D	E
h_e	6.3	9.5	12	15	20	28	33
h_{amin}	1.6	2.0	2.75	3.5	4.8	8.1	9.6
e	8 ± 0.3	12 ± 0.3	15 ± 0.3	19 ± 0.4	25.5 ± 0.5	37 ± 0.6	44.5 ± 0.7
f	7 ± 1	8 ± 1	10^{+2}_{-1}	12.5^{+2}_{-1}	17^{+2}_{-1}	23^{+3}_{-1}	29^{+4}_{-1}
b_d	5.3	8.5	11	14	19	27	32
δ	5	5.5	6	7.5	10	12	15
B	$B = (z-1)e + 2f$ z 为带根数						
$\varphi_0 \pm 30'$ 32° 对应的 d_d	$\leqslant 60$						
$\varphi_0 \pm 30'$ 34° 对应的 d_d		$\leqslant 80$	$\leqslant 118$	$\leqslant 190$	$\leqslant 315$		
$\varphi_0 \pm 30'$ 36° 对应的 d_d	> 60					$\leqslant 475$	$\leqslant 600$
$\varphi_0 \pm 30'$ 38° 对应的 d_d		> 80	> 118	> 190	> 315	> 475	> 600

7.6 带的张紧

传动带不是完全的弹性体,经过一段时间运转后,会因伸长而松弛,从而初拉力 F_0 降低,使传动能力下降甚至丧失。为保证必需的初拉力,须对带进行张紧。张紧装置可分为定期张紧装置和自动张紧装置两大类。前者简单,但考虑工作中张紧力的降低,故需要的初拉力要大。而后者在工作中能自动调节和保持所需的张紧力,故所需初拉力小。自动张紧又分为保持固定不变张紧力和随外载荷变化而自动调节张紧力两种。常见的张紧装置有定期张紧装置、张紧轮张紧装置、自动张紧装置三种。

7.6.1 定期张紧装置

定期张紧装置是利用定期改变中心距的方法来调节传动带的初拉力,使其重新张紧。在水平或倾斜不大的传动中,可采用如图 7.15(a) 所示滑道式结构。电动机装在机座的滑道上,旋动调整螺杆推动电动机,调节中心距以控制初拉力,然后固定。在垂直或接近垂直的传动中,可以采用图 7.15(b) 所示的摆架式结构。电动机固定在摇摆架上,用旋动调整螺杆上的螺母来调节。

7.6.2 张紧轮张紧装置

采用张紧轮进行张紧,一般用于中心距不可调的情况。因置于紧边需要的张紧力大,且张紧轮也容易跳动,通常张紧轮置于带的松边。图 7.16 所示为用张紧轮进行张紧的机构。图 7.16(a) 是张紧轮压在松边的内侧,张紧轮应尽量靠近大带轮,以免小带轮上包角减小过多。V带传动常用这种装置。图7.16(b)是张紧轮压在松边的外侧,它使带承受反向弯曲,会使寿命降低。这种装置形式常用于需要增大包角或空间受到限制的传动中。

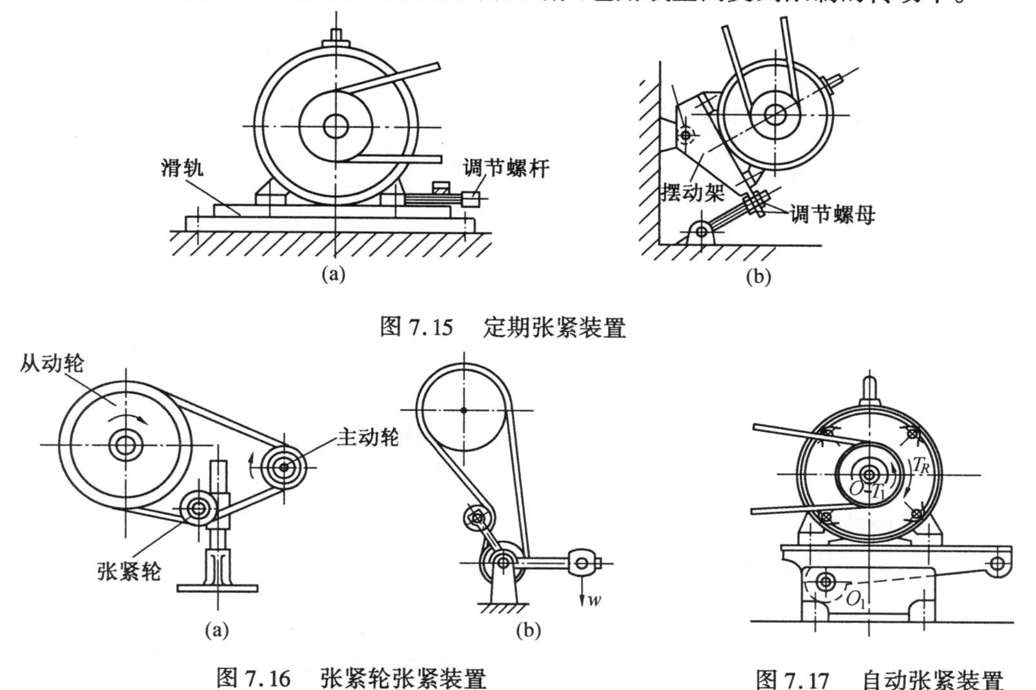

图7.15 定期张紧装置

图7.16 张紧轮张紧装置

图7.17 自动张紧装置

7.6.3 自动张紧装置

图7.17是一种能随外载荷变化而自动调节张紧力大小的装置。它将装有带轮的电机放在摆动架上,当带轮传递转矩 T_1 时,在电机座上产生反力矩 T_R,使电机轴 O 绕摇摆架轴 O_1 向外摆动。工作中传递的圆周力愈大,反力矩 T_R 愈大,电机轴向外摆动角度愈大,张紧力愈大。

7.7 同步带传动简介

同步带传动是通过带齿与轮齿的啮合传递运动和动力,如图7.18所示。与摩擦型带传动相比,同步带传动兼有带传动、链传动和齿轮传动的一些特点。具有传动比准确、效率高、传动平稳、噪音低、使用寿命长、中心距允许范围大、轴上压力小、能承受一定冲击、不需润滑、较其他类型带传动结构紧凑等优点。同步带传动的速度最大可到80 m/s,单级传动比可达10,传动效率可达0.98 ~ 0.99,传动功率可到几百千瓦。现已广泛用于各种仪器、计算机、汽车、纺织机构、粮食机械、机床、石油机械等机械传动中。

目前应用较广的同步带齿形有梯形齿和圆弧齿两大类,如图7.19所示,前者带的齿廓为直线,它有周节制和模数制两种,周节制有国际标准和国家标准。圆弧齿同步带齿廓由一段或几段圆弧组成,它齿根应力集中小、载荷分布合理,故传递的载荷大、寿命长。

同步带的主要参数是节距 P_b 或模数 m。由于抗拉层强度高，工作中长度不变，故将抗拉层中心线定为节线，节线周长定为公称长度。相邻两齿对应点间沿节线量得的长度为带的节距，用 P_b 表示，模数 $m = \frac{P_b}{\pi}$。各种型号同步带的规格及设计方法可查阅有关手册。

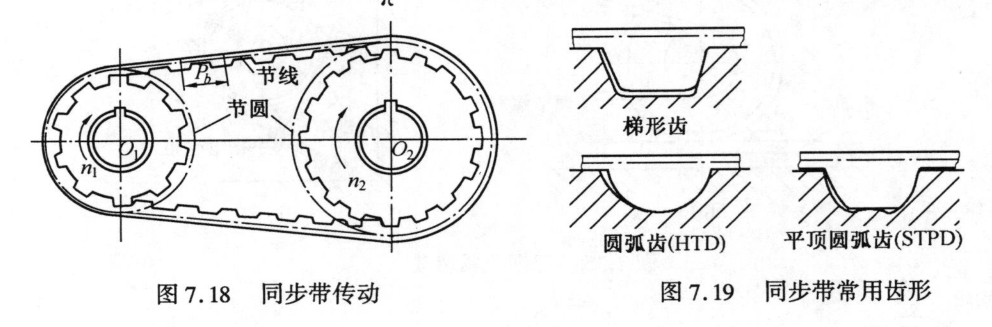

图 7.18　同步带传动　　　　图 7.19　同步带常用齿形

7.8　链传动概述

链传动由装在平行轴上的主、从动链轮和绕在链轮上的链所组成(图 7.20)，用链做中间挠性件，通过链和链轮轮齿的啮合来传递运动和动力。

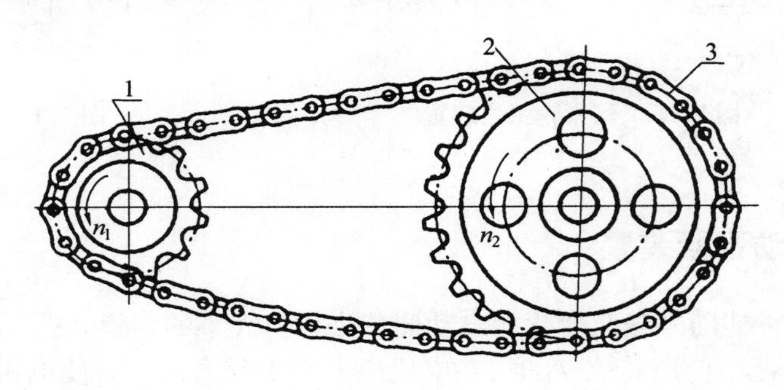

图 7.20　链传动

1— 主动链轮；2— 从动链轮；3— 链

链传动应用广泛，按用途不同可分为传动链、起重链和曳引链三种。传动链一般在机械中用来传递运动和动力；起重链在起重机械中用来提升重物；曳引链在运输机械中用来输送物料或机件等。本章只介绍传动链。

链传动是啮合传动，链轮轮齿有特定的齿形(与齿轮轮齿不同，是非共轭齿廓)，可以保证链节和链轮正常的啮合，既可保证平均传动比为定值，又可像带传动那样有中间挠性件(链)实现中心距较大的传动，压轴力还不大；而且工作时为多齿同时啮合，可传递较大的功率；传动效率较高，一般可达 0.96 ~ 0.97；经济可靠。主要缺点是瞬时链速和瞬时传动比不是常数，传动中有一定动载荷和冲击，噪声较大，不能用于高速。因此，链传动常用于两轴中心距较大、要求平均传动比不变但对瞬时传动比要求不严格的两轴或多轴传动，它还能在低速、重载、工作环境恶劣和较高温度的情况下较好地工作，目前常用于功率在 100 kW 以内、链速在 12 ~ 15 m/s 以内、传动比在 8 以内的农业机械、轻化工机械、机床、起重运输机械、车辆和采矿机械的传动中。

7.9 传动链和链轮

传动链按结构不同主要有滚子链和齿形链两种。

滚子链结构如图 7.21 所示，销轴 2 和外链板 1、套筒 3 与内链板 5 分别用过盈配合固定、套筒与销轴之间则可以相对转动，以便在链条弯曲时构成一副活动铰链。滚子 4 松套在套筒 3 上，可自由转动，这样，啮合时可以减少轮齿和滚子的磨损。为减轻链的质量和运动时的惯性，链板一般做成 8 字形。

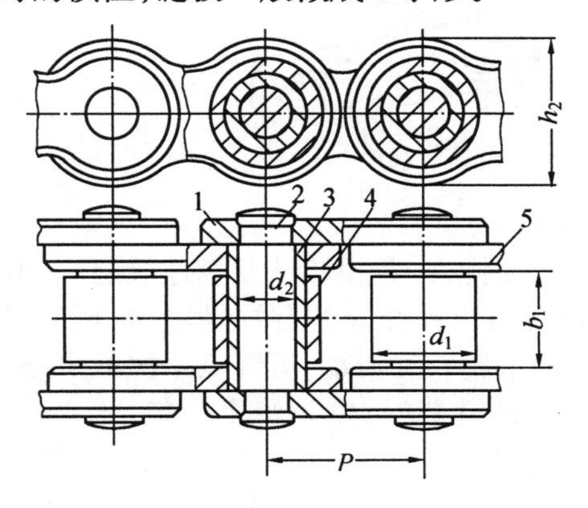

图 7.21 滚子链

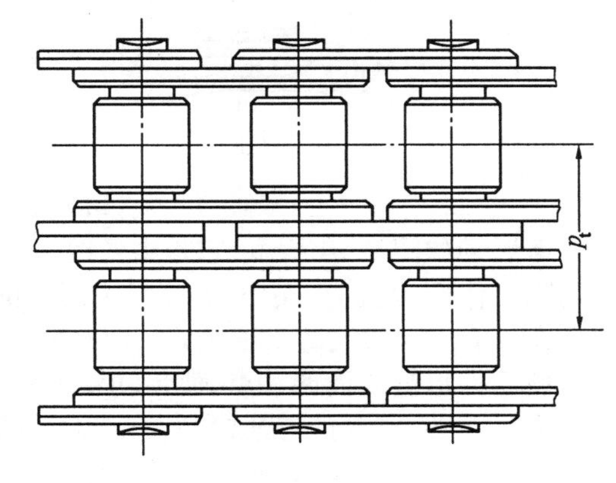

图 7.22 双排链

当传递较大的动力时可采用多排链，如图 7.22 所示。多排链由几排单排链用销轴连成，其承载能力与排数接近正比，但因较难保证链的制造和装配精度，容易受载不均，所以双排用得较多，四排以上用得很少。

滚子链结构简单、价格便宜、应用广，它已标准化。相邻两销轴中心的距离为链的节距 p，是链的最主要参数。节距越大，链的各部分尺寸相应增大，承载能力也越高，质量也随之增加。表 7.10 列出国标 GB/T 1243—1997 规定的几种 A 系列短节距滚子链的主要尺寸和极限拉伸载荷，B 系列国内用得较少，其设计与 A 系列类似，本章不再介绍。

表 7.10 滚子链规格和主要参数(摘自 GB/T 1243—2006)

链号	节距 p/mm	排距 p_t/mm	滚子直径 d_1/mm	内链节内宽 b_1/mm	销轴直径 d_2/mm	内链板高度 h_2/mm	极限拉伸载荷(单排)F_{lim}/kN	每米质量(单排)q/(kg·m^{-1})
08A	12.70	14.38	7.92	7.85	3.98	12.07	13.8	0.60
10A	15.875	18.11	10.16	9.40	5.09	15.09	21.8	1.00
12A	19.05	22.78	11.91	12.57	5.96	18.08	31.3	1.50
16A	25.40	29.29	15.88	15.75	7.94	24.13	55.6	2.60
20A	31.75	35.76	19.05	18.90	9.54	30.18	86.7	3.80
24A	38.10	45.44	22.23	25.22	11.11	36.20	124.6	5.60
28A	44.45	48.87	25.40	25.22	12.71	42.24	169	7.50
32A	50.80	58.55	28.58	31.55	14.29	48.26	222.4	10.10

工作时链由若干链节用一个接头将其连成环形，这个接头称为接头链节。它主要有两种形式。当链节数为偶数时采用“连接链节”，形状与外链节相同，只是其中一侧外链板与销轴为间隙配合，用弹性锁片、开口销等止锁件将活动销轴与外链板固定(图7.23(a))。当链节数为奇数时应采用“过渡链节”(图7.23(b))，这种链节要受到附加弯曲载荷，再加上销轴与链板的间隙配合，所以强度仅为通常链节的 80% 左右，故设计时应尽量避免奇数链节。

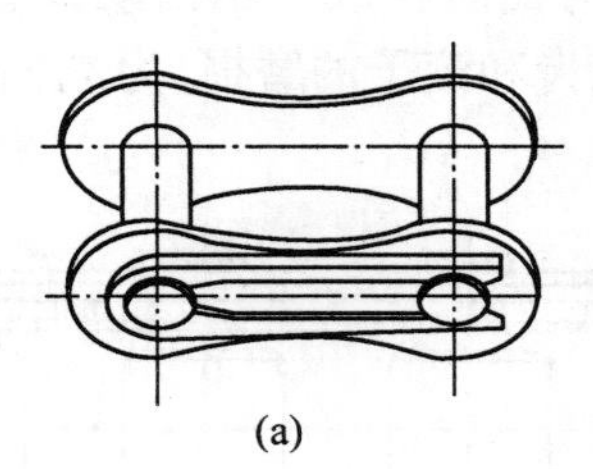
(a)

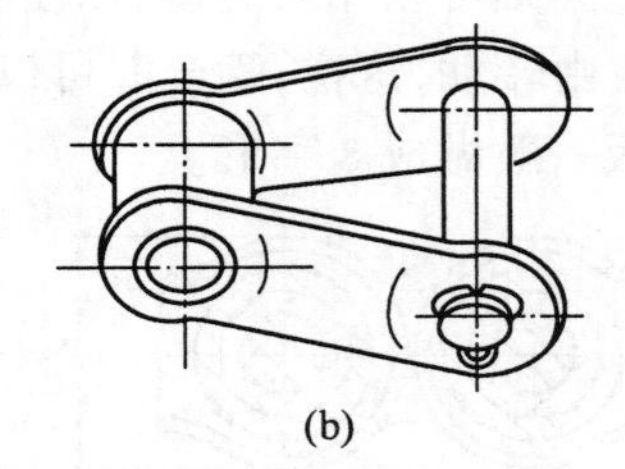
(b)

图 7.23 接头链节

齿形链如图 7.24 所示，它是由各组齿形链板交错排列，并用铰链互相连接起来的。链板两侧工作面为直边，夹角为 60 °。齿形链的铰链轴可以是简单的圆柱销轴，也可以是其他形式。图 7.24 的铰链为滚销式，当链节屈伸时，两滚销相互滚动，可降低摩擦减少磨损。

由于齿形链的齿形特点，使传动较平稳，承受冲击性能好，轮齿受力均匀，噪音小，故又称为无声链。它允许链速较高，特殊设计的齿形链最高可达 40 m/s，但它比滚子链结构复杂，价格较贵，也较重，所以目前主要用于中心距较小、高速或运动精度较高的传动装置中。下面仅介绍滚子链及其设计。

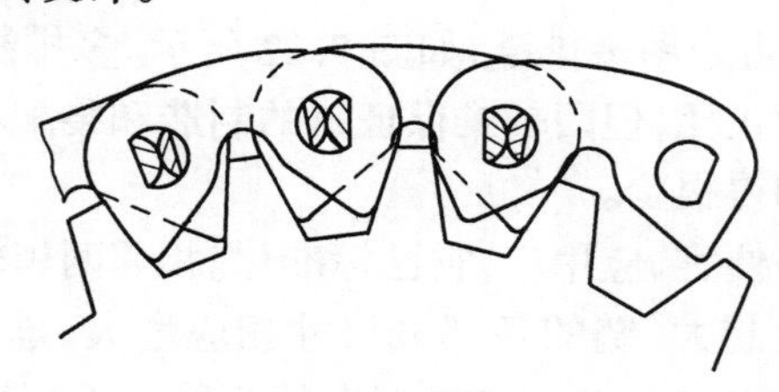

图 7.24 齿形链传动

链轮的正确设计有利于延长链的寿命、提高传动质量、减少链和链轮的磨损。

链轮的结构大体和带轮相同。链传动是非共轭啮合传动，所以链轮齿形与齿轮齿形相比，齿廓曲线的几何形状可以有很大的灵活性。国家标准 GB/T 1243—2006 规定链轮端面齿廓有一个最小齿槽形状和最大齿槽形状(图 7.25)。在这两极限齿槽形状之间允许有不同形状的齿形，但链轮齿形应保证链节能平稳自如地啮合就位和退出啮合，尽量减少啮合时与链节的冲击和接触应力，有较大的容纳链条节距因磨损而增长的能力，齿形还要便于加工。

滚子链链轮轴向齿廓两侧呈圆弧状或斜楔状(图 7.26)，以利链节的啮入和退出。链轮齿形的几何尺寸计算公式可参考有关手册。

链轮的主要尺寸如图 7.27 所示。

分度圆直径 $d = p/\sin(180°/z)$

齿顶圆直径 $d_{amax} = d + 1.25p - d_1$

$d_{amin} = d + (1 - 1.6/z)p - d_1$

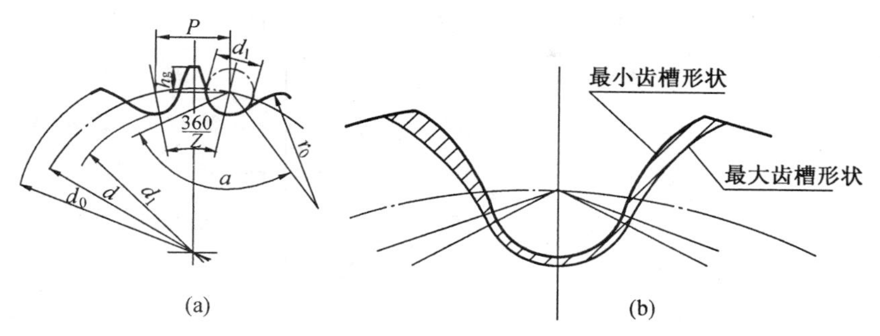

图7.25　滚子链链轮的端面齿槽形状

分度圆弦齿高　$h_a = 0.27p$

（d_a、h_a 二式均为 3R 齿形）

齿根圆直径　$d_f = d - d_1$

齿侧凸缘（或排间槽）直径

$$d_g \leqslant p\cot\frac{180°}{z} - 1.04h_2 - 0.76$$

式中　p—— 链节距(mm)；

d_1—— 链条滚子外径(mm)；

h_2—— 内链板高度(mm)；

z—— 链轮齿数。

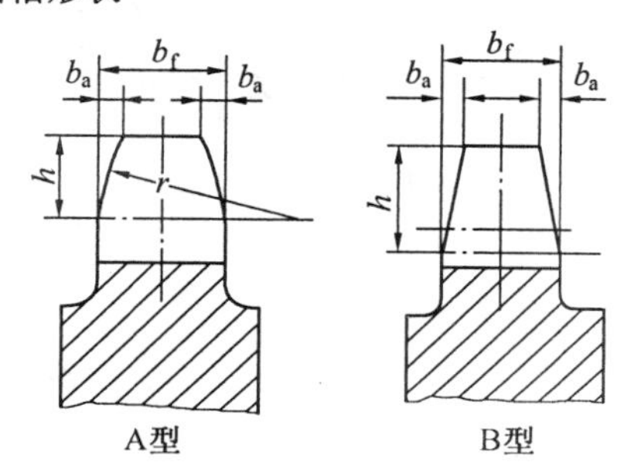

图7.26　链轮轴向齿廓

链轮轮毂及轮辐部分结构和带轮相近，对小直径链轮可和轴做成一体，对直径大的链轮可有不同的结构(图7.28)。由于链轮主要是磨损破坏，所以可采用装配式齿圈结构，齿圈与轮毂可用焊接或螺栓连接。

链轮的材料、热处理、齿面粗糙度及齿形、齿距、不同轴度等制造精度均影响链传动的工作性能。

链轮的材料应有足够的强度和耐磨性，可根据其尺寸大小及工作条件选择。由于小链轮轮齿的啮合次数比大链轮轮齿的啮合次数多，所受冲击也大，故小链轮所选材料较好。推荐用的链轮材料及齿面硬度见表7.11。

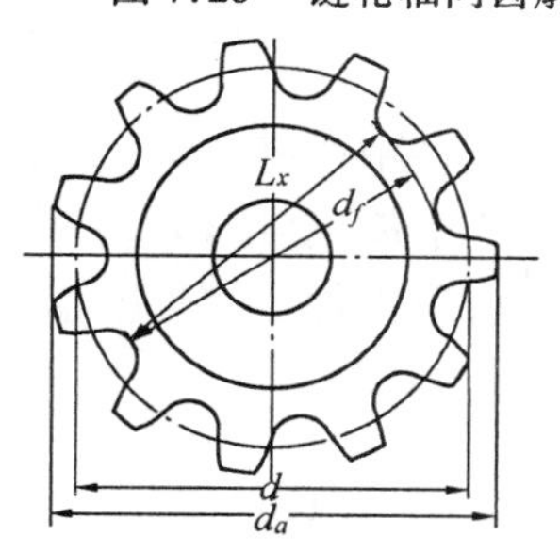

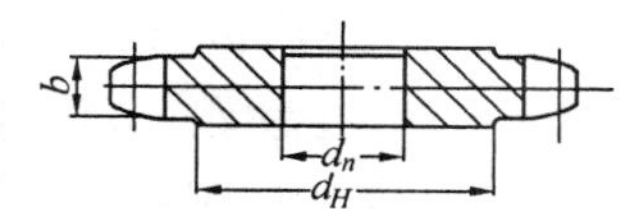

图7.27　滚子链链轮

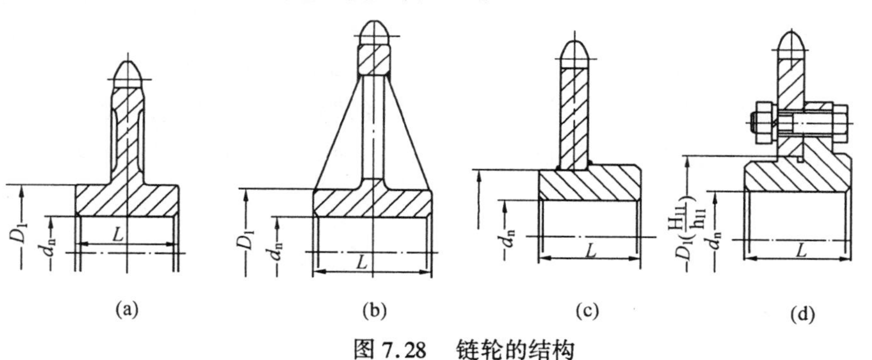

图7.28　链轮的结构

$L = (1.5 \sim 2)d_n$；$D_1 = (1.2 \sim 2)d_n$；d_n—轴孔直径

表 7.11 常用链轮材料及齿面硬度

链轮材料	热处理	齿面硬度	应用范围
15、20	渗碳、淬火、回火	50 ~ 60 HRC	$z \leqslant 25$ 有冲击载荷的链轮
35	正火	160 ~ 200 HBW	$z > 25$ 正常工作条件下的链轮
45、50、ZG310 ~ 570	淬火、回火	40 ~ 45 HRC	$z \leqslant 40$ 无剧烈冲击的链轮
15Cr、20Cr	渗碳、淬火、回火	50 ~ 60 HRC	传递大功率的重要链轮($z < 25$)
40Cr、35SiMn、35CrMn	淬火、回火	40 ~ 50 HRC	重要的、使用优质链条的链轮
Q235、Q275	焊接后退火	140 HBW	中速、中等功率、较大的链轮
不低于HT150的灰铸铁	淬火、回火	260 ~ 280 HBW	$z > 50$ 的链轮
酚醛层压布板			$P < 6$ kW、速度较高、要求传动平稳和噪声小的链轮

7.10 链传动的运动特性

7.10.1 链传动的运动不均匀性

链由很多刚性链节组成，当与链轮啮合时，链是按一多边形分布在链轮上的。当主动链轮转过一个齿，链便移过一个链节，从动链轮也就相应转过一个齿。链轮回转一周，链就移动一多边形周长 zp 的距离，所以链的平均速度 v(m/s) 为

$$v = \frac{n_1 z_1 p}{60 \times 1\,000} = \frac{n_2 z_2 p}{60 \times 1\,000} \tag{7.26}$$

式中 p—— 链节距(mm)；

z_1、z_2—— 主动轮、从动轮的齿数；

n_1、n_2—— 主动轮、从动轮的转速(r/min)。

由上式可知平均传动比 i 为

$$i = \frac{n_1}{n_2} = \frac{z_2}{z_1} \tag{7.27}$$

实际上，瞬时链速 v 和从动轮角速度 ω_2 及瞬时传动比 i_i 都是变化的。

为便于分析，设链的紧边(即主动边)在传动时始终处于水平位置，如图 7.29 所示。链条销轴的轴心沿链轮分度圆做等速圆周运动，并设主动链轮以等角速度 ω_1 转动，其分度圆圆周速度为 v_1

$$v_1 = \frac{1}{2} d_1 \omega_1 \tag{7.28}$$

v_1 的水平分量即链速为

$$v = v_1 \cos\beta = \frac{d_1}{2} \omega_1 \cos\beta \tag{7.29}$$

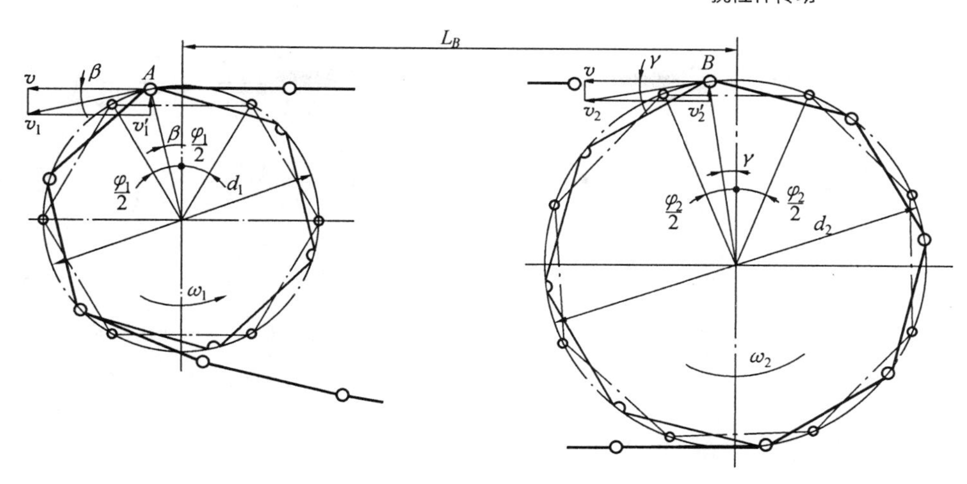

图 7.29 链传动的速度分析

式中，β是A点的圆周速度与水平线的夹角。如图7.29所示，β的变化范围在$\pm\frac{\varphi_1}{2}$之间，φ_1为主动轮上一个节距所对的圆心角，$\varphi_1=\frac{360°}{z_1}$。

由于角β在某一范围内变化，链速v也将随链轮转动的位置而不断变化，当$\beta=\pm\frac{\varphi_1}{2}$时，链速最小，$v_{\min}=\frac{d_1}{2}\omega_1\cos\frac{\varphi_1}{2}$；当$\beta=0$，链速最大，$v_{\max}=\frac{d_1}{2}\omega_1$。转过一齿，反复一次，其变化情况如图7.30所示。

同样，设从动轮的角速度为ω_2，圆周速度为v_2，由图7.29知

$$v_2=\frac{v}{\cos\gamma}=\frac{v_1\cos\beta}{\cos\gamma}=\omega_2\frac{d_2}{2} \tag{7.30}$$

则由式(7.29)、(7.30)得瞬时传动比i_i为

$$i_i=\frac{\omega_1}{\omega_2}=\frac{d_2\cos\gamma}{d_1\cos\beta} \tag{7.31}$$

由上式可知，由于γ和β随时间而变，所以，虽然主动轮角速度ω_1是常数，从动轮角速度ω_2却随γ和β的变化而变化，其与齿数、啮合位置等参数有关。同样瞬时传动比i_i也随时间而变，因此链传动工作状态是不平稳的。

设计时，可以通过合理选择参数来减少瞬时传动比的变化范围，提高传动的平稳性。例如选择较多的链轮齿数(使φ角小)或使紧边链长L_B(两链轮分度圆公切线上两切点间距离)为链节距的整数倍(使两切点速度变化同相位)。只有当$z_1=z_2$，并且紧边链长为链节距的整数倍的特殊情况下，才能保证瞬时传动比i_i为常数，并且从动轮角速度ω_2恒等于主动轮的角速度ω_1(图7.31)。

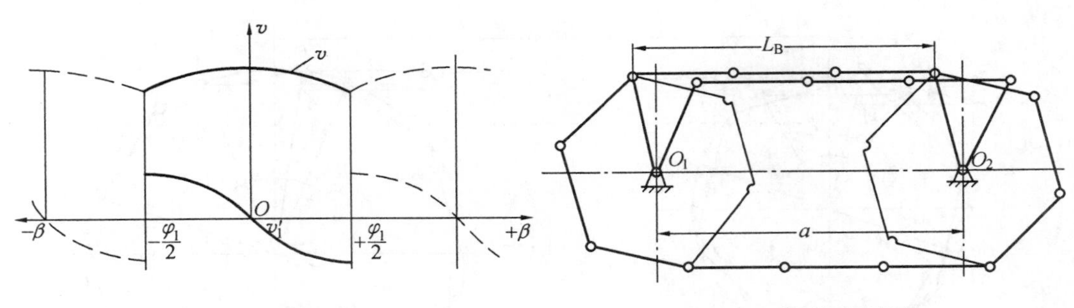

图 7.30　链速的变化　　　　图 7.31　恒传动比机构

7.10.2　链传动的动载荷

链传动引起动载荷的主要原因如下：

(1) 由于链及从动轮周期的加速减速，引起动载荷。链的加速度为

$$a = \frac{\mathrm{d}v}{\mathrm{d}t} = \frac{\mathrm{d}}{\mathrm{d}t}\left(\frac{d_1}{2}\omega_1 \cos \beta\right) = -\frac{d_1}{2}\omega_1 \sin \beta \frac{\mathrm{d}\beta}{\mathrm{d}t} = -\frac{d_1}{2}\omega_1^2 \sin \beta$$

式中　t——时间；

d_1——小链轮分度圆直径，$d_1 = \dfrac{p}{\sin \dfrac{180^\circ}{z_1}}$。

当 $\beta = \pm \dfrac{\varphi_1}{2}$ 时，加速度达最大值，即

$$\left(\frac{\mathrm{d}v}{\mathrm{d}t}\right)_{\max} = \pm \frac{d_1}{2}\omega_1^2 \sin \frac{\varphi_1}{2} = \pm \frac{d_1}{2}\omega_1^2 \sin \frac{180^\circ}{z_1} = \pm \frac{\omega_1^2 p}{2}$$

由此可见，链轮的转速越高，节距越大(即同一直径下链轮齿数越少)，则最大加速度越大。当链的加速度和它拖动的质量越大，引起的动载荷越大。

(2) 链的垂直方向分速度 v' 的周期性变化(图 7.30) 会导致链条的横向振动，产生动载荷。

(3) 链节和轮齿啮合瞬间的相对速度突变也将引起冲击和动载荷。如图 7.32 所示，链节和链轮进入啮合的瞬间以一定的相对速度接近，根据相对运动原理，把链轮看成静止的，则链节的一个铰链就以 $-\omega$ 的角速度与轮齿接触，发生冲击。可以证明冲击能量是 p^3、n^2 和 $\sin\left(\dfrac{360^\circ}{z} + \gamma\right)$ 的函数，链轮的转速 n 越高、链节距 p 越大、齿形角 γ 越大、链轮齿数 z 越少，则冲击越强烈。

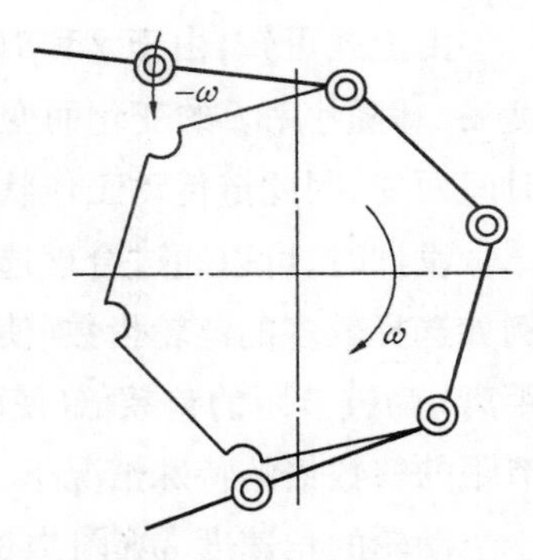

图 7.32　啮合瞬间的冲击

由于存在动载荷，将增加功率损耗、产生噪声、降低寿命，所以链传动不能用于高速。

上述链传动运动不均匀性、有冲击和动载荷的特征，是由于链是按一正多边形围绕在

链轮上所造成的，称为链传动的多边形效应，是链传动的固有特性。

7.11* 滚子链传动的设计计算

链是标准零件，因而链传动的设计计算主要是根据传动要求选择链的类型、决定链的型号，合理选择参数，设计链轮，确定润滑方式等，下面介绍滚子链传动的设计。

7.11.1 滚子链传动的主要失效形式

(1) 链的疲劳破坏。在闭式链传动中，链条元件承受变应力作用(链板承受拉伸和弯曲，滚子和套筒受冲击载荷和接触应力)，经过一定的循环次数，链板发生疲劳断裂，滚子和套筒工作表面出现点蚀和冲击疲劳裂纹。

(2) 链的铰链磨损。工作中，链的铰链在啮入和啮出轮齿时，在铰链的销轴与套筒间承受较大的压力，同时有相对滑动，在润滑不充分或开式传动、工作条件恶劣的情况下将引起铰链磨损，使链节的节距变长，啮合点沿齿高外移，产生掉链现象。同时由于磨损后节距的增长主要出现在外链节(图7.33)，使链节距的不均匀性增加，使振动和动载荷增加。

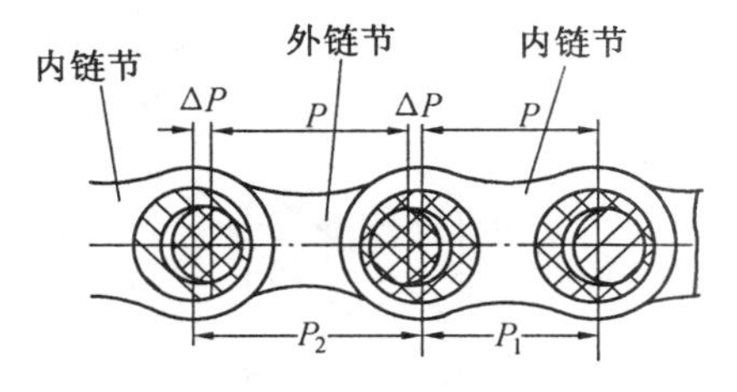

图7.33 铰链磨损后的实际节距

(3) 链的铰链胶合。当链轮转速很高时，在载荷的作用下销轴和套筒间的油膜被破坏，它们的工作表面产生胶合，铰链胶合在一定程度上限定了链传动的极限转速。

(4) 静强度破断。在低速($v < 0.6$ m/s)重载时或有突然巨大过载时，链的静强度破断是主要失效形式。

链轮的寿命比链的寿命高得多，所以链传动的承载能力以链的强度和寿命为依据。

7.11.2 链的极限功率曲线和额定功率曲线

链传动在不同的工作情况下主要失效形式也不同，图7.34就是实验得出的链在一定使用寿命下、链轮在不同转速下由于各种失效形式限定的极限功率曲线。在良好而充分的润滑条件下，曲线1是由铰链磨损破坏限定的极限功率曲线；2是在变应力作用下链板疲劳强度所限定的极限功率曲线；3是由滚子套筒冲击疲劳所限定的极限功率曲线；4是由铰链胶合限定的极限功率曲线；5是在良好而充分的润滑条件下的额定功率曲线，它在各极限功率曲线的范围之内，是传动设计时的基本依据；6是在润滑条件不好或工作环境恶劣的情况下的额定功率曲线，在这种情况下链的铰链磨损严重，所能传递的功率较良好润滑情况下的低得多。

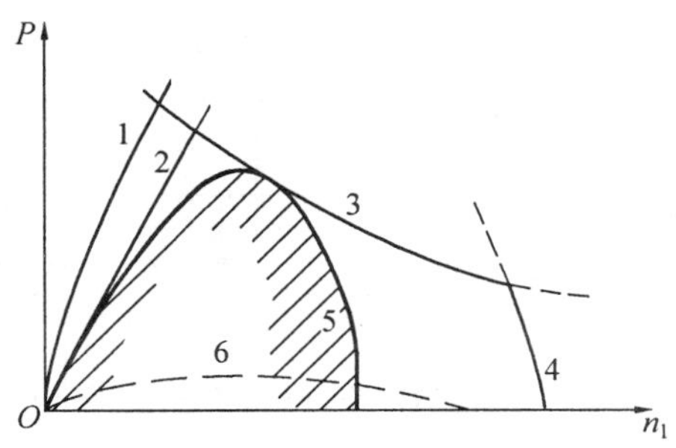

图7.34 链的极限功率曲线

图7.35为A系列各种滚子链的额定功率曲线图，它是在$z_1 = 25$、$l_p = 120$、单排链、载荷平稳、传动比$i = 3$、按照推荐的润滑方式(图7.36)、工作寿命为15 000 h、工作温度在$-5 \sim 70$℃之间的情况下制订的，根据小链轮转速n_1在此图可查出各种链条在链速$v > 0.6$ m/s情况下允许传递的额定功率P_0。

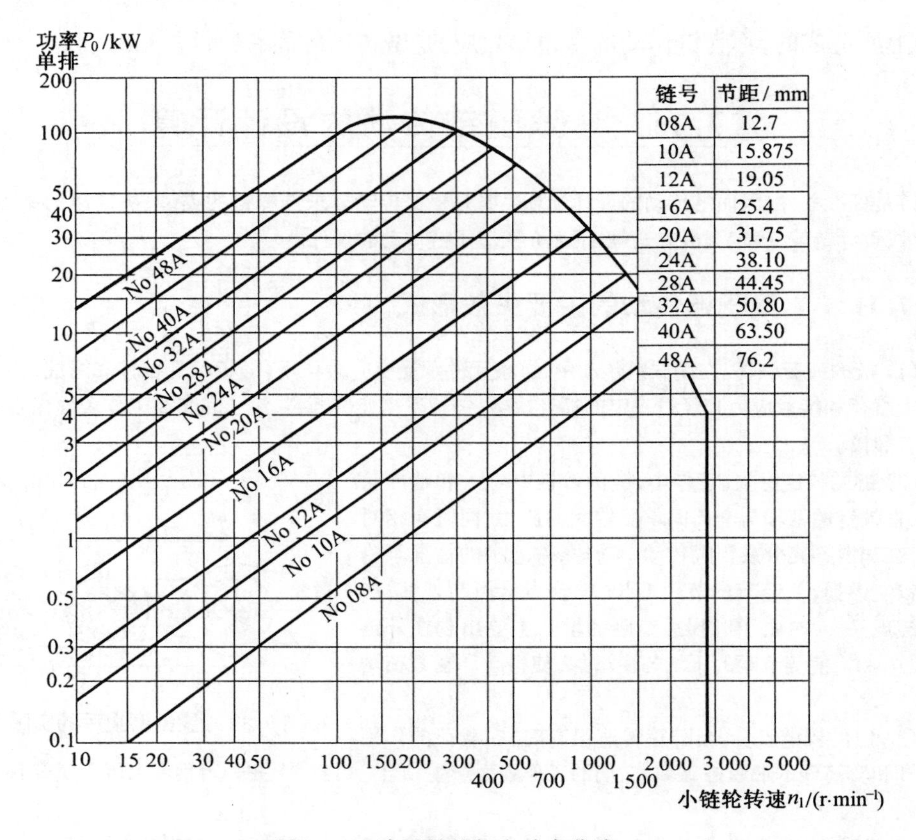

图 7.35　滚子链的额定功率曲线

当设计的链传动工作情况不符合实验规定的条件时,由图 7.35 所查的 P_0 值应乘上一系列修正系数,如小链轮齿数系数 K_z、多排链系数 K_p 和工作情况系数 K_A 等。

当不能按图 7.36 推荐的方式润滑而使润滑不良时,则磨损加剧,此时链主要是铰链磨损破坏,额定功率 P_0 值应降低到下列值:

对于 $v \leqslant 1.5$ m/s,润滑不良时为$(0.3 \sim 0.6)P_0$,无润滑时为 $0.15P_0$(寿命不能保证 15 000 h)。

对于 1.5 m/s $< v \leqslant 7$ m/s,润滑不良时为$(0.15 \sim 0.3)P_0$。

对于 $v > 7$ m/s 的链传动,必须采用充分良好的润滑。

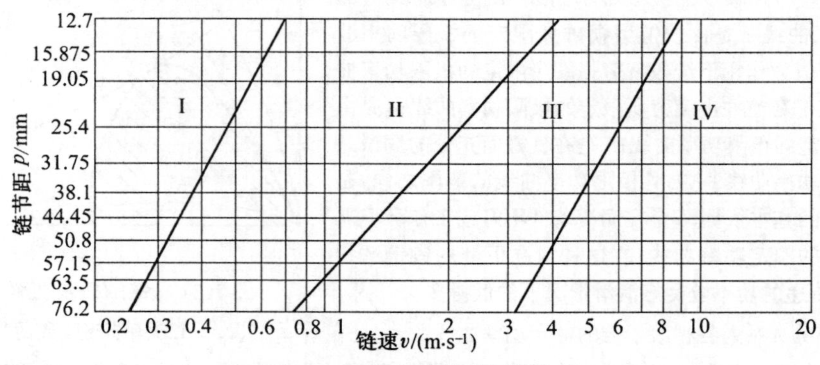

图 7.36　滚子链推荐润滑方式

Ⅰ— 人工定期润滑;Ⅱ— 滴油润滑;Ⅲ— 浸油或飞溅润滑;Ⅳ— 压力喷油润滑

7.11.3 一般链速($v \geqslant 0.6$ m/s)链传动的设计

链是标准化了的产品。链传动设计主要是确定链节距、排数以及链轮齿数、传动比、中心距、链节数等,具体设计步骤如下:

(1) 选取链轮齿数 z_1、z_2 和传动比 i。小链轮齿数对传动的平稳性和工作寿命影响很大。在相同节距下,齿数少可减少外廓尺寸,但齿数过少将增加传动的不均匀性和动载荷,并增大链条绕入和退出链轮时链节间的相对转角 φ,加速铰链的磨损。但若链轮齿数太多,除传动尺寸和机件质量增大外,还易因磨损节距增长而发生跳齿和掉链现象,缩短链的使用寿命。

因此,小链轮齿数既不宜过少,大链轮齿数也不宜太多,一般链轮最大齿数 $z_{max}=120$,链轮最小齿数 $z_{min}=17$,当链轮速度很低时,最少可到9,最大可达150,一般可根据链速来选小链轮齿数(表7.12)。

表7.12 小链轮齿数 z_1

链速 $v/(\mathrm{m \cdot s^{-1}})$	0.6 ~ 3	> 3 ~ 8	> 8
z_1	≥ 17	≥ 21	≥ 25

选取链轮齿数,还应考虑到轮齿和链的均匀磨损问题,由于链节数一般选用偶数,故链轮齿数最好选用与链节数互为质数的奇数,并优先选用以下数列:17、19、21、23、25、38、57、76、95、114,大链轮齿数一般不超过114齿。

为了使传动尺寸不过大,链在小轮上包角不能过小(通常包角最好不小于120°),同时啮合的齿数不可太少,传动比 i 一般应小于7,推荐 $i=2\sim3.5$。当链速较低、载荷平稳和传动尺寸允许时 i 可达10。

(2) 确定链节距和排数。链节距的大小反映了链节和链轮轮齿各部分尺寸的大小。在一定条件下,链的节距越大,承载能力越高;但多边形效应增加,传动不平稳性、动载荷和噪声越严重,传动尺寸也大。因此,在设计时,在承载能力足够的条件下,尽量选取较小节距的单排链;高速重载时可采取小节距的多排链。一般在载荷大、中心距小、传动比大时,选小节距多排链,以使小轮有一定的啮合齿数;当中心距大、传动比小而速度不太高时,从经济性考虑可选大节距单排链。

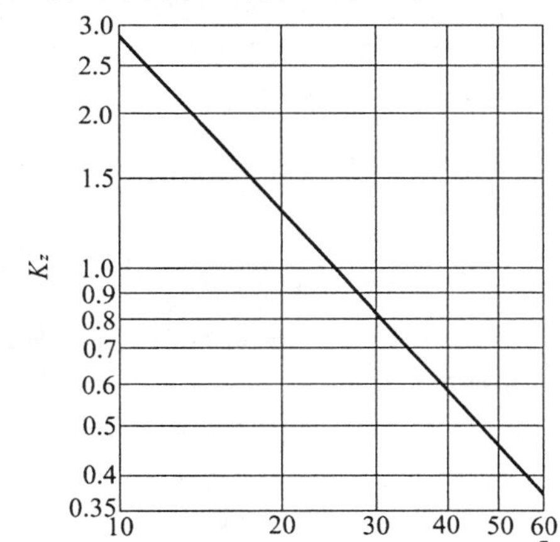

图7.37 小链轮齿数系数 K_z

链的型号和节距可根据传递的功率 P 及小链轮转速 n_1,由图7.35及下式确定

$$P_0 \geqslant \frac{K_A K_z P}{K_p} \tag{7.32}$$

式中 P_0—— 在实验条件下,单排链所能传递的额定功率(kW),如图7.35所示;

K_A—— 工况系数,见表7.13;

K_z—— 小链轮齿数系数,如图7.37所示;

K_p—— 多排链系数,见表7.14;

P—— 链传递的功率(kW)。

根据式(7.32)右侧求出所需传递的修正后的计算功率,再由图7.35查出满足该式要求的链节距,同时由图7.36选定链传动的润滑方式。

表 7.13 工况系数 K_A(摘自 GB/T 18150—2006)

从动机械特性	主动机械特性		
	平稳运转	中等运转	严重冲击
平稳运转	1.0	1.1	1.3
中等运转	1.4	1.5	1.7
严重冲击	1.8	1.9	2.1

表 7.14 多排链系数 K_p

排数	1	2	3	4	5	6
K_p	1	1.7	2.5	3.3	4.0	4.6

(3) 计算链节数 L_p 和链轮中心距 a。在传动比 $i \neq 1$、链轮中心距又过小时,链在小链轮上的包角小,与小链轮同时啮合的链节数亦少。同时,因总的链节数减少,当链速一定时,在单位时间内同一链节受到的应力变化次数和屈伸次数增加,使链的寿命降低。但中心距过大时,除结构不紧凑外,还会使链的松边上下颤动,使运动不平稳。

在尺寸不受机器的结构限制时,一般可初定中心距 $a_0=(30\sim50)p$,最大可取 $a_{\max}=80p$,当有张紧装置或托板时,a_0 可大于 $80p$。

链的长度常用链节数 L_p 表示,$L_p=\dfrac{L}{p}$,L 为链长。链节数的计算公式为

$$L_p=\frac{2a_0}{p}+\frac{z_1+z_2}{2}+\frac{p}{a_0}\left(\frac{z_2-z_1}{2\pi}\right)^2 \tag{7.33}$$

计算出的 L_p 值应圆整为相近的整数,而且最好为偶数,以免使用过渡链节。

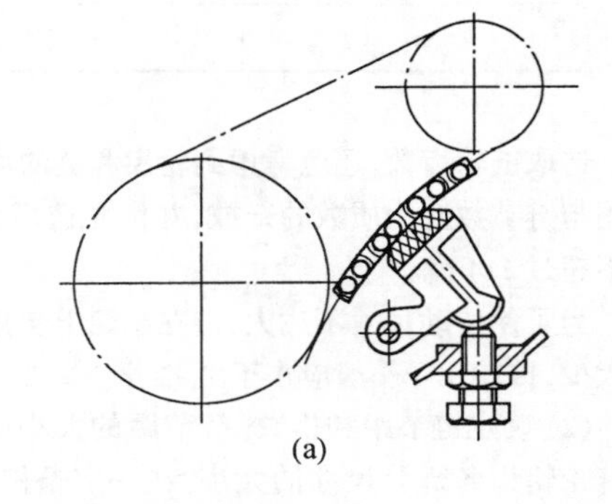

(a)

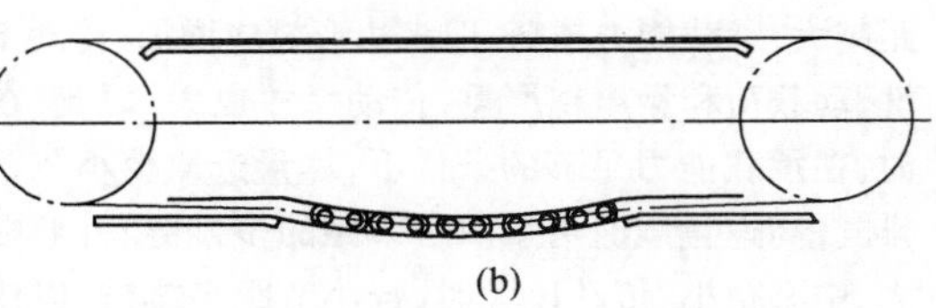

(b)

图 7.38 压板和托板张紧装置

同带传动一样,根据链长就能由下式计算出最后中心距

$$a=\frac{p}{4}\left[\left(L_p-\frac{z_1+z_2}{2}\right)+\sqrt{\left(L_p-\frac{z_1+z_2}{2}\right)^2-8\left(\frac{z_2-z_1}{2\pi}\right)^2}\right] \tag{7.34}$$

为了便于链的安装和保证合理的松边下垂量,安装中心距应较计算中心距略小。在实际传动装置中,链传动的中心距一般应设计成可调的,以便安装时和链节增长后能调节张紧程度。一般中心距调整范围 $\Delta a \geqslant 2p$,调整后松边下垂量一般控制为 $(0.01\sim0.02)a$。链也可用张紧轮进行张紧,另外还可用压板和托板张紧(图 7.38)。当无张紧装置并中心距不可调时,中心距应计算准确。

(4) 计算轴上载荷 F_Q。因链传动是啮合传动,不用很大的张紧力,故作用在轴上的载荷 F_Q 也较小,可取 $F_Q=(1.2\sim1.3)F$,F 为链传动的工作拉力(N)。

$$F=1\,000\frac{P}{v} \tag{7.35}$$

式中 P—— 链传动功率(kW);

v—— 链速(m/s)。

7.11.4 低速链传动的静强度计算

链速 $v < 0.6$ m/s 的链传动属低速链传动，它的失效形式主要是过载拉断，应进行静强度计算，链的静强度安全系数 S 应满足如下要求

$$S = \frac{10^3 F_{\lim} n}{K_A F} \geqslant 4 \sim 8 \tag{7.36}$$

式中 $F_{\lim}$—— 单排链的极限拉伸载荷(kN)，查表 7.10；

n—— 链排数；

K_A—— 工作情况系数，查表 7.13；

F—— 链的工作拉力(N)，按式(7.35) 计算。

7.12* 链传动的布置和润滑

链传动的布置应注意以下几点：

(1) 应保持两链轮的回转平面在同一铅垂平面内，并保持两轮轴线相互平行。否则易引起掉链和产生不正常磨损。

(2) 两链轮中心线与水平线夹角 α 尽量小于 45°，以免下方的链轮啮合不良或脱离啮合(图 7.39(a))，不得已时也应避免成 90°，可使上下链轮左右偏移一段距离 e，使松边与水平线夹角较小(图 7.39(b))。

(3) 当在下列情况下，松边尽量布置在传动的下面：

① 中心距 $a \leqslant 30p$ 和 $i > 2$ 的水平传动；

② 中心线倾斜角相当大的传动；

③ 中心距 $a \geqslant 60p$、传动比 $i < 1.5$ 和小链轮 $z_1 \leqslant 25$ 的水平传动。

在前两种情况中，松边在上时，可能有少数链节垂落到小链轮或下方的链轮上，因而有咬链的危险；在后一种情况中，松边在上时，有发生紧边和松边相互碰撞的可能。

(4) 当松边垂度过大时，会引起啮合不良、链边振动、跳齿等现象，应采取张紧装置(图 7.39(c))，张紧装置可用调整带传动中心距张紧，也可用张紧轮张紧。张紧轮一般位于松边，双向传动时，应在两链边均设置张紧轮。张紧轮可以是链轮，也可以是无齿的辊轮。

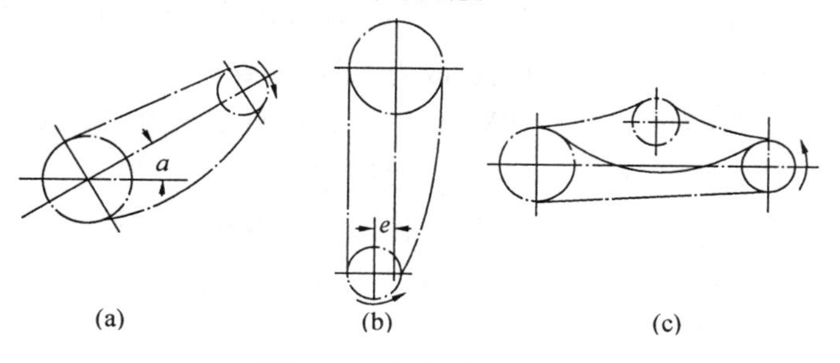

图 7.39 链传动的布置

链传动的润滑非常重要，特别在高速、大功率情况下更是如此。由于销轴 - 套筒 - 滚子摩擦面之间润滑油不易进入，摩擦产生的热量不易散出，因而容易出现严重的摩擦、磨损或胶合。良好的润滑有利于减少磨损、降低摩擦损失、缓和冲击、延长链的使用寿命和提高传动能力，所以设计和使用时应充分注意

润滑剂和润滑方式的选择，具体可由图7.36来选定润滑方式。由于铰链位于松边时承压面上压强较小，润滑油容易进入，所以一般应在松边供油，并应均匀分布在链宽上。

链传动常用的润滑油有L－AN32、L－AN46和L－AN68全损耗系统用油。承压面上压强较大、环境温度高的应取黏度大的润滑油。需对转速很低的链传动做定期润滑，也有时用润滑脂。

思考题与习题

7.1　在V带传动设计中，为什么要限制 $d_{d1} \geqslant d_{d\min}, v \leqslant v_{\max}$？

7.2　V带轮的槽角 φ_0 为何小于带的楔角 $\varphi = 40°$？

7.3　单根V带能传递的功率如何确定？

7.4　具有张紧轮的带传动，张紧轮最好放在什么位置？

7.5　带传动的主要失效形式是什么？设计准则是什么？

7.6　什么是弹性滑动现象；它对带传动有何影响？

7.7　传动带在绕带轮转动一周过程中，最大应力点发生在何处？其值为多少？

7.8　试述链传动的工作原理、运动特性和应用范围。

7.9　链传动为什么不宜用于高速？

7.10　链轮齿数、链节距和中心距对链传动有何影响？

7.11　普通V带传动简图如题图7.11所示，已知小带轮主动，且 $n_1 = 1\,440$ r/min，$d_{d1} = 160$ mm，$d_{d2} = 450$ mm，$a = 860$ mm，求：

① 在图上画出 α_1 和 α_2，指出紧边和松边。

② 求传动带的基准长度 L_d。

③ 求滑动率 $\varepsilon = 0.02$ 时，大带轮的实际转速。

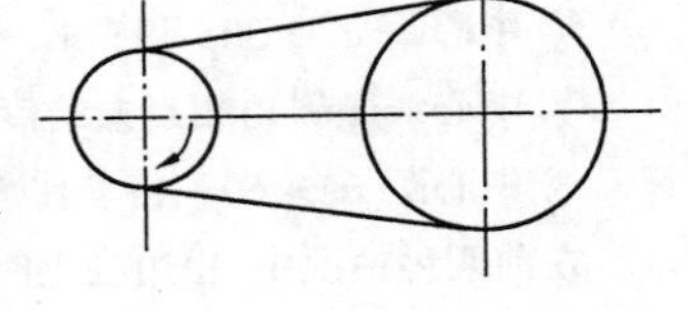

题7.11图

7.12　设计车床用普通V带传动，已知传递的名义功率 $P = 3.2$ kW，小带轮转速 $n_1 = 1\,460$ r/min，传动比 $i = 3.6$，二班制工作，结构尽量紧凑。

7.13　图示为一带式运动机的传动机构，它是由电动机Y160L－8（$P = 7.5$ kW、$n = 720$ r/min）、二级齿轮减速器、链传动和运输带组成。链轮齿数为 $z_1 = 19$、$z_2 = 69$；卷筒的圆周速度为 $v = 0.3$ m/s。若保持卷筒的圆周力 F 不变，而将运输带速度提高到0.456 m/s，如果将电动机改为Y180L－8型（$P = 11$ kW，$n = 730$ r/min），设减速器承载能力足够，不改变原减速器，仅将链轮齿数 z_2 改为36，链的其他尺寸不变。试问这样改变是否可行？如不行，试列举几种改进方法。

7.14　试设计链传动机构，已知传动功率11 kW，小链轮转速 $n_1 = 730$ r/min 原动机为电动机，传动比 $i = 5$，按规定条件润滑，工作平稳。

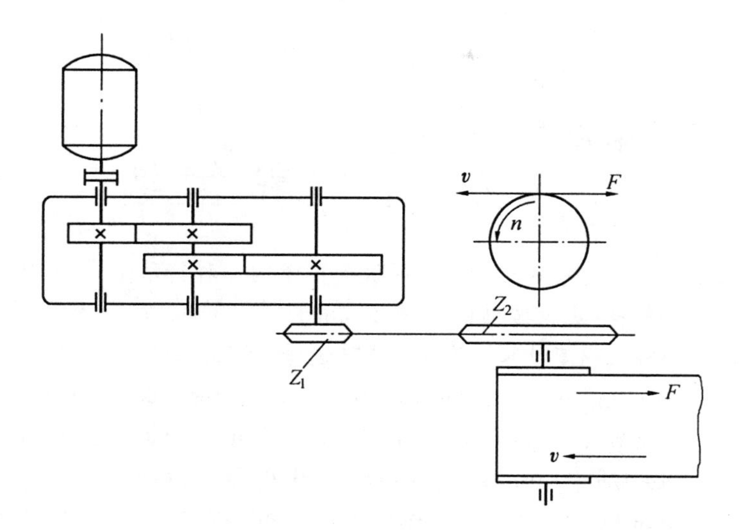

题7.13图

第8章 齿轮传动

内容提要 齿轮传动是机械工程上应用极为广泛的一种传动形式,是本课程的重点章节之一。其内容主要包括:齿轮传动的失效形式和设计计算准则,齿轮常用材料及其热处理,齿轮传动的载荷分析、强度计算及设计参数的选择,齿轮的结构及齿轮传动的润滑等。

Abstract Gear drive is one of mechanical transmission forms widely used in engineering, and it is one of the important part of this course. It consists of failure modes, calculating and designing principles, gear materials for common applications and the heat treatments, force analysis and strength calculation, selection of the design parameters, gear structure and lubrication measures of a gear drive.

8.1 概 述

齿轮传动是机械传动中应用最广泛的一种传动形式。其主要特点是:瞬时传动比恒定;传动效率高,可达98%~99%;工作可靠、使用寿命长;结构紧凑;适用范围大,传递功率可从小于1 W到数万kW,圆周速度可从很小到300 m/s;但齿轮加工需要专门的机床和刀具,成本高;精度低时噪音大;不宜用于轴间距离过大的传动。

齿轮传动的类型很多,以适应对传动的不同要求。渐开线齿轮应用最广,圆弧齿轮传动用于重型机械传动中。本章只介绍渐开线齿轮传动的设计计算。

按齿轮传动的工作条件不同,可分为开式、半开式和闭式传动。闭式传动的齿轮、轴及轴承等均安装在封闭的箱体内,安装精度高,能保证良好的润滑条件,应用最广。开式传动的齿轮完全外露,不能防尘,只能周期性润滑,仅用于低速和对传动要求不高的场合。半开式齿轮传动,大多是齿轮浸入油池内,外装护罩,但不完全封闭,防尘性较差。

按齿面硬度的不同,齿轮传动可分为软齿面、中硬齿面(硬度≤350 HBW)及硬齿面(硬度>350 HBW)齿轮传动。

国家标准(GB/T 1357—2008)规定了齿轮的标准模数,见表8.1。

表8.1 渐开线齿轮的标准模数 m(摘自GB/T 1357—2008) mm

第一系列	1	1.25	1.5	2.0	2.5	3	4	5	6	8	10	12	16	20	25	32	40	50
第二系列	1.75	2.25	2.75	(3.25)	3.5	(3.75)	4.5	5.5	(6.5)	7	9	(11)	14	18	22	28	36	45

注:1.对斜齿圆柱齿轮及人字齿轮,取法面模数为标准模数;对圆锥齿轮,取大端模数为标准模数。

2.应优先采用第一系列,括号内的模数尽可能不用。

在圆柱齿轮传动精度标准中,规定精度分为13个等级,0级最高,12级最低。0~2级是有待工艺发展的展望精度等级,暂未有规定公差值,3~5级为高精度等级,6~8级为中等精度等级,9级为较低精度等级,10~12级为低精度等级。常用的为6~8级。齿轮精度应根据传动的用途、使用条件、传递功率、圆周速度以及其他技术要求来决定。锥齿轮传动的精度分为1~12级共12个等级。

8.2 齿轮传动的失效形式和设计准则

8.2.1 齿轮传动的主要失效形式

齿轮传动的失效主要发生在轮齿部分,其主要失效形式有:轮齿的折断、齿面点蚀、齿面磨损、齿面胶合和塑性变形五种。

1.轮齿的折断

齿轮传动在工作时,轮齿像悬臂梁一样承受弯曲,在其齿根部分的弯曲应力最大,而且在齿根的过渡圆角处有应力集中,当交变的齿根弯曲应力值超过材料的弯曲疲劳极限应力值且多次重复作用时,在齿根处受拉一侧就会产生疲劳裂纹,随着裂纹的逐渐扩展,致使轮齿发生疲劳折断。

而用脆性材料(如铸铁、整体淬火钢等)制成的齿轮,当受到严重过载或很大冲击时,轮齿容易发生突然折断。

直齿轮轮齿的折断,一般是全齿折断,如图8.1(a),斜齿轮和人字齿齿轮,由于接触线倾斜,一般是局部齿折断,如图8.1(b)。

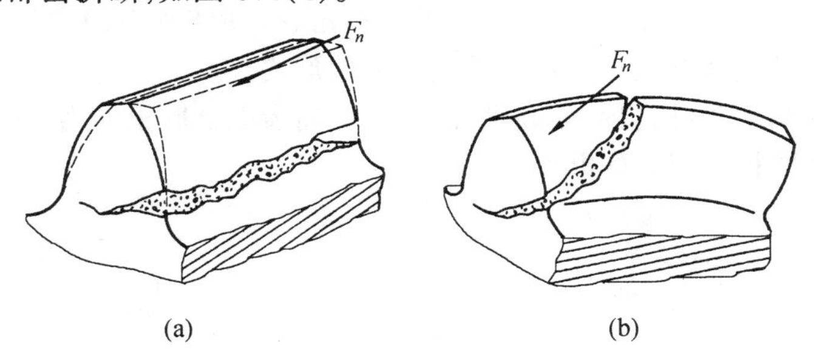

图8.1 轮齿折断

轮齿折断是齿轮传动最严重的失效形式,必须避免。为提高轮齿的抗折断能力,可选用较大的模数,适当增大齿根圆角半径,以减小应力集中,合理提高齿轮的制造精度和安装精度,正确选择材料和热处理方式,以及对齿根部位进行喷丸、辗压等强化处理。

2.齿面疲劳点蚀

齿轮传动工作时,齿面间的接触相当于轴线平行的两圆柱滚子间的接触,在接触处将产生脉动循环变化的接触应力σ_H,在σ_H反复作用下,轮齿表面出现疲劳裂纹,疲劳裂纹扩展的结果,使齿面金属脱落而形成麻点状凹坑,这种现象称为齿面疲劳点蚀。发生点蚀后,齿廓形状遭破坏,齿轮在啮合过程中会产生剧烈的振动,噪音增大,以至于齿轮不能正常工作而使传动失效。

对于软齿面(硬度$\leqslant$350 HBW)的新齿轮,由于齿面不平,在个别凸起处接触应力很大,短期工作后,也会出现点蚀,但随着齿面磨损和辗压,凸起处逐渐变平,承压面积增加,接触应力下降,点蚀不再发展或反而消失,这种点蚀称为“局限性点蚀”。对于长时间工作的齿面,由于齿面疲劳,可再度出现点蚀,这时点蚀面积将随工作时间的延长而扩大,称为“扩展性点蚀”。而对于硬齿面齿轮,由于材料的脆性,不会出现局限性点蚀,一旦出现点蚀,即为扩展性的。

实践表明,疲劳点蚀往往首先出现在齿面节线附近的齿根部分(图 8.2)。这是因为轮齿在节线附近啮合时,同时啮合齿对数少,对直齿轮往往只有一对轮齿接触,接触应力大,而且轮齿在节线附近啮合时,相对滑动速度小,润滑油膜不易形成,摩擦力大,此外两轮齿啮合时,不论是主动轮还是从动轮,其齿根部分的切向分速度都较低,当齿根面上的裂纹进入啮合区时,其裂纹口就会被相啮合轮齿的齿顶面压紧,润滑油就被封闭在裂纹中,在随后的挤压过程中,由于裂纹空隙减小,将产生很高的油压,从而加快了裂纹的扩展。因此疲劳点蚀往往首先出现在齿面节线附近的齿根部分,然后再向其他部位扩展。

齿面抗点蚀能力主要与齿面硬度有关,齿面硬度越高,则抗点蚀能力越强。齿面疲劳点蚀是软齿面闭式齿轮传动最主要的失效形式。而在开式传动中,由于齿面磨损较快,裂纹还来不及出现或扩展就被磨掉,因此在开式传动中通常无点蚀现象。

加大分度圆直径(或中心距)、提高齿面硬度、降低齿面粗糙度、合理选用润滑油黏度等,都能提高齿面的抗点蚀能力。

3.齿面磨损

在齿轮传动中,当齿面间落入砂粒、铁屑等磨料性物质时,齿面即被逐渐磨损(图 8.3)。齿面磨损后,使齿廓形状破坏,从而引起冲击、振动和噪声,甚至因齿厚减薄而发生轮齿折断。齿面磨损是开式齿轮传动的主要失效形式。

改善密封和润滑条件,提高齿面硬度,均能提高齿面抗磨损能力。但改用闭式齿轮传动则是避免齿面磨损最有效的办法。

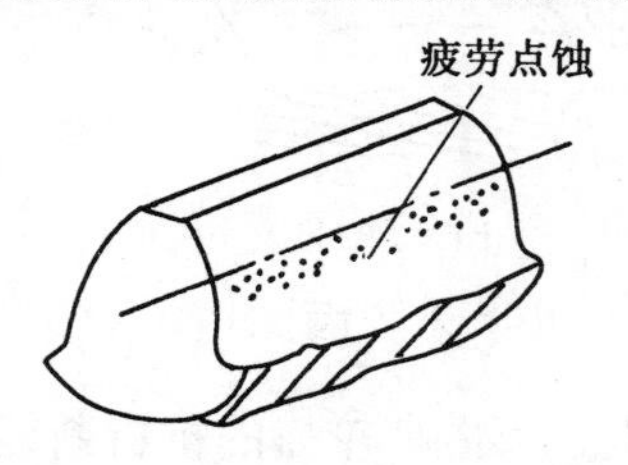

图 8.2 齿面点蚀

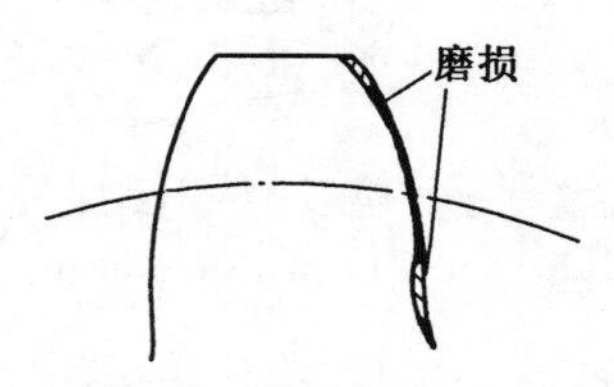

图 8.3 齿面磨损

4.齿面胶合

在高速重载齿轮传动中(如航空齿轮传动),由于齿面间压力大、相对滑动速度大、摩擦发热多,使啮合点处瞬时温度过高,润滑失效,致使相啮合两齿面金属尖峰直接接触并相互粘连在一起,当两齿面相对运动时,粘连的地方即被撕开,在齿面上沿相对滑动方向形成条状伤痕(图 8.4),这种现象称为齿面热胶合。在低速重载齿轮传动中,由于齿面间润滑油膜难以形成,或由于局部偏载使油膜破坏,也可能发生胶合,但此时齿面间并无明显的瞬时高温,故称为冷胶合。胶合发生在齿面相对滑动速度大的齿顶或齿根部位。

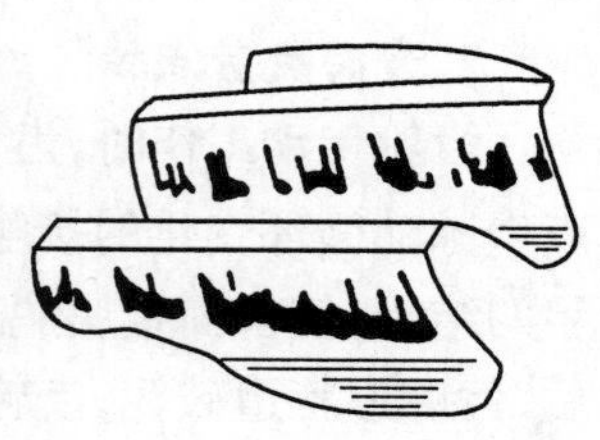
图 8.4 齿面胶合

齿面一旦出现热胶合，不但齿面温度升高，而且齿轮的振动和噪声也增大，导致失效。热胶合是高速重载齿轮传动的主要失效形式。

提高齿面抗胶合能力的方法有：减小模数，降低齿高，以降低滑动系数；提高齿面硬度和降低齿面粗糙度；采用齿廓修形，以减小轮齿啮入冲击；采用抗胶合能力强的齿轮材料和加入极压添加剂的润滑油等。

5.轮齿塑性变形

轮齿塑性变形常发生在齿面材料较软、低速重载与频繁起动的传动中。它有两种情况：一是因为突然过载而引起轮齿歪斜，称为“齿体塑料变形”(图8.5(a))；另一种是因过载使齿面油膜破坏，摩擦力剧增，使齿面表层的材料沿摩擦力方向流动，在从动轮的齿面节线处产生凸起，而在主动轮的齿面节线处产生凹沟，这种现象称为“齿面塑性变形”(图8.5(b))。

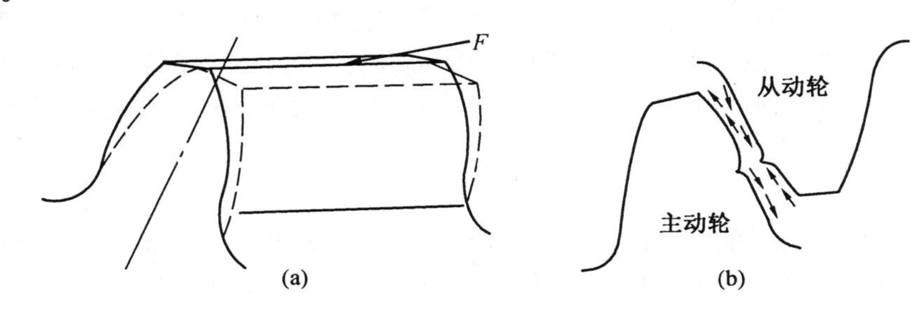

图8.5 轮齿塑性变形

轮齿塑性变形破坏了轮齿的正确啮合位置和齿廓形状，使之不能正确啮合。

适当提高齿面硬度和润滑油黏度，可以防止或减轻轮齿的塑性变形。

8.2.2 齿轮传动的设计准则

设计齿轮传动时，所依据的设计准则取决于齿轮可能出现的失效形式。

对于软齿面闭式齿轮传动，常因齿面点蚀而失效，故通常先按齿面接触疲劳强度进行设计，然后校核齿根弯曲疲劳强度。

对于硬齿面闭式齿轮传动，其齿面接触承载能力较强，故通常先按齿根弯曲疲劳强度进行设计，然后校核齿面接触疲劳强度。

对于高速重载齿轮传动，可能出现齿面胶合，故还需校核齿面胶合强度。

对于开式齿轮传动，其主要失效形式是齿面磨损，而且在轮齿磨薄后往往会发生轮齿折断，故目前多是按齿根弯曲疲劳强度进行设计，并考虑磨损的影响将模数适当增大。

8.3 齿轮材料及其热处理

8.3.1 齿轮材料

选择齿轮材料时应综合考虑如下基本要求:齿面要有足够的硬度,以获得较高的抗点蚀、抗磨损、抗胶合和抗塑性变形的能力;轮芯要有足够的强度和韧性,以便在循环载荷和冲击载荷作用下有足够的齿根弯曲强度;具有良好的机械加工和热处理工艺性;价格低。

制造齿轮常用的材料是各种钢材料,其次是铸铁,在某些场合也用有色金属和非金属材料。

1.钢

钢材的韧性好,耐冲击,而且可通过热处理或化学热处理改善材料的机械性能和提高齿面硬度,因此是应用最广泛的齿轮材料。钢材可分为锻钢和铸钢两类,一般都用锻钢制造齿轮,因为锻钢的机械性能高。只有当直径较大(如 $d>500$ mm),且受设备限制而不能锻造时才用铸钢。

2.铸铁

灰铸铁的铸造性能和切削性能好,价格便宜,但抗弯强度和冲击韧性较差,通常适用于低速、无冲击和大尺寸或开式传动的场合。铸铁性脆,为避免接触不良和载荷集中引起齿端折断,齿轮宽度应较窄。常用牌号有 HT300、HT350 等。

球墨铸铁的机械性能和抗冲击性能高于灰铸铁,可替代调质钢制造某些大齿轮。常用牌号有 QT500-5、QT600-2 等。

3.非金属材料

在高速、轻载、要求低噪音而精度要求又不高的齿轮传动中,可采用塑料、夹布胶木和尼龙等非金属材料。非金属材料的弹性模量小、能很好地补偿因制造和安装误差所引起的不利后果,故振动小、噪音小。由于非金属材料的导热性差,故要与齿面光洁的金属齿轮配对使用,以利于散热。

8.3.2 热处理方法

获得软齿面(硬度≤350 HBW)的热处理方法有正火和调质。热处理后切齿,精切可达 7 级精度。由于小齿轮受力次数比大齿轮多,为使大小齿轮接近等强度,常采用调质的小齿轮与正火的大齿轮配对,使小齿轮的齿面硬度比大齿轮的齿面硬度高 30~50 HBW。

获得硬齿面(硬度>350 HBW)的热处理方法有整体淬火、表面淬火、渗碳淬火和氮化等。一般是在切齿后做表面硬化处理,再进行磨齿等精加工,精度可达 5 级或 4 级。但是随着硬齿面加工技术的发展,使用硬质合金滚刀或钴高速钢滚刀,也可精滚轮齿,而不需要再进行磨齿。硬化后使齿轮的齿面接触疲劳强度、齿根弯曲疲劳强度及齿面抗胶合能力都得到提高,因此采用硬齿面或中硬齿面是当前发展的趋势。

齿轮常用材料的机械性能和应用范围见表 8.2。

表 8.2 齿轮常用材料的机械性能及应用范围

材料牌号	热处理方法	机械性能			应用范围
		强度极限 σ_B/MPa	屈服极限 σ_S/MPa	硬度 HBW、HRC或HV	
45	正火	580	290	162 ~ 217 HBW	低中速、中载的非重要齿轮
	调质	640	350	217 ~ 255 HBW	低中速、中载的重要齿轮
	调质 - 表面淬火			40 ~ 50 HRC（齿面）	高速、中载而冲击较小的齿轮
40Cr	调质	700	500	241 ~ 286 HBW	低中速、中载的重要齿轮
	调质 - 表面淬火			48 ~ 55 HRC（齿面）	高速、中载、无剧烈冲击的齿轮
38SiMnMo	调质	700	550	217 ~ 269 HBW	低中速、中载的重要齿轮
	调质 - 表面淬火			45 ~ 55 HRC（齿面）	高速、中载、无剧烈冲击的齿轮
20Cr	渗碳 - 淬火	650	400	56 ~ 62 HRC（齿面）	高速、中载并承受冲击的重要齿轮
20CrMnTi	渗碳 - 淬火	1 100	850	54 ~ 62 HRC（齿面）	
16MnCr5	渗碳 - 淬火	780 ~ 1 080	590	54 ~ 62 HRC（齿面）	
17CrNiMo6	渗碳 - 淬火	1 080 ~ 1 320	785	54 ~ 62 HRC（齿面）	
38CrMoAlA	调质 - 渗氮	1 000	850	> 850 HV	耐磨性强、载荷平稳、润滑良好的传动
ZG310 - 570	正火	570	310	163 ~ 197 HBW	低中速、中载的大直径齿轮
ZG340 - 640		640	340	179 ~ 207 HBW	
HT250	人工时效	250		170 ~ 240 HBW	低中速、轻载、冲击较小的齿轮
HT300		300		187 ~ 255 HBW	
HT350		350		179 ~ 269 HBW	
QT500 - 5	正火	500	350	170 ~ 230 HBW	低中速、轻载、有冲击的齿轮
QT600 - 2		600	420	190 ~ 270 HBW	
QT700 - 2		700	490	225 ~ 305 HBW	
布基酚醛层压板		100		30 ~ 50 HBW	高速、轻载、要求声响小的齿轮
MC尼龙		90		21 HBW	

注：① 我国已成功地研制出许多低合金高强度的钢，在使用时应注意选用。40 MnB、40MnVB 可替代 40Cr；20Mn2B、20MnVB 可替代 20Cr、20CrMnTi。

② 表中的速度界限是：当齿轮的圆周速度 $v < 3$ m/s 时称为低速；3 m/s $\leqslant v < 6$ m/s 时称为低中速；$v = 6 \sim 15$ m/s 时称为中速；$v > 15$ m/s 时称为高速。

8.4 齿轮传动的计算载荷

在齿轮传动中，由齿轮传递的额定功率计算出的载荷称为名义载荷。但是，由于原动机及工作机性能、齿轮制造及安装误差、齿轮及其支承件变形等因素的影响，实际作用于轮齿上的载荷大于名义载荷。因此,在计算齿轮传动的强度时,应对名义载荷进行修正,将其乘以载荷系数 K,即按计算载荷进行计算。

而 $K = K_A K_v K_\beta K_\alpha$,下面对各个系数分别介绍。

8.4.1 使用系数 K_A

使用系数 K_A 是考虑齿轮啮合外部因素引起附加动载荷影响的系数。影响 K_A 的主要因素是原动机和工作机的工作特性。K_A 值可由表 8.3 中查取。

表 8.3 使用系数 K_A

原动机工作特性	工作机工作特性			
	均匀平稳	轻微冲击	中等冲击	严重冲击
均匀平稳	1.00	1.25	1.50	1.75
轻微冲击	1.10	1.35	1.60	1.85
中等冲击	1.25	1.50	1.75	2.0
严重冲击	1.50	1.75	2.0	2.25 或更大

注:① 对于增速传动,根据经验建议取上表值的 1.1 倍。

② 当外部机械与齿轮装置之间挠性连接时,通常 K_A 值可适当减小。

8.4.2 动载系数 K_v

动载系数 K_v 是考虑齿轮制造精度、运转速度等轮齿内部因素引起的附加动载荷影响的系数。影响 K_v 的主要因素是由基节误差和齿形误差产生的传动误差、节线速度和轮齿啮合刚度等。图 8.6 为基节有误差时引起动载荷的情况。

如图 8.6(a) 所示,基节 $p_{b1} < p_{b2}$,后一对齿尚未进入啮合区就提前在啮合线之外的 A' 点相接触,使从动轮的角速度 ω_2 突然增大而产生动载荷。在此瞬间,实际节点由 C 变为 C',瞬时传动比为

$$i = \frac{r_2 - \Delta r}{r_1 + \Delta r} < \frac{r_2}{r_1}$$

这种情况也称为啮入冲击。

如图 8.6(b) 所示为基节 $p_{b1} > p_{b2}$,前一对齿在 E 点应该退出啮合时,后一对齿仍未能啮合上,而形成前一对齿在理论啮合线以外仍保持接触,导致从动轮角速度 ω_2 降低,直到主动轮的后一个齿撞上从动轮的齿,进入正常啮合,ω_2 恢复,同时,前一对齿也才在 E' 点脱离啮合,如图 8.6(c) 所示。在此瞬间,实际节点移至 C',瞬时传动比为

$$i = \frac{r_2 + \Delta r}{r_1 - \Delta r} > \frac{r_2}{r_1}$$

这种情况也称为换齿冲击。

齿形误差也会产生相似的情况。

为了减小动载荷,除应适当提高齿轮的加工精度外,对高速传动或硬齿面齿轮,可进行齿廓修形,如图 8.6(a)、(b) 中虚线所示,使实际的啮入点 A' 和啮合点 E' 靠近理论啮合线。

对于传动平稳性精度等级为6 ~ 12的齿轮，K_v值可按图8.7查取。若为直齿锥齿轮传动，应按图中低一级精度线及锥齿轮平均分度圆处的圆周速度 v_m 查取 K_v 值。

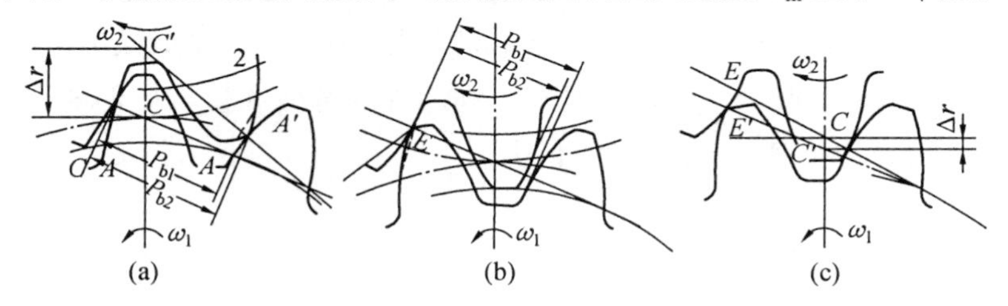

图8.6 基节差引起动载荷

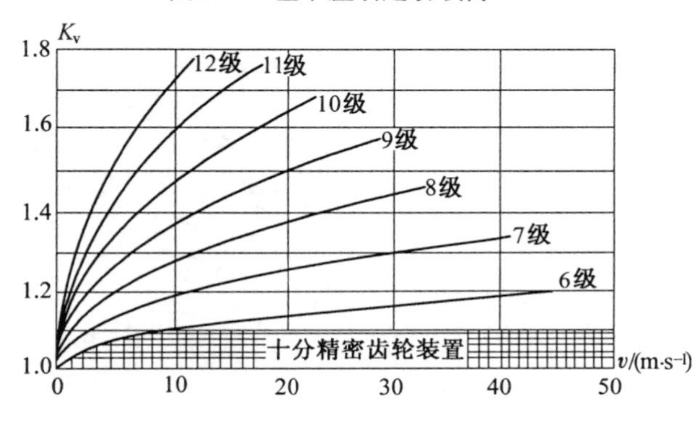

图8.7 动载系数 K_v

8.4.3 齿向载荷分布系数 K_β

齿向载荷分布系数 K_β 是考虑沿齿宽方向载荷分布不均匀对轮齿应力影响的系数。影响 K_β 的主要因素有：齿轮的制造和安装误差，轮齿、轴系及机体的刚度，齿轮在轴上相对于轴承的位置，轮齿的宽度及齿面硬度等。图8.8(a)为互相啮合的一对与轴承非对称布置的圆柱齿轮，由于轴受载后产生弯曲而使齿轮位置发生偏斜。若轮齿为绝对刚体，则轮齿只能在一端接触(图8.8(b))。而实际上轮齿是弹性体，受力后产生弹性变形，它们仍可能沿全齿宽接触，但因沿齿宽变形程度不同，载荷分布就不均匀(图8.8(c))。若齿宽 b 较大或倾斜角 γ 较大，则变形后仍可能只有齿宽的一部分接触，载荷分布就更加不均匀(图8.8(d))。倾斜角 γ 与齿轮相对于轴承的位置有关，非对称布置时较大，悬臂布置时则最大。此外，齿轮和轴的扭转变形也会使载荷沿齿宽分布不均，转矩输入端轮齿变形大，受载也大(图8.9)。

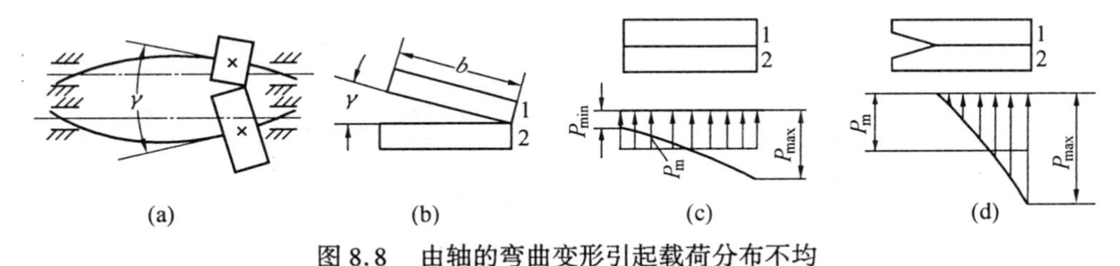

图8.8 由轴的弯曲变形引起载荷分布不均

为了使载荷分布较均匀，应提高齿轮的制造精度和安装精度，提高轴、轴承和机座的刚度，合理选择齿轮宽度，恰当布置齿轮在轴上的位置，采用软齿面齿轮，通过跑合使载荷分布趋于均匀，对于硬齿面齿轮，可将齿端修薄(图8.10(a))或做成鼓形齿(图 8.10(b))。此外，将齿轮布置在远离转矩输入端的位置，利用轴的弯曲和扭转变形的综合作用，也可使载荷分布不均匀的状况得到改善(图 8.9)。

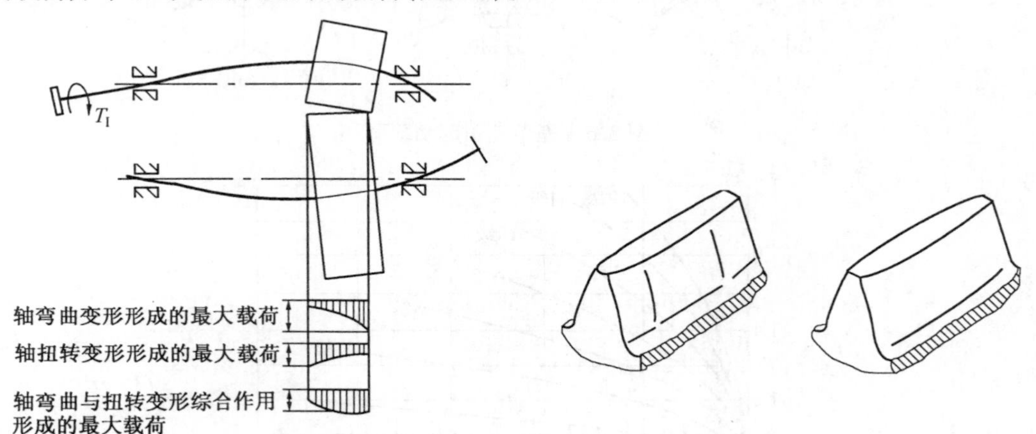

图 8.9　弯扭变形综合作用

图 8.10　齿向修形

K_β值与上述诸多因素有关。对传动平稳性8级精度的一般工业用齿轮传动，可根据齿轮的布置、齿宽系数$\phi_d(=b/d_1)$和齿面硬度由简化的图8.11查取。当精度高于8级时，K_β降低5% ~ 10%，反之则增大5% ~ 10%。

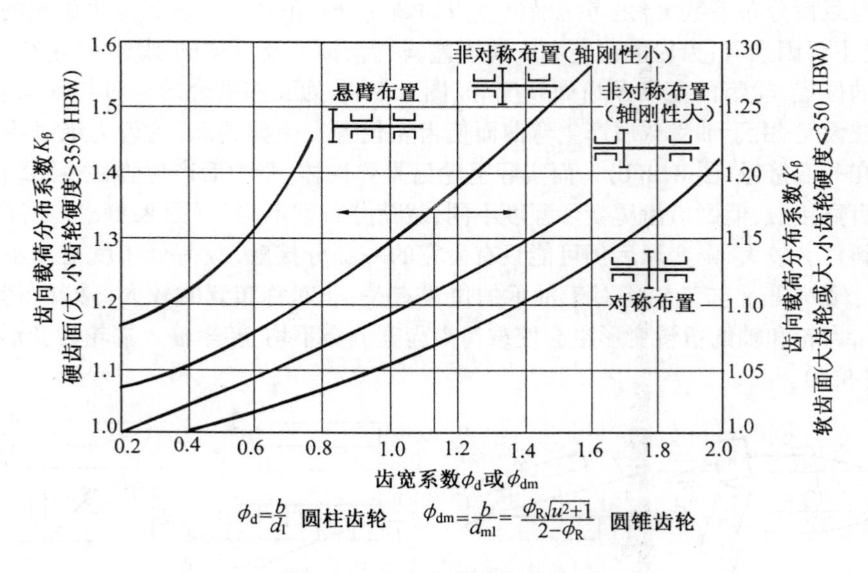

图 8.11　齿向载荷分布系数 K_β

8.4.4 齿间载荷分配系数 K_α

齿间载荷分配系数 K_α 是考虑同时啮合的各对轮齿间载荷分配不均匀对轮齿应力影响的系数。影响 K_α 的主要因素有：轮齿制造误差，特别是基节偏差，轮齿的啮合刚度、重合度和跑合情况等。如图 8.6(b) 所示，基节 $p_{b1} > p_{b2}$，前对齿在 E 点啮合时，后对齿并不能立即接触，只有当轮齿在载荷作用下产生弹性变形，且其弹性变形量大于两齿轮的基节差时，后对齿才能开始啮合，并承担载荷。很明显，前对齿变形量大，承受载荷也大，后对齿变形量小，承受载荷也小。由此可见，同时啮合的各对轮齿间的载荷分配是不均匀的。

对一般工业用齿轮传动的 K_α 值可由表 8.4 查取。

表 8.4 齿间载荷分配系数 K_α

传动平稳性精度等级		5	6	7	8	9	
直齿轮	未经表面硬化	1.0	1.0	1.0	1.1	1.2	
直齿轮	经表面硬化	1.0	1.0	1.1	1.2	接触	$1/Z_\varepsilon^2 \geqslant 1.2$
						弯曲	$1/Y_\varepsilon \geqslant 1.2$
斜齿轮	未经表面硬化	1.0	1.0	1.1①	1.2	1.4	
斜齿轮	经表面硬化	1.0	1.1	1.2	1.4	$\frac{\varepsilon_\gamma}{\varepsilon_\alpha Y_\varepsilon} \geqslant \varepsilon_\alpha/\cos^2\beta_b \geqslant 1.4$	

注：① 对修形齿轮 $K_\alpha = 1.0$。

表中 Z_ε、Y_ε 分别为计算齿面接触应力和齿根弯曲应力时的重合度系数，其值分别由图 8.15 和图 8.21 查取；β_b 为基圆螺旋角；ε_γ 为总重合度，$\varepsilon_\gamma = \varepsilon_\alpha + \varepsilon_\beta$，对于标准外啮合齿轮传动，端面重合度 ε_α 可用下式近似计算

$$\varepsilon_\alpha = \left[1.88 - 3.2\left(\frac{1}{z_1} + \frac{1}{z_2}\right)\right]\cos\beta \tag{8.1}$$

式中 z_1、z_2—— 齿数；

β—— 分度圆螺旋角。

而轴面重合度 ε_β 可用下式计算

$$\varepsilon_\beta = \frac{b\sin\beta}{\pi m_n} = 0.318\phi_d z_1 \tan\beta \tag{8.2}$$

式中 ϕ_d—— 齿宽系数。

8.5 标准直齿圆柱齿轮传动的强度计算

8.5.1 轮齿受力分析

图 8.12 是一对标准直齿圆柱齿轮的轮齿正在节点 C 处啮合的情况，为简化计算，不计齿面间的摩擦力，并用作用于齿宽中点处的集中载荷代替沿接触线的分布载荷，则作用

于齿面只有沿啮合线方向的法向力 F_n，F_n 分解为两个互相垂直的力：切于分度圆的圆周力 F_t 和指向轮心的径向力 F_r。

$$\left.\begin{aligned} \text{圆周力}\quad & F_t = \frac{2T_1}{d_1} \\ \text{径向力}\quad & F_r = F_t \tan \alpha \\ \text{法向力}\quad & F_n = \frac{F_t}{\cos \alpha} \end{aligned}\right\} \tag{8.3}$$

式中 d_1—— 小齿轮分度圆直径(mm)；

α—— 分度圆压力角(°)；

T_1—— 小齿轮传递的名义转矩(N·mm)。

作用于主动轮和从动轮上各对力均大小相等、方向相反。在主动轮上，圆周力是阻力，其方向与力作用点的圆周速度方向相反；而在从动轮上，圆周力是驱动力，其方向与力作用点圆周速度方向相同。径向力 F_r 的方向与啮合方式有关，对于外啮合，主、从动轮上的径向力分别指向各自的轮心。总之，作用于轮齿上的力总是指向其工作齿面。

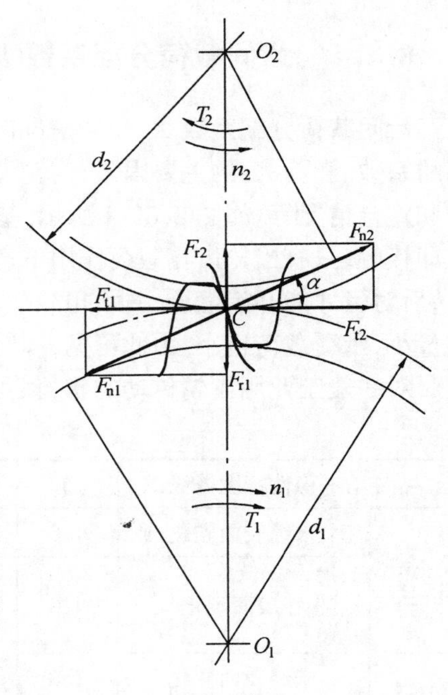

图 8.12 直齿圆柱齿轮传动受力分析

8.5.2 齿面接触疲劳强度计算

齿面接触疲劳强度计算的目的是防止齿面在预定寿命期限内发生疲劳点蚀。其强度条件式为

$$\sigma_H \leqslant [\sigma]_H \tag{8.4}$$

由于一对渐开线直齿圆柱齿轮的轮齿啮合情况，相当于一对轴线平行的圆柱体相接触，这对圆柱体的曲率半径 ρ_1 与 ρ_2 就等于两齿廓曲线在该啮合点的曲率半径(图 8.13)。因此，齿面接触应力 σ_H 可用式(2.9) 来计算，即

$$\sigma_H = Z_E \sqrt{\frac{F_n}{L\rho_\Sigma}}$$

由于齿廓上各点的曲率半径不同，接触应力 σ_H 也不同，图 8.13 中给出了渐开线齿廓沿啮合线各点的综合曲率 $1/\rho_\Sigma$ 及接触应力 σ_H 的变化情况。在小齿轮的单对齿啮合区下界点 B 处啮合时 σ_H 最大，因为点 B 是单对齿受力，且其综合曲率在单对齿啮合区也最大。这也符合点蚀首先出现在节点附近偏向齿根面上的实际情况。但考虑到公式的简化，以及节点 C 处与点 B 处接触应力相差不大，所以，通常按节点计算接触应力。只有对重要传动，且其小齿轮齿数 $z_1 < 20$ 时，才计算点 B 的接触应力。

节点 C 处的参数：

法向计算载荷，由式(8.3)，并考虑到载荷系数，有

$$F_{nC} = KF_n = \frac{KF_t}{\cos \alpha}$$

综合曲率 $1/\rho_{\Sigma}$，由图8.13可见，点 C 两齿廓的曲率半径分别为

$$\rho_1 = \frac{d_1}{2}\sin\alpha \qquad \rho_2 = \frac{d_2}{2}\sin\alpha$$

则
$$\frac{1}{\rho_{\Sigma}} = \frac{1}{\rho_1} \pm \frac{1}{\rho_2} = \frac{\rho_2 \pm \rho_1}{\rho_1\rho_2} = \frac{2(d_2 \pm d_1)}{d_1 d_2 \sin\alpha}$$

令
$$\frac{d_2}{d_1} = \frac{z_2}{z_1} = u$$

代入上式得

$$\frac{1}{\rho_{\Sigma}} = \frac{2}{d_1 \sin\alpha}\,\frac{u \pm 1}{u}$$

接触线长度 L，若重合度 $\varepsilon_\alpha = 1$，则 L 应为轮齿宽度 b，但对直齿轮 $1 < \varepsilon_\alpha < 2$，且随 ε_α 增大，双齿啮合区扩大，齿面接触强度提高。为考虑重合度对齿面接触应力的影响，以与重合度 ε_α 有关的有效齿宽 b_r 表示两轮齿啮合时的接触线总长度，其关系式为

$$L = b_r = \frac{b}{Z_\varepsilon^2}$$

式中　Z_ε——重合度系数。

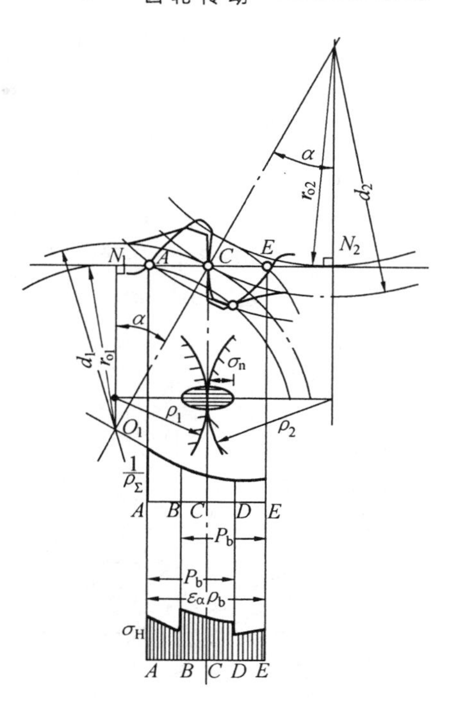

图8.13　齿面接触应力

将上述参数代入式(2.9)得

$$\sigma_H = Z_E\sqrt{\frac{F_{nC}}{L\rho_{\Sigma}}} = Z_E\sqrt{\frac{KF_t Z_\varepsilon^2}{bd_1}\cdot\frac{u \pm 1}{u}\cdot\frac{2}{\cos\alpha\sin\alpha}}$$

令
$$Z_H = \sqrt{\frac{2}{\cos\alpha\sin\alpha}} \tag{8.5}$$

则得
$$\sigma_H = Z_E Z_H Z_\varepsilon\sqrt{\frac{KF_t}{bd_1}\cdot\frac{u \pm 1}{u}} \tag{8.6}$$

故齿面接触疲劳强度的校核公式为

$$\sigma_H = Z_E Z_H Z_\varepsilon\sqrt{\frac{KF_t}{bd_1}\cdot\frac{u \pm 1}{u}} \leqslant [\sigma]_H \tag{8.7}$$

取 $\phi_d = \frac{b}{d_1}$ 或 $\phi_a = \frac{b}{a}$，$F_t = \frac{2T_1}{d_1}$ 代入式(8.7)，则得齿面接触疲劳强度的设计公式

$$d_1 \geqslant \sqrt[3]{\frac{2KT_1}{\phi_d}\cdot\frac{u \pm 1}{u}\left(\frac{Z_E Z_H Z_\varepsilon}{[\sigma]_H}\right)^2} \tag{8.8}$$

或
$$a \geqslant (u \pm 1)\sqrt[3]{\frac{KT_1}{2\phi_a u}\left(\frac{Z_E Z_H Z_\varepsilon}{[\sigma]_H}\right)^2} \tag{8.9}$$

式中　u——齿数比，大齿轮齿数与小齿轮齿数之比，$u \geqslant 1$；

$\pm$——“+”号用于外啮合，“-”用于内啮合；

Z_E——材料弹性系数($\sqrt{\text{MPa}}$)，按表8.5查取；

Z_H——节点区域系数，反映了节点齿廓形状对接触应力的影响，其值可由图8.14查取。对标准直齿轮，$\alpha = 20°$，$Z_H = 2.5$；

Z_ε—— 重合度系数,是考虑重合度对齿面接触应力影响的系数,其值可由图 8.15 查取;

$\phi_d(\phi_a)$—— 齿宽系数,按表 8.6 选取;

d_1—— 小齿轮分度圆直径(mm);

b—— 齿宽(mm);

T_1—— 小齿轮传递的转矩(N · mm);

a—— 传动中心距(mm);

$[\sigma]_H$—— 许用接触应力(MPa),按式(8.26) 计算。

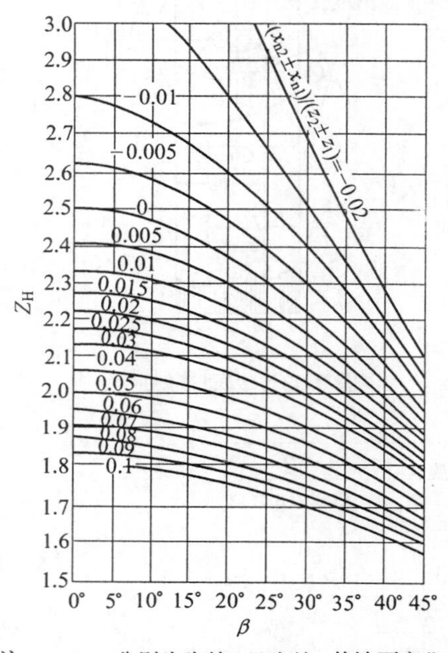

注:x_{n1}、x_{n2} 分别为齿轮1及齿轮2的法面变位系数

图 8.14 节点区域系数 $Z_H(\alpha_n = 20°)$

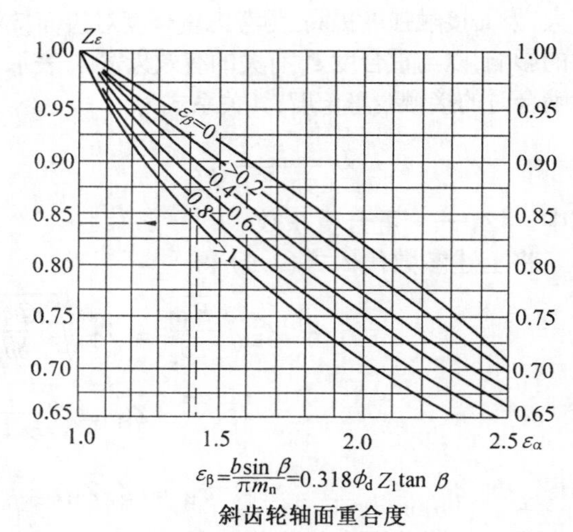

图 8.15 重合度系数 Z_ε

表 8.5 材料弹性系数 Z_E $\sqrt{MPa}$

小齿轮材料 \ 大齿轮材料	钢	铸钢	铸铁	球墨铸铁	夹布胶木
钢	189.8	188.9	165.4	181.4	56.4
铸钢	188.9	188.0	161.4	180.5	
铸铁	165.4	161.4	146.0	156.6	
球墨铸铁	181.4	180.5	156.6	173.9	

由式(8.7)可知，在载荷、材料、齿数比和齿宽一定时，齿面接触疲劳强度主要取决于 d_1 或 a，d_1 或 a 越大，σ_H 越小。当 d_1 或 a 确定后，不论齿数 z_1 和模数 m 如何组合，其接触疲劳强度基本不变。

两齿轮的齿面接触应力是相等的，即 $\sigma_{H1} = \sigma_{H2}$。而许用接触应力 $[\sigma]_{H1}$ 和 $[\sigma]_{H2}$ 分别与齿轮1和2的材料、热处理、应力循环次数有关，一般不相等，即 $[\sigma]_{H1} \neq [\sigma]_{H2}$。因此式(8.7)～(8.9)中 $[\sigma]_H = \min\{[\sigma]_{H1}, [\sigma]_{H2}\}$。

8.5.3 齿根弯曲疲劳强度计算

齿根弯曲疲劳强度计算的目的是防止在预定寿命期限内发生轮齿疲劳折断。其强度条件式为

$$\sigma_F \leqslant [\sigma]_F \tag{8.10}$$

由于齿轮轮缘的刚度较大，因此可将轮齿看作是宽度为 b 的悬臂梁，并采用悬臂梁的弯曲应力公式计算齿根弯曲应力 σ_F。

在计算齿根弯曲应力 σ_F 时，应确定齿根危险截面的位置和在齿根处产生最大弯矩时的载荷作用点。根据实验和光弹分析，危险截面可用30°切线法确定，如图8.16所示，做与轮齿对称线成30°角并与齿根过渡曲线相切的两条切线，通过两切点并平行于齿轮轴线的截面，即为齿根危险截面。可以证明，单对齿啮合区的上界点 D(图8.17)是产生最大弯矩时的载荷作用点。但由于点 D 在齿面上的位置与重合度 ε_α(由 z_1、z_2 确定)有关，计算较繁，故常采用简化方法，即按全部载荷作用于齿顶进行计算，再引用小于1的重合度系数 Y_ε 将其折算为载荷作用于点 D 时的齿根应力。

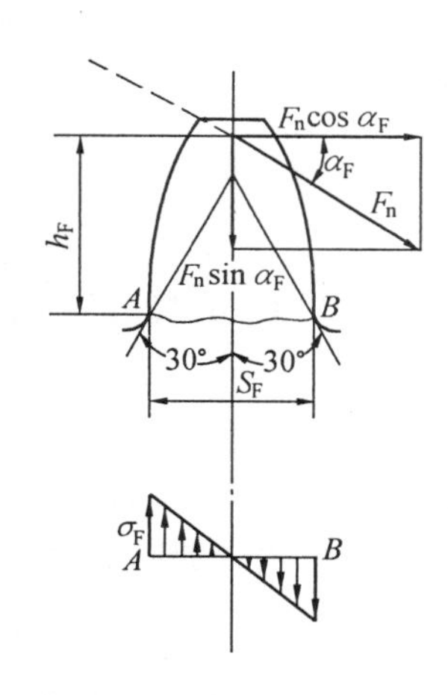

图8.16 齿根弯曲应力

作用于齿顶的法向力 F_n 可分解为互相垂直的两个分力(图8.16)：$F_n\cos\alpha_F$ 使齿根产生弯曲应力和剪应力；$F_n\sin\alpha_F$ 使齿根产生压应力。在齿根处弯曲应力最大，其余应力较小，用应力修正系数 Y_s 予以修正。此外，在齿根危险截面处还有应力集中，也在 Y_s 中考虑。

轮齿长期工作后，受拉侧的疲劳裂纹发展较快，故按受拉侧计算齿根弯曲应力 σ_F。

由图8.16可知，弯曲力臂为 h_F，危险截面宽度为 S_F，载荷作用角为 α_F，则齿根弯曲应力为

$$\sigma_F = \frac{M}{W} = \frac{F_n\cos\alpha_F h_F}{\frac{bS_F^2}{6}} = \frac{F_t}{bm}\frac{6\left(\frac{h_F}{m}\right)\cos\alpha_F}{\left(\frac{S_F}{m}\right)^2\cos\alpha} = \frac{F_t}{bm}Y_F$$

其中

$$Y_F = \frac{6\left(\frac{h_F}{m}\right)\cos\alpha_F}{\left(\frac{S_F}{m}\right)^2\cos\alpha} \tag{8.11}$$

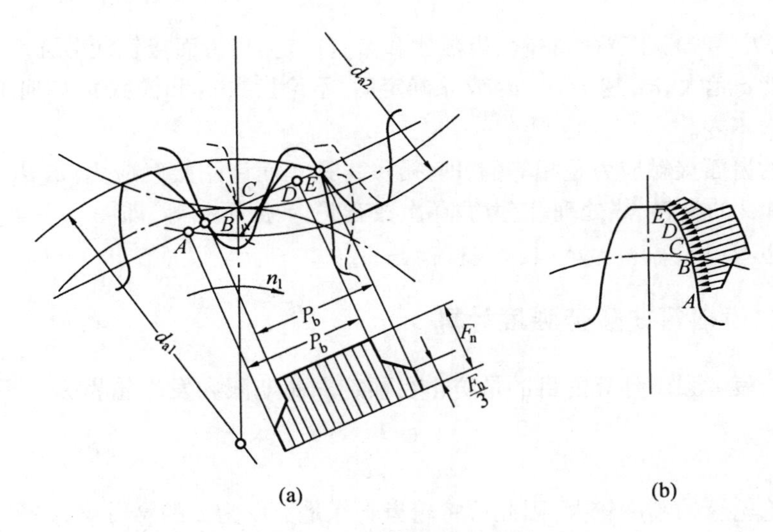

图 8.17 齿面受载示意图

计入载荷系数 K、应力修正系数 Y_s 和重合度系数 Y_ε，则得齿根弯曲疲劳强度校核公式

$$\sigma_F = \frac{KF_t}{bm} Y_F Y_s Y_\varepsilon \leqslant [\sigma]_F \tag{8.12}$$

取 $\phi_d = \dfrac{b}{d_1}$，$F_t = \dfrac{2T_1}{d_1}$，$d_1 = mz_1$ 代入上式，即可得齿根弯曲疲劳强度的设计公式

$$m \geqslant \sqrt[3]{\frac{2KT_1}{\phi_d z_1^2} \cdot \frac{Y_F Y_s Y_\varepsilon}{[\sigma]_F}} \tag{8.13}$$

式中 Y_F—— 齿形系数，反映了轮齿几何形状对齿根弯曲应力 σ_F 的影响。

凡影响齿廓形状的参数（z、x、α、h_a^*、$\rho_{\alpha0}$ 等）都影响 Y_F，而与模数 m 无关。如齿数 z 增大，变位系数 x、分度圆压力角 α 增大，均可使用齿根增厚（图 8.18(a)、(b)、(c)），Y_F 减小，σ_F 减小。而模数 m 变化时，齿廓随之放大或缩小，但形状不变，故 Y_F 值不变。对符合基准齿形的圆柱外齿轮，Y_F 可根据 z（或 z_v）和 x 由图 8.19 查取。

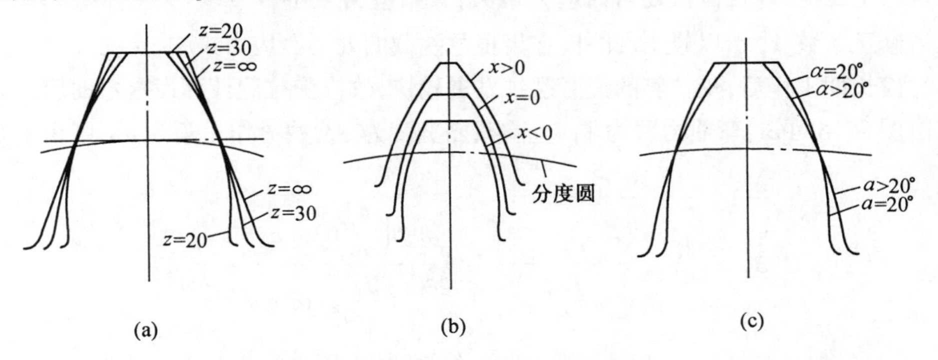

图 8.18 影响齿廓形状的参数

Y_s—— 应力修正系数，用以考虑齿根过渡圆角处的应力集中和除弯曲应力以外的其他应力对齿根应力的影响，其值可由图 8.20 查取。

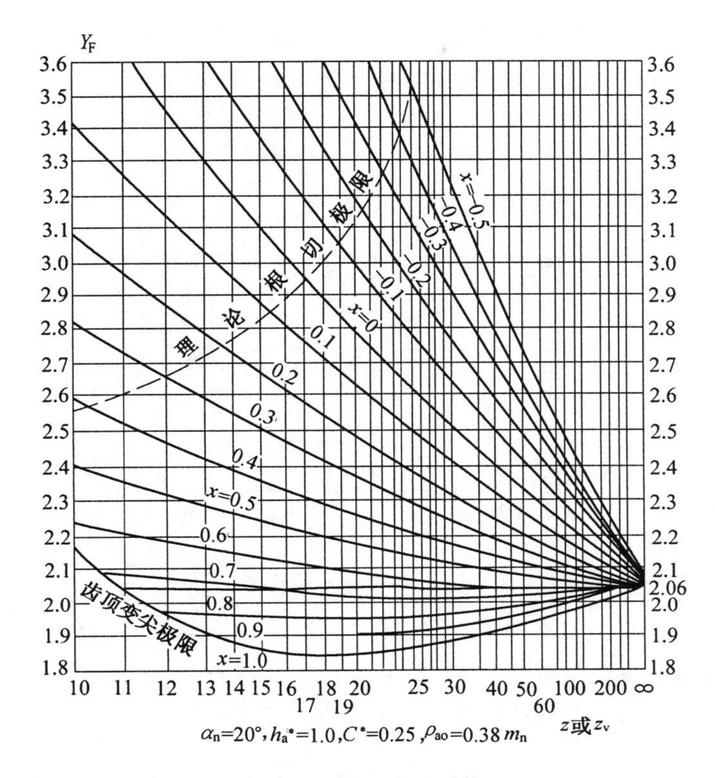

图 8.19　外齿轮的齿形系数 Y_F

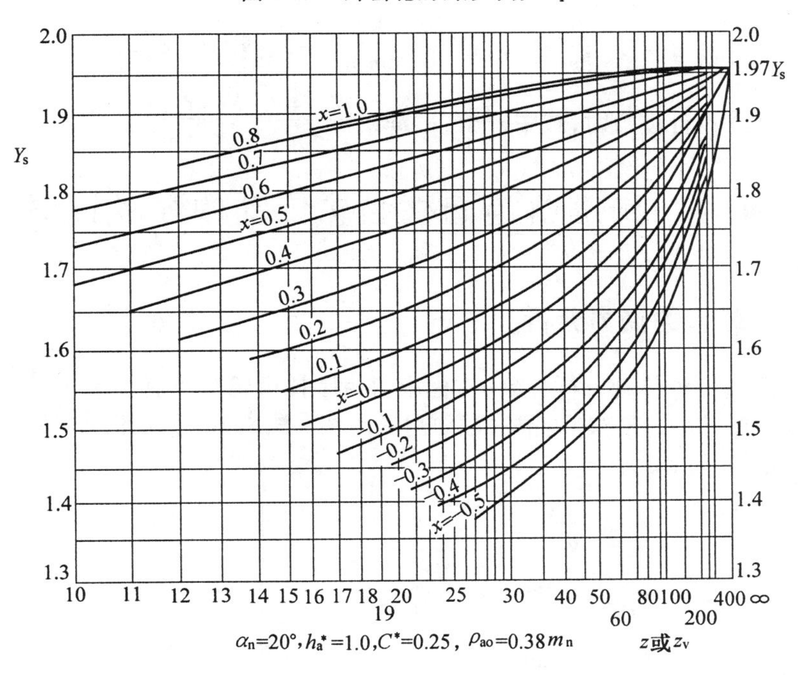

图 8.20　外齿轮齿根应力修正系数 Y_s

Y_ε—— 重合度系数,是将全部载荷作用于齿顶时的齿根应力折算为载荷作用于单对齿啮合区上界点时的齿根应力的系数,其值为

$$Y_\varepsilon = 0.25 + \frac{0.75}{\varepsilon_\alpha} \tag{8.14}$$

Y_ε 值也可按图 8.21 查取。

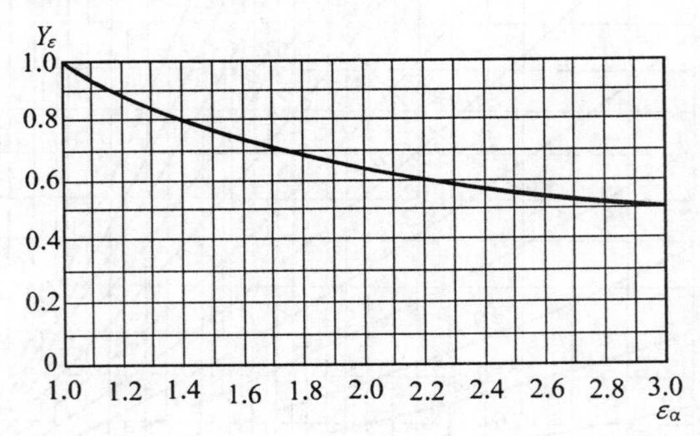

图 8.21 重合度系数 Y_ε

$[\sigma]_F$—— 许用齿根弯曲应力(MPa),按式(8.29)计算。

对齿轮进行弯曲疲劳强度计算时,若 $z_1 < z_2$,则 $Y_{F1}Y_{s1} > Y_{F2}Y_{s2}$,$\sigma_{F1} > \sigma_{F2}$,但往往 $[\sigma]_{F1} > [\sigma]_{F2}$,因此在校核计算时,大、小齿轮应分别进行

$$\left.\begin{aligned} \sigma_{F1} &= \frac{KF_t}{bm}Y_{F1}Y_{s1}Y_\varepsilon = \frac{2KT_1}{bmd_1}Y_{F1}Y_{s1}Y_\varepsilon \leqslant [\sigma]_{F1} \\ \sigma_{F2} &= \frac{KF_t}{bm}Y_{F2}Y_{s2}Y_\varepsilon = \frac{2KT_1}{bmd_1}Y_{F2}Y_{s2}Y_\varepsilon \leqslant [\sigma]_{F2} \end{aligned}\right\} \tag{8.15}$$

而在按式(8.12)设计模数时,式中 $\frac{Y_F Y_s}{[\sigma]_F} = \max\left\{\frac{Y_{F1}Y_{s1}}{[\sigma]_{F1}}, \frac{Y_{F2}Y_{s2}}{[\sigma]_{F2}}\right\}$。

8.6 标准斜齿圆柱齿轮传动的强度计算

8.6.1 轮齿的受力分析

同直齿圆柱齿轮传动一样,当一对标准斜齿圆柱齿轮在节点 C 处啮合时(图 8.22),不计齿面间的摩擦力,则在轮齿的法截面内只作用有法向力 F_n。法向力 F_n 可分解成为三个互相垂直的分力,即

$$\left.\begin{aligned} &\text{圆周力} \quad F_t = \frac{2T_1}{d_1} \\ &\text{径向力} \quad F_r = F_t\frac{\tan\alpha_n}{\cos\beta} = F_t\tan\alpha_t \\ &\text{轴向力} \quad F_a = F_t\tan\beta \\ &\text{法向力} \quad F_n = \frac{F_t}{\cos\alpha_n\cos\beta} = \frac{F_t}{\cos\alpha_t\cos\beta_b} \end{aligned}\right\} \tag{8.16}$$

式中 d_1—— 小齿轮分度圆直径(mm);

T_1—— 小齿轮传递的转矩(N · mm);

α_n—— 分度圆柱上的法面压力角,$\alpha_n = 20°$;

α_t—— 分度圆柱上的端面压力角(°);

β_b—— 基圆柱上的螺旋角(°);

β—— 分度圆柱上的螺旋角(°)。

作用于主、从动轮上的各对力大小相等、方向相反(图 8.22(c))。

圆周力 F_t 和径向力 F_r 方向的判断同直齿轮。轴向力 F_a 的方向取决于三个因素:主动轮或从动轮、轮的转向、轮齿的旋向。F_a 的具体方向,可用力的分析方法判断,也可用主动轮左(右)手法则判断:对主动轮,若轮齿的旋向为右旋(左旋),则用右手(左手)握住轮的轴线,并使四指的方向顺着轮的转向方向,此时拇指的指向即为轴向力的方向(图 8.22(c))。从动轮上 F_a 的方向与其相反。

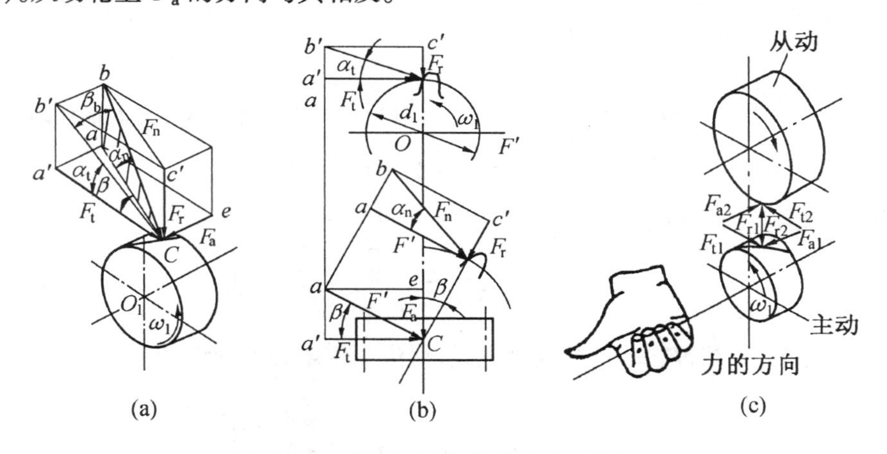

图 8.22 斜齿圆柱齿轮传动受力分析

8.6.2 齿面接触疲劳强度计算

齿面接触强度计算的原理和方法与直齿圆柱齿轮基本相同,仍按齿轮节点处进行计算。不同的是:斜齿轮啮合点的曲率半径应按法面计算;接触线总长度比直齿轮大;此外,由实践和实验证明,斜齿轮的承载能力比具有同样曲率半径和接触线长度的直齿轮还要大,使接触应力减小,对此,引用螺旋角系数 Z_β 来考虑。

节点处的有关参数

法向计算载荷 $$F_{nc} = KF_n = \frac{KF_t}{\cos\alpha_t\cos\beta_b}$$

综合曲率 $\frac{1}{\rho_\Sigma}$:由图 8.23 可知,法面内节点的曲率半径为

$$\rho_{n1} = \frac{\rho_{t1}}{\cos\beta_b} = \frac{d_1\sin\alpha_t}{2\cos\beta_b} \qquad \rho_{n2} = \frac{\rho_{t2}}{\cos\beta_b} = \frac{d_2\sin\alpha_t}{2\cos\beta_b}$$

其中
$$\rho_{t1}=\frac{d_1}{2}\sin\alpha_t \qquad \rho_{t2}=\frac{d_2}{2}\sin\alpha_t$$

则
$$\frac{1}{\rho_\Sigma}=\frac{\rho_{n2}\pm\rho_{n1}}{\rho_{n1}\rho_{n2}}=\frac{2(d_2\pm d_1)\cos\beta_b}{d_1d_2\sin\alpha_t}=\frac{2(u\pm1)\cos\beta_b}{d_1u\sin\alpha_t} \tag{8.17}$$

接触线长度 L:斜齿轮的接触线是倾斜的,其长度为同时啮合的几对齿接触线长度的总和,其值与端面重合度 ε_α 和轴向重合度 ε_β 有关,同直齿轮一样,用有效齿宽 b_r 来表示啮合线总长度,得

$$L=\frac{b_r}{\cos\beta_b}=\frac{b}{Z_\varepsilon^2\cos\beta_b} \tag{8.18}$$

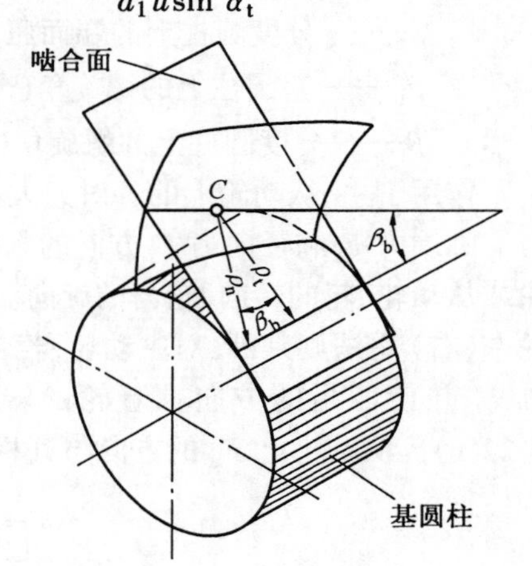

图 8.23　节点曲率半径

将节点处的有关参数代入式(2.9),并考虑 Z_β,得

$$\sigma_H=Z_EZ_\beta\sqrt{\frac{KF_tZ_\varepsilon^2}{bd_1}\frac{u\pm1}{u}\frac{2\cos\beta_b}{\cos\alpha_t\sin\alpha_t}}=$$
$$Z_EZ_HZ_\varepsilon Z_\beta\sqrt{\frac{KF_t}{bd_1}\frac{u\pm1}{u}}$$

式中
$$Z_H=\sqrt{\frac{2\cos\beta_b}{\sin\alpha_t\cos\alpha_t}} \tag{8.19}$$

齿面接触强度的校核公式为

$$\sigma_H=Z_EZ_HZ_\varepsilon Z_\beta\sqrt{\frac{KF_t}{bd_1}\frac{u\pm1}{u}}\leqslant[\sigma]_H \tag{8.20}$$

取 $\phi_d=\dfrac{b}{d_1}$ 或 $\phi_a=\dfrac{b}{a}$,$F_t=\dfrac{2T_1}{d_1}$,代入上式,得齿面接触强度的设计公式为

$$d_1\geqslant\sqrt[3]{\frac{2KT_1}{\phi_d}\cdot\frac{u\pm1}{u}\cdot\left(\frac{Z_EZ_HZ_\varepsilon Z_\beta}{[\sigma]_H}\right)^2} \tag{8.21}$$

或
$$a\geqslant(u\pm1)\sqrt[3]{\frac{KT_1}{2\phi_du}\cdot\left(\frac{Z_EZ_HZ_\varepsilon Z_\beta}{[\sigma]_H}\right)^2} \tag{8.22}$$

式中　Z_E——材料弹性系数($\sqrt{\text{MPa}}$),由表 8.5 查取;
Z_H——节点区域系数,按图 8.14 查取;
Z_ε——重合度系数,其值与 ε_α 和 ε_β 有关,其值可按图 8.15 查取;
Z_β——螺旋角系数,根据实践经验,取

$$Z_\beta=\sqrt{\cos\beta} \tag{8.23}$$

也可按图 8.24 取值。其他参数与直齿轮的相同。

8.6.3　齿根弯曲疲劳强度计算

斜齿轮的接触线是倾斜的,其轮齿往往是局部折断,如图 8.25 所示,齿根弯曲应力精确计算较困难,工程上通常用其法面当量直齿圆柱齿轮按式(8.12)进行计算。此时图8.16的齿廓为法面齿廓,各齿形参数均为法面参数。此外,由于斜齿轮的接触线倾斜,同一接触线上各接触点到齿根危险截面的弯曲力臂由大到小,如图 8.25 所示,使齿根弯曲应力比

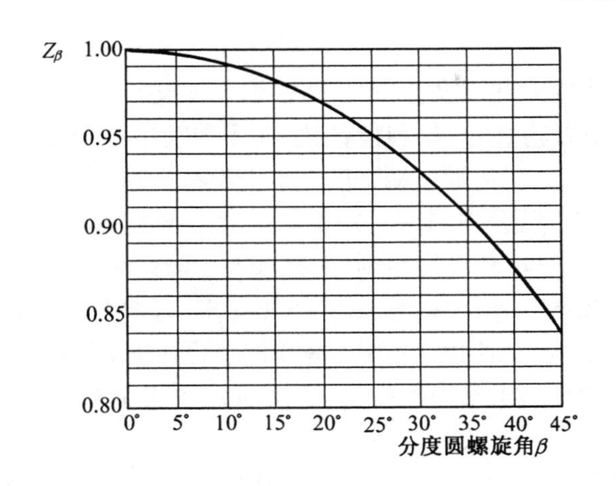

图 8.24 螺旋角系数 Z_β

其当量直齿轮小。对这一有利因素用螺旋角系数 Y_β 考虑。于是斜齿圆柱齿轮的齿根弯曲强度计算式可写成

$$\sigma_F = \frac{KF_t}{bm_n} Y_F Y_s Y_\varepsilon Y_\beta \leqslant [\sigma]_F \tag{8.24}$$

取 $\phi_d = \frac{b}{d_1}$，$d_1 = \frac{m_n z_1}{\cos\beta}$ 代入上式，得齿根弯曲疲劳强度的设计公式为

$$m_n \geqslant \sqrt[3]{\frac{2KT_1 Y_\varepsilon Y_\beta \cos^2\beta}{\phi_d z_1^2} \frac{Y_F Y_S}{[\sigma]_F}} \tag{8.25}$$

式中 Y_F—— 齿形系数，按当量齿数 $z_v = \frac{Z}{\cos^3\beta}$ 和变位系数 x 由图 8.19 查取；

Y_s—— 应力修正系数，按 z_v 和 x 由图 8.20 查取；

Y_ε—— 重合度系数，由式(8.14) 计算或由图 8.21 查取；

Y_β—— 螺旋角系数，其值按图 8.26 查取。

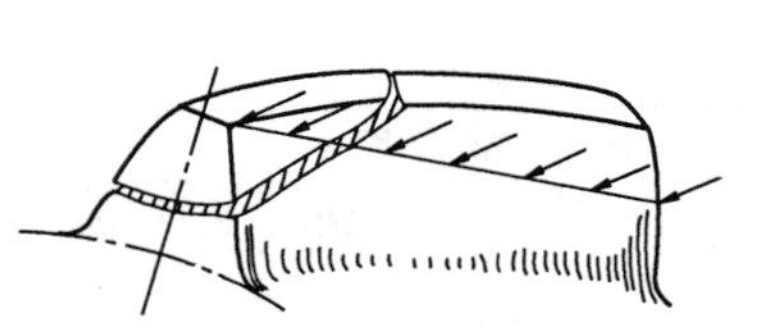

图 8.25 斜齿圆柱齿轮轮齿受载及折断

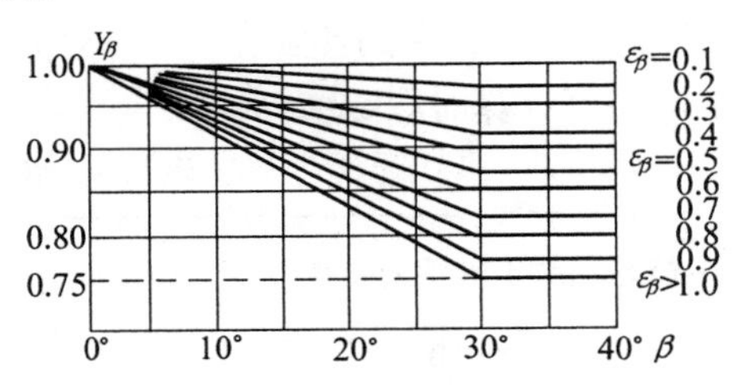

图 8.26 螺旋角系数 Y_β

其他参数与直齿圆柱齿轮的相同。

8.7 圆柱齿轮传动的设计

8.7.1 齿轮传动主要参数选择

齿轮几何参数对齿轮的尺寸和传动质量有很大影响，在满足强度的条件下，应合理选择。

1. 模数 m 和齿数 z_1

模数 m 主要影响齿根弯曲强度，而对齿面接触强度没有直接影响。

齿面接触强度与小齿轮直径 d_1 和齿数比 u（或传动中心距 a）有关，如果保持 d_1、u（或 a）不变，改变 m 与 z_1，对齿面接触强度基本上没有影响。因此，按齿面接触强度设计时，求得 d_1 或 a 后，可按经验公式 $m = (0.01 \sim 0.02)a$ 确定模数 m，或先选取 $z_1 \geqslant 18 \sim 30$，然后按齿数 z_1 或 $(z_1 + z_2)$ 计算模数 m，并按表 8.1 取标准值。对于软齿面闭式齿轮传动，应尽量选取较小的模数 m，因为模数 m 小，齿数 z 多，可增大重合度 ε_α，传动平稳；还可以降低齿高，减小滑动速度，减小摩擦损耗，提高抗胶合能力。模数 m 的最小允许值由轮齿的弯曲强度决定，但对于传递动力的齿轮，模数 m 应不小于 1.5 ~ 2 mm，以免短期过载时轮齿折断。

按弯曲强度设计时，应取较小的齿数 z_1，一般取 $z_1 = 17 \sim 20$，以免传动尺寸过大。

对于开式齿轮传动，为考虑齿面磨损，在按式(8.13)计算出模数 m 后，增大 10% ~ 15%。

由于模数 m 是标准值，若计算出的 m 值与 m 标准值差别很大，虽能满足强度条件，但会使传动尺寸过大，制造成本增加，此时应重新选择齿数 z_1，使计算出的 m 值与 m 标准值接近。

一对齿轮的齿数 z_1 和 z_2 以互为质数为好，以防止轮齿的磨损集中于某几个齿上，而造成齿轮过早报废。

2. 齿宽系数 ϕ_d 和 ϕ_a

增大轮齿宽度 b，可使齿轮直径 d_1、d_2 和中心距 a 减小；但齿宽过大，将使载荷沿齿向分布更趋不均。所以，应合理选择齿宽系数 ϕ_d 和 ϕ_a

一般取 $\phi_a = 0.1 \sim 1.2$，闭式传动常取 $\phi_a = 0.3 \sim 0.6$，通用减速器常取 $\phi_a = 0.4$，开式传动常取 $\phi_a = 0.1 \sim 0.3$。用 ϕ_d 时可参考表 8.6 选取，$\phi_d = \phi_a \dfrac{u+1}{2}$。

为了保证装配后的接触宽度 b，通常取小齿轮的宽度 b_1 比大齿轮的宽度 b_2 大 5 ~ 10 mm。强度计算时取 $b = b_2$。

表 8.6　齿宽系数 $\phi_d = b/d_1$

齿轮相对于轴承的位置	齿面硬度	
	软齿面	硬齿面
对称布置	0.8 ~ 1.4	0.4 ~ 0.9
非对称布置	0.6 ~ 1.2	0.3 ~ 0.6
悬臂布置	0.3 ~ 0.4	0.2 ~ 0.25

注：① 对于直齿圆柱齿轮宜取小值，斜齿可取大值，人字齿甚至可到 2。
② 载荷稳定，轴刚度大的宜取大值，轴刚度小的宜取小值。

3. 分度圆压力角 α

增大分度圆压力角 α，轮齿的齿根厚度增大，齿面曲率半径增大，使齿根弯曲强度和齿面接触强度提高。但在传递相同转矩 T_1 的情况下，其径向力 $F_r(= F_t \tan\alpha)$ 也增加，增大了轴承的载荷。一般用途齿轮的标准压力角 $\alpha = 20°$，在我国航空齿轮标准中，还规定了 $\alpha = 25°$ 的标准分度圆压力角，以提高航空齿轮传动的齿根弯曲强度和齿面接触强度。

4. 齿数比 u

齿数比 $u = z_2/z_1$。选择齿数比 u 时,要综合考虑整个传动系统中各级传动之间的尺寸比例,应使整个传动的尺寸最小、质量最小。图 8.27 为总传动比为 10 的齿轮传动,可看出用两级传动比用单级传动的总体尺寸要小。因此,一般取单级 $u \leqslant 7$。

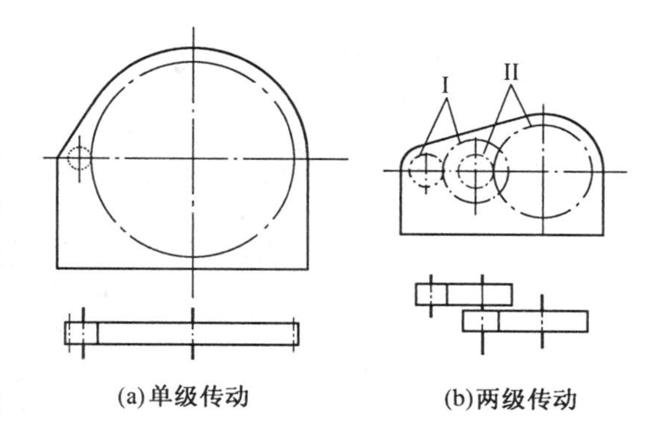

图 8.27 总体尺寸的比较

5. 螺旋角 β

β 选得太小,斜齿轮传动平稳及承载能力提高的优越性会不明显;若 β 选得太大,则轴向力 $F_a(=F_t\tan\beta)$ 会增大,影响轴承部件结构。因此,一般取 $\beta = 8° \sim 20°$,对于人字齿轮,因轴向力可以抵消,可取到 $\beta = 25° \sim 30°$。

8.7.2 齿轮传动的许用应力

在确定齿轮传动的许用应力时,所采用的极限应力 σ_{Hlim} 和 σ_{Flim} 是用标准试验齿轮试验得到的,其试验条件是:$m = (3 \sim 5)$ mm,$\alpha = 20°$,$b = (10 \sim 50)$ mm,齿面粗糙度 $Rz = 3\ \mu$m,齿根过渡表面粗糙度 $Rz = 10\ \mu$m,节线速度 $v = 10$ m/s,矿物油润滑,失效概率为 1%。当所设计齿轮与上述条件不同时,应对图示极限应力值予以修正。因对极限应力值影响不大,故为了简化,本书不予考虑。

在使用时,可根据齿轮材料和齿面硬度由图 8.28 中查取 σ_{Hlim} 和 σ_{Flim} 值。图 8.28 是齿轮材料质量和热处理质量达到中等要求时的疲劳极限取值线。

1. 许用接触应力 $[\sigma]_H$

$$[\sigma]_H = \frac{\sigma_{Hmin} Z_N}{S_H} \tag{8.26}$$

式中 σ_{Hmin}—— 试验齿轮的齿面接触疲劳极限(MPa),由图 8.28 查取;

Z_N—— 接触强度计算的寿命系数。当设计齿轮为有限寿命时,用寿命系数 Z_N 提高其极限应力

$$Z_N = \sqrt[m]{\frac{N_0}{N}} \tag{8.27}$$

式中的应力循环基数 N_0 和疲劳曲线指数 m 与材料及热处理方法有关。Z_N 可由图8.29 根据所设计齿轮应力循环次数 N 查取。N 可由下式计算

$$N = 60\ naL_h \tag{8.28}$$

式中 n—— 齿轮转速(r/min);

a—— 齿轮转一周,同一侧齿面啮合的次数;

L_h—— 齿轮的工作寿命(h);

S_H—— 接触强度计算的安全系数。一般取 $S_H = 1.0$。当要求齿轮的失效率大于或小于 1% 时,S_H 可参考表 8.7 选取。

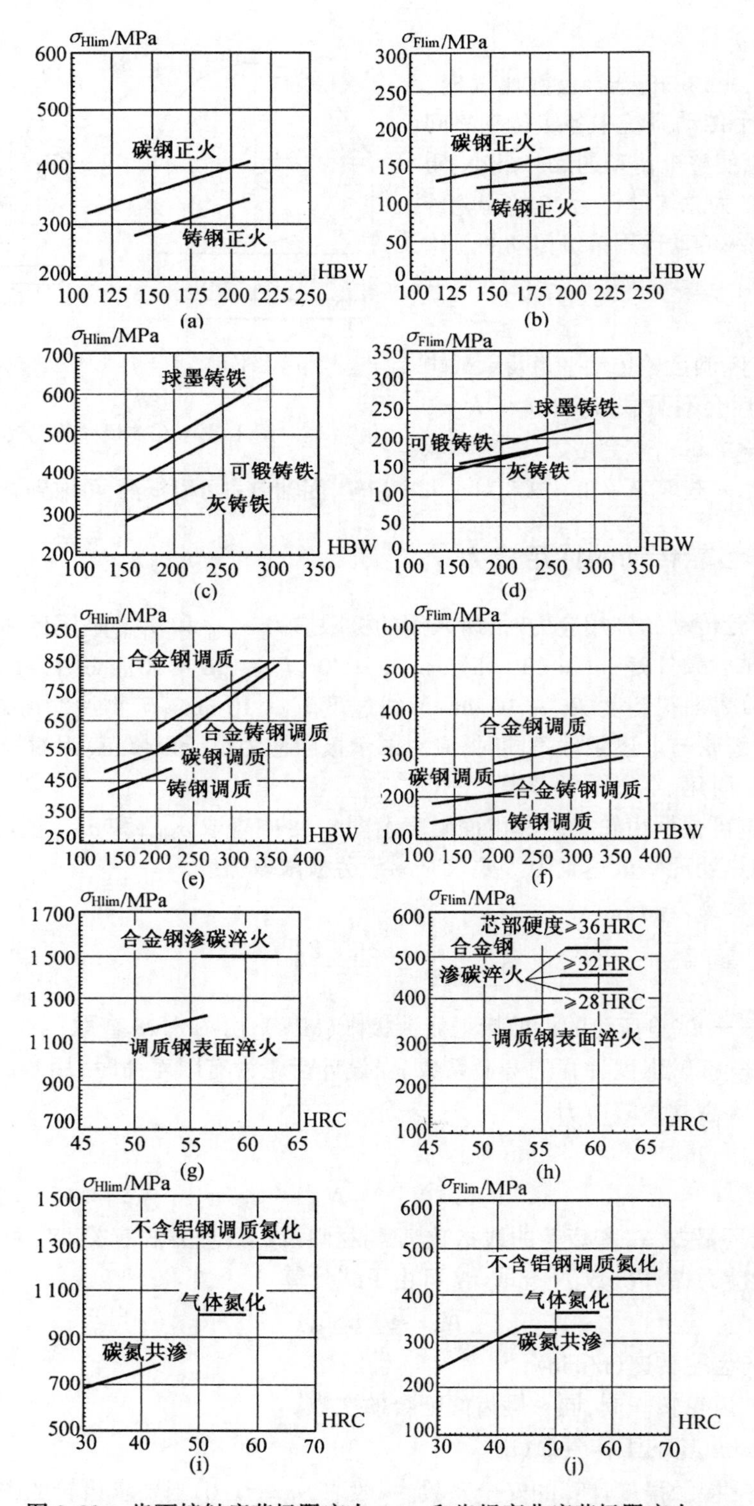

图 8.28 齿面接触疲劳极限应力 σ_{Hmin} 和齿根弯曲疲劳极限应力 σ_{Hmin}

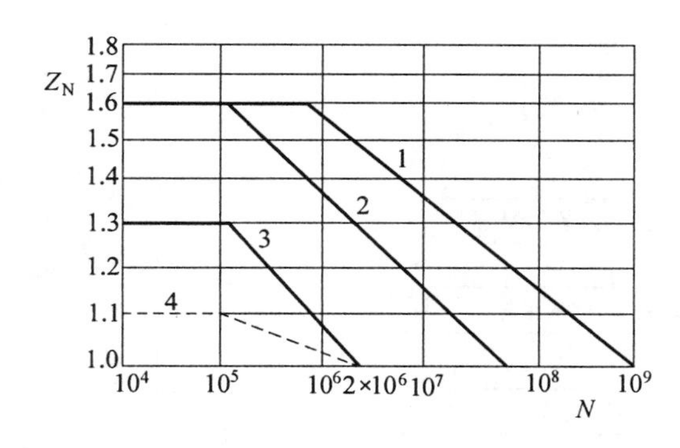

图 8.29 接触强度寿命系数 Z_N

1— 钢正火,调质或表面硬化,球墨铸铁,可锻铸铁,允许有局限性点蚀;

2— 钢正火,调质或表面硬化,球墨铸铁,可锻铸铁;

3— 钢气体氮化,灰铸铁;

4— 钢调质后液体氮化

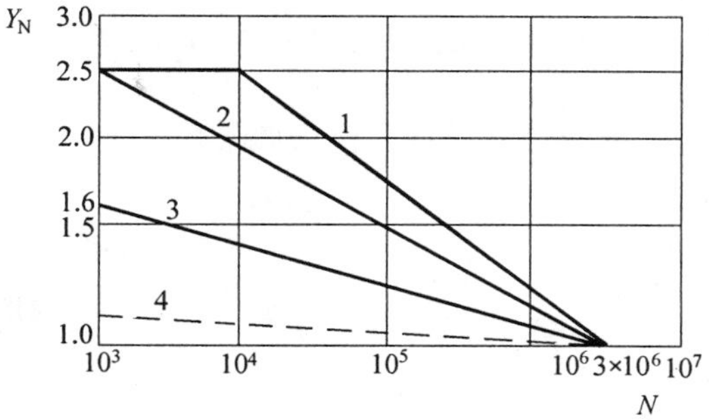

图 8.30 弯曲强度寿命系数 Y_N

1— 结构钢,调质钢,灰铸铁,球墨铸铁,可锻铸铁;

2— 渗碳硬化钢;

3— 气体氮化钢;

4— 钢调质后液体氮化

2.许用弯曲应力$[\sigma]_F$

$$[\sigma]_F = \frac{\sigma_{Flim} Y_N}{S_F} \tag{8.29}$$

式中 σ_{Flim}—— 计入了齿根应力修正系数 $Y_{ST}(=2.0)$ 之后的试验齿轮的齿根弯曲疲劳极限应力,其值由图 8.28 查取;

(图中 σ_{Flim} 是在轮齿单向受载时做出的,若轮齿为双侧面工作时,如惰轮,应将图中值乘以 0.7)

Y_N—— 弯曲强度计算的寿命系数,当设计齿轮为有限寿命时,用寿命系数 Y_N 提高其极限应力

$$Y_N = \sqrt[m']{\frac{N_0}{N}} \tag{8.30}$$

N_0、m' 由实验获得,随材料而异。Y_N 可由图 8.30 查取,N 按式(8.28)计算。

S_F—— 齿根弯曲强度计算的安全系数。

与接触疲劳损伤(点蚀)相比,断齿的后果更为严重,所以,一般取 $S_F = 1.25$。当要求齿轮的失效率大于或小于 1% 时,可参考表 8.7 选取。

表 8.7 安全系数 S_H、S_F 的参考值

要求失效概率	S_H	S_F
0.1%	$\geqslant 1.25$	$\geqslant 1.5$
1%	$\geqslant 1.0$	$\geqslant 1.25$
10%	$0.85 \leqslant S_H < 1.0$	$1.0 \leqslant S_F < 1.25$

8.7.3 齿轮传动设计流程图

齿轮传动设计流程图如图 8.31 所示。

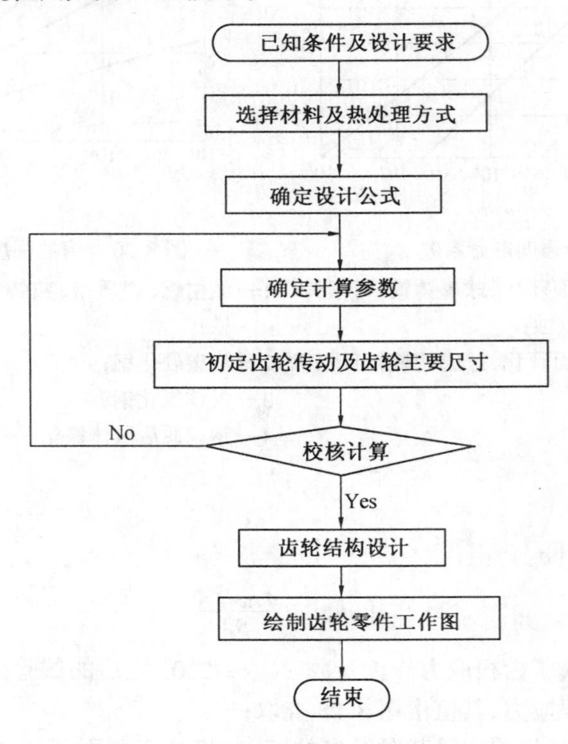

图 8.31 齿轮传动的设计流程图

【例 8.1】 设计图 8.32 所示带式运输机二级圆柱齿轮减速器中的齿轮传动,高速级采用斜齿圆柱齿轮传动,低速级采用直齿圆柱齿轮传动。已知小齿轮 1 传递的功率 $P_1 = 3.67$ kW,小齿轮 1 的转速 $n_1 = 1\,440$ r/min,高速级传动比 $i_{\mathrm{I}} = 5.18$,低速级传动比 $i_{\mathrm{II}} = 3.7$,运输机单向运转,载荷平稳,二班制,使用期限为 5 年(每年工作日按 250 天计),大批量生产。

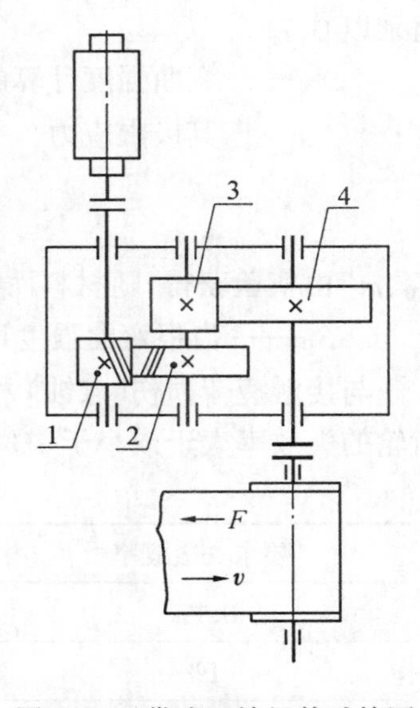

图 8.32 带式运输机传动简图

【解】

一、高速级斜齿圆柱齿轮传动设计

1. 选择齿轮材料、热处理方式和精度等级

考虑到带式运输机为一般机械,故大、小齿轮均选用 45 钢,采用软齿面,由表 8.2 得:小齿轮调质处理,齿面硬度为 217 ~ 255 HBW,平均硬度为 236 HBW;大齿轮正火处理,齿面硬度为 162 ~ 217 HBW,平均硬度为 190 HBW。大、小齿轮齿面平均硬度差为 46 HBW,在 30 ~ 50 HBW 范围内。选用 8 级精度。

2.初步计算传动主要尺寸

因为是软齿面闭式传动,故按齿面接触疲劳强度进行设计。由式(8.21)

$$d_1 \geqslant \sqrt[3]{\frac{2KT_1}{\phi_d} \cdot \frac{u+1}{u} \cdot \left(\frac{Z_E Z_H Z_\varepsilon Z_\beta}{[\sigma]_H}\right)^2}$$

式中各参数为:

(1) 小齿轮传递的转矩

$$T_1 = 9.55 \times 10^6 \frac{P_1}{n_1} = 9.55 \times 10^6 \cdot \frac{3.67}{1\,440} = 24\,339.2\ \text{N} \cdot \text{mm}$$

(2) 设计时,因 v 值未知,K_v 不能确定,故可初选载荷系数 $K_t = 1.1 \sim 1.8$,本题初取 $K_t = 1.4$。

(3) 由表 8.6 取齿宽系数 $\phi_d = 1.1$。

(4) 由表 8.5 查得弹性系数 $Z_E = 189.8\sqrt{\text{MPa}}$。

(5) 初选螺旋角 $\beta = 12°$,由图 8.14 查得节点区域系数 $Z_H = 2.46$。

(6) 齿数比 $u = i_{\text{I}} = 5.18$。

(7) 初选 $z_1 = 21$,则 $z_2 = uz_1 = 5.18 \times 21 = 108.78$,取 $z_2 = 109$。

由式(8.1)得端面重合度

$$\varepsilon_\alpha = \left[1.88 - 3.2\left(\frac{1}{z_1} + \frac{1}{z_2}\right)\right]\cos\beta = \left[1.88 - 3.2\left(\frac{1}{21} + \frac{1}{109}\right)\right]\cos 12° = 1.66$$

由式(8.2)得轴面重合度

$$\varepsilon_\beta = 0.318\phi_d z_1 \tan\beta = 0.318 \times 1.1 \times 21 \times \tan 12° = 1.56$$

由图 8.15 查得重合度系数 $Z_\varepsilon = 0.775$。

(8) 由图 8.24 查得螺旋角系数 $Z_\beta = 0.99$。

(9) 许用接触应力由式(8.26)$[\sigma]_H = \dfrac{Z_N \sigma_{\text{Hlim}}}{S_H}$ 算得。

由图 8.28(e)、(a)得接触疲劳极限应力 $\sigma_{\text{Hlim1}} = 570$ MPa,$\sigma_{\text{Hlim2}} = 390$ MPa。

小齿轮 1 与大齿轮 2 的应力循环次数分别为

$$N_1 = 60\,n_1 a L_h = 60 \times 1\,440 \times 1.0 \times 2 \times 8 \times 250 \times 5 = 1.728 \times 10^9$$

$$N_2 = \frac{N_1}{i_{\text{I}}} = \frac{1.728 \times 10^9}{5.18} = 3.34 \times 10^8$$

由图 8.29 查得寿命系数 $Z_{N1} = 1.0$,$Z_{N2} = 1.06$(允许局部点蚀);由表 8.7,取安全系数 $S_H = 1.0$

$$[\sigma]_{H1} = \frac{Z_{N1}\sigma_{\text{Hlim1}}}{S_H} = \frac{1.0 \times 570}{1.0} = 570\ \text{MPa}$$

$$[\sigma]_{H2} = \frac{Z_{N2}\sigma_{\text{Hlim2}}}{S_H} = \frac{1.06 \times 390}{1.0} = 413\ \text{MPa}$$

故取

$$[\sigma]_H = [\sigma]_{H2} = 413\ \text{MPa}$$

初算小齿轮 1 的分度圆直径 d_{1t},得

$$d_{1t} \geqslant \sqrt[3]{\frac{2K_t T_1}{\phi_d}\frac{u+1}{u}\left(\frac{Z_E Z_H Z_\varepsilon Z_\beta}{[\sigma]_H}\right)^2} =$$

$$\sqrt[3]{\frac{2 \times 1.4 \times 24\,339.2}{1.1} \times \frac{5.18+1}{5.18} \times \left(\frac{189.8 \times 2.46 \times 0.775 \times 0.99}{413}\right)^2} = 38.17\ \text{mm}$$

3.确定传动尺寸

(1) 计算载荷系数。由表 8.3 查得使用系数 $K_A = 1.0$。

因

$$v = \frac{\pi d_{1t} n_1}{60 \times 1\,000} = \frac{\pi \times 38.17 \times 1\,440}{60 \times 1\,000} = 2.88\ \text{m/s}$$

由图 8.7 查得动载系数 $K_v = 1.16$。

由图 8.11 查得齿向载荷分布系数 $K_\beta = 1.11$(设轴刚性大)。

由表 8.4 查得齿间载荷分配系数 $K_\alpha = 1.2$。

故载荷系数 $K = K_A K_v K_\beta K_\alpha = 1.0 \times 1.16 \times 1.11 \times 1.2 = 1.55$。

(2) 对 d_{1t} 进行修正。因 K 与 K_t 有较大差异,故需对按 K_t 值计算出的 d_{1t} 进行修正,即

$$d_1 = d_{1t}\sqrt[3]{\frac{K}{K_t}} = 38.17 \times \sqrt[3]{\frac{1.55}{1.4}} = 39.49 \text{ mm}$$

(3) 确定模数 m_n

$$m_n = \frac{d_1 \cos\beta}{z_1} = \frac{39.49 \times \cos 12^\circ}{21} = 1.84 \text{ mm} \quad (\text{按表 8.1,取 } m_n = 2.0)$$

(4) 计算传动尺寸。中心距

$$a = \frac{m_n(z_1 + z_2)}{2\cos\beta} = \frac{2.0 \times (21 + 109)}{2\cos 12^\circ} = 132.9 \text{ mm}$$

圆整为 $a = 135$ mm,则螺旋角

$$\beta = \arccos\frac{m_n(z_1 + z_2)}{2a} = \arccos\frac{2 \times (21 + 109)}{2 \times 135} = 15.642^\circ = 15^\circ 38' 32''$$

因为 β 值与初选值相差较大,故与 β 值有关的数值需修正,修正后的结果是:$\varepsilon_\alpha = 1.63$;$\varepsilon_\beta = 2.055$;$Z_\varepsilon = 0.79$,$Z_\beta = 0.984$,$d_{1t} = 38.5$ mm,$d_1 = 39.83$ mm。显然 β 值改变后,d_1 的计算值变化很小(由 39.49 mm 增大为 39.83 mm),因此,不再修正 m_n 和 a,故

$$d_1 = \frac{m_n z_1}{\cos\beta} = \frac{2 \times 21}{\cos 15^\circ 38' 32''} = 43.615 \text{ mm} \qquad (d_1 > 39.83 \text{ mm,合适})$$

$$d_2 = \frac{m_n z_2}{\cos\beta} = \frac{2 \times 109}{\cos 15^\circ 38' 32''} = 226.385 \text{ mm}$$

由 $b_2 = \phi_d d_1 = 1.1 \times 43.615 = 47.977$ mm,取 $b_2 = 48$ mm。

又 $b_1 = b_2 + (5 \sim 10)$ mm,取 $b_1 = 55$ mm。

4. 校核齿根弯曲疲劳强度

$$\sigma_F = \frac{2KT_1}{bm_n d_1} Y_F Y_s Y_\varepsilon Y_\beta \leqslant [\sigma]_F$$

式中各参数:

(1) K、T、m_n、d_1 值同前。

(2) 齿宽 $b = b_2 = 48$ mm。

(3) 齿形系数 Y_F 和应力修正系数 Y_s。

当量齿数

$$z_{v1} = \frac{z_1}{\cos^3\beta} = \frac{21}{\cos^3 15^\circ 38' 32''} = 23.5$$

$$z_{v2} = \frac{z_2}{\cos^3\beta} = \frac{109}{\cos^3 15^\circ 38' 32''} = 122.07$$

由图 8.19 查得 $Y_{F1} = 2.68$,$Y_{F2} = 2.22$。

由图 8.20 查得 $Y_{s1} = 1.58$,$Y_{s2} = 1.81$。

(4) 由图 8.21 查得重合度系数 $Y_\varepsilon = 0.72$。

(5) 由图 8.26 查得螺旋角系数 $Y_\beta = 0.86$。

(6) 许用弯曲应力可由式(8.29) $[\sigma]_F = \dfrac{Y_N \sigma_{Flim}}{S_F}$ 算得。

由图 8.28(f)、(b) 查得弯曲疲劳极限应力

$$\sigma_{Flim1} = 220 \text{ MPa} \quad \sigma_{Flim2} = 170 \text{ MPa}$$

由图8.30查得寿命系数 $Y_{N1} = Y_{N2} = 1.0$。

由表8.7查得安全系数 $S_F = 1.25$,故

$$[\sigma]_{F1} = \frac{Y_{N1}\sigma_{Flim1}}{S_F} = \frac{1.0 \times 220}{1.25} = 176 \text{ MPa}$$

$$[\sigma]_{F2} = \frac{Y_{N2}\sigma_{Flim2}}{S_F} = \frac{1.0 \times 170}{1.25} = 136 \text{ MPa}$$

$$\sigma_{F1} = \frac{2KT_1}{bm_n d_1} Y_{F1} Y_{s1} Y_\varepsilon Y_\beta = \frac{2 \times 1.55 \times 24\,339.2}{48 \times 2 \times 43.615} \times 2.68 \times 1.58 \times 0.72 \times 0.86 = 47.2 \text{ MPa} < [\sigma]_{F1}$$

$$\sigma_{F2} = \sigma_{F1} \times \frac{Y_{F2} Y_{s2}}{Y_{F1} Y_{s1}} = 47.2 \times \frac{2.22 \times 1.81}{2.68 \times 1.58} = 44.8 \text{ MPa} < [\sigma]_{F2}$$

满足齿根弯曲疲劳强度。

5.计算齿轮传动其他几何尺寸(略)

6.结构设计并绘制齿轮零件工作图(略)

注:若齿轮材料为40Cr,采用中硬齿面,即小齿轮调质处理,齿面硬度为306 ~ 332 HBW,大齿轮亦调质处理,齿面硬度283 ~ 314 HBW,其他条件同上,那么传动中心距可减小为 $a = 100$ mm。

二、低速级直齿圆柱齿轮传动设计

1.选择齿轮材料、热处理方式和精度等级(同一)

2.初步计算主要尺寸

按齿面接触疲劳强度进行设计。由式(8.8)

$$d_3 \geqslant \sqrt[3]{\frac{2KT_3}{\phi_d} \cdot \frac{u+1}{u} \cdot \left(\frac{Z_E Z_H Z_\varepsilon}{[\sigma]_H}\right)^2}$$

式中各参数:

(1) 小齿轮3传递的转矩 T_3。由有关手册可查取齿轮传动效率 $\eta_{齿轮} = 0.98$,滚动轴承效率 $\eta_{轴承} = 0.98$,故小齿轮3所传递的转矩为

$$T_3 = T_1 i_{\mathrm{I}}\, \eta_{齿轮}\eta_{轴承} = 24\,339.2 \times 5.18 \times 0.98 \times 0.98 = 121\,084.4 \text{ N} \cdot \text{mm}$$

(2) 初取载荷系数 $K_t = 1.3$。

(3) 由表8.6取齿宽数系数 $\phi_d = 1.0$。

(4) 由表8.5查得弹性系数 $Z_E = 189.8\sqrt{\text{MPa}}$。

(5) 由图8.14查得节点区域系数 $Z_H = 2.5$。

(6) 齿数比 $u = i_{\mathrm{II}} = 3.7$。

(7) 初选 $z_3 = 24$,则 $z_4 = uz_3 = 3.7 \times 24 = 88.8$,取 $z_4 = 89$。

由式(8.1)得 $\varepsilon_\alpha = \left[1.88 - 3.2\left(\frac{1}{z_3} + \frac{1}{z_4}\right)\right]\cos\beta = \left[1.88 - 3.2\left(\frac{1}{24} + \frac{1}{89}\right)\right] \times 1.0 = 1.71$。

由图8.15得重合度系数 $Z_\varepsilon = 0.876$。

(8) 许用接触应力可由 $[\sigma]_H = \frac{Z_N \sigma_{Hlim}}{S_H}$(式(8.26))算得,由"一"可知 $\sigma_{Hlim3} = 570$ MPa,$\sigma_{Hlim4} = 390$ MPa,$S_H = 1.0$。而 $N_3 = N_2$,故 $Z_{N3} = Z_{N2} = 1.06$(允许有局部点蚀);$N_4 = \frac{N_3}{i_{\mathrm{II}}} = \frac{3.34 \times 10^8}{3.7} = 9.03 \times 10^7$,由图8.29查得 $Z_{N4} = 1.15$(允许有局部点蚀),则

$$[\sigma]_{H3} = \frac{Z_{N3}\sigma_{Hlim3}}{S_H} = \frac{1.06 \times 570}{1.0} = 604.2 \text{ MPa}$$

$$[\sigma]_{H4} = \frac{Z_{N4}\sigma_{Hlim4}}{S_H} = \frac{1.15 \times 390}{1.0} = 448.5 \text{ MPa}$$

故取 $$[\sigma]_H = [\sigma]_{H4} = 448.5\ \text{MPa}$$

计算小齿轮 3 的分度圆直径 d_{3t}，得

$$d_{3t} \geqslant \sqrt[3]{\frac{2K_tT_3}{\phi_d}\ \frac{u+1}{u}\left(\frac{Z_EZ_HZ_\varepsilon Z_\beta}{[\sigma]_H}\right)^2} = \sqrt[3]{\frac{2\times 1.3\times 121\ 084.4}{1.0}\times\frac{3.7+1}{3.7}\times\left(\frac{189.8\times 2.5\times 0.876}{448.5}\right)^2} = 70.033\ \text{mm}$$

3. 确定传动尺寸

(1) 计算载荷系数 K。由表 8.3 查得使用系数 $K_A = 1.0$。

齿轮线速度如下式

$$v = \frac{\pi d_{3t}n_3}{60\times 1\ 000} = \frac{\pi\times 70.033\times\frac{1\ 440}{5.18}}{60\times 1\ 000} = 1.02\ \text{m/s}$$

由图 8.7 查得动载系数 $K_v = 1.09$；由图 8.11 查得齿向载荷分布系数 $K_\beta = 1.09$；由表 8.4 查得齿间载荷分配系数 $K_\alpha = 1.1$，故

$$K = K_AK_vK_\beta K_\alpha = 1.0\times 1.09\times 1.09\times 1.1 = 1.31$$

(2) 因为 $K \approx K_t$，故 $d_3 \approx d_{3t} = 70.033\ \text{mm}$。

(3) 确定模数 m

$$m = \frac{d_3}{z_3} = \frac{70.033}{24} = 2.91\ \text{mm}\qquad (\text{按表 8.1，取 } m = 3\ \text{mm})$$

(4) 计算传动尺寸。中心距

$$a = \frac{1}{2}m(z_3+z_4) = \frac{1}{2}\times 3(24+89) = 169.5\ \text{mm}$$

对直齿圆柱齿轮传动，圆整中心距的方法有两种，即采用变位齿轮和改变 m、z 的搭配。当 z 变化后，传动比会有变化，但对于传动比准确性要求不高的机械，$\left|\frac{\Delta i}{i}\right| \leqslant 5\%$ 是允许的。

(a) 对齿轮 3 采用正变位，圆整中心距 $a' = 170\ \text{mm}$，则变位系数

$$x = \frac{170-169.5}{3} = 0.167$$

$$d_3 = m(z_3+2x) = 3\times(24+2\times 0.167) = 73\ \text{mm}\qquad (d_3 > 70.033\ \text{mm，合适})$$

$$d_4 = mz_4 = 3\times 89 = 267\ \text{mm}$$

$$b = \phi_d d_3 = 1.0\times 73 = 73\ \text{mm}$$

取 $b_4 = 75\ \text{mm}$，$b_3 = 80\ \text{mm}$。

(b) 改变 m、Z 的搭配，圆整中心距，取 $Z_3 = 24$，$Z_4 = 90$，$m = 3\ \text{mm}$，则

$$a = \frac{1}{2}m(z_1+z_2) = \frac{1}{2}\times 3\times(24+90) = 171\ \text{mm}$$

$$i'_{\text{II}} = \frac{90}{24} = 3.75,\ \left|\frac{\Delta i_{\text{II}}}{i_{\text{II}}}\right| = \left|\frac{3.7-3.75}{3.7}\right| = 1.35\% < 5\%\ \text{允许}$$

若中心距要求按 0、5 结尾来圆整，则可取 $z_3 = 25$，$z_4 = 95$，即

$$a = \frac{1}{2}m(z_3+z_4) = \frac{1}{2}\times 3\times(25+95) = 180\ \text{mm}$$

$$i''_{\text{II}} = \frac{95}{25} = 3.8,\ \left|\frac{\Delta i_{\text{II}}}{i_{\text{II}}}\right| = \left|\frac{3.7-3.8}{3.7}\right| = 2.7\% < 5\%\ \text{允许}$$

4. 校核齿根弯曲疲劳强度(略)

5. 计算齿轮其他几何尺寸(略)

6. 结构设计并绘制齿轮零件工作图(略)

【例8.2】 设计二级展开式齿轮减速器(如图8.1中的减速器的形式)中高速级斜齿圆柱齿轮传动。已知输入功率 $P_1 = 44.55$ kW,小齿轮转速 $n_1 = 1\,480$ r/min,传动比 $i_{\text{I}} = 4$,由电动机驱动,工作载荷平稳,每天工作两班,每年工作250天,使用期限为10年。

【解】

1. 选择齿轮材料、热处理方式和精度等级

考虑到此减速器所传递的功率较大,故大小齿轮均选用40Cr,表面淬火,由表8.2得齿面硬度为48 ~ 55 HRC。

选用7级精度。

2. 初步计算齿轮传动主要尺寸

因为大小齿轮均用硬齿面,齿面抗点蚀能力较强,因此初步决定按齿根弯曲疲劳强度设计齿轮传动主要参数和尺寸。由式(8.25)

$$m_n \geqslant \sqrt[3]{\frac{2KT_1 Y_\varepsilon Y_\beta \cos^2\beta}{\phi_d Z_1^2}\frac{Y_F Y_s}{[\sigma]_F}}$$

式中各参数为:

(1) 小齿轮传递的转矩 T_1

$$T_1 = 9.55 \times 10^6 \frac{P_1}{n_1} = 9.55 \times 10^6 \frac{44.55}{1\,480} = 287\,468\ \text{N}\cdot\text{mm}$$

(2) 初选 $z_1 = 17$,则 $z_2 = i_{\text{I}} z_1 = 4 \times 17 = 68$。

(3) 由表8.6,选取齿宽系数 $\phi_d = 0.5$。

(4) 初取螺旋角 $\beta = 12°$,由式(8.1)得

$$\varepsilon_\alpha = \left[1.88 - 3.2\left(\frac{1}{z_1} + \frac{1}{z_2}\right)\right]\cos\beta = \left[1.88 - 3.2\left(\frac{1}{17} + \frac{1}{68}\right)\right]\cos 12° = 1.61$$

由图8.21查得重合度系数 $Y_\varepsilon = 0.72$。

(5) 由式(8.2)得

$$\varepsilon_\beta = 0.318\phi_d z_1 \tan\beta = 0.318 \times 0.5 \times 17 \times \tan 12° = 0.575$$

由图8.26查得螺旋角系数 $Y_\beta = 0.94$。

(6) 初取 $K_t = 1.3$。

(7) 齿形系数 Y_F 和应力修正系数 Y_s。

当量齿数

$$z_{v1} = \frac{z_1}{\cos^3\beta} = \frac{17}{\cos^3 12°} = 18.17$$

$$z_{v2} = \frac{z_2}{\cos^3\beta} = \frac{68}{\cos^3 12°} = 72.66$$

由图8.19查得齿形系数 $Y_{F1} = 2.89$, $Y_{F2} = 2.25$。

由图8.20查得应力修正系数 $Y_{s1} = 1.52$, $Y_{s2} = 1.77$。

(8) 许用弯曲应力可由 $[\sigma]_F = \dfrac{Y_N \sigma_{Flim}}{S_F}$(式(8.29))算得。

由图8.28(h)得弯曲疲劳极限应力 $\sigma_{Flim1} = \sigma_{Flim2} = 360$ MPa。

由表8.7,取安全系数 $S_F = 1.25$。

小齿轮1与大齿轮2的应力循环次数分别为

$$N_1 = 60\,n_1 a L_h = 60 \times 1\,480 \times 1 \times 2 \times 8 \times 250 \times 10 = 3.552 \times 10^9$$

$$N_2 = \frac{N_1}{i_{\text{I}}} = \frac{3.552 \times 10^9}{4} = 8.88 \times 10^8$$

由图 8.30 查得 $$Y_{N1} = Y_{N2} = 1.0$$

故许用弯曲应力 $$[\sigma]_{F1} = \frac{Y_{N1}\sigma_{Flim}}{S_F} = \frac{1.0 \times 360}{1.25} = 288 \text{ MPa}$$

$$[\sigma]_{F2} = \frac{Y_{N2}\sigma_{Flim2}}{S_F} = \frac{1.0 \times 360}{1.25} = 288 \text{ MPa}$$

$$\frac{Y_{F1}Y_{s1}}{[\sigma]_{F1}} = \frac{2.89 \times 1.52}{288} = 0.015\ 3$$

$$\frac{Y_{F2}Y_{s2}}{[\sigma]_{F2}} = \frac{2.25 \times 1.77}{288} = 0.013\ 8$$

所以 $$\frac{Y_F Y_s}{[\sigma]_F} = \frac{Y_{F1}Y_{s1}}{[\sigma]_{F1}} = 0.015\ 3$$

初算法面模数 m_{nt}

$$m_{nt} \geqslant \sqrt[3]{\frac{2K_t T_1 Y_\varepsilon Y_\beta \cos^2\beta}{\phi_d Z_1^2} \frac{Y_F Y_s}{[\sigma]_F}} =$$

$$\sqrt[3]{\frac{2 \times 1.3 \times 287\ 468 \times 0.72 \times 0.94 \times \cos^2 12^\circ}{0.5 \times 17^2} \times 0.0153} = 3.71 \text{ mm}$$

3. 计算传动尺寸

(1) 计算载荷系数 K。

由表 8.3 查得使用系数 $K_A = 1.0$。

$$v = \frac{\pi d_{1t} n_1}{60 \times 1\ 000} = \frac{\pi m_{nt} z_1 n_1}{60 \times 1\ 000 \times \cos\beta} = \frac{\pi \times 3.71 \times 17 \times 1\ 480}{60 \times 1\ 000 \times \cos 12^\circ} = 5.0 \text{ m/s}$$

由图 8.7 查得动载系数 $K_v = 1.15$,由图 8.11 查得齿向载荷分布系数 $K_\beta = 1.08$,由表 8.4 查得齿间载荷分配系数 $K_\alpha = 1.2$,则

$$K = K_A K_v K_\beta K_\alpha = 1.0 \times 1.15 \times 1.08 \times 1.2 = 1.49$$

(2) 对 m_{nt} 进行修正,并圆整为标准模数

$$m_n = m_{nt}\sqrt[3]{\frac{K}{K_t}} = 3.71 \times \sqrt[3]{\frac{1.49}{1.3}} = 3.88 \text{ mm}$$

按表 8.1,圆整为 $m_n = 4$ mm。

(3) 计算传动尺寸。

中心距 $$a = \frac{m_n(z_1 + z_2)}{2\cos\beta} = \frac{4(17 + 68)}{2\cos 12^\circ} = 173.8 \text{ mm}$$

圆整为 $$a = 175 \text{ mm}$$

修整螺旋角 $$\beta = \arccos\frac{m_n(z_1 + z_2)}{2a} = \arccos\frac{4 \times (17 + 68)}{2 \times 175} = 13.729^\circ = 13^\circ 43' 44''$$

所以 $$d_1 = \frac{m_n z_1}{\cos\beta} = \frac{4 \times 17}{\cos 13^\circ 43' 44''} = 70.000 \text{ mm}$$

$$d_2 = \frac{m_n z_2}{\cos\beta} = \frac{4 \times 68}{\cos 13^\circ 43' 44''} = 280.000 \text{ mm}$$

$$b = \phi_d d_1 = 0.5 \times 70 = 35 \text{ mm}$$

取 $b_2 = b = 35$ mm, $b_1 = 40$ mm。

4. 校核齿面接触疲劳强度

由式(8.20)

$$\sigma_H = Z_E Z_H Z_\varepsilon Z_\beta \sqrt{\frac{2KT_1}{bd_1^2} \cdot \frac{u + 1}{u}} \leqslant [\sigma]_H$$

式中各参数:

(1)K、T_1、b、d_1 值同前。

(2) 齿数比 $u = i_{\mathrm{I}} = 4.0$。

(3) 由表8.5查得弹性系数 $Z_E = 189.8\sqrt{\mathrm{MPa}}$。

(4) 由图8.14查得节点区域系数 $Z_H = 2.45$。

(5) 由图8.15查得重合度系数 $Z_\varepsilon = 0.84$。

(6) 由图8.24查得螺旋角系数 $Z_\beta = 0.987$

(7) 许用接触应力可由 $[\sigma]_H = \dfrac{Z_N \sigma_{\mathrm{Hlim}}}{S_H}$(式(8.26))算得。

由图8.28(g)查得接触疲劳极限应为

$$\sigma_{\mathrm{Hlim1}} = \sigma_{\mathrm{Hlim2}} = 1\,200\ \mathrm{MPa}$$

由图8.29查得寿命系数 $Z_{N1} = Z_{N2} = 1.0$,由表8.7查得安全系数 $S_H = 1.0$,故

$$[\sigma]_H = \frac{1.0 \times 1\,200}{1.0} = 1\,200\ \mathrm{MPa}$$

$$\sigma_H = Z_E Z_H Z_\varepsilon Z_\beta \sqrt{\frac{2KT_1}{bd_1^2} \cdot \frac{u+1}{u}} = 189.8 \times 2.45 \times 0.84 \times 0.987 \times$$

$$\sqrt{\frac{2 \times 1.57 \times 297\,468}{35 \times 70^2} \times \frac{4+1}{4}} = 1\,005.9\ \mathrm{MPa} < [\sigma]_H$$

满足齿面接触疲劳强度。

5.计算齿轮其他几何尺寸(略)

6.结构设计并绘制齿轮零件工作图(略)

8.8* 变位齿轮传动强度计算的特点

变位齿轮传动的轮齿受力分析和强度计算原理、齿面接触强度和齿根弯曲强度计算公式均与标准齿轮传动一样,只是齿轮变位后,轮齿齿形有变化,使应力计算公式中的齿形系数 Y_F、应力修正系数 Y_s 和区域系数 Z_H 相应发生变化,轮齿应力随之改变。

(1) 齿根弯曲强度。正变位使齿根变厚(图8.18(b)),齿形系数 Y_F 减小;齿根过渡圆角半径减小,应力修正系数 Y_s 增大;但 $Y_F Y_s$ 的乘积仍减小,使齿根应力 σ_F 减小。负变位则使 σ_F 增大。因此,采用正变位可以提高齿根弯曲强度。

变位后的 Y_F、Y_s 值,仍由图8.17、8.28根据变位系数 x 和齿数 z(或 Z_v) 查取。

(2) 齿面接触强度。对于 $x_1 + x_2 = 0$ 的高变位传动,因节圆仍为分度圆,节圆处的曲率半径与标准传动时相同,节点区域系数 Z_H 也与标准传动的 Z_H 一样,齿面接触应力 σ_H 没有变化,所以,高变位对齿面接触强度没有影响。

对于 $x_1 + x_2 > 0$ 的角变化传动,因节点处的曲率半径增大,接触应力 σ_H 减小;而对于 $x_1 + x_2 < 0$ 时,σ_H 增大。节点曲率的变化,反映为区域系数 Z_H 的改变。用与标准传动相同的方法可以推导得 Z_H 的计算式为

对角变位的直齿圆柱齿轮传动 $$Z_H = \sqrt{\frac{2}{\cos^2\alpha \tan\alpha'}}$$

对角变位的斜齿圆柱齿轮传动 $$Z_H = \sqrt{\frac{2\cos\beta_b}{\cos^2\alpha_t \tan\alpha'_t}}$$

式中 α、α'—— 直齿轮的分度圆压力角和啮合角;

α_t、α'_t—— 斜齿轮的分度圆端面压力角和端面啮合角。

由 Z_H 计算式可看出，与标准传动相比，当 $x_1 + x_2 > 0$ 时，$\alpha' > \alpha$、$\alpha'_t > \alpha_t$，导致 Z_H 减小，σ_H 减小；当 $x_1 + x_2 < 0$ 时，$\alpha' < \alpha$，$\alpha'_t < \alpha_t$，导致 Z_H 增大，σ_H 增大；当 $x_1 + x_2 = 0$ 时，$\alpha' = \alpha$，$\alpha'_t = \alpha_t$，Z_H 不变，σ_H 不变。因此，采用 $x_1 + x_2 > 0$ 的角变位传动可以提高齿面接触强度。

变位后的直齿和斜齿圆柱齿轮传动的 Z_H 值，仍按图 8.14 并根据 $(x_1 + x_2)/(z_1 + z_2)$（或 $(x_{n1} + x_{n2})/(z_1 + z_2)$）和 β 选取。

8.9 直齿锥齿轮传动的强度计算

锥齿轮用于两相交轴之间的传动，有直齿、斜齿和曲齿之分，两轴交角可为任意角度，通常是 90°。本书主要介绍轴交角 $\Sigma = \delta_1 + \delta_2 = 90°$ 的直齿锥齿轮传动的强度计算。

8.9.1 直齿锥齿轮传动强度计算的特点

直齿锥齿轮的齿廓，理论上应为球面渐开线，但由展成法刨削成为其背锥上的齿廓，与球面渐开线之间有偏差，故精度较低。轮齿齿廓由大端到小端逐渐收缩。为简化计算，取齿宽中点处的齿廓为强度计算的基准。因此，直齿锥齿轮的强度计算，就与齿宽中点的背锥展开所得的当量直齿圆柱齿轮的强度计算相同，可以直接应用直齿圆柱齿轮的强度计算公式，只是式中参数应为当量齿轮的。但由于锥齿轮的齿廓精度低，其承载能力比当量直齿圆柱齿轮低，其后果相当于把齿宽减少 15%，即取有效齿宽 $b_r = 0.85b$ 进行强度计算。此外，直齿锥齿轮的传动精度低，很难实现两对齿分担载荷，所以强度计算中不考虑重合度的影响，即 Z_ε、Y_ε 均为 1，当然也就不计入齿间载荷分配系数 K_α。

8.9.2 几何参数的计算

直齿锥齿轮的齿廓参数以大端为标准，所以，需要把当量齿轮的参数用大端的参数来表示。

图 8.32 为一对相啮合的直齿锥齿轮。由图中可得：

大端分度圆直径 $d_1 = mz_1 \qquad d_2 = mz_2$

锥顶距
$$R = \frac{1}{2}\sqrt{d_1^2 + d_2^2} = \frac{d_1}{2}\sqrt{u^2 + 1} \tag{8.31}$$

分度锥顶角
$$\tan\delta_1 = \frac{d_1}{d_2} = \frac{1}{u} \qquad \tan\delta_2 = \frac{d_2}{d_1} = u \tag{8.32}$$

$$\left.\begin{aligned} \cos\delta_1 &= \frac{d_2}{2R} = \frac{d_2}{d_1}\frac{1}{\sqrt{u^2 + 1}} = \frac{u}{\sqrt{u^2 + 1}} \\ \cos\delta_2 &= \frac{d_1}{2R} = \frac{1}{\sqrt{u^2 + 1}} \end{aligned}\right\} \tag{8.33}$$

设 $\phi_R = \dfrac{b}{R}$，则齿宽

$$b = \phi_R R \tag{8.34}$$

齿宽中点分度圆直径

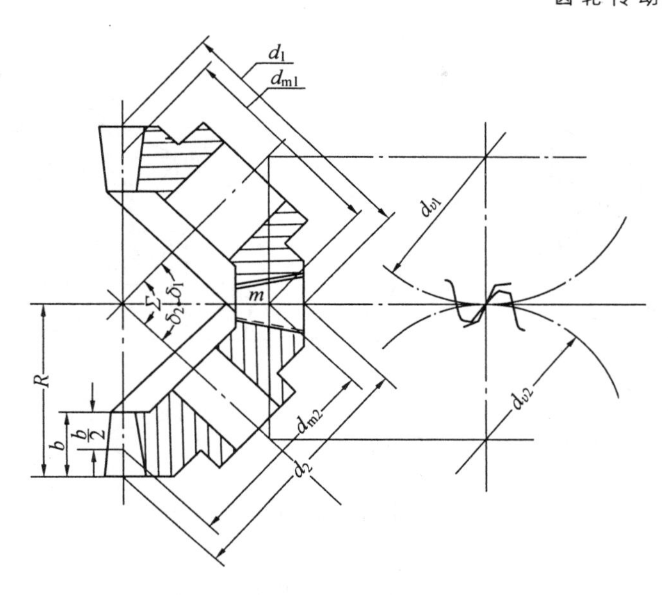

图 8.32　直齿锥齿轮的几何关系

$$\left.\begin{aligned} d_{m1} &= d_1 \frac{R-0.5b}{R} = d_1(1-0.5\phi_R) \\ d_{m2} &= d_2(1-0.5\phi_R) \end{aligned}\right\} \tag{8.35}$$

当量齿轮分度圆直径

$$\left.\begin{aligned} d_{v1} &= \frac{d_{m1}}{\cos\delta_1} = d_1(1-0.5\phi_R)\frac{\sqrt{u^2+1}}{u} \\ d_{v2} &= \frac{d_{m2}}{\cos\delta_2} = d_2(1-0.5\phi_R)\sqrt{u^2+1} \end{aligned}\right\} \tag{8.36}$$

当量齿轮模数

$$m_v = m_m = \frac{d_{m1}}{z_1} = m(1-0.5\phi_R) \tag{8.37}$$

当量齿轮齿数

$$\left.\begin{aligned} Z_{v1} &= \frac{d_{v1}}{m_m} = \frac{d_{m1}}{m_m\cos\delta_1} = \frac{z_1}{\cos\delta_1} \\ Z_{v2} &= \frac{d_{v2}}{m_m} = \frac{z_2}{\cos\delta_2} \end{aligned}\right\} \tag{8.38}$$

当量齿轮齿数比

$$u_v = \frac{Z_{v2}}{Z_{v1}} = \frac{Z_2\cos\delta_1}{z_1\cos\delta_2} = u\tan\delta_2 = u^2 \tag{8.39}$$

8.9.3　轮齿受力分析

忽略齿面摩擦力，并假设齿面法向力 F_n(N) 集中作用在齿宽中点的法截面齿廓上，在分度圆上可将其分解为三个互相垂直的力，如图 8.33 所示。

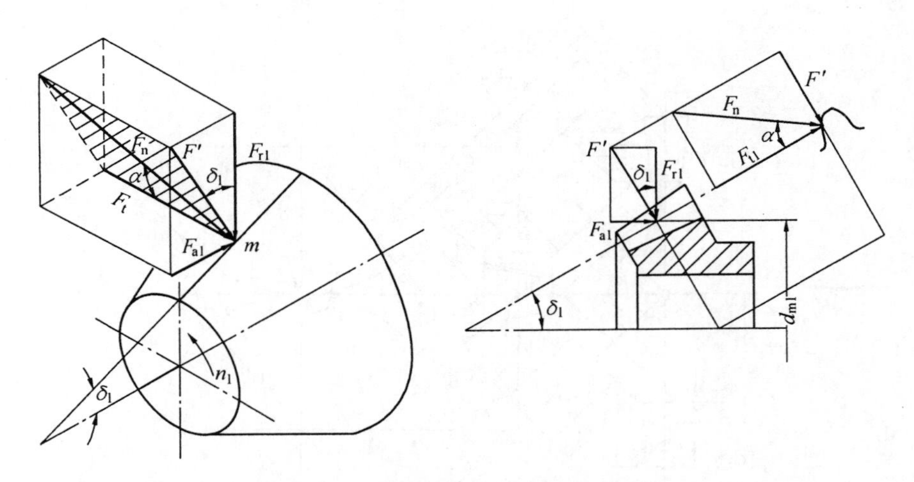

图 8.33　直齿锥齿轮传动受力分析

$$\left.\begin{aligned} &\text{圆周力} \quad F_t = \frac{2T_1}{d_{m1}} = \frac{2T_1}{d_1(1-0.5\phi_R)} \\ &\text{径向力} \quad F_{r1} = F'\cos\delta_1 = F_t\tan\alpha\cos\delta_1 \\ &\text{轴向力} \quad F_{a1} = F'\sin\delta_1 = F_t\tan\alpha\sin\delta_1 \end{aligned}\right\} \tag{8.40}$$

式中　T_1——小齿轮传递的名义转矩(N · mm);

α——分度圆压力角,标准齿轮 $\alpha = 20°$

一个齿轮的轴向力与另一个齿轮的径向力大小相等、方向相反,即

$$F_{a2} = -F_{r1} \qquad F_{r2} = -F_{a1}$$

垂直于齿面的法向力为

$$F_n = \frac{F_t}{\cos\alpha} \tag{8.41}$$

各力的方向:圆周力 F_t 的方向在主动轮上与其作用点圆周速度方向相反,在从动轮上与其作用点圆周速度的方向相同。主、从动轮上的径向力 F_r 分别指向各自的轮心;轴向力 F_a 则分别指向各自的大端。

载荷系数

$$K = K_A K_v K_\beta \tag{8.42}$$

式中　K_A——使用系数,按表 8.3 查取;

K_v——动载系数,由图 8.7 按降低一级精度查取。例如,8 级精度的锥齿轮的 K_v 值,按 9 级精度的圆柱齿轮的 K_v 选取;

K_β——齿向载荷分布系数,按图 8.11 查取,图中齿宽系数

$$\phi_{dm} = \frac{b}{d_{m1}} = \phi_R \frac{\sqrt{u^2+1}}{2-\phi_R}$$

8.9.4　齿面接触疲劳强度计算

将当量齿轮的有关参数代入式(8.7),并略去重合度系数 Z_ε,得

$$\sigma_H = Z_E Z_H \sqrt{\frac{KF_t}{0.85bd_{v1}} \cdot \frac{u_v \pm 1}{u_v}} \leqslant [\sigma]_H \tag{8.43}$$

将式(8.38)、式(8.39)代入上式,得齿面接触强度的校核公式

$$\sigma_H = Z_E Z_H \sqrt{\frac{KF_t}{0.85bd_1(1-0.5\phi_R)} \frac{\sqrt{u^2+1}}{u}} \leqslant [\sigma]_H \tag{8.44}$$

将 $b = \phi_R R = \frac{d_1}{2}\phi_R \sqrt{u^2+1}$、$F_t = \frac{2T_1}{d_1(1-0.5\phi_R)}$ 代入上式,得齿面接触强度的设计公式

$$d_1 \geqslant \sqrt[3]{\frac{4KT_1}{0.85\phi_R u(1-0.5\phi_R)^2}\left(\frac{Z_E Z_H}{[\sigma]_H}\right)^2} \tag{8.45}$$

式中 Z_E—— 材料弹性系数($\sqrt{\text{MPa}}$),由表8.5查取;

Z_H—— 节点区域系数,由图8.14查取,对标准传动或高变位传动,$Z_H = 2.5$;

$[\sigma]_H$—— 许用接触应力,按式(8.26)计算。

8.9.5 齿根弯曲疲劳强度计算

将当量齿轮的有关参数代入式(8.12),并略去重合度系数 Y_ε,得直齿锥齿轮的齿根弯曲强度校核公式为

$$\sigma_F = \frac{KF_t}{0.85bm_m} Y_F Y_s = \frac{KF_t}{0.85bm(1-0.5\phi_R)} Y_F Y_s \leqslant [\sigma]_F \tag{8.46}$$

将 $F_t = \frac{2T_1}{d_1(1-0.5\phi_R)}$、$b = \frac{d_1}{2}\phi_R \sqrt{u^2+1}$ 代入上式,得齿根弯曲疲劳强度的设计公式为

$$m \geqslant \sqrt[3]{\frac{4KT_1 Y_F Y_s}{0.85\phi_R Z_1^2 (1-0.5\phi_R)^2 \sqrt{u^2+1}\ [\sigma]_F}} \tag{8.47}$$

式中的齿形系数 Y_F 和应力修正系数 Y_S,根据当量齿数 Z_v,由图8.19、8.20查取,齿根弯曲疲劳许用应力 $[\sigma]_F$ 按式(8.29)计算。

8.9.6 主要参数选择

(1) 小齿轮不发生根切的最小齿数 $z_{min1} = 17\cos\delta_1$,$\delta_1$ 由齿数比 u 确定。

(2) 齿数比 u 影响锥顶角的大小,一般取 $u \leqslant 3$,最大不超过5。

(3) 因当量齿轮沿齿宽载荷分布不均情况比圆柱齿轮严重,所以一般取齿宽系数 $\phi_R = 0.3$,但应使 $b \geqslant 4m$,m 为模数。

【例8.3】 设计一个单级锥齿轮减速器的直齿锥齿轮传动,如图8.34所示,轴交角 $\Sigma = 90°$。已知小齿轮1传递的功率 $P_1 = 5.45$ kW,小齿轮1的转速为 $n_1 = 960$ r/min,传动比 $i = 2.5$,电动机驱动,载荷平稳,单向转动,每天工作两班,使用年限为12年。

【解】

1. 选择齿轮材料、热处理方式和精度等级

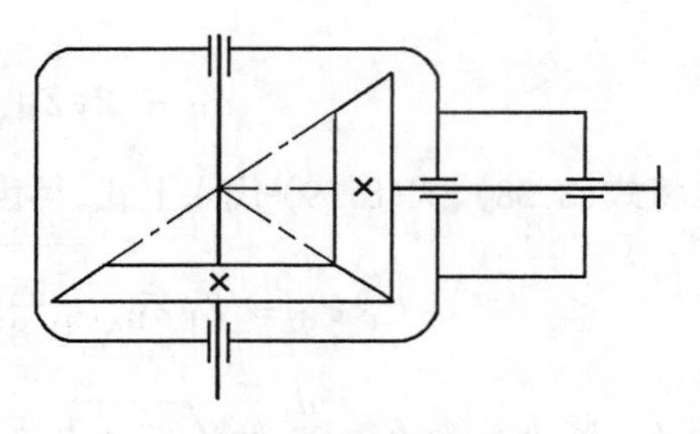

图 8.34　单级圆锥齿轮速器

大、小齿轮均选用45号钢，由表8.2得：小齿轮1调质处理，齿面硬度为217 ~ 255 HBW，平均硬度为236 HBW；大齿轮正火处理，齿面硬度为162 ~ 217 HBW，平均硬度为190 HBW。大、小齿轮齿面平均硬度差为46 HBW，在30 ~ 50 HBW范围内。选用8级精度。

2.初步计算传动主要尺寸

按齿面接触疲劳强度进行设计，由式(8.45)

$$d_1 \geqslant \sqrt[3]{\frac{4KT_1}{0.85\phi_R u(1-0.5\phi_R)^2}\left(\frac{Z_E Z_H}{[\sigma]_H}\right)^2}$$

式中各计算参数：

(1) 小齿轮1传递的转矩 T_1

$$T_1 = 9.55\times10^6\frac{P_1}{n_1} = 9.55\times10^6\frac{5.45}{960} = 54\ 216\ \text{N}\cdot\text{mm}$$

(2) 初选载荷系数 $K_t = 1.3$。

(3) 由表8.5查得弹性系数 $Z_E = 189.8\sqrt{\text{MPa}}$。

(4) 直齿轮。由图8.14查得节点区域系数 $Z_H = 2.5$。

(5) 齿数比 $u = i = 2.5$。

(6) 取齿宽系数 $\phi_R = 0.3$。

(7) 许用接触应力，可由式 $[\sigma]_H = \frac{Z_N\sigma_{Hlim}}{S_H}$（式8.26）算得。

由图8.28(e)、(a)得接触疲劳极限应力 $\sigma_{Hlim1} = 570$ MPa，$\sigma_{Hlim2} = 390$ MPa。

由式(8.28)，小齿轮1与大齿轮2的应力循环次数分别为

$$N_1 = 60\ n_1 a L_h = 60\times960\times1\times2\times8\times250\times12 = 2.764\ 8\times10^9$$

$$N_2 = \frac{N_1}{u} = 2.764\ 8\times10^9/2.5 = 1.105\ 92\times10^9$$

由图8.29查得寿命系数

$$Z_{N1} = Z_{N2} = 1.0$$

由表8.7取安全系数

$$S_H = 1.0$$

$$[\sigma]_{H1} = \frac{Z_{N1}\sigma_{Hlim1}}{S_H} = \frac{1.0\times570}{1.0} = 570\ \text{MPa}$$

$$[\sigma]_{H2} = \frac{Z_{N2}\sigma_{Hlim2}}{S_H} = \frac{1.0\times400}{1.0} = 390\ \text{MPa}$$

故取

$$[\sigma]_H = [\sigma]_{H2} = 390\ \text{MPa}$$

初算小齿轮1的分度圆直径 d_{1t}，得

$$d_{1t} \geqslant \sqrt[3]{\frac{4K_tT_1}{0.85\phi_R u(1-0.5\phi_R)^2}\left(\frac{Z_E Z_H}{[\sigma]_H}\right)^2} = \sqrt[3]{\frac{4\times1.3\times54\ 216}{0.85\times0.3\times2.5(1-0.5\times0.3)^2}\times\left(\frac{189.8\times2.5}{390}\right)^2} = 96.765\ \text{mm}$$

3.确定传动尺寸

(1) 计算载荷系数 K。由表8.3查得使用系数

$$K_A = 1.0$$

由式(8.35)得

$$d_{m1} = d_{1t}(1-0.5\phi_R) = 96.765(1-0.5\times0.3) = 82.250\ \text{mm}$$

故 $$v_{m1}=\frac{\pi d_{m1t}n_1}{60\times 1\ 000}=\frac{\pi\times 82.250\times 960}{60\times 1\ 000}=4.13\ \text{m/s}$$

由图8.7按9级精度查得动载系数 $K_v=1.27$

$$\phi_{dm}=\frac{\phi_R\sqrt{u^2+1}}{2-\phi_R}=\frac{0.3\times\sqrt{2.5^2+1}}{2-0.3}=0.475$$

由图8.11查得齿向载荷分布系数 $K_\beta=1.12$,故

$$K=K_AK_vK_\beta=1.0\times 1.27\times 1.12=1.42$$

(2) 修正小齿轮1分度圆直径 $d_1=d_{1t}\sqrt[3]{\dfrac{1.42}{1.3}}=99.655\ \text{mm}$。

(3) 选齿数 $z_1=25,z_2=uz_1=2.5\times 2.5=62.5$ 取 $z_2=63$,则

$$u'=\frac{63}{25}=2.52,\frac{\Delta u}{u}=\frac{2.52-2.5}{25}=0.8\%$$

在允许范围内。

(4) 大端模数 $m/\text{mm}=\dfrac{d_1}{z_1}=\dfrac{99.655}{25}=3.986$,按表8.1取标准模数 $m=4\ \text{mm}$。

(5) 大端分度圆直径

$$d_1=mz_1=4\times 25=100>99.655\ \text{mm}$$

$$d_2=mz_2=4\times 63=252\ \text{mm}$$

(6) 锥顶距。由式(8.31)得

$$R=\frac{d_1}{2}\sqrt{u^2+1}=\frac{100}{2}\sqrt{2.52^2+1}=135.558\ \text{mm}$$

(7) 齿宽。由式(8.34)得

$$b=\phi_R R=0.3\times 135.558=40.667\ \text{mm}$$

取 $b=42\ \text{mm}$。

4.校核齿根弯曲疲劳强度

由式(8.46)

$$\sigma_F=\frac{KF_t}{0.85bm(1-0.5\phi_R)}Y_FY_s\leqslant[\sigma]_F$$

式中各计算参数:

(1) K、b、m、ϕ_R 同前;

(2) 圆周力 F_t 可由式(8.40)算得

$$F_t=\frac{2T_1}{d_1(1-0.5\phi_R)}=\frac{2\times 54\ 216}{100(1-0.5\times 0.3)}=1\ 275.7\ \text{N}$$

(3) 齿形系数 Y_F 和应力修正系数 Y_s。

由式(8.33)得

$$\cos\delta_1=\frac{u}{\sqrt{u^2+1}}=\frac{2.52}{\sqrt{2.52^2+1}}=0.929\ 5$$

$$\cos\delta_2=\frac{1}{\sqrt{u^2+1}}=\frac{1}{\sqrt{2.52^2+1}}=0.368\ 8$$

由式(8.38)得

$$Z_{v1}=\frac{z_1}{\cos\delta_1}=\frac{25}{0.929\ 5}=26.9$$

$$Z_{v2}=\frac{z_2}{\cos\delta_2}=\frac{63}{0.368\ 8}=170.8$$

由图8.19查得

$$Y_{F1}=2.58,Y_{F2}=2.12$$

由图 8.20 查得

$$Y_{s1}=1.6, Y_{s2}=1.83$$

(4) 许用弯曲应力可由式(8.29)算得

$$[\sigma]_F=\frac{Y_N\sigma_{Flim}}{S_F}$$

由图 8.28(f)、(b) 查得弯曲疲劳极限应力

$$\sigma_{Flim1}=220\ \text{MPa}, \sigma_{Flim2}=170\ \text{MPa}$$

由图 8.30 查得寿命系数 $Y_{N1}=Y_{N2}=1.0$

由表 8.7 查得安全系数 $S_F=1.25$

故

$$[\sigma]_{F1}=\frac{Y_{N1}\sigma_{Flim1}}{S_F}=\frac{1.0\times220}{1.25}=\frac{1.0\times220}{1.25}=176\ \text{MPa}$$

$$[\sigma]_{F2}=\frac{Y_{N2}\sigma_{Flim2}}{S_F}=\frac{1.0\times170}{1.25}=136\ \text{MPa}$$

$$\sigma_{F1}=\frac{KF_t}{0.85bm(1-0.5\phi_R)}Y_{F1}Y_{s1}=\frac{1.37\times1\,275.7}{0.85\times42\times4(1-0.5\times0.3)}\times2.58\times1.6=59.4\ \text{MPa}<[\sigma]_{F1}$$

$$\sigma_{F2}=\sigma_{F1}\times\frac{Y_{F2}Y_{s2}}{Y_{F1}Y_{s1}}=59.4\times\frac{2.12\times1.83}{2.58\times1.6}=55.9\ \text{MPa}<[\sigma]_{F2}$$

满足齿根弯曲疲劳强度。

5. 计算齿轮传动其他几何尺寸(略)

6. 齿轮结构设计并绘制齿轮零件工作图(略)

8.10 齿轮的结构设计

齿轮传动的强度和几何计算只能确定出齿轮的主要尺寸,如分度圆直径、顶圆和根圆直径、齿宽等。而轮缘、轮辐和轮毂的结构形状和尺寸,则需由结构设计确定。设计时通常根据齿轮尺寸大小、材料和加工方法等选择合适的结构形式,再根据经验公式确定具体尺寸。

1. 齿轮轴

如果圆柱齿轮的齿根圆到键槽底面的径向距离 $e\leqslant2.5$ m(或 m_n)(图 8.35(a)),锥齿轮小端齿根圆到键槽底面的径向距离 $e<1.6$ m(图 8.35(b)),则可将齿轮与轴做成一体,称为齿轮轴,如图 8.36 所示。

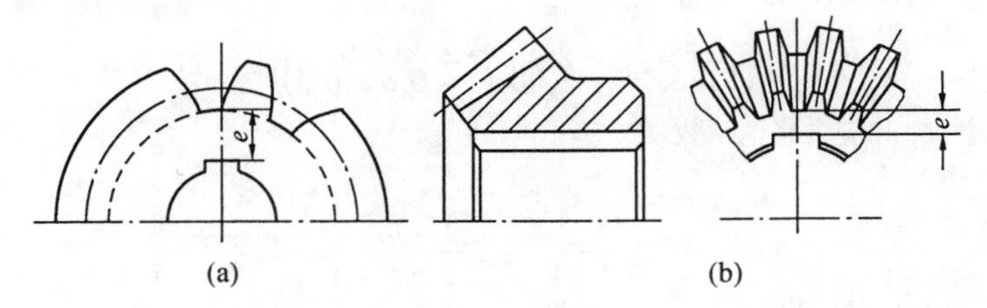

图 8.35 齿轮结构尺寸 e

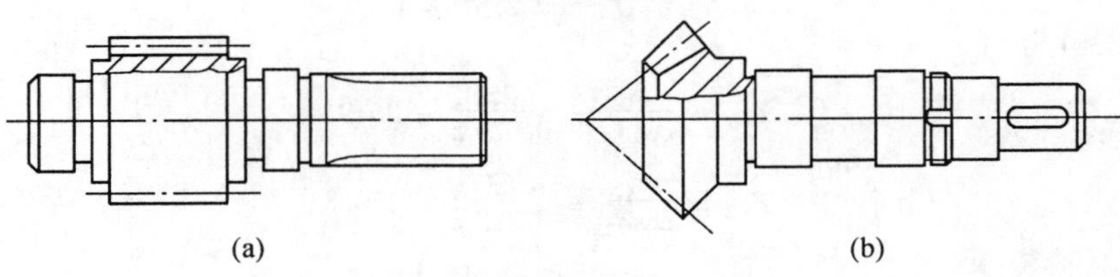

图 8.36 齿轮轴

2. 实心式齿轮

当齿顶圆直径 $d_a \leqslant 200$ mm，且 e 超过上述尺寸界限，则可做成实心式结构(图 8.37)。

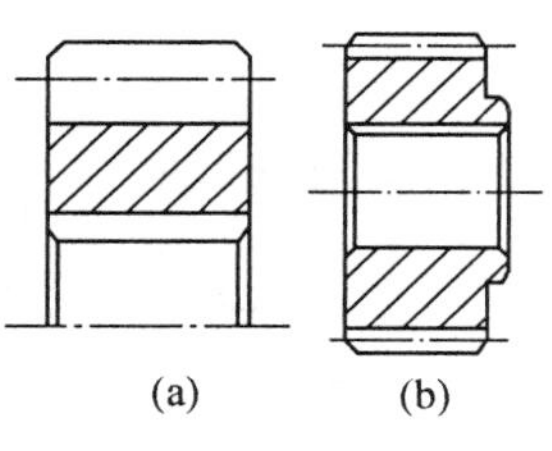

图 8.37 实心结构的齿轮

3. 腹板式齿轮

当齿顶圆直径 $d_a \leqslant 500$ mm 时，为了减少质量和节约材料，通常要用腹板式结构。应用最广泛的是锻造腹板式齿轮(图 8.38)，对铸铁或铸钢的不重要齿轮，则采用铸造腹板式齿轮(图 8.39)。

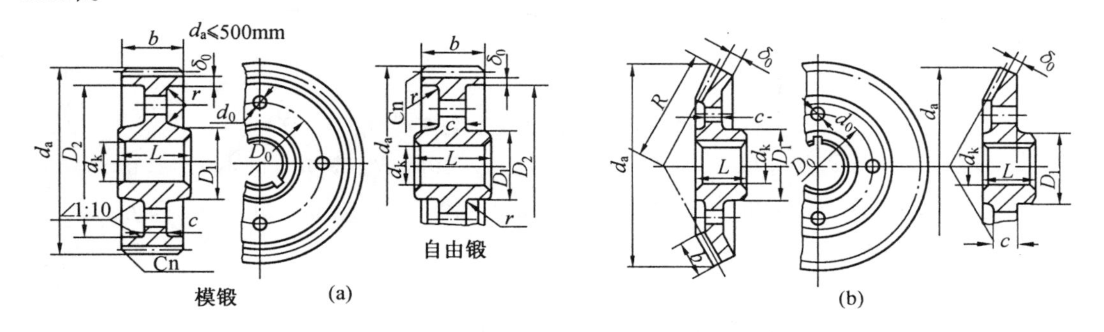

图 8.38 腹板式锻造齿轮结构

$D_1 \approx 1.6\ d_k$；$D_2 \approx d_a - 10m$；$L = (1.2 \sim 1.5)d_k$；$r = 0.5c$；圆柱齿轮：$D_0 \approx 0.5(D_1 + D_2)$；$d_0 \approx 0.25(D_2 - D_1)$；$\delta_0 = (2.5 \sim 4)m$(或 m_n) $\geqslant 10$ mm；$c = (0.2 \sim 0.3)b$；锥齿轮：$\delta_0 = (3 \sim 4)m \geqslant 10$ mm；或 $\delta_0 \approx 0.2R$；D_0、d_0 由结构设计确定

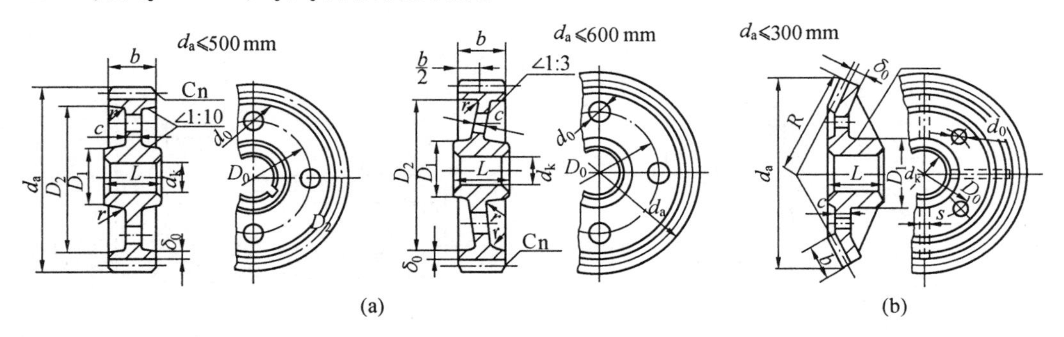

图 8.39 腹板式铸造齿轮结构

$D_1 = 1.6d_k$(铸钢)，$D_1 = 1.8d_k$(铸铁)；$L = (1.2 \sim 1.5)d_k$，$L \geqslant b$；$\delta_0 = (2.5 \sim 4)m$(或 m_n)，且 $\delta_0 \geqslant 8 \sim 10$ mm；$n = 0.5\ m_n$；$r \approx 0.5c$，$c = 0.2b \geqslant 10$ mm；$D_0 = 0.5(D_1 + D_2)$；$d_0 = 0.25(D_2 - D_1)$；对锥齿轮：$L = (1 \sim 1.2)d_k$；$\delta_0 = (3 \sim 4)m$，且 $\delta_0 \geqslant 10$ mm；$c = (0.1 \sim 0.17)R \geqslant 10$ mm；$s = 0.8c \geqslant 10$ mm；D_0、d_0 按结构确定

4. 轮辐式齿轮

当齿轮直径较大，如 $d_a = (500 \sim 1\ 000)$ mm，多采用轮辐式的铸造结构(图 8.40)。轮辐剖面形状可以是椭圆形(轻载)、T字形与十字形(中载)及工字形(重载)等，锥齿轮的轮辐剖面形状只用 T 字形(图 8.41)。

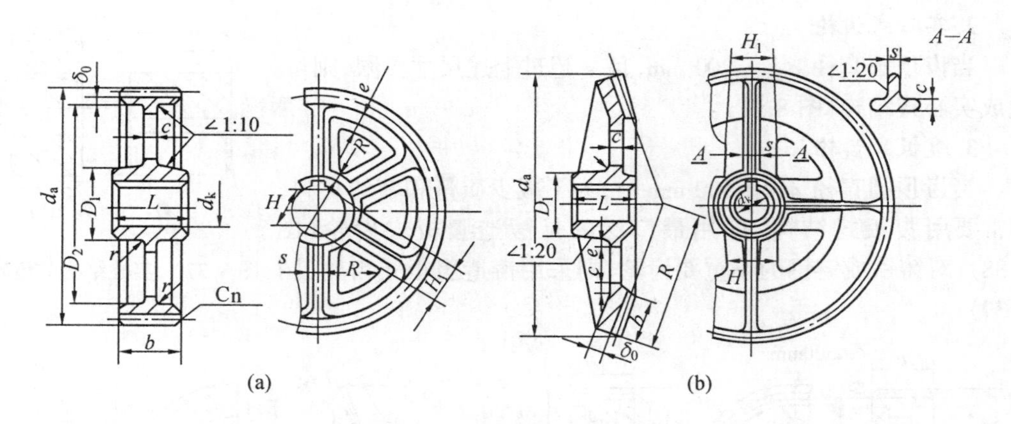

图 8.40　轮辐式铸造齿轮结构

$D_1=(1.6\sim1.8)d_k$；$L=(1.2\sim1.5)d_k\geqslant b$；$D_2\approx d_a-10m$（或 m_n）；$H\approx0.8d_k$；$H_1\approx0.8H$；$c\approx0.2H$；$S\approx H/6$；r、R 由结构确定。对锥齿轮：$L=(1.0\sim1.2)d_k$；$\delta_0=(3\sim4)m\geqslant10$ mm；$c=(0.1\sim0.17)R\geqslant10$ mm；$S\approx0.8c\geqslant10$ mm

5. 镶套式齿轮

对于大直径的齿轮，为节省材料可采用镶套式齿圈，如图 8.42 所示。如锻造的钢齿圈，用热压配合而镶套在铸铁或铸钢的轮芯上，并在配合缝上加 4 ~ 8 个紧定螺钉。

6. 焊接式齿轮

对于单件生产的、尺寸过大又不宜于铸造的齿轮，可采用焊接结构，如图 8.43 所示。

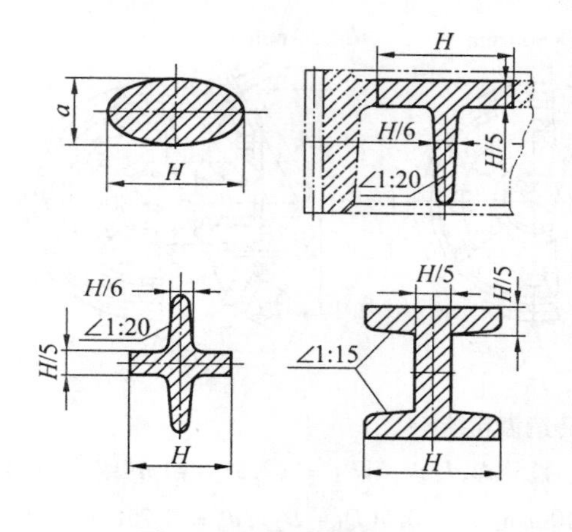

图 8.41　轮辐结构形式

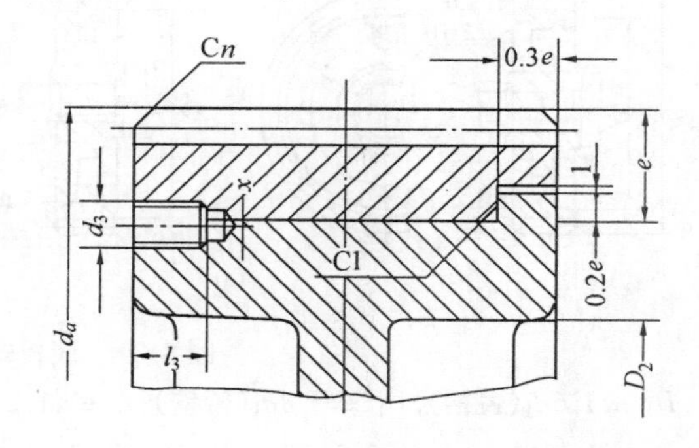

图 8.42　镶套式齿轮

$e\approx5$ m；$d_3\approx0.05\ d_k$（d_k 为轴径）；

$D_2\approx d_a-18$ m；$l_3\approx0.15\ d_k$；

骑缝螺钉数为 4 ~ 8；$x=(1\sim3)$mm

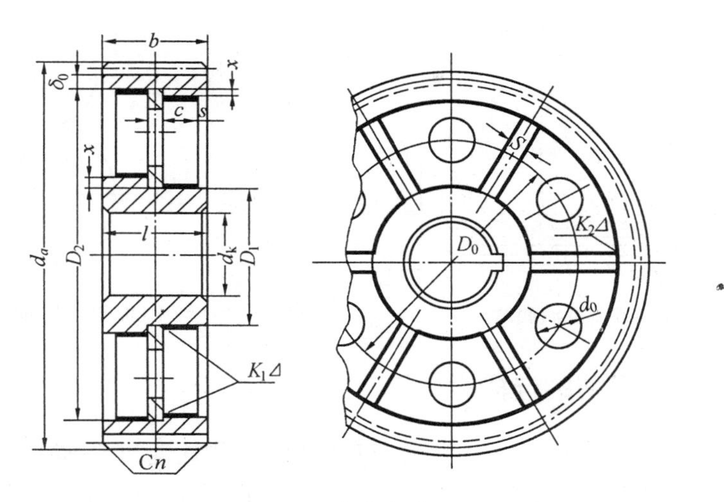

图 8.43 焊接齿轮

$D_1 = 1.6\ d_k$; $L = (1.2 \sim 1.5) d_k \geqslant b$; $\delta_0 \approx 2.5m$(或 m_n) $\geqslant 8$ mm; $c = (0.1 \sim 0.15) b \geqslant 8$ mm; $S \approx 0.8c$; $x = 5$ mm; $D_0 \approx 0.5(D_1 + D_2)$; $d_0 \approx 0.2(D_2 - D_1)$; $n = 0.5m$ 或(m_n); $K_1 = \frac{2}{3}c$; $K_2 = \frac{2}{3}c$

8.11 齿轮传动的润滑

齿轮传动时,相啮合的齿面间承受很大压力又有相对滑动,所以必须进行润滑。润滑油除减小摩擦磨损外,还可以散热冷却。

8.11.1 齿轮传动的润滑方式

因开式和半开式齿轮传动的速度低,因而一般采用人工定期加油或在齿面涂抹润滑脂。

在闭式传动中,润滑方式取决于齿轮的圆周速度 v。当 $v \leqslant 10$ m/s 时,可采用浸油润滑,如图 8.44 所示。将大齿轮浸入油池中,转动时,大齿轮将油带入啮合处进行润滑,同时还将油甩到箱体内壁上散热。圆柱齿轮的浸油深度不应小于 10 mm,但浸油深度最大不能超过最大齿轮半径的 1/4 ~ 1/3,以免搅油损耗功率过大。对锥齿轮浸油深度则最少为(0.7 ~1) 个齿宽,但亦不应小于 10 mm。当 $v > 10$ m/s 时,因离心力较大,宜采用喷油润滑,如图 8.45 所示,用 2 ~ 2.5 大气压的压力油喷入啮合处。喷油的方向与齿轮的圆周速度及转向有关,当 $v \leqslant 25$ m/s 时,喷嘴位于轮上啮入边和啮出边均可;当 $v > 25$ m/s 时,喷油嘴应位于轮齿的啮出边,以便使润滑油能及时冷却刚啮合过的轮齿,同时也对轮齿进行润滑。

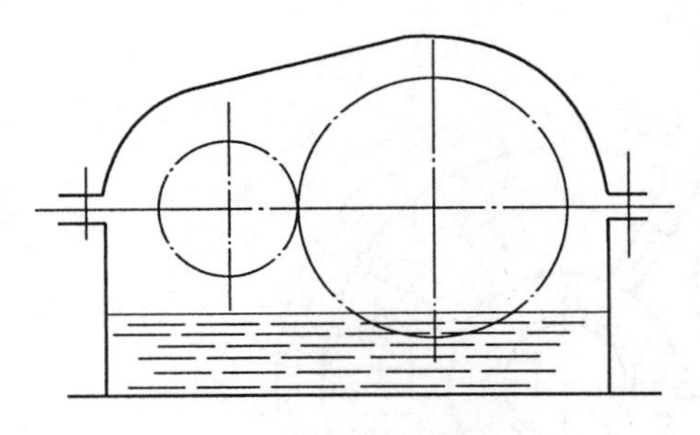

图 8.44 浸油润滑

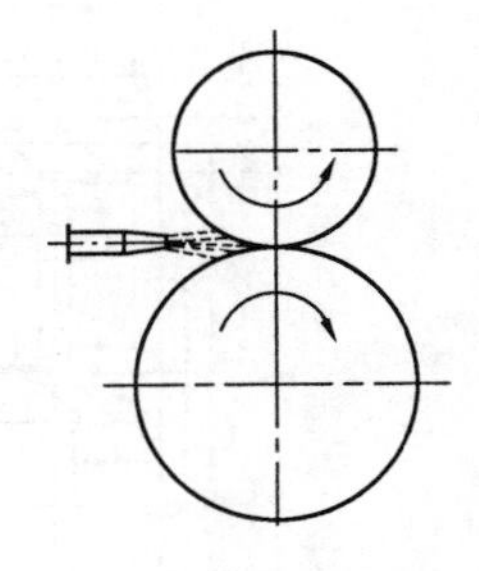

图 8.45 喷油润滑

8.11.2 润滑剂的选择

选择润滑剂时,要考虑齿面上的载荷及齿轮的圆周速度和工作温度,以使齿面上能保持有一定厚度且能承受一定压力的润滑油膜。一般根据齿轮的圆周速度 v 选择润滑油黏度,根据黏度选择润滑油的牌号。表 8.8 为齿轮传动荐用的润滑油黏度。

表 8.8 齿轮传动润滑油黏度荐用值

齿轮材料	强度极限 σ_B/MPa	圆周速度/$(m \cdot s^{-1})$						
		≤0.5	>0.5~1	>1~2.5	>2.5~5	>5~12.5	>12.5~25	>25
		黏度 °E_{50}(°E_{100})						
塑料、铸铁、青铜	—	24(3)	16(2)	11	6	6	4.5	—
钢	470~1 000	36(4.5)	24(3)	16(2)	11	8	6	4.5
	>1 000~1 250	36(4.5)	36(4.5)	24(3)	16(2)	11	8	6
渗碳或表面淬火的钢	1 250~1 580	60(7)	36(4.5)	36(4.5)	24(3)	16(2)	11	8

注:① 多级齿轮传动,采用各级传动圆周速度的平均值来选取润油黏度。

② 对于 σ_B > 800 MPa 的镍铬钢制齿轮(不渗碳)的润滑油黏度应取高一档的数值。

思考题与习题

8.1 分析题图8.1中的齿轮2、4和5的圆周力的方向(主动轮为顺时针方向转动)。(1) 当2和4为主动轮时;(2) 当1和5为主动轮时。

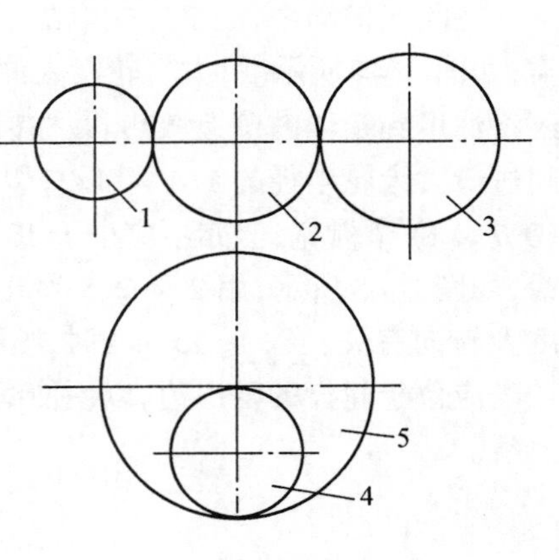

题 8.1 图

8.2 分析题图8.2中的斜齿轮1和2上的圆周力 F_t、径向力 F_r 和轴向力 F_a 的方向。当:(1)1轮主动、齿的旋向和转动方向如图所示时;(2)1轮主动,齿向和图示相反时;(3)2轮主动,其他条件与(1)相同;(4) 转向与图示相反,其他条件与(1)相同。

8.3 试分析题图8.3所示的齿轮传动中,各齿轮所受的力(用箭头表示出各力的作用位置及方向)。

8.4　已知题图 8.4 所示二级齿轮减速器中第一级小齿轮的齿向为右旋。试求：(1) 第一级大齿轮的旋向；(2) 第二级小齿轮的旋向如何确定，才能使中间轴上的轴向力最小(使中间轴上两齿轮的轴向力相反，以便抵消一部分)。

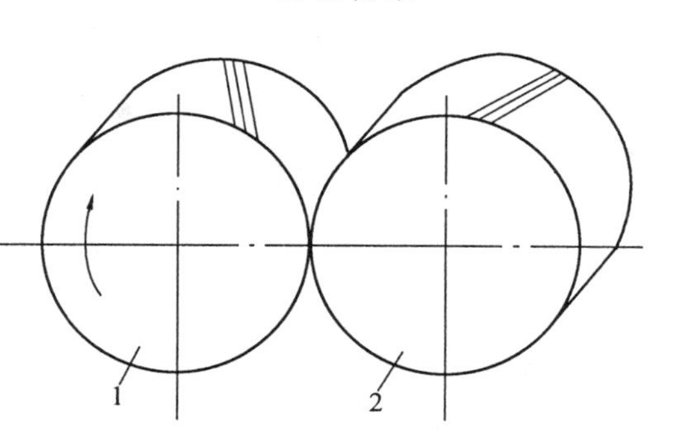

题 8.2 图

8.5　齿轮有哪些失效形式？发生失效的部位和机理是什么？采取哪些措施可减轻或防止各种失效？

8.6　齿轮传动的设计准则是什么？闭式和开式齿轮传动在设计上有何不同特点？

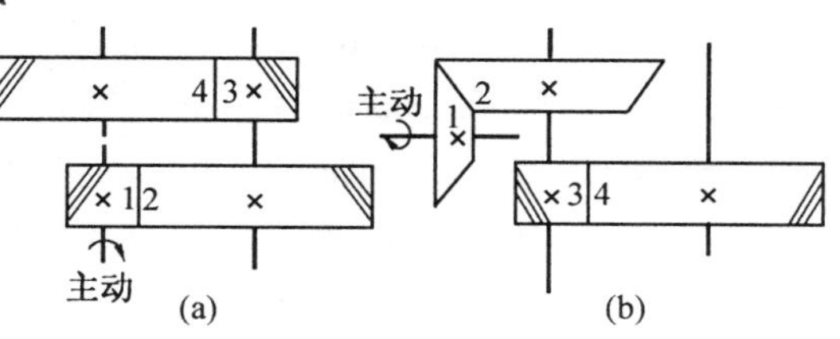

题 8.3 图

8.7　齿轮材料的选用原则是什么？常用材料和热处理方法有哪些？

8.8　计算轮齿应力时为什么不用名义载荷而要用计算载荷？

8.9　使用系数 K_A 和动载系数 K_v 都是考虑动载荷影响的系数，两者有何区别？

8.10　引起内部动载荷的原因是什么？有哪些措施可以使其减小？

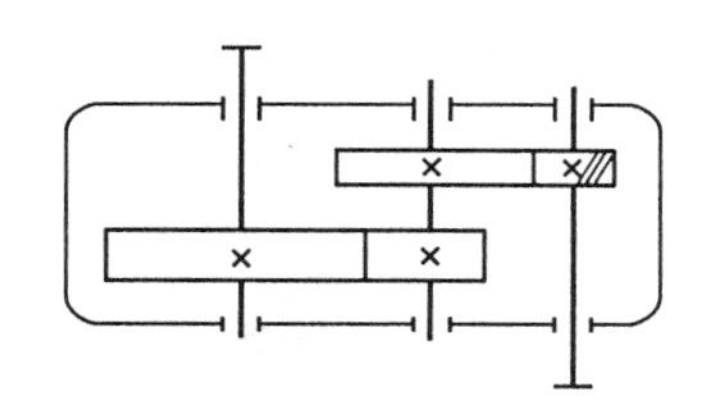
题 8.4 图

8.11　齿向载荷分布不均是怎样产生的？有哪些因素影响其不均的程度？

8.12　提高轮齿的抗点蚀能力和抗弯曲能力有哪些措施？

8.13　齿根弯曲应力计算公式中的 Y_F、Y_s、Y_ε、Y_β 和齿面接触应力计算公式中的 Z_E、E_H、E_ε、E_β 的意义是什么？各自如何取值？

8.14　齿轮传动中，相啮合两齿轮的齿面接触应力和齿根弯曲应力是否相等？为什么？

8.15　试设计闭式圆柱齿轮传动，已知 $P_1 = 7.5$ kW，$n_1 = 1\ 450$ r/min，$n_2 = 700$ r/min，二班制，工作 8 年，齿轮对轴承为不对称布置，传动平稳，齿轮精度为 7 级。

8.16　已知：一级圆柱齿轮减速器用电机驱动，工作平稳，中心距 $a = 230$ mm，$m_n = 3$ mm，$\beta = 11°58'7''$，$z_1 = 25$，$z_2 = 125$，$b = 115$ mm；小齿轮材料为 40Cr 调质、齿面硬度为 260 ~ 280 HBW，大齿轮材料为 45 号钢正火，齿面硬度 190 ~ 217 HBW；小齿轮转速 $n_1 = 975$ r/min，大齿轮转速 $n_2 = 195$ r/min，要求长寿命，试求此减速器的许用功率 P kW。可不必进行精确检验。

8.17　锥齿轮与圆柱齿轮在强度计算方面有何异同？

8.18　在设计一个由直齿圆柱齿轮、斜齿圆柱齿轮和直齿锥齿轮组成的多级传动时，它们的顺序应如何安排？为什么？

第9章 蜗杆传动

内容提要 蜗杆传动是用来传递空间互相垂直的两相错轴之间的运动和动力的一种机械传动形式。它与螺旋传动、齿轮传动有许多共同点,又有很多特点。本章主要介绍普通圆柱蜗杆传动的主要参数及几何尺寸计算,失效形式、设计计算准则及承载能力计算,效率、润滑及热平衡计算,蜗杆传动的结构等。

Abstract Worm gear drive is a kind of mechanical device for transmitting motion and power between the nonparallel and non-coplanar shafts. It has not only many the same features as power screw drives and gear transmissions, but also a lot of its own characteristics. In this chapter, you will learn the failure modes and the design criterions, you will learn how to calculate the major parameters and the geometrical dimensions, load-carrying capacity, transmission efficiency, lubrication and heat equilibrium of a usual cylindrical wormgearing, and also you will learn how to design such a configuration.

9.1 概 述

9.1.1 蜗杆传动的特点和应用

蜗杆传动是由蜗杆、蜗轮组成的用以传递空间交错轴间的运动和动力的一种机械传动,通常交错角为90°(图9.1)。

与齿轮传动相比较,蜗杆传动具有以下的特点:

(1) 单级传动比大,结构紧凑。在动力传动中,单级传动比 i 一般为8~80;只传递运动时(如在某些分度机构和仪表中),单级传动比 i 可达到1 000以上。

(2) 因为蜗杆齿是连续不断的螺旋齿,它和蜗轮轮齿的啮合过程是连续的,而且同时啮合的齿对数较多,故传动平稳,噪音小。

(3) 当蜗杆的导程角 γ 小于齿面间的当量摩擦角 ρ' 时,蜗杆传动可以实现自锁。

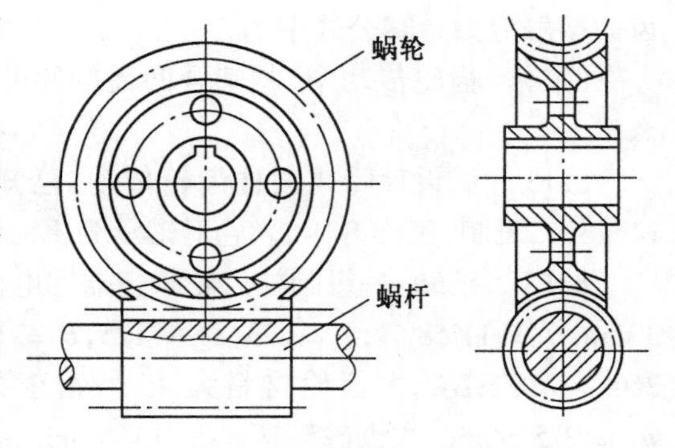

图9.1 圆柱蜗杆传动

(4) 因为蜗杆与蜗轮齿面间相对滑动速度较大,摩擦损失较大,所以传动效率比较低,当蜗杆主动时,传动效率 η 一般为0.7~0.9,而自锁蜗杆传动的效率 $\eta<0.5$。

(5) 蜗轮常用贵重的减摩材料(如青铜)来制造,成本较高。

由于上述特点,蜗杆传动常用在传动比大且要求结构紧凑或自锁的中、小功率传动场合。

所以在机床、汽车、冶金、矿山和起重运输机械设备等的传动系统及仪表中得到了广泛的应用。例如在机床工业中，蜗杆传动几乎成为一般低速转动工作台和分度机构最常用的传动形式；在起重运输机械中，各种提升设备、电梯和自动扶梯等也都采用了蜗杆传动。

9.1.2 蜗杆传动的类型

根据蜗杆形状不同，蜗杆传动可分为圆柱蜗杆传动(图 9.1)、环面蜗杆传动(图9.2)和锥蜗杆传动(图 9.3)三大类。其中应用最早、最广泛的是圆柱蜗杆传动。

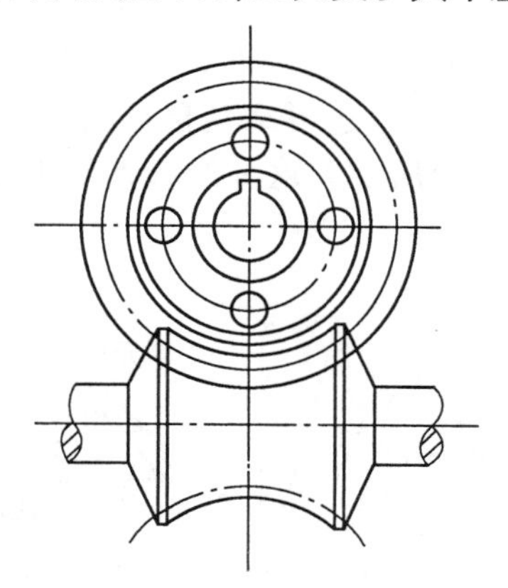

图 9.2 环面蜗杆传动

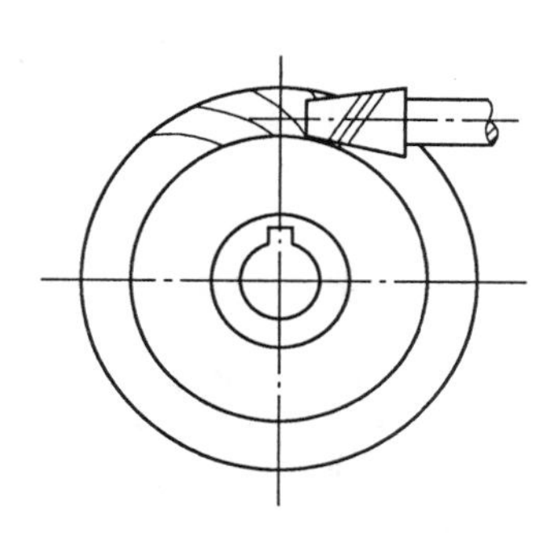

图 9.3 锥蜗杆传动

根据齿面形状不同，圆柱蜗杆传动又分为普通圆柱蜗杆传动和圆弧圆柱蜗杆传动两类。普通圆柱蜗杆的螺旋面是用直线刀刃或圆盘刀具加工的(图 9.4(a))，而圆弧圆柱蜗杆的螺旋面是用刃边为凸圆弧形的刀具加工的(图 9.4(b))。

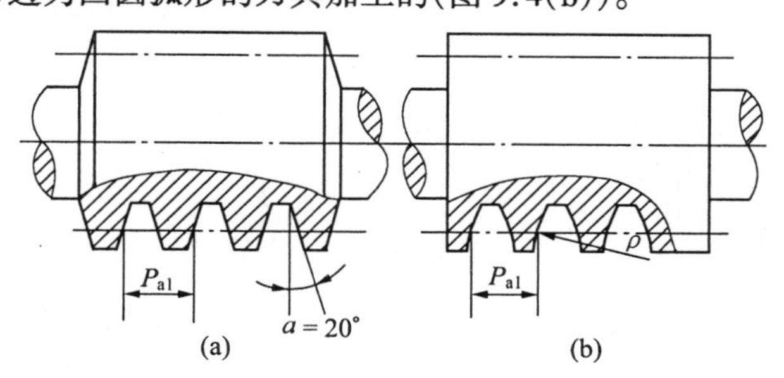

图 9.4 圆柱蜗杆的类型

普通圆柱蜗杆传动有多种类型，按齿廓曲线的不同，其蜗杆可分为图 9.5 所示的四种。

(1) 阿基米德蜗杆(ZA 蜗杆)。这种蜗杆的螺旋面可在车床上用直线刀刃的梯形车刀加工，加工时车刀刀刃与蜗杆轴线在同一水平面内。在垂直于蜗杆轴线的剖面(即端面)上，齿廓为阿基米德螺旋线，在通过蜗杆轴线的Ⅰ—Ⅰ剖面(即轴面)上，齿廓为直线，犹如直齿齿条的齿廓，如图 9.5(a)所示。当导程角 γ 较大时这种蜗杆加工不方便，且难于磨削，不易保证加工精度。因此阿基米德蜗杆材料通常只进行调质处理，然后车削，一般用于低速、轻载或不太重要的传动。

(2) 渐开线蜗杆(ZI 蜗杆)。这种蜗杆的螺旋面可用两把直线刀刃的车刀在车床上加工,刀刃顶面应与基圆柱相切,其中一把刀具刀刃高于蜗杆轴线,另一把刀具刀刃则低于蜗杆轴线。在端面上,齿廓为渐开线;轴面Ⅰ—Ⅰ上,齿廓为凸曲线,如图9.5(b)所示。这种蜗杆可以磨削,易保证加工精度,传动效率较其他直齿廓圆柱蜗杆传动高,一般用于蜗杆头数多、转速较高、较精密和传递功率较大的传动。

(3) 法向直廓蜗杆(ZN蜗杆)。这种蜗杆的螺旋面也可用直线刀刃的车刀在车床上加工,但车刀刀刃平面要置于螺旋线的法面上。在端面上,齿廓为延伸渐开线,在法面$N—N$上,齿廓为直线,如图9.5(c)所示。这种蜗杆可以磨削,一般用于蜗杆头数多、精密的传动。

(4) 锥面包络圆柱蜗杆(ZK蜗杆)。这种蜗杆的螺旋面是圆锥面族的包络曲面,是用盘状铣刀或砂轮加工的,加工时,除蜗杆做螺旋运动外,刀具还要绕其自身的轴线作回转运动。蜗杆在各个剖面上的齿廓均为曲线,如图9.5(d)所示。这种蜗杆便于磨削,易获得高精度,应用日渐广泛。

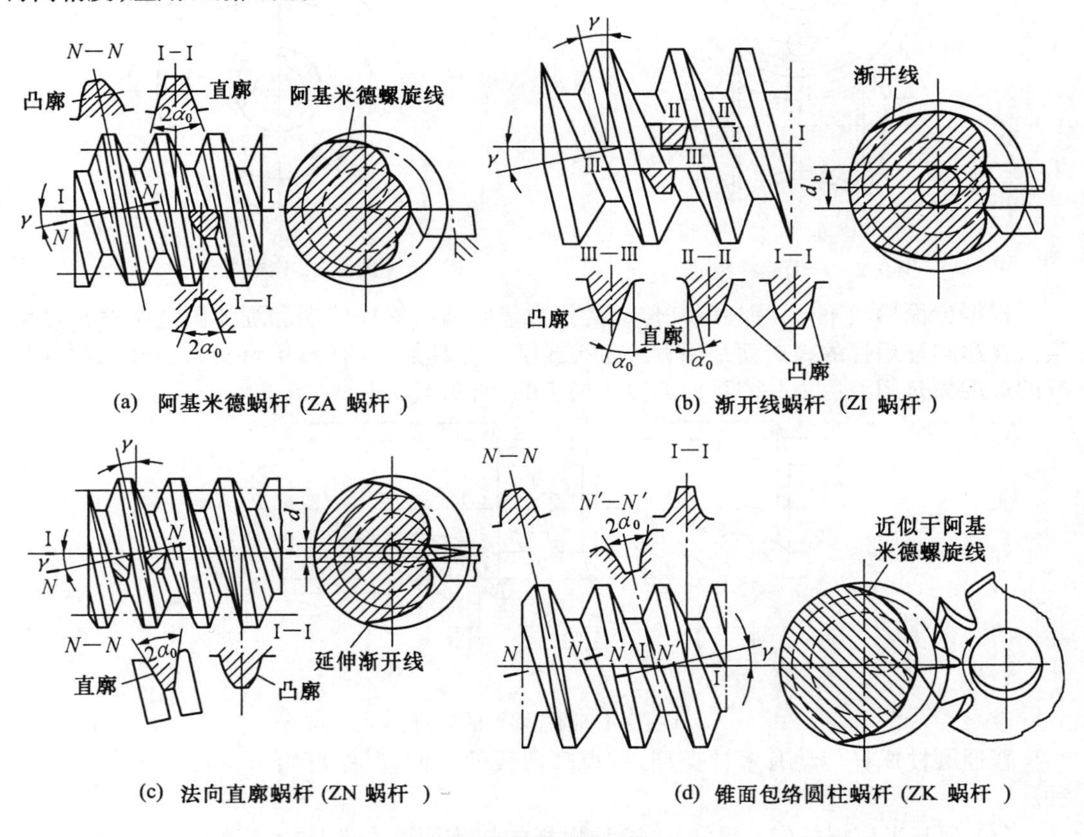

图9.5 普通圆柱蜗杆类型

蜗轮齿廓则完全随相配蜗杆的齿廓而定。蜗轮一般是在滚齿机上用蜗轮滚刀加工的,为了保证蜗杆和蜗轮能正确啮合,切削蜗轮的滚刀齿廓应与相应蜗杆的齿廓一致,但滚刀的齿顶高要比相应蜗杆的齿顶高大$C^* m$(C^*为径向间隙系数,m为模数);滚切时的中心距应与蜗杆传动的中心距相同。

本章重点以阿基米德蜗杆传动为例,讨论普通圆柱蜗杆传动的设计计算问题。在通过蜗杆轴线并垂直于蜗轮轴线的中间平面上，与阿基米德蜗杆相配的蜗轮是渐开线齿廓，蜗杆与蜗轮的啮合关系可以看做直齿齿条与渐开线齿轮的啮合关系，如图9.6所示。

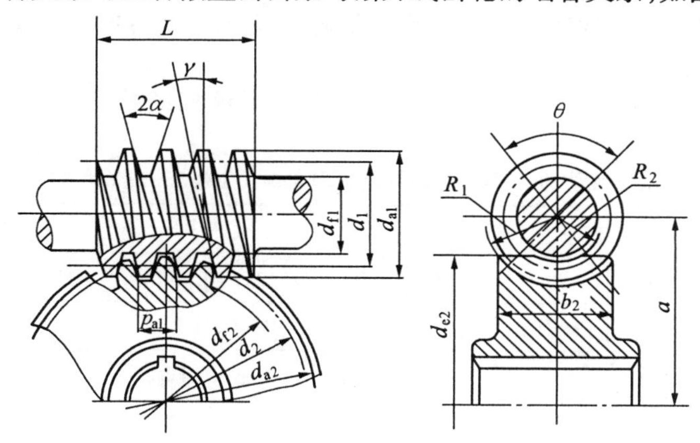

图9.6 阿基米德蜗杆传动的啮合关系和几何尺寸

9.2 普通圆柱蜗杆传动的主要参数和几何尺寸计算

由于阿基米德蜗杆传动在中间平面上相当于直齿齿条与渐开线齿轮的啮合关系，因此，在设计蜗杆传动时，通常取中间平面上的参数（如模数、压力角等）和尺寸（如齿顶圆、分度圆、齿根圆等）作为计算基准，并沿用齿轮传动的计算关系。

9.2.1 普通圆柱蜗杆传动的主要参数及其选择

蜗杆传动的主要参数有模数 m、压力角 α、蜗杆头数 z_1、蜗轮齿数 z_2、蜗杆分度圆直径 d_1 和蜗杆分度圆柱上的导程角 γ 等。进行蜗杆传动设计时，首先要正确地选择这些主要参数。

1. 蜗杆传动的正确啮合条件及模数 m 和压力角 α

蜗杆传动的正确啮合条件与齿条和齿轮传动相同。因此，在中间平面上，蜗杆的轴面模数 m_{a1}、轴面压力角 α_{a1}分别和蜗轮的端面模数 m_{t2}、端面压力角 α_{t2}相等，并均为标准值，即

$m_{a1}=m_{t2}=m$　　（标准模数见表9.1）

$\alpha_{a1}=\alpha_{t2}=\alpha$　　（标准压力角，取 $\alpha=20°$，对ZI、ZN和ZK蜗杆，其法面压力角 α_n 为标准值，$\alpha_n=20°$）

又因为蜗杆传动通常是交错角为90°的空间运动，蜗杆轮齿的螺旋线方向有左右之分，因此，为保证蜗杆传动的正确啮合，还必须使蜗杆与蜗轮轮齿的螺旋线方向相同，并且蜗杆分度圆柱上的导程角 γ 等于蜗轮分度圆柱上的螺旋角 β_2，即 $\gamma=\beta_2$（图9.7）。

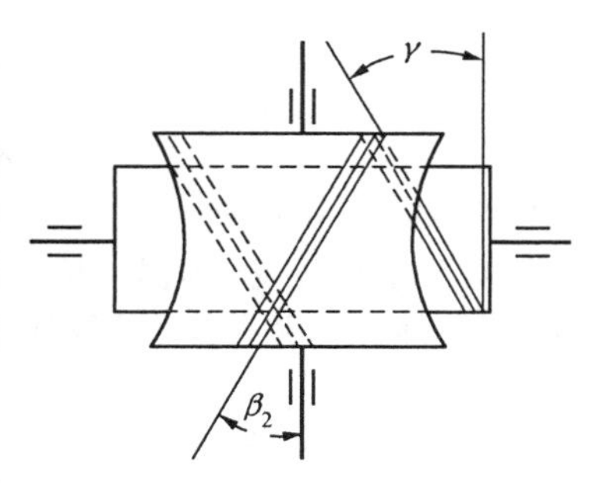

图9.7 蜗杆和蜗轮齿螺旋线方向

2. 蜗杆分度圆直径 d_1 和导程角 γ

如前所述，切削蜗轮的滚刀，其直径和齿形参数（如模数 m、压力角 α、导程角 γ 等）必须与相应的蜗杆相同。

于是,只要有一种尺寸的蜗杆,就得有一种对应的蜗轮滚刀。对于同一模数,可以有很多不同直径的蜗杆,因而对每一模数都要配备很多把蜗轮滚刀。显然,这样很不经济。因此,为了限制蜗轮滚刀的数目并便于刀具标准化,国家标准对每一标准模数规定了一定数量的蜗杆分度圆直径 d_1(表 9.1)。

如果采用非标准滚刀或飞刀切削蜗轮,则 d_1 不受该标准的限制。否则,设计时只能从表 9.1 中选取 d_1。

表 9.1 普通圆柱蜗杆传动的 m 与 d_1 搭配值(摘自 GB/T 10085—1988 和 GB/T 10087—1988)

m/mm	1	1.25		1.6		2			
d_1/mm	18	20	22.4	20	28	(18)	22.4	(28)	35.5
m^2d_1/mm³	18	31.25	35	51.2	71.68	72	89.6	112	142

m/mm	2.5				3.15				4			
d_1/mm	(22.4)	28	(35.5)	45	(28)	35.5	(45)	56	(31.5)	40	(50)	71
m^2d_1/mm³	140	175	221.9	281	277.8	352.2	446.5	556.6	504	640	800	1 136
m/mm	5				6.3				8			
d_1/mm	(40)	50	(63)	90	(50)	63	(80)	112	(63)	80	(100)	140
m^2d_1/mm³	1 000	1 250	1 575	2 250	1 985	2 500	3 175	4 445	4 032	5 376	6 400	8 960
m/mm	10				12.5				16			
d_1/mm	(71)	90	(112)	160	(90)	112	(140)	200	(112)	140	(180)	250
m^2d_1/mm³	7 100	9 000	11 200	16 000	14 062	17 500	21 875	31 250	28 672	35 840	46 080	64 000

当蜗杆的分度圆直径 d_1 和头数 z_1 选定后,蜗杆分度圆柱上的导程角 γ 就确定了。由图 9.8 可知

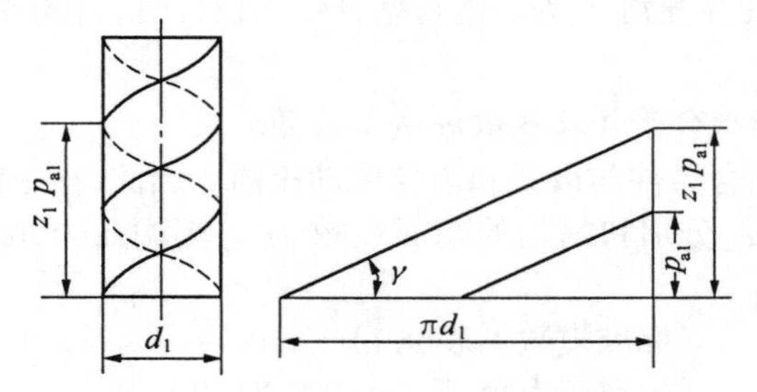

图 9.8 蜗杆螺旋线的几何关系

$$\tan\gamma = z_1p_{a1}/\pi d_1 = z_1m/d_1 \tag{9.1}$$

式中 p_{a1}——蜗杆轴向齿距,$p_{a1}=\pi m$。

对于动力传动,为提高传动效率,宜选取较大的导程角 γ,但导程角 γ 过大,车削蜗杆时会有困难,并且齿面间相对滑动速度也随之增大,当润滑不良时,还会加速齿面间的磨损。

3. 传动比 i、蜗杆头数 z_1 和蜗轮齿数 z_2

蜗杆传动通常以蜗杆为主动件。当蜗杆转动一周时,蜗轮将转过 z_1 个齿,即转过

z_1/z_2周,因此其传动比 i 为

$$i = n_1/n_2 = z_2/z_1 \tag{9.2}$$

式中 n_1、n_2——蜗杆和蜗轮的转速(r/min)。

蜗杆头数 z_1 通常取为1,2,4或6。当传动比 i 较大或要求自锁时,可取 $z_1=1$,但传动效率低,当传动比 i 较小时,为了避免蜗轮轮齿发生根切,或为了在传递功率大时提高传动效率,可采用多头蜗杆,取 $z_1=2$、4或6,但是 z_1 过多时,制造较高精度的蜗杆和蜗轮滚刀有困难。

蜗轮齿数 $z_2=iz_1$,一般取 $z_2=28\sim80$。为了保证有足够的啮合齿对数,使传动平稳,z_2 不应小于28;但是对于动力传动,z_2 也不宜大于80,因为当蜗轮直径 d_2 不变时,z_2 越大,模数就越小,将削弱蜗轮轮齿的弯曲强度;而如果模数不变,则蜗轮直径将要增大,传动结构尺寸变大,蜗杆轴的支承跨距加长,致使蜗杆的弯曲刚度降低,容易产生挠曲而影响正常的啮合。当用于分度传动时,z_2 的选择可不受此限制。

z_1 和 z_2 的推荐值见表9.2。

表9.2 z_1 和 z_2 的推荐值

$i=z_2/z_1$	5~6	7~13	14~27	28~80
z_1	6	4	2	1
z_2	30~36	28~52	28~54	28~80

4.传动中心距 a 和变位系数 x

蜗杆传动的标准中心距为

$$a = \frac{1}{2}(d_1 + d_2) \tag{9.3}$$

为了配凑中心距或微量改变传动比,或为了提高蜗杆传动的承载能力及传动效率,也常用变位蜗杆传动。但在蜗杆传动中,中间平面内蜗杆相当于齿条,蜗轮相当于齿轮,所以只对蜗轮进行变位,而蜗杆不变位,图9.9表示了几种变位情况。变位后蜗杆的参数和尺寸保持不变,只是节圆不再与分度圆重合;而变位后的蜗轮,其节圆和分度圆却仍然重合,只是其齿顶圆和齿根圆改变了,这是蜗杆传动变位的一个特点。这是因为蜗杆齿沿齿高各处的轴向速度是相等的,均为 v_{a1},而变位后蜗轮的角速度是不变的,其分度圆上的圆周速度 v_2 也是不变的。在标准传动中,$v_{a1}=v_2$,蜗杆和蜗轮的分度圆相切,它们的分度圆和节圆都是重合的。而在变位传动中,蜗杆齿节圆处的轴向速度仍为 v_{a1},蜗轮上圆周速度等于 v_{a1}的圆必然仍是原来的分度圆,因此变位后蜗轮节圆和分度圆仍然重合。

变位蜗杆传动根据使用场合的不同,可分为两种变位方式。

(1)变位前后,蜗轮的齿数不变($z'_2=z_2$),而传动中心距改变($a'\neq a$),如图9.9(a)、(c)所示。其中心距为

$$a' = a + xm = \frac{1}{2}(d_1 + mz'_2 + 2xm) \tag{9.4}$$

式中 x——变位系数,由于 x 过大会引起齿顶变尖,而 x 过小会引起轮齿根切,所以一般选取 $|x|\leqslant1$。

(2)变位前后,蜗杆传动中心距不变($a'=a$),而蜗轮齿数发生变化($z'_2\neq z_2$,$d'_2\neq d_2$),如图9.9(d)、(e)所示。其中心距为

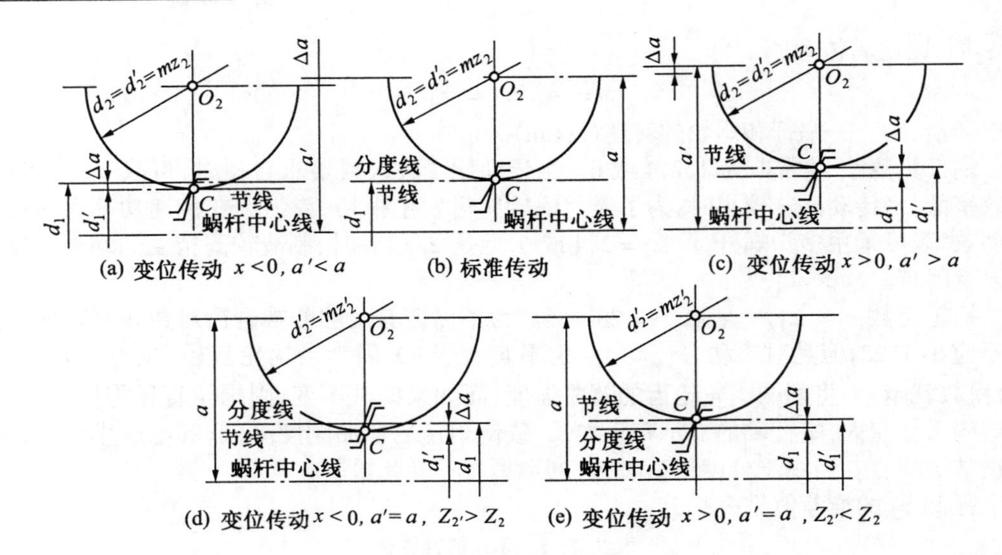

图 9.9　蜗杆传动的变位

$$a' = \frac{1}{2}(d_1 + mz'_2 + 2xm)$$

而

$$a' = a = \frac{1}{2}(d_1 + mz_2)$$

故

$$z'_2 = z_2 - 2x$$

$$x = \frac{1}{2}(z_2 - z'_2)$$

显然,当正变位时,$z'_2 < z_2$;当负变位时,$z'_2 > z_2$。由于$|x| \leqslant 1$,故$|\Delta z_2| = |z_2 - z'_2| \leqslant 2$。利用这种变位方法,可以微量改变蜗杆传动的传动比。

5. 相对滑动速度 v_s

由图 9.10 可知,蜗杆传动的啮合即使在节点 C 处,齿面间也有较大的相对滑动,相对滑动速度 v_s 沿蜗杆轮齿螺旋线方向。设蜗杆圆周速度为 v_1,蜗轮圆周速度为 v_2,则有

$$v_s = \sqrt{v_1^2 + v_2^2} = \frac{v_1}{\cos\gamma} = \frac{\pi d_1 n_1}{60 \times 1\,000 \cos\gamma} \tag{9.7}$$

式中　d_1——蜗杆分度圆直径(mm);

n_1——蜗杆的转速(r/min);

γ——蜗杆分度圆柱上的导程角(°)。

相对滑动速度 v_s 的大小对蜗杆传动有很大影响。当润滑、散热等条件不良时,v_s 大会使齿面产生磨损和胶合;而当具备良好的润滑条件,特别是能形成油膜时,v_s 大有助于形成油膜,使齿面间摩擦因数减小,减少磨损,从而提高传动效率和承载能力。

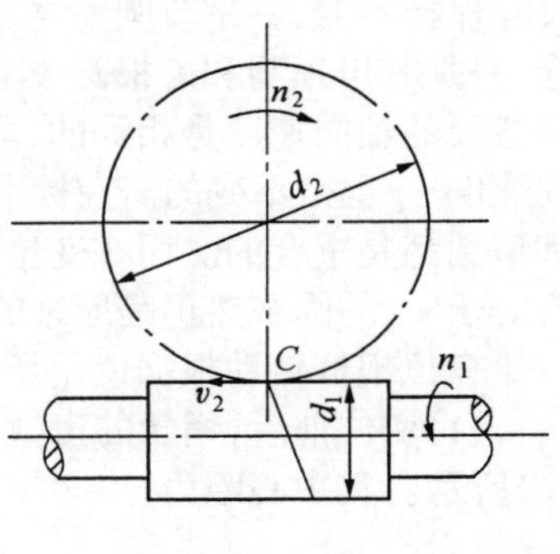

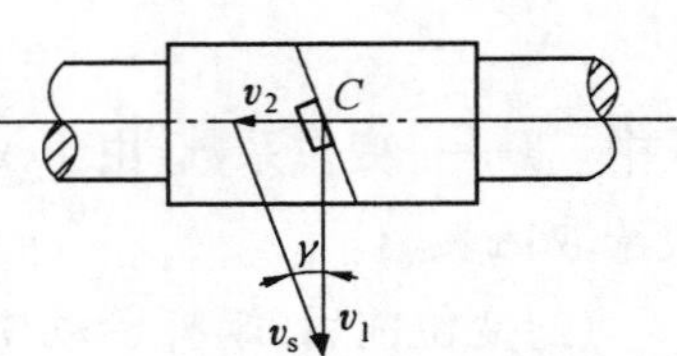

图 9.10　蜗杆传动的相对滑动速度

9.2.2 蜗杆传动的几何尺寸计算

蜗杆传动的几何尺寸及其计算公式如图9.6和表9.3所示。

表9.3 普通圆柱蜗杆传动主要几何尺寸计算公式(交错角为90°)

<table>
<tr><th rowspan="2">名　　称</th><th rowspan="2">符　号</th><th colspan="9">计　算　公　式</th></tr>
<tr><th colspan="3">蜗　　杆</th><th colspan="6">蜗　　轮</th></tr>
<tr><td>齿顶高</td><td>h_a</td><td colspan="3">$h_{a1}=m$</td><td colspan="6">$h_{a2}=(1+x)m$</td></tr>
<tr><td>齿根高</td><td>h_f</td><td colspan="3">$h_{f1}=1.2\ m$</td><td colspan="6">$h_{f2}=(1.2-x)\ m$</td></tr>
<tr><td>全齿高</td><td>h</td><td colspan="3">$h_1=2.2\ m$</td><td colspan="6">$h_2=2.2\ m$</td></tr>
<tr><td>分度圆直径</td><td>d</td><td colspan="3">d_1</td><td colspan="6">$d_2=m\ z_2$①</td></tr>
<tr><td>齿顶圆直径</td><td>d_a</td><td colspan="3">$d_{a1}=d_1+2h_{a1}$</td><td colspan="6">$d_{a2}=d_2+2h_{a2}$②</td></tr>
<tr><td>齿根圆直径</td><td>d_f</td><td colspan="3">$d_{f1}=d_1-2h_{f1}$</td><td colspan="6">$d_{f2}=d_2-2h_{f2}$</td></tr>
<tr><td>蜗杆分度圆柱上导程角</td><td>γ</td><td colspan="3">$\gamma=\arctan z_1m/d_1$</td><td colspan="6"></td></tr>
<tr><td>蜗轮分度圆柱上螺旋角</td><td>β_2</td><td colspan="3"></td><td colspan="6">$\beta_2=\gamma$</td></tr>
<tr><td>节圆直径</td><td>d'</td><td colspan="3">$d'_1=d_1+2xm$</td><td colspan="6">$d'_2=d_2$</td></tr>
<tr><td>传动中心距</td><td>a'</td><td colspan="9">$a'=\frac{1}{2}(d_1+d_2+2xm)$</td></tr>
<tr><td>蜗杆轴向齿距</td><td>p_{a1}</td><td colspan="3">$p_{a1}=\pi m$</td><td colspan="6"></td></tr>
<tr><td>蜗杆螺旋线导程</td><td>p_s</td><td colspan="3">$p_s=z_1p_{a1}$</td><td colspan="6"></td></tr>
<tr><td rowspan="7">蜗杆螺旋部分长度</td><td rowspan="7">L</td><td>L Z / x</td><td>1~2</td><td>4~6</td><td colspan="6" rowspan="7"></td></tr>
<tr><td>-1</td><td>$L\geqslant(10.5+z_1)\times m$</td><td>$L\geqslant(10.5+z_1)\times m$</td></tr>
<tr><td>-0.5</td><td>$L\geqslant(8+0.06z_2)\times m$</td><td>$L\geqslant(9.5+0.09z_2)\times m$</td></tr>
<tr><td>0</td><td>$L\geqslant(11+0.06z_2)\times m$</td><td>$L\geqslant(12.5+0.09z_2)\times m$</td></tr>
<tr><td>0.5</td><td>$L\geqslant(11+0.1z_2)\times m$</td><td>$L\geqslant(12.5+0.1z_2)\times m$</td></tr>
<tr><td>1</td><td>$L\geqslant(12+0.1z_2)\times m$</td><td>$L\geqslant(13+0.1z_2)\times m$</td></tr>
<tr><td colspan="3">对磨削的蜗杆,应将L值增大:
$m<6$ mm时,加长25 mm;
$m=10$ mm~14 mm,加长35 mm;
$m>16$ mm时,加长50 mm</td></tr>
<tr><td rowspan="2">蜗轮外圆直径</td><td rowspan="2">d_{e2}</td><td colspan="3" rowspan="2"></td><td colspan="2">$z_1=1$</td><td colspan="2">$z_2=2$</td><td colspan="2">$z_1=4,6$</td></tr>
<tr><td colspan="2">$d_{e2}\leqslant d_{a2}+2m$</td><td colspan="2">$d_{e2}\leqslant d_{a2}+1.5m$</td><td colspan="2">$d_{e2}\leqslant d_{a2}+m$</td></tr>
<tr><td rowspan="2">蜗轮齿宽</td><td rowspan="2">b_2</td><td colspan="3" rowspan="2"></td><td colspan="3">$z_1=1,2$</td><td colspan="3">$z_2=4,6$</td></tr>
<tr><td colspan="3">$b_2\leqslant0.75\ d_{a1}$</td><td colspan="3">$b_2\leqslant0.67\ d_{a1}$</td></tr>
<tr><td>齿根圆弧面半径</td><td>R_1</td><td colspan="3"></td><td colspan="6">$R_1=d_{a1}/2+0.2\ m$</td></tr>
<tr><td>齿顶圆弧面半径</td><td>R_2</td><td colspan="3"></td><td colspan="6">$R_2=d_{f1}/2+0.2\ m$</td></tr>
<tr><td>齿宽角</td><td>θ</td><td colspan="3"></td><td colspan="6">$\sin\frac{\theta}{2}\approx b_2/(d_{a1}-0.5m)$</td></tr>
</table>

① 当按第二种方式变位时,计算d_2、d_{a2}、d_{f2}及a'之值时应该采用z'_2。
② d_{a2}称为蜗轮喉圆直径。

9.3 蜗杆传动的失效形式、设计准则和材料选择

9.3.1 失效形式和设计准则

蜗杆传动的失效形式主要是齿面胶合、齿面疲劳点蚀和齿面磨损，而且失效通常发生在蜗轮轮齿上。

由于目前对胶合和磨损的计算还缺乏可靠的方法和数据，因此，通常按齿面接触疲劳强度条件计算蜗杆传动的承载能力，并在选择许用应力时，要适当考虑胶合和磨损等失效因素的影响。同时，对闭式传动要进行热平衡计算，必要时要对蜗杆轴进行强度和刚度计算。

9.3.2 蜗杆和蜗轮的常用材料

由上述蜗杆传动的失效形式可知，蜗杆和蜗轮的材料不仅要求有足够的强度，更重要的是要求具有良好的减摩性、耐磨性和跑合性能。

蜗杆一般用碳素钢或合金钢制造，要求齿面光洁并具有较高的硬度。对于高速重载的蜗杆常用 20 号钢、15Cr、20Cr、20CrMnTi、20MnVB 等，经渗碳淬火，齿面硬度达 58 ~ 63 HRC；也可采用 40 号钢、45 号钢、40Cr、40CrNi、42SiMn 等，经表面淬火，齿面硬度达 45 ~ 55 HRC。对于低速、中载的一般蜗杆传动可采用 40 号或 45 号等优质碳素钢，经调质处理，齿面硬度达 220 ~ 300 HBW。

常用的蜗轮材料有铸造锡青铜（ZCuSn10P1、ZCuSn5Pb5Zn5）、铸造铝青铜（ZCuAl10Fe3）及灰铸铁（HT150、HT200）等。通常根据齿面间相对滑动速度 v_s 的大小来选择。锡青铜减摩性、耐磨性最好，抗胶合能力最强，但是强度较低，价格较高，用于相对滑动速度 $v_s > 6$ m/s（最大可达 25 m/s）的重要传动中。铝青铜有足够的强度，价格便宜，但是减摩性、耐磨性和抗胶合能力较锡青铜差，用于 $v_s \leqslant 6$ m/s 的一般传动中。灰铸铁用于 $v_s \leqslant 2$ m/s 的低速或手动传动中。

9.4 普通圆柱蜗杆传动的强度计算

9.4.1 蜗杆传动的受力分析和计算载荷

1. 受力分析

在进行蜗杆传动受力分析时，首先要进行蜗杆传动的运动分析，即根据蜗杆（或蜗轮）的转动方向和轮齿的螺旋线方向，按照螺旋副的运动规律，确定蜗轮（或蜗杆）的转动方向。例如在图 9.10 所示的蜗杆传动中，当右旋的蜗杆沿箭头方向旋转时，蜗轮将按顺时针方向旋转，如箭头所示。这是分析受力方向的先决条件。

蜗杆传动的受力分析和圆柱斜齿轮传动相似，但是由于蜗杆传动中啮合摩擦损失较

大,因此应该考虑齿面间的摩擦力。如图9.11所示,在节点啮合处,齿面上所受的法向力F_n与摩擦力fF_n的合力R仍然可以分解成为三个相互垂直的分力:圆周力F_t、轴向力F_a和径向力F_r。由于蜗杆轴与蜗轮轴空间交错成90°,所以在蜗杆和蜗轮的齿面间,相互作用着F_{t1}与F_{a2}、F_{a1}与F_{t2}、F_{r1}与F_{r2}这样三对大小相等方向相反的分力。即

$$\left.\begin{aligned}F_{t1}&=-F_{a2}=\frac{2T_1}{d_1}\\F_{t2}&=-F_{a1}=\frac{2T_2}{d_2}\\F_{r1}&=-F_{r2}\approx F_{a1}\tan\alpha\end{aligned}\right\}\tag{9.8}$$

而法向力$F_n=F'_{a1}/\cos\gamma\cos\alpha_n$,取$F'_{a1}\approx F_{a1}$,$\cos\alpha_n\approx\cos\alpha$,则有

$$F_n\approx\frac{F_{a1}}{\cos\alpha\cos\gamma}=\frac{2T_2}{d_2\cos\alpha\cos\gamma}\tag{9.9}$$

式中 T_1、T_2——蜗杆和蜗轮轴上的转矩(N·mm),$T_2=T_1i\eta$,i为传动比,η为传动效率;

d_1、d_2——蜗杆和蜗轮的分度圆直径(mm);

α——压力角,$\alpha=20°$;

γ——蜗杆分度圆柱上的导程角(°)。

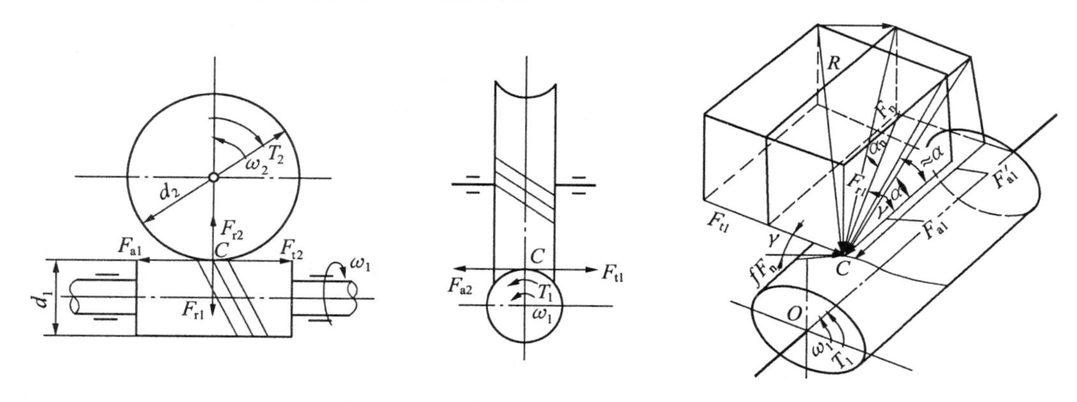

图9.11 蜗杆传动的受力分析

在分析蜗杆传动受力时,除计算各个分力的大小外,还必须确定出各分力的方向。确定圆周力F_t及径向力F_r的方向的方法与外啮合圆柱齿轮传动相同,而轴向力F_a的方向则可根据相应的圆周力F_t的方向来判定,即F_{a1}与F_{t2}方向相反,F_{a2}与F_{t1}方向相反。当然也可按照主动件左右手法则来确定F_a的方向。

2.蜗杆传动的计算载荷

蜗杆传动的计算载荷是名义载荷与载荷系数K的乘积。$K=K_AK_vK_\beta$。式中K_A为使用系数,由表9.4查取;K_v为动载荷系数,由于蜗杆传动比齿轮传动平稳,K_v值较小,当$v_2\leqslant 3$ m/s时,取$K_v=1.0$,当$v_2>3$ m/s时,取$K_v=1.1\sim1.2$;K_β为齿向载荷分布系数,当蜗杆传动在稳定载荷下工作时,由于良好的跑合而使载荷分布不均匀现象得到改善,此时取$K_\beta=1.0$,当载荷变化较大时,或有冲击、振动时,由于蜗杆的变形不固定,不可能因跑合使载荷分布均匀,取$K_\beta=1.1\sim1.3$,蜗杆刚度大时K_β取小值,反之取大值。

表 9.4 使用系数

工作类型	Ⅰ	Ⅱ	Ⅲ
载荷性质	均匀,无冲击	不均匀,小冲击	不均匀,大冲击
每小时起动次数	<25	25~50	>50
K_A	1.0	1.15	1.2

9.4.2 蜗轮齿面接触疲劳强度计算

由于阿基米德蜗杆传动在中间平面上相当于直齿齿条与齿轮的啮合传动,而蜗轮本身又相当于一个斜齿圆柱齿轮,因此,蜗轮齿面接触疲劳强度计算与斜齿圆柱齿轮传动相似,也是以赫兹应力公式(2.9)为原始公式,并按节点处啮合的条件来计算有关参数。

由于蜗杆齿在法截面上为近似直线齿廓,因此可取蜗杆齿节点处的法截面曲率半径 $\rho_1 \approx \infty$,而蜗轮齿在节点处的法截面曲率半径 ρ_2 按渐开线斜齿圆柱齿轮的计算公式求得,$\rho_2 \approx d_2 \sin\alpha/2\cos\gamma$,故 $1/\rho_{\Sigma} = 1/\rho_2$,取法向力 $F_n = 2T_2/d_2\cos\alpha\cos\gamma$,蜗轮齿面接触线长度 $L \approx 1.31 d_1/\cos\gamma$。将以上参数代入式(2.9),并取 $\alpha = 20°$,$\cos\gamma = 0.95$,引入载荷系数 K,经过整理则得蜗轮齿面接触疲劳强度计算的校核公式为

$$\sigma_H = Z_E\sqrt{\frac{9KT_2}{d_1 d_2^2}} = Z_E\sqrt{\frac{9KT_2}{m^2 d_1 Z_2^2}} \leqslant [\sigma]_H \tag{9.10}$$

设计公式为

$$d_1 m^2 \geqslant 9KT_2\left(\frac{Z_E}{z_2[\sigma]_H}\right)^2 \tag{9.11}$$

式中 Z_E——材料弹性系数,对于青铜或铸铁蜗轮与钢制蜗杆配对时,取 $Z_E = 160\sqrt{\text{MPa}}$;

$[\sigma]_H$——蜗轮材料的许用接触应力(MPa)。

当蜗轮材料为 $\sigma_B < 300$ MPa 的青铜时,蜗轮齿面的失效形式主要是疲劳点蚀,其许用接触应力与应力循环次数 N 有关,$[\sigma]_H = K_{HN}[\sigma]_{H0}$。式中 $[\sigma]_{H0}$ 为应力循环次数 $N = 10^7$ 时,蜗轮材料的基本许用接触应力,由表 9.5 查取。K_{HN} 为寿命系数,$K_{HN} = \sqrt[8]{10^7/N}$,应力循环次数 N 的取值范围为 $2.6\times10^5 \leqslant N \leqslant 25\times10^7$。

而当蜗轮材料为 $\sigma_B \geqslant 300$ MPa 的青铜或铸铁时,蜗轮齿面的失效形式主要是胶合,进行齿面接触疲劳强度计算是条件性的,是通过限制齿面接触应力 σ_H 的大小来防止发生齿面胶合,因此要根据抗胶合条件来选择许用接触应力,即根据蜗杆副的材料组合及相对滑动速度 v_s 的大小来确定,而与应力循环次数无关。$[\sigma]_H$ 由表 9.6 查取。

实践证明,在一般情况下蜗轮轮齿因弯曲疲劳强度不够而失效的情况较少,故本章只介绍接触疲劳强度计算,需进行弯曲疲劳强度计算时可查阅有关资料。

表9.5 $\sigma_B < 300$ MPa 锡青铜蜗轮的基本许用接触应力 $[\sigma]_{H0}$ MPa

蜗轮材料	铸造方法	蜗杆齿面的硬度	
		≤45HRC	>45HRC
铸锡磷青铜 ZCuSn10P1	砂模铸造	180	200
	金属模铸造	200	220
铸锡铅锌青铜 ZCuSn5Pb5Zn5	砂模铸造	110	125
	金属模制造	135	150

表9.6 $\sigma_B \geqslant 300$ MPa 的青铜及灰铸铁蜗轮的许用接触应力 $[\sigma]_H$ MPa

材料		相对滑动速度 $v_s/(\mathrm{m \cdot s^{-1}})$						
蜗轮	蜗杆	0.25	0.5	1	2	3	4	6
铝铁青铜 ZCuAl10Fe3	钢、淬火①	—	250	230	210	180	160	120
锰铅黄铜 ZCuZn38Mn2Pb2	钢、淬火①	—	215	200	180	150	135	95
灰铸铁 HT150,HT200	渗碳钢	160	130	115	90	—	—	—
	调质或正火钢	140	110	90	70	—	—	—

① 蜗杆未经淬火时,表中的值需降低20%。

9.4.3 蜗杆轴的强度与刚度计算

与一般轴的计算方法相同,通常把蜗杆螺旋部分看做以蜗杆齿根圆直径为直径的轴段。详见第10章。

9.5 蜗杆传动的效率、润滑和热平衡计算

9.5.1 蜗杆传动的效率

闭式蜗杆传动的功率损耗包括三部分:齿面间啮合摩擦损耗、蜗杆轴上轴承的摩擦损耗和搅动箱体中润滑油的溅油损耗。因此蜗杆传动的总效率为

$$\eta = \eta_1 \cdot \eta_2 \cdot \eta_3 \tag{9.12}$$

式中 η_1——啮合效率,是影响蜗杆传动效率的主要因素,当蜗杆主动时,$\eta_1 = \tan\gamma / \tan(\gamma + \rho')$,式中 γ 为蜗杆分度圆柱上的导程角,ρ' 为当量摩擦角,其值可根据蜗杆副材料、表面硬度和相对滑动速度 v_s 由表9.7查取;

η_2、η_3——轴承效率和溅油效率，一般取 $\eta_2 \cdot \eta_3 = 0.95 \sim 0.96$。

故蜗杆传动的总效率 η 为

$$\eta = (0.95 \sim 0.96)\frac{\tan \gamma}{\tan(\gamma + \rho')} \tag{9.13}$$

由式(9.13)可知，导程角 γ 是影响蜗杆传动效率的主要参数之一，在 γ 值的常用范围内，η 随 γ 的增大而提高，故为提高传动效率，常采用多头蜗杆，但 γ 过大会导致加工蜗杆困难，而且当 $\gamma > 28°$后，效率提高很少，所以蜗杆的导程角 γ 一般都小于 28°。

在设计蜗杆传动时，可根据蜗杆头数 z_1 按下表初步估计蜗杆传动的总效率。

z_1		1	2	4	6
η	闭式传动	0.7 ~ 0.75	0.75 ~ 0.82	0.87 ~ 0.92	0.95
	开式传动	0.6 ~ 0.7			

表 9.7　当量摩擦因数 f' 及当量摩擦角 ρ'

蜗轮齿圈材料	锡青铜				无锡青铜		灰铸铁			
钢蜗杆齿面硬度	≥45HRC		<45HRC		≥45HRC		≥45HRC		<45HRC	
相对滑动速度 $v_s/(\text{m}\cdot\text{s}^{-1})$	f'	ρ'	f'	ρ'	f'	ρ'	f'	ρ'	f'	ρ'
0.01	0.110	6°17′	0.120	6°51′	0.180	10°12′	0.180	10°12′	0.190	10°45′
0.05	0.090	5°09′	0.100	5°43′	0.140	7°58′	0.140	7°58′	0.160	9°05′
0.10	0.080	4°34′	0.090	5°09′	0.130	7°24′	0.130	7°24′	0.140	7°58′
0.25	0.065	3°43′	0.075	4°17′	0.100	5°43′	0.100	5°43′	0.120	6°51′
0.50	0.055	3°09′	0.065	3°43′	0.090	5°09′	0.090	5°09′	0.100	5°43′
1.0	0.045	2°35′	0.055	3°09′	0.070	4°00′	0.070	4°00′	0.090	5°09′
1.5	0.040	2°17′	0.050	2°52′	0.065	3°43′	0.065	3°43′	0.080	4°34′
2.0	0.035	2°00′	0.045	2°35′	0.055	3°09′	0.055	3°09′	0.070	4°00′
2.5	0.030	1°43′	0.040	2°17′	0.050	2°52′				
3.0	0.028	1°36′	0.035	2°00′	0.045	2°35′				
4	0.024	1°22′	0.031	1°47′	0.040	2°17′				
5	0.022	1°16′	0.029	1°40′	0.035	2°00′				
8	0.018	1°02′	0.026	1°29′	0.030	1°43′				
10	0.016	0°55′	0.024	1°22′						
15	0.014	0°48′	0.020	1°09						
24	0.013	0°45′								

9.5.2　蜗杆传动的润滑

润滑对于蜗杆传动具有特别重要的意义。因为当润滑不良时，传动效率将显著降低，并且会导致轮齿发生剧烈磨损或胶合。为了减少磨损和防止发生胶合，保证良好的润滑是十分必要的，所以往往采用黏度大的矿物油来进行润滑，并在润滑油中加入必要的添加剂，以提高其抗胶合能力。对于闭式蜗杆传动，主要是根据相对滑动速度 v_s 和载荷情况按表9.8选择润滑油的黏度和给油方法。对于开式蜗杆传动常采用黏度较高的齿轮油或润滑脂进行定期供油润滑。

对于闭式蜗杆传动,如果采用浸入油池润滑时,为了有利于动压油膜的形成,并有助于散热,油池中应有适当的油量,对传动件应有足够的浸油深度。对于下置或侧置蜗杆的传动,浸油深度约为蜗杆的1~2个齿高,不小于10 mm;对于上置蜗杆的传动,浸油深度约为蜗轮外径的1/3。如果采用喷油润滑,喷油嘴要对准蜗杆齿的啮入端。蜗杆正反转时,两边都要装有喷油嘴,而且要控制一定的油压。

表9.8 蜗杆传动的润滑油黏度推荐值和给油方法

相对滑动速度 $v_s/(\mathrm{m \cdot s^{-1}})$	>0~1	>1~2.5	>2.5~5	>5~10	>10~15	>15~25	>25
载荷情况	重载	重载	中载	—	—	—	—
黏度/[$10^{-6}(\mathrm{m^2 \cdot s^{-1}})$](40℃)	1 000	680	320	220	150	100	75
润滑方法	浸入油池			喷油润滑或油池润滑	喷油润滑时的喷油压力 MPa		
					0.07	0.2	0.3

9.5.3 蜗杆传动的热平衡计算

由于蜗杆传动的传动效率低,工作时发热量大,在闭式蜗杆传动中,如果产生的热量不能及时散逸,油温将不断升高,使润滑油黏度降低,润滑条件恶化,从而导致齿面磨损加剧,甚至发生胶合。因此对闭式蜗杆传动,要进行热平衡计算,以将油温限制在规定的范围内。

单位时间内由摩擦损耗的功率产生的热量为

$$H_1 = 1\,000P_1(1-\eta) \tag{9.14}$$

式中 P_1——蜗杆传递的功率(kW);

η——蜗杆传动的传动效率。

而以自然冷却方式,单位时间内由箱体外壁散发到周围空气中去的热量为

$$H_2 = K_s A(t-t_0) \tag{9.15}$$

式中 K_s——散热系数,根据箱体周围通风条件而定,没有循环空气流动时,取 $K_s = (8.15 \sim 10.5)\ \mathrm{W/(m^2 \cdot ℃)}$,通风良好时,取 $K_s = (14 \sim 17.5)\ \mathrm{W/(m^2 \cdot ℃)}$;

A——散热面积,$\mathrm{m^2}$,指箱体内壁能被油飞溅到而外壁又能被周围空气冷却的箱体表面积,对于箱体上的凸缘及散热片,其散热面积按实际面积的50%计算;

t——达到热平衡时箱体内的油温,一般限制在60℃~70℃,最高不超过80℃;

t_0——周围空气温度,一般取 $t_0 = 20$℃。

根据热平衡条件 $H_1 = H_2$,可求得在既定工作条件下的油温(℃)为

$$t = t_0 + \frac{1\,000P_1(1-\eta)}{K_s A} \tag{9.16}$$

或在既定工作条件下,保持正常工作油温所需要的散热面积($\mathrm{m^2}$)为

$$A = \frac{1\,000 P_1 (1 - \eta)}{K_s (t - t_0)} \tag{9.17}$$

若 $t > 80$ ℃或有效的散热面积不足时,则必须采取措施,以提高其散热能力。常用的措施有:

(1) 合理地设计箱体结构,铸出或焊上散热片,以增大散热面积。

(2) 在蜗杆轴上安装风扇,进行人工通风(图 9.12(a)),以提高散热系统。

(3) 在箱体油池中装设蛇形冷却水管(图 9.12(b))。

(4) 采用压力喷油循环润滑(图 9.12(c))。

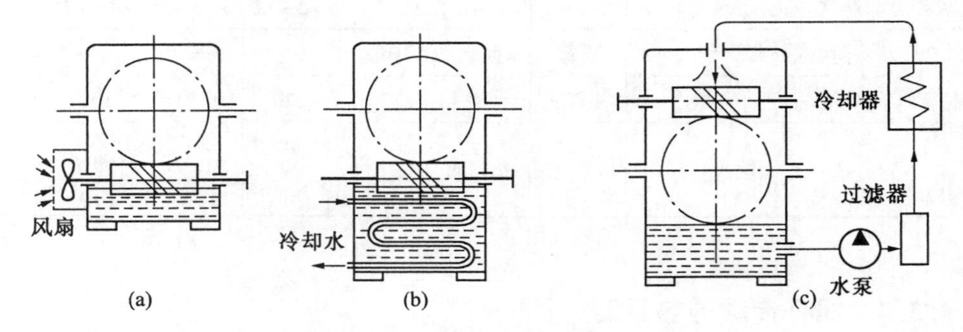

图 9.12 提高蜗杆传动散热能力的措施

9.6 蜗杆和蜗轮的结构

蜗杆通常与轴做成一个整体,称为蜗杆轴。如图 9.13 所示。按蜗杆的螺旋齿面的加工方法不同,可分为车制蜗杆轴与铣制蜗杆轴两类。图9.13(a)为车制蜗杆,为车削螺旋部分,轴上应有退刀槽;图9.13(b)为铣制蜗杆,可在轴上直接铣出螺旋齿面,无需有退刀槽。

当蜗杆的螺旋部分直径较大时(d_{f1}大于 1.7 倍轴径 d),可将蜗杆与轴分开制作,然后配装在一起。

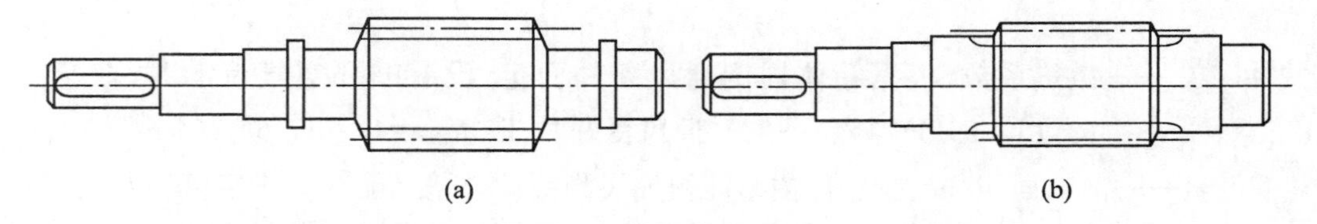

图 9.13 蜗杆的结构形式

蜗轮可制成整体式或装配式。为了节省贵重的有色金属,大多数蜗轮做成装配式。常用的蜗轮结构形式有以下几种:

(1) 整体式(图 9.14(a))。主要用于铸铁蜗轮、铝合金蜗轮及直径小于 100 mm 的青铜蜗轮。

(2) 齿圈压配式(图 9.14(b))。这种结构由青铜齿圈与铸铁轮芯所组成,齿圈与轮芯多采用过盈配合 H7/s6 或 H7/r6,并加台阶和沿接合面周围加装 4 ~ 6 个螺钉,以增强连接

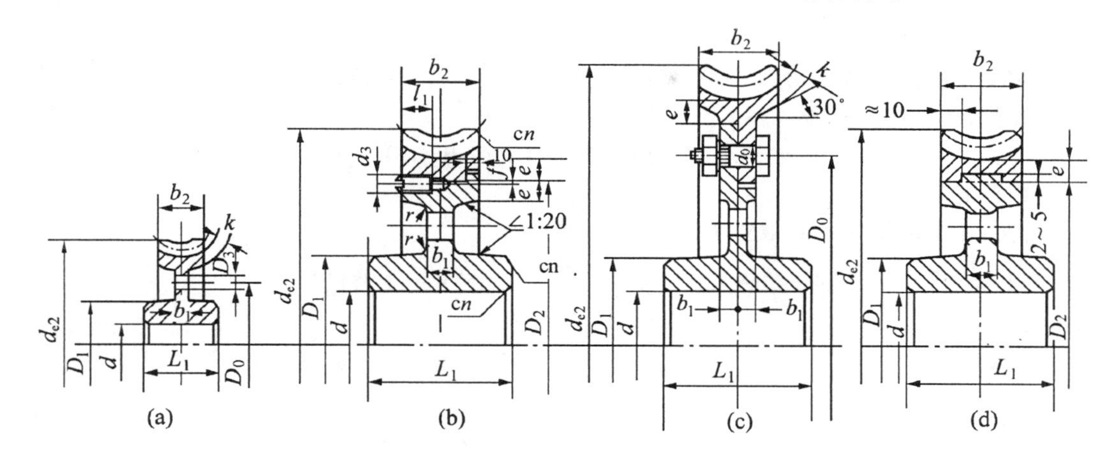

图9.14 蜗轮的结构形式

$D_1=(1.6\sim1.8)d$；$b_1=1.7m\geqslant10$ mm；$f=2\sim3$mm；$l_1=3d_3$；D_0、D_2、D_3、r、n、n_1 由结构确定；

$L_1=(1.2\sim1.8)d$；$e=2m\geqslant10$ mm；$d_3=(1.2\sim1.5)m$；$k=1.7m$；d_0 按强度计算确定

的可靠性。为了便于钻孔，应将螺纹孔中心线向材料较硬的轮芯一边偏移 2 ~ 3 mm。这种结构用于尺寸不太大及工作温度变化较小的蜗轮，以免热胀影响配合的质量。

(3) 螺栓连接式(图 9.14(c))。这种结构的青铜齿圈与铸铁轮芯可采用过渡配合 H7/js6，用普通螺栓连接，也可以采用间隙配合 H7/h6，用铰制孔螺栓连接。蜗轮的圆周力靠螺栓连接来传递，因此螺栓的尺寸和数目必须经过强度计算确定。这种结构工作可靠、装拆方便，多用于尺寸较大或易于磨损需经常更换齿圈的蜗轮。

(4) 镶铸式(图 9.14(d))。这种结构的青铜齿圈是浇铸在铸铁轮芯上，然后切齿。为防止齿圈与轮芯相对滑动，在轮芯外圆柱面上预制出榫槽。此方法只用于大批生产的蜗轮。

蜗轮的几何尺寸可按表 9.3 的计算公式来确定，而其他结构尺寸可按图 9.14 中给出的经验数据或公式来确定。

【例 9.1】 设计一混料机用的闭式普通圆柱蜗杆传动。已知：蜗杆输入功率 $P_1=10$ kW，蜗杆转速 $n_1=1\,460$ r/min，传动比 $i=20$，单向转动，载荷平稳，工作寿命为 5 年，每日工作 8 小时，批量生产。

【解】 (1) 选择材料及热处理方式。考虑到蜗杆传动传递的功率不大，速度也不太高，蜗杆选用 45 钢制造，调质处理，齿面硬度 220 ~ 250 HBW；假设相对滑动速度 $v_s>6$ m/s，故蜗轮轮缘选用铸锡磷青铜 ZCuSn10P1，又因批量生产，采用金属模铸造。

(2) 选择蜗杆头数 z_1 和蜗轮齿数 z_2。由表 9.2，按 $i=20$，选取 $z_1=2$，则 $z_2=iz_1=20\times2=40$。

3. 按齿面接触疲劳强度确定模数 m 和蜗杆分度圆直径 d_1

$$m^2d_1\geqslant9KT_2\left(\frac{z_E}{z_2[\sigma]_H}\right)^2$$

① 确定作用于蜗轮上的转矩 T_2。按 $z_1=2$，初取 $\eta=0.82$，则

$$T_2=i\eta T_1=i\eta\times9.55\times10^6\frac{P_1}{n_1}=$$

$$20\times0.82\times9.55\times10^6\times\frac{10}{1\,460}=1.073\times10^6\ \text{N}\cdot\text{mm}$$

② 确定载荷系数 $K=K_AK_vK_\beta$

由表9.4查取使用系数 $K_A=1.0$；假设蜗轮圆周速度 $v_2<3$ m/s，取动载荷系数 $K_v=1.0$；因工作载荷平稳，故取齿向载荷分布系数 $K_\beta=1.0$。所以

$$K=K_AK_vK_\beta=1.0\times1.0\times1.0=1.0$$

(3) 确定许用接触应力 $[\sigma]_H=K_{HN}[\sigma]_{H0}$

由表9.5查取基本许用接触应力 $[\sigma]_{H0}=200$ MPa

应力循环次数 $N=60an_2L_h=60\times1\times\frac{1\,460}{20}\times5\times250\times8=4.38\times10^7$

故寿命系数

$$K_{HN}=\sqrt[8]{10^7/N}=\sqrt[8]{10^7/(4.38\times10^7)}\approx0.83$$

所以

$$[\sigma]_H=K_{HN}[\sigma]_{H0}=0.83\times200=166\text{ MPa}$$

④ 确定材料弹性系数 $z_E=160\sqrt{\text{MPa}}$。

⑤确定模数 m 和蜗杆分度圆直径 d_1

$$m^2d_1\geqslant9KT_2\left(\frac{z_E}{z_2[\sigma]_H}\right)^2=9\times1\times1.073\times10^6\left(\frac{160}{40\times166}\right)^2=5\,607\text{ mm}^3$$

由表9.1，按 $m^2d_1\geqslant5\,607$ mm³，选取 $m=8$ mm，$d_1=100$ mm。

(4) 计算传动中心距 a。蜗轮分度圆直径 $d_2=mz_2=8\times40=320$ mm，所以

$$a=\frac{1}{2}(d_1+d_2)=\frac{1}{2}(100+320)=210\text{ mm}$$

(5) 验算蜗轮圆周速度 v_2、相对滑动速度 v_s 及传动效率 η

$$v_2=\frac{\pi d_2n_2}{60\times1\,000}=\frac{\pi\times320\times1\,460/20}{60\times1\,000}=1.22\text{ m/s}$$

显然 $v_2<3$ m/s，与原假设相符，取 $K_v=1.0$ 合适。

由 $\tan\gamma=mz_1/d_1=8\times2/100=0.16$，得 $\gamma=9°15'07''$，所以

$$v_s=\frac{\pi d_1n_1}{60\times1\,000\times\cos\gamma}=\frac{\pi\times100\times1\,460}{60\times1\,000\times\cos9°15'07''}=7.74\text{ m/s}$$

显然 $v_s>6$ m/s，与原假设值相符，选用ZCuSn10P1做蜗轮轮缘材料合适。由 $v_s=7.74$ m/s，查表9.7，得当量摩擦角 $\rho'=1°29'$，所以

$$\eta=(0.95\sim0.96)\frac{\tan\gamma}{\tan(\gamma+\rho')}=(0.95\sim0.96)\frac{\tan9°15'07''}{\tan(9°15'07''+1°29')}=0.816\sim0.824$$

与原来初取值相符。

(6) 计算蜗杆和蜗轮的主要几何尺寸(略)。

(7) 热平衡计算。所需散热面积

$$A=\frac{1\,000P_1(1-\eta)}{K_s(t-t_0)}$$

取油温 $t=70$℃，周围空气温度 $t_0=20$℃，设通风良好，取散热系数 $K_s=15$ W/(m²·℃)，传动效率为 $\eta=0.82$，则

$$A=\frac{1\,000P_1(1-\eta)}{K_s(t-t_0)}=\frac{1\,000\times10(1-0.82)}{15\times(70-20)}=2.4\text{ m}^2$$

若箱体散热面积不足此数，则需加散热片、装置风扇或采取其他散热冷却方式。

(8) 选择精度等级和侧隙种类。因为这是一般动力传动，而且 $v_2<3$ m/s，故取8级精度，侧隙种类代号为c，即传动8c GB/T 10089—1988。

(9) 蜗杆和蜗轮的结构设计,绘制蜗杆和蜗轮的零件工作图绘制(略)。

9.7* 其他蜗杆传动简介

9.7.1 圆弧圆柱蜗杆传动(ZC蜗杆)

圆弧圆柱蜗杆传动的蜗杆螺旋齿面是用刃边为凸圆弧形的刀具加工的,而蜗轮是用范成法加工的,在中间平面上蜗杆的齿廓为凹弧形,而与之相配蜗轮的齿廓为凸弧形。所以圆弧圆柱蜗杆传动是一种凹凸齿廓相啮合的传动,(图9.15(a)),其综合曲率半径大,承载能力高,一般较普通圆柱蜗杆传动高50%~150%;同时,由于瞬时接触线与滑动速度方向交角大(图9.15(b)),有利于啮合面间的油膜形成,摩擦损耗小,传动效率高,一般可达0.9以上;蜗杆能磨削,精度高。故圆弧圆柱蜗杆传动广泛应用于冶金、矿山、化工、起重运输等机械中。

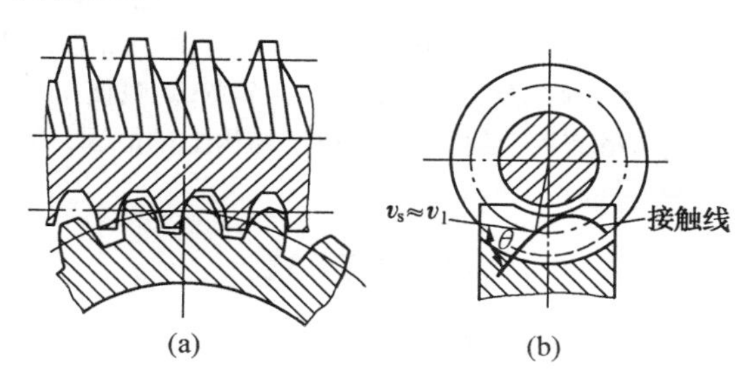

图9.15 圆弧圆柱蜗杆传动

9.7.2 环面蜗杆传动

环面蜗杆传动的蜗杆体是一个由凹圆弧为母线所形成的回转体,蜗杆的节弧沿蜗轮的节圆包着蜗轮(图9.2)。环面蜗杆传动分为直廓环面蜗杆传动和平面包络环面蜗杆传动两大类。

(1)直廓环面蜗杆传动。这种传动的蜗杆和蜗轮在中间平面上都是直线齿廓(图9.16(a))。由于同时相啮合的齿数多,齿面综合曲率半径大,故其承载能力大,是普通圆柱蜗杆传动的2~4倍;同时,轮齿的接触线与相对滑动速度方向之间的夹角接近90°(图9.16(b)),易于形成油膜润滑,故传动效率高,可达0.85~0.9。但是这种蜗杆传动需要较高的制造和安装精度,蜗杆齿面为不可展曲面,难以精确磨削。

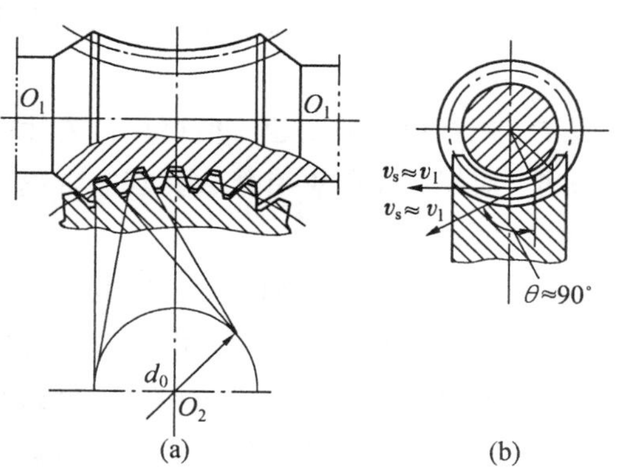

图9.16 直廓环面蜗杆传动

(2)平面包络环面蜗杆传动。这种传动的蜗杆螺旋齿面是用盘状铣刀或平面砂轮在专用机床上按包络原理加工的。此种环面蜗杆与梯形直线齿廓的平面齿蜗轮组成的传动称为平面一次包络环面蜗杆传动(图9.17(a))。而以上述环面蜗杆螺旋齿面为母面制成滚刀,按包络原理加工出蜗轮齿面,则该蜗轮与上述环面蜗杆组成的传动称为平面二次包络环面蜗杆传动(图9.17(b))。平面包络环面蜗杆齿面可淬硬磨削,加工精度高,传动效率和承载能力较直廓环面蜗杆传动有显著的提高。

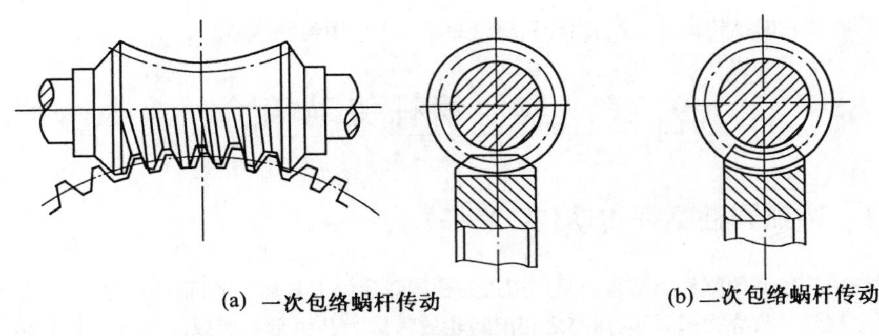

(a) 一次包络蜗杆传动　(b)二次包络蜗杆传动

图 9.17　平面包络环面蜗杆传动

9.7.3　锥蜗杆传动

锥蜗杆传动的锥蜗杆螺旋齿面是按等导程分布在节锥上,而与之相配的蜗轮在外观上好似一个曲线齿锥齿轮,它(图 9.3)是用与锥蜗杆相似的锥滚刀在普通滚齿机上加工而成的。锥蜗杆传动的特点是:同时接触的齿数较多、重合度大、承载能力较大;传动效率高;侧隙便于控制和调整;制造和安装简便、工艺性好;蜗轮可用钢制造,节省有色金属。但是,由于结构上的原因,传动具有不对称性,正、反转时受力不同,承载能力和效率也不同。

思考题与习题

9.1　蜗杆传动有何特点?为什么?

9.2　圆柱蜗杆传动正确啮合的条件是什么?

9.3　为什么在蜗杆传动中对每一个模数 m 规定了一定数量的标准的蜗杆分度圆直径 d_1?

9.4　如何选择蜗杆的头数 z_1?对于动力传动,为什么蜗轮的齿数 z_2 不应小于 28,也不宜大于 80?

9.5　蜗杆传动的变位有何特点?为什么?

9.6　对蜗杆副材料有什么要求?常用的蜗杆副材料有哪些?蜗轮材料一般根据什么条件来选择?

9.7　为什么无锡青铜或铸铁蜗轮的许用接触应力 $[\sigma]_H$ 与齿面相对滑动速度 v_s 有关?为什么含锡青铜蜗轮的许用接触应力 $[\sigma]_H$ 与应力循环次数 N 有关,而与 v_s 无关?

9.8　蜗杆传动的主要失效形式是什么?为什么?其设计计算准则是什么?

9.9　为什么闭式蜗杆传动必须进行热平衡计算?可采取哪些措施来改善蜗杆传动的散热条件?

9.10　有一标准圆柱蜗杆传动,已知:模数 $m = 8$ mm,蜗杆分度圆直径 $d_1 = 80$ mm,蜗杆头数 $z_1 = 2$,蜗轮齿数 $z_2 = 45$。试计算蜗轮的分度圆直径 d_2、传动中心距 a、传动比 i 和蜗杆分度圆柱上的导程角 γ。

9.11　标出题图中未注明的蜗杆或蜗轮的轮齿螺旋线方向及转动方向(均为蜗杆主动);画出蜗杆和蜗轮受力的作用点及三个分力的方向(用箭头或⊗⊙表示,例如$\xrightarrow{F_{a1}}$,$\otimes F_{t1}$)。

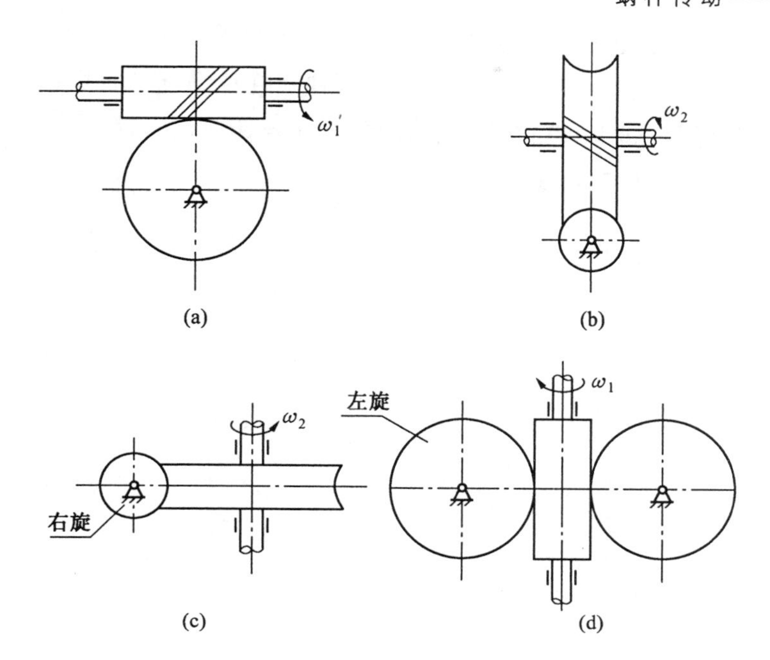

题9.11图

9.12 有一闭式蜗杆传动，已知：蜗杆输入功率 $P_1 = 2.8$ kW，蜗杆转速 $n_1 = 960$ r/min，蜗杆头数 $z_1 = 2$，蜗轮齿数 $z_2 = 40$，模数 $m = 8$ mm，蜗杆分度圆直径 $d_1 = 80$ mm，蜗杆和蜗轮齿面间的当量摩擦因数 $f' = 0.1$。试求：

(1)该传动的啮合效率 η_1 及传动总效率 η。

(2)作用于蜗杆轴上的转矩 T_1 及蜗轮轴上的转矩 T_2。

(3)作用于蜗杆和蜗轮上的各分力的大小和方向。

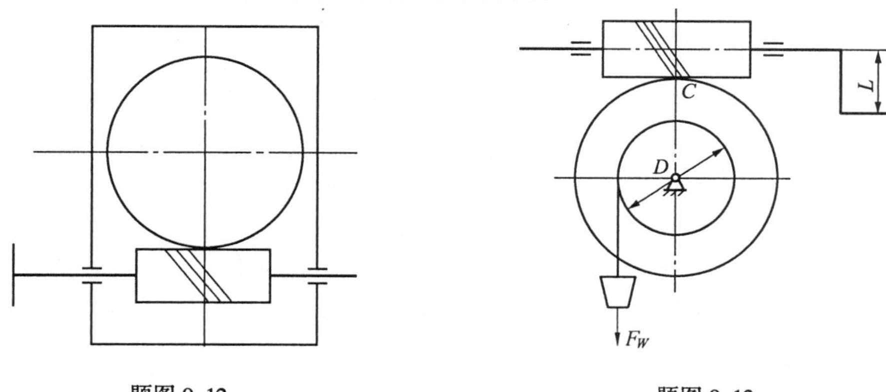

题图9.12　　题图9.13

9.13 有一手动绞车采用蜗杆传动。已知：模数 $m = 8$ mm，蜗杆头数 $z_1 = 1$，蜗杆分度圆直径 $d_1 = 80$ mm，蜗轮齿数 $z_2 = 40$，卷筒直径 $D = 200$ mm，传动效率 $\eta = 0.45$。试求：

(1)欲使重物 F_W 上升 1 m，手柄应转多少转？并在图上标出手柄的转动方向。

(2)若起重量 $F_W = 10^4$N，人手推力 $F = 200$ N，手柄长 L 为多少？

(3)按起重量 $F_W=10^4$N 确定在节点 C 处各对分力的大小和方向。

9.14　试设计由电动机驱动的闭式单级圆柱蜗杆传动,已知:蜗杆轴上输入功率 $P_1=7$ kW,蜗杆转速 $n_1=1\ 440$ r/min,蜗轮的转速 $n_2=80$ r/min,载荷平稳,单向转动,工作寿命 3 年,每日工作 16 h,批量生产。

第10章 轴

内容提要 轴是组成机器的重要零件之一，它用于支撑传动件和轴上其他零件，并传递运动和动力。轴是本课程重点章节之一，主要内容包括：工程中常用的轴的强度计算的三种方法；轴的结构设计；轴的刚度计算。重点应掌握轴的结构设计及强度计算方法。

Abstract A shaft is one of the most important components of a mechanical device, having mounted on it the power - transmitting elements and the other kinds of elements, and transmitting power and motion. The shaft is one of the most important chapters of this curriculum. Its main contents include: three types of methods of the shaft strength calculation that are often used in engineering; structure design of the shaft; rigidity calculation of the shaft. The important points should be mastered are the structure design and the methods of strength calculation of the shaft.

10.1 概 述

轴是机器中的重要零件之一，用来支承轴上的零件，并传递运动和动力。

10.1.1 轴的分类

根据轴的承载情况可以分为转轴、心轴和传动轴三种。工作时既承受弯矩又承受转矩的轴称为转轴，如齿轮减速器上的输出轴(图10.1)，转轴是机器中最常见的轴。主要是传递转矩而不承受弯矩或受弯矩很小的轴称为传动轴，如汽车的传动轴(图10.2)。用来支承转动零件且只承受弯矩而不承受转矩的轴称为心轴。心轴又可分为转动心轴(图10.3(a))和固定心轴(图10.3(b))。

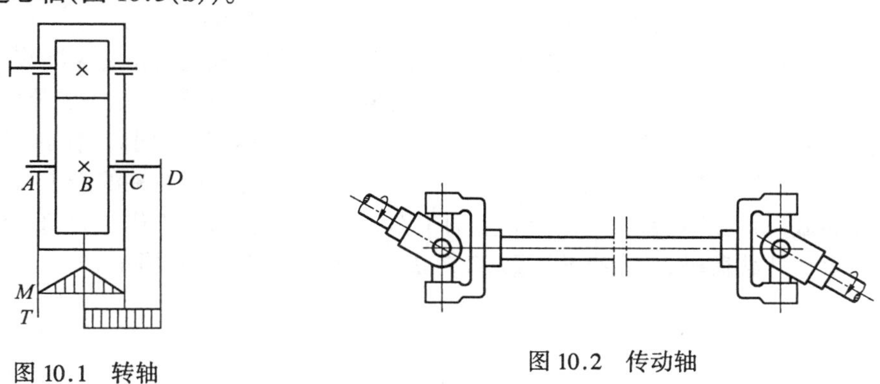

图10.1 转轴

图10.2 传动轴

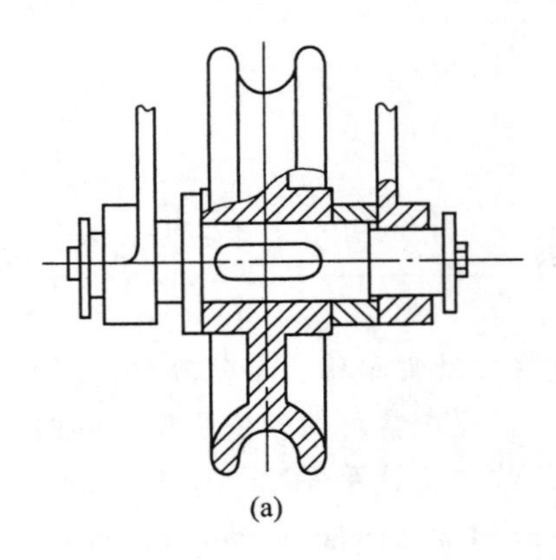

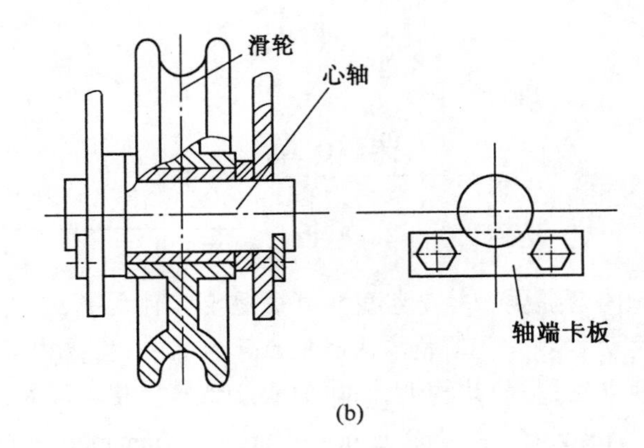

(a) (b)

图 10.3 心轴

10.1.2 转轴的受力、应力分析及失效形式

以齿轮减速器的输出轴(图 10.1)为例来讨论转轴的受力、应力及失效形式。

在齿轮法向力 F_n 的作用下,轴的两支点 A 与 C 之间受弯矩 M 作用,轴上与齿宽中点相对应的点 B 至输出端 D 之间受转矩 T 的作用。由图可见,轴上各截面受力是不同的,而且,在齿宽中点对应的点 B 至右支点 C 之间同时承受弯矩 M 与转矩 T 的作用。

轴的各截面上的应力是不同的。在 AB 之间的任一截面上,只作用有弯矩 M,因此只有弯曲应力 σ_b;在 BC 之间的某一截面上,既作用有弯矩 M,又作用有转矩 T,因此,既有弯曲应力 σ_b,又有扭转切应力 τ;而在 CD 之间的任一截面上,只作用有转矩 T,因此只有扭转切应力 τ。

轴上的弯曲应力 σ_b 及扭转切应力 τ 的循环特征是不同的。取轴上 BC 间的某一截面进行讨论,由于轴的转动,弯曲应力 σ_b 为对称循环变应力,其循环特征 $r=-1$(图 10.4(a))。扭转切应力的循环特征 r 随转矩的性质而变化,当转矩的大小及方向恒定不变时,扭转切应力 τ 为静应力,其循环特征 $r=+1$(图 10.4(b))。当转矩 T 按脉动循环变化时,扭转切应力 τ 也为脉动循环,其循环特征 $r=0$(图 10.4(c))。当转矩 T 为对称循环时,扭转切应力 τ 也为对称循环,其循环特征 $r=-1$(图 10.4(d))。

一般减速器中的轴,在变应力的作用下,其失效形式主要是疲劳断裂。疲劳断裂是一个损伤累积的过程。在初期,由于表层的某种缺陷,如夹渣、气孔或成分偏析等,在零件表层形成微裂纹。随着应力循环次数的增多,裂纹不断扩展。同时,在断层上,轴每转一周受一次挤压作用,由于反复多次的挤压,呈现光亮状态。而在轴的产生裂纹的截面上没断裂的截面积在不断减少,因而其上的工作应力不断增大,当工作应力超过许用应力且不足以承受外载荷时,就会突然断裂,突然断裂区呈现粗糙状态(图 10.5)。

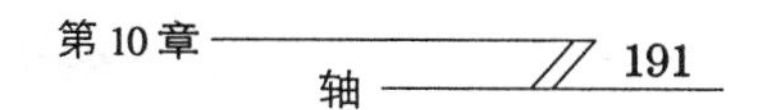

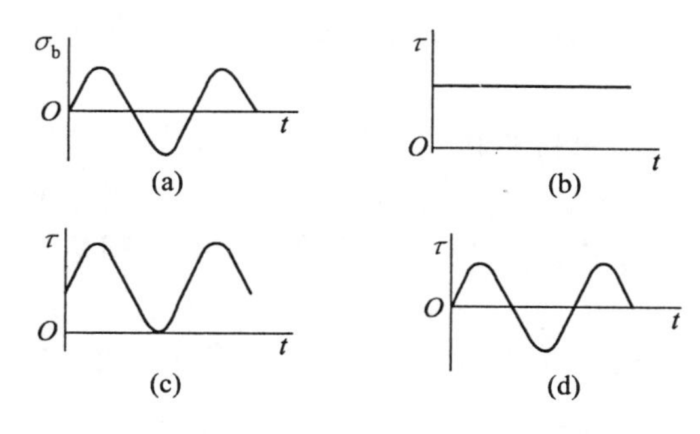

图 10.4　弯曲应力 σ_b 与扭转剪应力 τ 的循环特征

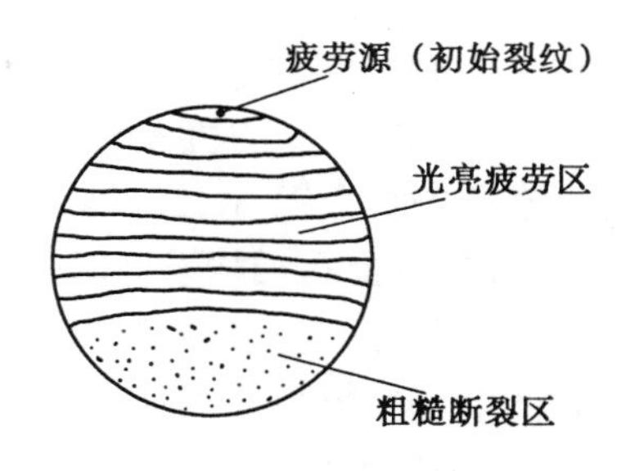

图 10.5　轴的弯曲疲劳断裂的断口

10.1.3　轴的设计

轴的设计主要解决互相联系的两个方面的问题:① 设计计算:为了保证轴具有足够的承载能力,要根据轴的工作要求对轴进行强度计算,有些轴还要进行刚度或振动计算。② 结构设计:根据轴上零件装拆、定位和加工等结构设计要求,确定出轴的形状和各部分尺寸。

转轴在工作中既受弯矩又受转矩,可把心轴和传动轴看作转轴的特例。因而,掌握了转轴的设计方法,也就掌握了心轴和传动轴的设计方法。下面将重点讲述转轴的设计方法。

对于转轴,如果知道了轴所受的转矩和弯矩,利用材料力学的知识,就可算出轴的各段尺寸(直径及长度)。但在一般情况下,开始计算时,并不知道轴的形状和尺寸,无法确定轴的跨距和力的作用点,也就无法求出弯矩。为了解决这个问题,轴的设计分三步进行:第一,初定轴径;第二,结构设计,画草图,确定轴的尺寸,得到轴的跨距和力的作用点;第三,强度计算,作出弯矩图、转矩图,校核危险截面强度。如不满足要求,则应修改初定轴径,重复第二、三步,直到满足设计要求。图 10.6 为转轴设计程序框图。在轴的设计过程中,结构设计和设计计算交叉进行,这是转轴设计的特点。

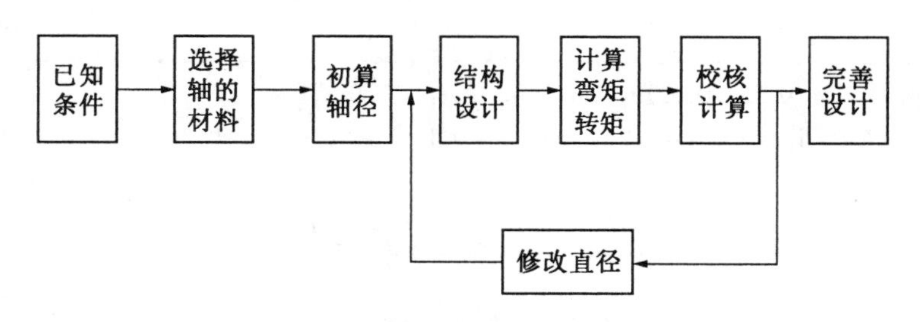

图 10.6　转轴设计流程框图

10.2　轴 的 材 料

轴的材料主要采用碳素钢和合金钢。

碳素钢比合金钢价格低廉,并且对应力集中的敏感性较小,所以应用广泛。常用的优质碳素钢有30、40、45和50钢,其中45钢应用最多。为保证其机械性能,应进行调质或正火处理。一般不重要的轴可使用普通碳素钢Q235。

合金钢具有较高的机械强度,淬透性也较好,但价格较高,多用于有特殊要求和重要的轴。常用的合金钢有20Cr、40Cr、35SiMn和35CrMo等。需要指出,合金钢对应力集中的敏感性较高,因此在结构设计时,应注意减小应力集中。另外,碳钢和合金钢弹性模量相差不多,不能靠选合金钢来提高轴的刚度。

轴的毛坯一般用圆钢或锻件。对于形状复杂的轴(如曲轴)有时也可采用铸钢或球墨铸铁,轴的铸造毛坯易于得到合理的形状。

表10.1列出了轴的常用材料及其主要机械性能。

表10.1 轴的常用材料及其主要机械性能

材料牌号	热处理	毛坯直径/mm	硬度/HBW	抗拉强度极限 σ_B	屈服极限 σ_s	弯曲疲劳极限 σ_{-1}	扭剪疲劳极限 τ_{-1}
				MPa			
Q235		>16~40		440	240	200	105
Q275		>16~40		550	265	220	127
45	正火回火	≤100	170~217	600	300	275	140
	正火回火	>100~300	162~217	580	290	270	135
	调质	≤200	217~255	650	360	300	155
40Cr	调质	≤100	241~286	750	550	350	200
35SiMn 42SiMn	调质	≤100	229~286	800	520	400	205
35CrMo	调质	≤100	207~269	750	550	390	200
35SiMnMo	调质	>100~300	217~269	700	550	335	95
20Cr	渗碳淬火回火	≤15	表面	850	550	375	215
		>15~60	56~62 HRC	650	400	280	160

注:① 剪切屈服极限 $\tau_s=(0.55\sim0.62)\sigma_s$,$\sigma_0\approx1.4\sigma_{-1}$,$\tau_0=1.5\tau_{-1}$

② 等效系数 ψ:碳素钢,$\psi_\sigma=0.1\sim0.2$,$\psi_\tau=0.05\sim0.1$;合金钢,$\psi_\sigma=0.2\sim0.3$,$\psi_\tau=0.1\sim0.15$。

10.3 轴径的初步估算

设计轴时,通常要估算轴的最小直径,以此作为结构设计的依据。下面介绍几种估算方法:

10.3.1 类比法

类比法就是参考同类型已有机器的轴的结构和尺寸,经分析对比,确定所设计的轴的直径。

10.3.2 经验公式计算

对于一般减速器,也可采用经验公式来估算轴的直径。高速输入轴的直径 d 可按与其相连的电动机轴的直径 D 估算,$d \approx (0.8 \sim 1.2)D$;各级低速轴的直径 d 可按同级齿轮传动中心距 a 估算,$d \approx (0.3 \sim 0.4)a$。

10.3.3 按扭转强度计算

这种方法是按扭转强度条件确定轴的最小直径,可用于传动轴的计算或用于转轴的初估轴径。对于转轴,由于跨距未知,无法计算弯矩,在计算中只考虑转矩,而弯矩的影响则用降低许用应力的方法来考虑。

由材料力学可知,轴受转矩作用时,其强度条件为

$$\tau = \frac{T}{W_T} \approx \frac{9.55 \times 10^6 \dfrac{P}{n}}{0.2d^3} \leqslant [\tau] \tag{10.1}$$

或

$$d \geqslant \sqrt[3]{\frac{9.55 \times 10^6 \dfrac{P}{n}}{0.2[\tau]}} = C\sqrt[3]{\frac{P}{n}} \tag{10.2}$$

式中 d——轴的直径(mm);

τ——轴剖面中最大扭转切应力(MPa);

P——轴传递的功率(kW);

n——轴的转速(r/min);

$[\tau]$——许用扭转切应力(MPa),见表10.2;

C——由许用扭转切应力确定的系数,见表10.2;

W_T——抗扭剖面模量。

表10.2 轴的常用材料的许用扭转切应力[τ]和 C 值

轴的材料	Q235,20	Q275,35	45	40Cr 35SiMn 38SiMnMo
$[\tau]$ /MPa	15 ~ 25	20 ~ 35	25 ~ 45	35 ~ 55
C	149 ~ 126	135 ~ 112	126 ~ 103	112 ~ 97

注:当轴上的弯矩比转矩小时或只有转矩时,C 取较小值。

由式(10.2)计算出的直径为轴的最小直径 d_{min},若该剖面有键槽时,应将计算出的轴径适当加大,当有一个键槽时增大5%,当有两个键槽时增大10%,然后圆整为标准直径。

10.4 轴的结构设计

轴的结构设计主要是使轴的各部分具有合理的形状和尺寸。影响轴的结构的因素很多,因此轴的结构没有标准形式。设计时,必须针对轴的具体情况作具体分析,全面考虑解决。轴的结构设计的主要要求是:① 轴应便于加工,轴上零件应便于装拆(制造安装要求);② 轴和轴上零件应有正确而可靠的工作位置(定位固定要求);③ 轴的受力合理,尽量减小应力集中等。设计时以初估轴径为基础,边画图边定尺寸,逐步形成结构。通常按照这些要求设计出的是阶梯轴。

应指出,虽然阶梯轴是常用结构形式,但是,在某些行业,例如组合机床,由于特殊需要,常采用等直径的光轴,而用其他措施实现轴的固定、安装要求。

下面逐项讨论这些要求,并结合图 10.7 所示的减速器的低速轴加以说明。

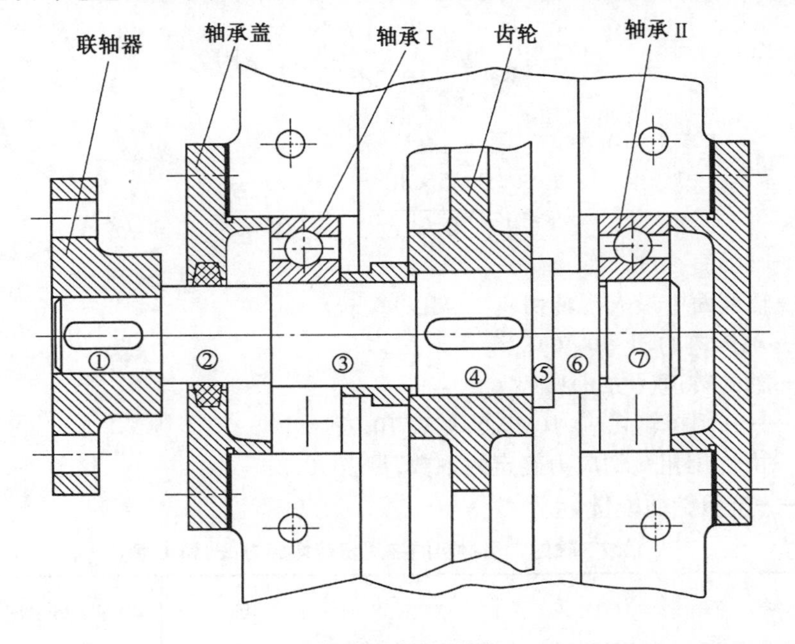

图 10.7 轴的结构

10.4.1 制造安装要求

为了便于轴上零件的装拆,常将轴做成阶梯形,它的直径从轴端逐渐向中间增大。如图 10.7 所示,齿轮、套筒、左端滚动轴承、轴承端盖和联轴器按顺序从轴的左端装拆,右端滚动轴承从轴的右端装拆。因而,为了便于装拆齿轮,轴段④的直径应比轴段③略大一些;为了便于左端滚动轴承的装拆,轴段③的直径应比轴段②略大一些。为了便于安装零件,各轴段的端部应有倒角,其尺寸可参照 GB/T 6403.4—2008。有较大过盈配合的轴段的压入端,应做成圆锥角为 10°左右的导向锥面。

在满足使用要求的情况下,轴的形状和尺寸应尽可能简单,以便加工。需要磨削的轴段应留出砂轮超越程(图 10.7 中的轴段⑦),其尺寸按 GB/T 6403.5—2008 选取;需要车螺纹的轴段应有退刀槽(图 10.8);当同一轴上有多个单键连接时,键宽应尽可能统一,并设计在同一加工直线上(图 10.7 中轴段①与④),还应使键槽靠近轴端,以便安装时容易使毂槽对准轴槽中的键。

10.4.2 固定要求

零件在轴上必须有固定的位置,为此,需要轴向固定和周向固定。

1.轴上零件的轴向固定

轴上零件的轴向固定方法有很多种,下面介绍常用的几种轴向固定方法。

(1)轴肩:阶梯轴上截面变化处称为轴肩。轴肩固定是一种简单可靠的轴向固定方法,应优先采用。它可承受较大的轴向载荷。在图 10.7 中,轴段④和⑤间的轴肩使齿轮右方向固定,①和②间的轴肩使联轴器右方向固定,⑥和⑦间的轴肩使右轴承内环左方向固定。

为保证轴上零件的端面紧靠在轴肩上,轴肩的圆角半径 r 必须小于相配零件的倒角 C_1 或圆角半径 R,轴肩高 h 必须大于 C_1 或 R,并且与受轴向力的零件应有一个最小实际接触高度 t,$t \geqslant 1.5 \sim 2$ mm,如图 10.9 所示。

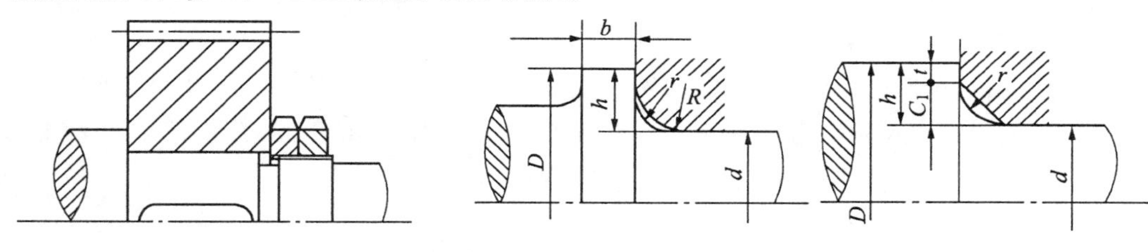

图 10.8 双圆螺母

图 10.9 轴肩圆角和相配零件的倒角(或圆角)

$h \approx (0.07 \sim 0.1)d$ 或 $h \geqslant (2 \sim 3)C_1$ 或 R;

$b \approx 1.4h$(与轴承相配合处的 h 值,见轴承手册)

轴肩只能使轴上零件沿轴向单向固定,因此,只有和其他轴向固定方法联合使用,才能使轴上零件实现轴向双向固定。

(2) 套筒:套筒是用作轴上相邻两零件的轴向固定的,其结构简单、应用较多。图 10.7中齿轮的左端面与左滚动轴承内环的右端面是用套筒作轴向固定的。

(3) 圆螺母:当轴上相邻两零件间距较大,以致套筒太长或无法采用套筒时,可采用圆螺母固定(图 10.8)。一般用细牙螺纹,以免过多地削弱轴的强度。圆螺母见 GB/T 812—2000。

(4) 轴端挡圈:位于轴端的轴上零件的轴向固定常用轴端挡圈(图 10.10)。轴端挡圈尺寸见 GB 892—1986。

当采用套筒、螺母、轴端挡圈做轴向固定时,为使套筒、圆螺母、轴端挡圈靠紧零件端面,设计时应使装零件的轴段长度比零件轮毂长度略短一些。

(5)弹性挡圈:当轴向力很小,或仅为防止零件偶然轴向移动时,可采用弹性挡圈(图 10.11)。这种方法简单,但对轴的强度削弱较大,弹性挡圈尺寸见 GB 894.1—1986。

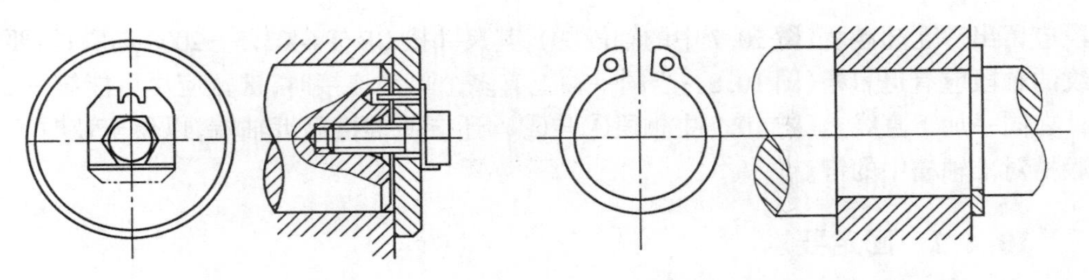
图 10.10　轴端挡圈　　　　图 10.11　弹性挡圈

(6)紧定螺钉：当轴向力较小时，可采用紧定螺钉(图 10.12)。紧定螺钉连接既可起轴向固定作用，又可起周向固定作用，紧定螺钉尺寸见 GB/T 74—1985。

2. 轴上零件的周向固定

为了传递运动和转矩，或因某些需要，轴上零件还需有周向固定，采用如键、花键、成形、弹性环、销、过盈等连接，见第 6 章轴毂连接。

10.4.3　提高轴的强度的措施

疲劳断裂是轴的主要失效形式，在设计时应在结构方面采取措施，减小受力、应力，以提高轴的疲劳强度。

1. 合理布置轴上传动零件的位置

当动力由两个轮输出时，应将输入轮布置在两个输出轮的中间，以减小轴上的转矩。如在图 10.13 中，输入转矩为 $T_1 + T_2$，且 $T_1 > T_2$，按图 10.13(a)布置时，轴的最大转矩为 T_1，而按图 10.13(b)布置时，轴的最大转矩为 $T_1 + T_2$。

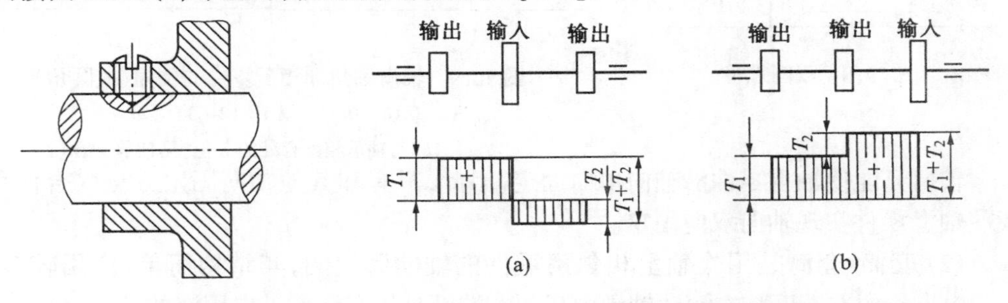

图 10.12　紧定螺钉　　　　图 10.13　轴的两种布置方案

2. 合理设计轴上零件的结构

改进轴上零件的结构也可减小轴的载荷。图 10.14 所示的为卷筒的轮毂结构，图

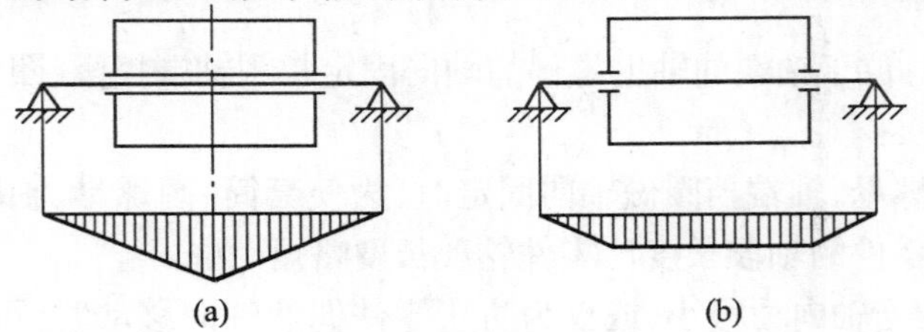

图 10.14　卷筒的轮毂结构

10.14(a)中卷筒的轮毂配合面很长,如把轮毂配合面分成两段,如图 10.14(b)所示,将减小轴的弯矩,同时还改善了轴孔配合。

3.减小应力集中

进行结构设计时,应尽量减小应力集中。

零件截面发生突然变化的地方,都会产生应力集中现象。因此对于阶梯轴,阶梯两侧直径的变化应尽量小,并应在阶梯变化处采用圆角过渡。在结构设计时应尽量采用较大的过渡圆角,当受结构限制不能用较大圆角过渡时,可采用过渡肩环(图 10.15(a))或凹切圆角(图10.15(b)),从而增大轴肩圆角,以减小局部应力集中。

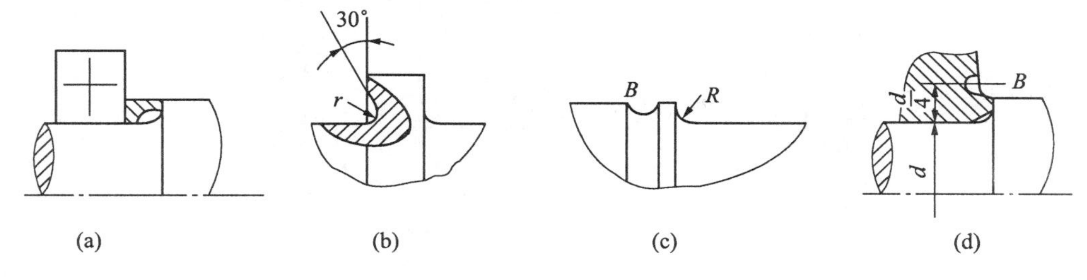

图 10.15 减小应力集中的措施

当轴毂连接采用过盈配合时,轴的配合边缘处为应力集中源。为了减小应力集中,除了在保证传递载荷的前提下尽量减少过盈量外,还可在轴上或轮毂上加工卸载槽(图 10.15(c)、(d))。

在轴上还应尽量避免开槽孔、切口或凹槽。对于安装平键的轴槽,用盘铣刀加工出的轴槽要比用指状铣刀加工出的轴槽的应力集中小。

4.提高轴的表面质量

轴的表面质量对轴的疲劳强度有显著的影响。经验证明,疲劳裂纹常发生在表面最粗糙的地方。采用表面强化,如辗压、喷丸、表面淬火等,可以显著提高轴的疲劳强度。

10.4.4 轴的结构设计

对于图 10.7 所示的一级圆柱齿轮减速器的低速轴,以初算轴径为基础,根据上述结构设计要求,通过结构设计定出轴的各部分结构和尺寸,最后定出力的作用点和跨距(图 10.16),以便校核轴的强度,表 10.3 为该轴的结构尺寸确定原则。

在进行轴的结构设计时,应注意以下几个关键结构尺寸的确定(图 10.16)。

1.箱体内壁位置的确定

为避免转动的齿轮和静止不动的箱体相碰撞,在齿轮和箱体内壁之间应留有间隙 H,对中小型减速器,一般取 $H=10\sim15$ mm。箱体的两内壁之间的距离 $A=b+2H$,b 为齿宽,A 值应圆整。

2.轴承座端面位置的确定

对于剖分式箱体,考虑在紧固上下轴承座的连接螺栓时的扳手空间,取轴承座宽度 $C=\delta+C_1+C_2+(5\sim10)$ mm,δ 为箱体壁厚,C_1、C_2 为由连接螺栓直径确定的扳手空间尺寸。相应的,两轴承座端面间的距离 $B=A+2C$,B 值应圆整。

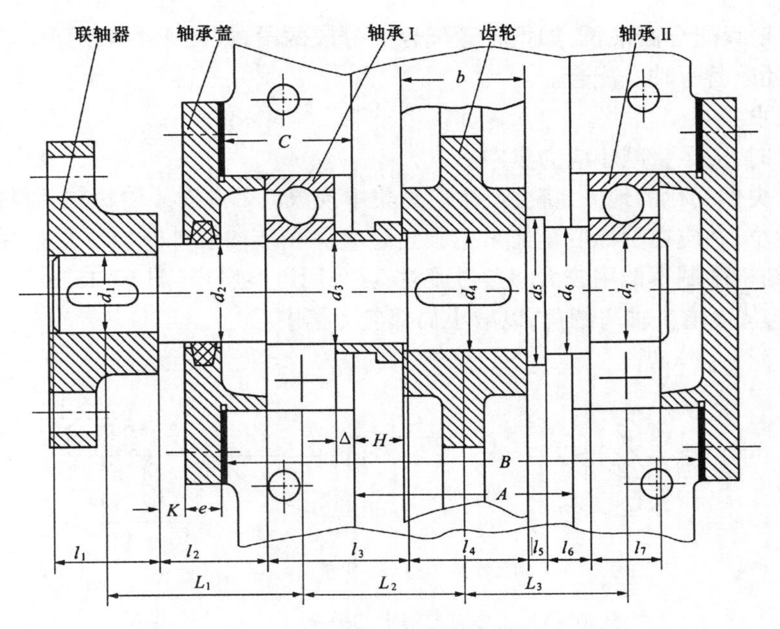

图 10.16 轴的结构设计

表 10.3 轴的结构设计(参看图 10.16)

径向尺寸	确定原则	轴向尺寸	确定原则
d_1	初算轴径,并根据联轴器尺寸定轴径	l_1	根据联轴器尺寸确定
		l_4	$l_4 = b - (2 \sim 3)$ mm
d_2	联轴器轴向固定 $h = (0.07 \sim 0.1) d_1$	l_5	$l_5 = 1.4h$
d_3	$d_3 = d_2 + (1 \sim 2)$mm,满足轴承内径系列,便于轴承安装	l_7	$l_7 = B$,B——轴承宽度
d_4	$d_4 = d_3 + (1 \sim 2)$mm,便于齿轮安装	齿轮至箱体内壁的距离 H	动和不动零件间要有间隔,以避免干涉 $H = 10 \sim 15$ mm
d_5	齿轮轴向固定,$h = (0.07 \sim 0.1) d_4$	轴承至箱体内壁的距离 Δ	考虑箱体铸造误差: $\Delta = \begin{cases} 5 \sim 10 \text{ mm(轴承油润滑)} \\ 10 \sim 15 \text{ mm(轴承脂润滑)} \end{cases}$
d_6	轴承轴向固定,符合轴承拆卸尺寸,查轴承手册	轴承座宽度 C	$C = C_1 + C_2 + \delta + (5 \sim 10)$mm; δ——箱体壁厚;C_1、C_2——由轴承旁连接螺栓直径确定,查机械零件设计手册
d_7	一根轴上的两轴承型号相同,$d_7 = d_3$	轴承盖厚 e	见机械零件设计手册
键宽 b 槽深 t	根据轴的直径查手册	联轴器至轴承盖的距离 K	考虑动与不动零件间的有一定距离,并保证联轴器易损件的更换所需空间,或拆卸轴承端盖螺栓所需空间
键长 L	$L \doteq 0.85l$,l——有键槽的轴段的长度,并查手册取标准长度 L	l_2、l_3、l_6	在齿轮、箱体、轴承、轴承盖、联轴器的位置确定后,通过作图得到

注:阶梯轴各段轴径由 d_1 开始逐一确定,而各段的长度则应由与传动件轮毂相配合的轴段 L_4 开始,并向两边逐一展开。

3.轴承在轴承座孔中位置的确定

考虑到箱体内壁间距 A 的铸造误差,为保证轴承外圈能全部坐落在轴承座孔中,并使轴承支点间跨距尽可能小,通常在轴承端面与箱体内壁之间留有一定距离 Δ。Δ 值的大小与轴承的润滑方式有关,当传动件圆周速度 $v \geqslant 2$ m/s 时,可采用传动件溅起的油来润滑轴承,一般取 $\Delta = 5 \sim 10$ mm;当 $v < 2$ m/s 时,轴承应采用脂润滑,需在轴承与传动件之间安装挡油板,一般取 $\Delta = 10 \sim 15$ mm。

4.轴的外伸长度的确定

轴的外伸长度与轴端上的零件及轴承盖的结构尺寸有关。① 当轴端装有弹性套柱销联轴器时,为便于更换橡胶套,在轴承盖与联轴器轮毂端面之间应留有足够的装配用的间距 K(图 10.17(a)),K 值由联轴器的型号确定。② 当使用凸缘式轴承盖时,为便于拆卸轴承盖连接螺栓,在轴承盖与联轴器轮毂端面之间应留有足够的间距 K(图 10.17(b))。K 值由连接螺栓的长度确定。③ 当轴承盖与轴端零件都不需拆卸,或不影响轴承盖连接螺栓的拆卸(图 10.17(c))时,轴承盖与轴端零件的间距 K 应尽量小,不相碰即可,一般取 $K = 5 \sim 8$ mm。

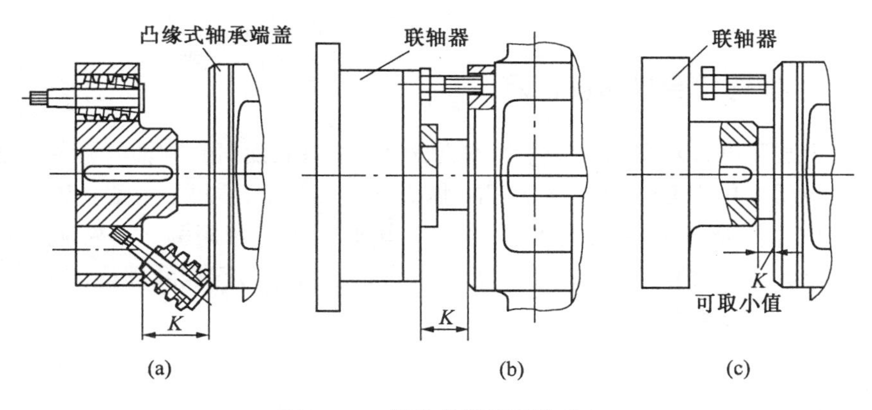

图 10.17 轴的外伸长度的确定

10.5 轴的强度校核计算

在完成轴的结构的初步设计后,应进行校核计算。通常根据工作条件和重要性,有选择地计算轴的强度、刚度、振动稳定性。对于轴的强度和刚度计算,各国都有计算标准,除后面介绍的我国的计算标准外,常用的有 DIN743 和 ANSI。

10.5.1 轴的计算简图

为了进行轴的强度和刚度计算,首先要做出计算简图,然后用材料力学方法进行计算。画出计算简图应注意以下几点:

(1) 将阶梯轴简化为一简支梁。

(2) 齿轮、带轮等传动件作用于轴上的均布载荷,在一般计算中,简化为集中力,并作用在轮缘宽度的中点(图 10.18(a)、(b))。这种简化,一般偏于安全。

(3) 作用在轴上的转矩,在一般计算中,简化为从传动件轮毂宽度的中点算起的转矩。

(4) 轴的支承反力的作用点随轴承类型和布置方式而异,可按图 10.18(c)、(d)确定,其中 a 值参见滚动轴承样本。简化计算时,常取轴承宽度中点为作用点。

简化后,将双支点轴当作受集中力的简支梁进行计算。

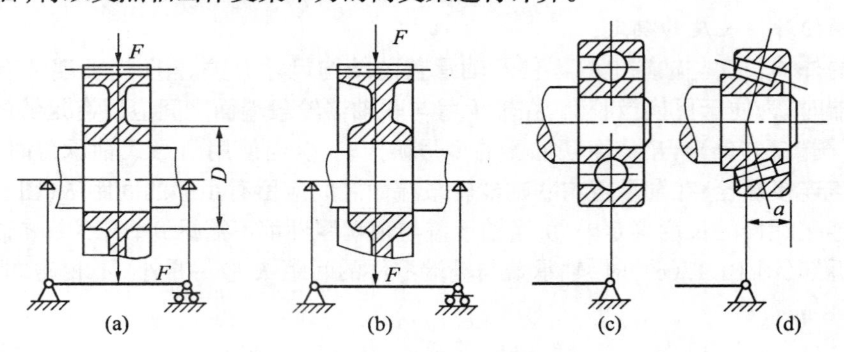

图 10.18 轴的受力和支点的简化

10.5.2 按弯扭合成强度计算

按弯扭合成强度计算,需同时考虑弯矩和转矩的作用,而对影响轴的疲劳强度的各个因素则采用降低许用应力值的办法来考虑,因而计算较简单,适用于一般转轴。

对于同时承受弯矩和转矩的转轴,假设计算截面上的弯矩为 M,相应的弯曲应力 $\sigma_b = M/W$,转矩为 T,相应的扭转切应力 $\tau = T/W_T$。根据第三强度理论,求出危险截面的当量应力 σ_e,其强度条件为

$$\sigma_e = \sqrt{\sigma_b^2 + 4\tau^2} \leqslant [\sigma]_b$$

由于回转的转轴的弯曲应力 σ_b 为对称循环变应力,而扭转切应力 τ 的循环特征可能与 σ_b 不同,考虑到 σ_b 与 τ 的循环特征的不同,引入折合系数 α,则

$$\sigma_e = \sqrt{\sigma_b^2 + 4(\alpha\tau)^2} = \sqrt{\left(\frac{M}{W}\right)^2 + 4\left(\frac{\alpha T}{W_T}\right)^2} \leqslant [\sigma]_{-1b} \tag{10.3}$$

式中 W——抗弯剖面模量(附表 10.1);

W_T——抗扭剖面模量(附表 10.1);

α——根据转矩性质而定的折合系数,对于不变的转矩,$\alpha = \dfrac{[\sigma]_{-1b}}{[\sigma]_{+1b}} \approx 0.3$;当转矩脉动循环变化时,$\alpha = \dfrac{[\sigma]_{-1b}}{[\sigma]_{0b}} \approx 0.6$;对于频繁正反受扭的轴,$r$ 可看成为对称循环应力,$\alpha = \dfrac{[\sigma]_{-1b}}{[\sigma]_{-1b}} = 1$;若转矩的变化规律不清楚,一般可按脉动循环处理;

$[\sigma]_{-1b}$、$[\sigma]_{0b}$、$[\sigma]_{+1b}$——分别为对称循环、脉动循环及静应力状态下的许用弯曲应力,详见表 10.4。

表 10.4 轴的许用弯曲应力 MPa

材 料	σ_B	$[\sigma]_{+1b}$	$[\sigma]_{0b}$	$[\sigma]_{-1b}$
碳素钢	400	130	70	40
	500	170	75	45
	600	200	95	55
	700	230	110	65
合金钢	800	270	130	75
	900	300	140	80
	1 000	330	150	90
铸 钢	400	100	50	30
	500	120	70	40

10.5.3 轴的安全系数校核计算

对一些重要的轴,要对轴的危险剖面的疲劳强度安全系数进行校核计算。这种方法考虑了影响疲劳强度的诸因素,如应力循环特征、应力集中、表面质量、尺寸等。因此,这种方法是一种精确的方法。对于瞬时尖峰载荷,要进行静强度的安全系数校核计算。

1.疲劳强度的安全系数校核计算

轴的疲劳强度的校核计算,是对轴的危险剖面进行疲劳强度安全系数校核计算。危险剖面是指发生破坏可能性最大的剖面。但是,在校核计算前,有时很难确定哪个剖面是危险剖面。因为影响轴的疲劳强度的因素较多,弯矩和转矩最大的剖面不一定就是危险剖面。而弯矩和转矩不是最大的剖面,但因其直径小,应力集中严重,却有可能是危险剖面。在无法确定危险剖面的情况下,就必须对可能的危险剖面一一进行校核,它们的安全系数都应大于许用值。

校核危险剖面疲劳强度安全系数的公式为

$$S=\frac{S_\sigma \cdot S_\tau}{\sqrt{S_\sigma^2+S_\tau^2}} \geqslant [S] \tag{10.4}$$

$$S_\sigma=\frac{\sigma_{-1}}{\frac{K_\sigma}{\beta\,\varepsilon_\sigma}\sigma_a+\psi_\sigma\sigma_m} \tag{10.5}$$

$$S_\tau=\frac{\tau_{-1}}{\frac{K_\tau}{\beta\,\varepsilon_\tau}\tau_a+\psi_\tau\tau_m} \tag{10.6}$$

式中 S_σ——只考虑弯矩时的安全系数;

S_τ——只考虑转矩时的安全系数;

σ_{-1}、τ_{-1}——材料对称循环的弯曲疲劳极限和扭转疲劳极限,查表 10.1;

K_σ、K_τ——弯曲时和扭转时轴的有效应力集中系数,如附表 10.3~10.4 所示;

ε_σ、ε_τ——零件的绝对尺寸系数,如附图 10.1 所示;

β——表面质量系数，$\beta=\beta_1\beta_2\beta_3$，如附图 10.1 和附表 10.2 所示；

ψ_σ、ψ_τ——把弯曲时和扭转时轴的平均应力折算为应力幅的等效系数，碳素钢 $\psi_\sigma=0.1\sim0.2$，$\psi_\tau=0.05\sim0.1$；合金钢 $\psi_\sigma=0.2\sim0.3$，$\psi_\tau=0.1\sim0.15$；

σ_a、σ_m——弯曲应力的应力幅和平均应力（MPa）；

τ_a、τ_m——扭转切应力的应力幅和平均应力（MPa）；

$[S]$——许用疲劳强度安全系数，见表 10.5。

表 10.5　轴的许用安全系数 $[S]$ 和 $[S]_0$

许用疲劳强度安全系数 $[S]$		许用静强度安全系数 $[S]_0$	
载荷可精确计算，材质均匀	1.3～1.5	尖峰载荷作用时间极短，其值可精确计算： 高塑性 $\sigma_s/\sigma_B=0.6$ 中等塑性钢 $\sigma_s/\sigma_B=0.6\sim0.8$ 低塑性钢 $\sigma_s/\sigma_B=0.8$	 1.2～1.4 1.4～1.8 1.8～2
载荷计算不够精确，材质不够均匀	1.5～1.8		
载荷计算粗略，材料均匀性很差	1.8～2.5	铸造轴及脆性材料制的轴 尖峰载荷很难准确计算的轴	2～3 3～4

对于一般回转的转轴，弯曲应力按对称循环变化，故 $\sigma_a=\dfrac{M}{W}$，$\sigma_m=0$。当轴不转动或载荷随轴一起转动时，考虑到载荷波动的实际情况，弯曲应力可当做脉动循环变化来考虑，即 $\sigma_a=\sigma_m=\dfrac{M}{2W}$。多数情况下，转矩的变化规律往往不易确定，故对一般转轴的扭转切应力通常当作脉动循环来考虑，即 $\tau_a=\tau_m=\dfrac{T}{2W_T}$；当经常作用双向转矩时，则当作对称循环变化，即 $\tau_a=\dfrac{T}{W_T}$，$\tau_m=0$。

2. 静强度的安全系数校核计算

对瞬时尖峰载荷，应校核轴的静强度

$$S_0=\frac{S_{0\sigma}\cdot S_{0\tau}}{\sqrt{S_{0\sigma}^2+S_{0\tau}^2}}\geqslant[S]_0 \tag{10.7}$$

$$S_{0\sigma}=\frac{\sigma_s}{\sigma_{max}} \tag{10.8}$$

$$S_{0\tau}=\frac{\tau_s}{\tau_{max}} \tag{10.9}$$

式中　$[S]_0$——许用静强度安全系数，见表 10.5；

σ_s、τ_s——材料的抗拉和抗剪屈服极限（MPa），见表 10.1；

σ_{max}、τ_{max}——尖峰载荷时轴的最大弯曲应力和扭转切应力（MPa）；

$S_{0\sigma}$、$S_{0\tau}$——只考虑弯矩和只考虑转矩时的安全系数。

验算后，如发现轴的强度不够，应采取措施，例如减少应力集中、增大尺寸、改换材料、采取工艺措施改善表面物理状态（降低表面粗糙度、表面处理、冷作硬化）等。如算出强度过分充裕，材料没有充分利用，影响成本。但是，是否减小轴的直径，还要综合考虑轴的刚度、结构要求、轴上零件的强度以及标准等因素，全面分析以后再做处理。

10.6 轴的刚度计算

轴受弯矩作用会产生弯曲变形(图10.19(a)),受转矩作用会产生扭转变形(图10.19(b))。如果轴的刚度不够,将影响轴上零件的正常工作。例如,安装齿轮的轴的弯曲变形会使齿轮啮合发生偏载。又如,滚动轴承支承的轴的弯曲变形,会使轴承内、外环相互倾斜,当超过允许值时,将使轴承寿命显著降低。因此,设计时必须根据工作要求限制轴的变形量,即

$$\left.\begin{array}{ll}\text{挠度} & y \leqslant [y] \\ \text{偏转角} & \theta \leqslant [\theta] \\ \text{扭转角} & \varphi \leqslant [\varphi]\end{array}\right\} \tag{10.10}$$

式中 $[y]$、$[\theta]$、$[\varphi]$——轴的许用挠度、许用偏转角、许用扭转角,见表10.6。

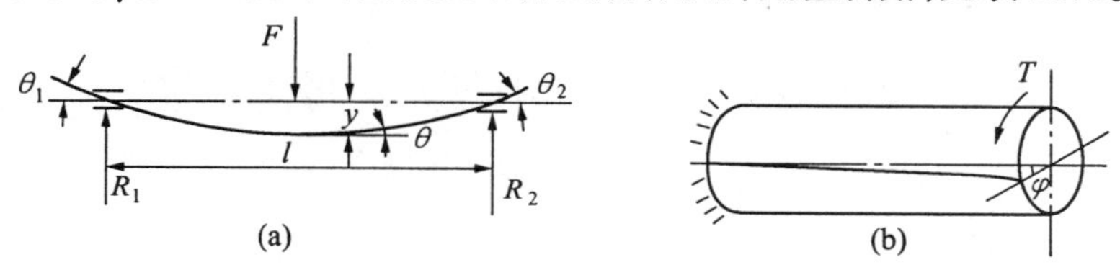

图10.19 轴的弯曲刚度和扭转刚度

表10.6 轴的许用挠度$[y]$、许用偏转角$[\theta]$和许用扭转角$[\varphi]$

变形	应用场合	许用值
许用挠度 $[y]$/mm	一般用途的轴 刚度要求较高的轴 安装齿轮的轴 安装蜗轮的轴	$(0.000\,3 \sim 0.000\,5)l$ $\leqslant 0.000\,2l$ $(0.01 \sim 0.05)m_n$ $(0.02 \sim 0.05)m_t$
许用偏转角 $[\theta]$/rad	滑动轴承 向心球轴承 向心球面轴承 圆柱滚子轴承 圆锥滚子轴承 安装齿轮处	$\leqslant 0.001$ $\leqslant 0.005$ $\leqslant 0.05$ $\leqslant 0.002\,5$ $\leqslant 0.001\,6$ $\leqslant 0.001 \sim 0.002$
许用扭转角 $[\varphi]$/$[(°)\cdot m^{-1}]$	一般传动 较精密的传动 精密传动	$0.5 \sim 1$ $0.25 \sim 0.5$ $\leqslant 0.25$

注:l—轴的跨距(mm);m_n—齿轮法面模数;m_t—蜗轮端面模数。

10.6.1 弯曲变形计算

由材料力学,等直径轴的挠曲线近似微分方程为

$$\frac{d^2 y}{dx^2} = \frac{M}{EJ} \tag{10.11}$$

式中 M——弯矩(N·mm);

E——材料的弹性模量(MPa);

J——轴的惯性矩,$J=\frac{\pi d^4}{64}$ mm^4。

对式(10.11)作一次积分得偏转角方程,做二次积分得挠曲线方程,根据边界条件(轴的支承条件或挠曲线上某点的已知变形条件)就可得到轴的偏转角 θ 及挠度 y。

对于阶梯轴,当各段直径相差很小时,可把阶梯轴简化为当量直径为 d_m 的等直径轴来计算变形(当量直径法)。其当量直径

$$d_m=\frac{\sum d_i l_i}{\sum l_i} \tag{10.12}$$

式中 d_i、l_i——阶梯轴的第 i 段的直径与长度。

阶梯轴的弯曲变形计算,除当量直径法外,还有图解法和能量法,可参考材料力学。

10.6.2 扭转变形计算

由材料力学,等直径轴受转矩作用时,其扭转角 φ 的计算公式为

$$\varphi=5.73\times10^4\frac{T}{GJ_p} \tag{10.13}$$

式中 φ——扭转角(°/m);

T——转矩(N·mm);

l——轴受到转矩作用的长度(mm);

J_p——轴的极惯性矩(mm^4),其中实心轴 $J_p=\frac{\pi d^4}{32}$;

G——材料的剪切弹性模量(MPa);

d——轴的直径(mm)。

对于阶梯轴,扭转角 φ 的计算式为

$$\varphi=5.73\times10^4\frac{1}{Gl}\sum_{i=1}^{n}\frac{T_i l_i}{J_{pi}} \tag{10.14}$$

式中 φ——扭转角(°/m);

T_i、l_i、J_{pi}——阶梯轴第 i 段的转矩、长度、极惯性矩,单位同式(10.13)。

应指出的是,由于轴的应力与其直径的三次方成反比,而变形与其直径的四次方成反比,因而,按强度条件确定出的小直径的轴,常发生刚度不足的问题,而按刚度条件确定出的大直径的轴,常发生强度不够的问题。

还应指出,在轴的强度和刚度计算中,由于公式参数多,需要计算的剖面多,因而计算工作量大,尤其是当反复修改时,常使设计者难以承受,易产生厌烦情绪。针对这种情况,软件商开发出很多计算分析软件,以供设计者使用,既减轻了劳动强度,又提高了设计质量,节省了时间。

附表 10.1 抗弯、抗扭剖面模量计算公式

剖面	W	W_T
d	$\dfrac{\pi d^3}{32}$	$\dfrac{\pi d^3}{16}$
d, d_1	$\dfrac{\pi d^3}{32}(1-r^4)$ 其中，$r=\dfrac{d_1}{d}$	$\dfrac{\pi d^3}{16}(1-r^4)$ 其中，$r=\dfrac{d_1}{d}$
b, t, d	$\dfrac{\pi d^3}{32}-\dfrac{bt(d-t)^2}{2d}$	$\dfrac{\pi d^3}{16}-\dfrac{bt(d-t)^2}{2d}$
b, t, d	$\dfrac{\pi d^3}{32}-\dfrac{bt(d-t)^2}{d}$	$\dfrac{\pi d^3}{16}-\dfrac{bt(d-t)^2}{d}$
d_0, d	$\dfrac{\pi d^3}{32}(1-1.54\dfrac{d_0}{d})$	$\dfrac{\pi d^3}{16}(1-\dfrac{d_0}{d})$
b, d_1, D	$\dfrac{\pi d^4+bz(D-d_1)(D+d_1)^2}{32D}$ （z—花键齿数）	$\dfrac{\pi d^4+bz(D-d_1)(D+d_1)^2}{16D}$ （z—花键齿数）
d	$\dfrac{\pi d^3}{32}$	$\dfrac{\pi d^3}{16}$

附表 10.2 各种强化处理的表面质量系数 β_3

强化方法	心部强度 σ_B/MPa	β_3		
		光　轴	低应力集中的轴 $K_\sigma \leqslant 1.5$	高应力集中的轴 $K_\sigma \geqslant 1.8\sim2$
高频淬火	600～800	1.5～1.7	1.6～1.7	2.4～2.8
	800～1 000	1.3～1.5		
氮　化	900～1 200	1.1～1.25	1.5～1.7	1.7～2.1
渗　碳	400～600	1.8～2.0	3	3.5
	700～800	1.4～1.5	2.3	2.7
	1 000～1 200	1.2～1.3	2	2.3
喷丸硬化	600～1 500	1.1～1.25	1.5～1.6	1.7～2.1
滚子滚压	600～1 500	1.1～1.3	1.3～1.5	1.6～2.0

注:① 高频淬火系根据直径为 10 ~ 20 mm,淬硬层厚度为(0.05 ~ 0.20)d 的试件实验求得的数据,对大尺寸的试件,强化系数的值会有某些降低。

② 氮化层厚度为 0.01d 时用小值,在(0.03 ~ 0.04)d 时用大值。

③ 喷丸硬化是根据厚度 8 ~ 40 mm 的试件求得的数据,喷丸速度低时用小值,速度高时用大值。

④ 滚子滚压是根据直径 17 ~ 130 mm 的试件求得的数据。

附表 10.3 圆角处的有效应力集中系数

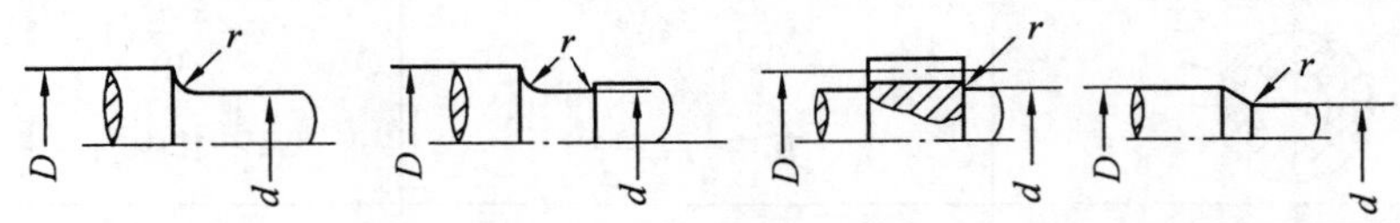

$\frac{D-d}{r}$	$\frac{r}{d}$	k_σ								k_τ							
		σ_B/MPa								σ_B/MPa							
		400	500	600	700	800	900	1000	1200	400	500	600	700	800	900	1000	1200
2	0.01	1.34	1.36	1.38	1.40	1.41	1.43	1.45	1.49	1.26	1.28	1.29	1.29	1.30	1.30	1.31	1.32
	0.02	1.41	1.44	1.47	1.49	1.52	1.54	1.57	1.62	1.33	1.35	1.36	1.37	1.37	1.38	1.39	1.42
	0.03	1.59	1.63	1.67	1.71	1.76	1.80	1.84	1.92	1.39	1.40	1.42	1.44	1.45	1.47	1.48	1.52
	0.05	1.54	1.59	1.64	1.69	1.73	1.78	1.83	1.93	1.42	1.13	1.44	1.46	1.47	1.50	1.51	1.54
	0.10	1.38	1.44	1.50	1.55	1.61	1.66	1.72	1.83	1.37	1.38	1.39	1.42	1.43	1.45	1.46	1.50
4	0.01	1.51	1.54	1.57	1.59	1.62	1.64	1.67	1.72	1.37	1.39	1.40	1.42	1.43	1.44	1.46	1.47
	0.02	1.76	1.81	1.86	1.91	1.96	2.01	2.06	2.16	1.53	1.55	1.58	1.59	1.61	1.62	1.65	1.68
	0.03	1.76	1.82	1.88	1.94	1.99	2.05	2.11	2.23	1.52	1.54	1.57	1.59	1.61	1.64	1.66	1.71
	0.05	1.70	1.76	1.82	1.88	1.95	2.01	2.07	2.19	1.50	1.53	1.57	1.59	1.62	1.65	1.68	1.74
6	0.01	1.86	1.90	1.94	1.99	2.03	2.08	2.12	2.21	1.54	1.57	1.59	1.61	1.64	1.66	1.68	1.73
	0.02	1.90	1.96	2.02	2.08	2.13	2.19	2.25	2.37	1.59	1.62	1.66	1.69	1.72	1.75	1.79	1.86
	0.03	1.89	1.96	2.03	2.10	2.16	2.23	2.30	2.44	1.61	1.65	1.68	1.72	1.74	1.77	1.81	1.88
10	0.01	2.07	2.12	2.17	2.23	2.28	2.34	2.30	2.50	2.12	2.18	2.24	2.30	2.37	2.42	2.48	2.60
	0.02	2.09	2.16	2.23	2.30	2.38	2.45	2.52	2.66	2.03	2.08	2.12	2.17	2.22	2.26	2.31	2.40

注:当 r/d 值超过表中给出的最大值时,按最大值查取 k_σ、k_τ。

附表 10.4　螺纹、键、花键、横孔处及配合边缘处的有效应力集中系数

σ_B/MPa	螺纹 ($k_\tau=1$) k_σ	键槽 k_σ		k_τ	花键			横孔 k_σ		k_τ	配合 H7/r6		H7/k6		H7/h6	
		A 型	B 型	A,B 型	k_σ	k_τ 矩形	k_τ 渐开线形	$d_0/d=0.05\sim0.15$	$d_0/d=0.05\sim0.25$	$d_0/d=0.05\sim0.25$	k_σ	k_τ	k_σ	k_τ	k_σ	k_τ
400	1.45	1.51	1.30	1.20	1.35	2.10	1.40	1.90	1.70	1.70	2.05	1.55	1.55	1.25	1.33	1.14
500	1.78	1.64	1.38	1.37	1.45	2.25	1.43	1.95	1.75	1.75	2.30	1.69	1.72	1.36	1.49	1.23
600	1.96	1.76	1.46	1.54	1.55	2.35	1.46	2.00	1.80	1.80	2.52	1.82	1.89	1.46	1.64	1.31
700	2.20	1.89	1.54	1.71	1.60	2.45	1.49	2.05	1.85	1.80	2.73	1.96	2.05	1.56	1.77	1.40
800	2.32	2.01	1.62	1.88	1.65	2.55	1.52	2.10	1.90	1.85	2.96	2.09	2.22	1.65	1.92	1.49
900	2.47	2.14	1.69	2.05	1.70	2.65	1.55	2.15	1.95	1.90	3.18	2.22	2.39	1.76	2.08	1.57
1 000	2.61	2.26	1.77	2.22	1.72	2.70	1.58	2.20	2.00	1.90	3.41	2.36	2.56	1.86	2.22	1.66
1 200	2.90	2.50	1.92	2.39	1.75	2.80	1.60	2.30	2.10	2.00	3.87	2.62	2.90	2.05	2.5	1.83

注:① 滚动轴承与轴的配合按 H7/r6 配合选择系数。

② 蜗杆螺旋根部有效应力集中系数可取 $k_\sigma=2.3\sim2.5$, $k_\tau=1.7\sim1.9$。

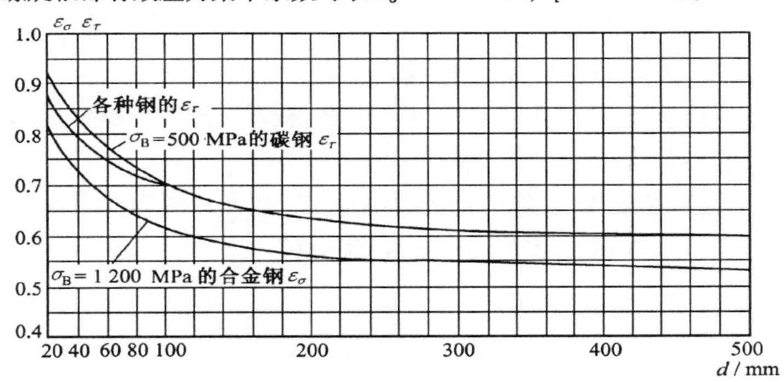

附图 10.1　零件的绝对尺寸系数 ε_σ 及 ε_τ

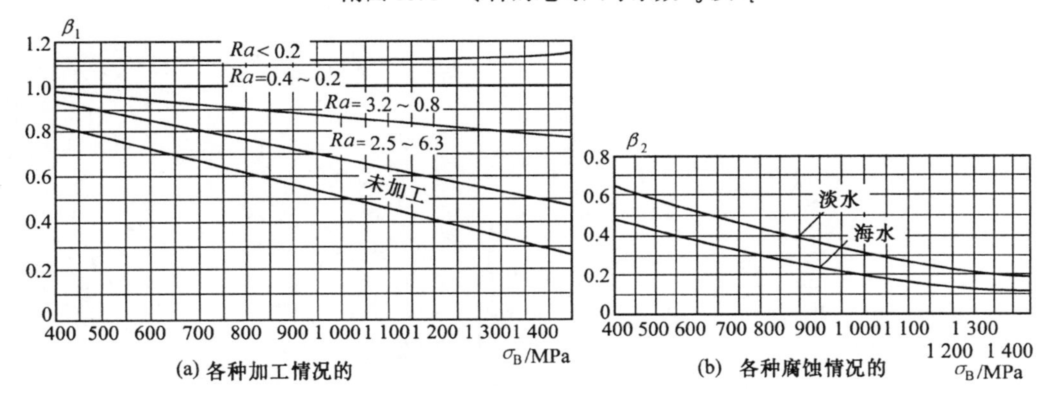

附图 10.2　表面质量系数

思考题与习题

10.1 心轴、传动轴和转轴是如何分类的？试各举一实例。

10.2 一般情况下，轴的设计为什么分三步进行？每一步解决什么问题？轴的设计特点是什么？

10.3 在轴的设计中为什么要初算轴径？有哪些方法？

10.4 观察多级齿轮减速器，低速轴的直径比高速轴的直径大，为什么？

10.5 轴的结构设计应考虑哪几方面问题？

10.6 轴上零件的轴向固定的常用方法有哪些？试以草图表示，并说明适用场合。

10.7 试指出轴的结构设计不正确之处，并在轴线下方绘图改正之。

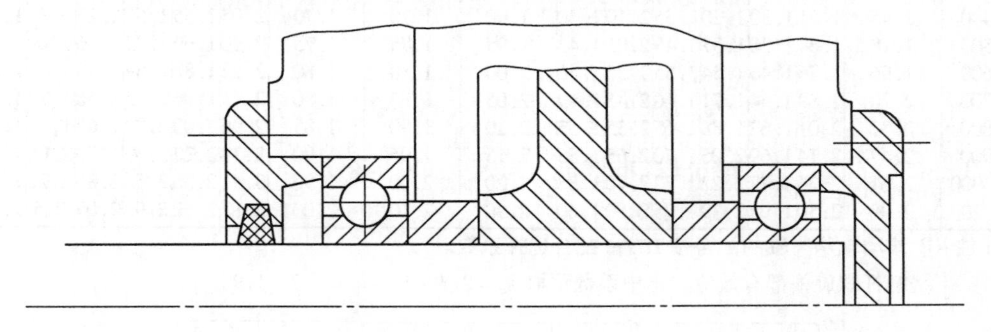

题 10.7 图

10.8 轴的强度计算有哪几种？每种各在什么情况下适用？各有什么优缺点？

10.9 提高轴的疲劳强度的措施有哪些？

10.10 设计一级直齿轮减速器的输出轴。已知传动功率为 2.7 kW，转速为 100 r/min，大齿轮分度圆直径 300 mm，齿宽 85 mm，载荷平稳。

第11章 滚动轴承

内容提要 本章内容分为三部分:(1)滚动轴承的类型、特点及应用;(2)滚动轴承的承载能力计算,包括失效形式、寿命计算、静强度计算及极限转速计算;(3)滚动轴承的组合设计。重点是轴承类型、代号选择及寿命计算(概念及公式)。难点是考虑轴承内部轴向力的角接触球轴承和圆锥滚子轴承的轴向支反力的计算。

Abstract This chapter consists of three parts as follows: (1) the types, features, codes and application of the rolling bearing; (2) computing the load capacity of the roll bearing, including failure modes, life calculation, static strength calculation and critical rotational speed calculation; (3) the composite design of the rolling bearing. The important points are types, codes selection and life calculation (especially the formulas and concepts) of the bearing. The difficult point is computing the axial reactions of angular contact bearing and tapered roller bearing whose induced thrust must be taken into account.

11.1 滚动轴承的构造和特点

滚动轴承一般由外圈1、内圈2、滚动体3和保持架4组成(图11.1)。滚动体是滚动轴承中的核心元件,由于它的存在,相对运动表面间才为滚动摩擦。滚动体在内、外圈的滚道上滚动,内圈装在轴上,外圈装在轴承座孔中。保持架使滚动体均匀地分布在轴承中。滚动体的种类有球、圆柱滚子、圆锥滚子、滚针等(图11.2)。

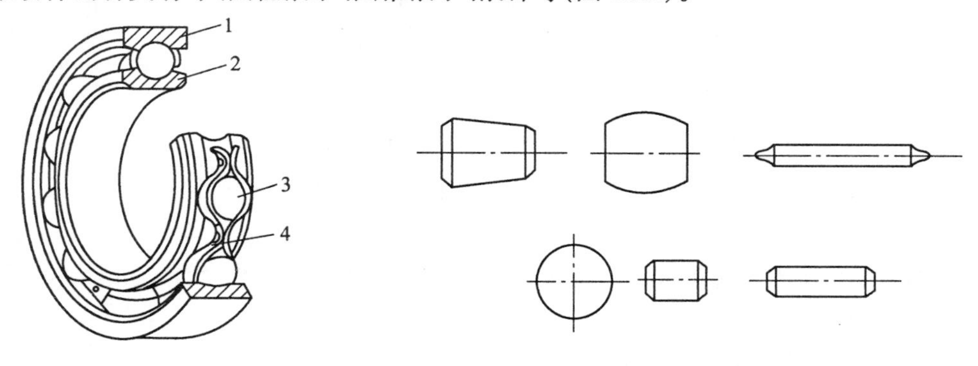

图11.1 滚动轴承结构　　　　图11.2 滚动体种类

工作时在滚动体及内、外圈滚道的接触处作用有接触应力。为使滚动轴承具有一定的承载能力和使用寿命,通常滚动体和内外圈采用含铬的专用的滚动轴承钢(如GCr15、GCr15SiMn等)制造,淬火后硬度应不低于60 HRC,工作表面要求磨削和抛光。为减小滚动体与保持架间的滑动摩擦,保持架一般用低碳钢板冲压制成,高速轴承多采用青铜、塑料等减摩材料制造。

与滑动轴承相比，由于滚动轴承为滚动摩擦，因而具有摩擦因数小、效率高、起动灵活、宽度小、润滑简单等优点；由于滚动轴承已标准化并由轴承厂大批生产，因而还具有成本低、互换性好、使用及维护方便等优点。也正是由于滚动轴承的这些优点，使它得到广泛的应用。滚动轴承的缺点主要是抗冲击载荷能力较差、高速时有噪声、工作寿命有限、径向尺寸比滑动轴承大等，在这些方面不如液体摩擦的滑动轴承。

11.2 滚动轴承的类型和选择

11.2.1 滚动轴承的类型

滚动轴承类型繁多，以适应各种机械装置的多种要求。滚动轴承可以从不同角度进行分类，按滚动体的形状不同可分为球轴承和滚子轴承。球形滚动体与内、外圈是点接触，运转时摩擦损耗小，承载能力和抗冲击能力较弱；滚子滚动体与内、外圈是线接触，承载能力和抗冲击能力强，但运转时摩擦损耗大。按滚动体的列数，滚动轴承又分为单列、双列及多列。

如图 11.3 所示，滚动轴承的滚动体和外圈滚道接触点的法线与垂直于轴承轴心线的平面间的夹角 α 称为轴承公称接触角。

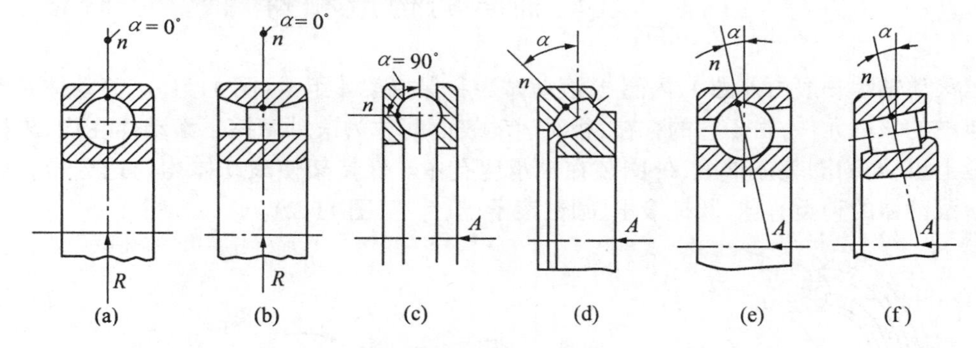

图 11.3 滚动轴承接触角

按轴承所承受的载荷的方向或公称接触角的不同，滚动轴承可分为：

1. 向心轴承

向心轴承主要用于承受径向载荷，$0° \leqslant \alpha \leqslant 45°$。向心轴承又分为：

(1)径向接触轴承($\alpha = 0°$，图 11.3(a)、(b))。

(2)向心角接触轴承($0° < \alpha \leqslant 45°$，图 11.3(e)、(f))。

2. 推力轴承

推力轴承主要用于承受轴向载荷，$45° < \alpha \leqslant 90°$。推力轴承又可分为：

(1)轴向接触轴承($\alpha = 90°$，图 11.3(c))。

(2)推力角接触轴承($45° < \alpha < 90°$，图 11.3(d))。

在国家标准 GB/T 272—1993 中，滚动轴承是按轴承所承受的载荷的方向及结构的不同进行分类的。常用的滚动轴承类型及特性见表11.1。

表11.1　滚动轴承的主要类型和特性

轴承名称 类型代号	结构简图及承载方向	极限转速	允许偏位角	主要特性和应用
调心球轴承 1	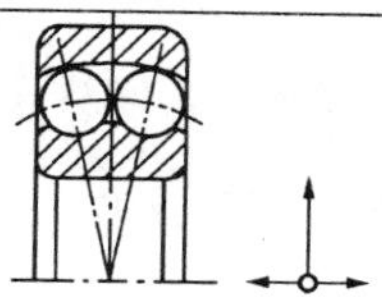	中	2°～3°	主要承受径向载荷，同时也能承受少量的轴向载荷 因为外圈滚道表面是以轴承中点为中心的球面，故能调心 允许偏转角为在保证轴承正常工作条件下内、外圈轴线间的最大夹角
调心滚子轴承 2	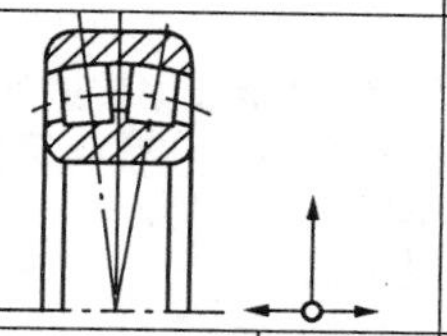	低	0.5°～2°	能承受很大的径向载荷和少量轴向载荷，承载能力较大 滚动体为鼓形，外圈滚道为球面，因而具有调心性能
推力调心滚子轴承 2	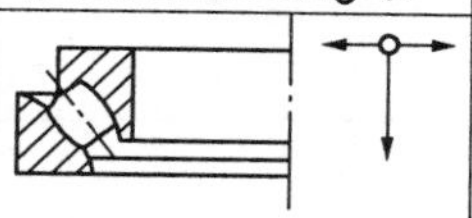	低	2°～3°	能同时承受很大的轴向载荷和不大的径向载荷 滚子呈腰鼓形，外圈滚道是球面，故能调心
圆锥滚子轴承 3	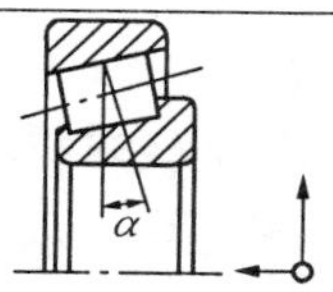 α	中	2′	能同时承受较大的径向、轴向联合载荷，因为是线接触，承载能力大于“7”类轴承 内、外圈可分离，装拆方便，成对使用
推力球轴承 5	 (a) 单列 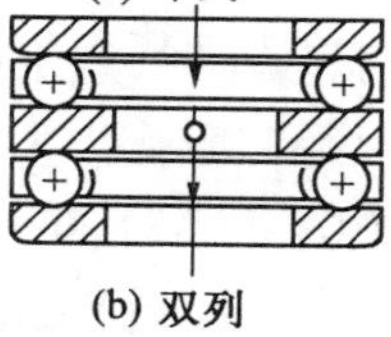 (b) 双列	低	不允许	只能承受轴向载荷，而且载荷作用线必须与轴线相重合，不允许有角偏差 具体有两种类型： 单列——承受单向推力 双列——承受双向推力 高速时，因滚动体离心力大，球与保持架摩擦发热严重，寿命降低，故仅适用于轴向载荷大、转速不高之处 紧圈内孔直径小，装在轴上；松圈内孔直径大，与轴之间有间隙，装在机座上
深沟球轴承 6	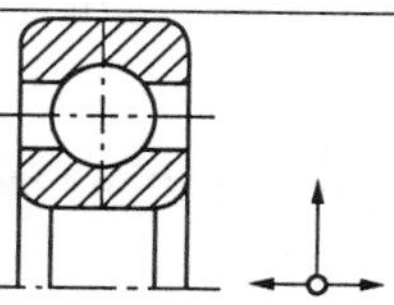	高	8′～16′	主要承受径向载荷，同时也可承受一定量的轴向载荷 当转速很高而轴向载荷不太大时，可代替推力球轴承承受纯轴向载荷
角接触球轴承 7	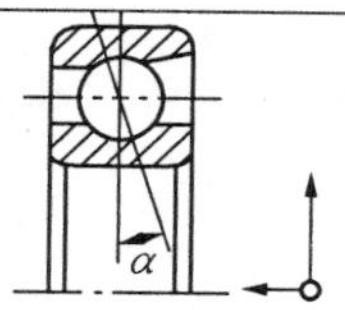 α	较高	2′～10′	能同时承受径向、轴向联合载荷，公称接触角越大，轴向承载能力也越大 公称接触角 α 有15°、25°、40°三种，内部结构代号分别为C、AC和B。通常成对使用，可以分装于两个支点或同装于一个支点上

续表 11.1

轴承名称 类型代号	结构简图	承载方向	极限转速	允许偏转角	主要特性和应用
圆柱滚子 轴承 N			较高	2′~4′	能承受较大的径向载荷，不能承受轴向载荷 因是线接触，内、外圈只允许有极小的相对偏转 轴承内、外圈可分离
滚针轴承 NA	(a) (b)		低	不允许	只能承受径向载荷，承载能力大，径向尺寸很小，一般无保持架，因而滚针间有摩擦，轴承极限转速低 这类轴承不允许有角偏差 轴承内、外圈可分离 可以不带内圈

11.2.2 滚动轴承类型的选择

选择滚动轴承的类型非常重要，如选择不当，会使机器的性能要求得不到满足或降低了轴承寿命。在选择轴承类型时，应从具体工作条件出发，考虑各类轴承的特点及应用场合，从中选出比较合适的轴承类型。

在选择轴承类型时，一般要考虑所承受的载荷的大小、方向、性质和转速的高低以及刚度、调心性能、结构尺寸大小、轴承的装卸和经济性等要求。具体选择时可参考以下几点：

(1) 当载荷较大或有冲击载荷时，宜用滚子轴承；当载荷较小时，宜用球轴承。

(2) 当只受径向载荷或虽同时受径向和轴向载荷，但以径向载荷为主时，应当选用向心轴承；当只受轴向载荷时，一般应当选用推力轴承；而当转速很高时，可选用角接触球轴承或深沟球轴承；当径向和轴向载荷都较大时，应采用角接触轴承或圆锥滚子轴承。

(3) 当转速较高时，宜用球轴承；当转速较低时，可用滚子轴承，也可用球轴承。

(4) 当要求支承具有较大刚度时，应用滚子轴承。

(5) 当轴的挠曲变形大或两轴承座孔直径不同、跨度大且对支承有调心要求时，应选用调心轴承。

(6) 为便于轴承的装拆，可选用内、外圈可分离的轴承。

(7) 从经济角度看，球轴承比滚子轴承便宜，精度低的轴承比精度高的轴承便宜，普通结构轴承比特殊结构轴承便宜。

11.3 滚动轴承代号

国家标准 GB/T 272—1993 规定了一般用途的滚动轴承代号的编制方法。滚动轴承代号由字母和数字表示，并由前置代号、基本代号和后置代号三部分构成，见表11.2。基本代号是轴承代号的主体，表示轴承的基本类型、结构和尺寸。前置代号和后置代号都是轴承代号的补充，只有在遇到对轴承结构、形状、材料、公差等级、技术要求等方面有特殊要求时才使用，一般情况的可部分或全部省略，下面介绍常用代号。

表 11.2　滚动轴承代号的构成

前置代号	基本代号			后置代号							
轴承分部件代号	类型代号	尺寸系列代号	内径代号	内部结构代号	密封与防尘结构代号	保持架及其材料代号	特殊轴承材料代号	公差等级代号	游隙代号	多轴承配置代号	其他

1. 类型代号

类型代号用数字或字母表示，其代号见表11.1。

2. 尺寸系列代号

对于某一内径的轴承，在承受大小不同的载荷时，可使用大小不同的滚动体，从而使轴承的外径和宽度相应也发生了变化。显然，使用的滚动体越大，承载能力越大，轴承的外径和宽度也越大。宽度系列是指相同内外径的轴承有几个不同的宽度(图11.4(a))。直径系列是指相同内径的轴承有几个不同的外径(图11.4(b))。宽度系列与直径系列组合成为尺寸系列。宽度系列代号、直径系列代号及组合成的尺寸系列代号都用数字表示。常用的向心轴承的尺寸系列代号见表11.3。

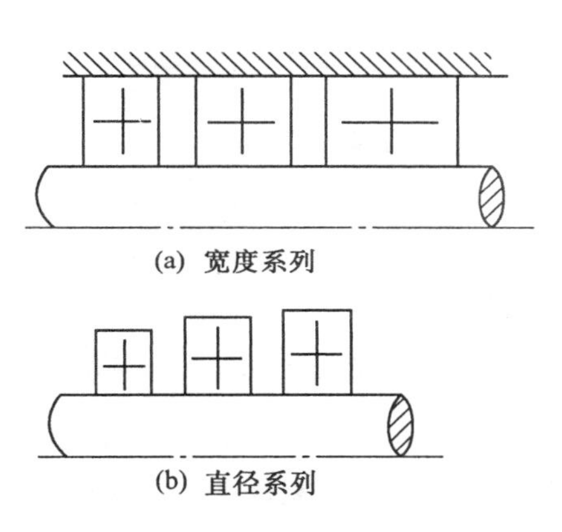

(a) 宽度系列

(b) 直径系列

图 11.4　宽度系列与直径系列

表 11.3　尺寸系列代号

宽度系列代号			直径系列代号
窄 0	正常 1	宽 2	
02	12	22	轻 2
03	13	23	中 3
04	14	24	重 4

注：宽度系列为窄系列时，代号0可以省略。

3. 内径代号

内径代号表示轴承内圈孔径的大小,见表11.4。

表11.4 内径代号

轴承内径 d/mm	内径代号	示例
10	00	深沟球轴承6201 内径 $d=12$ mm
12	01	
15	02	
17	03	
20~495 (22、28、32除外)	用内径除以5得的商数表示。当商只有个位数时,需在十位处用0占位	深沟球轴承6210 内径 $d=50$ mm
≥500 以及22、28、32	用内径毫米数直接表示,并在尺寸系列代号与内径代号之间用"/"号隔开	深沟球轴承 62/500,内径 $d=500$ mm 62/22,内径 $d=22$ mm

4. 内部结构代号

内部结构代号表示轴承内部结构变化。代号含义随不同类型、结构而异,见表11.5。

表11.5 内部结构代号

代号	示例	对应旧标准
C	角接触球轴承 公称接触角 $\alpha=15°$ 7210 C	36210
AC	角接触球轴承 公称接触角 $\alpha=25°$ 7210 AC	46210
B	角接触球轴承 公称接触角 $\alpha=40°$ 7210 B	66210
	圆锥滚子轴承 接触角加大 32310 B	—
E	加强型内圈无挡边圆柱滚子轴承,改进了结构设计,增大承载能力 NU 207 E	32207 E

5. 公差等级代号

公差等级代号表示轴承的精度等级,见表11.6。

表11.6 公差等级代号

	精度低——→精度高						示例
新标准	/P0	/P6	/P6x	/P5	/P4	/P2	6206/P5
对应旧标准	G	E	Ex	D	C	B	D206

注:6x级仅适用于圆锥滚子轴承。

6. 成对使用多轴承配置代号

成对使用多轴承配置代号是表示一对轴承的配置方式,见表11.7。该轴承经专门选配后,成对供应。

表 11.7 成对使用多轴承配置代号

代号	/DB	/DF	/DT
含义	背对背安装方式	面对面安装方式	串联安装方式
示例	7210 C/DB	7210 C/DF	7210 C/DT
旧标准	236210	336210	436210

7.轴承代号的编制规则

(1) 轴承代号按表 11.2 所列的顺序从左至右排列。

(2) 当轴承类型代号用字母表示时,字母与其后的数字之间应空一个字符。

(3) 基本代号与后置代号之间应空一个字符,但当后置代号中有"-"或"/"时,不再留空。

(4) 在尺寸系列代号中,位于括号中的数字省略不写,见表 11.8。

(5) 公差等级代号中的/P0 省略不写。

表 11.8 常用轴承的新旧轴承代号对照表

轴承名称	类型代号	尺寸系列代号	轴承代号	旧标准轴承代号
调心球轴承	1 (1) 1 (1)	(0)2 22 (0)3 23	1200 2200 1300 2300	1200 1500 1300 1600
调心滚子轴承	2 2 2	13 22 23	21300 C 22200 C 22300 C	53300 53500 53600
圆锥滚子轴承	3 3 3	02 03 13	30200 30300 31300	7200 7300 27300
推力球轴承	5 5 5	12 13 14	51200 51300 51400	8200 8300 8400
深沟球轴承	6 6 6	(0)2 (0)3 (0)4	6200 6300 6400	200 300 400
角接触球轴承	7 7 7	(0)2 (0)3 (0)4	7200 C 7300 AC 7400 B	36200 46300 66400

续表 11.8

轴承名称	类型代号	尺寸系列代号	轴承代号	旧标准轴承代号
外圈无挡边圆柱滚子轴承	N N N N N	(0)2 22 (0)3 23 (0)4	N 200 N 2200 N 300 N 2300 N 400	2200 2500 2300 2600 2400

【例 11.1】 试说明轴承代号 7210 C/P5/DF 的意义。

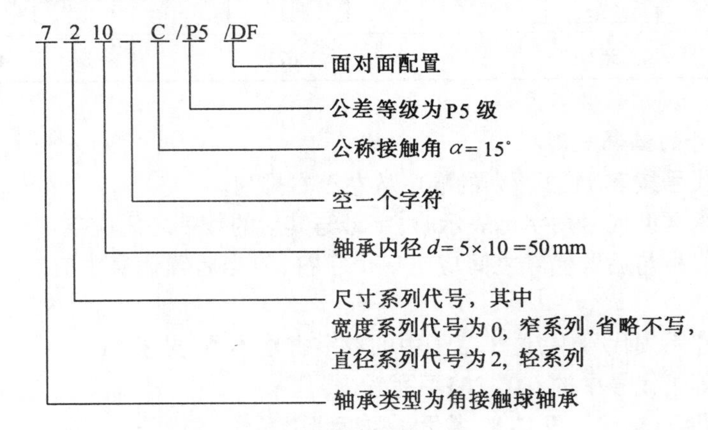

11.4 滚动轴承的失效形式和计算准则

11.4.1 滚动轴承的失效形式

1. 疲劳点蚀

以向心轴承为例，假定轴承内部无间隙，内圈承受径向载荷 F_r，如图 11.5 所示，上半圈的滚动体不受力。在 F_r 作用下，下半圈的各接触点上将产生弹性变形，内圈下移到图中虚线位置。显然，各接触点的弹性变形量是不同的，最下面的滚动体接触点的弹性变形量最大。根据各接触点处的弹性变形量，可以得到各个滚动体所受载荷的大小，其分布情况如图11.5所示。显然，最下面的滚动体所受的载荷最大。当轴承内圈转动时，内、外圈和滚动体的表面上某一点，例如图 11.5 中的点 a、b、c，将处于断续接触状态，即接触——脱离——再接触——再脱离的不断重复的状态。每接触一次就产生一次接触应力。因而，工作面上的接触应力是变化的。在这种变化的接触应力的作用下，类似于齿轮轮齿的疲劳点蚀机理，工作一段时间以后，就会在滚动体、内外圈的滚道

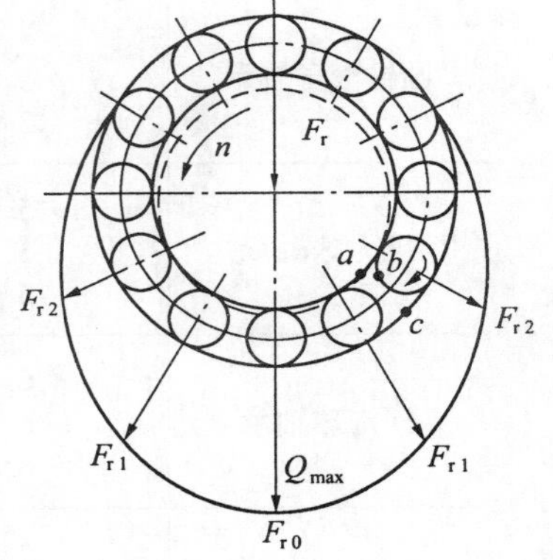

图 11.5　滚动轴承内部的载荷分布

上出现疲劳点蚀。产生疲劳点蚀的轴承将引起噪声、振动、发热,不能正常工作,即轴承因疲劳点蚀而失效。

2. 塑性变形

当轴承转速很低或间歇摆动时,在较大的静载荷或冲击载荷作用下,滚动体或内、外圈的滚道接触处将出现不均匀的局部的塑性变形或破裂凹坑,使轴承的摩擦力矩、振动、噪声增加,运转精度也降低,因塑性变形而失效。

3. 磨粒磨损

在多尘条件下工作的轴承,由于密封不严使灰尘、杂质进入轴承中或由于润滑油不干净将杂质带进轴承中,都会造成磨粒磨损使机器运转精度下降,产生振动和噪声,从而使轴承失效。据统计,在拖拉机中,滚动轴承由于磨粒磨损失效的约为点蚀失效的2.5倍。

4. 胶合

在高速重载条件下工作的轴承,因摩擦面发热而使温度急骤升高,导致轴承元件的回火,严重时将产生胶合而使轴承失效。

滚动轴承除以上四种失效形式,还有由于安装时操作不当、维护不当引起的轴承元件的破裂等其他失效形式。

11.4.2 滚动轴承的计算准则

确定轴承尺寸时,应针对其主要失效形式进行必要的计算。一般工作条件下的回转滚动轴承,其滚动体和滚道发生疲劳点蚀是其主要失效形式,因而主要是进行寿命计算,必要时再作静强度校核。对于基本不转动、低速或摆动的轴承,局部塑性变形是其主要失效形式,因而主要是进行静强度计算。对于高速轴承,发热以至胶合是其主要失效形式,因而除进行寿命计算外,还应校核极限转速。对于其他失效形式可通过正确的润滑和密封、正确的操作与维护来解决。

11.5 滚动轴承的寿命计算

11.5.1 基本公式

对于在一定载荷作用下运转的单个滚动轴承,出现疲劳点蚀前所经历的总转数或在一定转速下所经历的时间,称为滚动轴承的疲劳寿命。大量试验表明,滚动轴承的疲劳寿命是相当离散的,即使采用同一材料、相同的加工方法和热处理工艺而生产出来的同一批轴承,在同一条件下工作,由于很多随机因素的影响,其寿命也有很大差异,最低寿命和最高寿命可相差几十倍。在滚动轴承标准中采用基本额定寿命作为评价滚动轴承寿命的指标。所谓基本额定寿命 L 是指一批相同的轴承在相同的条件下运转,其中90%的轴承在疲劳点蚀前所能转过的总转数,单位为 10^6 r。

轴承的基本额定寿命 L 与所受的载荷有关。滚动轴承标准中规定,轴承工作温度在100℃以下,基本额定寿命 $L = 1\times10^6$ r时,轴承所能承受的最大载荷称为基本额定动载荷

C,单位为 N。基本额定动负荷 C 的方向:对于向心轴承为径向载荷,对于推力轴承为中心轴向载荷;对于角接触向心轴承,为载荷的径向分量。基本额定动载荷 C 代表了轴承的承载能力,其值越大,承载能力越大,其值可从轴承样本或有关手册中查得。

滚动轴承的载荷与寿命之间的关系,可用疲劳曲线表示(图 11.6),其方程为

$$P^{\varepsilon}L = 常数$$

式中 P——当量动载荷(11.5.2 节)(N);

L——滚动轴承的基本额定寿命(10^6r);

ε——寿命指数:对于球轴承,$\varepsilon=3$;对于滚子轴承,$\varepsilon=10/3$。

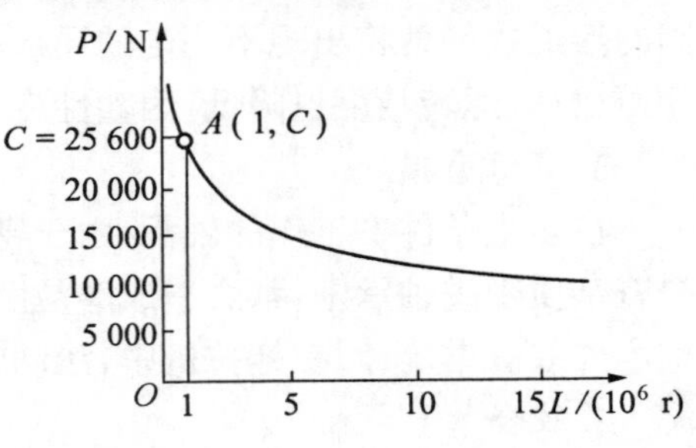

图 11.6 6208 轴承的 P-L 曲线

显然,基本额定寿命 $L=1(10^6\ \text{r})$与基本额定动载荷 C 描述了轴承疲劳曲线上的点 A,并满足方程

$$C^{\varepsilon}\cdot 1 = 常数$$

$$C^{\varepsilon}\cdot 1 = P^{\varepsilon}\cdot L$$

从以上方程可得出:在载荷 P 作用下轴承的基本额定寿命为

$$L = \left(\frac{C}{P}\right)^{\varepsilon} \quad 10^6 r \tag{11.1(a)}$$

在工程计算中,一般用工作小时数(h)为单位表示轴承的基本额定寿命 L_h,设轴承转速为 n(r/min),则

$$L_h = \frac{10^6 L}{60n}$$

代入式(11.1a),得

$$L_h = \frac{10^6}{60n}\left(\frac{C}{P}\right)^{\varepsilon} \tag{11.1b}$$

对于采用普通轴承钢和常用热处理工艺制造的轴承,考虑到在温度高于 120℃工作时,轴承的硬度下降,导致轴承的基本额定动载荷 C 下降,故引进温度系数 f_T 对 C 值进行修正,f_T 可查表 11.9 得到,高温下使用的轴承须采用高温回火或直接采用耐热轴承钢材料,轴承使用温度上限一般比回火温度低50℃。考虑到冲击与振动的影响,轴承所受到的实际载荷会大于名义载荷,故引入载荷系数 f_P,对载荷 P 进行修正,f_P 可查表 11.10 得到。则式(11.1b)变为

$$L_h = \frac{10^6}{60n}\left(\frac{f_T\cdot C}{f_P\cdot P}\right)^{\varepsilon} \tag{11.1c}$$

进行轴承寿命计算时,通常取机器的中修或大修期作为轴承的预期寿命 L_h'。轴承的预期寿命 L_h'是指机器要求轴承工作的时间。表 11.11 给出了各种设备中轴承预期寿命 L_h'的推荐值。

表 11.9 温度系数 f_T

轴承工作温度 t/℃	<120	125	150	175
温度系数 f_T	1.0	0.95	0.90	0.85

表 11.10 载荷系数 f_P

载荷性质	举　　例	f_P
无冲击或轻微冲击	电动机、汽轮机、通风机、水泵	1.0～1.2
中等冲击	车辆、机床、起重机、冶金设备、内燃机、减速器	1.2～1.8
剧烈冲击	破碎机、轧钢机、石油钻机、振动筛	1.8～3.0

表 11.11 轴承预期寿命 L_h' 的推荐值

机械的种类及其工作情况	轴承预期寿命/h
不经常使用的仪器和设备，例如：汽车方向指示器，门窗开闭装置	500
航空发动机	1 000～2 000
短期或间断使用的机械，中断使用不致引起严重后果，例如：轻便手提式工具、农业机械、车间用升降滑车、装配吊车、自动运输设备等	4 000～8 000
间断使用的机械，中断使用能引起严重后果，例如：发电站辅助设备、供暖降温用电机、流水作业线自动传送装置、带式运输机、不经常使用的机床等	8 000～14 000
每天 8 h 工作的机械，例如：	
一般齿轮传动装置	14 000～20 000
固定电机	16 000～24 000
机床、中间传动轴、一般机械、木材加工机械	20 000～30 000
24 h 连续工作的机械，例如：	
空压机、水泵、矿山升降机	50 000～60 000
船舶螺旋桨轴推力轴承	60 000～100 000
24 h 连续工作，中断使用能引起严重后果，例如：纤维和造纸机械、电站主要设备、给排水装置、矿井水泵等	＞100 000

11.5.2 当量动载荷

对于同时承受径向载荷和轴向载荷的轴承，在进行轴承寿命计算时，为了和基本额定动载荷进行比较，应把实际载荷折算为与基本额定动载荷的方向相同的一假想载荷，在该假想载荷作用下轴承的寿命与实际载荷作用下的寿命相同，则称该假想载荷为当量动载荷，用 P 表示。

当量动载荷 P 的计算式为

$$P = XF_r + YF_a \tag{11.2}$$

式中　F_r、F_a——轴承的径向载荷和轴向载荷；

　　X、Y——动载荷径向系数和动载荷轴向系数。

X、Y 可根据 F_a/F_r 值与 e 值的关系，在表 11.12 中查得。e 值是一个界限值，用来判断是否考虑轴向载荷 F_a 的影响。当 $F_a/F_r>e$ 时,必须考虑 F_a 的影响;当 $F_a/F_r\leq e$ 时,则不考虑 F_a 的影响。e 值的大小与轴承的类型及 F_a/C_0 的大小有关,可在表 11.12 中查得。C_0 是该轴承基本额定静载荷(11.6 节),可在轴承手册中查得。

表 11.12 向心轴承当量动载荷的 X、Y 值

轴承类型		$\frac{F_a}{C_0}$	e	$F_a/F_r>e$		$F_a/F_r\leq e$	
				X	Y	X	Y
深沟球轴承		0.014 0.028 0.056 0.084 0.11 0.17 0.28 0.42 0.56	0.19 0.22 0.26 0.28 0.30 0.34 0.38 0.42 0.44	0.56	2.30 1.99 1.71 1.55 1.45 1.31 1.15 1.04 1.00	1	0
角接触球轴承	$\alpha=15°$	0.015 0.029 0.058 0.087 0.12 0.17 0.29 0.44 0.58	0.38 0.40 0.43 0.46 0.47 0.50 0.55 0.56 0.56	0.44	1.47 1.40 1.30 1.23 1.19 1.12 1.02 1.00 1.00	1	0
	$\alpha=25°$	—	0.68	0.41	0.87	1	0
	$\alpha=40°$	—	1.14	0.35	0.57	1	0
圆锥滚子轴承(单列)		—	1.5 tan α	0.4	0.4 cot α	1	0
调心球轴承		—	1.5 tan α	0.65	0.65 cot α	1	0.42 cot α

11.5.3 角接触轴承的内部轴向力

角接触轴承的结构特点是在滚动体与外圈滚道接触处存在着接触角 α。当它承受径向载荷 F_r 时,作用在第 i 个滚动体上的法向力 Q_i 可分解为径向分力 R_i 和轴向分力 S_i(图 11.7)。各个滚动体上所受轴向分力的合力即为轴承的内部轴向力 S。

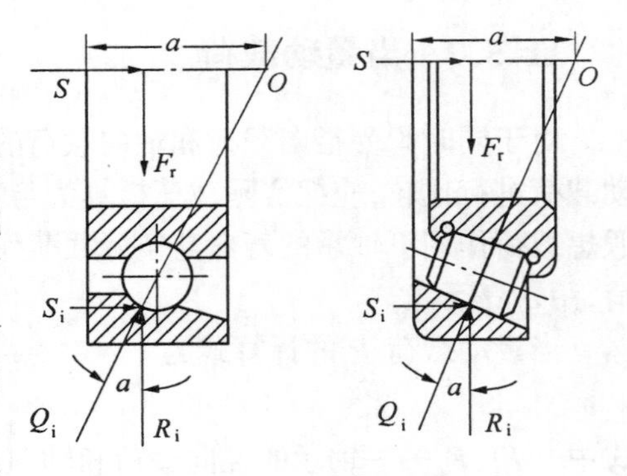

图 11.7 内部轴向力

内部轴向力 S 的大小的近似计算式见表 11.13。内部轴向力 S 的方向为从外圈的宽边

指向窄边。由于角接触轴承受纯径向力后会产生内部轴向力,故常成对使用。角接触轴承中各滚动体的法向力 Q_i 汇交在轴线上的点 O(图 11.7),该点称为轴承的压力中心,即支反力作用点。该点至轴承外圈宽边的距离 a 可从轴承手册上查得。简化计算时,通常取轴承宽度中点为支反力作用点。

表 11.13 角接触轴承的内部轴向力 S

轴承类型	角接触球轴承			圆锥滚子轴承
	7000 C 型($\alpha=15°$)	7000 AC 型($\alpha=25°$)	7000 B 型($\alpha=40°$)	
S	$0.4F_r$	$0.7F_r$	F_r	$F_r/2Y$

注:Y 为 $F_a/F_r>e$ 时的值。

在计算角接触轴承的轴向载荷时,必须考虑内部轴向力 S 的影响。对于图 11.8 所示的轴承部件,轴向外载荷为 A,轴承Ⅰ和Ⅱ上的径向载荷分别为 F_{r1}和 F_{r2},由 F_{r1}和 F_{r2}产生的内部轴向力为 S_1 和 S_2。若把轴和两个轴承内圈视为一体,并把它作为分离体分析其轴向力,可得到轴承上的轴向载荷。若 $S_1+A>S_2$,则分离体有向右移动的趋势,使轴承Ⅱ压紧,由轴承部件结构可知,在沿轴向向右的方向上,轴承Ⅱ的外圈的右端经轴承盖与机体固定为一体。由于轴承Ⅱ受到来自机体的平衡力 W_2 的作用,阻止分离体向右移动,使其保持平衡。由力的平衡条件得

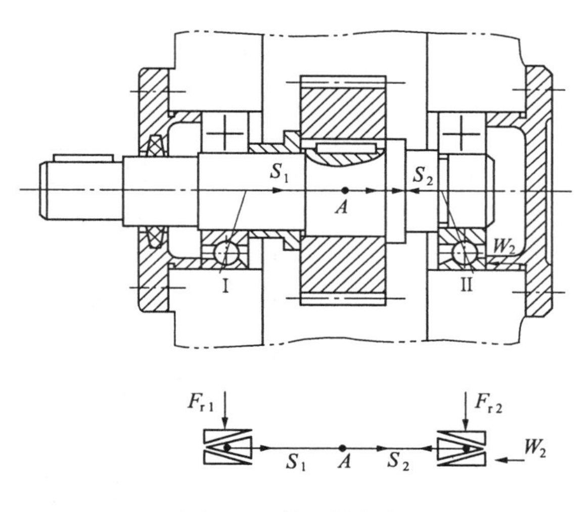

图 11.8 轴承轴向力

$$W_2+S_2=S_1+A$$

从而作用在轴承Ⅱ上的轴向载荷为

$$F_{a2}=W_2+S_2=A+S_1$$

作用在轴承Ⅰ上的轴向载荷只有自身的内部轴向力,即

$$F_{a1}=S_1$$

如果 $S_1+A<S_2$,则分离体有向左移动的趋势,使轴承Ⅰ压紧,轴承Ⅰ受一平衡反力 W_1,可求出两轴承上的轴向载荷分别为:

$$F_{a1}=S_1+W_1=S_2-A$$

$$F_{a2}=S_2$$

归纳上面的分析过程,可得出计算角接触轴承轴向力的方法如下:①判断轴上全部轴向力(包括外载荷和轴承内部轴向力)合力的指向,确定“压紧”端轴承;②“压紧”端轴承的

轴向力等于除本身的内部轴向力外;其余所有轴向力的代数和(同向相加,反向相减);③“放松”端轴承的轴向力等于它本身的内部轴向力。

11.5.4 轴承寿命计算程序框图

通常,滚动轴承的设计过程是,在轴的结构设计中,先按载荷的大小和性质选择轴承的种类和型号,待结构设计后再进行寿命校核计算。角接触轴承的寿命计算程序框图如图11.9所示。

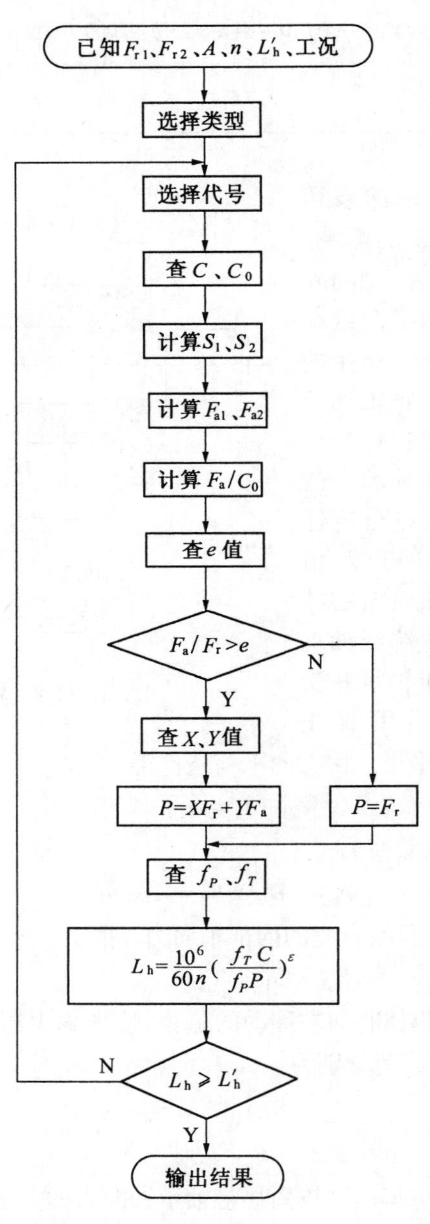

图 11.9 轴承寿命计算程序框图

11.6 滚动轴承的静强度计算

对基本不转动、极低速转动($n \leqslant 10$ r/min)或摆动的轴承,其接触应力为静应力或应力变化次数很少,其失效形式为由静载荷或冲击载荷引起的滚动体和内、外圈滚道接触处产生的过大的塑性变形(凹坑),当产生较大振动和噪声时,则认为轴承失效。

轴承标准中规定,滚动轴承中受载最大的滚动体与滚道的接触中心处引起的计算接触应力达到一定值(如对于滚子轴承为4 000 MPa)时的载荷,为轴承的基本额定静负荷C_0,单位为N。它是限制轴承的塑性变形的极限载荷值。各种轴承的C_0值可在轴承手册中查得。基本额定静负荷的方向对向心轴承为径向载荷;对推力轴承为轴向载荷;对角接触轴承为载荷的径向分量。

为限制滚动轴承中的塑性变形量,应校核轴承承受静载荷的能力。滚动轴承的静强度校核公式为

$$C_0 \geqslant S_0 P_0 \tag{11.4}$$

式中 S_0——静强度安全系数,见表11.14;

P_0——当量静载荷(N)。

表11.14 滚动轴承静强度安全系数S_0

轴承使用情况	使用要求、载荷性质和使用场合	S_0
旋转轴承	对旋转精度和平稳运转要求较高,或承受强大的冲击载荷	1.2~2.5
	正常使用	0.8~1.2
	对旋转精度和平稳运转要求较低,没有冲击振动	0.5~0.8
不旋转或摆动轴承	水坝闸门装置	≥1
	附加动载荷较小的大型起重机吊钩	≥1
	附加动载荷很大的小型装卸起重机吊钩	≥1.6

当量静载荷是一个假想载荷,其作用方向与基本额定静负荷相同。在当量静载荷作用下,轴承的受载最大滚动体与滚道接触处的塑性变形量之和与实际载荷作用下的塑性变形量之和相同。

对于向心轴承、角接触轴承,当量静载荷取下面两式中计算出的较大值

$$\left.\begin{aligned} P_0 &= X_0 F_r + Y_0 F_a \\ P_0 &= F_r \end{aligned}\right\} \tag{11.5}$$

式中 X_0、Y_0——静径向系数和静轴向系数,可在表11.15中查得。

表11.15 当量静载荷的X_0、Y_0系数

		X_0	Y_0
深沟球轴承		0.6	0.5
角接触球轴承	$\alpha = 15°$	0.5	0.46
	$\alpha = 25°$	0.5	0.38
圆锥滚子轴承		0.5	0.22 cot α

对轴向接触轴承

$$P_0 = F_a$$

对推力角接触轴承

$$P_0 = 2.3\tan F_r + F_a$$

11.7 滚动轴承的极限转速

滚动轴承转速过高时,会因摩擦发热而使温度急剧升高,导致滚动轴承元件退火或胶合而失效,所以当转速较高时,还应校核滚动轴承的极限转速,轴承的工作转速应小于其极限转速。

滚动轴承的极限转速是指轴承在一定载荷和润滑条件下所允许的最高转速。它与轴承类型、尺寸大小、载荷、游隙大小及精度高低、保持架的结构及材料、润滑状态、冷却条件等很多因素有关。在轴承手册中列出了各类轴承在脂润滑和油润滑(油浴润滑)条件下的极限转速,它仅适用于当量动载荷 $P \leqslant 0.1C$、润滑与冷却条件正常、向心及角接触轴承受纯径向载荷、推力轴承受纯轴向载荷的 $P0$ 级精度轴承。

当轴承的当量动载荷 P 超过 $0.1C$ 时,由于接触面上接触应力增大,润滑条件恶化,温升较大,润滑剂性能变坏。这时需将手册中的极限转速乘以小于 1 的载荷系数 f_1(图 11.10)。当向心轴承受轴向载荷时,受载滚动体数目有所增加,导致摩擦力矩增大,润滑条件相对变差,这时需将手册中查得的极限转速乘以小于 1 的载荷分布系数 f_2(图 11.11)。于是,轴承允许的极限转速为

$$n'_{\lim} = f_1 f_2 n_{\lim} \tag{11.6}$$

式中 $n_{\lim}$——轴承手册中列出的极限转速。

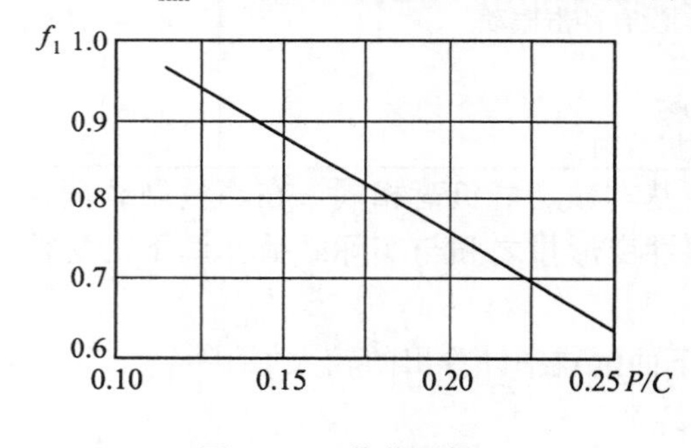

图 11.10 载荷系数 f_1

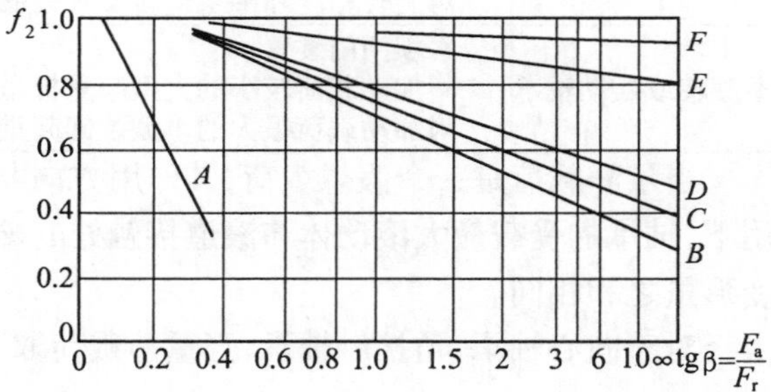

图 11.11 载荷分布系数 f_2

A—圆柱滚子轴承;B—调心滚子轴承;C—调心球轴承;D—圆锥滚子轴承;E—深沟球轴承;F—角接触球轴承

提高轴承精度、选用合适的游隙、改用青铜等减摩材料或轻质材料做保持架、改善润滑和冷却措施等能使极限转速提高 1.5~2 倍。

在高速时,滚动体上的离心力将增大外圈滚道上的压力,因而影响极限转速。减少滚动体的离心力,可以从减少滚动体的质量和回转半径两方面采取措施。例如,选用滚动体直径小的轻系列轴承或质量小的陶瓷球轴承等。

11.8 滚动轴承部件结构设计

在机器中,传动件、轴、滚动轴承、机体、润滑及密封等组成为一个相互联系的有机整体,通常称为轴承部件。在进行轴承部件结构设计时,主要应考虑以下几个问题。

11.8.1 轴承部件的轴向固定

为保证传动件在工作中处于正确位置,轴承部件应准确定位并可靠地固定在机体上。设计合理的轴承部件应保证把作用于传动件上的轴向力传递到机体上,不允许轴及轴上零件产生轴向移动。轴承部件的轴向固定方式主要有以下三种:

1.两端固定支承

如图 11.12 所示,轴上每个支承限制轴的一个方向的移动,两个支承合起来限制轴的两个方向的运动。图 11.12(a)为两端固定支承的简图,图 11.12(b)为采用不可分的深沟球轴承时的结构图。对于左轴承,轴承内圈的右端面用轴肩固定,轴承外圈的左端面用轴承盖固定,左轴承可限制轴承部件向左移动;对于右轴承,轴承内圈的左端面用轴肩固定,轴承外圈的右端面用轴承盖固定,右轴承限制轴承部件向右移动。

当传动件上的轴向力向左时,力的传递路线为传动件、轴、左轴承、轴承盖、螺钉、机体(图 11.12(b))。

两端固定支承适用于工作温度变化不大、两支点间跨距 $l<300\sim350$ mm 的短轴。

轴工作时会受热伸长,为补偿轴的伸长,在安装时,对向心球轴承,在轴承外圈与轴承盖之间留有间隙 c(图 11.12(c)),通常 $c=0.25\sim0.35$ mm。对角接触轴承,则要调整其内、外圈的相对轴向位置,使其留有足够的轴向间隙 c,其数值大小可查手册。

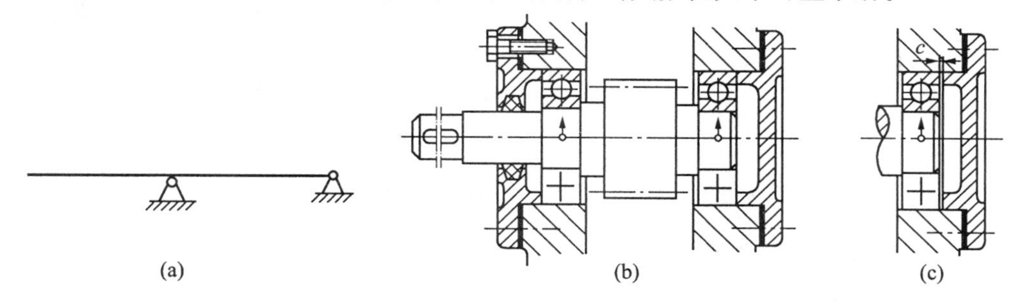

图 11.12 两端固定支承

2.一端固定、一端游动支承

如图 11.13 所示,轴的固定支承限制轴的两个方向的移动,而游动支承允许轴做因温度变化引起的热伸缩,即自由游动。图 11.13(a)为其简图,图 11.13(b)为采用不可分的深沟球轴承时的结构图。左轴承为固定支承,轴承外圈两端分别用轴承端盖和轴承座孔凸肩使之固定在机体上,轴承内圈分别用轴肩和圆螺母使之固定在轴上。右轴承为游动支承,轴承内圈两端分别用轴肩和弹性挡圈使之固定在轴上,轴承外圈与轴承座孔间为间隙配合,并在外圈与轴承盖之间留有大于轴的热伸长量的间隙,一般为 $2\sim3$ mm。轴向游动在轴承外圈与轴承座孔间进行。当游动支承采用圆柱滚子轴承时，轴承的内圈固定在轴上，外圈固定在轴承座上，轴向游动在滚动体与外圈的内孔间进行(图 11.13(c))。

当传动件上的轴向力向右时，力的传递路线为传动件、轴、圆螺母、左轴承、轴承座孔凸肩(图 11.13(b))。

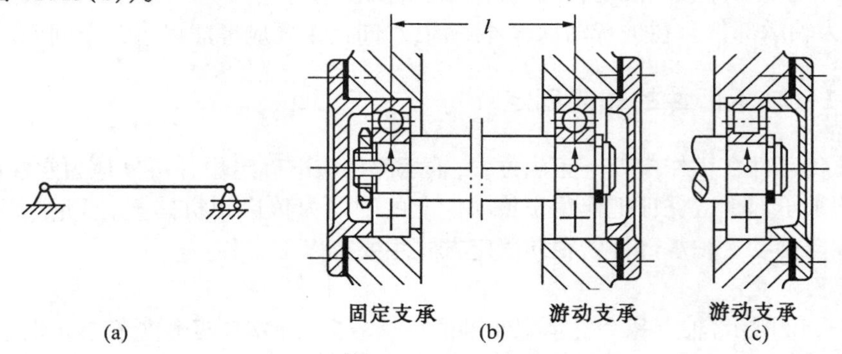

图 11.13 一端固定、一端游动支承

一端固定、一端游动的支承，主要用于工作温度变化大且两支点间跨距大($l>300\sim350$ mm)的长轴。

3. 两端游动支承

对于人字齿轮传动，由于一对人字齿啮合本身具有确定两轴相对轴向位置的功能，通常大齿轮轴承部件采用两端固定支承，小齿轮轴承部件采用两端游动支承(图 11.14)，允许小齿轮轴承部件沿轴向游动，以免形成轴向过定位。

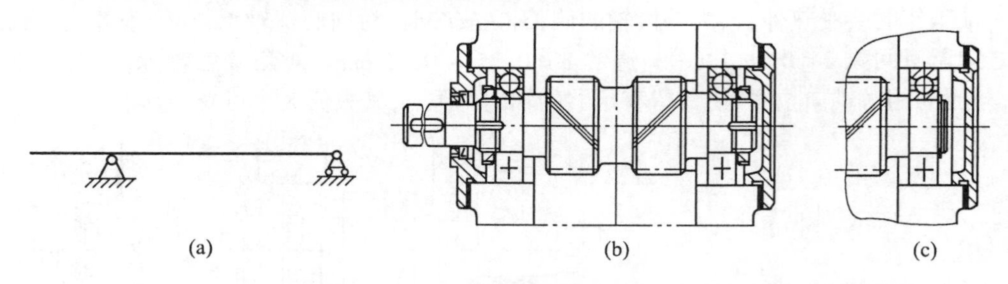

图 11.14 两端游动支承

11.8.2 轴承部件的调整

1. 轴承间隙的调整

采用两端固定支承的轴承部件，为补偿轴在工作时的热伸长，在装配时应留有相应的轴向间隙。轴承间隙的调整方法有：① 通过加减轴承端盖与轴承座端面间的垫片厚度来实现(图 11.15(a))；② 通过调整螺钉 1，经过轴承外圈压盖 3，移动外圈来实现，在调整后，应拧紧防松螺母 2(图 11.15(b))。

2. 轴上传动件位置的调整

轴上传动件在工作时应处于正确的工作位置。如，为保证正确啮合，圆锥齿轮的两个节圆锥的顶点应重合。在图 11.16 中，通过增减套杯与机体间的垫片 1 来调整锥齿轮的节圆锥顶点位置，通过增减套杯与轴承盖间的垫片 2 来调整轴承间隙。

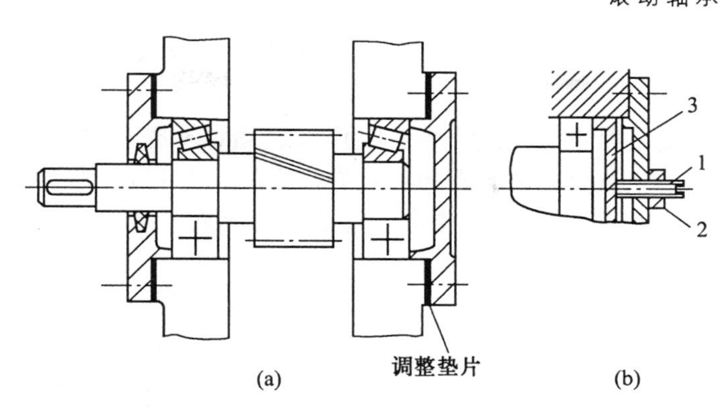

图 11.15　轴承间隙的调整

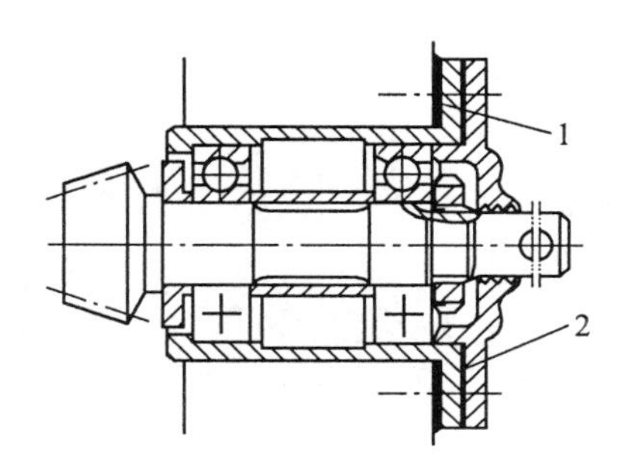

图 11.16　轴承部件位置的调整

11.8.3　滚动轴承的配合

滚动轴承是标准件。轴承内圈的孔为基准孔，与轴的配合采用基孔制；但其基孔制内孔的公差为负公差，所以相同配合下，其比标准基孔制配合要紧。轴承外圈的外圆柱面为基准轴，与轴承座孔的配合采用基轴制。滚动轴承与相关零件配合时，其内孔与外径分别是基准孔和基准轴，在配合中不必标注。

在选择轴承配合种类时，对于转速高、载荷大、温度高、有振动的轴承应选用较紧的配合，而经常拆卸的轴承或游动支承的外圈，则应选用较松的配合。

一般，当外载荷方向固定不变时，内圈随轴一起转动，内圈与轴的配合应选紧一些的有过盈的过渡配合；而装在轴承座孔中的外圈静止不转时，半圈受载，外圈与轴承座孔的配合常选用较松的过渡配合，以使外圈作极缓慢的转动，从而使受载区域有所变动，发挥非承载区的作用，延长轴承的寿命。

11.8.4　轴承的装拆

在设计轴承部件时，应考虑轴承的装拆，避免在装拆过程中损坏轴承和其他零件，还应避免无法拆卸轴承的情况。

安装轴承时，可用热油预热轴承来增大内孔直径，以便安装，但温度不得高于 80 ~ 90℃，以免回火；也可用压力机通过套管压装套圈，但应注意，压装内圈时，只能内圈受力，不得使外圈受力，压装外圈时，只能外圈受力，不能使内圈受力，以免损坏滚动体（图 11.17）。

拆卸轴承时应使用拆卸工具。为便于拆卸内圈，固定轴肩高度通常不得大于内圈高度的 3/4。若轴肩过高，就难以放置拆卸工具的钩头（图 11.18）。为了便于拆卸外圈，轴承座孔凸肩高度不得大于外圈厚度的 3/4，即留出拆卸高度 h（图 11.19(a)、(b)）。对于盲孔，可在端部开设专用拆卸螺纹孔（图 11.19(c)）。

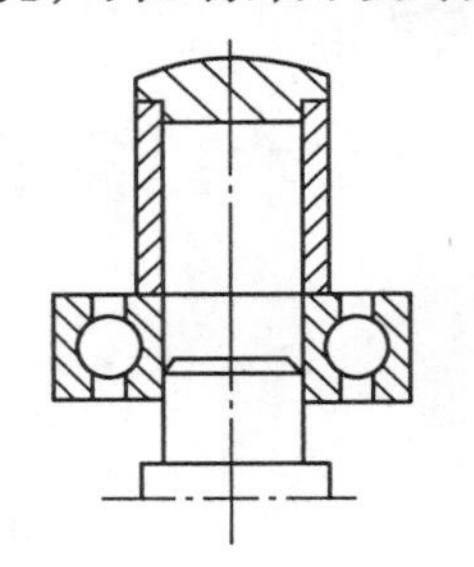
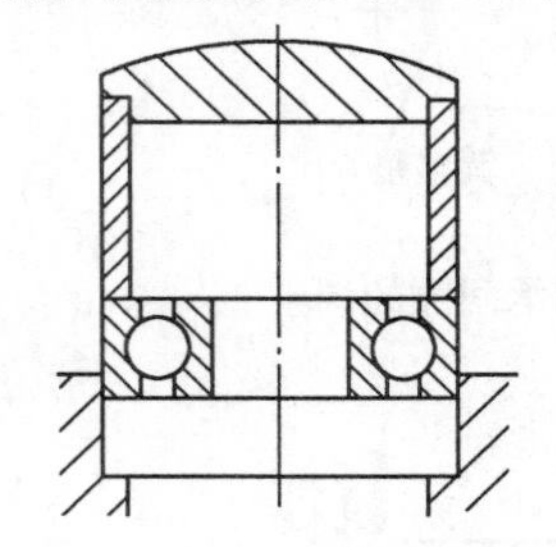

图 11.17　轴承安装

图 11.18　拆卸器拆卸轴承

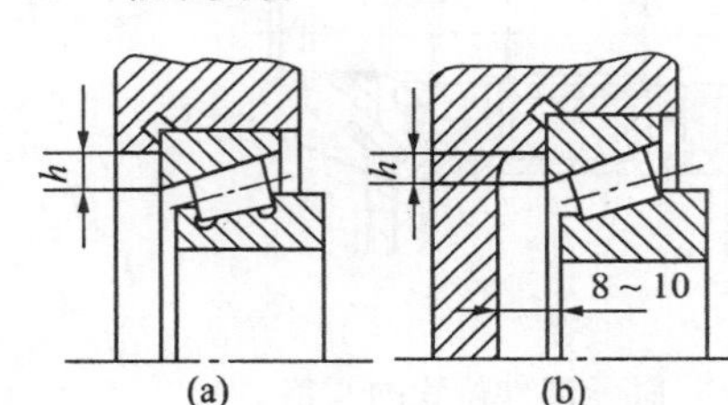

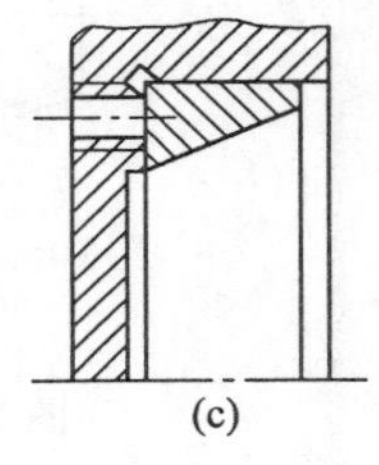

图 11.19　拆卸高度

11.8.5　滚动轴承的润滑和密封

滚动轴承的润滑和密封，对保证轴承的正常工作起着十分重要的作用。

1. 滚动轴承的润滑

润滑的主要目的是减少摩擦和磨损，还有吸收振动、降低温度等作用。

滚动轴承的润滑方式可根据速度因数 dn 值来选择。d 为轴承内径（mm），n 为轴承转速（r/min）。dn 值间接反映了轴颈的线速度。当 $dn < (1.5 \sim 2) \times 10^5$ mm·r/min时，可选用脂润滑。当超过时，宜选用油润滑。

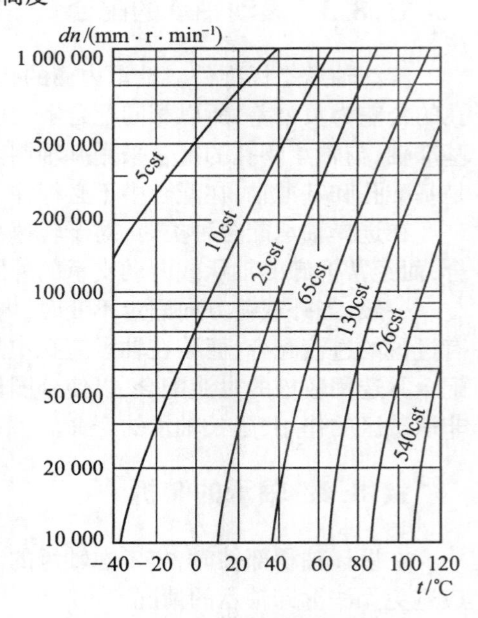

图 11.20　润滑油黏度的选择

脂润滑可承受较大载荷，且便于密封及维护，充填一次润滑脂可工作较长时间。润滑脂的填充量一般不超过轴承空间的 1/3 ~ 1/2。当充填过多时，会因润滑脂内摩擦大，产生过多热量,使温度升高而影响正常工作。

油润滑时,油的黏度可按轴承的速度因数 dn 值和工作温度 t 来选择(图 11.20)。在浸油润滑时,油面高度不超过最低滚动体的中心,以免因过大的搅油损失而使温度升高。

2. 滚动轴承的密封

密封的目的是阻止润滑剂的流失和防止灰尘、水分的进入。

密封按其原理的不同可分为接触式密封和非接触式密封两大类。密封的主要类型和适用范围见表 11.16。

表 11.16 常用的滚动轴承密封形式

密封类型	图　　例	适用场合	说　　明
接触式密封	毛毡圈密封	脂润滑。要求环境清洁,轴颈圆周速度 v 不大于 4 ~ 5 m/s,工作温度不超过 90℃	矩形断面的毛毡圈被安装在梯形槽内,它对轴产生一定的压力而起到密封作用
	唇形圈密封	脂或油润滑。轴颈圆周速度 $v < 7$ m/s,工作温度范围为 −40 ~ 100℃	唇形密封圈用皮革、塑料或耐油橡胶制成,有的具有金属骨架,有的没有骨架,是标准件 单向密封
非接触式密封	间隙密封	脂润滑。干燥清洁环境	靠轴与盖间的细小环形间隙密封,间隙愈小愈长,效果愈好,间隙 δ 取 0.1 ~ 0.3 mm
	(a) (b) 迷宫式密封	脂润滑或油润滑。工作温度不高于密封用脂的滴点。密封效果可靠	将旋转件与静止件之间的间隙做成迷宫(曲路)形式,在间隙中充填润滑油或润滑脂以加强密封效果。迷宫式密封分径向、轴向两种:图(a)为径向曲路,径向间隙 δ 不大于 0.1 ~ 0.2 mm;图(b)为轴向曲路,因考虑到轴要伸长,间隙取大些,同时轴承端盖应采用两半的

选择密封方式时应考虑密封的目的、润滑剂种类、工作环境、温度、密封表面的线速度等。接触式密封适用于线速度较低的场合,为了减少密封件的磨损,轴表面粗糙度 Ra 宜

小于 1.6 ~ 1.8 μm,轴表面硬度应在 40 HRC 以上。非接触式密封不受速度限制。

11.9 减速器输出轴部件设计

一级圆柱齿轮减速器由输入轴部件、输出轴部件和机体组成。部件设计是减速器设计的最小单元。与输入轴部件相比,输出轴部件更具有代表性,下面以输出轴部件(图 10.7)为例说明部件设计方法。

在输出轴部件中,由于组成部件的各零件间的相互依存、相互制约、互为条件,使得有某种联系的一些零件的相关部分的设计必须同时进行,一起完成。如输出轴上大齿轮的设计,尽管其轮缘部分的设计可依据由齿轮传动强度条件计算而得到的数据(m、β、Z_2、b_2)来进行,然而轮毂、轮辐部分的设计却依赖于与之相配合的轴段的直径;同样,虽然与大齿轮相配合的轴段的直径可按轴的安装要求及前一轴段的直径来确定,但是该轴段的长度要依赖于齿轮轮毂的宽度。因而,齿轮轮毂与相配合的轴段,必须同时设计,即按轴径来设计轮毂孔的直径,按轮毂宽度来设计轴段长度。轴除直接与齿轮、轴承、联轴器、键、套筒等轴上零件有关系外,通过齿轮、轴承等零件,还间接与机体、轴承盖等零件有关系。因而轴的设计更为繁杂,只能在输出轴部件的设计中,通过协调各方面的关系才能完成,而不可能单独地孤立地完成。

虽然在部件设计中相关联的零件要同时设计而使得各个零件的设计是间断进行的,但是,每个零件的设计仍然按照该种零件自己的设计过程进行,并没有改变。

输出轴部件的设计过程,是组成该部件的各个零件的设计过程的组合。输出轴部件的设计程序框图如图 11.21 所示,图中实线表示部件的设计过程,虚线表示每种零件的设计过程。输出轴部件设计过程主要包括:

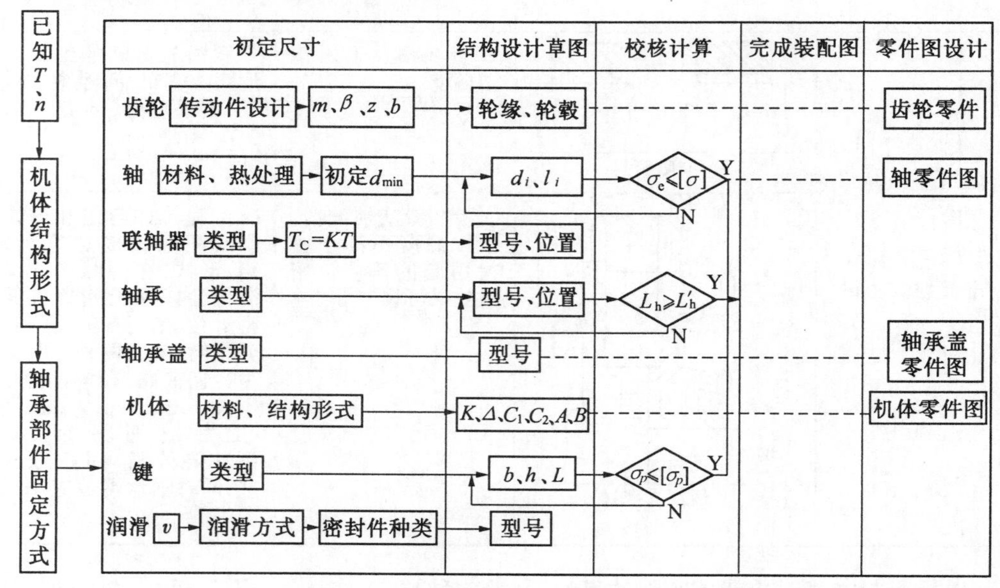

图 11.21 输出轴部件设计程序框图

(1)定初值:由于很多相关零件互为条件,使设计中出现许多未知数,通常的处理方法是先初定某些零件的主要参数的初值,使设计得以进行。在输出轴部件设计中需要给定初值的有轴的最小直径、轴承的类型等。

(2)画结构草图:确定部件中所有零件的主要尺寸及其位置,完成轴的结构设计。草图达到的程度为确定出轴承的支点、齿轮的力的作用点,能进行后面的校核计算即可。在画草图时,对于各零件的径向尺寸的确定应以轴为线索,从轴的最小直径处开始按轴上零件的安装顺序展开设计。对于各零件的轴向尺寸的确定,从齿轮的两端面处开始,依照相关零件的轴向间距要求由中间向两侧展开。

(3)校核计算:用以检验所定初值是否合适,如不合适,需修改初值,重复上述过程,直到满足要求为止。在输出轴部件设计中,需要进行的校核计算有轴的强度计算、键连接的强度计算、轴承寿命计算。

(4)完成部件图设计:在上述校核计算全部合格后,把草图中没完成的工作进行到底,即完成齿轮、轴、键连接、轴承、轴承盖、机体、密封件等零件的全部结构设计。

(5)完成零件图设计:零件图设计是在部件图设计完成后才进行的,工程上称为从装配图上拆零件图。

最后需要指出,要搞好部件图设计,必须要有正确的思维方式。设计部件图时的思维方式与前面各章研究零件时的思维方式是不同的。在研究零件的内部规律时,主要是用分析的方法来对零件进行解剖,层层剥皮,找出事物的本质。在设计部件图时,主要是用综合的方法,既要考虑各个零件的自身规律,又要考虑该零件与其他零件的联系,根据相关零件间的既相互依存、又相互制约的关系,统筹安排,协调解决矛盾,综合权衡利弊,从而完成设计。在部件设计中,需要的是综合、全面地看问题的方法,要避免片面性。

【例11.2】 试设计带式运输机中齿轮减速器的输出轴部件。已知输出轴功率 $P=2.74$ kW,转矩 $T=289\ 458$ N·mm,转速 $n=90.4$ r/min,圆柱齿轮分度圆直径 $d=253.643$ mm,齿宽 $b=62$ mm,圆周力 $F_t=2\ 282.4$ N,径向力 $F_r=849.3$ N,轴向力 $F_a=485.1$ N,载荷变动小,单向转动,工作环境清洁,两班工作制,使用5年,大批量生产。

解

1. 选择轴的材料

因传递功率不大,并对质量及结构尺寸无特殊要求,故选用常用材料45钢,调质处理。

2. 初算轴径

对于转轴,按扭转强度初算轴径,查表10.2得 $C=106\sim118$,考虑轴端弯矩比转矩小,故取 $C=106$,则

$$d_{\min}=C\sqrt[3]{\frac{P}{n}}=106\times\sqrt[3]{\frac{2.74}{90.4}}=33.05\ \text{mm}$$

考虑键槽的影响,取 $d_{\min}=33.05\times1.05=34.70$ mm。

3. 结构设计(图11.22)

(1) 轴承部件的结构形式:为方便轴承部件的装拆,减速器的机体采用剖分式结构。因传递功率小,齿轮减速器效率高、发热小,估计轴不会长,故轴承部件的固定方式可采用两端固定方式。由此,所设计的轴承部件的结构形式如图10.7所示。然后,可按轴上零件的安装顺序,从 $d_{\min}$处开始设计。

(2) 联轴器及轴段①:在本题中 $d_{\min}$就是轴段①的直径,又考虑到轴段①上安装联轴器,因此,轴段

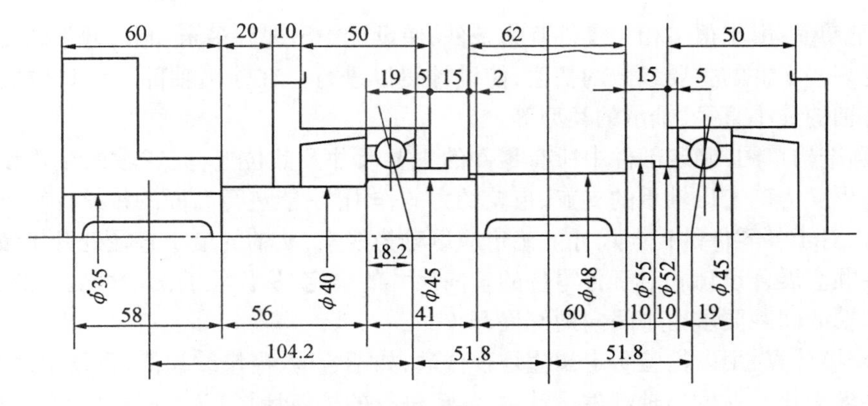

图 11.22　输出轴部件结构设计草图

①的设计应与联轴器的设计同时进行。

为补偿联轴器所连接的两轴的安装误差，隔离振动，选用弹性柱销联轴器。查表 13.1 取 $K_A = 1.5$，则计算转矩 $T_c = K_A \cdot T = 1.5 \times 289\ 458 = 434\ 187$ N·mm。由机械设计手册查得 GB/T 5014—2003 中的 L×2 型联轴器符合要求：公称转矩为 560 N·m，许用转速为 6 300 r/min，轴孔直径范围为 30 ~ 35 mm。考虑 $d_{min} = 33.05$ mm，故取联轴器轴孔直径 35 mm，轴孔长度为 60 mm，J 型轴孔，A 型键，联轴器主动端的代号为 L×23 35×60 GB/T 5014—2003。

同理，轴段①的直径 $d_1 = 35$ mm，轴段①的长度应比联轴器主动端轴孔长度略短，故取 $l_1 = 58$ mm。

(3) 密封圈与轴段②：在确定轴段②的直径时，应考虑联轴器的固定及密封圈的尺寸两个方面。当联轴器右端用轴肩固定时，由图 10.9 中公式计算得轴肩高度 $h = 2.45 \sim 3.5$ mm，相应的轴段②的直径 d_2 的范围为 40 ~ 42 mm。轴段②的直径最终由密封圈确定。查机械设计手册，可选用毡圈油封 JB/ZQ 4606—1986中的轴径为 40 mm 的，则轴段②的直径 $d_2 = 40$ mm。

(4) 轴承与轴段③及轴段⑦：考虑齿轮有轴向力，轴承类型选角接触球轴承。轴段③上安装轴承，其直径应既便于轴承安装，又应符合轴承内径系列。现暂取轴承型号为7209 C，查轴承手册，内径 $d = 45$ mm，外径 $D = 85$ mm，宽度 $B = 19$ mm，定位轴肩直径 $d_a = 52$ mm，轴上定位端面的圆角半径 $r_{AS} = 1$ mm。故轴段③的直径 $d_3 = 45$ mm。

通常同一根轴上的两个轴承取相同型号，故轴段⑦的直径 $d_7 = 45$ mm，轴段⑦的长度与轴承宽度相同，故取 $l_7 = 19$ mm。

(5) 齿轮与轴段④：轴段④上安装齿轮，为便于齿轮的安装，d_4 应略大于 d_3，可取 $d_4 = 48$ mm。齿轮左端用套筒固定，为使套筒端面顶在齿轮左端面上，即靠紧，轴段④的长度 l_4 应比齿轮毂长略短，若毂长与齿宽相同，已知齿宽 $b = 62$ mm，故取 $l_4 = 60$ mm。

(6) 轴段⑤与轴段⑥：齿轮右端用轴肩固定，由此可确定轴段⑤的直径。按图 10.9 中公式计算得轴肩高度 $h = 3.36 \sim 4.8$ mm，取 $d_5 = 55$ mm。按图 10.9 中公式计算得轴环宽度为 $b = 1.4h = 1.4(d_5 - d_4)/2 = 1.4 \times (55 - 48)/2 = 4.9$ mm，可取轴段⑤长度 $l_5 = 10$ mm。

为减小应力集中，并考虑右轴承的拆卸，轴段⑥的直径应根据 7209 C 轴承的定位轴肩直径 d_a 确定，即 $d_6 = d_a = 52$ mm。

(7) 机体与轴段②、③、⑥的长度：轴段②、③、⑥的长度 l_2、l_3、l_6 除与轴上零件有关外，还与机体及轴承盖等零件有关。通常从齿轮端面开始向两端展开来确定这些尺寸。为避免转动齿轮与不动机体相碰，应在齿轮端面与机体内壁间留有足够间距 H，由表 10.3，可取 $H = 15$ mm。为补偿机体的铸造误差，轴承应深入轴承座孔内适当距离，以保证轴承在任何时候都能坐落在轴承座孔上，为此取轴承上靠近机体内壁的端面与机体内壁间的距离 $\Delta = 5$ mm。为保证拧紧上下轴承座连接螺栓所需扳手空间，轴承座

应有足够的宽度 C,可取 $C=50$ mm。根据轴承7209 C的外圈直径,由机械设计手册可查得轴承盖凸缘厚度 $e=10$ mm。为避免联轴器轮毂端面转动时与不动的轴承盖连接螺栓相碰,联轴器轮毂端面与轴承盖间应有足够的间距 K,可取 $K=20$ mm。在确定齿轮、机体、轴承、轴承盖及联轴器的相互位置后,轴段②、③、④的长度就随之确定下来,即

$$l_3 = B + \Delta + H + 2 = 19 + 5 + 15 + 2 = 41 \text{ mm}$$

$$l_2 = (C - \Delta - B) + e + K = (50 - 5 - 19) + 10 + 20 = 56 \text{ mm}$$

$$l_6 = (H + \Delta) - l_5 = (15 + 5) - 10 = 10 \text{ mm}$$

进而,轴承的支点及力的作用点间的跨距也随之确定下来。7209轴承力作用点距外环原边18.2 mm,取该点为支点。取联轴器轮毂中点为力作用点,则可得跨距 $L_1=104.2$ mm,$L_2=51.8$ mm,$L_3=51.8$ mm(图11.22)。

(8) 键连接:联轴器及齿轮与轴的周向连接均采用A型普通平键连接,分别为键A10×8×56 GB/T 1096—2003及键A14×9×56 GB/T 1096—2003。

完成的结构设计草图如图11.22所示。必须指出:① 在校核计算之前所进行的结构设计是草图,只需画出校核计算所必需的结构尺寸即可,而其余结构须待校核合格之后再完成。② 在画结构草图时,要特别注意决定齿轮、机体、轴承、联轴器的相互位置关系的5条端面位置线,即齿轮端面、机体内壁、轴承内端面、轴承座外端面及联轴器轮毂端面。这5条线是相应零件的基准位置,因此,在作图中应该认真核查,以防有误。

4.轴的受力分析

① 画轴的受力简图(图11.23(b))。

② 计算支承反力。

在水平面上

$$R_{1H} = \frac{F_r \cdot L_3 + F_a \cdot d/2}{L_2 + L_3} = \frac{849.3 \times 51.8 + 485.1 \times 253.643/2}{51.8 + 51.8} = 1\ 018.5 \text{ N}$$

$$R_{2H} = F_r - R_{1H} = 849.3 - 1018.5 = -169.2 \text{ N}$$

负号表示力 R_{2H} 的方向与受力简图中所设方向相反。

在垂直平面上

$$R_{1V} = R_{2V} = F_t/2 = 2\ 282.4/2 = 1\ 141.2 \text{ N}$$

轴承Ⅰ的总支承反力

$$R_1 = \sqrt{R_{1H}^2 + R_{1V}^2} = \sqrt{1018.5^2 + 1\ 141.2^2} = 1\ 529.6 \text{ N}$$

轴承Ⅱ的总支承反力

$$R_2 = \sqrt{R_{2H}^2 + R_{2V}^2} = \sqrt{(-169.2)^2 + 1\ 141.2^2} = 1\ 153.7 \text{ N}$$

(3)画弯矩图(图11.23(c)、(d)、(e))。

在水平面上

a—a 剖面左侧

$$M_{aH} = R_{1H} \cdot L_2 = 1018.5 \times 51.8 = 52\ 758.3 \text{ N} \cdot \text{mm}$$

a—a 剖面右侧

$$M'_{aH} = R_{2H} \cdot L_3 = 169.2 \times 51.8 = 8\ 764.6 \text{ N} \cdot \text{mm}$$

在垂直平面上

$$M_{aV} = R_{1V} \cdot L_2 = 1\ 141.2 \times 51.8 = 59\ 114.2 \text{ N} \cdot \text{mm}$$

合成弯矩

a—a 剖面左侧

$$M_a=\sqrt{M_{aH}^2+M_{aV}^2}=\sqrt{52\ 758.3^2+59\ 114.2^2}=79\ 233.3\ \text{N·mm}$$

a—a 剖面右侧

$$M'_a=\sqrt{(M_{aH}')^2+(M_{aV}')^2}=\sqrt{8\ 764.6^2+59\ 114.2^2}=59\ 760.4\ \text{N·mm}$$

(4)画转矩图(图 11.23(f))。

5.校核轴的强度

a—a 剖面左侧,因弯矩大,有转矩,还有键槽引起的应力集中,故 $a-a$ 剖面左侧为危险剖面。

由附表 10.1,抗弯剖面模量

$$W=0.1\ d^3-\frac{bt(d-t)^2}{2d}=0.1\times48^3-\frac{14\times5.5\times(48-5.5)^2}{2\times48}=9\ 610\ \text{mm}^3$$

抗扭剖面模量

$$W_T=0.2\ d^3-\frac{bt(d-t)^2}{2d}=0.2\times48^3-\frac{14\times5.5\times(48-5.5)^2}{2\times48}=20\ 669\ \text{mm}^3$$

弯曲应力

$$\sigma_b=\frac{M}{W}=\frac{79\ 223.3}{9\ 610}=8.24\ \text{MPa}$$

$$\sigma_a=\sigma_b=8.24\ \text{MPa}$$

$$\sigma_m=0$$

扭剪应力

$$\tau_T=\frac{T}{W_T}=\frac{289\ 458}{20\ 669}=14.00\ \text{MPa}$$

$$\tau_a=\tau_m=\frac{\tau_T}{2}=\frac{14.00}{2}=7\ \text{MPa}$$

对于调质处理的45钢,由表 10.1 查得 $\sigma_B=650$ MPa,$\sigma_{-1}=300$ MPa,$\tau_{-1}=155$ MPa;由表 10.1 注②查得材料的等效系数 $\psi_\sigma=0.2,\psi_\tau=0.1$。

键槽引起的应力集中系数,由附表 10.4 查得　$K_\sigma=1.825,K_\tau=1.625$(插值法)。

绝对尺寸系数,由附图 10.1 查得　$\varepsilon_\sigma=0.8,\varepsilon_\tau=0.76$。

轴磨削加工时的表面质量系数由附图 10.2 查得　$\beta=0.92$。

安全系数

$$S_\sigma=\frac{\sigma_{-1}}{\dfrac{K_\sigma}{\beta\ \varepsilon_\sigma}\sigma_a+\psi_\sigma\sigma_m}=\frac{300}{\dfrac{1.825}{0.92\times0.8}\times8.24+0.2\times0}=14.68$$

$$S_\tau=\frac{\tau_{-1}}{\dfrac{K_\tau}{\beta\ \varepsilon_\tau}\tau_a+\psi_\tau\tau_m}=\frac{155}{\dfrac{1.625}{0.92\times0.76}\times7+0.1\times7}=9.14$$

$$S=\frac{S_\sigma\cdot S_\tau}{\sqrt{S_\sigma^2+S_\tau^2}}=\frac{14.68\times9.14}{\sqrt{14.68^2+9.14^2}}=7.75$$

查表 10.5 得许用安全系数 $[S]=1.3\sim1.5$,显然 $S>[S]$,故 a—a 剖面安全。

对于一般用途的转轴,也可按弯扭合成强度进行校核计算。

对于单向转动的转轴,通常转矩按脉动循环处理,故取折合系数 $\alpha=0.6$,则当量应力

$$\sigma_e=\sqrt{\sigma_b^2+4(\alpha\tau)^2}=\sqrt{8.24^2+4\times(0.6\times14.00)^2}=18.71\ \text{MPa}$$

已知轴的材料为45钢,调质处理,由表 10.1 查得 $\sigma_B=650$ MPa,由表 10.4 查得 $[\sigma]_{-1b}=60$ MPa。

显然,$\sigma_e<[\sigma]_{-1b}$,故轴的 $a-a$ 剖面左侧的强度满足要求。

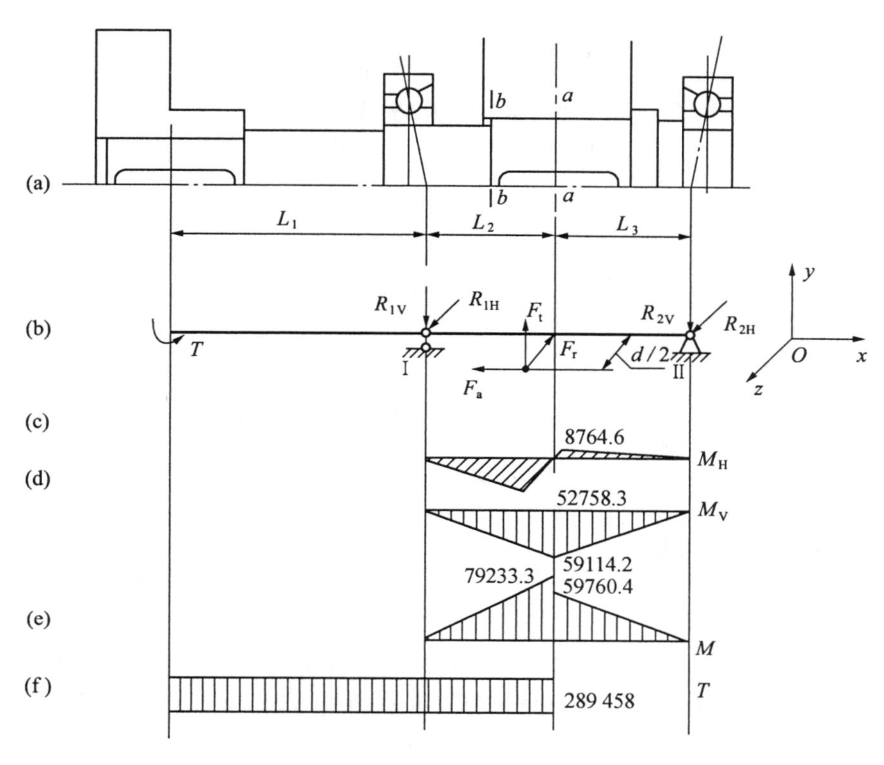

图 11.23　轴的受力分析

6. 校核键连接的强度

联轴器处键连接的挤压应力

$$\sigma_p = \frac{4T}{d\ h\ l} = \frac{4 \times 289\ 458}{35 \times 8 \times (56 - 10)} = 89.89\ \text{MPa}$$

取键、轴及联轴器的材料都为钢,查表得$[\sigma]_p = 120 \sim 150$ MPa。显然,$\sigma_p < [\sigma]_p$,故强度足够。

齿轮处键连接的挤压应力

$$\sigma_p = \frac{4T}{d\ h\ l} = \frac{4 \times 289\ 458}{48 \times 9 \times (56 - 14)} = 63.81\ \text{MPa}$$

取键、轴及齿轮的材料都为钢,已查表 6.1 得$[\sigma]_p = 120 \sim 150$ MPa,显然,$\sigma_p < [\sigma]_p$,故强度足够。

7. 校核轴承寿命

由机械设计手册查 7209 C 轴承得 $C = 29\ 800$ N, $C_0 = 23\ 800$ N。

(1) 计算轴承的轴向力。由表 11.13 查得 7209 C 轴承内部轴向力计算公式,则轴承Ⅰ、Ⅱ的内部轴向力分别为

$$S_1 = 0.4F_{r1} = 0.4R_1 = 0.4 \times 1\ 529.6 = 611.8\ \text{N}$$

$$S_2 = 0.4F_{r2} = 0.4R_2 = 0.4 \times 1\ 153.7 = 461.5\ \text{N}$$

S_1 及 S_2 的方向如图 11.24 所示。S_2 与 A 同向,则

$$(S_2 + A) = 461.5 + 485.1 = 946.6\ \text{N}$$

显然,$S_2 + A > S_1$,因此轴有左移趋势,但由轴承部件的结构图分析可知轴承Ⅰ将使轴保持平衡,故两轴承的轴向力分别为

$$F_{a1} = S_2 + A = 946.6\ \text{N}$$

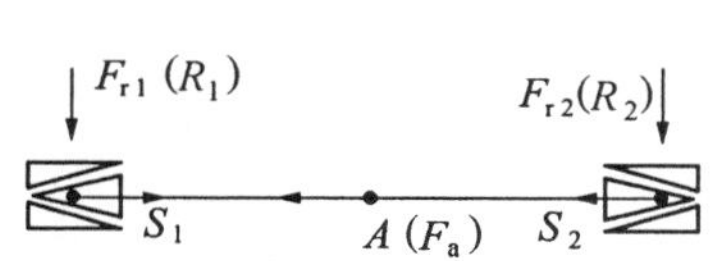

图 11.24　轴承布置及受力

$$F_{a2} = S_2 = 461.5\ \text{N}$$

比较两轴承的受力，因 $F_{r1} > F_{r2}$ 及 $F_{a1} > F_{a2}$，故只需校核轴承Ⅰ。

(2) 计算当量动载荷。由 $F_{a1}/C_0 = 946.6/23\ 800 = 0.040$，查表 11.12 得 $e = 0.41$

因为
$$F_{a1}/F_{r1} = 946.6/1\ 529.6 = 0.62 > e$$
所以
$$X = 0.44, Y = 1.36$$

当量动载荷

$$P = XF_{r1} + YF_{a1} = 0.44 \times 1\ 529.6 + 1.36 \times 946.6 = 1\ 960.4\ \text{N}$$

(3) 校核轴承寿命。轴承在 100℃以下工作，查表 11.9 得 $f_T = 1$。载荷变动小，为减速器用轴承查表 11.10，得 $f_p = 1.5$。

轴承Ⅰ的寿命

$$L_h = \frac{10^6}{60n}\left(\frac{f_T \cdot C}{f_p \cdot P}\right)^3 = \frac{10^6}{60 \times 90.4}\left(\frac{1 \times 29\ 800}{1.5 \times 1\ 960.4}\right)^3 = 191\ 876.3\ \text{h}$$

已知减速器使用 5 年，两班工作制，则预期寿命

$$L'_h = 8 \times 2 \times 250 \times 5 = 20\ 000\ \text{h}$$

显然，$L_h \gg L'_h$，故轴承寿命很充裕。

思考题与习题

11.1 我国滚动轴承标准是如何对滚动轴承进行分类的？如何选择滚动轴承类型？试画出 6000 型、7000 型、3000 型及 N 000 型轴承的结构示意图，并说明它们承受径向载荷和轴向载荷的能力。

11.2 滚动轴承代号由几部分组成的？各代表什么含义？

11.3 说明下列滚动轴承代号的含义：6210、N 210、7210 C、30310/P5/DB、51210。

11.4 滚动轴承有哪些主要失效形式？针对每种失效形式应进行何种计算？

11.5 如何定义基本额定寿命 L、基本额定动载荷 C、当量动载荷 P、基本额定静载荷 C_0？

11.6 什么是内部轴向力？如何计算轴承的轴向力 F_a？

11.7 说明下列系数的含义 f_T、f_p、X、Y。如何查表？

11.8 滚动轴承部件有哪几种固定方式？各适用于什么场合？

11.9 如何装拆 6210、30310 轴承？

11.10 润滑和密封的目的是什么？举例说明常用密封装置的种类？

11.11 机器中一对深沟球轴承的寿命为 8 000 h，当载荷及转速分别提高 1 倍时，轴承的寿命各为多少？

11.12 某轴由一对 30208 轴承支承，两轴承分别受到径向载荷 $F_{r1} = 4\ 000$ N，$F_{r2} = 2\ 000$ N，轴上作用有轴向外载荷 $A = 1\ 030$ N，载荷平稳，在室温下工作，转速 $n = 1\ 000$ r/min，试计算此对轴承的使用寿命 L_h。

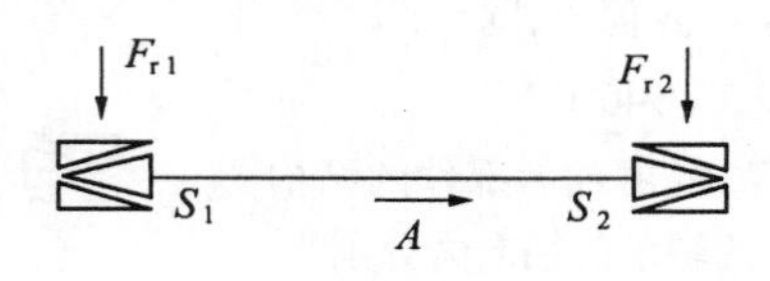

题 11.12 图

11.13　指出下图结构错误及错误原因，并在轴线下侧画出正确结构图。

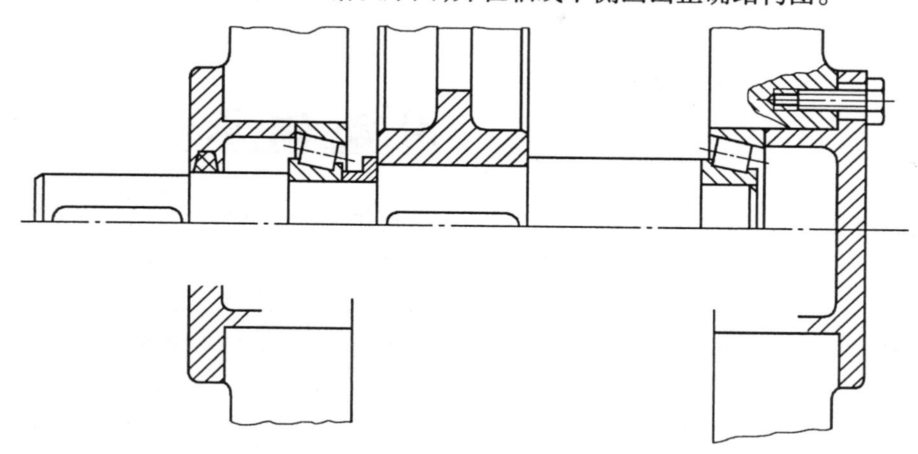

题11.13图

11.14　试从滚动轴承内圈公差带的分布角度，说明为什么当内圈与轴的配合选择过渡配合时，实际上却得到过盈配合？

11.15　如何标注滚动轴承内圈与轴的配合、外圈与座孔的配合？为什么？

第12章 滑动轴承

内容提要 本章讲述液体动压滑动轴承和非液体摩擦滑动轴承的工作原理和设计方法。主要包括：确定轴承的结构形式；选择轴瓦和轴承衬的材料；选择轴承结构参数；选择润滑剂；计算轴承的工作能力；滑动轴承常用的润滑方法和润滑装置。

Abstract The working principles and design methods of sliding bearings with hydrodynamic lubrication and non-liquid lubrication will be introduced in this chapter. It consists of designing the bearing structure, choosing materials of pad and bushing, the parameters of configuration and the lubricants, calculating the bearing load-carrying capacity, and selecting lubrication methods and devices for common applications.

12.1 概 述

滑动轴承是用来支承轴的一种重要部件。

12.1.1 滑动轴承的分类

按滑动轴承承受载荷方向的不同，可分为径向滑动轴承（承受径向载荷）和推力滑动轴承（承受轴向载荷）。图12.1是径向滑动轴承的基本结构。轴瓦以过盈配合装在轴承座内，轴颈装入轴瓦孔中。机器工作时通常轴瓦固定不动，轴颈在轴瓦孔中旋转，为了防止轴瓦在轴承座内转动，用紧钉螺钉将两者固定。为了减少轴瓦和轴颈表面相对滑动时产生的摩擦，减轻磨损，经注油孔和油沟向摩擦表面间加注润滑剂。

按滑动轴承工作时轴瓦和轴颈表面间呈现的摩擦状态，滑动轴承可分为液体摩擦轴承和非液体摩擦轴承。液体摩擦轴承的摩擦表面间处于液体润滑状态，又称液体润滑轴承。根据液体摩擦的形成原理，液体润滑轴承又可分为液体动压润滑轴承和液体静压润滑轴承。非液体润滑轴承则处于干摩擦、边界摩擦及液体摩擦的混合摩擦状态。本章主要讨论非液体摩擦和液体动压润滑滑动轴承的设计计算。

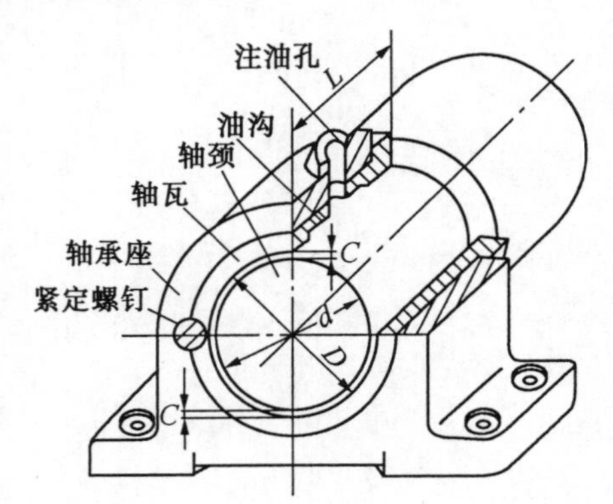

图12.1 滑动轴承基本结构

12.1.2 滑动轴承的特点和应用

与滚动轴承相比，滑动轴承有如下特点：

(1)在高速重载下能正常工作，寿命长。当轴的转速很高或载荷很大时，如果用滚动轴承,其寿命会很低,因为滚动轴承的寿命与轴的转速成反比,与当量动负荷的 ε 次方成反比(ε≥3)。如若保证有足够的寿命,必须增大滚动轴承的尺寸,有时需要组织单件生产,很不经济。如用液体摩擦轴承,因液体内摩擦取代了金属表面的摩擦,防止了磨损的发生,轴承寿命很长。如轧钢机、水轮机、大电机、机床等适于用液体摩擦轴承。

(2)精度高。滚动轴承零件多,工作一段时间后间隙增大,精度下降,液体摩擦轴承只要设计合理、使用正确,可获得满意的旋转精度。磨床主轴常用液体摩擦轴承。

(3)滑动轴承可做成剖分式的,能满足特殊结构需要,发动机曲轴上装连杆的轴承必须是剖分式轴承,只能用滑动轴承。

(4)液体摩擦轴承具有很好的缓冲和阻尼作用,可以吸收振动、缓和冲击。

(5)滑动轴承的径向尺寸比滚动轴承的小。

(6)起动摩擦阻力较大。在起动和将要停止工作阶段轴承常处于非液体摩擦状态下。

(7)非液体摩擦滑动轴承具有结构简单、使用方便等优点,在转速不太高、不重要的轴上可以采用非液体摩擦滑动轴承。

12.2 滑动轴承的结构形式

12.2.1 径向滑动轴承

常用的径向滑动轴承有整体式和剖分式两大类。

1.整体式径向滑动轴承

图 12.2 所示为整体式径向滑动轴承的典型结构。这种轴承的轴承座材料常用铸铁或铸钢。轴承座用螺栓连接在机架上。用减摩、耐磨材料制成的轴瓦装在轴承座内孔中。为防止工作时轴瓦随轴转动,在轴承座与轴瓦配合面的端面用紧定螺钉固定。在轴承的顶部开出注油孔,以便加注润滑剂。通常在轴瓦的内表面开有油沟。

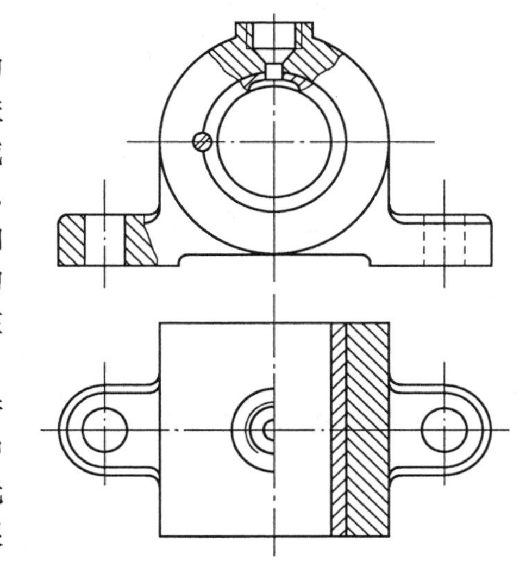

图 12.2 整体式径向滑动轴承

整体式轴承结构简单,在低速、轻载条件下工作的轴承和不重要的机器或手动机构中经常采用。它的缺点是磨损后间隙过大时无法调整;轴颈只能从轴承端部安装和拆卸,很不方便,无法用于中间轴颈上。

2.剖分式径向滑动轴承

剖分式径向滑动轴承的基本结构如图 12.3 所示。轴承座与轴承盖用双头螺柱连接,剖分轴瓦装在轴承座内,轴承座与轴承盖间的定位面可保证轴瓦内孔位置准确。这种轴承装拆方便,还可以通过增减剖分面上的调整垫片的厚度来调整间隙。轴承剖分面一般为水平方向,如图 12.3(a)所示。当外载荷为倾斜方向时,剖分面应为倾斜的,如图 12.3(b)所示,图中给出的 35°为允许载荷方向偏转的范围。

12.2.2 推力滑动轴承

推力滑动轴承一般由3部分组成,即推力轴颈、推力轴瓦和轴承座。在非液体摩擦滑动轴承中有时轴瓦和轴承座制成一体。图12.4是固定瓦推力轴承结构。图中(a)为实心轴颈。这样的轴颈端面上半径大的地方速度大,磨损快,端面压力分布不均匀。实际应用中多采用图12.4(b)所示的空心轴颈。由于结构需要,有时设计成如图12.4(c)所示的推力环式的推力轴承。如载荷很大,可采用图12.4(d)所示的多环推力轴承,多环推力轴承的轴颈座必须是剖分的才能装配和拆卸。图12.4中表示的推力轴承尺寸可按以下经验公式计算并圆整。

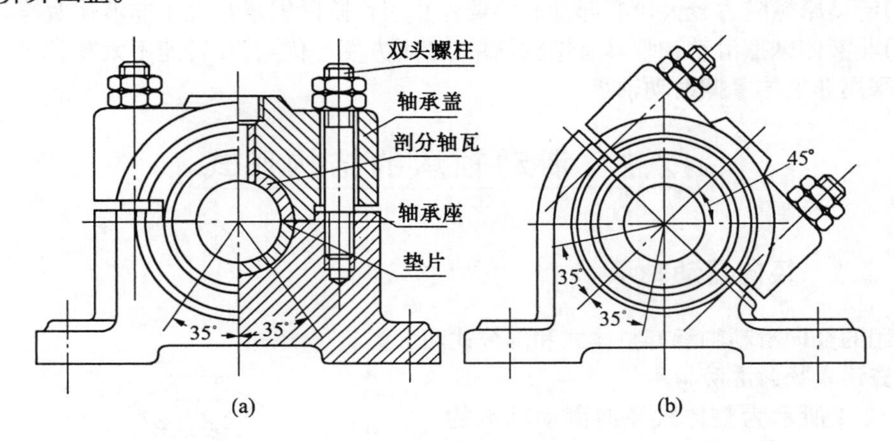

图12.3 剖分式径向滑动轴承

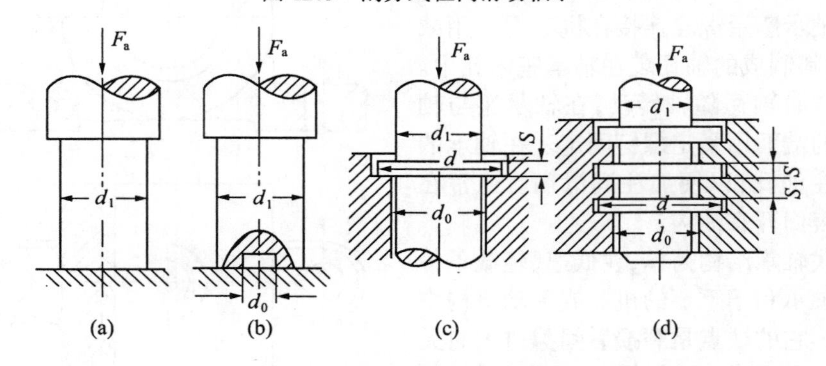

图12.4 固定瓦推力轴承结构

空心端面轴承(图12.4(b)) $d_0 = (0.4 \sim 0.6)d_1$

推力环轴承(图12.4(c)、(d)) $d = d_1 + 2S, d_0 = 1.1d_1$

推力环尺寸 $S = (0.1 \sim 0.3)d_1$

$S_1 = (2 \sim 3)S$

轴颈尺寸 d 和 d_1 由强度计算或结构设计确定。多环推力轴承推力环数目由计算确定。推力环数目不宜过多,一般为2~5,否则载荷分布不均现象更为严重。

以上叙述的是非液体摩擦轴承的结构。对于尺寸较大的平面推力轴承,为了改善轴承的性能，便于形成液体摩擦状态，可设计多油楔形状结构，如图12.5所示。

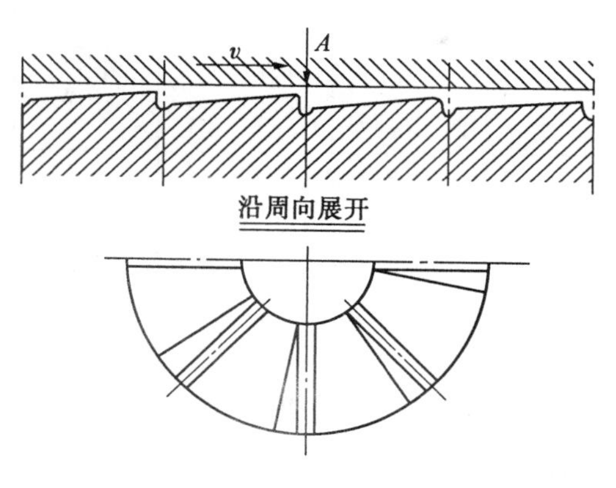

图12.5 多油楔推力轴承

12.3 轴瓦的材料和结构

轴的材料通常为碳钢或合金钢，轴经热处理后对轴颈进行精加工。轴承座的材料为铸铁或铸钢，所谓轴承材料指的是轴瓦材料。滑动轴承的失效主要是轴瓦的胶合和磨损，所以对轴瓦的材料和结构有些特殊要求。

12.3.1 对轴瓦材料的要求

(1)轴瓦材料要有足够的疲劳强度，才能保证轴瓦在变载荷作用下有足够的寿命。

(2)轴瓦材料要有足够的抗压强度，以防止产生过大的塑性变形。

(3)轴瓦材料要有良好的减摩性和耐磨性，即要求摩擦因数小，轴瓦磨损小。

(4)轴瓦材料应具有较好的抗胶合性，以防止因摩擦热使油膜破裂后造成胶合(即粘着磨损)。

(5)轴瓦材料对润滑油要有较好的吸附能力，易于形成抗剪切能力较强的边界膜。

(6)轴瓦材料要有较好的适应性和嵌藏性，适应性好的材料跑合性能好，嵌藏性好的材料可容纳进入润滑油中微小的固体颗粒，避免轴瓦和轴颈被刮伤。

(7)轴瓦材料要有良好的导热性。

(8)选择轴瓦材料还要考虑经济性，加工工艺性等。

任何一种轴瓦材料都不可能同时满足上述各项要求，设计时要根据具体条件选择能满足主要要求的材料做轴瓦或轴承衬材料。

12.3.2 常用的轴瓦材料及其性质

轴瓦材料可分为三类：金属材料、粉末冶金材料和非金属材料。一般条件下常用的是金属材料。金属材料包括轴承合金、青铜、黄铜、铝合金和铸铁(表12.1a)。

表 12.1a 常用轴瓦材料及其性能

轴瓦材料		最大许用值				轴颈硬度 HBW	特点及应用
		$[p]$/MPa	$[v]$/$(m \cdot s^{-1})$	$[pv]$/$(MPa \cdot m \cdot s^{-1})$	t/℃		
锡基轴承合金	ZSnSb11Cu6	平稳载荷			150	150	强度低，其他综合性能好，用于高速重载轴承的轴承衬
		25	80	20			
	ZSnSb8Cu4	冲击载荷					
		20	60	15			
铅基轴承合金	ZPbSb16Sn16Cu2	15	12	10	150	150	综合性能仅次于锡基轴承合金，用于中等速度轴承的轴承衬
	ZPbSb15Sn5Cu3Cd2	5	8	5			
锡青铜	ZCuSn10P1	15	10	15	280	300～400	跑合性能差，抗胶合能力较强，承载能力强，用于中速重载轴瓦
	ZCuSn5Pb5Zn5	8	3	15			
铅青铜	ZCuPb30	25	12	30	280	300	承受变载荷和冲击载荷能力强，抗胶合能力差，用于重载轴承
铝青铜	ZCuAl10Fe3	15	4	12		280	强度高，抗胶合能力差，用于低速重载轴承
黄铜	ZCuZn16Si4	12	2	10	200	200	用于低速中载轴承
	ZCuZn38Mn2Pb2	10	1	10			
锌铝合金	ZZnAl10Cu5	20	1	10	80	80～100	强度高，导热好，不耐磨，用于低速轴承
灰铸铁	HT150	4	0.5		150	200～250	价格便宜，用于轻载不重要轴承
	HT200	2	1				
	HT250	1	2				
酚醛塑料		41	13	0.18	120		抗胶合，强度高，导热不好，不耐热
聚四氟乙烯		8	1.3	0.04	250		减摩性好，耐腐蚀，导热不好

表 12.1b 粉末冶金轴承材料的许用压强 $[p]$ MPa

材料	孔隙度/%	滑动速度/$(m \cdot s^{-1})$					
		0.1	0.5	1	2	3	4
青铜－石墨（锡 9%～10%，石墨 1%～4%，其余为铜）	15～20	17.7	6.86	5.88	4.90	3.43	1.18
	20～25	14.7	5.88	4.90	3.92	2.94	0.98
	25～30	11.8	4.90	3.92	2.94	2.45	0.79
铁－石墨（石墨 1%～3%，其余为铁）	15～20	24.5	8.34	7.85	6.37	4.41	0.98
	20～25	19.6	6.86	6.37	5.39	3.43	0.78
	25～30	14.7	5.39	4.90	3.92	2.45	0.59

(1)轴承合金。轴承合金又称白金或巴氏合金。

锡基轴承合金,如 ZSnSb11Cu6 和 ZSnSb8Cu4,它以锡为基体,加入适量的锑和铜。基体材料锡较软,塑性、嵌藏性都很好。锑与锡,铜与锡都能形成硬晶粒,起支承和耐磨作用。

铅基轴承合金,如 ZPbSb16Sn16Cu2 和 ZPbSb15Sn5Cu3Cd2,它是以铅为基体加入适量的锡和锑。

这两种轴承合金都有较好的跑合性、耐磨性和抗胶合性。锡基轴承合金的抗胶合能力更好,但轴承合金强度不高,价格很贵。实际应用时,在钢或铜制成的轴瓦内表面上浇注一层轴承合金,这层轴承合金称轴承衬,钢或铜制成的轴瓦基体称瓦背,起增加强度的作用,轴承衬起减摩、耐磨作用。高速重载和重要用途的轴承采用轴承合金做轴承衬。

(2)青铜。青铜也是一种广泛使用的轴承材料,抗胶合能力仅次于轴承合金,强度较高,是轴承合金的一种代用材料。青铜分为锡青铜,铅青铜和铝青铜。

铸锡磷青铜的减摩性和耐磨性好,机械强度高,适用于重载轴承。

铅青铜的抗疲劳强度高,抗冲击性和导热性好,高温时从摩擦表面析出的铅起润滑作用。

铝青铜的抗冲击能力强,但抗胶合能力较低。

(3)黄铜。铸造黄铜用于滑动速度不高的轴承,综合性能不如轴承合金和青铜。

(4)铝合金。铝合金是近年才被使用的一种轴承材料,它的强度高,导热性好,耐腐蚀性好,价格低。可用轧制的方法和低碳钢结合做成双金属轴承。铝合金抗胶合能力差,耐磨性差,要求轴颈具有较高的光洁度。

(5)铸铁。铸铁中的片状或球状石墨成分在轴承表面上可起润滑作用,减小摩擦。铸铁是廉价的轴承材料,用于低速、轻载或不重要的轴承。

(6)粉末冶金材料。粉末冶金材料是用不同的金属粉末经压制、烧结而成的具有多孔结构的轴瓦材料,孔隙可占体积的 10% ~ 30%,轴瓦浸入热油中以后,孔隙中充满润滑油。工作时由于轴旋转时产生的抽吸作用和轴承发热的膨胀作用,油从孔隙中进入摩擦表面起到润滑作用。不工作时油又回到孔隙中。因此这种轴承叫做含油轴承,又叫做自润滑轴承。常用的粉末冶金材料有铁 - 石墨和青铜 - 石墨两种。粉末冶金材料的许用压强见表 12.1(b)。

(7)轴承塑料。以布为基体和以木为基体的轴承塑料,已用于制造滑动轴承。塑料轴承可用油或水润滑。塑料轴承摩擦因数小、强度较高、耐冲击,但导热性很差、耐热性不好、使用受限制。

近年来用尼龙 66、尼龙 6 注塑成形的小型轴承广泛用于低速轻载的机械上,它有自润滑作用,可以不加润滑剂。以尼龙为材料的滑动轴承的设计及计算可查阅设计手册。

12.3.3 轴瓦结构

轴瓦是滑动轴承的主要零件。设计轴承时,除了选择合适的轴瓦材料以外,还应合理地设计轴瓦结构,否则会影响滑动轴承的工作性能。当采用贵重轴承材料(如轴承合金)做轴瓦时,为了节省贵重材料和增加强度,常制成双金属轴瓦,用贵重金属做轴承衬,用钢或铜做瓦背。瓦背强度高，轴承衬减摩性好，两者结合起来构成令人满意的轴瓦。对于一般的轴承材料，轴瓦可由一种材料组成。轴瓦的瓦背和轴承衬的连接形式参看表 12.2 或机械设计手册。

轴瓦在轴承座中应固定可靠，轴瓦形状和结构尺寸应保证润滑良好，散热容易，并有一定的强度和刚度，装拆方便。因此设计轴瓦时应根据不同的工作条件采用不同的结构。

整体式轴瓦如图 12.6 所示。图中(a)为无油沟的轴瓦。轴瓦和轴承座一般采用过盈配合。常用的配合种类为$\frac{H7}{s6}$。为连接可靠，可在配合表面的端部用紧定螺钉固定，如图 12.6(c)所示。轴瓦外径与内径之比一般取值为 1.15～1.2。图中(b)为有油沟的轴瓦，润滑剂由注油孔注入，经油沟分布到轴瓦内表面上，使润滑效果得到改善。

表 12.2 轴承衬和瓦背的连接形式(表中 d 为轴颈直径/mm)

瓦背材料	轴承衬材料	应用场合	轴承衬厚度	沟槽形状
钢、铸铁	轴承合金或铅青铜	用于高速重载有冲击载荷场合	$s=0.01\ d$	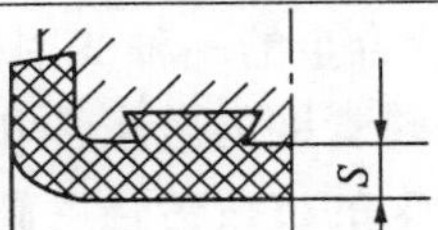
	轴承合金	用于振动及冲击载荷下工作的轴承	$s=0.01\ d$	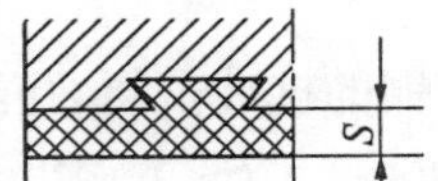
铸　铁	轴承合金	用于平稳载荷下工作的轴承	$s=0.01\ d$	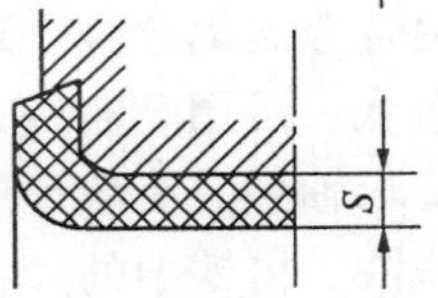
青　铜	轴承合金	用于高速重载的重要轴承	$s=0.01\ d$	

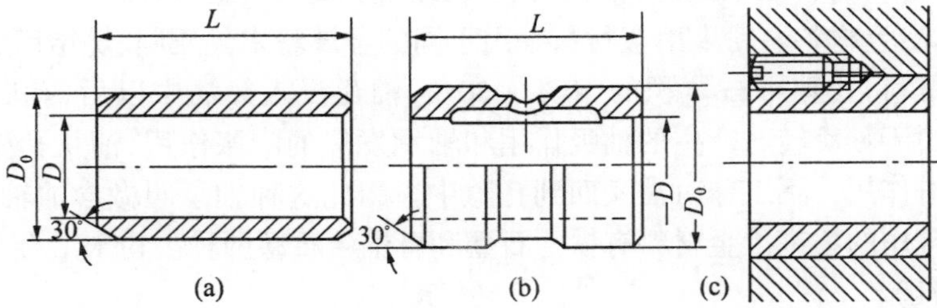

图 12.6 整体式轴瓦

图 12.7(a)为剖分式轴瓦。轴瓦两端的凸缘用来实现轴向定位。周向定位采用定位销(图 12.7(b))。也可以根据轴瓦厚度采用其他定位方法。在剖分面上开有轴向油沟。轴瓦厚度为 b，轴颈直径为 d，一般取 $b/d>0.05$。轴承衬厚度通常由十分之几毫米到 6 毫米，直径大的取大值。

为了向摩擦表面间加注润滑剂，在轴承上方开设注油孔，压力供油时油孔也可以开在两侧。为了向摩擦表面输送和分布润滑剂，在轴瓦内表面开有油沟。图 12.8 和图 12.9 分别表示整体轴瓦和剖分轴瓦内表面上的油沟。从图中可以看出，油沟有轴向的、周向的和斜向的，也可以设计成其他形式的油沟。设计油沟时必须注意以下问题：轴向油沟不得在轴承的全长上开通，以免润滑剂流失过多，油沟长度一般为轴承长度的80%；液体摩擦轴承的油沟应开在非承载区，周向油沟应靠近轴承的两端，以免影响轴承的承载能力（参看图12.10）；竖直轴承的周向油沟应开在轴承的上端。

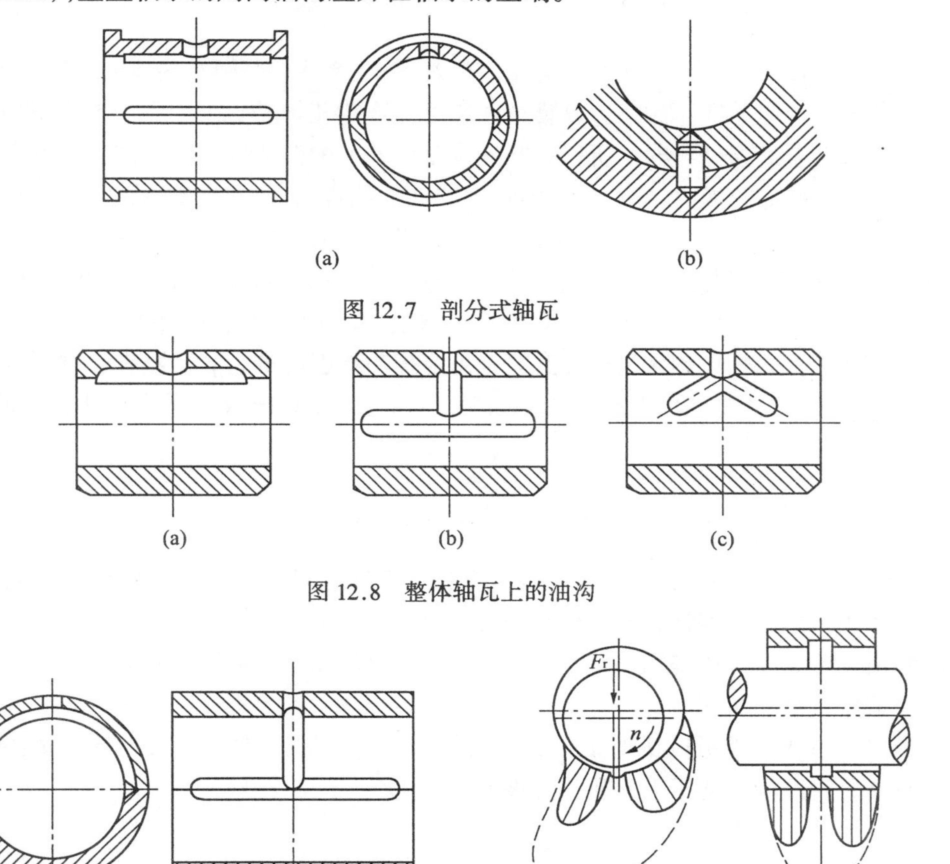

图12.7 剖分式轴瓦

图12.8 整体轴瓦上的油沟

图12.9 剖分轴瓦上的油沟

图12.10 油沟位置对承载能力的影响

对某些载荷较大的轴承，为使润滑剂沿轴向能较均匀地分布，在轴瓦内开有油室。油室的形式有多种，图12.11为两种形式的油室。图中(a)为开在整个非承载区的油室；(b)

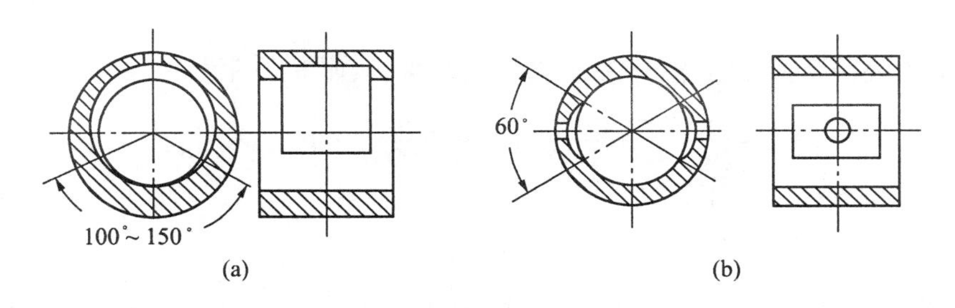

图12.11 油室的位置与形状

为开在两侧的油室,适于载荷方向变化或轴经常正、反向旋转的轴承。

12.4 非液体摩擦滑动轴承的计算

非液体摩擦滑动轴承工作在混合摩擦状态下,在摩擦表面间有些地方呈现液体摩擦,有些地方呈现边界摩擦。如果边界膜被破坏将会产生干摩擦,摩擦因数增大,磨损加剧,严重时导致粘着磨损(胶合)。所以在非液体摩擦轴承中保持边界膜不被破坏是十分重要的。边界膜抗破坏的能力,即边界膜的强度与油的油性有关,也与轴瓦材料有关,还与摩擦表面的压力和温度有关。温度高,压力大,边界膜容易破坏。非液体摩擦轴承设计时一旦材料选定,则应限制温度和压力。但计算每点的压力很困难,目前只能用限制压强的办法进行条件性计算。轴承温度对边界膜的影响很大,轴承内各点的温度不同。目前尚无适用的温度计算公式。轴承温度的升高是由摩擦功耗引起的,fpv 为单位时间内单位面积上的摩擦功,因此可以用限制表征摩擦功的特征值 $p\cdot v$ 来限制摩擦功耗,亦即限制轴承温度。

12.4.1 非液体摩擦径向滑动轴承的计算

进行滑动轴承计算时,已知条件通常是轴颈承受的径向载荷 F_r,轴的转速 n,轴颈的直径 d(由轴的强度计算和结构设计确定的)和轴承的工作条件。轴承计算的任务是确定轴承的长径比 L/d,选择轴承材料,然后校核 p、pv 和 v。一般取 $L/d=(0.5\sim1.5)$。

1.验算压强

压强 p 过大不仅可能使轴瓦产生塑性变形破坏边界膜,而且一旦出现干摩擦状态则加速磨损。所以应保证压强不超过允许值$[p]$,即

$$p=\frac{F_r}{L\cdot d}\ \text{MPa}\leqslant[p] \tag{12.1}$$

式中 F_r——作用在轴颈上的径向载荷(N);

d——轴颈直径(mm);

L——轴承长度(mm);

$[p]$——许用压强(MPa),由表12.1查取;

如果式(12.1)不能满足,则应另选材料改变$[p]$,也可以增大 L 或增大 d 重新计算。

2.验算pv值

pv 值大表明摩擦功大,温升大,边界膜易破坏,其限制条件为

$$pv=\frac{F_r\cdot\pi\cdot d\cdot n}{L\cdot d\cdot 60\times1\ 000}=\frac{\pi\cdot n\cdot F_r}{60\times1\ 000L}\ \text{MPa}\cdot\text{m/s}\leqslant[pv] \tag{12.2}$$

式中 n——轴颈转速(r/min);

$[pv]$——pv 的许用值,由表12.1a查取。

对于速度很低的轴,可以不验算 pv,只验算 p。同样,如 pv 值不满足式(12.2),也应重选材料或改变 L。

3.验算速度v

对于跨距较大的轴,由于装配误差或轴的挠曲变形,会造成轴及轴瓦在边缘接触,局部压强很大,若速度很大则局部摩擦功也很大。这时只验算 p 和 pv 并不能保证安全可靠,因为 p 和 pv 都是平均值。因此要验算 v 值,使 $v \leqslant [v]$。

$$v = \frac{\pi \cdot d \cdot n}{60 \times 1\ 000}\ \mathrm{m/s} \leqslant [v] \tag{12.3}$$

式中 $[v]$——轴颈速度的许用值(m/s);由表12.1(a)查取。

12.4.2 非液体摩擦推力滑动轴承的计算

推力滑动轴承的计算准则与径向滑动轴承相同。

1.验算压强p(几何尺寸参看图12.4)

$$p = \frac{F_a}{Z\frac{\pi}{4}(d^2 - d_0^2) \cdot k}\ \mathrm{MPa} \leqslant [p] \tag{12.4}$$

式中 F_a——作用在轴承上的轴向力(N);

d, d_0——止推面的外圆直径和内圆直径(mm);

Z——推力环数目;

k——由于止推面上有油沟而导致止推的面积减小的系数,通常取 $k = 0.9 \sim 0.95$。

对于多环推力轴承,轴向载荷在各推力环上分配不均匀,表中$[p]$值应降低50%;

2.验算pv_m值

$$pv_m \leqslant [pv_m]\ \mathrm{MPa \cdot m \cdot s} \tag{12.5}$$

式中 v_m——环形推力面的平均线速度(m/s),其值为

$$v_m = \frac{\pi \cdot d_m \cdot n}{60 \times 1\ 000}\ \mathrm{m/s}$$

式中 d_m——环形推力面的平均直径(mm),$d_m = (d + d_0)/2$;

$[pv_m]$——pv_m 值的许用值。

由于该特征值是用平均直径计算的,轴承推力环边缘上的速度较大,所以$[pv_m]$值应较表中给出的$[pv]$值低一些,对于钢轴颈配金属轴瓦,通常取其值为$[pv_m] = 2 \sim 4\ \mathrm{MPa \cdot m \cdot s^{-1}}$。

如以上几项计算不满足要求,可改选轴瓦材料,或改变几何参数。

12.4.3 非液体摩擦径向滑动轴承的配合

为了保证滑动轴承具有足够的间隙,又有一定的旋转精度,应合理地选择配合。选择轴承配合时,要考虑轴的精度等级和使用要求,推荐的配合种类列于表12.3。

表12.3 非液体摩擦轴承的配合

精度等级	配合种类	配合性质	应用实例
IT6	H7/g 6	间隙配合	机床用分度头主轴轴承
IT6	H7/f 6	间隙配合	汽车连杆轴承,齿轮及蜗杆减速器轴承,铣床、钻床主轴轴承

续表 12.3

精度等级	配合种类	配合性质	应　用　实　例
IT9	H9/f 9	间隙配合	蒸汽机内燃机主轴轴承，连杆轴承，电机、风扇、离心泵主轴轴承
IT11	H11/d11	间隙配合	农业机械
IT6	H7/e 8	间隙配合	汽轮发电机、内燃机凸轮轴轴承，安装不准的轴承，多支点轴承
IT11	H11/b11	间隙配合	农业机械

【例 12.1】 一卷扬机卷筒轴的向心滑动轴承上作用的径向载荷 $F_r = 10^5$N，轴的转速 $n = 100$ r/min，轴颈直径 $d = 250$ mm，长径比 $L/d = 1$，试选择轴承材料并对轴承的工作能力进行校核计算。

【解】 卷扬机为一般机械，速度也不高，它的轴承不必选择最好的材料，可选择铸造锡青铜做轴瓦，其代号为 ZCuSn5Pb5Zn5，由表12.1(a)查得$[p] = 8$ MPa，$[v] = 3$ m/s，$[pv] = 12$ MPa·m/s。

由已知条件可得 $L = d = 250$ mm，

(1)计算压强

$$p = \frac{F_r}{L \cdot d} = \frac{100\ 000}{250 \times 250} = 1.6 < [p] = 8\ \text{MPa}$$

(2)验算速度

$$v = \frac{\pi \cdot d \cdot n}{60 \times 1\ 000} = \frac{3.14 \times 250 \times 100}{60 \times 1\ 000} = 1.31\ \text{m/s} < [v] = 3\ \text{m/s}$$

(3) 计算 pv 值

$$pv = 1.6 \times 1.31 = 2.1 < [pv] = 12\ \text{MPa} \cdot \text{m/s}$$

由以上计算可知，此轴承的几何尺寸合适，所选择轴承材料能满足要求。

(4) 选择轴承的配合。参考表 12.4，可选 H7/e 6 为轴承的配合，按此配合确定轴颈和轴瓦的加工偏差标注在零件图上。

12.5　液体动压形成原理及基本方程

液体摩擦轴承分为流体动压轴承和流体静压轴承。前者又分为径向轴承和推力轴承，本章主要讲述流体动压径向滑动轴承。这种轴承的特点是轴颈和轴承两相对运动表面间完全被一层油膜所分开。这层油膜的形成必须满足一定条件。因此，在讨论动压轴承的设计方法之前，必须对流体动压润滑理论中最基本的问题作简要叙述。

12.5.1　流体动压润滑形成原理

首先讨论在直角坐标系内两块互相倾斜平板间流体的流动(图 12.12)。其中 N 板不动，M 板以速度 v 沿 x 方向移动。

1.基本假设

① 两板间流体做层流运动；② 两板间流体是牛顿流体，其黏度只随温度的变化而改变，忽略压力对黏度的影响，而且流体是不可压缩的；③ 与两板 M、N 相接触的流体层与板间无滑动出现；④ 流体的重力和流动过程中产生的惯性力可以略去；⑤ 由于间隙很小，

压力沿 y 方向大小不变;⑥ 平板沿 z 方向无限长,所以流体沿 z 方向无流动。

2. 流体动压力的形成及承载原理

现从层流运动的油膜中取一微单元体进行分析。如图12.12所示,作用在此微单元体右面和左面的压强分别为 p 及 $(p+\frac{\mathrm{d}p}{\mathrm{d}x}\mathrm{d}x)$,作用在单元体上下两面的剪切应力分别为 τ 及 $(\tau+\frac{\mathrm{d}\tau}{\mathrm{d}y}\mathrm{d}y)$。在以上各力作用下沿 x 方向力的平衡方程式

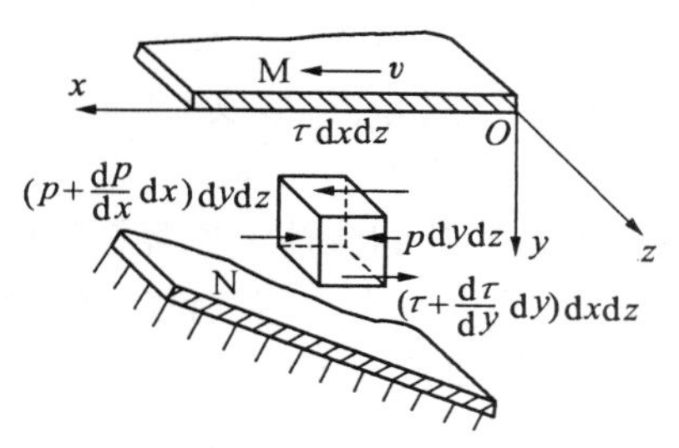

图 12.12 倾斜板间黏性流体的流动

$$p\mathrm{d}y\mathrm{d}z+\tau\mathrm{d}x\mathrm{d}z-(p+\frac{\mathrm{d}p}{\mathrm{d}x}\mathrm{d}x)\mathrm{d}y\mathrm{d}z-(\tau+\frac{\mathrm{d}\tau}{\mathrm{d}y}\mathrm{d}y)\mathrm{d}x\mathrm{d}z=0$$

整理后得

$$\frac{\mathrm{d}p}{\mathrm{d}x}=-\frac{\mathrm{d}\tau}{\mathrm{d}y}\tag{12.6a}$$

上式说明黏性流体在收敛形间隙内流动时,压力 p 沿 x 方向的变化率大小等于流体黏剪应力 τ 沿 y 方向的变化率。将 $\tau=-\eta\frac{\mathrm{d}u}{\mathrm{d}y}$(第4章式(4.3))的一阶导数代入式(12.6a)可得

$$\frac{\mathrm{d}p}{\mathrm{d}x}=\eta\frac{\mathrm{d}^2u}{\mathrm{d}y^2}\tag{12.6b}$$

此式说明压力沿 x 方向的变化率与速度梯度沿 y 方向的变化率成正比。

由式(12.6)可以论述流体动压力的形成和压力油膜承载原理。作一个垂直于 z 轴的截面,截面图如图 12.13(a) 所示。分析该截面流体流动速度的变化规律。由 M 板到 N 板沿 y 方向流体速度按直线规律变化(如图中虚线所示),各截面流量为速度曲线包围的面积,两板互相倾斜,$h_A>h_B>h_C$ 则入口流量大于出口流量。但实际上各截面处流量必须相等。即速度曲线不可能为直线而应为曲线,如图 12.13(a) 中实线所示。在入口截面 AA' 处曲线向内凹,在出口截面 CC' 处曲线向外凸。速度曲线从大口端向内凹到小口端向外凸,中间必有一截面速度沿直线变化。速度曲线的这种变化是间隙内流体产生压力造成的,流体压力迫使小口端(BB' 以后各处)速度增加,流速增大,大口端(BB' 以前各处)速度降低,流速减小,维持各截面流量相等。

借助流体速度曲线的变化和高等数学知识可以分析间隙内流体压力沿 x 方向的分布规律。从 AA' 到 BB' 截面各处,速度曲线内凹,$\frac{\mathrm{d}^2u}{\mathrm{d}y^2}>0$,故 $\mathrm{d}p/\mathrm{d}x>0$,压力为递增状态;在 BB' 处,速度按直线变化,$\mathrm{d}^2u/\mathrm{d}y^2=0$,故 $\mathrm{d}p/\mathrm{d}x=0$,压力达到最大值;从 BB' 到 CC' 截面各处,速度曲线外凸,$\mathrm{d}^2u/\mathrm{d}y^2<0$,故 $\mathrm{d}p/\mathrm{d}x<0$,压力为递减状态。压力变化曲线如图 12.13(a) 所示。这种靠运动表面带动黏性流体,以足够的速度流经收敛形间隙时流体内所产生的压力叫流体动压力,间隙内具有动压力的油层称为流体动压油膜。由流体特性可知,动压油膜各点都有沿 y 方向作用于 M 板的压力,M 板所受油膜力为各点压力的总和。如果有一个沿 y 方向向下的载荷 F 作用于 M 板,那么只要 F 不大于油膜力,板 M 就不会下降,而与板 N 保持一定的间隙,维持液体摩擦状态。

3. 形成流体动压的条件

根据以上分析，形成流体动压力的必要条件是：① 流体必须流经收敛形间隙，而且间隙倾角越大产生的油膜压力越大。如果 M 板和 N 板互相平行，如图 12.13(b) 所示，则在间隙内各截面处的流体流速都按直线变化，沿 x 方向，处处有 $\mathrm{d}^2u/\mathrm{d}y^2 = 0$，$\mathrm{d}p/\mathrm{d}x = 0$，压力无变化，两端压力为零，所以间隙内各处压力为零，不能承受外载荷。如流体流经发散形间隙（即从小口流入大口端流出），则流体流动不连续，间隙内可能存在负压区，当然也不能承受载荷；② 流体必须有足够的速度，若流体速度为零；也得出 $\mathrm{d}p/\mathrm{d}x = 0$，不能产生油膜力；③ 流体必须是黏性流体。即黏度 $\eta \neq 0$，否则由式(12.6) 也得出 $\mathrm{d}p/\mathrm{d}x = 0$，不能产生油膜力。

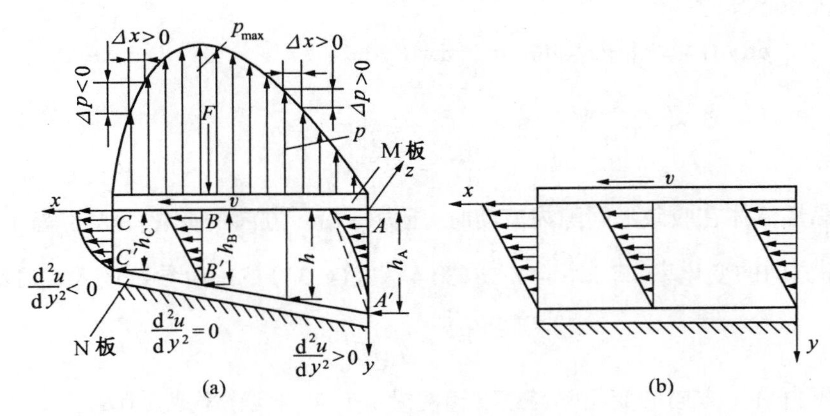

图 12.13 流体动压形成原理

12.5.2 流体动压基本方程

由以上分析可知，任意一点的油膜压力 p 沿 x 方向的变化率 $\mathrm{d}p/\mathrm{d}x$ 与该点速度梯度（y 向）的导数有关。

首先，求油层速度分布，将式(12.6) 改写成

$$\frac{\mathrm{d}^2u}{\mathrm{d}y^2} = \frac{1}{\eta}\frac{\mathrm{d}p}{\mathrm{d}x} \tag{12.7a}$$

由于假设 p 沿 y 方向不变，对 y 积分一次后得

$$\frac{\mathrm{d}u}{\mathrm{d}y} = \frac{1}{\eta}\frac{\mathrm{d}p}{\mathrm{d}x}y + C_1 \tag{12.7b}$$

再积分一次，得

$$u = \frac{1}{2\eta}\left(\frac{\mathrm{d}p}{\mathrm{d}x}\right)y^2 + C_1y + C_2 \tag{12.7c}$$

式中　C_1、C_2——积分常数，可通过边界条件来确定。边界条件为

$$y = 0\text{时}, u = v; y = h\text{时}, u = 0$$

h——x 处两板间距离。把边界条件代入式(12.7(b)) 和式(12.7(c))，得

$$C_1 = -\frac{v}{h} - \frac{1}{\eta}\frac{\mathrm{d}p}{\mathrm{d}x}\frac{h}{2}; C_2 = v$$

代入式(12.7c)中,得

$$u = \frac{1}{2\eta}\frac{\mathrm{d}p}{\mathrm{d}x}(y - h)y + v\frac{h - y}{h} \tag{12.7d}$$

然后,求流体流量,当无侧漏时,流体在单位时间内流经 x 方向任意剖面上 z 方向取单位长度的流量为

$$Q = \int_0^h u\mathrm{d}y \tag{12.7e}$$

将式(12.7d)代入式(12.7e)中,积分后得

$$Q = \frac{v}{2}h - \frac{1}{12\eta}\frac{\mathrm{d}p}{\mathrm{d}x}h^3 \tag{12.7f}$$

此式表明,任意截面处流体的流量均由速度流量(式(12.7f)的第一项)和压力流量(式(12.7f)的第二项)组成。AA' 到 BB' 之间 $\mathrm{d}p/\mathrm{d}x > 0$,压力流量为负值,表明压力阻止流体流动;由 BB' 到 CC' 之间 $\mathrm{d}p/\mathrm{d}x < 0$,压力流量为正值,表明压力推动流体流动。在截面间隙之中的 BB' 处,压力出现最大值,$\mathrm{d}p/\mathrm{d}x = 0$,此处的间隙用 h_0 表示,流量用 Q_0 表示,则

$$Q_0 = \frac{1}{2}vh_0 \tag{12.7g}$$

由于流量是连续的,各截面的流量必须相等,故可得

$$\frac{1}{2}vh_0 = \frac{1}{2}vh - \frac{1}{12\eta}\frac{\mathrm{d}p}{\mathrm{d}x}h^3$$

整理后,即得

$$\frac{\mathrm{d}p}{\mathrm{d}x} = 6\eta \cdot v\frac{h - h_0}{h^3} \tag{12.7}$$

此式称为一维流体动压基本方程,也叫一维雷诺方程。它表示流体压力的变化率与流体的黏度、流动速度和间隙之间的关系。该方程是流体动压滑动轴承设计的理论依据。从式(12.7)可以更明显地看出形成流体动压所必须具备的三个条件:即流体具有黏性($\eta \neq 0$),有足够的速度($v \neq 0$)和具有收敛性楔形间隙($h \neq h_0$ 等)。

12.6 液体动压径向滑动轴承的计算

12.6.1 径向滑动轴承的工作过程

液体径向滑动轴承的轴瓦内孔和轴颈间是间隙配合,在外载荷的作用下轴颈在轴瓦孔中偏向一侧,两表面形成楔形间隙,具备形成液体动压力的条件。液体动压滑动轴承从静止、起动到稳定工作的过程可用图12.14表示。图12.14(a)表示轴静止时的情况。图12.14(b)为刚起动时的情况,轴为顺时针转动,由于此刻轴颈转速很低,还不能形成足以使轴浮起的动压力。轴颈和轴瓦仍处于接触状态,轴颈沿轴瓦向右上方滚动。当轴的转速足够大时,便形成较大的油膜力,将轴浮起,在油膜力的作用下轴心 O 向左移动,直到油膜力和外载荷 F_r 相平衡,轴在一个稳定位置旋转如图12.14(c)所示。径向滑动轴承的计算就是指稳定工作状态下的各项计算。如果轴的转速特别高,轴心逐渐向轴承中心移

动。当转速趋于无限大时，轴心将与轴承中心重合，如图 12.14(d)所示，这时处于不稳定状态，因为楔形间隙消失，流体动压力很小，很小的载荷波动会使轴离开原来的位置。从以上分析可看出轴心 O 是在一个小的范围内变动的，只有转速稳定不变、载荷无波动时轴心才能基本稳定在某一位置，轴心位置因载荷的变化而变动较大时说明轴承的油膜刚度低。

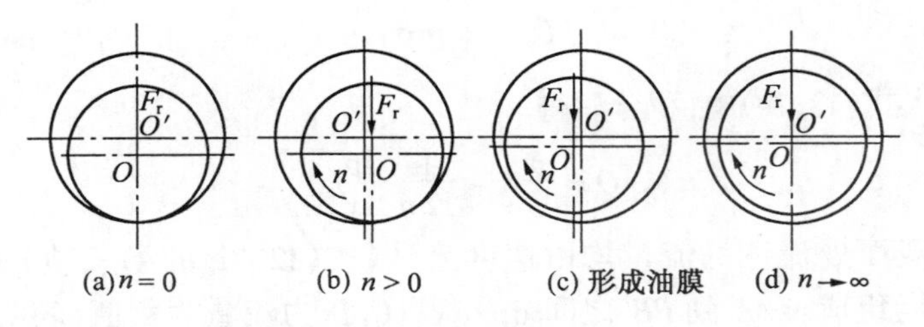

图 12.14 滑动轴承的工作过程

12.6.2 径向滑动轴承的几何参数及其基本方程的形式

建立如图 12.15 所示的极坐标。以轴心 O 为坐标原点，以 OO' 的连线为极轴的初始位置，它与外载荷 F_r 的作用线夹角为 φ_a；极坐标的转角用 φ 表示。

径向滑动轴承的几何参数如下：

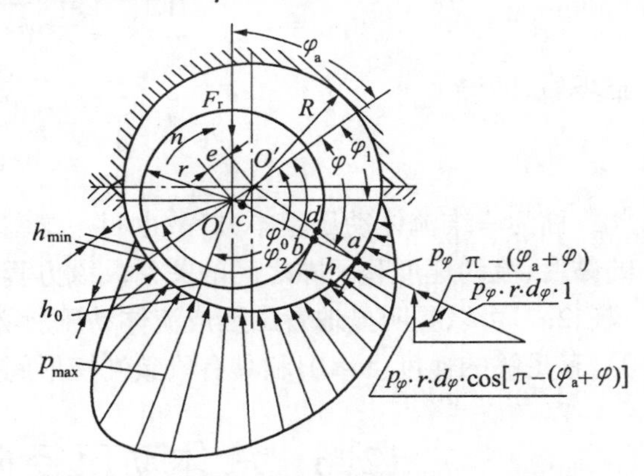

图 12.15 滑动轴承的几何参数和压力曲线

D、d——轴承孔和轴颈的直径(mm)；

R、r——轴承孔和轴颈的半径(mm)；

$\Delta = D - d$——直径间隙(mm)；

$C = R - r$——半径间隙(mm)；

L——轴承长度(mm)；

L/d——轴承长径比；

$\psi = C/r$——相对间隙；

$e = OO'$——偏心距(mm)；

$\varepsilon = e/C$——相对偏心距(偏心率)；

h——沿圆周方向任一位置的间隙(油膜厚度)(mm)；由图 12.15 可见

$$h = C(1 + \varepsilon\cos\varphi) \tag{12.8a}$$

h_0——对应最大压力处的油膜厚度(mm)；可用 $\varphi = \varphi_0$ 代入式(12.8a)中求得

$$h_0 = C(1 + \varepsilon\cos\varphi_0) \tag{12.8b}$$

h_{min}——最小油膜厚度(mm)。当 $\varphi = \pi$ 时对应最小油膜厚度，所以

$$h_{min} = C(1 - \varepsilon) = \psi r(1 - \varepsilon) \tag{12.8c}$$

轴颈表面弧长增量

$$dx = r d\varphi \tag{12.8d}$$

将 h、h_0、dx 代入式(12.7)中，整理可得

$$\frac{dp}{d\varphi} = 6\eta v \frac{1}{r\psi^2} \frac{\varepsilon(\cos\varphi - \cos\varphi_0)}{(1 + \varepsilon\cos\varphi)^3} \tag{12.8}$$

此式即为动压径向滑动轴承的基本方程。它表示压力 p 沿转角 φ 的变化率。径向滑动轴承的压力分布曲线如图 12.15 所示。压力油膜的起始角为 φ_1，终止角为 φ_2；在轴承的圆周方向上，由 φ_1 至 φ_2 这个范围叫做承载区，承载区的压力大于零；其他部分为非承载区，非承载区的压力为零。承载区的大小与油的黏度、轴颈转速、载荷 F_r 等有关。对于图 12.15 所示的剖分式轴瓦包角是指轴颈被连续的轴瓦圆弧包围部分所对的圆心角，用 α 表示。油膜角($\varphi_2-\varphi_1$)只为包角的一部分，即包角对油膜力有一定的影响。

从图 12.15 还可看出，轴心 O 相对于轴承中心 O' 总是向它本身旋转的方向偏转；最大压力沿轴的旋转方向偏向外载荷作用线的前方，最小油膜厚度 h_{min} 位于 OO' 连线上。应该指出，图中表示的压力是作用在轴颈上的压力，方向指向轴心 O 点。为了使图面清晰，表示压力的箭头只画至轴瓦表面为止。

12.6.3 径向滑动轴承的承载量系数和最小油膜厚度计算

最小油膜厚度是滑动轴承稳定工作的重要标志之一。影响最小油膜厚度的因素很多，可以用一个表示这些因素综合影响的无量纲数——承载量系数来反映。为此，必须先求得油膜力的值，这可对式(12.8)从 φ_1 到 φ_2 范围内积分得出沿圆周方向压力曲线方程

$$p_\varphi = \frac{6\eta v}{r\psi^2}\int_{\varphi_1}^{\varphi}\frac{\varepsilon(\cos\varphi-\cos\varphi_0)}{(1+\varepsilon\cos\varphi)^3}\mathrm{d}\varphi \qquad (12.9)$$

p_φ 是 φ 角处一点上的压强，在轴承单位长度微小面积 $r\cdot d\varphi\cdot 1$ 上的油膜力 $\mathrm{d}P_\varphi=p_\varphi\cdot r\cdot \mathrm{d}\varphi\cdot 1$，此力作用在轴颈上，指向轴心 O。它的垂直分量为(图 12.15)

$$\mathrm{d}P_{\varphi y}=p_\varphi r\mathrm{d}\varphi\cdot 1\cdot\cos[\pi-(\varphi_a+\varphi)] \qquad (12.10a)$$

将式(12.9)代入式(12.10a)，并在 φ_1 至 φ_2 区间内积分则得单位长度轴承上油膜力的垂直分量之和

$$P_y=\frac{6\eta v}{\psi^2}\int_{\varphi_1}^{\varphi_2}\left[\int_{\varphi_1}^{\varphi}\frac{\varepsilon(\cos\varphi-\cos\varphi_0)}{(1+\varepsilon\cos\varphi)^3}\mathrm{d}\varphi\right]\cos[\pi-(\varphi_a+\varphi)]\mathrm{d}\varphi \qquad (12.10b)$$

如果轴承无端泄，油膜压力沿轴向将按直线分布，如图 12.16中直线Ⅰ所示。那么轴承的总油膜力将等于 $P_y\cdot L$。但有限长轴承的端泄是不能忽略的。有端泄时轴向压力曲线呈抛物线形，如图12.16中曲线Ⅱ所示，压力的最大值与无端泄时相比也略有降低。由于端泄造成的压力损失可用系数来修正。于是沿垂直方向的总油膜力 $P=P_y\cdot L\cdot k_L$

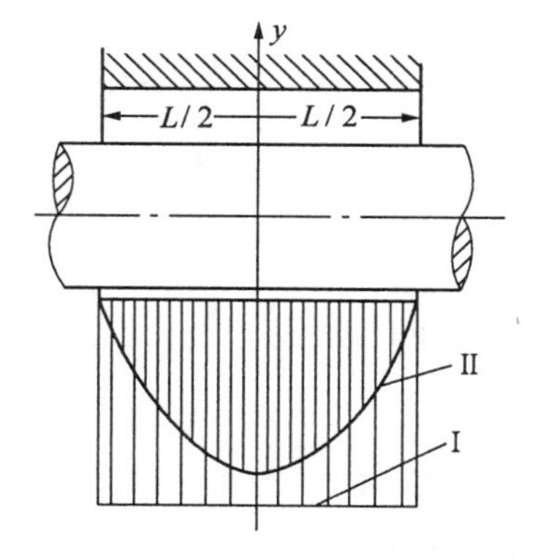

图 12.16 沿 z 方向油膜压力的分布

$$P = \frac{6\eta vL}{\psi^2}\int_{\varphi_1}^{\varphi_2}\left[\int_{\varphi_1}^{\varphi}\frac{\varepsilon(\cos\varphi - \cos\varphi_0)}{(1+\varepsilon\cos\varphi)^3}\mathrm{d}\varphi\right]\cos[\pi - (\varphi_a + \varphi)]\mathrm{d}\varphi k_L \tag{12.10c}$$

式中 k_L——端泄系数，由于端泄使油膜压力降低的系数，与轴承的长径比有关。

轴承稳定工作时，外载荷 F_r 和总油膜力的垂直分量 P 相平衡，即

$$P = F_r = \frac{\eta vL}{\psi^2}\left\{6\int_{\varphi_1}^{\varphi_2}\left[\int_{\varphi_1}^{\varphi}\frac{\varepsilon(\cos\varphi - \cos\varphi_0)}{(1+\varepsilon\cos\varphi)^3}\mathrm{d}\varphi\right]\cos[\pi - (\varphi_a + \varphi)]\mathrm{d}\varphi k_L\right\}$$

$$F_r = \frac{\eta\cdot v\cdot L}{\psi^2}C_F \tag{12.10}$$

式中

$$C_F = 6k_L\int_{\varphi_1}^{\varphi_2}\int_{\varphi_1}^{\varphi}\left[\frac{\varepsilon(\cos\varphi - \cos\varphi_0)}{(1+\varepsilon\cos\varphi)^3}\mathrm{d}\varphi\right]\cos[\pi - (\varphi_a + \varphi)]\mathrm{d}\varphi \tag{12.10d}$$

由式(12.10)可得

$$C_F = \frac{F_r\psi^2}{L\eta v} = \frac{\overline{F}_r\psi^2}{\eta v} \tag{12.11}$$

式中 $\overline{F}_r = F_r/L$——轴承单位长度上的载荷(N/m)；

η——润滑油的黏度(Pa·s)；

v——轴颈表面圆周速度(m/s)；

ψ——轴承的相对间隙。

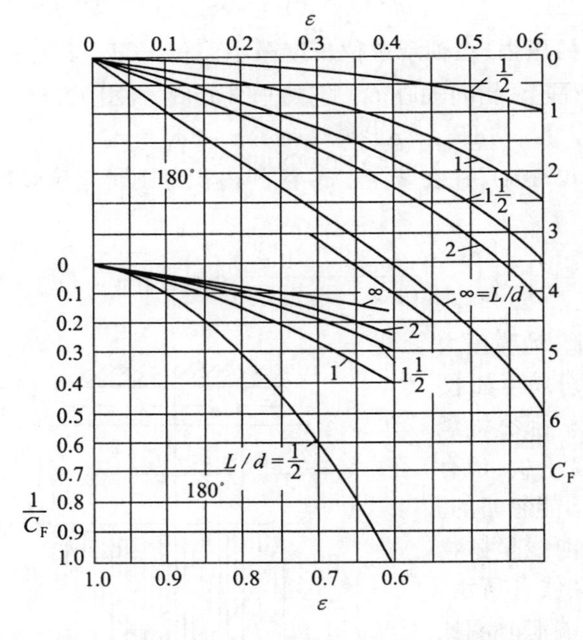

图 12.17 包角为 180°时滑动轴承 $C_F-\varepsilon$ 曲线

C_F 叫做轴承的承载量系数，它是轴承的相对偏心距 ε、包角 α 和长径比 L/d 的函数。C_F 为无量纲数。从式(12.10d)可见，用解析法计算 C_F 是困难的，可用数值积分法求解。图 12.17 为包角 180°时 C_F 与 ε 及 L/d 的关系曲线。设计时，根据长径比 L/d，用式(12.11)计算 C_F，然后由图 12.17 查得 ε，再由式(12.8c)算得 $h_{\min}$。也可由规定的最小膜

厚,算得 C_F,再计算轴承所承受的载荷。其他包角的 $C_F-\varepsilon$ 曲线可查手册。

滑动轴承实现液体摩擦的充分条件是保证最小油膜厚度处的表面不平度高峰不直接接触,因此最小油膜厚度必须满足

$$h_{min} \geqslant [h_{min}] = K(R_{z_1} + R_{z_2}) \tag{12.12}$$

式中 R_{z_1}——轴瓦表面的微观不平度的十点高度的平均值(μm);

R_{z_2}——轴颈表面的微观不平度的十点高度的平均值(μm),一般轴承,可分别取 R_{z_1} 和 R_{z_2} 值为 6.3 μm 和 3.2 μm,或 3.2 μm 和 1.6 μm;对重要轴承,可分别取 1.6 μm 和 0.8 μm,或 0.4 μm 和 0.2 μm;

$[h_{min}]$——保证液体摩擦的最小油膜厚度许用值(μm);

K——考虑表面几何形状误差、轴的弯曲变形和安装误差的可靠性系数,通常取 $K \geqslant 2$。

表 12.4 列出了各种加工方法能得到的粗糙度和微观不平度十点高度的平均值。在设计时,若最小油膜厚度不满足式(12.12),则需修改参数重新计算,直到满足上述条件为止。

表 12.4 粗糙度、微观不平度十点高度及其对应的加工方法 μm

粗糙度 Ra	3.2	1.6	0.8	0.4	0.2	0.1	0.05	0.025	0.012
不平度平均值	10	6.3	3.2	1.6	0.8	0.4	0.2	0.1	0.05
加工方法	精车,半精镗、中等磨光,刮(每平方厘米内 1.5~3 个点)		铰孔,精磨、精镗、刮(每平方厘米 3~5 个点)		钻石刀头镗镗磨		研磨,抛光,超精加工		

【例 12.2】 一包角为 180°的径向滑动轴承,径向载荷 $F_r = 50\,000$ N,轴颈直径 $d = 250$ mm,轴转速 $n = 300$ r/min,长径比 $L/d = 1$,相对间隙 $\psi = 0.001\,2$,用 L-AN32 号机械油润滑,试计算最小油膜厚度 h_{min}。

【解】 (1)按平均油温 50℃计算,由图 4.8 查得 L-AN32 号机械油运动黏度 $\nu_{50} = 22 \times 10^{-6}$ m²/s。

(2)取润滑油密度 $\rho = 900$ kg/m³,按式(4.4)计算出 L-AN32 油 50℃的动力黏度 η_{50}

$$\eta_{50} = \rho \cdot \nu_{50} = 900 \times 22 \times 10^{-6} = 0.019\,8 \text{ Pa·s}$$

(3)计算承载量系 C_F。根据式(12.11)求 C_F

$$C_F = \frac{\overline{F}_r \psi^2}{\eta v} = \frac{F_r \psi^2 \cdot 60 \cdot 1\,000}{L\eta \cdot \pi dn} = \frac{50\,000 \times 0.001\,2^2 \times 60 \times 1\,000}{0.25 \times 0.019\,8 \times 3.14 \times 250 \times 300} = 3.70$$

$$\frac{1}{C_F} = \frac{1}{3.70} = 0.27$$

(4)由图 12.17 查得,当 $\frac{1}{C_F} = 0.27$,$L/d = 1$ 时,$\varepsilon = 0.70$。

(5)按式(12.8c)计算 h_{min}

$$h_{min} = \frac{d}{2}\psi(1-\varepsilon) = \frac{250}{2} \times 0.001\,2 \times (1 - 0.7) = 0.045 \text{ mm}$$

(6)验算 h_{min}。按加工精度要求,取轴颈表面粗糙度等级为 $Ra0.8$,轴瓦表面粗糙度等级为 $Ra1.6$,查表 12.4 得轴瓦的 $R_{z_1}=0.006\ 3$ mm,轴颈 $R_{z_2}=0.003\ 2$ mm,并取可靠性系数 $K=2$,由式(12.12)得

$$[h_{min}]/\text{mm}=2\times(0.003\ 2+0.006\ 3)=0.019$$

$h_{min}>[h_{min}]$,可见该滑动轴承可以实现液体摩擦。

12.6.4 滑动轴承的热平衡计算

滑动轴承工作时,润滑油的内摩擦所消耗的功率将转化为热量。这些热量一部分为流动的润滑油带走,另一部分则通过轴承体散逸到周围空气中。在热平衡状态,对于非压力供油的径向滑动轴承,则有

$$fF_rv=c\rho Q(t_o-t_i)+K_sA(t_o-t_i) \tag{12.13}$$

式中 F_r——轴承的径向载荷(N),$F_r=pdL$,p 为轴承的压强(MPa);

v——轴颈圆周速度(m/s);

f——轴承的摩擦因数,亦即润滑油的内摩擦因数;

Q——润滑油的流量(m^3/s);

ρ——润滑油的密度(kg/m^3),对于矿物油,$\rho=850\sim900\ kg/m^3$;

c——润滑油的比热容(J/(kg·℃)),对于矿物油 $c=1\ 900$ J/(kg·℃);

K_s——轴承体的散热系数(J/(m^2·℃·s)),散热条件不好时(如轴承体周围空气流动困难)取 $K_s=50$ J/(kg·℃·s);散热条件一般时(如轴承体周围空气流动较快)取 $K_s=140$ J/(kg·℃·s);

A——轴承体散热面积(m^2),$A=\pi dL$;

t_o——润滑油的出口温度(℃);

t_i——润滑油的入口温度(℃)。

令 $\Delta t=t_o-t_i$,由上式可得

$$\Delta t=\frac{\dfrac{f}{\psi}p}{c\rho\dfrac{Q}{\psi vdL}+\dfrac{\pi K_s}{\psi v}}=\frac{C_fp}{c\rho C_Q+\dfrac{\pi K_s}{\psi v}} \tag{12.14}$$

式中 $C_f=\dfrac{f}{\psi}$——轴承的摩擦特性系数,它表征摩擦因数的大小;

$C_Q=\dfrac{Q}{\psi vdL}$——轴承的流量系数。

C_f 和 C_Q 都是无量纲参数,都是相对偏心距 ε 和长径比 L/d 的函数,其值可根据 ε 和 L/d 分别由图 12.18 和图 12.19 中查取。

由温升 Δt 和平均温度 t_m(计算 C_F 时所用油的黏度所对应的温度,通常取 $t_m=50$℃),可得

$$t_o=t_m+\frac{\Delta t}{2}\quad ℃ \tag{12.15a}$$

$$t_i=t_m-\frac{\Delta t}{2}\quad ℃ \tag{12.15b}$$

润滑油的出口温度不应高于60～70℃，若 t_o 太高会使油的黏度下降，承载能力下降，而且油易变质；润滑油的入口温度 t_i 应在30～40℃之间。若 $t_i<30$℃，受冷却设备的限制不易达到热平衡状态，若 $t_i>40$℃，则轴承易达到热平衡状态，但轴承的承载能力尚未充分被利用。因此，若算得的 t_o 和 t_i 值不在上述范围时，应修改设计参数重新计算，直至合格为止。

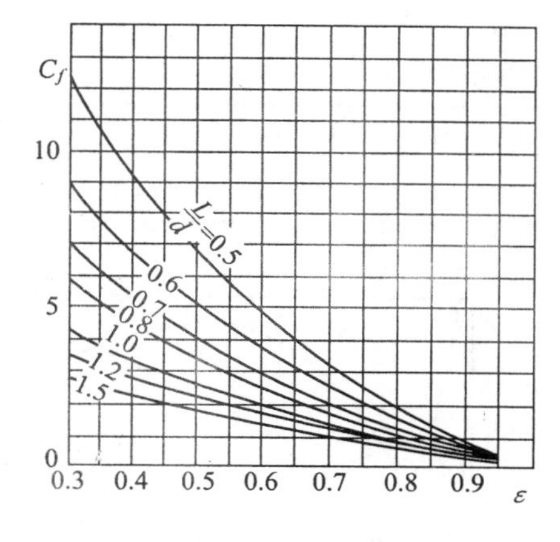

图 12.18 包角为180°时的摩擦特性系数

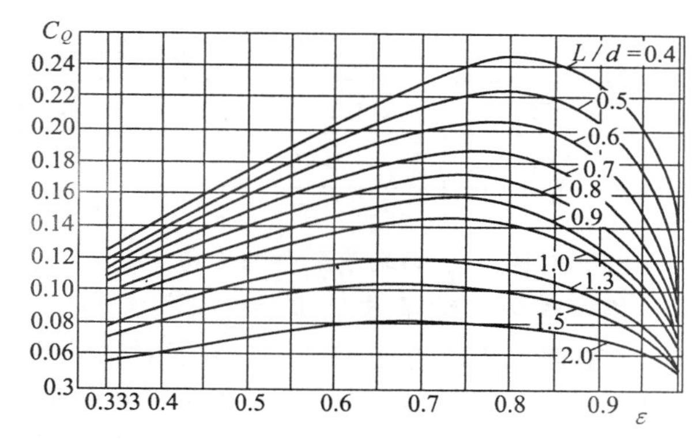

图 12.19 流量系数

12.6.5 耗油量和摩擦功率

(1)耗油量。计算耗油量的目的是为了确定供油量，轴承工作时的耗油量

$$Q=C_Q\psi Ldv\ \mathrm{m^3/s} \tag{12.16}$$

(2)摩擦功率。计算摩擦功的目的是为了确定电机功率时计入摩擦功率

$$P_f=fF_r v\ \mathrm{W} \tag{12.17}$$

式中 $f=C_f\psi$——摩擦因数；

F_r——轴承径向载荷(N)；

v——轴颈表面圆周速度(m/s)。

12.6.6 滑动轴承主要参数和选择

在液体摩擦滑动轴承设计中已知条件通常是：作用在轴颈上的径向载荷 F_r、轴颈直径 d(按强度、刚度或结构要求确定的尺寸)和轴的转速 n 以及轴承的工作条件等。所谓轴承的设计计算就是选择合适的参数，使轴承的最小油膜厚度(h_{min})满足式(12.12)，使温升(Δt)在规定的范围，所以关键在于参数的选择。对最小油膜厚度和温升有明显影响的参数是轴承的长径比 L/d、轴承的相对间隙 ψ、润滑油的黏度 η 以及轴瓦和轴颈表面的不平度。

1.轴承长径比 L/d 的选择

轴承的长径比对滑动轴承的强度及轴承的工作性能有很大的影响。轴的直径已知时，L/d 值将影响轴瓦上的压强，L 越小，压强 p 越大，容易造成轴瓦严重磨损，因而在液体轴承起动停车过程中应保证 p 值不过大。L/d 值大时最小油膜厚度增加，提高承载能力，但同时造成油流量减小，这对散热不利，易使温升增加。所以 L/d 值应选择合适，既保证有足够的最小油膜厚度，又不致使温升过高，同时又必须确保压强 p 不超过允许值。设计时，对于高速轴承 L/d 取小值，对于低速重载轴承 L/d 取大值。对于 $L/d>1.5$ 的轴承必须采用调心式的结构，以免轴的偏斜造成边缘接触。表 12.5 列出几种类型的机械中滑动轴承的 L/d 值，可供设计时参考。

表 12.5　液体摩擦轴承的长径比 L/d

机器类型	汽轮机、风机	电机、离心泵、减速器	机　床	轧钢机
L/d	0.5～1	0.7～1.5	0.8～1.2	0.6～1.5

2. 相对间隙 ψ 和轴承配合的选择

相对间隙对轴承的工作特性有很大的影响。图 12.20 表示出相对间隙从几个方面对轴承特性的影响。相对间隙 ψ 增加时，润滑油流量增加，温升将下降，同时摩擦功也降低。相对间隙对最小油膜厚度的影响可从式(12.11)和式(12.8c)看出。由式(12.11)决定，ψ 增加时 C_F 增大，则 ε 增加，这样会使 h_{min} 减小，式(12.8c)，但 ψ 的增加即使 C 增加，又会使 h_{min} 增加。所以 ψ 在一定范围内增加时使 h_{min} 增加，超过这个范围再增加时 h_{min} 将减小(图 12.20)。设计时通常根据速度按经验公式初选，验算后再进行修正，选择 ψ 的经验式为(12.18)。利用式(12.18)时，载荷大时选小值，载荷小时可选大值。

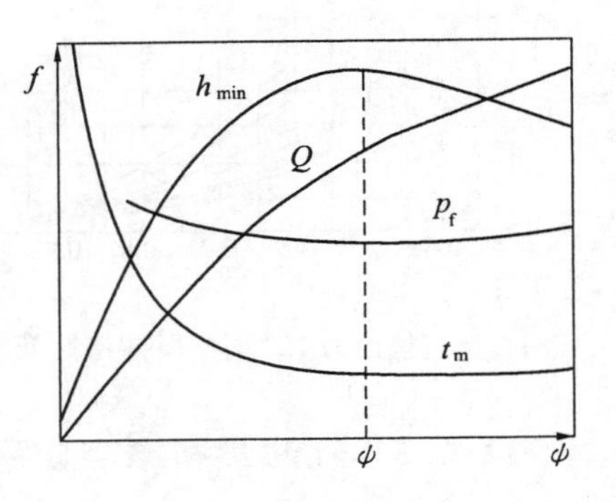

图 12.20　相对间隙 ψ 对轴承特性的影响

$$\psi=(0.6\sim1.0)\times10^{-3}v^{0.25} \tag{12.18}$$

选定间隙后，按间隙选择轴瓦和轴颈的配合。由于间隙的限制，选配合时往往很难采用基孔制或基轴制，而多采用混合配合。配合选定后按大间隙时计算最小油膜厚度并使其满足式(12.12)。按最小间隙进行热平衡计算，使轴承的温升在允许的范围。

3. 润滑油的选择及黏度的确定

润滑油的黏度 η 也是影响轴承工作特性的参数之一。黏度高时最小油膜厚度大，有较高的承载能力。但黏度高时易发热，所以载荷大时选黏度高的油；速度高时选黏度低的油。液体摩擦轴承用的润滑油牌号及黏度参考表 12.6 选择。设计时当最小油膜厚度不满足要求时，改选黏度高的油；当温升过高时改选黏度低的油。

4. 最小油膜厚度许用值的确定

最小油膜厚度许用值由式(12.12)确定。轴瓦及轴颈表面不平度参考表 12.4 选择。选择表面不平度时要综合考虑需要和经济性。

表 12.6 液体摩擦轴承常用润滑油的黏度及主要用途

名称	牌号	运动黏度/[10^{-6}·(m^2·s^{-1})](40℃)	闪点(开口)/℃≥	凝固点/℃≤	主要用途
全损耗系统用油(GB 443—89)	L-AN10	9.00~11.00	130	-5	纺织机械，机床轴承；高速轻载或中小负荷轴承集中润滑系统；中小型齿轮、蜗杆传动浸油或喷油润滑
	L-AN15	13.5~16.5	150	-5	
	L-AN22	19.8~24.2	150	-5	
	L-AN32	28.8~35.2	150	-5	
	L-AN46	41.4~50.6	160	-5	
	L-AN68	61.2~74.8	160	-5	低速重载的纺织机械，重型机床，锻压或铸工设备轴承
	L-AN100	90.0~110	180	-5	
	L-AN150	135~165	180	-5	
轴承油(SH 0017—90)	L-FC10	9.00~11.00	140	-18	高速轻载轴承：8 000 r/min以上的精密机械、机床及纺织纱锭轴承
	L-FC15	13.5~16.5	140	-12	
	L-FC22	19.8~24.2	140	-12	
汽轮机油(GB 11120—89)	L-TSA32	28.8~35.2	180	-7	3 000 r/min以上的汽轮轴承
	L-TSA46	41.4~50.6	180	-7	2 000~3 000 r/min的汽轮机或水轮机轴承
	L-TSA68	61.2~74.8	180	-7	2 000 r/min水下的汽轮机或水轮机轴承

12.6.7 滑动轴承摩擦特性曲线

滑动轴承工作时，润滑油的内摩擦力与轴承的摩擦特性系数 $\eta v/p$ 有关。图 12.21 为轴承的摩擦特性曲线。随着摩擦特性系数的变化，轴承将在不同的摩擦状态下工作，其摩擦因数也是不同的。在液体摩擦状态下工作时，当流体速度（轴颈表面速度）增加或载荷下降时都会使 $\eta v/p$ 增加，摩擦因数增加，摩擦功增加，温度升高，η 下降，于是 $\eta v/p$ 又减小，促使 f 下降，如此相互作用使轴承能够处于某一 $\eta v/p$ 值时保持平稳。但当载荷增加幅度很大时有可能造成油膜厚度减小以致出现非液体摩擦，一旦如此便会使摩擦因数急剧增加，油的黏度下降，使 f 更加变大，如此恶性循环以致轴承发生严重磨损。如果轴承温度过高，油的黏度就会不断下降，也会破坏轴承的液体摩擦状态，导致严重磨损。所以对液体摩擦轴承除了进行最小油膜厚度的计算外，还要进行热平衡计算，使轴承保持热平衡，以便保证轴承稳定在液体摩擦状态下工作。

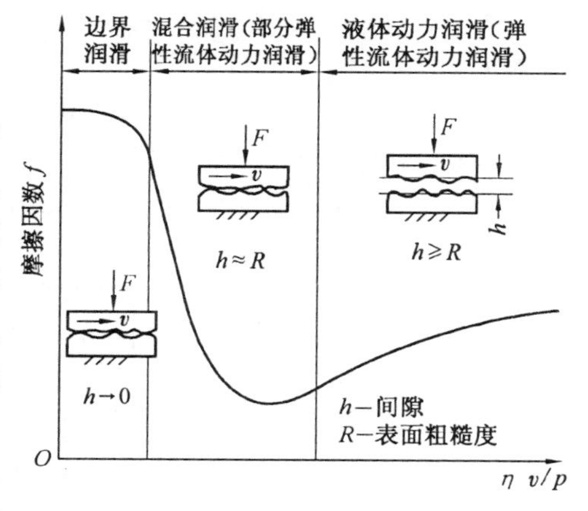

图 12.21 摩擦特性曲线

【例 12.3】 设计一离心机用液体摩擦轴承，载荷方向一定，工作稳定，采用对开轴瓦,作用在轴颈上的颈向载荷 $F_r = 38\ 000$ N,轴的转速 $n = 1\ 500$ r/min,轴颈直径 $d = 115$ mm。

【解】

1.初选参数

(1)取 $L/d = 1$,则 $L = d = 115$ mm。

(2)选择润滑油、确定黏度。由表 12.6 初选全损耗系统用油,L-AN46 由图 4.8 查得 50℃时运动黏度为 $\nu_{50} = 30 \times 10^{-6}$ Pa·s,其动力黏度为

$$\eta = \nu \cdot \rho = 30 \times 900 \times 10^{-6} = 0.027 \text{ Pa·s}$$

(3)选择相对间隙及轴承配合。按式(12.18),轴承的相对间隙

$$\psi = (0.6 \sim 1.0) \times 10^{-3} v^{0.25} =$$

$$(0.6 \sim 1.0) \times 10^{-3} \left(\frac{3.14 \times 0.115 \times 1\ 500}{60}\right)^{0.25} = 0.001\ 04 \sim 0.001\ 73$$

为了选择配合性质,应计算出直径间隙

$$\Delta' = \psi \cdot d = (0.001\ 04 \sim 0.001\ 73) \times 115 = (0.120 \sim 0.199) \text{ mm}$$

按此间隙选择配合,使 $\Delta'_{min} \approx 0.120$ mm;$\Delta'_{max} = 0.199$ mm;按国家标准 GB 1801—79 可选择 $\phi 115 \frac{D7}{h6}$,孔为 $\phi 115^{+0.155}_{+0.120}$,轴为 $\phi 115^{\ 0}_{-0.022}$,这种配合产生的间隙为

$$\Delta_{min} = 0.120 \text{ mm}; \Delta_{max} = 0.177 \text{ mm}$$

(4)最小油膜厚度许用值计算。根据式(12.12),按表 12.4 确定轴瓦和轴颈的表面微观不平度的平均值及加工方法

$$[h_{min}] = K(R_{z_1} + R_{z_2})$$

轴瓦表面取粗糙度 $Ra = 1.6$ μm,$R_{z_1} = 0.006\ 3$ mm;轴颈表面取粗糙度 $Ra = 0.8$ μm,$R_{z_2} = 0.003\ 2$ mm,并取 $K = 2$,则

$$[h_{min}] = 2(0.006\ 3 + 0.003\ 2) = 0.019 \text{ mm}$$

(5)选择轴瓦材料。由于轴承所受载荷较大,选择强度高的材料铸造铅青铜 ZCuPb30,查表 12.1(a)得 $[p] = 21 \sim 28$ MPa,$[v] = 12$ m/s,$[pv] = 30$ MPa·m/s。

2.验算 p、pv 和 v 值

由于启动停车时发生非液体摩擦,故需验算 p、pv 和 v 值。

(1)
$$p = \frac{F_r}{Ld} = \frac{38\ 000}{115 \times 115} = 2.87 < [p]/\text{MPa} = 21 \sim 28 \text{ MPa}$$

(2)
$$v = \frac{\pi d n}{60 \times 1\ 000} = \frac{3.14 \times 115 \times 1\ 500}{60 \times 1\ 000} = 9.03 \text{ m/s} < [v] = 12 \text{ m/s}$$

(3)
$$pv = 2.87 \times 9.03 = 26 \text{ MPa·m/s} < [pv] = 30 \text{ MPa·m/s}$$

以上验算结果表明,所选材料是合适的。

3.最小油膜厚度计算

计算最小油膜厚度是检验所设计的轴承是否能实现液体摩擦,即能否满足 $h_{min} \geqslant [h_{min}]$条件。

(1)最大间隙时 $\psi = \Delta_{max}/d = 0.177/115 = 0.001\ 54$

$$C_F = \frac{F_r \psi^2}{L\eta v} = \frac{38\ 000 \times 0.001\ 54^2}{0.115 \times 0.027 \times 9.03} = 3.2$$

由此得 $1/C_F = 1/3.2 = 0.31$,查图 12.17,当 $L/d = 1$ 时

$$\varepsilon = 0.67$$

$$h_{min} = \psi \frac{d}{2}(1 - \varepsilon) = 0.001\ 54 \times \frac{115}{2}(1 - 0.67) = 0.029 \text{ mm}$$

比 $[h_{min}]=0.019$ mm 大，能实现液体摩擦。

(2)最小间隙时 $\psi=\Delta_{min}/d=0.120/115=0.001\ 04$

$$C_F=\frac{F_r\psi^2}{L\eta v}=\frac{38\ 000\times 0.001\ 04^2}{0.115\times 0.027\times 9.03}=1.5$$

由图 12.17 根据 $L/d=1$，$1/C_F=1/1.5=0.68$，用外插法求得 $\varepsilon=0.42$，则

$$h_{min}=\psi\frac{d}{2}(1-\varepsilon)=0.001\ 04\times\frac{115}{2}(1-0.42)=0.035\ \text{mm}$$

$h_{min}>[h_{min}]$，也可实现液体摩擦。

4. 热平衡计算

热平衡计算时只需计算最小间隙时的温升就可以了，因为间隙越大，温升越低。

(1)按 Δ_{min} 计算摩擦特性数。由图 12.18，$L/d=1$，$\varepsilon=0.42$ 时，$C_f=3.2$，则

$$f=C_f\cdot\psi=3.2\times 0.001\ 04=0.003\ 3$$

(2)计算温升。

① 当 $\varepsilon=0.42$ 时，$C_Q=0.11$(图 12.19)；

② 取 $c=1\ 900$ J/(kg·℃)，$\rho=900$ kg/m³，$K_s=140$ s·℃·J/m²(散热条件一般)

$$\Delta t=\frac{(\frac{f}{\psi})p\times 10^6}{c\rho C_Q+\frac{\pi K_s}{\psi v}}=\frac{3.2\times 2.87\times 10^6}{1\ 900\times 900\times 0.11+\frac{3.14\times 140}{0.001\ 04\times 9.03}}=39.1\ ℃$$

(3)润滑油出口温度和入口温度

$$t_o=t_m+\Delta t/2=50+39.1/2=69.55\ ℃$$

$$t_i=t_m+\Delta t/2=50-39.1/2=30.45\ ℃$$

因一般取 $t_o=60\sim70$℃，$t_i=30\sim40$℃，故本设计润滑油出口温度和进口温度均在允许范围，所选参数是合适的。

5. 润滑油流量和摩擦功率

(1)耗油量按最大间隙时计算

$$Q=C_Q\psi Ldv=0.11\times 0.001\ 54\times 0.115\times 0.115\times 9.03=2.02\times 10^{-5}\ \text{m}^3/\text{s}$$

(2)摩擦功率按最小间隙时计算

$$P_f=f\cdot F_r\cdot v=0.003\ 3\times 38\ 000\times 9.03=1\ 132.4\ \text{W}$$

全部计算表明，最大间隙时能保证液体摩擦状态，最小间隙时能保持热平衡，设计合理。

液体动压滑动轴承设计计算也可以由计算机自动完成。电算程序设计流程框图如图 12.32 所示。

12.7 其他形式滑动轴承简介

12.7.1 自润滑轴承

自润滑轴承也称无润滑轴承，它是在无润滑剂润滑的条件下，靠轴承材料本身的自润滑性润滑的轴承。这种轴承是在不加润滑剂的状态下工作，难以避免磨损，因此，通常选用磨损率低的材料制造。常用各种工程塑料和碳－石墨制作轴瓦材料，而采用不锈钢或碳钢镀硬铬作为轴颈材料，一般轴颈表面硬度应大于轴瓦表面硬度。常用自润滑轴承材

料及其性能如表 12.7 所示，自润滑轴承材料的适用环境如表 12.8 所示。

表 12.7　常用自润滑轴承材料及其性能

<table>
<tr><th colspan="2">轴承材料</th><th>最大静压强
p_{max}/MPa</th><th>压缩弹性模量
E/GPa</th><th>线胀系数
$\alpha/(10^{-6}\cdot℃^{-1})$</th><th>导热系数 k/
$(W\cdot m^{-1}\cdot ℃^{-1})$</th></tr>
<tr><td rowspan="4">热塑性塑料</td><td>无填料热塑性塑料</td><td>10</td><td>2.8</td><td>99</td><td>0.24</td></tr>
<tr><td>金属瓦无填料热塑性塑料衬套</td><td>10</td><td>2.8</td><td>99</td><td>0.24</td></tr>
<tr><td>有填料热塑性塑料</td><td>14</td><td>2.8</td><td>80</td><td>0.26</td></tr>
<tr><td>金属瓦有填料热塑性塑料衬</td><td>300</td><td>14.0</td><td>27</td><td>2.9</td></tr>
<tr><td rowspan="5">聚四氟乙烯</td><td>无填料聚四氟乙烯</td><td>2</td><td>—</td><td>86～218</td><td>0.26</td></tr>
<tr><td>有填料聚四氟乙烯</td><td>7</td><td>0.7</td><td>(＜20℃)60
(＞20℃)80</td><td>0.33</td></tr>
<tr><td>金属瓦有填料聚四氟乙烯衬</td><td>350</td><td>21.0</td><td>20</td><td>42.0</td></tr>
<tr><td>金属瓦无填料聚四氟乙烯衬套</td><td>7</td><td>0.8</td><td>(＜20℃)140
(＞20℃)96</td><td>0.33</td></tr>
<tr><td>织物增强聚四氟乙烯</td><td>700</td><td>4.8</td><td>12</td><td>0.24</td></tr>
<tr><td rowspan="2">热固性塑料</td><td>增强热固性塑料</td><td>35</td><td>7.0</td><td>(＜20℃)11～25
(＞20℃)80</td><td>0.38</td></tr>
<tr><td>碳－石墨填料热固性塑料</td><td>—</td><td>4.8</td><td>20</td><td>—</td></tr>
<tr><td rowspan="5">碳－石墨</td><td>碳－石墨(高碳)</td><td>2</td><td>9.6</td><td>1.4</td><td>11</td></tr>
<tr><td>碳－石墨(低碳)</td><td>1.4</td><td>4.8</td><td>4.2</td><td>55</td></tr>
<tr><td>加铜和铅的碳－石墨</td><td>4</td><td>15.8</td><td>4.9</td><td>23</td></tr>
<tr><td>加巴氏合金的碳－石墨</td><td>3</td><td>7.0</td><td>4</td><td>15</td></tr>
<tr><td>浸渍热固性塑料的碳－石墨</td><td>2</td><td>11.7</td><td>2.7</td><td>40</td></tr>
<tr><td>石墨</td><td>浸渍金属的石墨</td><td>70</td><td>28.0</td><td>12～20</td><td>126</td></tr>
</table>

表 12.8　自润滑轴承材料的适用环境

<table>
<tr><th>轴承材料</th><th>高温
＞200℃</th><th>低温
＜－50℃</th><th>辐射</th><th>真空</th><th>水</th><th>油</th><th>磨粒</th><th>耐酸、碱</th></tr>
<tr><td>有填料热塑性塑料</td><td>少数可用</td><td>通常好</td><td>通常较差</td><td rowspan="3">大多数可用，避免用石墨做填充物</td><td rowspan="3">通常差，注意配合面的粗糙度</td><td rowspan="3">通常好</td><td rowspan="3">一般尚好</td><td>尚好或好</td></tr>
<tr><td>有填料聚四氟乙烯</td><td>尚好</td><td>很好</td><td>很差</td><td>极好</td></tr>
<tr><td>有填料热固性塑料</td><td>部分可用</td><td>好</td><td>部分尚好</td><td>部分好</td></tr>
<tr><td>碳－石墨</td><td>很好</td><td>很好</td><td>很好，不要加塑料</td><td>极差</td><td>尚好或好</td><td>好</td><td>不好</td><td>好(除强酸外)</td></tr>
</table>

自润滑轴承的主要设计参数与普通滑动轴承类似。对径向轴承的长径比 L/d，一般取为 0.35～1.5。推力轴承常取 $d/d_0 \leqslant 2$(图 12.4)。自润滑轴承的配合间隙要慎重选择，一般塑料轴承的间隙应比金属轴承的大(聚四氟乙烯除外)，随材料的线胀系数而变化，通

常取直径间隙 $\Delta' \approx 0.005\ d$ 且不小于 0.1 mm(碳 - 石墨可不小于 0.075 mm)。轴瓦壁厚也应随轴颈直径 d 而变化,多用金属材料作瓦基,在其中压入薄的塑料衬套组成复合轴瓦材料。对小尺寸轴承,使用整体塑料轴瓦时,常取壁厚为 $d = 12 \sim 20$。轴瓦工作表面的粗糙度应较低,一般取 $Ra = 0.2 \sim 0.4\ \mu m$。

自润滑轴承的承载能力计算与非液体摩擦滑动轴承类似。工程上校核一般用途的自润滑轴承的承载能力时,应将其 p 值和 pv 值控制在允许范围之内,对于接触压强较低、相对滑动速度较高的轴承,还应限制其 v 值在允许范围之内。相应非金属轴承材料的[p]、[pv]和[v]值可查阅相关轴承手册。

12.7.2 多油楔滑动轴承

1.多油楔径向滑动轴承

在动压轴承中,压力区的油膜如一个楔子把轴颈和轴承撑开。当轴承具有一个压力区时称单油楔轴承。当载荷发生变化或出现外界干扰时,轴颈中心就会离开稳定位置,最小油膜厚度就发生了变化。载荷增量一定时,最小油膜厚度变化量的大小表示油膜刚度。油膜刚度大,说明最小油膜变化量小,反之,说明最小油膜变化量大。单油楔轴承载荷变化时,靠一个油膜压力的变化来补偿,油膜刚度低。

对于在高速轻载下工作的滑动轴承,为了提高轴承的稳定性和油膜刚度,常采用椭圆轴承和多油楔轴承。图 12.22 为椭圆轴承,它是一种剖分式轴承,工作时在轴承的上半部和下半部各形成一个油楔,其压力区和压力分布如图所示。多油楔轴承较复杂,有的是在轴瓦内表面上人为地加工几个楔形槽,如三油楔轴承(图 12.23)。图 12.23(b)所示的轴承具有三个单方向的楔形间隙,只适于单方向旋转的轴承;图 12.23(a)为具有三个双方向的楔形间隙,可用于经常正反转的轴。

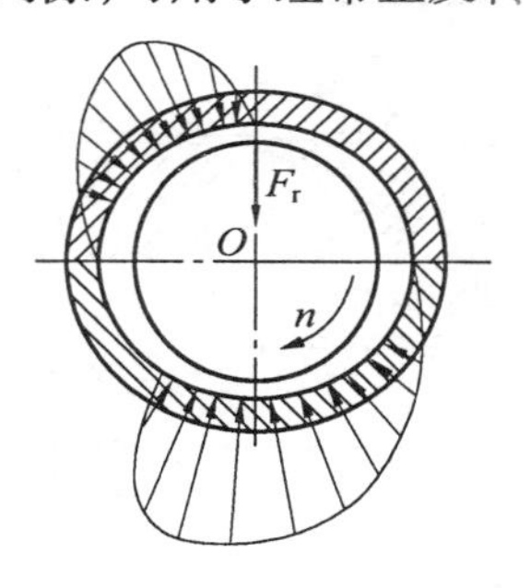

图 12.22 椭圆轴承

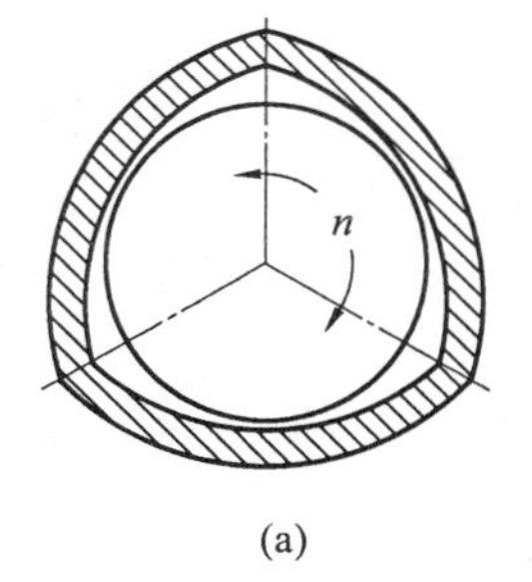

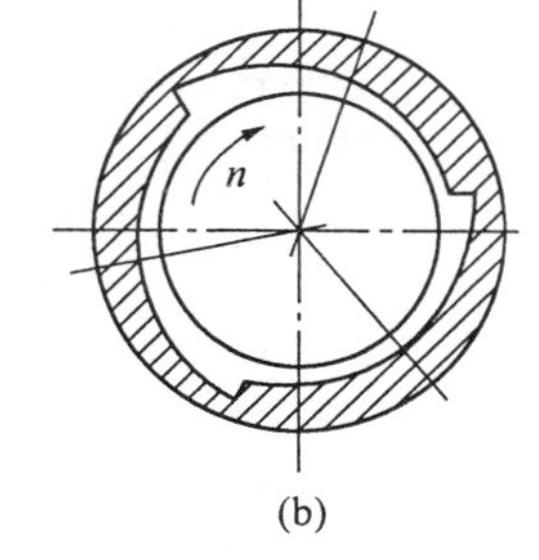

图 12.23 三油楔轴承

以上为楔角固定不变的轴承,也称固定瓦多油楔轴承。如果轴瓦倾角随工作条件变化而改变,组成的轴承称为摆动瓦多油楔轴承,如图 12.24 所示。瓦块靠其背面上的球形窝被支承在调整螺钉的球形端。调整螺钉的作用是安装时用来调节间隙的大小。其球形端面采用淬火处理,并与瓦背上的球窝对严,保证具有较高的支承刚度。磨床主轴的滑动轴承有的就是用摆动瓦三油楔轴承。实际应用中也有五块瓦轴承,其原理和结构与三块瓦轴承相似。

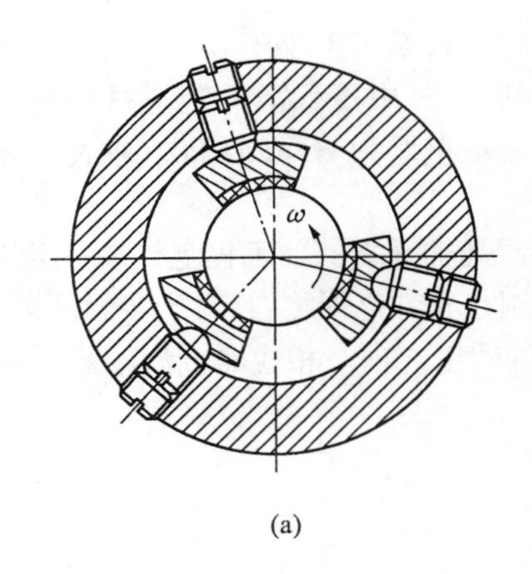

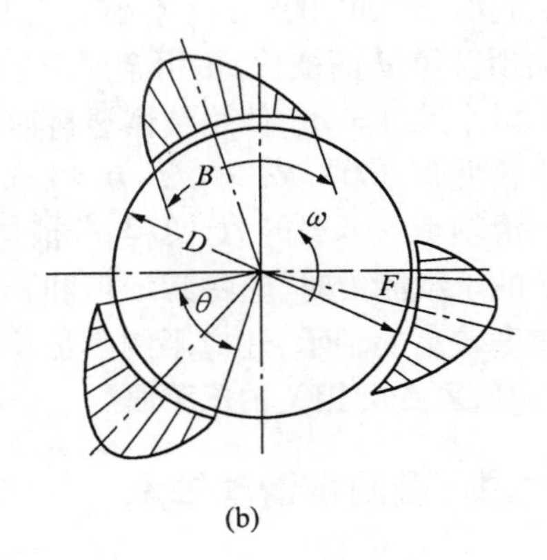

图 12.24 摆动瓦多油楔轴承

2.多油楔推力滑动轴承

对于尺寸较大的推力轴承,为了改善轴承的工作性能,常设计成多油楔形状。根据瓦块固定与否,也分为固定瓦和摆动瓦推力轴承。图 12.25 为固定瓦多油楔推力轴承。轴瓦是由若干个倾斜的扇形止推面组成,这个倾斜面形成液体摩擦润滑状态。图 12.26 是摆动瓦推力轴承的一种典型结构。轴颈端面仍为一平面,轴承一般由 3 ~ 20 个支承在圆柱面或球面上的扇形瓦块组成,瓦块为复合结构,基体为钢,滑动面常涂覆轴瓦材料。轴承工作时,扇形瓦块可以自动调位,以适应不同的工作条件。

动压推力滑动轴承在大型动力设备中广泛采用,如水轮发电机转子主轴的推力轴承就是流体动压推力滑动轴承,实践证明,其性能可靠且有足够的寿命。

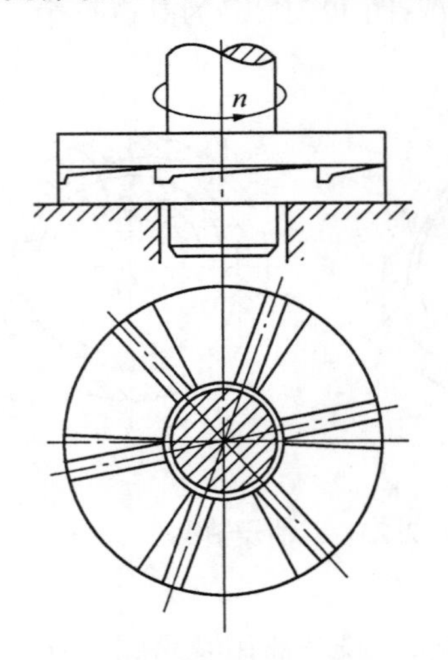

图 12.25 固定瓦多油楔推力轴承

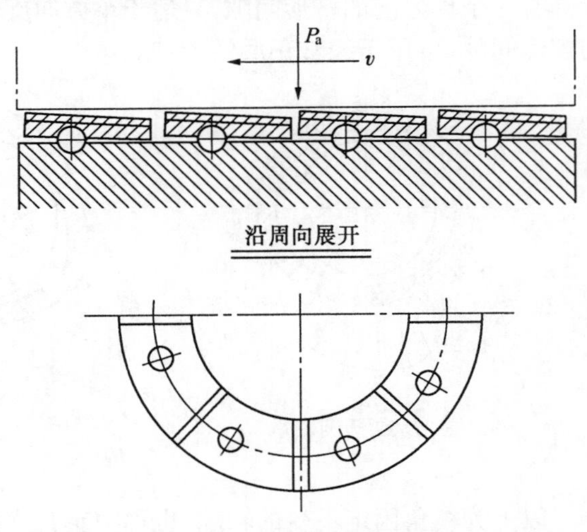

图 12.26 摆动瓦多油楔推力轴承

12.7.3 气体润滑轴承

当轴颈转速极高($n>100\ 000$ r/min)时,用液体润滑剂的轴承即使在液体摩擦状态下工作,摩擦损失还是很大的。过大的摩擦损失将降低机器的效率,引起轴承过热。如改用气体润滑剂,就可极大地降低摩擦损失,这是由于气体的黏度明显低于液体黏度的缘故。如在20℃时,全损耗系统用油的黏度为0.072 Pa·s,而空气的黏度为0.89×10^{-5} Pa·s,二者之比值为8:100。气体润滑轴承(简称气体轴承)也可以分为动压轴承、静压轴承及混合轴承,其工作原理与液体滑动轴承相同。

气体润滑剂主要是空气,它既不需特别制造,用过之后也无需回收。此外氢的黏度比空气的低1/2,适用于高速;氮具有惰性,在高温时使用,可使机件不致生锈等。

气体润滑剂除了黏度低的特点之外,其黏度随温度的变化也小,而且具有耐辐射性及对机器不会发生污染等,因而在高速(例如转速在每分钟十几万转以上;目前有的甚至已超过每分钟百万转)、要求摩擦很小、高温(600℃以上)、低温以及有放射线存在的场合,气体润滑轴承显示了它的特殊功能。如在高速磨头、高速离心分离机、原子反应堆、陀螺仪表、电子计算机记忆装置等尖端技术上,由于采用了气体润滑轴承,克服了使用滚动轴承或液体润滑滑动轴承所不能解决的困难。

12.8 滑动轴承用润滑剂与润滑装置

12.8.1 滑动轴承用润滑剂的选择

1.液体摩擦轴承用润滑油的选择

液体摩擦轴承均用润滑油来润滑。选择润滑油时,先根据工作条件初选润滑油的黏度,然后根据油的黏度确定牌号。初选黏度时可按下列原则从表12.7中选择。

(1)重载有冲击时选择较高的黏度。

(2)高速、轻载时选择较低的黏度。

2.非液体摩擦轴承用润滑剂的选择

非液体摩擦轴承有的用润滑油,有的用润滑脂。这要用系数K来估计

$$K=\sqrt{pv^3} \tag{12.19}$$

式中 p——轴承的比压(MPa);

v——轴颈表面圆周速度(m/s)。

当$K\leqslant2$时可选用润滑脂来润滑,$K>2$时则需用润滑油润滑。选润滑油时参考表12.9,选润滑脂时参考表12.10。主要考虑载荷、速度和工作温度。轻载、高速时选锥入度大的润滑脂,工作温度高时选择滴点高的润滑脂(第4章)。

除了正确地选择润滑剂以外,为了获得良好的润滑效果,还应选择适当的润滑方式和采用相应的润滑装置。

表 12.9　非液体摩擦轴承润滑油的选择

轴颈圆周速度 $v/(m \cdot s^{-1})$	平均压力 $p<3$ MPa	轴颈圆周速度 $v/(m \cdot s^{-1})$	平均压力 $p=3\sim7.58$ MPa
<0.1	L－AN68、100、150	<0.1	L－AN150
0.1～0.3	L－AN68、100	0.1～0.3	L－AN100、150
0.3～2.5	L－AN46、68	0.3～0.6	L－AN100
2.5～5.0	L－AN32、46	0.6～1.2	L－AN68、100
5.0～9.0	L－AN15、22、32	1.2～2.0	L－AN68
>9.0	L－AN7、10、15		

注：表中润滑油是以40℃时运动黏度为基础的牌号。

表 12.10　滑动轴承润滑脂的选择

$v/(m \cdot s^{-1})$	p/MPa	最高工作温度/℃	润　滑　脂
<1	≤1	75	钙基脂 ZG－3
0.5～5	1～6.5	55	钙基脂 ZG－2
<0.5	>6.5	75	钙基脂 ZG－3
≤1	1～6.5	50～100	锂基脂 ZL－2
0.5～5	<6.5	120	锂基脂 ZL－2
<0.5	>6.5	110	钙－钠基脂 ZGN－1
0.5	>6.5	60	压延基脂 ZJ－2

12.8.2　润滑方法与润滑装置

润滑油或润滑脂的供应方法在设计中也是很重要的，尤其是油润滑时的供应方法与零件在工作中所处的润滑状态有密切的关系。而各种需要润滑的零件所处的工作条件是不同的，适用的润滑剂也不同，故采用的润滑方法、润滑装置也有差别。下面介绍几种常见的润滑方法和润滑装置。

1.油润滑

向摩擦表面施加润滑油的方法，可分为间歇式和连续式两种。间歇式润滑是每隔一定时间用注油枪或油壶向润滑部位（如轴承等的注油孔和注油器）加注润滑剂，图 12.27 是两种注油器，其中(a)为压配式注油器，(b)为旋套式注油器。它们是常用的间歇润滑装置。对于小型、低速或间歇运动的机器，可采用间歇式润滑。

间歇式润滑供油不充分，润滑效果不理想。对于比较重要的零件，应采用连续润滑方式，常用的连续润滑方式有以下几种。

(1) 滴油润滑。图 12.28、12.29 分别是针阀油杯和油芯滴油式油杯，都可做连续滴油润滑装置。对于针阀式油杯，扳起手柄可将针阀提起，润滑油便经杯下端的小孔滴入润滑部位，不需要润滑时，放下手柄，针阀在弹簧力作用下向下移动将漏油孔堵住。对于油芯式油杯，利用油芯的毛细管吸附作用将吸取的润滑油滴入润滑的部位。这种润滑方式只用于润滑油量不需要太大的场合。

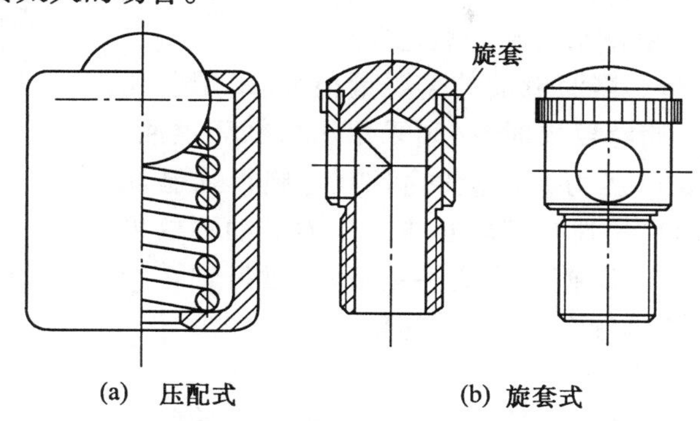

(a) 压配式　　(b) 旋套式

图 12.27 注油器

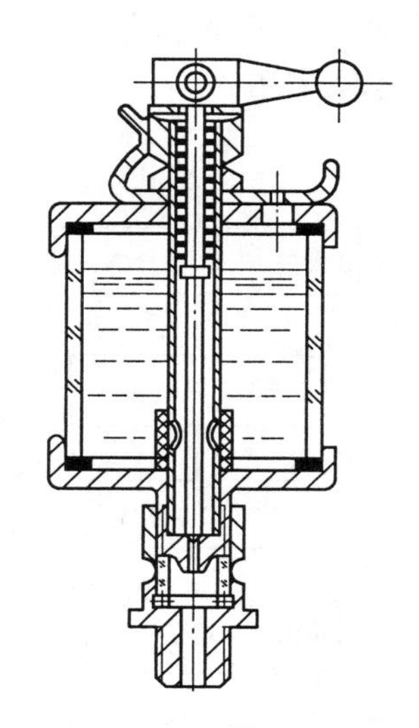

图 12.28 针阀式油杯

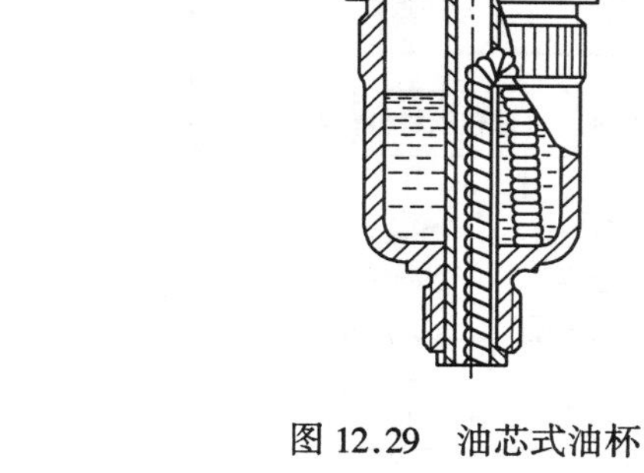

图 12.29 油芯式油杯

(2)油环润滑。图 12.30 为油环润滑装置。油环套装在轴颈上,油环的下部浸入油池中,轴旋转时带动油环滚动,把润滑油带到轴颈上,油沿轴颈流入润滑部位。油环润滑只能用于水平位置的轴承,转速为 500～3 000 r/min。转速太低油环带油量不足,转速过高时油环上的油大部分被甩掉,也造成供油不足。

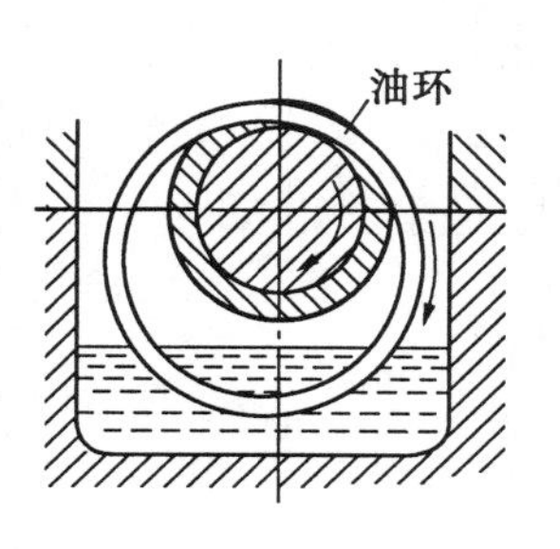

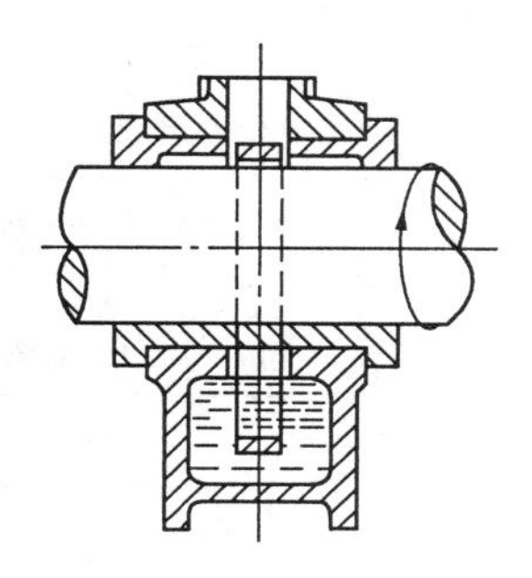

图 12.30 油环润滑

(3)浸油润滑。将轴颈浸在油池中,则不需另加润滑装置,轴颈便可将润滑油带入轴承,油经油沟流入润滑部位,浸油润滑供油充分,结构也较简单,散热良好,但搅油损失大。

(4)飞溅润滑。利用传动零件如齿轮或专供润滑用的甩油盘将润滑油甩起并飞溅到需要润滑部位,或通过壳体上的油沟将飞溅起的润滑油收集起来,使其沿油沟流入润滑部位。采用飞溅润滑时,浸在油中的零件(如齿轮、甩油盘等)的圆周速度为在 2～13 m/s。

速度低于 2 m/s 时，被甩起的润滑油量太小；速度太大时，润滑油产生大量泡沫，不利润滑且油易氧化变质。

(5)压力循环润滑。当润滑油的需要量很大、采用前几种润滑方式满足不了润滑要求时，必须采用压力循环供油。利用油泵供给具有足够压力和流量的润滑油，施行强制润滑。压力供油一般用在高速重载轴承中。压力供油不仅可以加大供油量，还可以把摩擦产生的热量带走，维持轴承的热平衡，但需要一个供油系统，结构较复杂。

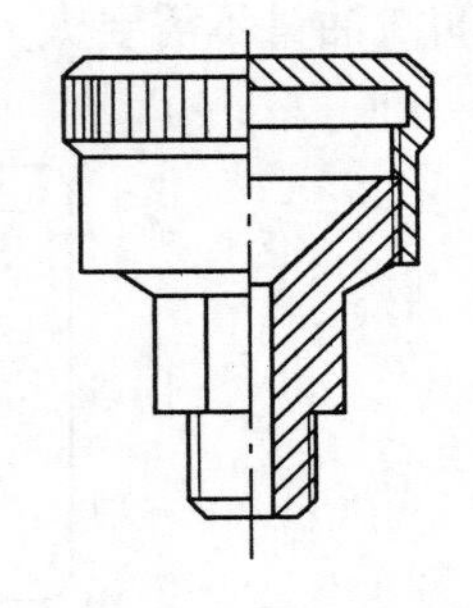

图 12.31 旋盖式油脂杯

2.脂润滑

脂润滑时只能采用间歇供应方式。应用最广泛的脂润滑装置是图 12.31 所示旋盖式油脂杯。杯中装满润滑脂，需要供脂润滑时，旋动上盖，即可将润滑脂压入润滑部位。有的也使用油枪向轴承补充润滑脂。

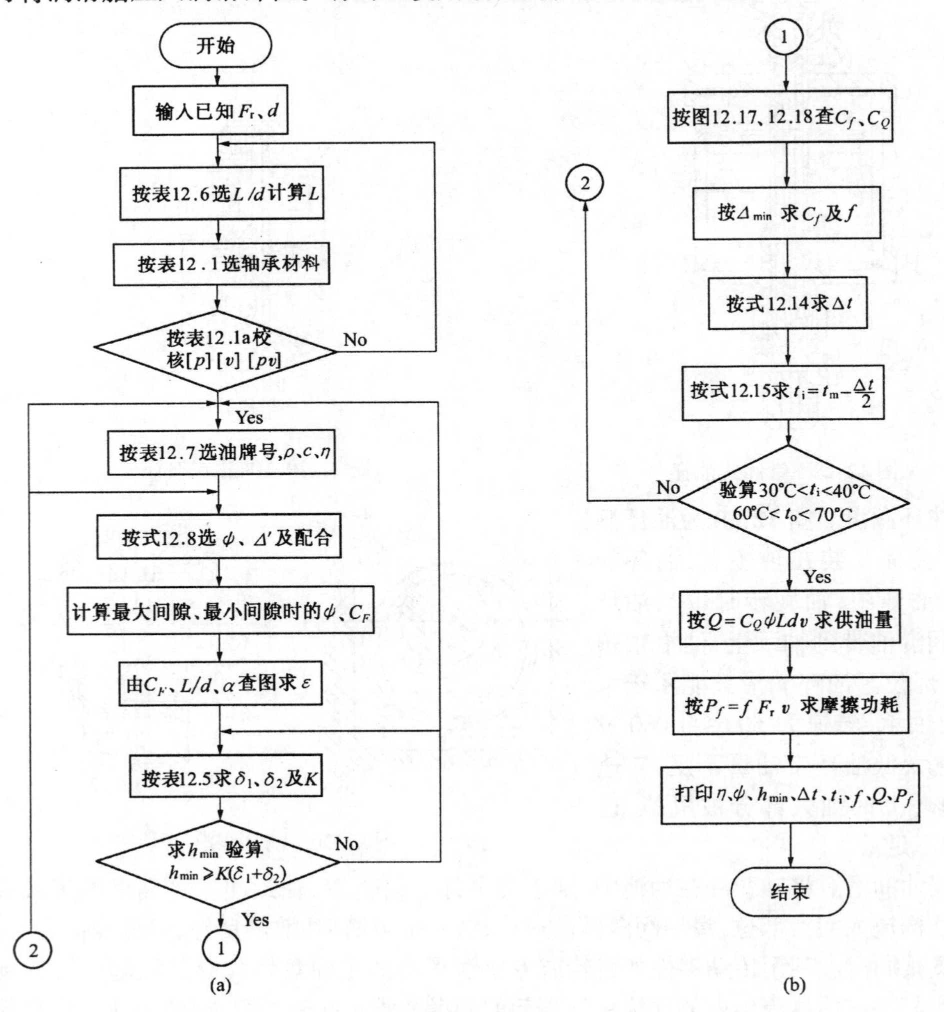

图 12.32 液体动压滑动轴承电算程序框图

思考题与习题

12.1　空气压缩机主轴向心滑动轴承的轴转速 $n = 3\ 000$ r/min、轴颈直径 $d = 160$ mm、轴承宽度 $L = 240$ mm、径向载荷 $F_r = 50\ 000$ N,试选择该轴承材料,并按非液体摩擦滑动轴承进行校核计算。

12.2　30机械油在温度分别为30℃、40℃、50℃和70℃时的黏度各为多少 Pa·s?（取油的密度为 $\rho = 900$ kg/m^3）

12.3　滑动轴承的摩擦状态有几种？各有什么特点？

12.4　对滑动轴承材料有哪些主要要求？

12.5　设计非液体摩擦滑动轴承为什么要验算 p、pv 和 v？

12.6　什么是润滑油的黏度和油性？

12.7　润滑油的黏度与温度、压力有什么关系？

12.8　流体动压力怎样形成的？具备哪些条件才能形成流体动压力？具备哪些条件才能形成流体动压润滑？

12.9　动压轴承的承载量系数的意义是什么？

12.10　动压轴承为什么必须计算最小油膜厚度和温升？

12.11　轴承参数 ψ、L/d 和速度对轴承性能有什么影响？

12.12　如果 $h_{min} \ngtr [h_{min}]$,应改变哪些参数,如何改变,并说明理由。

12.13　如果轴承温升太大,应采取什么措施？

12.14　设计一汽轮机用流体动压向心滑动轴承,径向载荷 $F_r = 10\ 000$ N,转速 $n = 3\ 000$ r/min,轴颈直径 $d = 100$ mm,载荷稳定。

第13章

联轴器　离合器　制动器

内容提要　联轴器和离合器主要用作轴与轴之间的连接,以传递运动和转矩。而制动器是主要用作迫使机器迅速停止运转或减低速度的机械装置。本章重点介绍了联轴器、离合器和制动器的作用、工作原理、分类、典型结构、性能特点及适用场合,是设计时正确选用的基础。

Abstract　Couplings and clutches are used to connect two shafts together at their ends for the purpose of transmitting motion and torque, while brakes are devices used to bring moving systems to rest or to slow their speeds to a certain value. This chapter will emphasize their functions, principles, categories, typical structures, characteristics and suitable working conditions. All these are the fundamentals for students to choose and use them correctly.

13.1　概　述

联轴器和离合器都是用来实现轴与轴之间的连接,进行运动和动力的传递的。而制动器是主要用作迫使机器迅速停止运转或减低速度的机械装置。联轴器与离合器的主要区别在于:联轴器必须在机器停车后,经过拆卸才能使被连接两轴结合或分离;而离合器通常可使在工作中的两轴随时实现结合或分离。联轴器和离合器的类型很多,其中常用的已经标准化。在设计时,先根据工作条件和要求选择合适的类型,然后按轴的直径 d、转速 n 和计算转矩 T_c,从标准中选择所需要的型号和尺寸。必要时对少数关键零件做校核计算。计算转矩

$$T_c = KT \tag{13.1}$$

式中　T—— 轴的名义转矩(N · mm);

K—— 载荷系数,见表13.1。

联轴器、离合器和制动器的种类很多,本章仅介绍几种有代表性的结构。

表13.1　载荷系数 K(电动机驱动时)

<table>
<tr><th colspan="2">机器名称</th><th>K</th><th>机器名称</th><th>K</th></tr>
<tr><td colspan="2">机　床</td><td>1.25 ~ 2.5</td><td>往复式压气机</td><td>2.25 ~ 3.5</td></tr>
<tr><td colspan="2">离心水泵</td><td>2 ~ 3</td><td>胶带或链板运输机</td><td>1.5 ~ 2</td></tr>
<tr><td colspan="2">鼓风机</td><td>1.25 ~ 2</td><td>吊车、升降机、电梯</td><td>3 ~ 5</td></tr>
<tr><td rowspan="2">往复泵</td><td>单行程</td><td>2.5 ~ 3.5</td><td>发电机</td><td>1 ~ 2</td></tr>
<tr><td>双行程</td><td>1.75</td><td></td><td></td></tr>
</table>

注:① 刚性联轴器取较大值,弹性联轴器取较小值,摩擦离合器取中间值。

② 当原动机为活塞式发动机时,将表内 K 值增大20% ~ 40%。

13.2 联轴器

用联轴器连接的两轴轴线在理论上应该是严格对中的,但由于制造及安装误差、承载后的变形以及温度变化的影响等原因,往往很难保证被连接的两轴严格对中,因此就会出现两轴间的轴向位移 x(图 13.1(a))、径向位移 y(图 13.1(b))、角位移 α(图 13.1(c))和这些位移组合的综合位移(图 13.1(d))。如果联轴器没有适应两轴相对位移的能力,就会在联轴器、轴和轴承中产生附加载荷,甚至引起强烈振动。这就要求设计联轴器时,要采取各种措施,使之具有适应上述相对位移的性能。

联轴器的类型很多,根据其是否包含弹性元件,可以划分为刚性联轴器和挠性联轴器两大类。挠性联轴器根据其是否具有弹性元件,分为无弹性元件的挠性联轴器和有弹性元件的挠性联轴器两种类别。刚性联轴器,要求被连接两轴轴线严格对中,因为它不能补偿两轴的相对位移。其常用类型有套筒联轴器、夹壳联轴器和凸缘联轴器。无弹性元件的挠性联轴器可以通过两半联轴器间的相对运动来补偿被连接两轴的相对位移。其常用类型有十字滑块联轴器、齿式联轴器和万向联轴器。而有弹性元件的挠性联轴器由于其联轴器包含有弹性元件,所以不仅具有吸收振动和缓解冲击的能力,而且能够通过弹性元件的变形来补偿两轴的相对位移。其常用类型有弹性套柱销联轴器、弹性柱销联轴器、轮胎式联轴器和膜片联轴器。

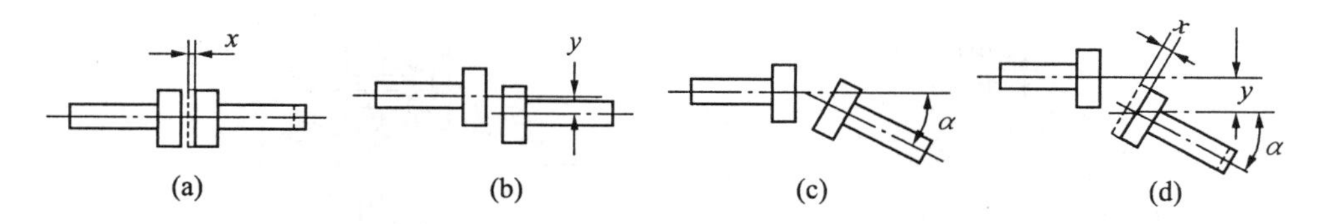

图 13.1 轴线的相对位移

13.2.1 刚性联轴器

1. 套筒联轴器

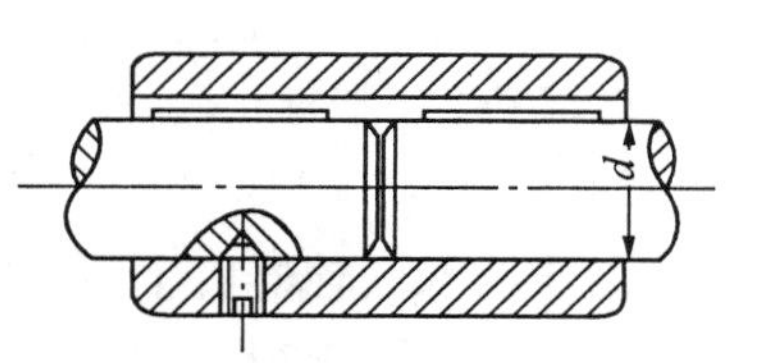

图 13.2 套筒联轴器

套筒联轴器由套筒、键、紧定螺钉或销钉等组成(图 13.2)。套筒将被连接的两轴连成一体;键连接实现套筒与轴的周向固定并传递转矩;紧定螺钉或销钉被用作套筒与轴的轴向固定(销钉可同时起套筒与轴的周向固定作用)。该联轴器结构简单、径向尺寸小,故常用于要求径向尺寸紧凑或空间受限制的场合。它的缺点是装拆时需轴向移动。

2. 夹壳联轴器

夹壳联轴器由纵向剖分的两个半联轴器、螺栓和键组成(图 13.3)。由于夹壳外形相对复杂,故常用铸铁铸造成形。它的特点是径向尺寸比套筒联轴器大,但装拆方便,克服了套筒联轴器装拆需轴向移动的不足,但由于其转动平衡性较差,故常用于低速。

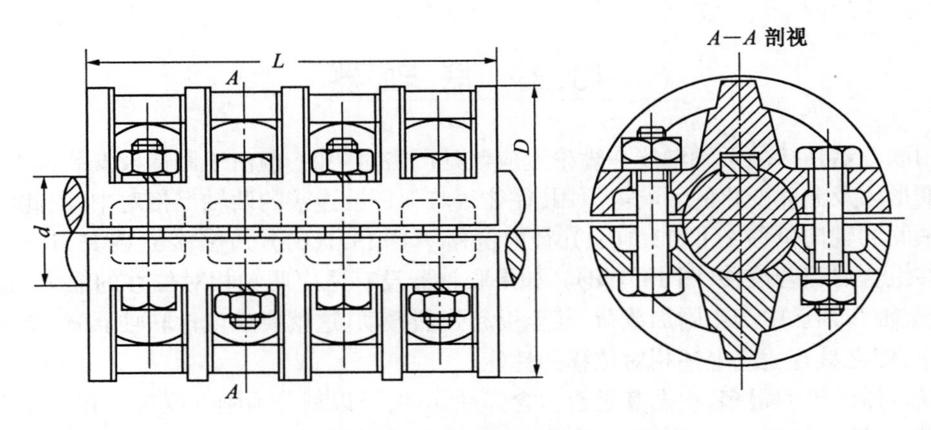

图 13.3 夹壳联轴器

3. 凸缘联轴器

凸缘联轴器(GB 5843—2003)是把两个带有凸缘的半联轴器用键分别与两轴连接，然后用螺栓把两个半联轴器联成一体，以传递运动和转矩(图 13.4)。螺栓可以用半精制的普通螺栓(图13.4(a))，亦可以用铰制孔用螺栓(图 13.4(b))。采用普通螺栓连接时，联轴器用一个半联轴器上的凸肩与另一个半联轴器上的凹槽相配合而对中，转矩靠半联轴器接合面间的摩擦力矩来传递。采用铰制孔用螺栓连接时，靠铰制孔用螺栓来实现两轴对中，靠螺栓杆承受剪切及螺栓杆与孔壁承受挤压来传递转矩。

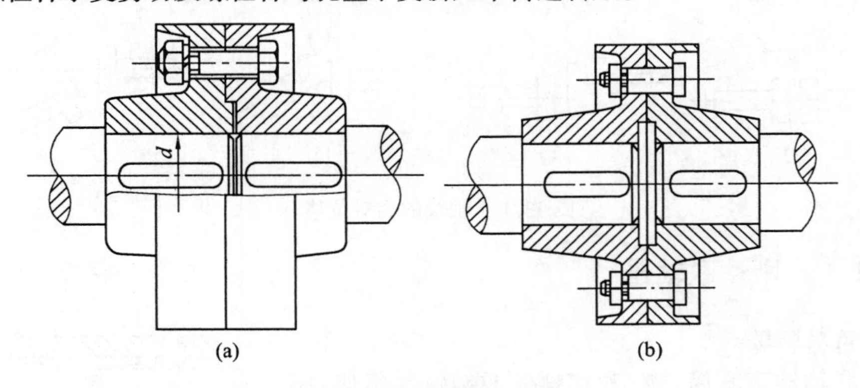

图 13.4 凸缘联轴器

由于凸缘联轴器属于固定式刚性联轴器，对所连接两轴间的位移缺乏补偿能力，故对两轴对中性的要求很高。但由于其结构简单、成本低、传递转矩大，因此在固定式刚性联轴器中应用最广。

13.2.2 无弹性元件的挠性联轴器

1. 十字滑块联轴器

十字滑块联轴器是由两个在端面开有凹槽的半联轴器和一个两面都有凸榫的十字滑块组成(图 13.5)，凹槽的中心线分别通过两轴的中心，两凸榫中线互相垂直并通过滑块的中心。如两轴轴线有径向位移，当轴回转时，滑块上的两凸榫可在两半联轴器的凹槽中滑动，以补偿两轴轴线的径向位移。

十字滑块联轴器允许的径向位移$[y] \leqslant 0.04\ d$（d为轴的直径），允许的角位移$[\alpha] \leqslant 30'$。

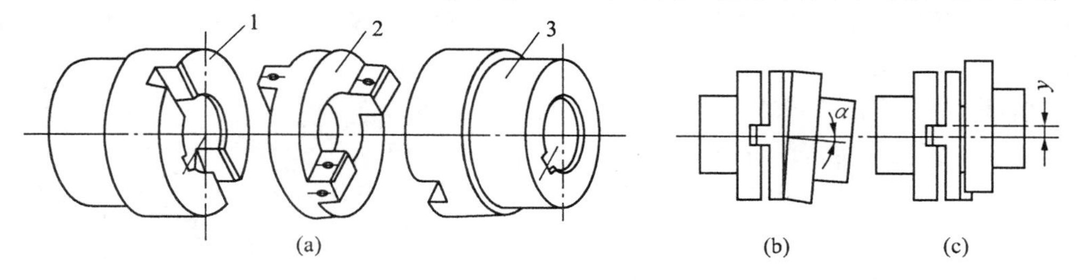

图 13.5 十字滑块联轴器

由于滑块和凹槽间的相对滑动会产生摩擦和磨损，因此工作时应采取润滑措施。

由于当轴转速较高时，十字滑块的偏心会产生较大的离心力，因此十字滑块联轴器常用于低速。

十字滑块联轴器的优点是径向尺寸小、结构简单。

2. 齿式联轴器

齿式联轴器（JB/T 7001 ~ 7003—2007）由两个具有外齿的半联轴器和两个用螺栓连接起来的具有内齿的外壳组成（图 13.6）。由于外齿轮的齿顶制成球面（球面中心位于轴线上），齿侧又制成鼓形，且齿侧间隙较大，所以，这种联轴器允许两轴发生综合位移。一般，允许的径向位移$[y] = 0.3 \sim 0.4$ mm，允许轴向位移$[x] = 4 \sim 20$ mm，允许角位移$[\alpha] = 1°15'$。

工作时齿面间产生相对滑动，为减少摩擦和磨损，在外壳内贮有润滑油对齿面进行润滑，用唇形密封圈密封。

齿式联轴器有较多的齿同时工作，因而传递转矩大。其外形尺寸紧凑、工作可靠，但结构复杂、成本高，常用于低速的重型机械中。

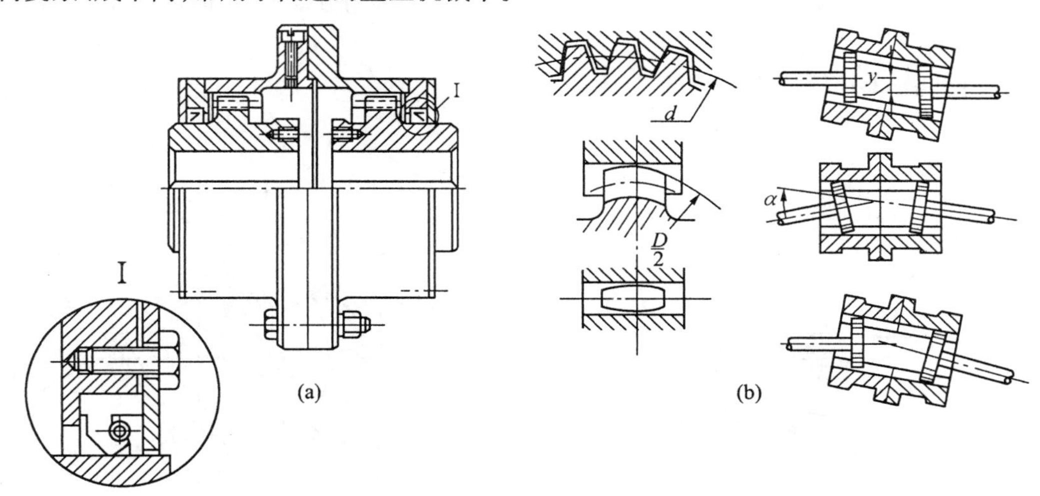

图 13.6 齿式联轴器

3.万向联轴器

万向联轴器由两个叉形零件和一个十字形零件组成(图 13.7)。十字形零件的四端分别用铰链与两个叉形零件相连接。因此,当一轴固定时,另一轴可以在任意方向偏斜 α 角,角位移最大可达 45°。

这种联轴器,当主动轴以等角速度 ω_1 回转时,从动轴的角速度 ω_2 将在一定范围($\omega_1\cos\alpha \leqslant \omega_2 \leqslant \omega_1/\cos\alpha$)内做周期性的变化,从而引起动载荷。

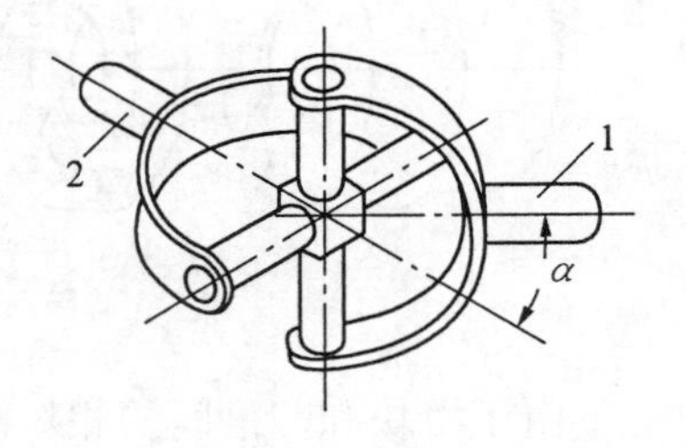

图 13.7　万向联轴器示意图

为消除从动轴的速度波动,通常将万向联轴器成对使用,并使中间轴的两个叉子位于同一平面上,同时,还应使主、从动轴的轴线与中间轴的轴线间的偏斜角 α 相等,即 $\alpha_1 = \alpha_2$(图 13.8),从而主、从动轴的角速度相等。应指出,中间轴的角速度仍旧是不均匀的,所以转速不宜太高。

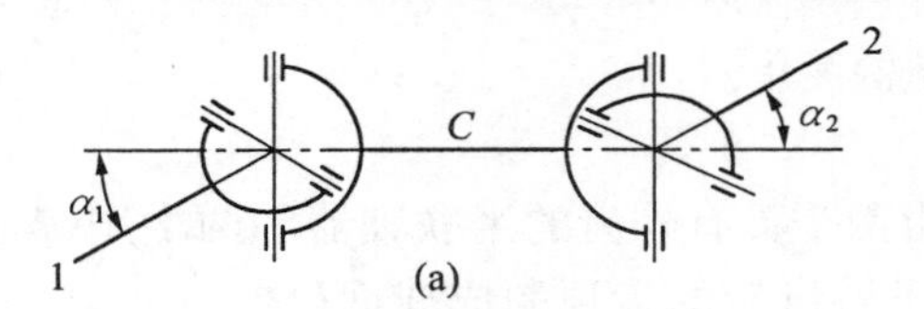

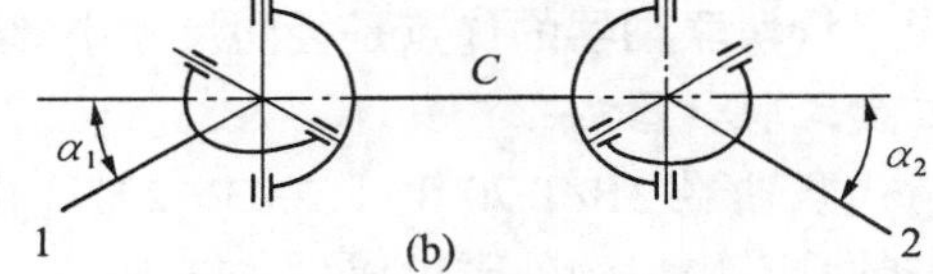

图 13.8　双万向联轴器

小型十字轴式万向联轴器的结构如图(13.9)所示。

为了消除从动轴转速 ω_2 的波动,可采用其他类型的同步万向联轴器,使得主、从动轴同步回转($\omega_1 = \omega_2$),如图 13.10 所示的球笼式同步万向联轴器(GB 7549—1987)。该联轴器由内、外星轮 1、2 和钢球 3、球笼 4 组成。它是靠介于内、外星轮间的钢球来传递转矩。由于内、外星轮上钢球滚道的圆弧中心以相同的偏距分别移至对称线两侧,因此,当两轴线有角位移时,能使钢球近似分布在两轴线相对位移角的等角分线上,从而可保证两轴的转速 ω 相等。

万向联轴器广泛应用于汽车、机床等机械中。

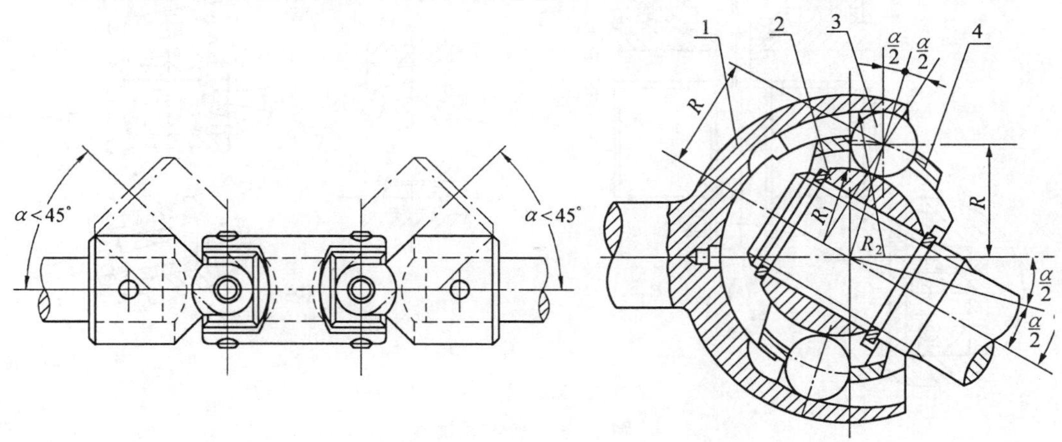

图 13.9　十字轴式万向联轴器

图 13.10　球笼式同步万向联轴器

13.2.3 有弹性元件的挠性联轴器

有弹性元件的挠性联轴器是通过联轴器中含有的弹性元件的弹性变形，来补偿两轴轴线的相对位移及缓和载荷的冲击与吸收振动的。

1.弹性套柱销联轴器

弹性套柱销联轴器(GB 4323—2002)在结构上与刚性凸缘联轴器很相似，只是两半联轴器的连接不是用螺栓而是用带橡胶套的柱销(图13.11)。

弹性套柱销联轴器通过橡胶套传递力并靠其弹性变形来补偿径向位移和角位移，靠安装时留的间隙 c 来补偿轴向位移。

橡胶套是易损件，因此，在设计时应留出距离 A，以便于更换橡胶套而免得拆移机器。其数值大小可查阅相关手册。

弹性套柱销联轴器结构简单、制造容易、装拆方便、成本较低。它适用于转矩小、转速高、频繁起动或正反转、需要缓和冲击振动的地方。弹性套柱销联轴器在高速轴上应用十分广泛。

2.弹性柱销联轴器

弹性柱销联轴器(GB 5014—2003)在结构上和刚性凸缘联轴器很相似，它用尼龙柱销代替连接螺栓(图13.12)。为了防止柱销滑出，在半联轴器两端设有挡圈。

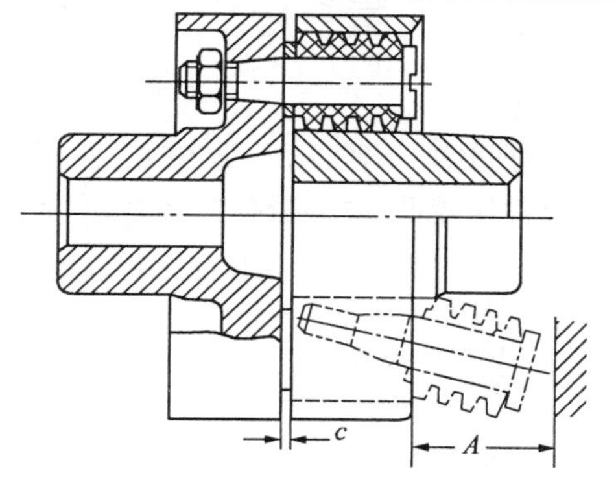

图13.11 弹性套柱销联轴器

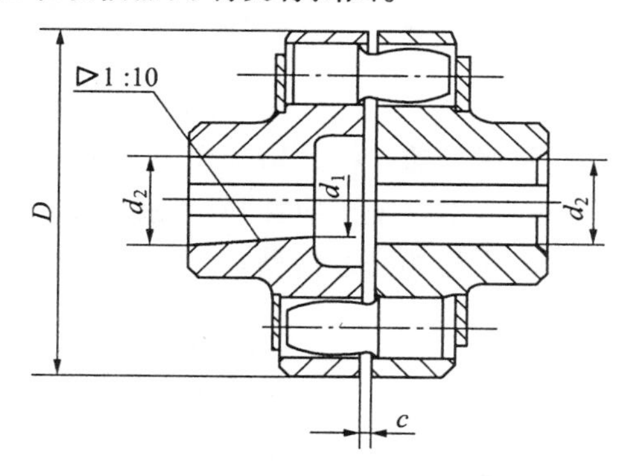

图13.12 弹性柱销联轴器

这种联轴器靠尼龙柱销传递力，并靠其弹性变形来补偿径向位移和角位移，靠安装时留间隙 c 来补偿轴向位移。

尼龙柱销联轴器结构简单、制造方便、成本低。它适用于转矩小、转速高、正反向变化多、起动频繁的高速轴。

3.轮胎式联轴器

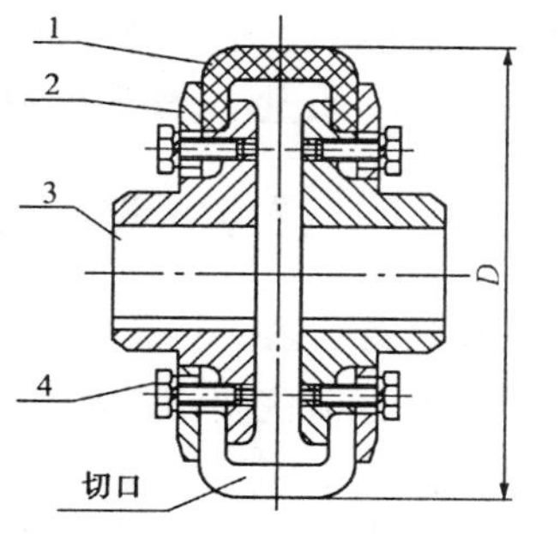

图13.13 轮胎式联轴器

轮胎式联轴器(GB 5844—2002)的结构如图13.13所示。两半联轴器3分别用键与轴相连，1为橡胶制成的特型轮胎，用压板2及螺钉4把轮胎1紧压在左右两半联轴器上，通过轮胎来传递转矩。为了便于安装，在轮胎上开有切口。

由于橡胶轮胎易于变形，因此，允许的相对位移较大，角位移可达 5° ~ 12°，轴向位移可达 $0.02D$，径向位移可达$0.01D$，其中 D 为联轴器的外径。

轮胎式联轴器的结构简单、使用可靠、弹性大、寿命长，不需润滑，但径向尺寸大。这种联轴器可用于潮湿多尘、起动频繁之处。

4. 膜片联轴器

膜片联轴器（ZB/TJ 1962—1990）的典型结构如图 13.14 所示。其弹性元件为一定数量的很薄的多边环形（或圆环形）金属膜片叠合而成的膜片组，膜片上有沿圆周均布的若干个螺栓孔，用铰制孔螺栓交错间隔与半联轴器相连接。这样将弹性元件上的弧段分为交错受压缩和受拉伸的两部分，拉伸部分传递转矩，压缩部分趋向皱褶。当所连接的两轴存在轴向、径向和角位移时，金属膜片便产生波状变形。

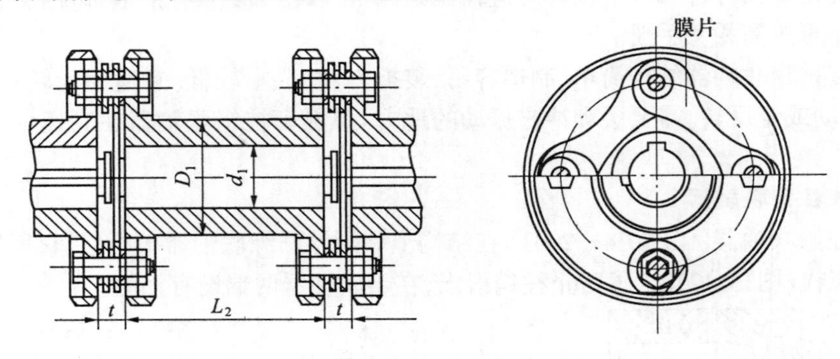

图 13.14 膜片联轴器

这种联轴器结构比较简单，弹性元件的连接没有间隙、不需润滑、维护方便、平衡容易、质量小、对环境适应性强、发展前途广阔，但扭转弹性较低，缓冲减振性能差，主要用于载荷比较平稳的高速传动。

13.3 离合器

离合器按其工作原理，可分为啮合离合器和摩擦离合器等；按其离合方式，又可分为操纵式离合器和自动离合器两种。

离合器应满足的基本要求：接合与分离迅速可靠；接合平稳，操作方便省力；调节维修方便；尺寸小、质量小；耐磨性好、散热好等。

13.3.1 操纵式离合器

1. 牙嵌离合器

牙嵌离合器主要由端面带齿的两个半离合器组成（图 13.15），通过齿面接触来传递转矩。半离合器 1 固定在主动轴上，可动的半离合器 2 装在从动轴上，操纵滑环 4 可使它沿着导向平键 3 移动，以实现离合器的结合与分离。在固定的半离合器中装有对中环 5，即使离合器脱开，从动轴端可在对中环中自由转动，以保持两轴对中。

牙嵌离合器的牙形有三角形、梯形、锯齿形等（图 13.16）。三角形牙的齿顶尖强度低、易损坏，用于传递小转矩的低速离合器。梯形牙的强度高，能传递较大的转矩，且齿面磨损后能自动补偿间隙，应用较广。锯齿形牙强度最高，但只能单向工作，因另一牙面有较大倾斜角，工作时产生较大轴向力迫使离合器分离。

离合器牙数一般取3 ~ 60个。要求传递转矩大时，应取较少牙数；要求接合时间短时，应取较多牙数。但牙数越多，载荷分布越不均匀。

为提高齿面耐磨性，牙嵌离合器的齿面应具有较大的硬度。牙嵌离合器的材料通常采用低碳钢（渗碳淬火处理）或中碳钢（表面淬火处理），对不重要的和静止时离合的牙嵌离合器，也可采用铸铁。

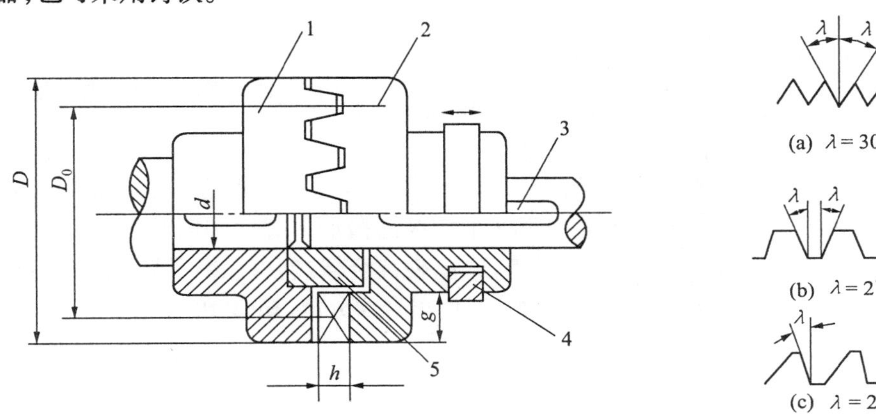

(a) $\lambda = 30^\circ \sim 45^\circ$

(b) $\lambda = 2^\circ \sim 8^\circ$

(c) $\lambda = 2^\circ \sim 8^\circ$

图 13.15　牙嵌离合器

图 13.16　牙嵌离合器的牙形

牙嵌离合器的承载能力主要取决于齿根弯曲强度 σ_b，对于频繁离合的牙嵌离合器，将产生齿面磨损。因此，常通过限制齿面压强 p 来控制磨损，即

$$\sigma_b = \frac{KTh}{zD_0W} \leqslant [\sigma]_b \tag{13.2}$$

$$p = \frac{2KT}{zD_0A} \leqslant [p] \tag{13.3}$$

式中　K—— 载荷系数，见表 13.1；

T—— 轴传递的转矩（N · mm）；

z—— 齿数；

D_0—— 平均直径（mm）；

h—— 齿高（mm）；

W—— 齿根处抗弯剖面系数（mm³）；

A—— 一个齿的工作面在径向平面上的投影面积（mm²）。

对于表面淬硬的钢制牙嵌离合器，当停车离合时，$[\sigma_b] = \frac{\sigma_s}{1.5}$ MPa，$[p] = 90 \sim 120$ MPa；当低速运转离合时，$[\sigma]_b = \frac{\sigma_s}{3}$ MPa，$[p] = 50 \sim 70$ MPa。

牙嵌离合器结构简单、尺寸小，工作时无滑动，因此应用广泛。但它只适宜在两轴不回转或转速差很小时进行离合，否则会因撞击而断齿。

2. 摩擦离合器

摩擦离合器可以在不停车或主、从动轴转速差较大的情况下进行接合与分离，并且较为平稳，但在接合与分离过程中，两摩擦盘间必然存在相对滑动，引来摩擦片的发热和磨损。

摩擦离合器的类型很多，有单盘式、多盘式和圆锥式。

图 13.17 所示单圆盘摩擦离合器是最简单的摩擦离合器，其中圆盘 3 固定在主动轴 1 上，操纵滑环 5 可使圆盘 4 沿导向键在从动轴 2 上移动，从而实现两盘的接合与分离。接合时，轴向压力 F_Q 使两圆盘的接合面间产生足够的摩擦力，以传递转矩。

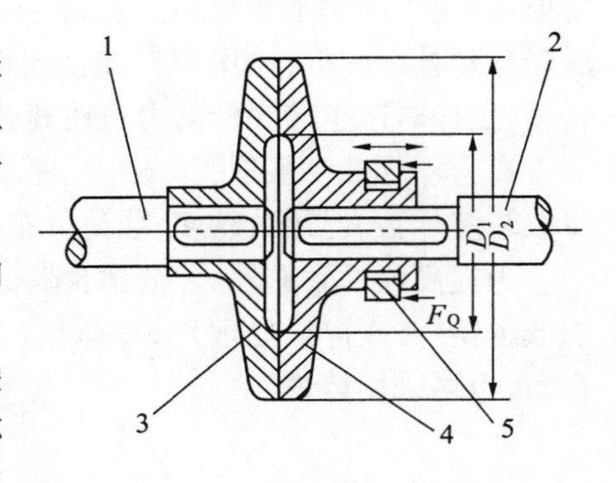

图 13.17　单盘式摩擦离合器

图 13.18 所示为多盘摩擦离合器。这种离合器有内、外两组摩擦片，如图 13.18(b)、(c) 所示。外摩擦片 5 上的外齿与半离合器 2 上的纵向槽形成类似导向花键的连接。操纵滑环 7 向左移时，杠杆 8 将内、外摩擦片相互压紧，使离合器接合；操纵滑环 7 向右移时，杠杆 8 在弹簧片 9 的作用下将内、外摩擦片松开，使离合器分离。螺母 10 可调整摩擦片间的压力。

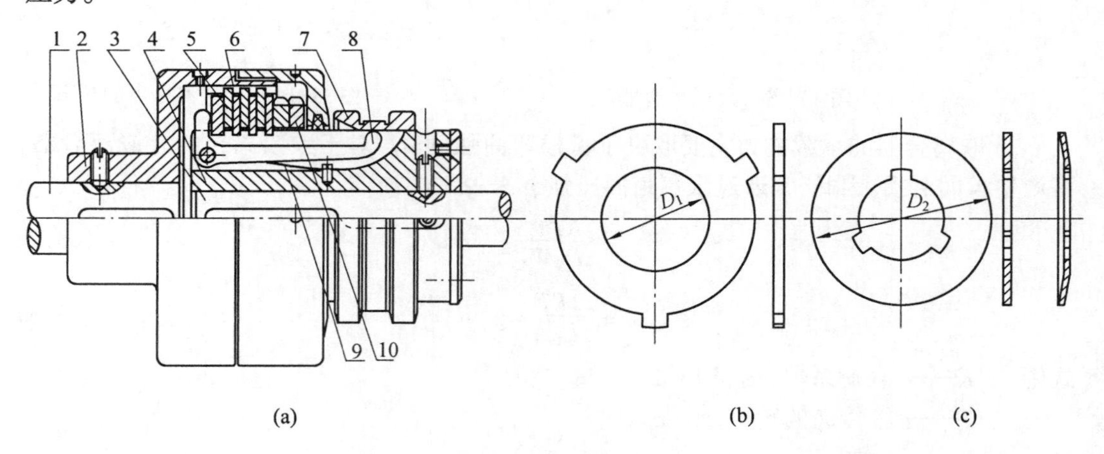

图 13.18　多盘摩擦离合器

圆盘摩擦离合器所传递的最大转矩 T_{max} N · mm 及作用在摩擦面上的压强 p MPa 分别为

$$T_{max} = zfF_Q \frac{D_1 + D_2}{4} \geqslant KT \tag{13.4}$$

$$p = \frac{4F_Q}{\pi(D_2^2 - D_1^2)} \leqslant [p] \tag{13.5}$$

式中　D_1、D_2—— 摩擦片接合面的内外直径(mm)；

z—— 接合面的数目；

F_Q—— 轴向力(N)；

f—— 摩擦因数，见表13.2；

$[p]$—— 许用压强(MPa)，$[p] = K_v K_z K_n [p_0]$；

$[p_0]$—— 基本许用压强(MPa)，见表13.2；

K_v—— 平均圆周速度系数，见表13.3；

K_z—— 主动摩擦片数系数，见表13.3；

K_n—— 每小时接合次数系数，见表13.3。

设计时，先根据工作条件选择摩擦面材料，根据结构要求初步定出接合面的直径 D_1 和 D_2。对于在油中工作的离合器，$D_1 = (1.5 \sim 2)d$，$D_2 = (1.5 \sim 2)D_1$；对于在干式摩擦下工作的离合器，$D_1 = (2 \sim 3)d$，$D_2 = (1.5 \sim 2.5)D_1$，d 为轴径。然后由式(13.5)求出轴向压力 F_Q，由式(13.4)求出所需的摩擦结合面的数目 z。为保证离合器分离的灵活性，摩擦接合面数目不应过多，一般 $z \leqslant 25 \sim 30$。

表13.2　摩擦因数 f 及基本许用压强 $[p_0]$

工作条件	摩擦材料	摩擦因数 f	基本许用压强 $[p_0]$/MPa	
			圆盘式	圆锥式
油润滑	淬火钢 - 淬火钢	0.06	0.6 ~ 0.8	—
	淬火钢 - 青铜	0.08	0.4 ~ 0.5	0.6
	铸铁 - 铸铁或淬火钢	0.08	0.6 ~ 0.8	1
	钢 - 夹布胶木	0.12	0.4 ~ 0.6	—
	淬火钢 - 金属陶瓷	0.1	0.8	—
干式摩擦	压制石棉 - 钢或铸铁	0.3	0.2 ~ 0.3	0.3
	淬火钢 - 金属陶瓷	0.4	0.3	—
	铸铁 - 铸铁或淬火钢	0.15	0.2 ~ 0.3	0.3

表13.3　系数 K_v、K_z、K_n 值

平均圆周速度/$(m \cdot s^{-1})$	1	2	2.5	3	4	6	8	10	15
K_v	1.35	1.08	1	0.94	0.86	0.75	0.68	0.63	0.55
主动摩擦片数	3	4	5	6	7	8	9	10	11
K_z	1	0.97	0.94	0.91	0.88	0.85	0.82	0.79	0.76
每小时接合次数	90	120	180	240	300	≥ 360			
K_n	1	0.95	0.80	0.70	0.60	0.50			

图13.19为圆锥式摩擦离合器。与单圆盘摩擦离合器相比较，由于锥形结构的存在，使圆锥式摩擦离合器可以在同样外径尺寸和同样轴向压力 F_Q 的情况下产生较大的摩擦力，从而传递较大的转矩。

13.3.2　自动离合器

自动离合器是一种能根据机器运动或动力参数(转矩、转速、转向等)的变化而自动完成接合和分离动作的离合器，常用的有安全离合器、离心离合器和定向离合器。

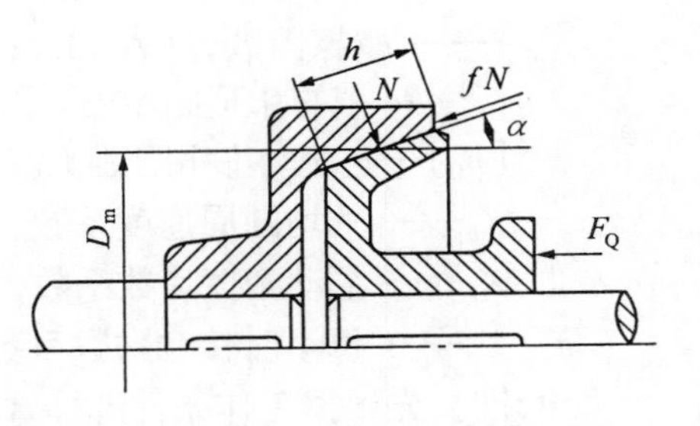

图 13.19　圆锥式摩擦离合器

1.安全离合器

安全离合器的种类很多，它们的作用是当转矩超过允许数值时能自动分离。

图 13.20 所示为销钉式安全离合器。这种离合器的结构类似于刚性凸缘联轴器，但不用螺栓，而用钢制销钉连接。过载时，销钉被剪断。销钉的尺寸 d_0 由强度决定。为了加强剪断销钉的效果，常在销钉孔中紧配一硬质的钢套。因更换销钉既费时又不方便，因此这种联轴器不宜用在经常发生过载的地方。

图 13.21 为摩擦式安全离合器，其结构类似多盘摩擦离合器，但不用操纵机构，而是用适当的弹簧1将摩擦盘压紧，弹簧施加的轴向压力 F_Q 的大小可由螺母2进行调节。调节完毕并将螺母固定后，弹簧的压力就保持不变了。当工作转矩超过要限制的最大转矩，摩擦盘间即可发生打滑而起到安全作用。当转矩降低到某一值时，离合器又自动恢复接合状态。

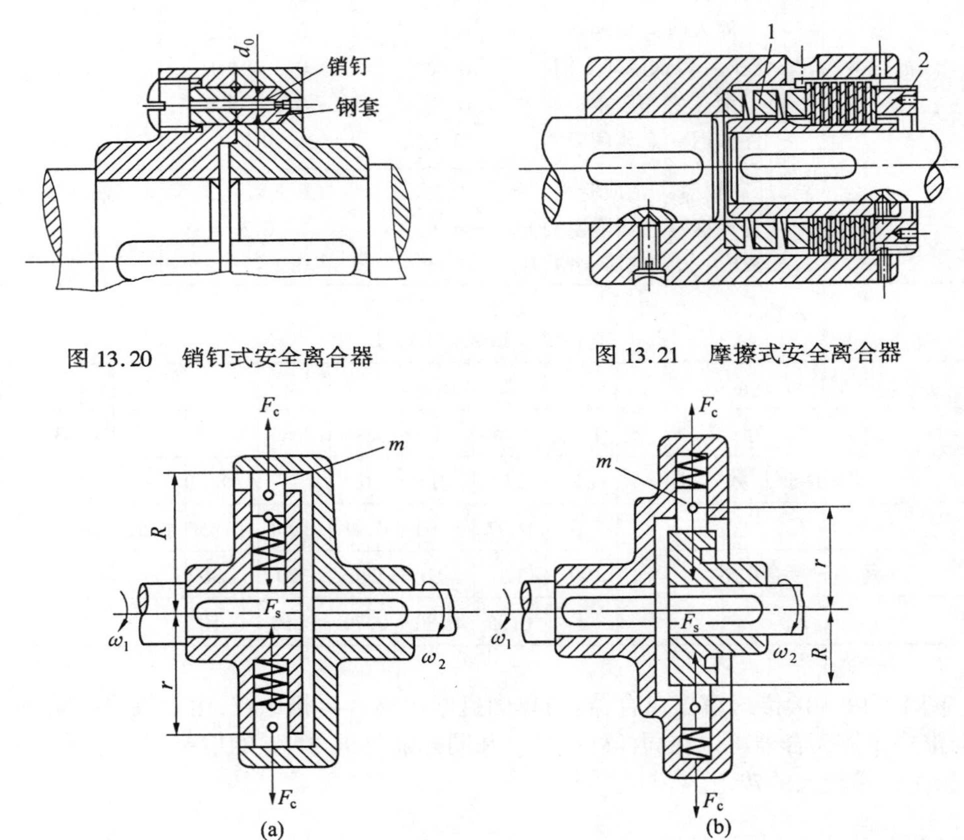

图 13.20　销钉式安全离合器

图 13.21　摩擦式安全离合器

图 13.22　离心离合器

2. 离心离合器

离心离合器的特点是，当主动轴的转速达到某一定值时，能自动接合或分离。

瓦块式离心离合器的工作原理如图13.22所示。在静止状态下，弹簧力 F_s 使瓦块 m 受拉，从而使离合器分离（图13.22(a)）或使瓦块 m 受压，从而使离合器接合（图13.22(b)），前者称为开式，后者称为闭式，当主动轴达到一定转速时，离心力 $F_c >$ 弹簧力 F_s，而使离合器相应接合或分离，调整弹簧力 F_s，可以控制需要接合或分离的转速。

开式离合器主要用于起动装置，如在起动频繁时，机器中采用这种离合器，可使电动机在运转稳定后才接入负载，而避免电机过热或防止传动机构受动载过大。闭式离合器主要用作安全装置，当机器转速过高时起安全保护作用。

3. 定向离合器

定向离合器的特点是，只能按一个转向传递转矩，反向时自动分离。图13.23为一种应用广泛的滚柱式定向离合器。它是由星轮1、外圈2、滚柱3和弹簧顶杆4等组成。滚柱被弹簧顶杆以不大的推力向前推进而处于半楔紧状态，当星轮为主动轴做如图示的顺时针方向转动时，滚柱被楔紧在星轮和外圈之间的楔形槽内，因而外圈将随星轮一起旋转，离合器处于接合状态。但当星轮逆向做反时针方向转动时，滚柱被推向楔形槽的宽敞部分，不再楔紧在槽内，外圈就不随星轮一起旋转，离合器处于分离状态。这种离合器工作时没有噪声，宜于高速传动，但制造精度要求较高。

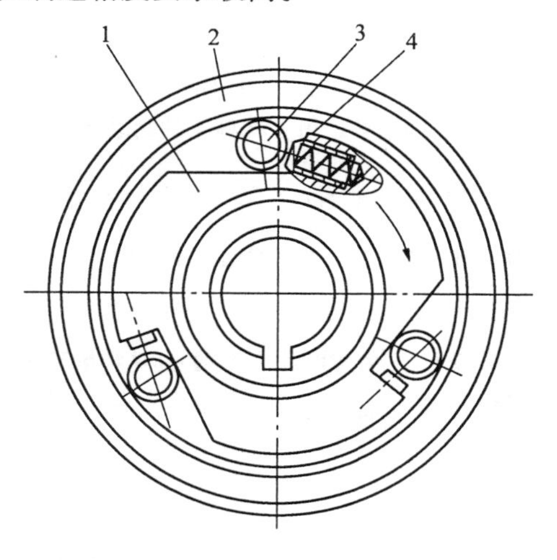

图13.23　定向离心器

13.4* 制动器

制动器是利用摩擦力来减低运动物体的速度或迫使其停止运动的装置。多数常用制动器已经标准化、系列化。制动器的种类很多，按照制动零件的结构特征分，有块式、带式、盘式制动器，前述图13.17所示的单圆盘摩擦离合器的从动轴固定，即为典型的圆盘制动器。按工作状态分，有常闭式和常开式制动器。常闭式制动器经常处于紧闸状态，施加外力时才能解除制动（例如，起重机用制动器）。常开式制动器经常处于松闸状态，施加外力时才能制动（例如，车辆用制动器）；为了减小制动力矩，常将制动器装在高速轴上。下面介绍几种典型的制动器。

13.4.1 带式制动器

最为常见的带式制动器的工作原理如图13.24所示。当施加外力 Q 时，利用杠杆3收紧闸带2而抱住制动轮1，靠带和制动轮间的摩擦力达到制动目的。

计算时，设制动力矩为 T，圆周力为 F，制动轮直径为 D，则

$$F = \frac{2T}{D}$$

制动力矩作用在带上时，将使带的两端产生拉力 F_1 和 F_2，则

$$F = F_1 - F_2$$

由欧拉公式知

$$F_1 = F_2 e^{f\alpha}$$

式中　e —— 自然对数的底（$e \approx 2.718$）；

f —— 带与轮间的摩擦因数；

α —— 带绕在制动轮上的包角，一般为 $\pi \sim 3\pi/2$；

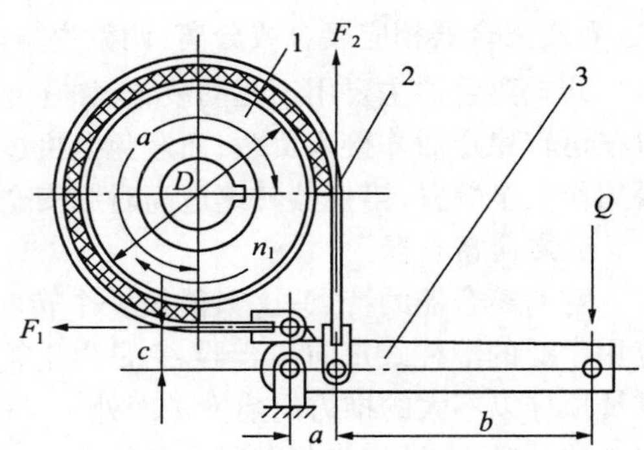

图 13.24　带式制动器

则

$$F_2 = \frac{F}{e^{f\alpha} - 1} = \frac{2T}{D} \frac{1}{(e^{f\alpha} - 1)}$$

在图13.24中，若取力臂 $a = c$，则由力的平衡式可得杠杆上的制动所需力为

$$Q = \frac{a}{a + b}(F_2 + F_1) = \frac{2T}{D} \frac{a}{(a + b)} \cdot \frac{e^{f\alpha} + 1}{e^{f\alpha} - 1} \tag{13.6}$$

此力可用人力、液力、电磁力等方式来施加。为了增加摩擦作用，闸带材料一般为钢带上覆以石棉基摩擦材料。

带式制动器制动轮轴和轴承受力大，带与轮间压力不均匀，从而磨损也不均匀，且易断裂，但结构简单、尺寸紧凑，可以产生较大的制动力矩，所以目前也常应用。

13.4.2 块式制动器

块式制动器如图13.25所示，靠瓦块与制动轮间的摩擦力来制动。通电时，电磁线圈1的吸力吸住衔铁2，再通过一套杠杆使瓦块5松开，机器便能自由运转。当需要制动时，则切断电流，电磁线圈释放衔铁2，依靠弹簧力并通过杠杆使瓦块5抱紧制动轮6。其结构原理如图13.26所示。

电磁块式制动器制动和开启迅速、尺寸小、质量小，易于调整瓦块间隙，更换瓦块、电磁铁也方便，但制动时冲击大，电能消耗也大，不宜用于制动力矩大和需要频繁制动的场合。

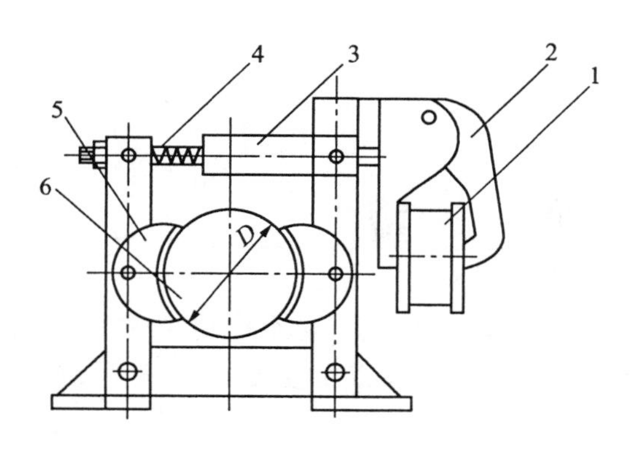

图 13.25 块式制动器

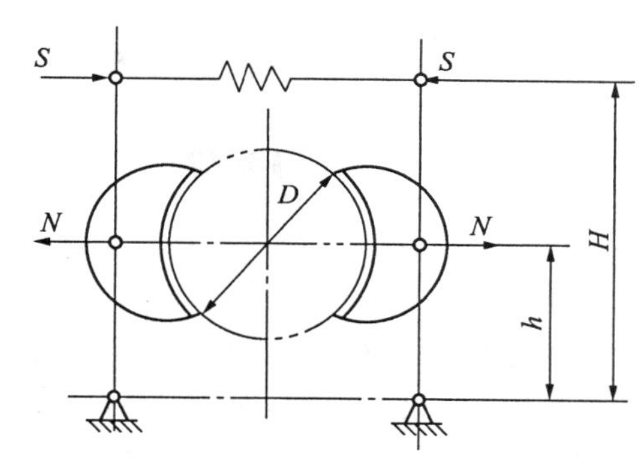

图 13.26 块式制动器原理图

13.4.3 内涨式制动器

图 13.27 为内涨式制动器工作简图。两个制动器 2、7 分别通过两个销轴 1、8 与机架铰接，制动蹄表面装有摩擦片 3，制动轮 6 与需要制动的轴固连。当压力油进入油缸 4 后，推动左右两个活塞，克服拉簧 5 的作用使制动蹄 2、7 分别与制动轮 6 相互压紧，即产生制动作用。油路卸压后，弹簧 5 使两制动蹄与制动轮分离松闸。这种制动器结构紧凑，广泛应用于各种车辆及结构尺寸受到限制的机械中。

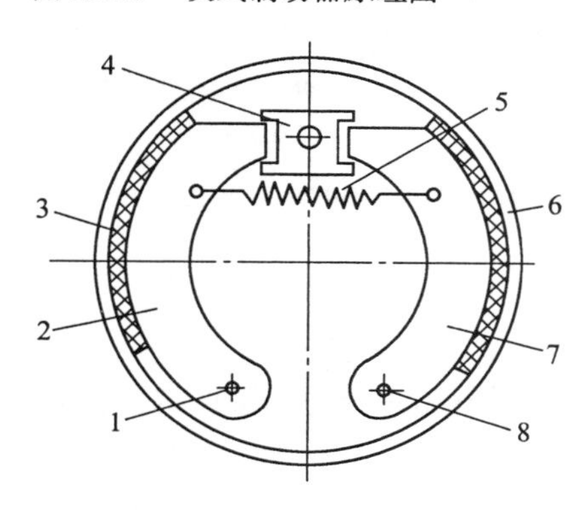

图 13.27 内涨式制动器

思考题与习题

13.1 联轴器的常用类型有哪些?并说明其特点。

13.2 画图说明任何一种可移式刚性联轴器是如何补偿两轴的位移的。

13.3 联轴器如何选用?

13.4 离合器有哪些种类，并说明其工作原理及应用。

13.5 离合器如何选用?

13.6 在带式运输机的驱动装置中，电动机与齿轮减速器之间、齿轮减速器与带式运输机之间分别用联轴器连接，有两种方案：(1) 高速级选用弹性联轴器，低速级选用刚性联轴器；(2) 高速级选用刚性联轴器，低速级选用弹性联轴器。试问上述两种方案哪个好，为什么?

13.7 带式运输机中减速器的高速轴与电动机采用弹性套柱销联轴器。已知电动机的功率 $P = 11$ kW，转速 $n = 970$ r/min，电动机轴径为 42 mm，减速器高速轴的直径为 35 mm，试选择电动机与减速器之间的联轴器。

第14章 弹　簧

内容提要　弹簧是重要的机械零、部件之一,它具有缓冲减振、储存能量、控制运动及测量力的大小等功能,本章以圆柱螺旋弹簧为例,重点介绍了弹簧的主要特点、类型、特性线、加工方法、受力状态、强度分析及设计计算方法。

Abstract　Spring is one of the most important elements in mechanical equipments and apparatus. It is used to damp and isolate vibration, store and return energy, control movement and measure forces. This chapter will focus on the major features, types, characteristic curves, fabrication, load and strength analyses, and calculation methods of cylindrical helical compression and extension springs.

14.1 概　述

弹簧是一种应用很广的弹性零件,它具有易变形、弹性大等特性。在机器中的主要功用如下:

(1) 缓和冲击及吸收振动。这类弹簧具有较大的弹性变形能力,可吸收振动和冲击能量。如汽车、火车中的缓冲弹簧、联轴器中的吸振弹簧等。

(2) 控制机构的运动。这类弹簧要求在某一定变形范围内的刚度变化不大。如内燃机中的阀门弹簧、离合器中的控制弹簧、自动机床凸轮机构中的弹簧等。

(3) 储存能量。这种弹簧既要求有较大的弹性,又要求作用力较稳定。如钟表弹簧、枪机弹簧、自动机床中刀架自动返回装置中的弹簧等。

(4) 测量力的大小。这类弹簧要求其受力与变形呈线性关系。如测力仪及弹簧秤中的弹簧等。

弹簧的种类很多,按承受载荷性质的不同,可分为拉伸弹簧、压缩弹簧、扭转弹簧和弯曲弹簧等。按弹簧形状不同,可分为螺旋弹簧、碟形弹簧、环形弹簧、盘簧、板弹簧等。表14.1列出了弹簧的主要类型和特性线。本章主要介绍圆柱形压缩(拉伸)螺旋弹簧的设计计算。

14.2 弹簧的材料、许用应力及制造

14.2.1 弹簧的材料

对弹簧材料的主要要求是:

(1) 必须具有较高的弹性极限、强度极限、疲劳极限和冲击韧性。

(2) 具有良好的热处理性能,热处理后应有足够的经久不变的弹性,且脱碳性要小。

(3) 对冷拔材料要求有均匀的硬度和良好的塑性。

选择弹簧材料时,应综合考虑弹簧的功用、重要程度、工作条件(如载荷的大小和性质、周围的介质和工作温度等)以及加工和热处理等各种因素。

常用的弹簧材料有:碳素弹簧钢、合金弹簧钢、不锈钢等。当受力较小而又有防腐蚀或防磁等特殊要求时,可用有色金属,如青铜。表 14.2 列出了常用的弹簧材料,供设计弹簧选择材料时参考。非金属弹簧材料主要是橡胶,近年来也有以塑料为材料做成塑料弹簧。

表 14.1　弹簧的主要类型和特性线

形状 载荷	螺　旋	其　他
拉伸	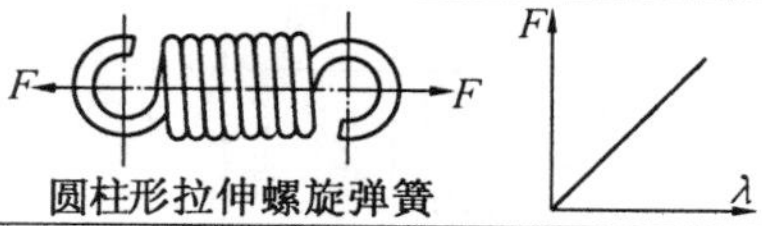 圆柱形拉伸螺旋弹簧	
压缩	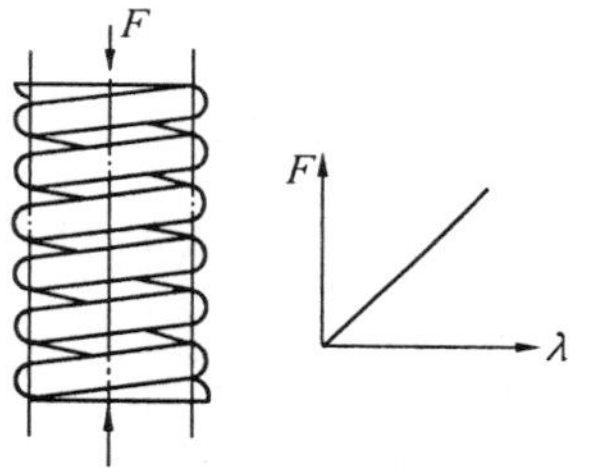 圆柱形压缩螺旋弹簧 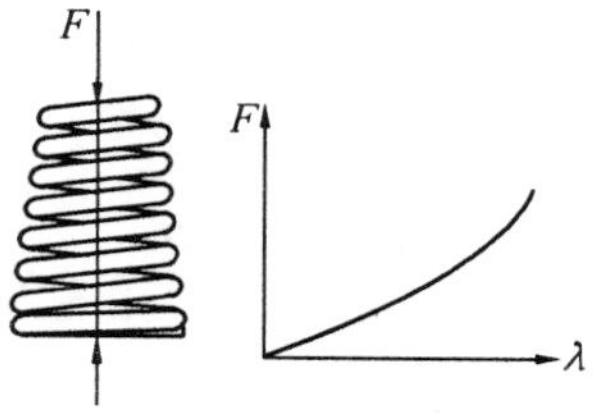 圆锥形压缩螺旋弹簧	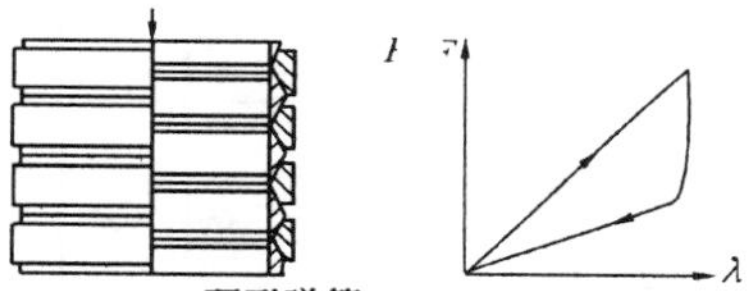 环形弹簧 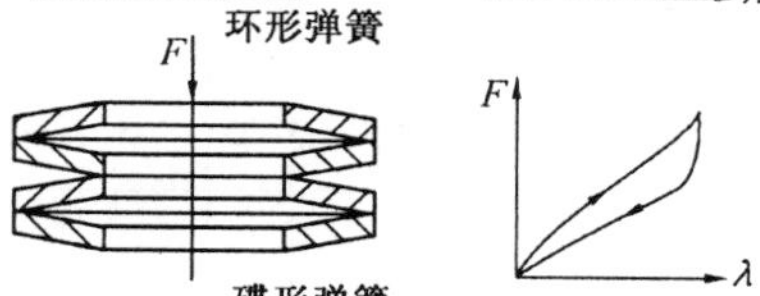 碟形弹簧  橡胶弹簧 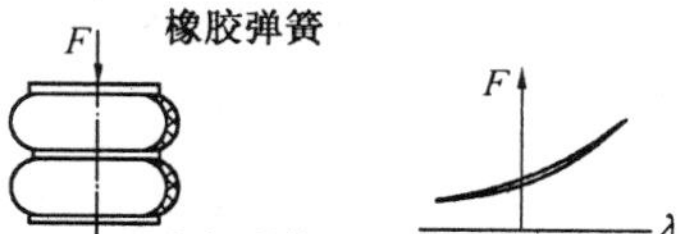 空气弹簧
扭转	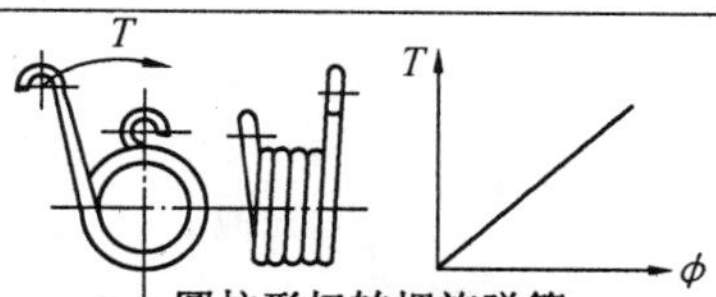 圆柱形扭转螺旋弹簧	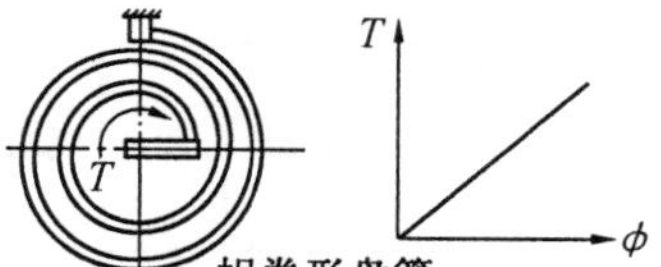 蜗卷形盘簧
弯曲		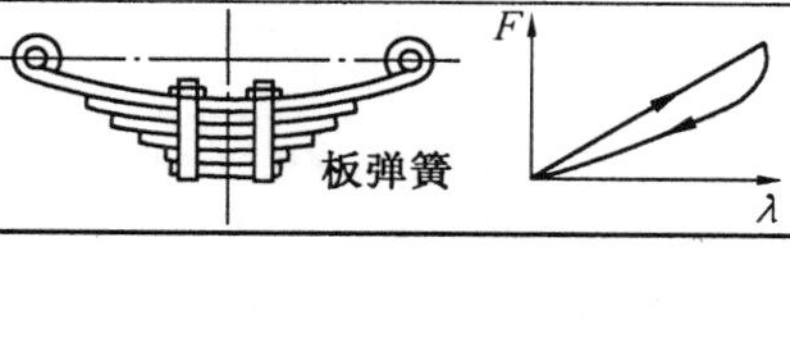 板弹簧

14.2.2 许用应力

根据弹簧的重要程度和载荷性质,弹簧可分为三类:

Ⅰ类——用于承受载荷循环次数在 10^6 次以上的变载荷弹簧;

Ⅱ类——用于承受载荷循环次数在 $10^3\sim10^6$ 次之间的变载荷或承受动载荷的弹簧和承受静载荷的重要弹簧;

Ⅲ类——用于承受载荷循环次数在 10^3 次以下的变载荷弹簧或承受静载荷的一般弹簧。

弹簧的许用应力与弹簧的类别有关(表 14.2)。

表 14.2 常用金属弹簧材料及其许用应力(摘自 GB/T 23935—2009)

类别	牌号	许用切应力 $[\tau]$/MPa			许用弯曲应力 $[\sigma_B]$/MPa		切变模量 G/GPa	弹性模量 E/GPa	推荐硬度范围 HRC	推荐使用温度/℃	特性及用途
		Ⅰ类弹簧	Ⅱ类弹簧	Ⅲ类弹簧	Ⅱ类弹簧	Ⅲ类弹簧					
碳素钢丝	65 70	$0.3\sigma_B$	$0.4\sigma_B$	$0.5\sigma_B$	$0.5\sigma_B$	$0.625\sigma_B$	$d=0.5\sim4$ 78.5~81.5 $d>4$ 78.5	$d=0.5\sim4$ 202~204 $d>4$ 197	—	-40~120	强度高,性能好,适用于做小弹簧($d\leqslant8$ mm)或要求不高、载荷不大的大弹簧
	65Mn 70Mn										
合金钢丝	60Si2Mn	471	627	785	785	981	78.5	197	45~50	-40~200	弹性好,回火稳定性好,易脱碳,用于受大载荷的弹簧
	60Si2MnA										
	50CrVA 30W4Cr2VA	441	588	735	735	922	78.5	197	43~47	-40~210	高温时强度高,淬透性好
不锈钢丝	1Cr18Ni9	324	432	533	533	677	71.6	193	—	-250~300	耐腐蚀,耐高温,工艺性好,适用于做小弹簧($d<10$ mm)
	1Cr18Ni9Ti										
	4Cr13	441	588	735	735	922	75.5	215	48~53	-40~300	耐腐蚀,耐高温,适用于做大弹簧
	0Cr17Ni7Al	471	628	785	785	981	73.5	183	—	-200~300	强度、硬度很高,耐高温,加工性能好,适用于形状复杂、表面状态要求高的弹簧
	0Cr15Ni12Mo2										
铜合金丝	QSi3-1	265	335	441	441	549	40.2	93.2	90~100HBW	-40~120	耐腐蚀,防磁好
	QSn4-3 QSn65-0.1						39.2				
	QBe2	353	441	549	549	735	42.2	129.5	37~40		耐腐蚀,防磁,导电性及弹性好

注:① 表中许用切应力为压缩弹簧的许用值,拉伸弹簧的许用切应力为压缩弹簧的 80%。

② 强压处理的弹簧,其许用应力可增大 25%;喷丸处理的弹簧,其许用应力可增大 20%。

③ 对遭受重要损坏后引起机器不能工作的弹簧,许用应力应适当降低。

碳素弹簧钢丝的抗拉强度极限 σ_B 与材料的机械性能组别及钢丝直径 d 有关。机械性能按强度高低分为三级：D 级—高应力弹簧；C 级—中应力弹簧；B 级—低应力弹簧(仅用于做不太重要的弹簧)。碳素弹簧钢丝经多次拉拔回火后抗拉强度极限 σ_B 可提高，且直径小的 σ_B 值较高。如表 14.3 所示，设计时可先初定钢丝直径进行试算。

表 14.3 弹簧钢丝抗拉强度 σ_B(摘自 GB/T 23935—2009) MPa

钢丝直径 d/mm	碳素弹簧钢丝 GB/T 4357—1989			油淬火回火碳素弹簧钢丝 YB/T 5103—1993		阀门用油淬火回火铬钒合金弹簧钢丝 50CrVA YB/T 5008—1993	弹簧用不锈钢丝 GB/T 4240—1993		
	B级 低应力弹簧	C级 中应力弹簧	D级 高应力弹簧	A类 一般强度	B类 较高强度		A级 1Cr18Ni9 00Cr19Ni10	B级 1Cr18Ni9 00Cr18Ni10N	C级 0Cr17Ni7A1
1.0	1 660	1 960	2 300	—	—	1 667	1 471	1 863	1 765
1.2	1 620	1 910	2 250	—	—	1 667	1 373	1 765	1 667
1.4	1 620	1 860	2 150	—	—	1 667	1 324	1 765	1 667
1.6	1 570	1 810	2 110	—	—	1 667	1 324	1 667	1 599
1.8	1 520	1 760	2 010	—	—	1 667	1 324	1 667	1 599
2.0	1 470	1 710	1 910	1 618	1 716	1 618	1 124	1 667	1 599
2.2	1 420	1 660	1 810	1 569	1 667	1 618	—	—	—
2.5	1 420	1 660	1 760	1 569	1 667	1 618	1 275①	1 569①	1 471①
2.8	1 370	1 620	1 710	1 569	1 667	1 618	1 177②	1 471②	1 373②
3.0	1 370	1 570	1 710	1 520	1 618	1 618	—	—	—
3.2	1 320	1 570	1 660	1 471	1 569	1 659	1 177	1 471	1 373
3.5	1 320	1 570	1 660	1 471	1 569	1 659	1 177	1 471	1 373
4	1 320	1 520	1 620	1 422	1 520	1 620	1 177	1 471	1 373
4.5	1 320	1 520	1 620	1 373	1 471	1 520	1 079	1 373	1 275
5	1 320	1 470	1 570	1 324	1 422	1 471	1 079	1 373	1 275
5.5	1 220	1 470	1 570	1 275	1 373	1 471	1 079	1 373	1 275
6	1 220	1 420	1 520	1 275	1 373	1 471	1 079	1 373	1 275
7	1 170	1 370	—	1 226	1 324	1 422	981	1 275	—
8	1 170	1 370	—	1 226	1 324	1 373	981	1 275	—
9	1 130	1 320	—	1 226	1 324	1 373	—	1 128	—
10	1 130	1 320	—	—	—	1 373	—	981	—

①—对应于簧丝直径 $d = 2.3 \sim 2.6$ mm；②—对应于簧丝直径 $d = 2.9$ mm。

14.2.3 螺旋弹簧的制造

螺旋弹簧的制造过程主要包括:① 卷绕;② 钩环的制作或两端的加工;③ 热处理;④ 工艺试验及必要的强压或喷丸等强化处理。

卷绕的方法有冷卷和热卷两种。冷卷主要用于弹簧直径较小($d<8$ mm)的情况。冷卷弹簧多用冷拉的、预先已进行了热处理的优质碳素弹簧钢丝,卷成后只做低温回火以消除内应力。直径较大的弹簧钢丝制造弹簧时则用热卷。热卷的温度根据弹簧丝直径的不同,可在800~1 000℃范围内选择。卷成后要进行淬火及回火处理。拉伸弹簧在卷绕过程中,如果使弹簧丝绕其本身轴线扭转,卷成后各圈间将产生压紧力,弹簧丝中也产生一定的预应力,称这种弹簧为有预应力的拉伸弹簧。这种弹簧一定要在外加拉力大于初拉力 F_0 后,各圈间才开始分离。因此,它较无预应力的拉伸弹簧轴向尺寸小。

为提高弹簧的承载能力,可进行强压强拉处理或喷丸处理。压缩弹簧的强压处理是在弹簧卷成后,用超过弹簧材料弹性极限的载荷把它压缩到各圈相接触并保持6~48 h,从而在弹簧丝内产生塑性变形。卸载后的弹簧中产生了残余应力。喷丸处理是用钢丸或铸铁丸以一定速度(50~80 m/s)喷击弹簧,使其表面受到冷作硬化,产生有益的残余应力,从而在弹簧受载时,抵消一部分工作应力,以提高其承载能力。拉伸弹簧可进行强拉处理。弹簧经强压强拉处理后,不允许再进行任何热处理,也不宜在高温(150~450℃)和长期振动情况下工作,否则将失去上述作用。此外,弹簧还须进行工艺试验及精度、疲劳等试验,以检验弹簧是否符合技术要求。

压缩螺旋弹簧的端部结构形式很多,如表14.4所示的几种形式。对于重要的压缩弹簧或弹簧指数 C($C=D/d$ 即弹簧中径与簧丝直径之比)较小的压缩弹簧(一般 $C<10$),应将端面磨平,使两端支承端面与轴线垂直,减少在受载时产生歪斜的可能,如表14.4中的YⅠ型和YⅡ型。

表14.4 圆柱压缩螺旋弹簧的端部结构及代号(摘自GB/T 23935—2009)

类型	代号	简图	端部结构形式
冷卷压缩弹簧(Y)	YⅠ		两端圈并紧磨平 $n_2=1\sim2.5$
	YⅡ		两端圈并紧不磨平 $n_2=1.5\sim2$
	YⅢ		两端圈不并紧 $n_2=0\sim1$

热卷压缩弹簧(RY)	RYⅠ		两端圈并紧磨平 $n_2=1.5\sim2.5$
	RYⅡ		两端圈制扁并紧磨平或不磨平 $n_2=1.5\sim2.5$

对于拉伸弹簧,为便于连接和加载,其两端应做出钩环,如图14.1所示。图中(a)~(d)钩环形式制作方便,但钩环过渡处会因弯曲产生较大弯曲应力,从而降低拉伸弹簧的强度。为减轻或消除这种影响,可以采用图中(e)和(f)所示的附加钩环的结构形式。

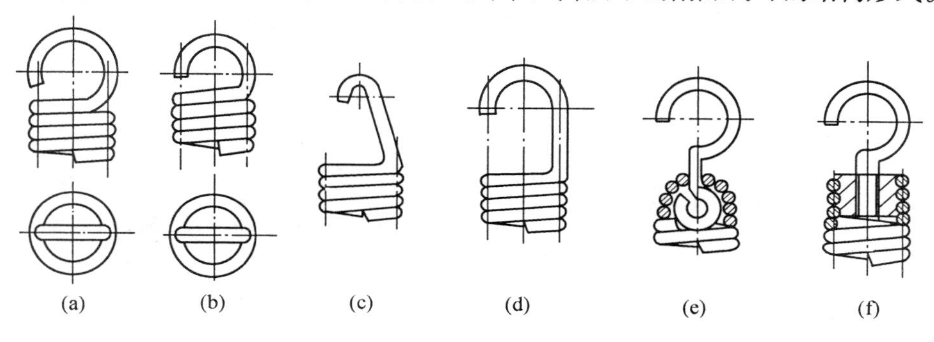

图14.1 拉伸弹簧的端部结构

14.3 圆柱压缩(拉伸)螺旋弹簧的设计计算

圆柱形压缩螺旋弹簧与拉伸螺旋弹簧除结构有区别外,两者的应力、变形与作用力之间关系等基本相同。

这类弹簧的设计计算内容主要有:确定结构形式和特性线;选择材料和确定许用应力;由强度条件确定弹簧丝的直径和弹簧中径;由刚度条件确定弹簧的工作圈数;确定弹簧的基本参数、尺寸等。

14.3.1 几何尺寸和参数

圆柱形螺旋弹簧的主要几何参数和尺寸有:中径 D、外径 D_2、内径 D_1、节距 p、螺旋升角 α、弹簧丝直径 d(图14.2)和弹簧指数(旋绕比)C、工作圈数 n 等。它们之间的关系及计算公式列于表14.5中。

表 14.5 圆柱形压缩(拉伸)螺旋弹簧的几何尺寸

名称及代号	压缩弹簧		拉伸弹簧	
	关系式	备注	关系式	备注
中径 D	$D = C \cdot d$		$D = C \cdot d$	
外径 D_2	$D_2 = D + d$		$D_2 = D + d$	
内径 D_1	$D_1 = D - d$		$D_1 = D - d$	
弹簧指数 C	$C = D/d$		$C = D/d$	
工作圈数 n	$n \geqslant 2$	由工作条件确定	$n \geqslant 2$	由工作条件确定
支承圈数 n_2	$n_2 = 2 \sim 2.5$ $n_2 = 1.5 \sim 2$	冷卷弹簧 YⅡ 型热卷弹簧		
总圈数 n_1	$n_1 = n + n_2$	尾数应为$\frac{1}{4}$、$\frac{1}{2}$或整圈,推荐$\frac{1}{2}$圈	$n_1 = n$	$n_1 > 15$时,一般圆整为整圈;$n_1 < 15$时,圆整为 1/2 圈的倍数
弹簧间隙 δ	$\delta \geqslant \lambda_{\lim}/n$		$\delta = 0$	
余隙 δ_1	$\delta_1 \geqslant 0.1\ d$			
节距 p	$p = d + \delta \approx (0.28 \sim 0.25)D$		$p \approx d$	
自由高度或长度 H_0	$n_2 = 1.5$时,$H_0 = np + d$ $n_2 = 2$时,$H_0 = np + 1.5d$ $n_2 = 2.5$时,$H_0 = n + 2d$	两端磨平	$H_0 = (n + 1)d + D_1$ $H_0 = (n + 1)d + 2D_1$ $H_0 = (n + 1.5)d + 2D_1$	半圆钩环(LⅠ) 圆钩环(LⅡ) 圆钩环压中心(LⅢ)
	$n_2 = 2$时,$H_0 = np + 3d$ $n_2 = 2.5$时,$H_0 = np + 3.5d$	两端不磨		
并紧高度 H_b	$H_b \approx (n_1 - 0.5)d$ $H_b \approx (n_1 + 1)d$	两端并紧磨平 两端并紧不磨平	$H_b = H_0$	
螺旋升角 α	$\alpha \arctan \frac{p}{\pi D}$	推荐 $\alpha = 5° \sim 9°$	$\alpha = \arctan \frac{p}{\pi D}$	
弹簧钢丝展开长度 L	$L = \frac{\pi D n_1}{\cos \alpha} \approx \pi D n_1$		$L \approx \pi D n +$ 钩环展开长度	
质量 m_s	$m_s = \frac{\pi d^2}{4} L\gamma$	γ 为材料密度 钢 $\gamma = 7\ 700\ \mathrm{kg/m^3}$ 铍青铜 $\gamma = 8\ 100\ \mathrm{kg/m^3}$	$m_s = \frac{\pi d^2}{4}$	

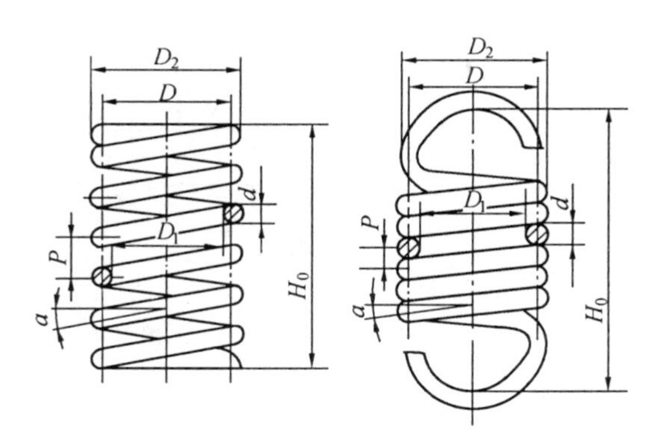

图 14.2 圆柱形螺旋弹簧的几何参数

14.3.2 特性线

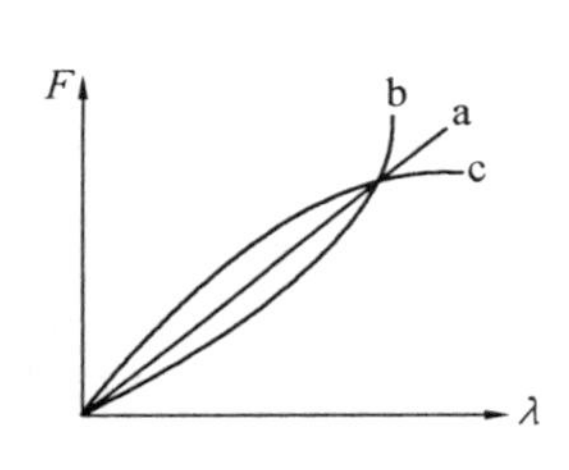

图 14.3 弹簧的特性线

弹簧承受载荷后将产生弹性变形，表示载荷与相应变形之间关系的曲线称为弹簧的特性线，如图14.3所示。弹簧的特性线可分为三种类型：直线型 a，渐增型 b，渐减型 c。图 14.4 为圆柱形等节距压缩螺旋弹簧及其特性线。通常为了使弹簧可靠地稳定在安装位置上，工作前要预先加一压力 F_1，称 F_1 为弹簧的最小工作载荷。在其作用下弹簧高度由自由高度 H_0 被压缩到 H_1，相应的压缩变形量为 λ_1。F_2 为弹簧承受的最大工作载荷，在其作用下弹簧高度被压缩到 H_2，相应的压缩变形量为 λ_2。λ_2 与 λ_1 之差称为弹簧的工作行程，即

$$h = \lambda_2 - \lambda_1 = H_1 - H_2$$

$F_{\lim}$ 为弹簧的极限工作载荷，在它的作用下弹簧丝内的应力达到了弹簧材料的屈服极限。此时，相应的弹簧高度为 $H_{\lim}$，压缩变形量为 $\lambda_{\lim}$。$\lambda_{\lim}$ 一般应略小于或等于弹簧各圈完全并紧时的全变形量 λ_b。

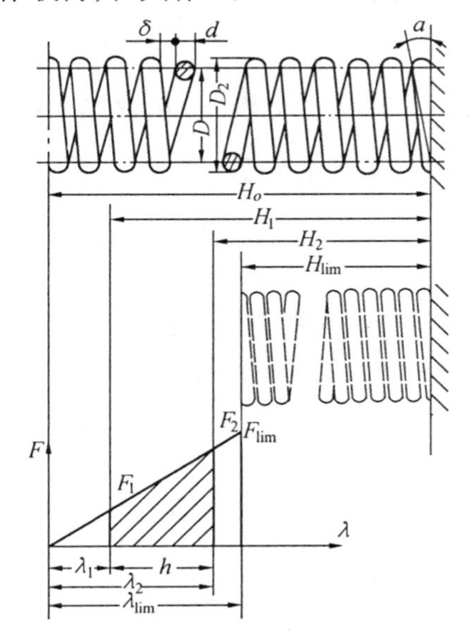

图 14.4 圆柱形压缩螺旋弹簧及特性线

对压缩弹簧，为使其具有承受载荷后产生变形的可能，在自由状态下各圈之间必须有一定的间隙 δ，并使 $\delta \geqslant \lambda_{\lim}/n$。为避免受载后弹簧圈有可能提前接触并紧及由此引起弹簧刚度不稳定，设计时应考虑到 F_2 作用下各圈之间仍剩有适当间隙 δ_1，称 δ_1 为余隙，通常取 $\delta_1 \geqslant 0.1\ d$。

弹簧的最小工作载荷通常取为 $F_1 = (0.1 \sim 0.5)F_{\lim}$。最大工作载荷 F_2 由弹簧的工

作条件决定，但应略小于极限工作载荷 $F_{\lim}$，通常取 $F_2 \leqslant 0.8F_{\lim}$。

极限工作载荷 $F_{\lim}$ 的大小，应保证弹簧丝中所产生的极限切应力 $\tau_{\lim}$ 在以下范围内：

对于 Ⅰ 类弹簧，$\tau_{\lim} \leqslant 1.67[\tau]$；

对于 Ⅱ 类弹簧，$\tau_{\lim} \leqslant 1.25[\tau]$；

对于 Ⅲ 类弹簧，$\tau_{\lim} \leqslant 1.12[\tau]$。

图 14.5 为圆柱形等节距拉伸螺旋弹簧及其特性线。它分为无预应力和有预应力两种，前者（图 14.5(a)）的特性线与压缩弹簧类似。但有预应力的拉伸弹簧（图 14.5(b)），应使最小工作拉力大于初拉力（或称安装拉力），即 $F_1 > F_0$。

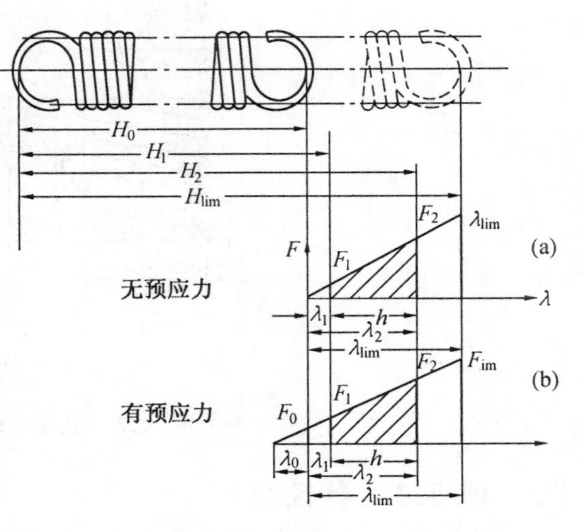

图 14.5 圆柱形拉伸螺旋弹簧及特性线

弹簧的特性线需要绘制在弹簧工作图中，作为检验和试验时的依据。

14.3.3 弹簧的受力和应力

压缩弹簧和拉伸弹簧的弹簧丝受力情况是相似的。现就图 14.6 所示的压缩弹簧在通过弹簧轴线的载荷 F 作用下的情况进行受力和应力分析。

在通过弹簧轴线的平面 $A—A$ 内，弹簧丝的剖面呈椭圆形（图 14.6(b) 中实线），而在垂直于弹簧丝的平面 $B—B$ 内则为圆形（图 14.6(b) 中虚线），两剖面间夹角为弹簧的螺旋升角 α。当弹簧受载荷 F 作用时，在 $A—A$ 剖面上将作用有扭转力矩 $F\dfrac{D}{2}$ 和剪切力 F。而在 $B—B$ 剖面上则作用有转矩 $T = \dfrac{FD}{2}\cos\alpha$、弯矩 $M = \dfrac{F \cdot D}{2}\sin\alpha$、切向力 $F_t = F\cos\alpha$ 及法向力 $F_n = F\sin\alpha$（图中力矩用矢量表示）。拉伸弹簧的受力情况与压缩弹簧相同，只是以上各作用载荷计算式取负值。

由于弹簧的螺旋升角 α 很小（一般 $\alpha = 5° \sim 9°$），故可认为 $\sin\alpha \approx 0, \cos\alpha \approx 1$。这样弹簧丝中起主要作用的外载荷将是转矩 T 和切向力 F_t，其受力情况就相当于一个受转矩和切向力作用的曲梁。因此，该剖面上的应力可近似地取为

$$\tau = \tau_T + \tau_F$$

如把弹簧丝的曲率影响忽略不计，将其近似地视为直梁，则由转矩 T 引起的切应力 τ_T（图 14.7(a)）为

$$\tau_T = \frac{T}{W_T} = \frac{FD/2}{\pi d^3/16} = \frac{8FD}{\pi d^3}$$

切向力 F_t 引起的切应力 τ_F（图 14.7(b)）为

$$\tau_F = \frac{F_t}{A} = \frac{F}{\pi d^2/4} = \frac{4F}{\pi d^2}$$

根据力的叠加原理可知,在弹簧丝内侧点 a 的合成应力最大(图 14.7(c))。这与实际弹簧丝破坏的危险点是一致的。点 a 的最大合成切应力为

$$\tau' = \frac{8FD}{\pi d^3} + \frac{4F}{\pi d^2} = \frac{8FD}{\pi d^3}\left(1 + \frac{d}{2D}\right) = \frac{8FD}{\pi d^3}\left(1 + \frac{1}{2C}\right)$$

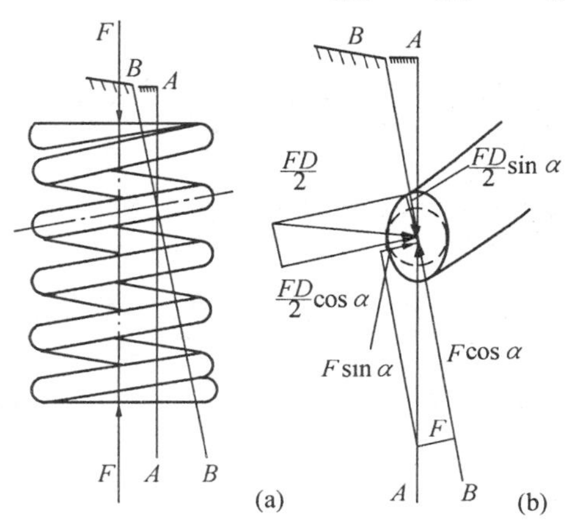

图 14.6 弹簧的受力分析

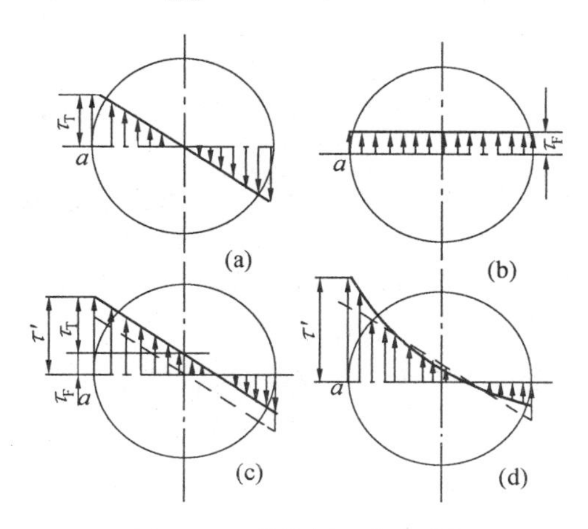

图 14.7 弹簧剖面应力分析

式中,$C = \dfrac{D}{d}$ 称为弹簧指数(旋绕比),它是弹簧设计中一个重要参数。当弹簧丝直径 d 一定时,C 值越小,刚度越大,并且曲率越大,内外侧应力差越大,通常取 $C = 4 \sim 16$。推荐使用的不同弹簧丝直径的弹簧指数 C 见表 14.6。

表 14.6 弹簧指数 C

d/mm	0.1 ~ 0.4	0.5 ~ 1	1.2 ~ 2.2	2.5 ~ 6	7 ~ 16	18 ~ 40
C	7 ~ 14	5 ~ 12	5 ~ 10	4 ~ 10	4 ~ 8	4 ~ 6

因 $2C \gg 1$,取 $1 + \dfrac{1}{2C} \approx 1$,这意味着此时弹簧丝中的应力主要取决于应力 τ_T,而 τ_F 的影响极小,即上式为 $\tau = \dfrac{8FD}{\pi d^3}$。

如果考虑弹簧升角和曲率以及 τ_F 的影响,引入一个修正系数 K,则弹簧丝剖面上实际应力的分布将如图 14.7(d) 所示,内侧点 a 合成应力最大,其强度条件

$$\tau = K\frac{8FD}{\pi d^3} = K\frac{8FC}{\pi d^2} \leqslant [\tau] \tag{14.1}$$

式中 K—— 曲度系数,其值与弹簧指数 C 有关,可由下式计算

$$K = \frac{4C - 1}{4C - 4} + \frac{0.615}{C} \tag{14.2}$$

当按强度条件计算弹簧丝直径 d 时,应以最大工作载荷 F_2 代替式中的 F,则得

$$d \geqslant \sqrt{\frac{8KF_2C}{\pi[\tau]}} = 1.6\sqrt{\frac{KF_2C}{[\tau]}} \tag{14.3}$$

式中 $[\tau]$—— 弹簧材料的许用切应力,MPa,可由表 14.2 查取,式(14.3) 为弹簧丝直径的计算公式,由它求得的直径应圆整成标准值。

对于碳素弹簧钢丝,由于[τ]和C都与直径d有关,设计时需要试算,先估计d值,查得C、[τ]后按式(14.3)计算d,如计算值与估算的不符时,应重新估计d值再计算,直到两者相符为止。初算时,可取$C = 5 \sim 8$。

14.3.4 弹簧的变形和刚度

圆柱形压缩(拉伸)螺旋弹簧受载荷后产生的轴向变形量可根据材料力学公式求得,即

$$\lambda = \frac{8FD^3n}{Gd^4} = \frac{8FC^3n}{Gd} \tag{14.4}$$

式中 G—— 弹簧材料的剪切弹性模量(表14.2);

n—— 弹簧的工作圈数。

如果以最大工作载荷F_2代替F,则最大轴向变形量λ_2为

(1) 对于压缩弹簧和无初应力的拉伸弹簧

$$\lambda_2 = \frac{8F_2C^3n}{Gd} \tag{14.4a}$$

(2) 对于有初应力的拉伸弹簧

$$\lambda_2 = \frac{8(F_2 - F_0)C^3n}{Gd} \tag{14.4b}$$

F_0为初拉力,用弹簧钢丝冷卷制成的拉伸弹簧,不再淬火,均有一定的初拉力。选取初拉力时,推荐的初应力τ_0'值可在图14.8的阴影区内选取。与初应力对应的初拉力按下式计算

$$F_0 = \frac{\pi d^3 \tau_0'}{8KD} \tag{14.5}$$

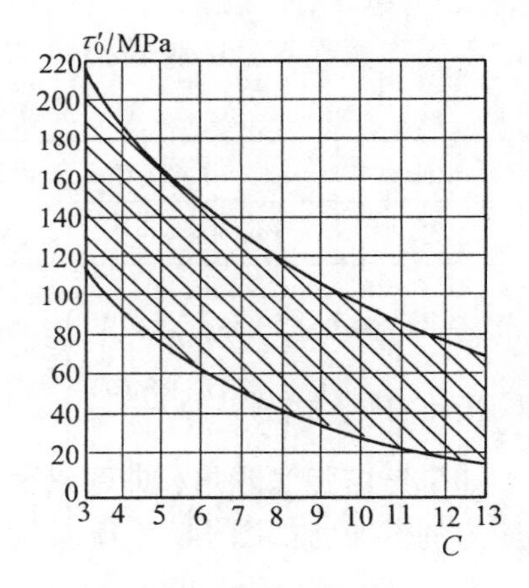

图14.8 拉伸弹簧的初应力

弹簧的载荷变量dF与变形变量$d\lambda$之比,即产生单位变形所需的载荷称为弹簧刚度,用K_F表示,拉伸和压缩弹簧的刚度为

$$K_F = \frac{dF}{d\lambda}$$

弹簧刚度也就是弹簧特性线上某点的斜率,它越大,弹簧越硬。弹簧刚度K_F为常数的弹簧称为定刚度弹簧,其特性线为一直线,等节距圆柱形螺旋弹簧就是定刚度弹簧。而K_F变化的弹簧称为变刚度弹簧,其特性线为一曲线,等节距圆锥螺旋弹簧及不等节距圆柱形螺旋弹簧都是变刚度弹簧。定刚度的压缩、拉伸弹簧的刚度为

$$K_F = \frac{F}{\lambda} = \frac{Gd}{8C^3n} = \frac{Gd^4}{8D^3n} \tag{14.6}$$

影响弹簧刚度的因素很多,从式(14.6)可知,K_F与C^3成反比,即弹簧指数C值对K_F的影响很大。因此,合理地选择C值,就可有效地控制弹簧刚度。此外,K_F还与G、d成正比,与n成反比。

弹簧圈数 n 的多少取决于弹簧的变形或刚度,可由式(14.4)或式(14.6)计算。一般来说,$n \geqslant 2$,压缩弹簧的总圈数 $n_1 = n + n_2$,n_2 为支承圈数。

14.3.5 弹簧的稳定性

压缩弹簧的自由高度 H_0 与中径 D 之比,称为高径比,即 $b = \frac{H_0}{D}$。

高径比 b 值较大时,当轴向载荷 F 达到一定值后,弹簧就会发生较大的侧向弯曲而丧失稳定(图14.9),这是不允许的。压缩弹簧自由高度越大,越容易失稳。弹簧的稳定性还与弹簧两端的支承形式有关。

为保证压缩弹簧的稳定性,其高径比 b 值应满足下列要求:

两端固定时 $b < 5.3$

一端固定另一端自由转动时 $b < 3.7$

两端均自由转动时 $b < 2.6$

当 b 值不满足上述要求时,应进行稳定性验算。保持稳定时的临界载荷由下式计算

$$F_c = C_B K_F H_0 \tag{14.7}$$

式中 C_B——不稳定系数,它为失稳时的临界变形 λ_c 与自由高度 H_0 之比,即 $C_B = \frac{\lambda_c}{H_0}$,其值可根据高径比 b 及不同的支承形式从图14.10查得。

为保证弹簧工作的稳定性,最大工作载荷 F_2 与临界载荷 F_c 之间应满足以下关系

$$F_2 \leqslant \frac{F_c}{2 \sim 2.5} \tag{14.8}$$

如不满足,应重新选取参数,改变 b 值,提高 F_c。如受条件限制不能改变参数时,可加导杆或导套(图14.11),或者采用组合弹簧。导杆或导套与弹簧间的直径间隙是 $2c$,可按表14.7选取。

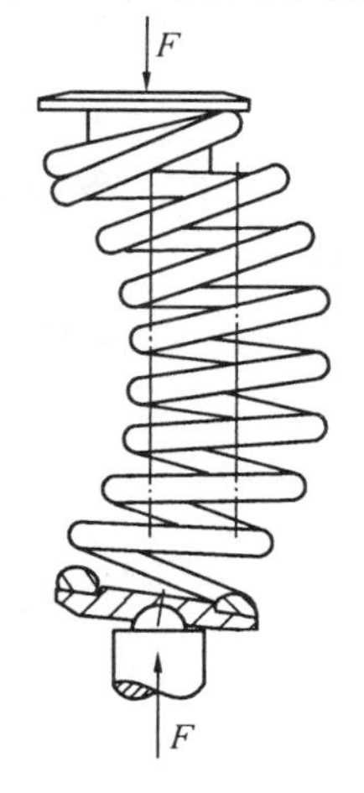

图14.9 压缩弹簧的失稳

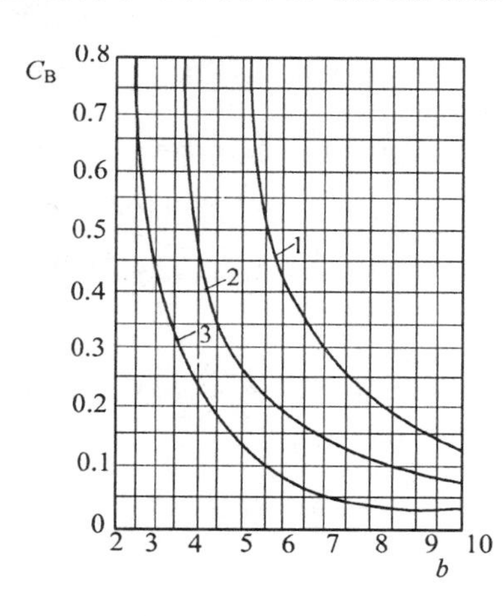

图14.10 不稳定系数 C_B

1—两端固定;2—一端固定,一端自由;

3—两端自由

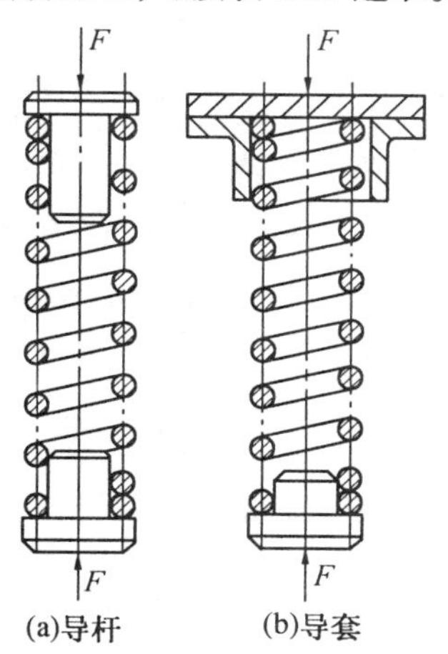

图14.11 导杆和导套

表 14.7 弹簧与导杆(或导套)之间的直径间隙

中径 D/mm	$\leqslant 5$	$>5\sim10$	$>10\sim18$	$>18\sim30$	$>30\sim50$	$>50\sim80$	$>80\sim120$	$>120\sim150$
间隙 $2c$/mm	0.6	1	3	3.5	4	5	6	7

14.3.6 受静载荷圆柱形螺旋弹簧的设计

对于所受载荷不随时间变化或变化平稳,且载荷变化次数不超过 10^3 次的弹簧,可按静强度设计。设计的一般步骤如下:

(1) 选择材料和确定许用应力。

① 初选弹簧指数 C,通常 $C = 5 \sim 8$;由式(14.2)计算曲度系数 K。

② 根据初选 C 值及安装空间估计中径 D,估取弹簧丝直径 d。

③ 选择材料,根据所选材料及初选直径 d 确定许用切应力$[\tau]$。

(2) 根据强度条件由式(14.3)试算弹簧丝直径 d',得到满意的结果后,圆整为标准弹簧丝直径 d,然后由 $D = C \cdot d$ 计算 D。

(3) 根据变形条件由式(14.4)或式(14.6)计算弹簧工作圈数 n。

(4) 计算弹簧其他尺寸,如 D_2、D_1、H_0、p、α 和 L 等主要尺寸。

(5) 验算稳定性。

(6) 绘制弹簧工作图(包括特性线图)。

【例 14.1】 一安全阀门用圆柱形压缩螺旋弹簧,一端固定,另一端可自由转动。已知预调压力 $F_1 = 480$ N,压缩量 $\lambda_1 = 14$ mm,滑阀最大开放量(即工作行程)$h = 1.9$ mm,弹簧中径 $D \approx 20$ mm,试设计此弹簧。

【解】 (1) 选择材料并确定许用应力$[\tau]$。安全阀用弹簧虽然载荷作用次数不多,但要求工作可靠、动作灵敏,故可按 Ⅱ 类弹簧设计,选用 D 级碳素弹簧钢丝,用 YⅠ 型结构。

因 $d = \dfrac{D}{C}$,当 $C = 5 \sim 8$ 时,$d = 4 \sim 2.5$,可估取钢丝直径 $d = 4$ mm。由表 14.3 查取 $\sigma_b = 1\,600$ MPa,再根据表 14.2 知,Ⅱ 类弹簧$[\tau]$/MPa $= 0.4\sigma_b = 0.4 \times 1\,600 = 640$,$G = 80\,000$ MPa。

(2) 根据强度条件确定钢丝直径。因 $C = \dfrac{D}{d} = \dfrac{20}{4} = 5$,由式(14.2)得 $K = 1.34$。因圆柱形等螺距压缩螺旋弹簧是定刚度弹簧,所以

$$F_2 = \frac{\lambda_2}{\lambda_1}F_1 = \frac{(\lambda_1 + h)}{\lambda_1}F_1 = \frac{(14 + 1.9)}{14} \times 480 = 545.14 \text{ N}$$

代入式(14.3),得

$$d' \geqslant 1.6\sqrt{\frac{KF_2C}{[\tau]}} = 1.6\sqrt{\frac{1.34 \times 545.14 \times 5}{640}} = 3.82 \text{ mm}$$

取标准钢丝直径 $d = 4$ mm,这与原估取值一致,故可用。

(3) 根据变形条件确定弹簧的工作圈数。由式(14.4a)知

$$n = \frac{Gd}{8F_2C^3}\lambda_2 = \frac{80\,000 \times 4}{8 \times 545.14 \times 5^3}(14 + 1.9) = 9.33$$

取 $n = 9$ 圈(亦可取 $n = 9.5$)。

由式(14.6)知，此时弹簧的刚度为

$$K_F = \frac{Gd}{8C^3 n} = \frac{80\,000 \times 4}{8 \times 5^3 \times 9} = 35.56 \text{ N/mm}$$

实际最大工作载荷 F_2 为

$$F_2 = K_F(\lambda_1 + h) = 35.56 \times (14 + 1.9) = 565.4 \text{ N}$$

$$F_1 = K_F\lambda_1 = 35.66 \times 14 = 497.84 \text{ N}$$

(4) 计算弹簧的极限变形量，并验算极限切应力。由 $F_2 \leqslant 0.8F_{\text{lim}}$，则 $\lambda_2 \leqslant 0.8\lambda_{\text{lim}}$，取 $\lambda_{\text{lim}} = \frac{\lambda_2}{0.8} = \frac{\lambda_1 + h}{0.8} = \frac{15.9}{0.8} = 19.875$。同理取 $F_{\text{lim}} = \frac{F_2}{0.8} = \frac{565.4}{0.8} = 706.76$ N。由式(14.1)计算极限切应力

$$\tau_{\text{lim}} = K\frac{8F_{\text{lim}}D}{\pi d^3} = 1.34\frac{8 \times 706.8 \times 20}{3.14 \times 4^3} = 753.7 \text{ MPa}$$

对Ⅱ类弹簧 $1.25[\tau] = 1.25 \times 640 = 800$ MPa，则 $\tau_{\text{lim}} < 1.25[\tau]$，满足要求。

(5) 计算弹簧其他尺寸。

外径 $$D_2 = D + d = 20 + 4 = 24 \text{ mm}$$

内径 $$D_1 = D - d = 20 - 4 = 16 \text{ mm}$$

支承圈数 $$n_2 = 2 \text{ 圈}$$

总圈数 $$n_1 = n + n_2 = 11 \text{ 圈}$$

弹簧间隙 $$\delta \geqslant \frac{\lambda_{\text{lim}}}{n} = \frac{19.875}{9} \approx 2.2 \text{ mm}$$

取 $\delta = 2.5$ mm。

节距 $$p = d + \delta = 4 + 2.5 = 6.5 \text{ mm}$$

自由高度 $$H_0 = np + 1.5d = 9 \times 6.5 + 1.5 \times 4 = 64.5 \text{ mm}$$

并紧高度 $$H_b \approx (n_1 - 0.5)d = (11 - 0.5) \times 4 = 42 \text{ mm}$$

总变形量 $$\lambda_b = H_0 - H_b = 64.5 - 42 = 22.5 > \lambda_{\text{lim}} \text{ mm}$$

弹簧螺旋升角

$$\alpha = \arctan\frac{p}{\pi D} = \arctan\frac{6.5}{3.14 \times 20} = 5°54'$$

α 在 5° ~ 9° 之间，故合适。

钢丝展开长度

$$L = \frac{\pi D n_1}{\cos\alpha} = \frac{3.14 \times 20 \times 11}{\cos 5°54'} = 695 \text{ mm}$$

(6) 验算稳定性。

高径比 $$b = \frac{H_0}{D} = \frac{64.5}{20} = 3.22$$

此值大于3.7，故不需进行稳定性验算。

(7) 绘制弹簧工作图(图14.12)。

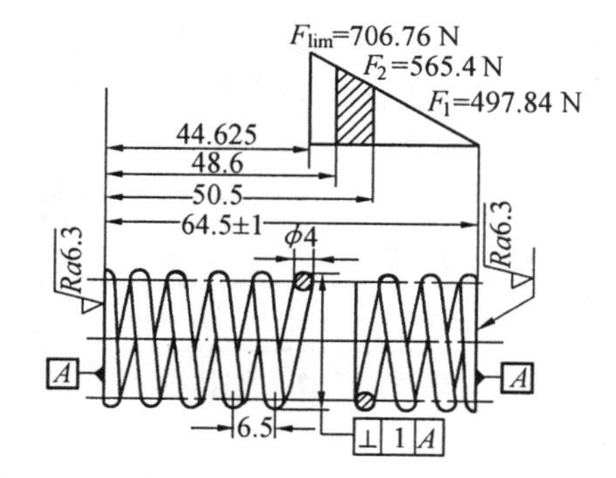

图14.12 压缩螺旋弹簧工作图

14.4 受交变载荷的弹簧设计

受交变载荷的弹簧除了按最大工作载荷及变形进行如前所述的设计计算外，还应根据具体情况进行如下的强度验算和振动验算。

14.4.1 强度验算

对于受变载荷作用的弹簧，当载荷的作用次数 $N \geqslant 10^3$ 时，应进行疲劳强度验算；当 $N < 10^3$ 或载荷变化幅度不大时，通常只进行静强度验算；当上述两种情况不易区别时，则应同时进行两种强度验算。

1. 疲劳强度验算

圆柱形螺旋弹簧在交变载荷作用下，应力变化情况如图 14.13 所示。当载荷在 F_1 和 F_2 之间循环变化时，根据式(14.1)可知，弹簧丝内部的最大和最小切应力分别为

$$\tau_{\max} = \tau_m + \tau_a = K\frac{8F_2C}{\pi d^2}$$

$$\tau_{\min} = \tau_m - \tau_a = K\frac{8F_1C}{\pi d^2}$$

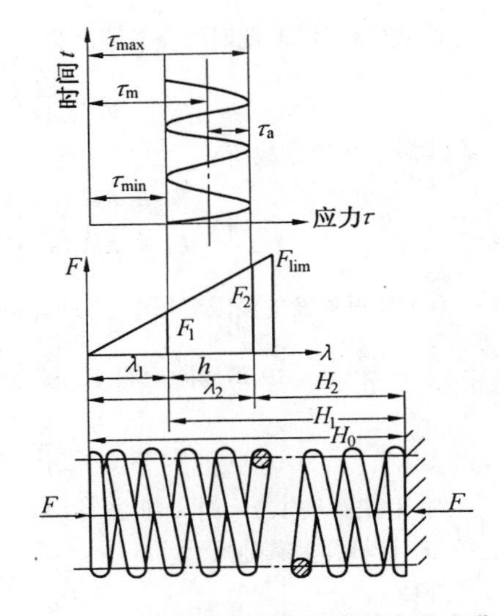

图 14.13 受变载荷的压缩弹簧应力变化

疲劳强度安全系数为

$$S = \frac{\tau_0 + 0.75\tau_{\min}}{\tau_{\max}} \geqslant S_f \tag{14.9}$$

式中 τ_0——脉动循环条件下弹簧材料的扭剪疲劳极限，根据变载荷作用次数 N 由表 14.8 查取；

S_f——许用安全系数，当设计计算及材料性能数据精确度高时，$S_f = 1.3 \sim 1.7$；当精确度低时，$S_f = 1.8 \sim 2.2$。

2. 静强度验算

静强度安全系数为

$$S = \frac{\tau_s}{\tau_{\max}} \geqslant S_s \tag{14.10}$$

式中 τ_s——弹簧材料的扭切屈服极限，其值可查有关资料，亦可按下列关系选取：碳素弹簧钢 $\tau_s = 0.5\sigma_B$；硅锰弹簧钢 $\tau_s = 0.6\sigma_B$；铬钒弹簧钢 $\tau_s = 0.7\sigma_B$；

S_s——静强度疲劳强度许用安全系数，其值与 S_f 相同。

表 14.8 弹簧材料的脉动循环扭切疲劳极限

载荷作用次数 N	10^4	10^5	10^6	10^7
τ_0	$0.45\sigma_B$	$0.35\sigma_B$	$0.33\sigma_B$	$0.30\sigma_B$

注：① 此表适用于优质钢丝、不锈钢丝、铍青铜和硅青铜，但对于硅青铜、不锈钢丝，当 $N = 10^4$ 时，$\tau_0 = 0.35\sigma_B$。

② 对喷丸处理的弹簧，表中数值可提高 20%。

③ σ_B 为弹簧材料的拉伸强度极限(MPa)。

14.4.2 振动验算

对于承受频率较高的变载荷弹簧，为避免发生共振而引起破坏应进行振动验算，使其自振频率 f 与受迫振动频率 f_c(外载荷的频率)之间有较大差值。

弹簧自振频率 f 的计算式随弹簧安装形式的不同而不同。

1. 一端固定，一端自由情况

一阶自振频率 f(Hz) 为

$$f = \frac{1}{4}\sqrt{\frac{K_F}{m}} \tag{14.11}$$

式中 K_F—— 弹簧刚度(N/m);

m—— 弹簧质量,kg。若弹簧材料的密度为 $\rho(\mathrm{kg/m^2})$,则 $m = \frac{\pi d^2}{4}n\pi D\rho$,将 m 和 K_F 的计算式代入式(14.11),得

$$f = \frac{d}{4\pi D^2 n}\sqrt{\frac{G}{2\rho}}$$

对弹簧钢丝,剪切弹性模量 $G = 80\ 000$ MPa,$\rho = 2\ 850\ \mathrm{kg/m^3}$,代入上式,化简可得

$$f = 1.78 \times 10^5 \frac{d}{nD^2}\ \mathrm{Hz} \tag{14.12}$$

2. 两端固定情况

一阶自振频率 f 为

$$f = \frac{1}{2}\sqrt{\frac{K_F}{m}} = \frac{d}{2\pi D^2 n}\sqrt{\frac{G}{2\rho}}$$

$$f = 3.56 \times 10^5 \frac{d}{nD^2}\ \mathrm{Hz} \tag{14.13}$$

3. 一端固定,一端连接有其他零件或部件情况

设端部连接的零件或部件的质量为 m_c,则此系统的一阶自振频率 f 为

$$f = \frac{1}{2\pi}\sqrt{\frac{K_F}{m_c + \frac{1}{3}m}} \tag{14.14}$$

当弹簧的质量 m 与 m_c 相比很小时,m 可略去不计。

为避免弹簧共振,验算时应保证

$$f > (10 \sim 15)f_c \tag{14.15}$$

如果不满足上式要求,则应重新设计,可以增大 K_F(即增大 d)及减小 D、n,或者减小 m。此外,也可在结构上采取措施,如用减振垫片、减振器、组合弹簧、不等节距弹簧等。

思考题与习题

14.1 试设计一受静载荷的圆柱形螺旋压缩弹簧。已知预加载荷 $F_1 = 500$ N,最大工作载荷 $F_2 = 1\ 200$ N,工作行程 $h = 60$ mm,要求弹簧内径 D_1 不大于 50 mm。

14.2 有一圆柱形螺旋拉伸弹簧,其弹簧丝直径 $d = 5$ mm,弹簧中径 $D = 24$ mm,有效工作圈数 $n = 26$,材料为 Ⅱ 组碳素弹簧钢丝,承受静载荷。试求:

(1) 弹簧允许承受的最大工作载荷 F_2。

(2) 在工作载荷为 F_2 时弹簧的总变形量 λ_2。

14.3 影响弹簧强度、刚度及稳定性的主要因素各有哪些?为提高强度、刚度和稳定性可采用哪些措施?

14.4 现有两个弹簧 A、B,它们的弹簧丝直径、材料及有效工作圈数均相同,仅中径 $D_A > D_B$,试问:

(1) 当承受的载荷 F 相同时,哪个变形大?

(2) 当载荷 F 以相同的大小连续增加时,哪个可能先断?

第15章 机架零件

内容提要 机架是机器中尺寸和质量最大的零件,它主要用于支撑、固定其他零、部件。机架的结构形式及其强度和刚度,是设计机架零件时必须考虑的问题。因机器功能的不同,机架的结构形式有很大的差异。近些年,还注意从工业美学的角度来考虑机架的造型。由于机架结构形式比较复杂,在进行强度和刚度计算时,对于一般机器,多采用经验公式,但对于重要机器则常用有限元法进行计算。为获得足够的刚度,应选择合适的壁厚、剖面形状、筋板等。

Abstract In machine, frames are usually such kinds of components that have the greatest mass and the biggest size, they are mainly utilized to support and carry the other elements. The main considerations in designing a frame are its structure, strength and stiffness, but in the latest years, industrial aesthetic design is widely adopted by the designers. Since each frame is different with regard to its functions, there is no general method in its strength and stiffness calculation, hence empirical formulas are usually utilized, but for the important frame, Finite Element Analysis (FEA) method is a new way available to compute its stress, deformation, stiffness and even dynamic performances. Furthermore, the proper wall thickness, sectional shapes and ribs are necessary to obtain adequate rigidity of a frame.

15.1 概 述

机架零件支撑着机器中的全部零件,保证组成机器的各零件都处于正确的工作关系,承受各零件传递到机架上的作用力。

每台机器都有各自的特殊功能,因而,为满足这些特殊要求,机架零件具有各自的结构形状。常见的机架结构形状可以分为以下几类(图15.1):① 机座类,如各种机床的床

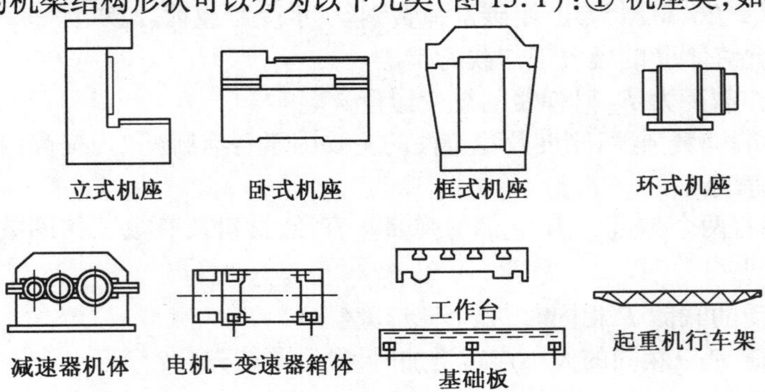

图15.1 机架零件的形状

身;② 底座类,如由电动机、减速器和卷筒组成的电动绞车的底座;③ 箱体类,如减速器的机体。

由于机架零件形状复杂,故一般多采用铸件。铸铁因具有铸造性能好、价廉、吸收振动能力强及刚度大等特点,在机架零件中应用最广。对于受载情况严重的机架零件,可采用铸钢。

对于结构简单、生产批量不大的大中型机架,常用由型钢和钢板焊接而成的焊接件。它质量小,生产工期短,不同部件可用不同牌号的钢材。焊接的机架零件质量比铸造的可减轻40%左右。为提高强度和刚度,在接头处常焊以加强板和加强筋。为减少机械加工,应在机架上安装各部件的支承面处焊有钢板,以便区分加工面。焊后应进行热处理以消除内应力,然后再加工各支承面,以保证机器的各部件的相对位置精度。图15.2(a)为铸造的机架零件,图15.2(b)为同一机架零件的焊接结构。

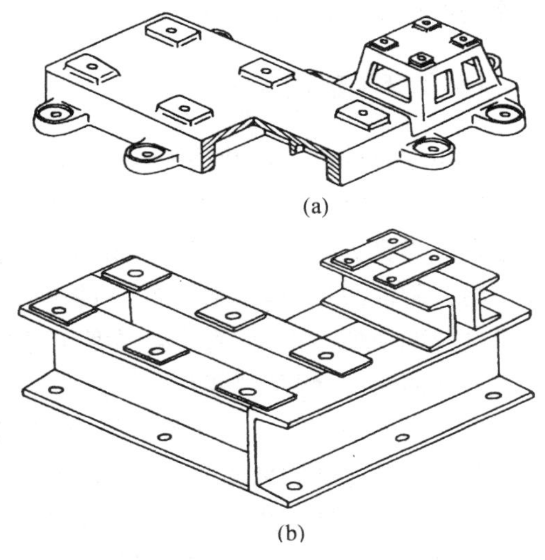

图15.2 铸造机架与焊接机架

机架零件是机器中最大的零件。在机器总质量中,机架零件的质量占主要部分,有的多达70%~90%。因此,减轻机架零件的质量是节约材料及减轻机器总质量的最有效的措施。各种机架零件的结构形状受机器的专门功能的制约,针对专门功能的设计将在专业课中详细介绍,本章只简要说明机架零件设计的基本原则。

机架零件的一般设计要求:① 机架零件应保证安装在其上的零、部件准确定位,并可靠固定。② 机架零件应有足够的强度和刚度;高速机器的机架零件还应有足够的振动稳定性;机架零件上的导轨面应有良好的耐磨性。③ 机架零件应满足工业美学要求,造型美观,且形状简单,其色调应与产品功能及工作环境相适应。④ 机架零件应具有良好的加工及装配工艺性。

机架零件的设计主要解决设计计算和结构设计两个方面的问题。

15.2 计算载荷、剖面形状及壁厚

15.2.1 计算载荷

由于机架零件是机器中最大、最费工时、最贵的零件,并且其损坏后常导致整台机器报废,因而在设计中应多加关注。在计算机架零件时,应以可能出现的最大载荷作为计算载荷,以便在过载时仍具有足够的强度。

对于结构形状简单的机架零件,可利用材料力学的有关公式进行设计计算。对于结构形状复杂、受外界影响因素多的机架零件,难以用数学分析方法准确计算其应力和应

变,设计时常采用基于模型实验而得的经验公式进行近似计算。近似计算的误差比较大,许用应力通常取得比较小。对于重要的机架零件,可用有限元法进行精确计算。对于要求不高的机架零件,也常用类比的方法进行设计。

15.2.2 剖面形状

机架零件的剖面形状是影响其强度、刚度的重要因素,合理选择剖面形状是机架零件设计中的一个重要问题。多数机架零件处于复杂受力状态,可能拉伸、压缩、弯曲、扭转同时存在。当受到弯曲或扭转时,剖面形状对其强度和刚度有着极大的影响。设计者希望在不增大剖面面积(即不增材料)的条件下,通过正确设计机架零件的剖面形状来增大剖面模量及剖面惯性矩,从而提高强度和刚度。通过对剖面面积相等的几种常见的剖面形状进行弯曲强度、弯曲刚度及扭转强度、扭转刚度的比较,可以得出结论:空心矩形剖面在这几个方面的综合性能比较好。同时,在矩形剖面内的空心空间中还可装设其他零件。因而多数机架零件的剖面都以空心矩形为基础。

多数机架零件对刚度都有较高要求。合理设置筋板是提高机架零件刚度的有效措施。需要指出,通过设置筋板来提高刚度,其效果在很大程度上取决于筋板的布置是否正确。不适当的布置,效果不显著,甚至会增加铸造困难,浪费材料。

合理布置材料是提高机架零件刚度的又一项有效措施,在设计机架零件时,应尽量使材料远离形心而沿剖面周边分布(表 15.1)。

表 15.1 材料分布对矩形剖面梁的弯曲刚度的影响

剖面形状和尺寸/mm	剖面面积/mm²	相对弯曲刚度
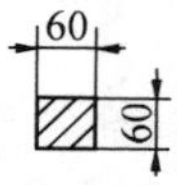 60 60	3 600	1
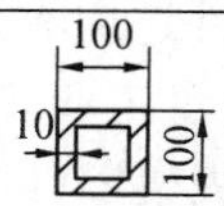 100 10 100	3 600	4.55
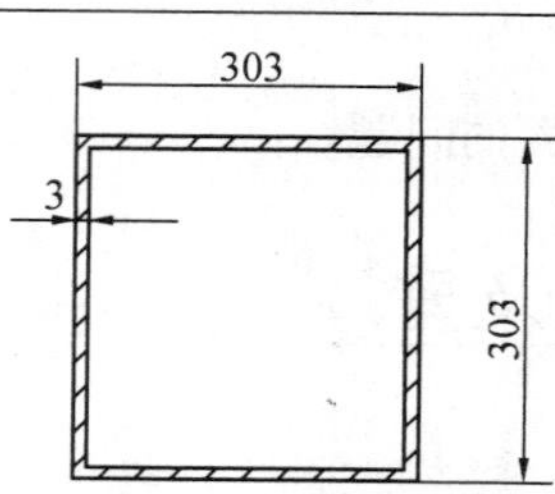 303 3 303	3 600	50

15.2.3 壁厚的选择

对于空心的机架零件,在选择其最小壁厚时,不仅应满足强度、刚度、振动稳定性等要求,而且还应满足铸造工艺性要求,即最小壁厚应保证液态金属能通畅地流满型腔,补偿由木模、造型、安放砂芯等造成的误差,并在清理铸件时具有所需的强度。通常,这样确定的最小壁厚要比由强度、刚度要求确定的壁厚大得多。当机器的外廓尺寸一定时,由于其质量主要取决于壁厚,因而在满足强度、刚度、振动稳定性及铸造工艺性等要求的情况下,应尽量用较小的壁厚。

筋板的厚度一般可取壁厚的0.6~0.8倍,筋板的高度可取壁厚的5倍。

15.3 机架零件的结构设计

机架零件设计的重点是结构设计,现以减速器机体为例介绍在进行机架零件结构设计时应考虑的问题。减速器是由机体及安装在机体内的齿轮传动、蜗杆传动组成的独立的传动装置,常用于原动机和工作机之间。

减速器机体是减速器的主要零件之一。它用以封闭、支撑和固定各传动件的轴承部件,使之具有较高的传动质量及良好的润滑和密封。减速器机体设计中的强度和刚度主要是根据经验公式进行计算的。减速器机体的结构设计是机体设计中的主要任务。减速器机体结构设计的任务是确定机体的结构形式和各部分的尺寸。由于组成减速器的各个零、部件最终都要安装在机体上,因而,在设计时应全面综合考虑各个零件对机体结构的影响。这也是减速器机体设计的难度比其他零、部件大的原因。机体结构设计中要考虑的主要问题有以下几个方面:① 机体的结构形式;② 轴承部件正确的工作位置和足够的支撑强度和刚度;③ 机体的固定;④ 机体的加工工艺性;⑤ 机体的工业造型;⑥ 机体内传动件与轴承的润滑和密封。

15.3.1 机体结构形式

根据轴承部件装配的需要,机体结构形式有剖分式和整体式两大类。

剖分式机体(图15.3)沿传动轴线分成机盖和机座两部分,并用螺栓连接为一体。剖分式机体的优点是装拆方便,其缺点是增加了零件数量。剖分式结构常用于大尺寸的减速器。

整体式机体(图15.4)用于小型减速器(中心距 $a \leqslant 120$ mm)。整体式机体的优点是刚度大、结构简单、零件数量少,缺点是装配较困难。图15.4为蜗杆减速器机体。蜗杆轴承部件从下面的轴承座孔中装入,蜗轮轴承部件从上面的大孔中装入。因此,在设计机体尺寸时应考虑轴承部件的安装问题。

15.3.2 轴承座支承刚度

传动件上的载荷通过轴、轴承作用在轴承座上,如果轴承座刚度不够,变形过大,将直接影响传动的啮合质量。提高轴承座支承刚度的措施有:① 保证轴承座有足够的厚度,一般为机体壁厚的2~2.5倍;② 为轴承座加支撑筋;③ 提高剖分式轴承座的螺栓连接刚度,使两个轴承旁螺栓距离尽量靠近,并在轴承座旁做出有适当高的凸台(图15.3)。

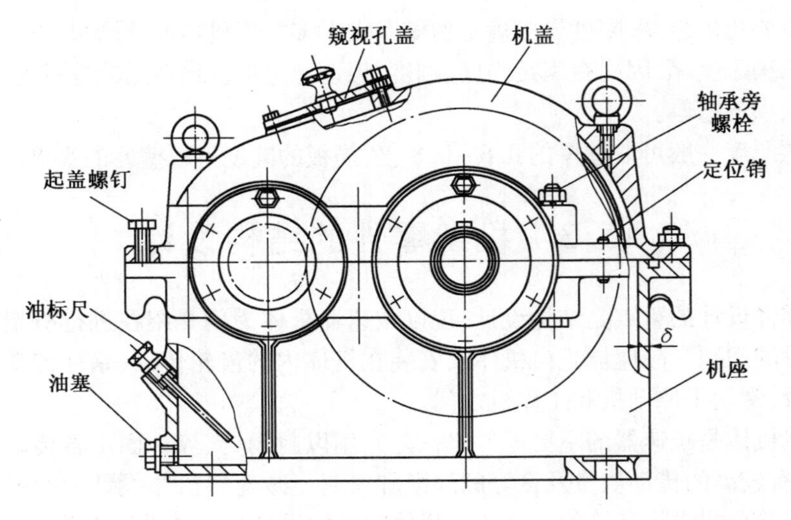

图 15.3 剖分式机体

15.3.3 减速器机体的固定

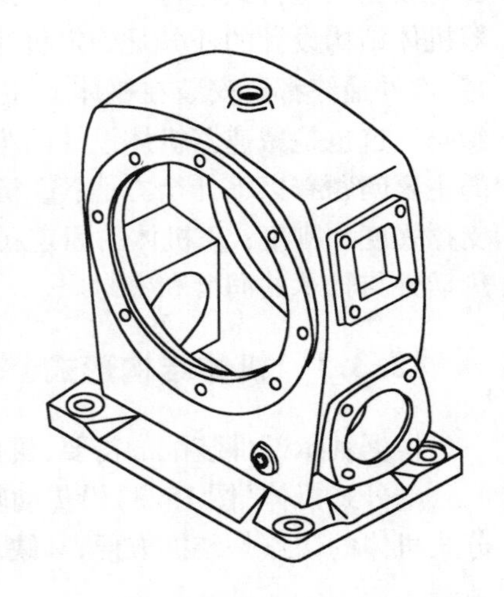

图 15.4 整体式机体

减速器工作时，由于输入转矩和输出转矩不等，机体将受到很大的倾覆力矩，为防止机体倾覆，必须加以固定。常用的固定方式有地脚底座式和轴装悬挂式。

地脚底座式固定是用螺栓将底座凸缘固定在基础上。在设计时应保证底座凸缘有足够的刚度（图15.5）。目前，地脚底座式固定方式的应用较为广泛。

轴装悬挂式减速器（图15.6）的输出轴为空心轴，套装在被传动的工作机输入轴上并用拉杆周向固定，以防止其绕空心轴转动。轴装悬挂式减速器结构简单、安装方便、外廓尺寸小、成本低，常用于较轻的小型减速器上。

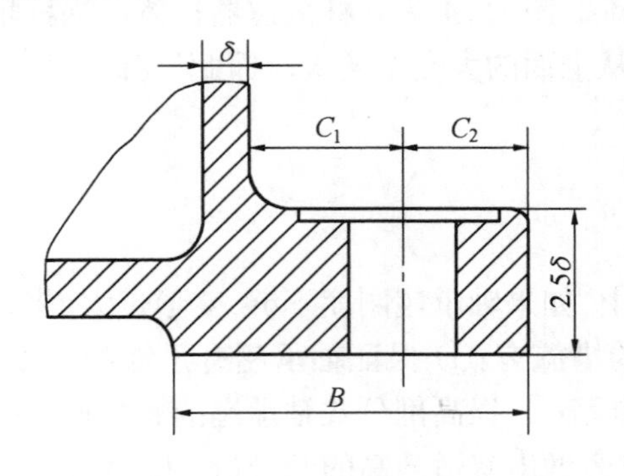

图 15.5 地脚底座

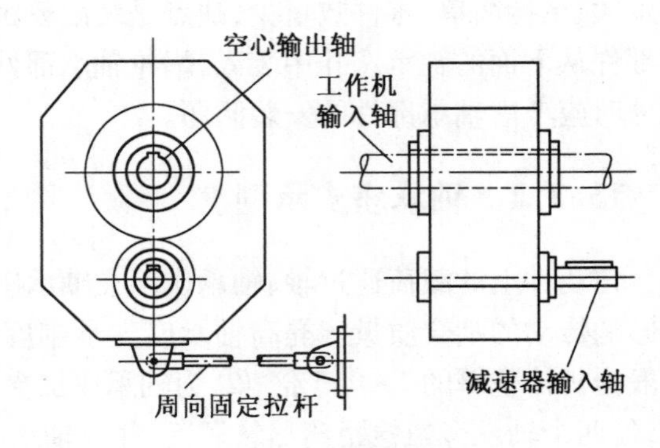

图 15.6 轴装悬挂式

15.3.4 机体的工艺性

在减速器中铸造机体应用最广。在设计铸造机体时，应考虑铸造工艺性，力求形状简单、壁厚均匀、过渡平缓、拔模方便。通常轴承座及轴承旁螺栓凸台都应有 1 ∶ 10 ~ 1 ∶ 20 的拔模斜度（图 15.3）。

在设计铸造机体时，还应注意机械加工工艺性：

（1）减小机械加工的面积。对于机座底面，图 15.7（a）的结构最好，图 15.7（b）次之，而图 15.7（c）最差。

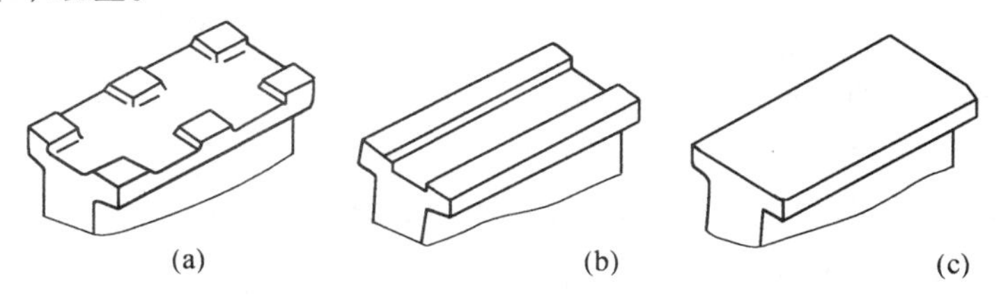

图 15.7　机座底面结构形式

（2）机械加工表面与非加工表面要明显区分开，如图 15.8 所示，把要加工的轴承座端面凸出来。

（3）尽量减少工件和刀具的调整次数。如图 15.8 所示，两个轴承座的端面在同一平面上，便于一次调整加工。

（4）应保证加工面能够方便加工，如图 15.9 所示，图（a）中刀具与机座凸缘干涉，不能加工沉头座，图（b）的设计是正确的。

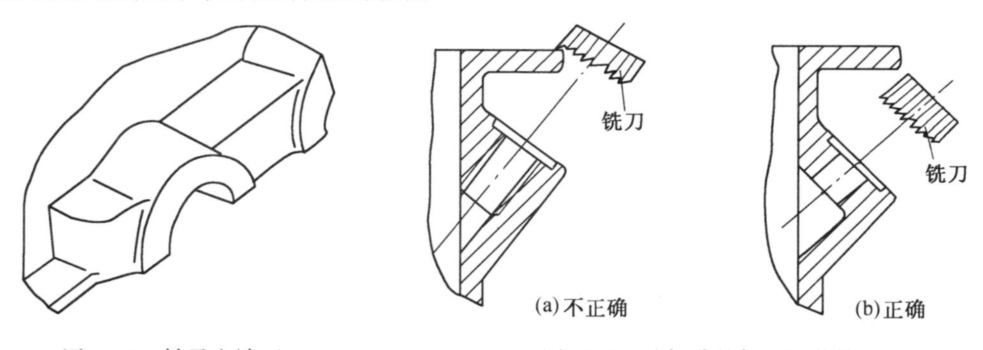

图 15.8　轴承座端面　　图 15.9　油标孔的加工工艺性

15.3.5 机体的几何造型

图 15.3 所示的机体几何造型是圆柱齿轮减速器机体中最常采用的，机座为方形，机盖形状为“两圆弧加一切线”，两圆弧的中心为两齿轮的中心，半径分别为各自的齿顶圆半径、内壁至齿顶圆间的间距及壁厚三者之和。目前，在设计机体造型时开始注意从工业美学的角度考虑，如方箱式机体（图 15.10）日益为人们所采用。方箱式机体外观平整，没有凸缘，机盖和机座采用内六角螺钉连接；没有外筋，采用内筋来增加轴承的刚度。

15.3.6 润滑与密封

在机体的结构设计中,还应考虑如何保证传动件及滚动轴承的润滑问题,以及润滑剂的添加、检查、密封和废油的排放等一系列问题。这些问题将在《机械设计课程设计》中详细介绍。

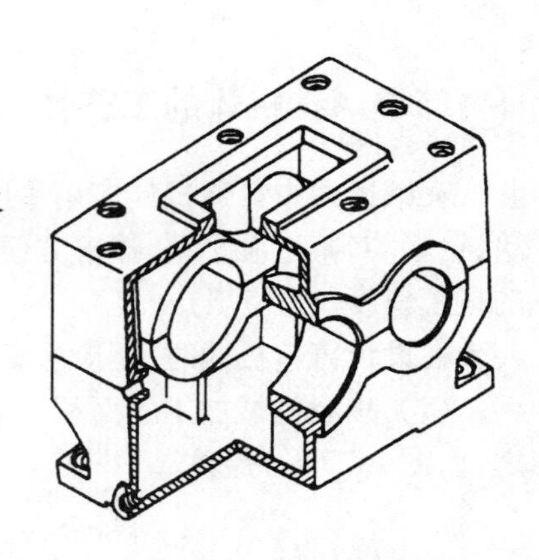

图 15.10 方箱式机体

思考题

15.1 机架零件的功能是什么?

15.2 机架零件的常见形状有哪些?

15.3 对机架零件的一般要求有哪些?

15.4 试述减速器剖分式和整体式机体的结构特点。

15.5 在设计中可采取哪些措施来保证减速器机体上的轴承座的支承刚度?

15.6 减速器机体为什么要固定? 有哪些固定方式?

15.7 如何提高减速器的铸造机体的铸造工艺性和机械加工工艺性?

第16章

机械系统设计

内容提要　机械系统是机械零、部件协同作用的整体，是零、部件服务的目标。本章从分析机械系统设计的任务和目标开始，介绍机械系统的组成、各组成部分之间的配置、选择和结构匹配性设计，以及进行机械系统整体设计时应该考虑哪些问题，目的是培养学生多样性设计、结构设计创新和整机设计的能力。

Abstract　A mechanical system is a synergistic collection of machine elements, and designing a mechanical system is the final goal in studying machine design. This chapter starts with the analyses of tasks and objectives in designing a mechanical system, followed by its composition, selection and compatibility of mechanical units, and the main considerations in designing a system. The purpose of this chapter is to help the undergraduates to learn skills of diversified design, creative design and systematic design.

16.1　机械系统设计的任务和目标

机械设计本身的含义非常宽泛，不仅包含了对零、部件的设计、选用和必要的计算，而且更重要的是应该学会如何设计一个系统，包括系统总体方案拟订和初步评价、系统总体参数的确定、系统各部分之间的协调和匹配、系统功能的合理配置等。总之，对标准件、借用件和外购件要学会合理选用，对于非标准件，要有初步的结构设计和匹配设计能力。

设计机械系统实际上是设计一个机械产品或商品，而评价产品的三个指标分别是先进性、经济性和可靠性，设计的过程实际是这三个目标的优化过程，即产品的技术指标先进、经济指标合理、在设计寿命期内使用可靠，因此要用系统的观点去解决问题，单纯追求系统内部某一个零、部件的指标或功能并非是切合实际的。

16.1.1　机械系统的组成及功能

按照系统任务和功能的分解原则，一个典型的现代机械系统可以划分为五个基本子系统：动力系统、传动系统、执行系统、操纵控制系统和辅助系统，但部分机械系统有可能只由上述五个子系统中的几个子系统组成，需要根据系统的功能去设计和分析。但是，随着人类环保意识的增加，现代机械系统设计中越来越不可忽视的重要因素还包括人和环境之间的和谐，因此机械系统本身又是人－机－环境大系统中的一个组成部分，如图16.1所示。

机械系统的执行子系统是直接体现机械系统的功能要求、完成既定任务的机械装置，一般处于机械系统的末端，与作业对象直接接触，实现对作业对象的直接操作。

动力子系统为机械系统的正常工作提供动力源，其形式包括一次动力机械（蒸汽机、水轮机、燃气轮机、汽油机、柴油机)、二次动力机械(电动机、液压马达和气动马达)和必要的与动力机械集成的动力控制装置;随着科学技术的发展,机械系统的动力形式在不断地创新,向多样性方向发展,如微机械MEMS系统中直接采用特殊材料的压电效应、磁电效应、热胀冷缩效应等制成的微驱动动力系统。选用动力机械时,需要考虑机械系统本身的运转特性、执行系统所需的工作动力、速度、传动系统的效率要求,还需要考虑工作条件和环境保护要求等。

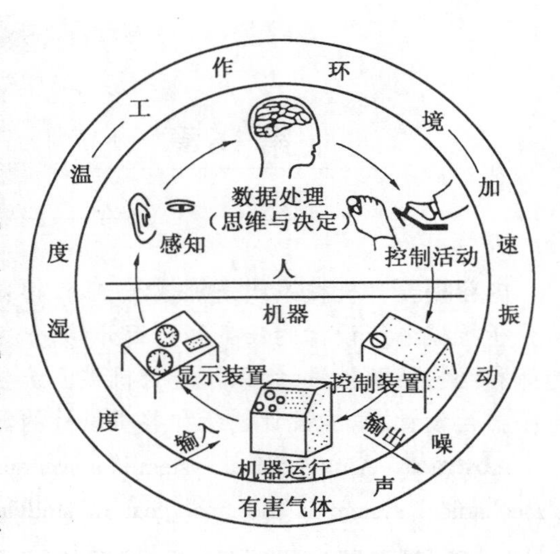

图 16.1 人-机-环境大系统

动力子系统提供的动力和运动一般不能直接满足执行子系统的要求,因此在动力子系统和执行子系统之间需要有中间装置——传动子系统或传动装置,以实现调速、变换运动形式或规律、增减驱动力,精确满足执行系统的运动和动力要求。现代传动装置通常有机械传动、液压和液力传动、气压传动、电磁传动等形式。但有些机械系统的动力子系统与执行子系统之间可以直接对接,执行子系统对运动和动力没有严格的范围和精度限制,因而可以没有中间传动装置或者传动装置非常简单。

操纵和控制子系统通过人工操作或通过控制器来改变被控制对象的工作参数或运动状态,是保证机械系统各组成部分之间能够协调运行、准确可靠完成整体功能的装置,通常有机械、液压、气动和电子控制等形式。

对于复杂的机械系统,除了上述的基本子系统之外,根据需要还可能存在其他辅助子系统。有些机械设备上需要配备照明子系统;对旋转机械系统,需要有可靠的润滑子系统;对大功率液压机械系统,需要配备流体冷却子系统;对于精密的测量设备,还需要特别设计抗环境干扰的减振缓冲子系统等。

辅助子系统并不是可有可无的部分,辅助子系统缺损或设计不当,轻则导致无法顺利实现机械系统的功能,重则导致系统彻底瘫痪,所谓辅助是针对其本身的作用相对于机械系统的直接功能而言的。

16.1.2 机械系统设计的任务和目标

机械系统设计是机械设计的方案设计阶段的基本内容,是一个方向性的设计,必须明确设计任务、弄清楚主要技术指标、完成系统方案设计和评价、规划系统组成和相互之间的协调关系,并对具体组成部分提出详细的设计要求。机械系统设计的目标是在满足基本设计要求的前提下使总体方案最优、各组成部分指标合理、相互之间互相匹配。

(1) 明确设计任务。从任务分析开始,对系统的功能要求、可靠性要求、经济性要求和人-机-环境要求一一进行分析。在系统功能分析方面,需要对作业对象、精度、强度、刚度、稳定性、动态性能指标、自动化程度、信息储存与交换、批量、品种等多个方面进行详细分析;在总体结构可靠性分析方面,需要对预期主要失效形式、零部件的可靠性设计与系统标准件的使用率、系统的可维修性等进行分析和保证;在经济性要求方面,需要对设计、制造、使用过程的经济性指标精心分析,力求使功能和经济性指标达到最佳匹配,即追求最优的性价比;在人－机－环境要求方面,需要对机械系统的操作性、安全性要求予以分析,并在加强结构造型美观、环境保护方面进行充分分析。这些具体任务分析主要是为建立机械系统的各级指标体系提供依据。

(2) 明确主要技术参数和指标。对于不同的机械系统,由于功能不同,具体指标内容也不同。对于动力机械,主要指标是功率、转速和效率;对于测试设备,主要指标是精度、灵敏度和稳定性;对于加工机械,主要指标是生产率、加工精度和工件尺寸范围;对于分选机械,应该考虑分选精度和生产率;而对于轻工机械,精度则不是主要问题,考虑生产率就可以了。

机械系统的具体技术参数包括:

① 运动参数——速度、加速度、转速、调速范围、行程和运动轨迹等;

② 动力参数——功率、转矩、牵引力和效率等;

③ 规格参数——加工零件的尺寸范围、起重设备的升举行程和质量等;

④ 其他参数——不在上述三类参数以内、但对系统设计有直接约束的参数,如伺服系统的伺服特性、高速机械的动态特性和噪声等。

(3) 系统方案设计和评价。确定采用哪种设计原理和设计原则。实现同一个功能可以采用不同的物理原理,对于同一功能要求,可以采用机械的方式、电的方式、磁的方式等实现。采用的设计原则主要是指优先保证哪些指标,如:对精密测量设备采用优先满足精度的设计原则,对加工设备采用优先满足强度和刚度的设计原则等;对系统总体方案的评价,可以优先考虑先进性、可行性、可靠性和经济性。

16.1.3 机械系统设计的约束和步骤

在本书的开篇中已经讲述了机械设计的一般步骤,阐述了设计机械系统是有约束的,其中最基本的约束就是任务书中规定的机械系统必须具备的功能和主体参数,以及需要执行的有关国家标准和产业政策。但是,隐含在设计任务书背后和对机械系统加工、装拆、调试、维修、使用过程中的一切约束都必须在系统设计阶段予以充分考虑和一一解决,这也正是容易被设计者忽视和遗漏的地方。表16.1全面总结了在系统设计时需要考虑的问题,不难看出,有些约束之间还有相互交叉和部分重叠的地方。

表16.1 机械系统设计中的约束条件

约束条件	主要内容
空间	整机及其组成零、部件所受到的空间和位置的限制,整体尺寸不准超过规定的值等空间约束,安装方式和连接尺寸必须满足特定要求的安装限制等
质量	整机及其组成部分或可动部分的质量必须小于某一规定值,如果过重,不仅运输不方便,可操作性差,而且还可能超出安装基础的允许载重,破坏安装基础,对运动部件,由于惯性太大,导致机械系统动态性能变坏等
可加工性	保证设计的形状、尺寸、精度、材料及热处理可以采用合适的加工工艺获得

续表 16.1

约束条件	主要内容
可装拆性	设计的结构和形状内部要便于装配和拆卸，并留有合理的装拆工具活动空间；被设计的零部件或机械系统的结构、外形和端部连接(如轴的伸出端、安装基面等)等要有合理的安装、调试、操作和维修空间
可操作性	所设计制造出来的机械操作简便、工序流畅、布局合理、不易导致出错
耐久性	考虑避免工作环境在设计寿命期内对机械系统的破坏性影响，需要采用不锈钢材料、电镀、防腐喷漆、表面氧化等整机处理措施
安全性	相邻运动部件与静止部件之间或运动部件和运动部件之间要留有一定的距离；高速运动部件和高温部件需要有专用的防护措施；整机布局要考虑避免引起误操作和引起操作者疲劳；要合理处理废水废油、噪声问题，避免产生有害气体等
标准和法规	系统设计需要全面遵从国家和行业有关的标准和产业化政策，尽可能采用标准件、借用件和外购件等，以最大限度降低成本、缩短期限、提高质量和方便维修

值得注意的是，在追求先进性、经济性和可靠性指标的同时，还需要考虑可行性。现代设计方法希望打破常规，合理采用成熟的新技术，以提升产品的竞争力，对于那些大量采用新技术产品设计，需要进行关键技术的预先研究和样机试制。

机械系统设计是一项周密的技术工作，获得产品任务以后，即进入了系统的总体设计阶段，包含方案设计和初步筛选、系统分解、系统分析和系统技术方案设计、机械系统方案评价五个步骤。

(1) 系统方案设计和初步筛选。根据系统功能要求，选择设计原则和设计原理，进行方案的初步设计。比如设计孔的加工机械设备，设计原理可以是机械方法、超声原理、电火花原理、射流原理等，其中机械方法还有车、钻、铣、镗等。采用不同的原理得到的加工设备尽管功能相同，但产品的价格、加工工艺、加工成本、适用范围(加工孔的精度和大小)、生产批量等会完全不同，因而需要对初步方案进行可行性和经济性等评价，选出合适的方案进行下一阶段设计。图 16.2 给出了对于不同的产品批量、生产率和需要采用的对应加工方式。

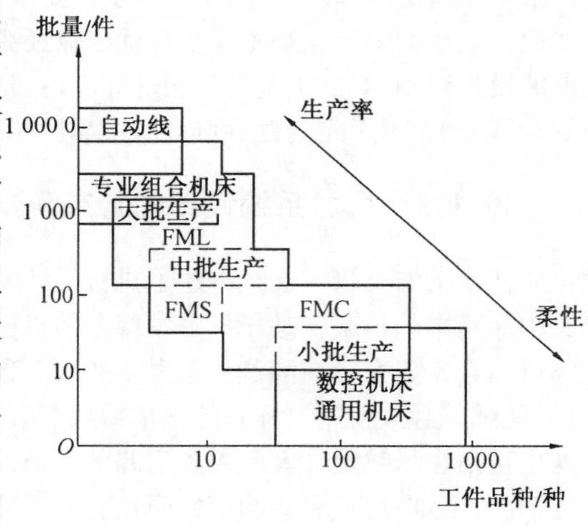

图 16.2 产品批量、种类、生产率和加工柔性的关系

方案设计需要考虑的问题很多，考虑的方面越广，系统总体方案越多，方案比较、选择和优化才有基础。

(2) 系统分解。将总系统分解成若干子系统，对于复杂的机械系统，有可能需要进行多级分解，可以根据前面所讲的系统五大部分组成进行分解，也可以根据系统各部分的功能进行分解，分级实现，并画出系统图，以便对系统进行分级分析和结构设计。

(3) 系统分析。不仅要根据系统的目的和要求进行技术和经济分析，还需要分析子系统之间的相互联系和基本性能，这种分析可以是定性的或定量的。

(4) 系统技术方案设计。绘制系统总装配图和电气控制图，提出子系统的技术要求。

(5) 机械系统方案评价。主要评价方案的完善程度、方案与设计要求的符合程度，方案是否已经达到最优以及某项具体指标是否达到最优。评价的指标体系可以归结为三大类：技术可行性指标、经济合理性指标和社会环境适宜性指标；评价方法通常有简单评价法、加法评价法、连乘评价法、加权评价法和技术经济评价法。有关内容和评价实例可参照文献39有关内容。

16.2 常用动力机械的特性及其选配

16.2.1 常用动力机械的类型及特点

在机械系统设计阶段，有关动力子系统部分的工作主要是根据动力机的特性和系统功能要求进行选配，因此首先必须对动力机械的种类、特点有必要的了解。常见的动力机械有一次动力机械和二次动力机械。一次动力机械使用自然界能源，直接将自然界能源转变为机械能，有内燃机、汽轮机、水轮机等；二次动力机械将电能、介质动能、压力能转变为机械能，有电动机、液压马达和气动马达等。由于机械设计中大部分选用二次动力机械，因而将在选配中需要了解的基本特点列在表16.2，如果需要用到一次动力机械，选配时请参考有关的专业书籍。

表16.2 常用二次动力机械的类型、性能与特点

类型	电动机	气压马达/气缸	液压马达/液压缸
尺寸	较大	较小	最小
功率/质量	大	比电动机大	最大
输出刚度	高	低	较高
调速方法和性能	直流电动机可通过改变电枢的电阻、电压或改变磁通来调速；交流电动机可通过变频、变极数或改变转差率调速	用气阀控制，简单、迅速但不精确	通过阀控或泵控改变流量，调速范围大
反转性能	通常单向回转；需要时可采用反向开关或特殊电路反向	通过方向控制阀反向供气，简单迅速	通过方向控制阀反向供油，简单迅速
运行温度的控制	在正常环境温度下使用，电机采用风冷，温升应低于允许值	排气时空气膨胀自冷	对油箱进行风冷或强制水冷

续表 16.2

类　型	电　动　机	气压马达/气缸	液压马达/液压缸
高温使用性能	受绝缘的限制，采用耐热的绝缘材料和特殊设计，可提高使用温度	取决于结构材料的允许使用温度	受油液最高使用温度的限制，采用高温油可提高使用温度
防燃爆性能	有专用防爆电动机	介质不会燃爆，可用于易燃易爆的环境中	用于易燃环境时，须使用防燃性能的油
恶劣环境适应性	需采用防护式或封闭式电机	适用于多尘、潮湿和不良的大气中	采用密封结构
噪　声	小	较大，可在排气口采用消声器	较大
初始成本	低	较高	高
运行费用	最低	最高	高
维护要求	较少	少	较多
功率范围	0.3 ~ 10 000 kW，范围广	15 kW 以下，与马达类型有关；特别适用于 0.75 kW 以下的高速传动	分高、中、低压，与马达尺寸有关；小功率（0.75 kW 以下）的效率低、成本高

16.2.2 动力机械选配的原则和内容

动力机械选配的基本原则包括：

(1) 动力机械的机械特性必须和机械系统的负载特性相匹配，动力机械的驱动能力必须能够克服机械系统的所有负载，包括工作负载和非工作负载；它的机械特性必须保证机械系统有稳定的运行状态；它的容量必须与工作机的工作制度相适应；动力机械的转速应该综合考虑工作机或执行系统的运动参数和传动系统的复杂程度。

(2) 动力机械必须满足机械系统起动、制动、必要的过载能力和发热要求。

(3) 动力机械必须满足环境的要求，如能源供应、降低噪声和环境保护等要求。

(4) 动力机械还必须有最优的性能价格比、运行稳定可靠、寿命合适、经济性指标（包括原始购置费用、运行费用和维修费用）合理。

动力机械选配的基本内容和步骤：

1.确定机械系统的负载特性

机械系统的负载包括工作负载和非工作负载。工作负载可根据机械系统的功能由执行机构或构件的运动和受力求得，详细确定方法请参阅文献 39；非工作负载包括机械系统的所有额外消耗，视机械系统的具体结构各有差别。一般机械内部的摩擦消耗（不包括以摩擦力为驱动力的场所，如汽车轮胎与地面的摩擦力等）用效率加以考虑，可参照有关的专业手册确定；非摩擦消耗如辅助装置消耗，与工作负载的确定方法类似，根据辅助装置的功能确定，如润滑系统、冷却系统的消耗等。

2.确定工作机的工作制度

工作机的工作制度是指工作负载随执行系统的工艺要求而变化的规律，包括连续工作制、短期工作制和断续工作制三大类，常用载荷 – 时间曲线来表示，有恒载和变载、断续和连续运行、长期和短期运行等形式，图16.3所示为轧钢机的几种典型转矩曲线。动力机械实际工作制度和工作机相同，但在各种不同的工作制度下，动力机械的允许功率是完全不相同的。比如国家标准对内燃机的公称功率分为四级，分别为15 min功率、1 h功率、12 h功率和长期运行功率，其中15 min输出功率最大；《旋转电机基本技术要求》(GB 755—1987)对电机的工作制度也进行了分类，共计分为9种，以S1～S9表示，如连续工作制S1、短时工作制S2、断续周期工作制S3等。因此选配动力机械时需要特别注意工作机的工作制度。

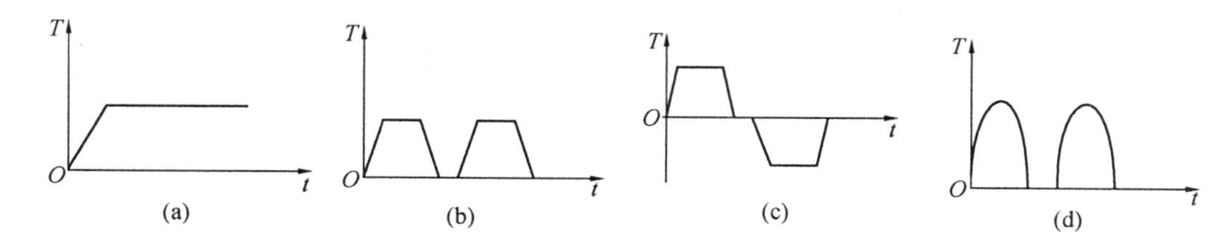

图16.3 轧钢机的几种典型转矩曲线

3.选择动力机械的类型

影响动力机械类型选择的主要因素有驱动效率、运动精度、负载大小、过载能力、调速要求、动力机械外形尺寸、控制难易程度、环境与动力系统之间的相互要求，以及购置、使用和维修费用等，需要根据动力机械的具体特点选择。

4.确定动力机械的转速

主要考虑执行系统的调速范围要求、传动系统的结构和性能要求。转速选择过高，会导致传动系统传动比增大、结构复杂程度提高、效率降低等后果；动力机械转速过低，也会引起本身结构增大和价格提高。

一般动力机械的转速范围可由工作机的转速乘以传动系统的常见总传动比得到。当执行系统有多速要求时，可直接选用多速动力机械(如双速、三速、四速异步电动机)或变速传动箱或采用易于通过控制实现调速的调速电机或液压气动马达加以解决。

5.确定动力机械的容量

动力机械的容量通常用功率表示，根据机械系统的负载功率(或转矩)和工作制来决定，即在工作机的工作制与动力机械工作制相同的前提下选择动力机械的额定功率。

但工程实践中，需要将工作机的工作制向所选定的动力机械的标称工作制靠拢，将工作机的实际功率转化成这种标称工作制下的功率，再选配动力机械的额定功率。工作机的功率计算方法与工作机的类型有关，如破碎机和带式输送机的功率计算方法完全不同。详细确定方法请参阅文献39。

选择动力机械的容量还需要留有一定的余量，以克服负载波动、启动和瞬时过载，但对于固有的大波动非均匀性载荷(如破碎机载荷)，需要采用蓄能装置(如飞轮等)，而不能采用纯粹提高动力机械容量的办法来满足要求。

6.确定动力机械的数量

对于有多个执行机构的机械系统，可能存在多种动力系统和传动系统的配置方案。一般可以采用单动力机械经过多路变速传动，以满足各执行机构的动力和运动要求，如图

16.4(a)和(b)所示，插齿机就是非常典型的多个执行机构共用单动力的动力配置形式；但如果各执行机构之间没有严格的运动关系且采用单动力机械导致传动系统十分复杂的情况下，则可以考虑采用多动力机械协同工作，如图 16.4(c)所示，用控制办法实现各执行机构协调动作。这种动力配置方法在起重设备、机床、生产线、机器人、舰船等大型多动力复杂机械系统中十分常见。

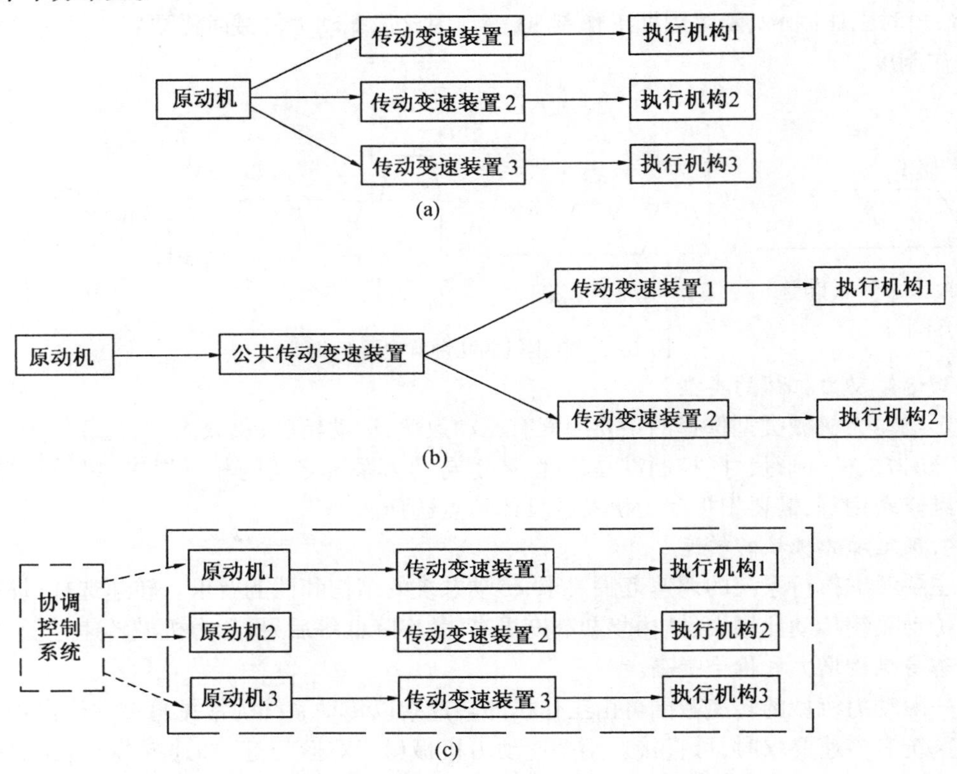

图 16.4　多执行机构机械系统中的动力系统和传动配置方案

7.动力系统的评价

主要考虑动力系统的经济性指标、对传动系统的影响、对执行系统功能要求的满足程度，以及与环境的协调性和对机械系统的结构配置、寿命和可靠性的影响，目标是从动力系统可行方案中选出最优方案。

16.2.3　动力机械的功率估算

动力机械和工作机的负载匹配主要包括速度匹配、容量匹配、工作制度匹配等，并要求当工作机负载发生波动时，动力系统具有自动调节驱动力和转速的能力，使机械系统的动力和负载始终处于动态平衡，以保证机械系统能够维持稳定的运行状态。

要对机械系统所需功率进行估算，首先要绘制机械系统的负载曲线，然后按下式估算系统所需的动力机械功率

$$P_{\text{动力机}} = kP_{\text{系统负载}} = k\left(\sum \frac{P_{\text{工作机负载}}}{\eta_i} + \sum \frac{P_{\text{辅助装置}}}{\eta_j}\right) \tag{16.1}$$

式中 $P_{工作机负载}$—— 驱动各执行系统或工作机所需的功率;

$P_{辅助装置}$—— 驱动辅助系统所需的功率;

η_i—— 从各执行机构经传动系统到原动机的效率;

η_j—— 从各辅助装置经传动系统到原动机的效率;

k—— 考虑过载或功耗波动的余量系数,一般 $k = 1.1 \sim 1.3$。

16.2.4 机械系统稳定工作的条件

1.动力机械和工作机的工作点

图16.5中特性曲线1为工作机或执行机构的特性曲线,特性曲线2为动力机械的特性曲线,特性曲线3为动力机械和传动变速系统的共同特性曲线。工作机的额定工作点是其机械特性曲线1上的一点,比如图中的点 $A(n_w, T_w)$ 是由执行系统的功能要求来确定。但实际工作点(即速度和载荷)需要根据工作机的机械特性曲线、动力机械的机械特性曲线和传动变速装置的总传动比和总效率来确定。具体确定方法是:动力机械选定以后,可在工作机的特性曲线图上绘制动力机械的特性曲线,如图中曲线2所示,动力机械的额定工作点为其上的点 $E(n_E, T_E)$;动力机械的机械特性曲线经过中间传动变速系统后变为图中的曲线3,其上对应动力机械额定工作点 E 的点为点 $E'(n_{E'}, T_{E'})$,其中 $n_{E'} = n_E/i$,$T_{E'} = T_E i\eta$,i 为传动比,η 为效率。而机械系统的实际工作点是曲线1和曲线3的交点 $B(n_G, T_G)$,偏离了工作机的额定工作点 A;同时将曲线3上的点 B 对应到动力机械的曲线2上,得到动力机械的实际工作点 $B'(n_{B'}, T_{B'})$,同样可以看出点 B' 偏离了动力机械的额定工作点 E。因此,机械系统的实际工作点不是最佳工作点。但当工作机的实际工作点 B 和额定工作点A之间、动力机械的实际工作点 B' 和额定工作点E之间相距不远时,可以认为动力机械和工作机是匹配的。

2.机械系统稳定工作的条件

机械系统在运行过程中不断出现加速、减速和稳定运行状态,即载荷经常处于波动状态。当负载发生微小变动时,如果能在原工作点附近建立新的工作点,即新的工作点相对于原工作点不发生大幅度漂移,则认为机械系统的运行状态是稳定的。

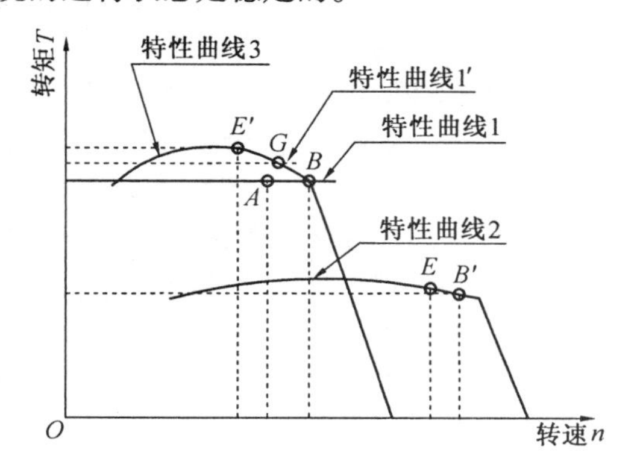

图16.5 机械系统工作点及稳定性

从图16.5中可以看出,机械系统运行状态的稳定性取决于工作机的机械特性曲线1和动力机械与传动系统的共同特性曲线3。若点 A 位于点 E' 的右侧,则当工作机负载由曲线1增大到曲线1′位置时,由于共同特性曲线3在原工作点 B 处提供的驱动力不能驱动增大了的负载,导致动力系统转速降低,驱动转矩逐步增大,直至驱动转矩和负载转矩达到新的平衡,如图中的点 G,该点即为系统新的工作点,即系统负载波动时,动力机械能够很快自动调整输出状态建立新的工作点,系统是稳定的。但若原工作点在点 E' 的左侧，则当负载转矩增大时，在原工作点上驱动转矩小于增大后的负载转矩，动力机械被迫减速，但随着动力机械减速，驱动转矩进一步减小，导致动力机械进一步减速，直至停车。因此，系统在受到负载波动时不能建立新的工作点，系统的运行状态是不稳定的。

机械系统稳定运转的条件是在工作点上，动力机械和传动变速系统的共同特性曲线3的斜率小于工作机的特性曲线1的斜率，即$\frac{\partial T_3}{\partial n} < \frac{\partial T_1}{\partial n}$。

16.3 执行机构及其创新设计

16.3.1 执行机构的组成

通常，执行机构处于机械系统的末端，是整个系统的动力和运动输出部分，它利用机械能来改变作业对象的性质、形状、位置或对作业对象进行测量等。因此，设计好机械系统的执行机构，是机械系统实现预定功能、提高竞争力的前提条件。通常一个机械系统的执行部分由一个或多个执行机构或执行构件组成，是执行子系统的基本设计单元(如加工机床上的进刀机构是机床完成加工工艺的直接执行机构)，因此又称工艺操作机构；除此以外，还有配合完成工艺动作的一系列辅助操作机构，如一般机械系统上的供料机构、夹紧机构、转位机构、定位机构、卸料机构、连锁机构、剔除机构、检测机构等。具体的机构形式和规律已经在《机械原理》课程中学习过。

16.3.2 执行机构设计需要考虑的问题

确定执行系统功能，需要充分考虑执行系统在设计、制造、安装、运行过程中所受到的各种功能约束和功能要求：

① 运动要求 —— 生产率、速度、加速度、速度范围、行程、轨迹、运动准确性等；

② 动力要求 —— 功率、转矩、力、效率等；

③ 可靠性和寿命要求 —— 包括机械系统和零、部件执行功能的可靠性，零、部件的耐磨寿命，疲劳寿命和使用寿命要求等；

④ 体积和质量要求 —— 如总体尺寸、安装尺寸、形状、各种质量比等；

⑤ 安全性要求 —— 强度、刚度、抗震性能、稳定性、操作安全性等；

⑥ 经济性要求 —— 产品开发费用、设计制造费用和使用维护费用等；

⑦ 环境适应性和环境保护要求 —— 环境防震、防尘、防毒和排废要求等；

⑧ 产品外观要求 —— 造型、色彩与环境的协调性要求；

⑨ 其他要求 —— 对特殊机械系统的专业要求，如对精密测量机械系统的精度稳定性要求、对户外机械的防锈防腐要求、对食品机械的防污染要求等。

16.3.3 执行机构的创新设计

首先创新设计是多层次的，要设计出能够实现某一功能的机械结构，可以从工作原理、运动形式、机构形式到具体零、部件和结构等各个层次上进行创新，但必须满足精度、运动学、动力学及其他性能要求。执行机构的工作原理创新最容易体现出机械系统的多样性，通常会导致系统结构完全不同。

工业机器人的末端执行器 —— 机器人手，是人们印象中功能先进的执行系统，其作用是以一定的力量夹持作业对象并放置在预定的位置，实现抓、移、定位、调整、固定和操作等动作。人们根据不同的物理效应(即工作原理) 已经设计出了利用机构夹持原理的夹持手，利用吸附原理的真空吸附手和磁吸附手，如图 16.6 所示。可见，采用不同的原理进行创新设计时对夹持器性能、形式和结构有重大影响。

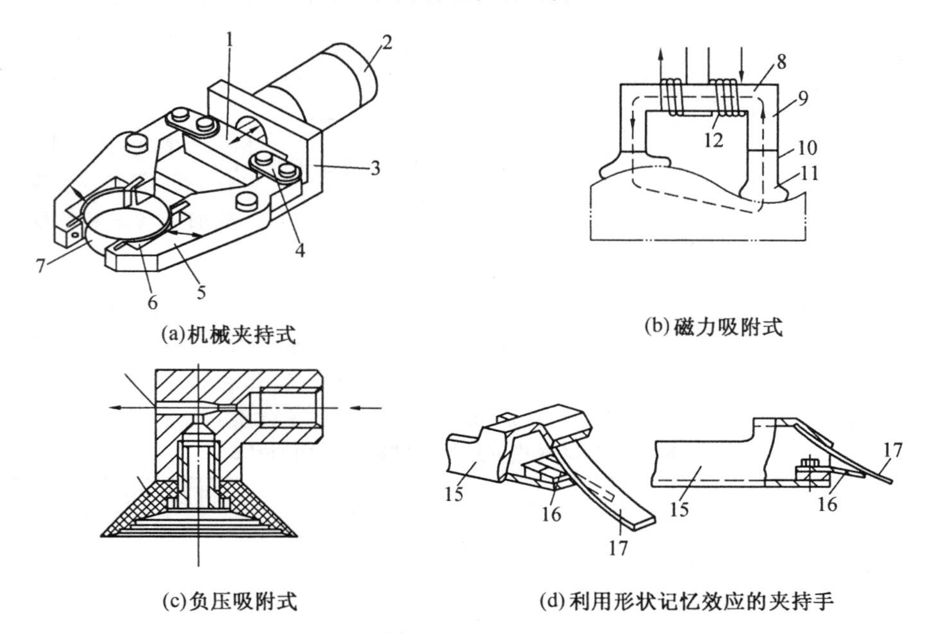

(a)机械夹持式　(b)磁力吸附式

(c)负压吸附式　(d)利用形状记忆效应的夹持手

图 16.6　机器人的末端执行器

1— 驱动板；2— 气缸；3— 支架；4— 活动连杆；5— 手爪；6— 弹性夹；7— 工件；8— 磁铁；9— 磁极；10— 磁粉袋；11— 磁粉；12— 电磁心；13— 喷嘴；14— 负压吸盘；15— 手指；16— 固定爪形状记忆合金；17— 固定爪

随着被夹持作业对象尺寸的微小化，还可以采用更广泛的物理效应(如采用材料的热胀冷缩效应、电致伸缩效应等) 制作微夹持器，如表 16.3 所示。但随着被夹持对象的进一步微型化(如操作细胞、分子、原子等功能，完成其夹持、移位、定位的末端操作方式)，还可以采用生物效应。

表 16.3　微夹持器的工作原理

序号	名称	工　作　原　理	特　　点
1	电热式夹持器	将电能转化为机械能：两个夹爪由具有不同热膨胀系数的材料制成，通过电热方式控制夹爪的温度使其产生弯曲变形，从而控制其抓夹动作和夹持力	对被夹持物产生热影响

续表 16.3

序号	名称	工作原理	特点
2	静电式夹持器	将电场能转化为机械能:采用硅半导体材料制成叉指式结构,利用静电力控制其抓夹动作和夹持力	可实现小型化和集成,但产生的力和位移有限
3	真空吸附式夹持器	将气动能转化为机械能:利用真空产生的负压吸附具有规则表面的微小物体,通过负压大小调整抓取力的大小	只能产生抓取和松开两种动作,对凸凹不平表面不适用
4	压电驱动式夹持器	将电场能转化为机械能:夹抓由柔性铰链机构做成,用压电陶瓷材料驱动控制其位移和夹持力	出力大,可准确控制位移和实现位移放大
5	电磁驱动式夹持器	将电磁能转化为机械能:用可控的电磁力驱动斜块间接驱动两个夹爪,控制其夹持力和抓取位移	可实现大位移抓取,操作平稳,但控制精度受结构加工和安装精度影响较大

设计孔的加工装置,除了前面介绍的采用不同工作原理设计得到的超声打孔机床、高速射流加工机床、电火花加工机床和高能激光打孔机床等机床外,对于采用刀具加工孔的原理还可以从运动形式上创新,产生不同的机床结构形式,如表16.4所示。

创新设计法已经在大量的书籍上有详细介绍,本书不再赘述。

表 16.4 运动形式创新对机械系统结构的影响

运动形式	运动方案	机床类型
工件旋转,刀具轴向和横向进给	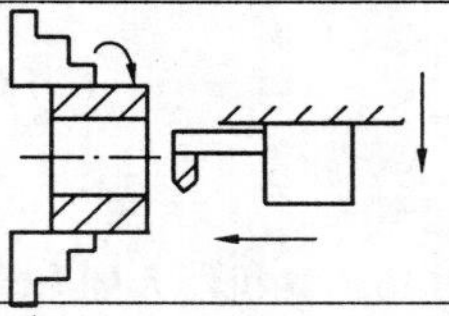	车床
工件静止,刀具回转的同时轴向和横向进给	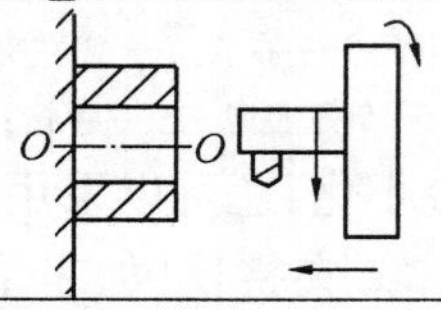 O O	镗床
工件静止,刀具回转的同时轴向进给	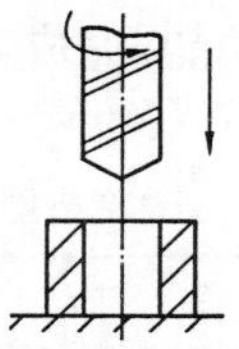	钻床
工件静止,刀具只做轴向运动	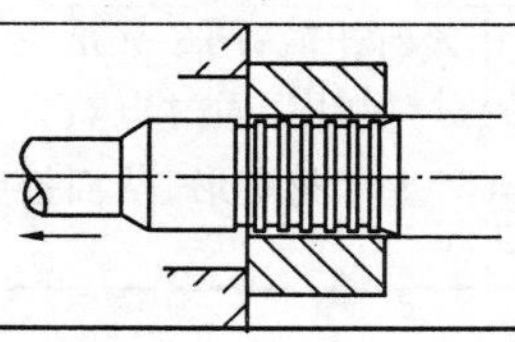	拉床

16.4 传动子系统的方案设计及评价

传动装置是机器的重要组成部分，机器质量的好坏常与传动装置的质量密切相关，机器的机械部分成本也常取决于传动装置的造价，因此，合理地设计传动装置是机械设计工作的重要组成部分。有关传动子系统的作用和主要参数计算在有关传动件设计的章节中已经做了介绍，本节着重介绍有关传动方案的拟订和传动类型的选择。

如前所述，机器的工作性能很大程度取决于传动装置的性能、质量及设计布局的合理性。因此，合理拟定传动方案具有重要意义。对传动方案的要求最主要是能实现工作部分的工作要求，另外还要求结构简单、效率高、尺寸紧凑、工作可靠、成本低、使用维护方便等，应针对各种可能方案结合各种传动形式的主要性能和特点，分析比较，合理选择。为便于选型，将各种传动形式的特点、性能和适用范围列于表16.5中。

表16.5　各种传动形式的特点、性能和适用范围

传动机构选用指标	普通平带传动	普通V带传动	摩擦轮传动	链传动	普通齿轮传动		蜗杆传动	行星齿轮传动		
								渐开线齿	摆线针轮	谐波齿轮
常用功率/kW	小(≤20)	中(≤100)	小(≤20)	中(≤100)	大，最大为50 000		小(≤50)	大，最大为35 000	中≤100	中≤100
单级传动比常用值(最大值)	2~4(6)	2~4(15)	≤5~7(15~25)	2~5(10)	圆柱3~5(10)	圆锥2~3(6~10)	7~40(80)	3~9	11~87	50~500
传动效率	中	中	中	中	高		低	中		
许用的圆周速度/$(m\cdot s^{-1})$	≤25	≤25~30	≤15~25	≤10	6级精度 直齿≤18 非直齿≤36 5级精度达100		≤15~35	基本同普通齿轮传动		
外廓尺寸	大	大	大	大	小		小	小		
传动精度	低	低	低	中等	高		高	高		
工作平稳性	好	好	好	较差	一般		好	一般		
自锁能力	无	无	无	无	无		可有	无		
过载保护作用	有	有	有	无	无		无	无		
使用寿命	短	短	短	中等	长		中等	长		
缓冲吸振能力	好	好	好	中等	差		差	差		
要求制造及安装精度	低	低	中等	中等	高		高	高		

续表 16.5

传动机构选用指标	普通平带传动	普通V带传动	摩擦轮传动	链传动	普通齿轮传动	蜗杆传动	行星齿轮传动		
							渐开线齿	摆线针轮	谐波齿轮
要求润滑条件	不需	不需	一般不需	中等	高	高	高		
环境适应性	不能接触酸、碱、油类、爆炸性气体		一般	好	一般	一般	一般		

注：① 传递连续回转运动，还可采用双曲柄机构（一般为不等角速度）和万向联轴器（传递相交轴运动）。

② 表中普通齿轮传动指闭式普通渐开线齿轮传动；蜗杆传动指闭式阿基米德圆柱蜗杆传动。

传动方案选择时常考虑以下情况：

(1) 大功率、高速度、长期工作的工况，宜用齿轮传动。

(2) 低速、大传动比，可用单级蜗杆传动和多级齿轮传动，也可采用带 - 齿轮传动；带 - 齿轮 - 链传动，但带传动宜放在高速级，链传动放在低速级。

(3) 带传动多用于平行轴传动，而链只能用于平行轴传动，齿轮可用于各向轴线传动，蜗杆常用于空间垂直交错轴传动。

(4) 带传动可缓冲吸振，同时还有过载保护作用，但因摩擦生电，不宜用于易燃、易爆的场合。

(5) 链传动、闭式齿轮传动和蜗杆传动，可用于高温、潮湿、粉尘、易燃、易爆场合。

(6) 有自锁要求时，宜用螺旋传动或蜗杆传动。

(7) 改变运动形式的机构（连杆、凸轮），应布置在运动系统的末端或低速级。

(8) 一般外廓尺寸较大的传动（如带传动）和传动能力较低的传动（如锥齿轮传动），分配较小的传动比。

(9) 小功率机械宜用结构简单、标准化高的传动，如减速器、液压缸、带传动、链传动等。

【例 16.1】 6种剪铁机实现活动刀口开合运动传动方案，见表 16.6，刀剪每分钟摆 23 次，电机功率 7.5 kW，电机转速 720 r/min。试比较表中传动方案的优劣。

【解】 工作轴转速 $n_w = 23$ r/min（亦即活动刀剪每分钟往复摆动次数），总传动比

$$i = \frac{n_m}{n_w} = \frac{720}{23} = 31.4$$

这个方案都能使工作轴达到每分钟 23 转的要求；方案 b 高速级采用链传动，噪声、振动大，缓冲吸振不如带传动（剪铁机冲击较大），故此方案不好；方案 c 采用二级齿轮传动，它效率高，尺寸较小，但不能缓冲吸振，成本较高，另外由于齿轮尺寸小，转动惯量小，就得增加一个飞轮来满足剪切的要求，所以此方案不好；方案 d 采用一级蜗杆传动，尺寸最小，但效率低，功耗大，同时不能缓冲吸振，材料及加工成本高，另外它转动惯量小，需要另加大飞轮，此方案不好；方案 e 的 V 带靠摩擦传动，承载能力低，不宜放在低速级，尺寸太大；而齿轮在高速级，噪声较大，制造安装精度要求高，也不好；方案 a 和方案 f 都是高速级用 V 带传动，可缓冲吸振，大带轮可作飞轮用，解决剪铁机短时最大负荷所需的储能需要，结构、维护

简单，但比较之下，方案 a 高速级传动比 i 较方案 f 的大，这样转速较高的大带轮更大，飞轮效果佳，同时 i_2 较小，使齿轮结构紧凑，所以方案 a 最好，但若不考虑飞轮效果，则通常选用方案 f。

表 16.6

方案	简　图	传动系统及各级传动比	总传动比 i
a	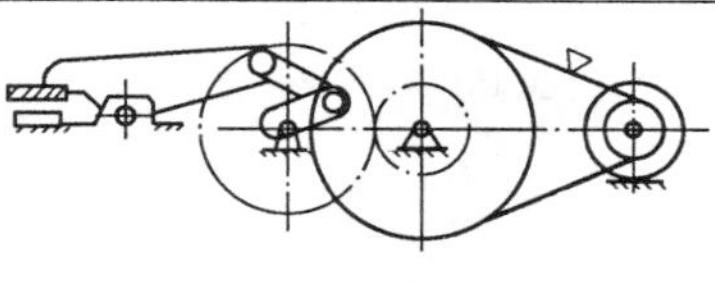	电动机→V带→齿轮→连杆 $i_1 = 7, i_2 = 4.48$	31.4
b	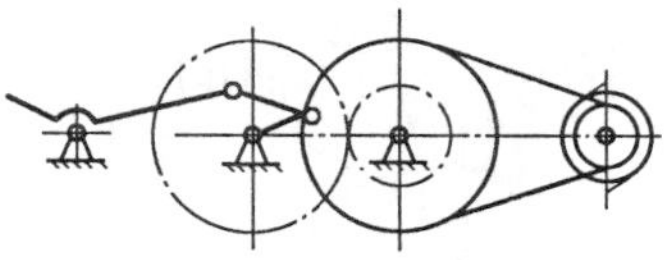	电动机→链→齿轮→连杆 $i_1 = 7, i_2 = 4.48$	31.4
c	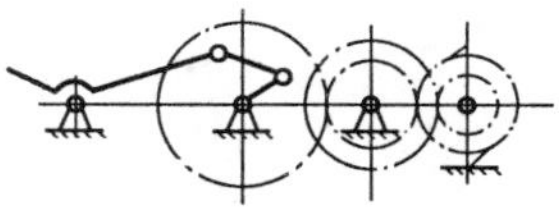	电动机→齿轮→齿轮→连杆 $i_1 = 7, i_2 = 4.48$	31.4
d	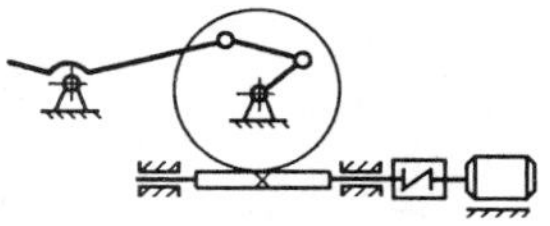	电动机→蜗杆→连杆 $i_1 = 31$	31.4
e	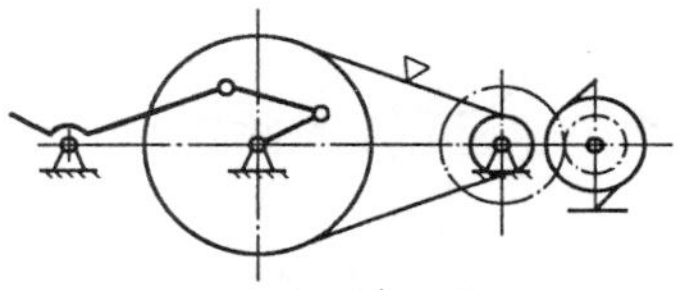	电动机→齿轮→V带→连杆 $i_1 = 4.48, i_2 = 7$	31.4
f	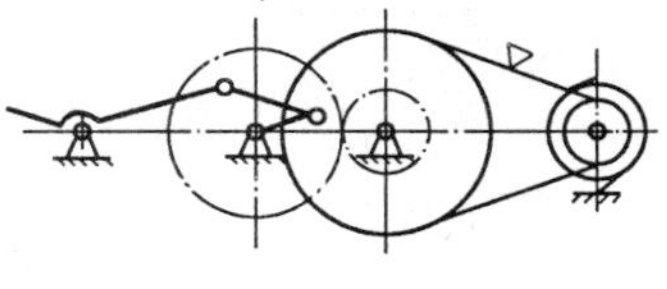	电动机→V带→齿轮→连杆 $i_1 = 4.48, i_2 = 7$	31.4

16.5　机械系统的匹配性设计

机械系统设计本身就包含了匹配性设计的内容，不仅包含了五大子系统之间的匹配性设计，而且还包含了性能与结构、精度与结构、强度刚度与结构、经济性指标与结构、环境与结构、工艺方法与结构等结构匹配性设计，以及工艺方法与精度、工艺方法与经济性指标、材料与热处理之间等一系列匹配性设计的内容，但设计实践中这一点最容易被忽视，也是最难做到的，往往导致设计的结构在制造、检测、安装、调试、使用和维护过程中暴露出许多不合理的地方。

结构匹配性设计中最重要的是找出与被设计结构相关联的所有因素，防止因重要影响因素被遗漏而出错；对需要按国家标准、相关法规执行的有关影响因素在设计中必须予以无条件的满足；对影响机械系统经济性、可靠性、工艺性、安全性等方面因素要优先予以考虑和满足。图16.7列出了在设计具体结构时一般需要考虑的因素，这些不一定在所有的设计中出现，根据设计对象不同，考虑问题的侧重面各有差异。图16.8是按照上面提示的内容在设计一个螺栓连接结构时具体考虑的有关问题。

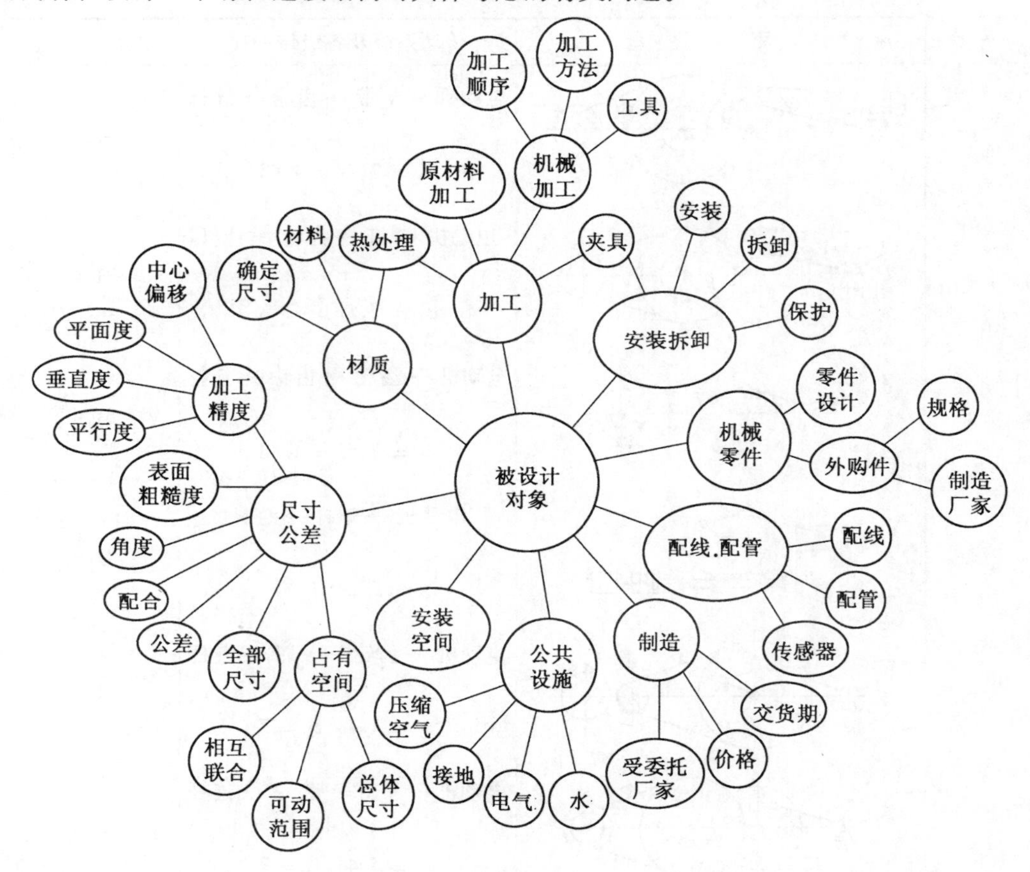

图16.7　机械结构设计时需要考虑的系列影响因素

16.5.1　结构和功能相匹配的设计原则

结构是功能的载体。机械系统的功能由实现其目的的主要功能和为主要功能服务的下属分功能构成。尽管所设计的机械系统要实现的主功能千差万别，但由零、部件或机构承载的下属分功能或基本功能可以归结为实现动作、传递动力、定位固定和支撑以及实现连接四大类。实现每一个基本功能可以采取不同的机构和结构形式，设计余地比较大，但需要进行匹配性设计，要充分考虑不同的机构或结构的特点和适用范围。比如用联轴器连接两根轴端，尽管理论上所有的联轴器都能实现连接的功能，但要实现在不同的工况条件下的合理连接，在结构上需要考虑：低速时转矩较大宜采用刚性联轴器，轮毂和轴之间可以采用单键或花键连接；高速时采用弹性联轴器可以同时兼顾传动能力和隔振要求，轮毂和轴之间需要采用对中性好、不容易引起不平衡惯性力的双键连接、花键连接、对称涨紧套连接等。

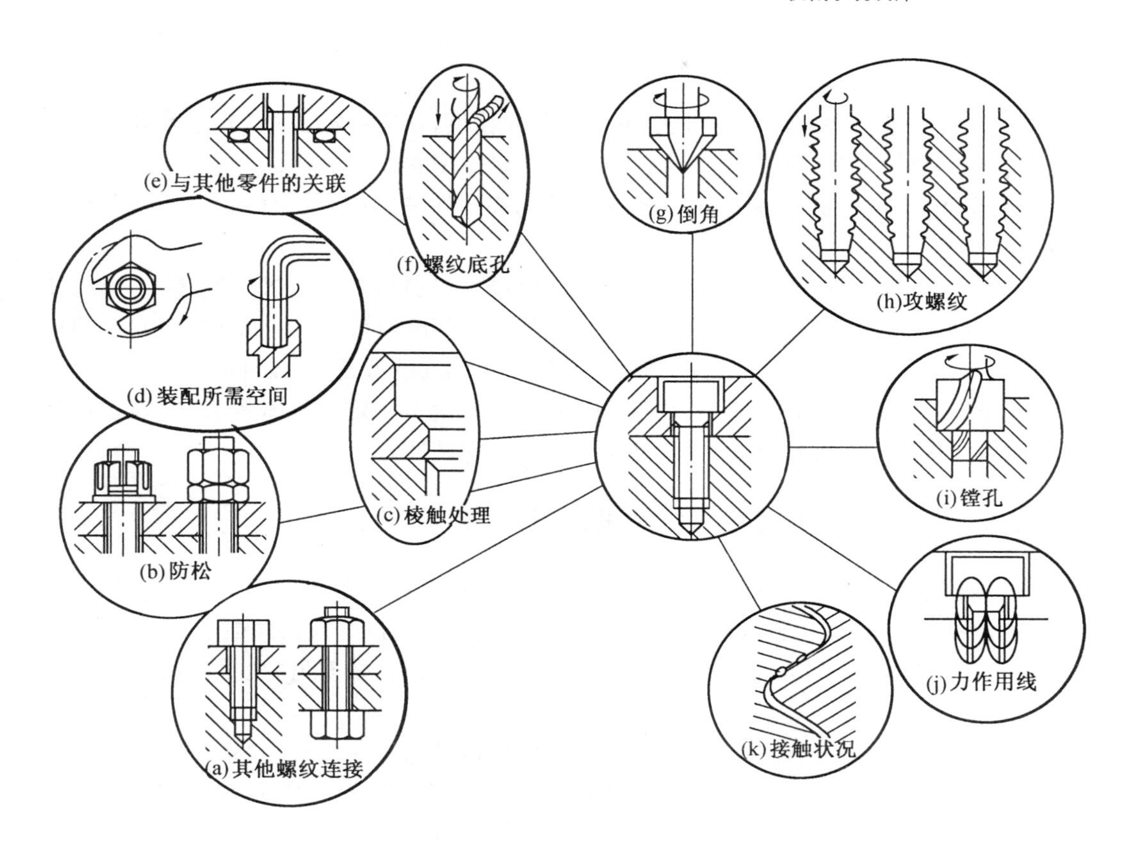

图 16.8　设计一个螺纹连接时具体考虑的问题

16.5.2　结构和精度相匹配的设计原则

设计一个机械系统，不仅要将总体精度指标对应的误差合理分配到各个子系统和零件上，而且在设计具体的零、部件结构时，需要充分考虑采取具体可行的技术措施保证能够实现所要求的精度。通常情况下，要遵循如下的结构设计原则：

(1) 最简单原则。这也是设计所有机械系统应该遵循的一条基本准则。在满足功能和使用要求的前提下，所选择的系统方案和子系统方案越简单越好，这样既可以获得系统良好的经济性指标，又容易控制各类误差，保证整机的精度。

(2) 变形最小原则。零、部件受力时都会发生结构变形，影响精度指标，因此，在结构设计时应使由于质量、外力、热变形和内应力引起的变形达到最小，必要时对各因素引起的变形进行计算。如果变形超出容许的极限时，可以调整支撑位置、调整载荷分布形式以及采取增加刚度的结构措施；对于焊接件或铸造件的内应力导致尺寸不稳定的现象，应充分进行时效处理，以消除内应力；对于温差导致精度变坏的零、部件，应该采用膨胀系数小的材料或采取恒温等措施。

(3) 基面统一原则。结构设计时，应该尽可能使零、部件的设计基准、工艺基准(加工基准、装配基准等)、检测基准统一，力求避免或尽可能减小基准不一致引起的误差。

(4) 粗精分离原则。零、部件的精度需要与零、部件的作用和加工装备、工艺水平相匹配，基准面和非基准面需要区别对待。为了以最小的代价获得最高的精度，一般情况下，作为结构的基准要素需要有较高的形状、位置和尺寸精度，误差控制要严；非基准面误差可以适当放松，以减小加工难度和降低加工成本；对整体精度影响大的零、部件结构，相应的误差控制要严；同一个机械系统中，旋转件或运动件的误差控制要严，静止件的误差则可以适当放松等。

(5) 误差补偿原则。对于高精度要求的机械系统，特别是复杂的机械系统，由于组成零、部件数目多，精度要求高，仅仅依靠单纯的提高零、部件的精度保证系统总的精度指标会引起成本升高、工艺困难等，因此，从机械系统设计的高度考虑，在设计时如果换一种思路，通过设计适当的误差补偿环节或校正机构，或在系统的末端设置检测机构，通过反馈比较，对误差进行实时补偿，将是既经济又合理的匹配设计方法。

16.5.3 结构和强度相匹配的设计原则

(1) 强度原则。在设计零、部件时，应尽量使同一零、部件各截面上的强度接近或相等，以充分利用材料、减轻自重和体积；如轴类零件通常设计成中间大两端小的阶梯形状，除了安装方便外，近似等强度(材料力学中曾算得轴的等强度截面为抛物线截面) 也是原因之一。

(2) 力自平衡原则。机械系统中某些零、部件在运转过程中会产生额外的转矩或力，系统设计时应该尽可能使这些额外的力或转矩相互抵消或抵消一部分。如一根轴上若装有一对斜齿轮、蜗轮或锥齿轮等产生轴向力的传动件，应该使传动件产生的轴向力方向相反而互相抵消一部分，防止两端轴承承受过大的轴向载荷；又如由于结构本身的限制，活塞式发动机曲轴的连杆轴颈在高速运转时会产生离心力，为达到平衡该力的目的，在曲柄上设计反向配重等。

(3) 力自加强原则。此种原则是使工作载荷随着环境载荷的变化而变化，从而达到自动平衡的目的。如图 16.9 的高压活塞的密封部件结构设计，如果将活塞端头设计成平头，如图 16.9(a)，纯粹依靠外部预紧力实现绝对密封非常困难；但如果采用图 16.9(b) 结构，则无论介质压力多高，活塞头的唇部结构会产生相应的膨胀变形，将密封面紧紧贴合在缸壁上，达到密封压力与密封效果自动适应的目的。

(4) 力作用路径最短原则。在力和力矩作用的路径上，均会产生应力和变形，缩短力的作用路径，一方面可以减少材料，简化结构，另一方面使变形环节减少，有利于提高结构强度和刚度，提高系统的精度。

(5) 自保护原则。在结构设计中，一方面要从技术上保证设计安全可靠，但意外过载往往会导致毁灭性的破坏，因此有时需要设计特殊的保护措施。如在机械传动系统中采用摩擦带传动，当工作机发生过载时皮带打滑，自动将动力和负载脱开，两轴连接若采用球盘式安全联轴器，则当系统过载时动力会自动脱开。这两种保护方式都是可逆的，当过载原因消除后，系统会自动恢复动力供应。有时还可以采用安全销，当执行机构过载时安全销被剪断，从而达到切断动力保护系统的目的。

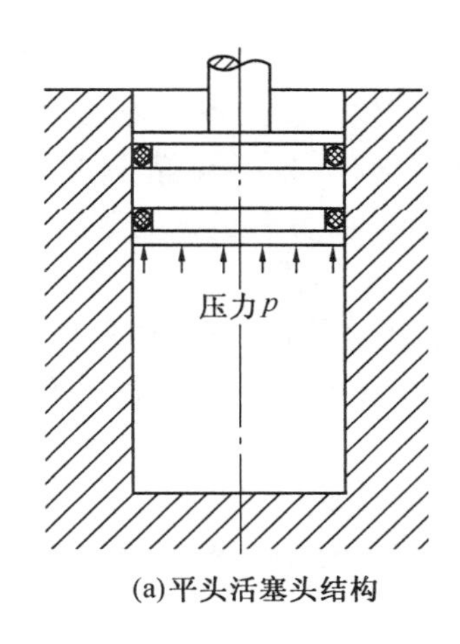

(a)平头活塞头结构

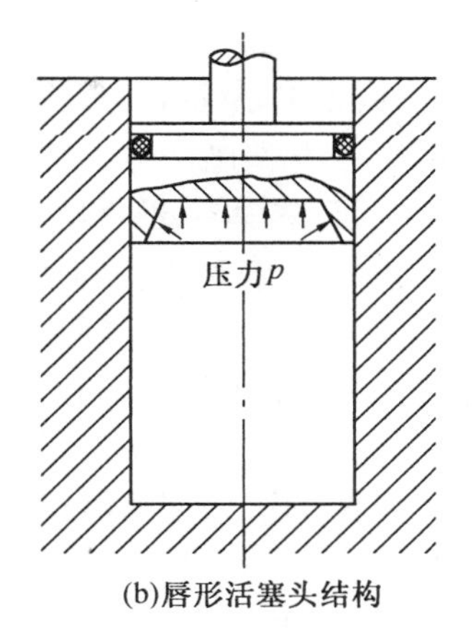

(b)唇形活塞头结构

图16.9 高压密封结构中的自增强密封结构设计

16.5.4 结构和工艺方法相匹配的设计原则

在前面各章节中已经介绍了每一类通用零、部件的常用结构形式，实际上就是零、部件的结构和工艺方法匹配设计的具体表现，它包含了与毛坯制造工艺方法、成品制造工艺方法等匹配设计的内容。比如螺纹连接有时候需要加工出沉头坑或留有凸台；铸造或模锻盘类零件需要留有拔模斜度和较大的过渡圆角；轴类零件在精密轴段需要磨削且轴肩侧面需要用做轴向定位基准时，一定要有合适的清理措施；铸造箱体类零件需要有合适的壁厚、厚薄壁面之间均匀过渡等，这些都必须在零、部件的结构设计中通盘考虑和体现出来。

16.5.5 其他方面的结构匹配性设计原则

包括考虑温差引起膨胀收缩的合理设计、考虑蠕变和松弛的合理设计、考虑腐蚀的合理设计、考虑人机工程的合理设计、考虑造型的合理设计、考虑装配拆卸的合理设计、考虑有利于标准化的合理设计和考虑有利于回收利用的合理结构设计等，这些设计原则在工程设计学和设计方法学中有详细介绍。

16.6 机械系统的总体布置

总体布置的任务是确定系统各部件的位置、控制各部分的尺寸和质量，使载荷分配合理、工艺顺序流畅、运动节拍协调、最大限度地提高生产效率等。多数情况下，系统总体布置时根据工艺动作的协调关系先布置执行系统，然后再依次布置传动系统、动力系统、操作控制系统，最后选用合适的支承形式。

总体布置是系统具体设计的开端，需要全面考虑：

(1) 使工作对象的工艺顺序合理。总体布置应该使系统工艺过程顺畅，生产线布置尤其如此。应该指出，机械系统的各个零、部件即使设计制造得很好，而布置不合理，机械系统仍然不能很好地协调工作，将严重影响产品质量和生产率。

（2）有利于保证系统的动态性能。从总体布置上考虑提高系统的强度、刚度和抗震性能的措施，减少或排除系统各组成部分之间或组成生产线的各设备之间的相互干扰。

（3）结构紧凑，层次清晰。力求结构紧凑、配置匀称、减小偏置、降低重心，紧凑的结构不仅可以节省空间，减少零、部件的数量，便于调试，而且有良好美观的造型，但需要合理规划和利用空间，防止各部件之间运动干涉。

（4）充分考虑宜人性。为了改善操作者的劳动条件，减少操作时的体力和脑力消耗，应该力求操作方便舒适，布置应该符合人机工程学的要求；另外，机械的布置还应该考虑对作业对象的装拆、设备维修和调整的方便性。

（5）便于产品系列化、改型换代和组成生产线等需要。

（6）比例协调。总体布置应该使各部件比例协调，匀称和谐，符合造型的美学原则。

【例 16.2】 考虑作业环境的总体布置示例及特点分析。

图 16.10 是某型掘进机的总体布置，其主要功能为采掘、装载、运输、除尘联合作业。

布置特点：

（1）主要部件沿掘进机的纵向轴线对称布置，电控箱和液压装置分布在运输机的两侧，有利于提高整机的横向稳定性。

（2）履带位于机器的下部中间，前有落地板，后有稳定器，使整机的重心处在履带接触地的形心面积范围内，充分保证作业时机器的稳定性。

（3）将驾驶室布置在机器的左后侧或右后侧，采取与地面挖掘机完全不同的布置，有利于保护司机的安全和便于司机观察。

（4）考虑掘进机属地下巷道作业机械，整机呈长条状布置，以适应狭长空间要求，降低重心，提高稳定性。

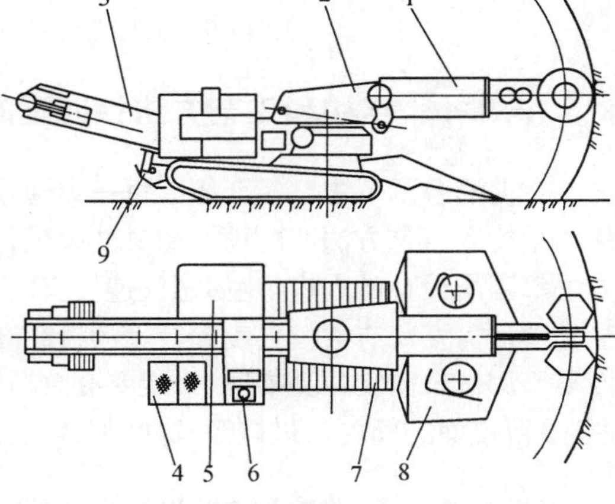

图 16.10 某型掘进机的总体布置

1—切割臂；2—回转台；3—刮板运输机；4—司机座；5—电控箱；6—液压装置；7—履带行走机构；8—装载铲板；9—稳定器

【例 16.3】 轮式装载机的总体布置及特点分析。

轮式装载机主要用来装载散状物料并将其卸入运输车辆或直接运往卸料地，有时需承担轻度的铲掘、推土和修整场地的任务，总体布置如图 16.11 所示，分别考虑了：

（1）发动机配置在系统的后部，平衡铲斗上的作用力，提高整机的稳定性。

（2）采用四轮驱动，提高牵引力和在恶劣路面上行驶的能力。

（3）驾驶室布置在中前部，使视野开阔，以利于保证铲斗的准确作业。

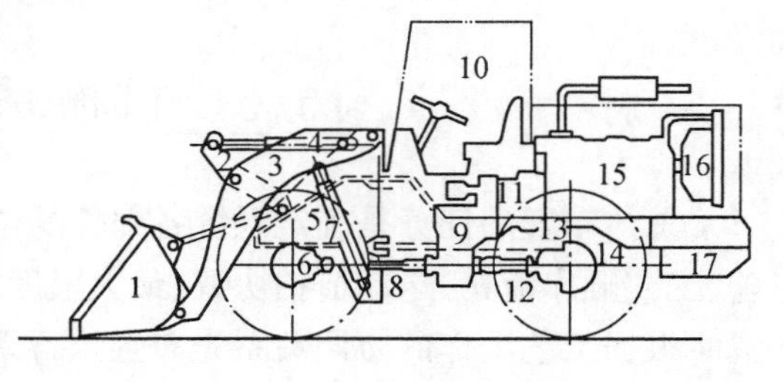

图 16.11 轮式装载机的总体布置

1—铲斗；2—摇臂；3—动臂；4—转动油缸；5—前车架；6—前桥；7—动臂油缸；8—前传动轴总成；9—变速器；10—驾驶室；11—变矩器；12—后传动轴总成；13—后车架；14—后桥；15—发动机；16—水箱；16—配重

【例 16.4】 考虑作业对象的尺寸、质量和形状影响的机械系统总体布置及特点分析。

图16.12是车床的几种典型布置形式，普通车床通常采用卧式水平布置，用于轴类或小尺寸盘形零件加工，如图16.12(a)所示；如果加工直径较大的盘形或环形零件，则通常采用落地式布置方案，如图16.12(b)所示；对短而粗且笨重的零件加工，则需要用到图16.12(c)所示的单柱立式布置车床；对特大型零件端面进行车削加工，如大型水轮机上的特大环形零件，则采用双柱立式布置的重型车床，如图16.12(d)所示。

【例16.5】 考虑增加刚度的总体布置。

图16.13为曲柄压力机的几种布置形式。其中图16.13(a)为开式布置机身，三面敞开，操作方便，但刚度较差，适用于刚度要求不高的中小型压力机；图16.13(b)为整体式闭式布置机身，两侧封闭，刚度较好，但操作不如开式布置形式方便，适用于刚度要求较高的大中型压力机以及某些精度要求较高的小型压力机；图16.13(c)为组合式闭式布置机身，刚度特性较好，但与整体式闭式布置相比，加工运输比较方便，因而在大中型压力机中广泛采用。

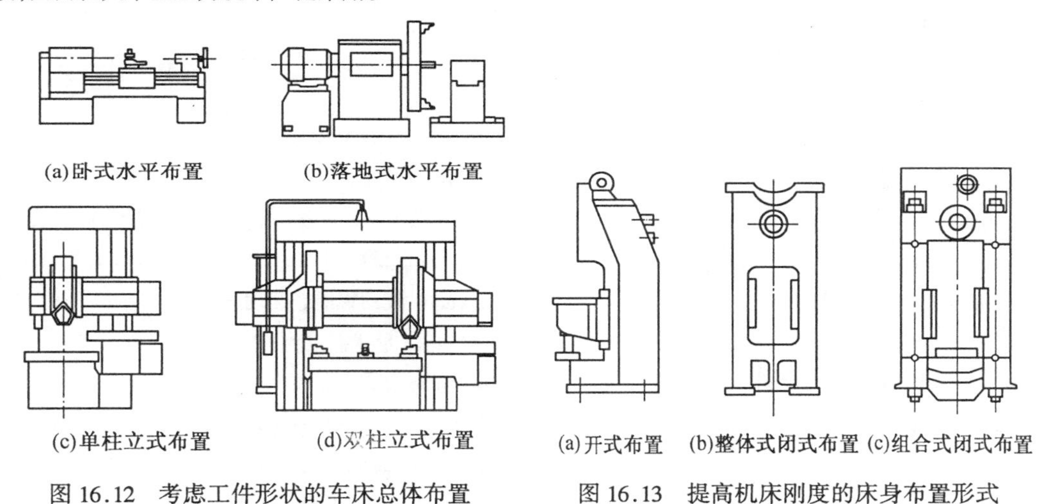

图16.12 考虑工件形状的车床总体布置

图16.13 提高机床刚度的床身布置形式

思考题与习题

16.1 下列减速传动方案有何不合理处？

(1) 电动机→链→直齿圆柱齿轮→斜齿圆柱齿轮→工作机；

(2) 电动机→开式直齿圆柱齿轮→闭式直齿圆柱齿轮→工作机；

(3) 电动机→齿轮→V带→工作机。

16.2 设计一个圆工作台的传动装置，要求此工作台能绕其中心做定轴转动，先向一个方向转180°，立即反向转180°，然后停车，全部动作完成时间20 s，电动机转速960 r/min，选出传动方案及类型，决定各级传动比及主要参数，画出此传动装置简图，不要求做强度计算。

附录

机械设计常用中英文词汇表

A

abrasive wear 磨粒磨损
absolute viscosity 绝对黏度
AC variable speed drive 交流变速传动
AC/DC motor 交流/直流电机
acid value 酸值
Acme thread 梯形螺纹
addendum 齿顶高
addendum circle 齿顶圆
additive 添加剂
adhesive 胶黏剂,黏合剂
adhesive wear 粘着磨损
air-actuated clutch 气动离合器
allowable stress 许用应力
aluminum 铝
American Gear Manufacturers Association (AGMA)美国齿轮制造协会
American Iron and Steel Institute (AISI) 美国钢铁研究协会
American Society for Testing and Materials(ASTM) 美国材料与实验协会
American Society of Mechanical Engineers (ASME) 美国机械工程师协会
angle of contact / wrap angle 包角
angular contact bearing 角接触轴承
angular velocity 角速度
antifriction 减摩
Archimedes worm 阿基米德蜗杆
assembly 装配，部件
automotive V-belt 汽车 V 带
average life 平均寿命
average stress 平均应力
axial equivalent dynamic load 轴向当量动载荷
axial elementary reted life 轴向基本额定动载荷
axial force 轴向力

B

Babbitt alloy 巴氏合金
backlash 齿侧隙
back-to-back mounting (角接触轴承)背对背安装
ball bearing 球轴承
ball screw 滚动螺旋，滚动丝杠
band brake 带式制动器
base circle 基圆
bearing characteristic number 轴承特性数
bearing parameter 轴承参数
bearing sleeve 轴承衬,轴承套
bearing table 轴承座
bearing type 轴承类型
bellville spring 碟形弹簧
belt 带
belt construction 带的结构/构造
belt cross section 带的截面
belt driving 带传动
belt length 带长
belt length correction factor 带长修正系数
belt tension 带的张紧力
bending fatigue strength 弯曲疲劳强度
bending moment 弯矩
bending strengtn 抗弯强度
bending stress 弯曲应力

bevel gear 锥齿轮
blank 毛坯
bolt 螺栓
bolted connection / bolted joint 螺栓连接
bore (轴承等与轴相配的)孔
boundary film 边界润滑膜
boundary friction 边界摩擦
boundary lubrication 边界润滑
boundary-lubricated bearing 边界润滑轴承
brake 制动器
Brinell hardness 布氏硬度
brittle material 脆性材料
bush 衬套,套筒
bushing 轴瓦

C

carbo-nitriding 碳氮共渗
carburizing 渗碳
case hardening 表面淬火
cast iron 铸铁
center distance 中心距
centering 定心
centrifugal clutch 离心式离合器
centrifugal force 离心力
chain 链条
chain drive 链传动
chain link 链节
chamfer 倒角
chemical absorbed film 化学吸附膜
chemical reaction film 化学反应膜
circular nut 圆螺母
circumferential force 圆周力
classical V-belt 普通 V 带
clearance fit 间隙配合
clutch 离合器
clutch coupling 离合连接
clutch-brake module 离合 – 制动单元
coarse thread / coarse-pitch thread 粗牙螺纹
coefficient of capacity 承载量系数
coefficient of friction / friction coefficient 摩擦因素
coefficient of friction characteristic 摩擦特性系数
combined bending and torsion on circular shaft 圆轴的复合弯曲和扭转
combined stress 复合应力
composite /composite material 复合材料
compressive strenght 抗压强度
concentrated bending moment 集中弯矩
conceptual design 概念设计
concurrent engineering 并行工程
condensation (solidifying, solidification) point 凝点
cone clutch 圆锥式摩擦离合器
conjugate profile 共轭齿廓
contact fatigue strength 接触疲劳强度
contact stress/Hertz stress 接触应力/ 赫兹应力
conveyor 输送机
conveyor chain 输送链
correction factor 修正系数
correction factor of wrap angle 包角修正系数
corrosive wear 腐蚀磨损
cost 成本
coupling 联轴器
crank 曲轴,曲柄
crest (螺纹)牙尖
criteria for machine design 机械设计准则
critical frequency 临界(固有)频率
crossed helical gear 空间垂直交错轴齿轮
curvature radius 曲率半径

D

datum length 基准长度
dedendum 齿根高
dedendum circle 齿根圆

deep-groove bearing 深沟球轴承
deflection 变形
deflection angle 偏位角
deflection limit 变形极限
deformation 变形
density 密度
design calculation 设计计算
design guideline 设计指南
design life 设计寿命
design objective 设计目标
design procedure 设计过程
design requirement 设计要求
design skill 设计技能或技巧
design stress 设计应力
diameter 直径
diameter-series code (轴承)直径系列代号
diametral clearance 直径间隙
die forging 模锻
dimension 尺寸
dimensional tolerance 尺寸公差
dimension-series code (轴承)尺寸系列代号
disc brake 盘式制动器
disc or slinger lubrication 油环润滑
distance of eccentricity 偏心距
double-row bearing 双列轴承
double-strand chain 双排链
double-threaded screw 双线螺纹
driven sprocket 从动链轮
driving gear 主动齿轮
driving sprocket 主动链轮
drop point 滴点
drum brake 鼓式制动器
dry friction 干摩擦
ductile material 韧性材料(塑性材料)
duplex mounting (轴承)串联安装
dynamic factor (齿轮的)动载荷系数
dynamic viscosity 动力黏度
dynamic stress 变应力
dynamic load 变载荷

E

eccentric 偏心载荷
eccentricity 偏心
eccentricity ratio 偏心率
efficiency 效率
elastic coefficient 弹性常数
elastic coefficient of material 材料弹性系数
elastic limit 弹性极限
elastic slippage 弹性滑动
electrical conductivity 电导率
electrical resistivity 电阻率
end configuration 弹簧的端部结构
end releasing 端部泄露
endurance strength 持久强度
examining and approving of technology 技术审定
excessive wear 过度磨损
external self-aligning bearing 外球面调心轴承
external thread 外螺纹
extreme pressure additive 极压添加剂
extreme pressure property 极压特性

F

face 齿顶面
face length of worm 蜗杆的轴向长度
face wear 齿面磨损
face width 齿宽,轮齿宽度
face-to-face mounting (角接触轴承)面对面安装
factor of safety 安全系数
failure mode 失效模式 失效形式
failure prediction 失效预测
fastener 连接件,紧固件
fatigue 疲劳

fatigue life 疲劳寿命
fatigue strength 疲劳强度
fatigue wear 疲劳磨损
felt sealing 毡圈密封
fillet 圆角
film thickness 油膜厚度
fine thread / fine-pitch thread 细牙螺纹
Finite Element Analysis(FEA) 有限元分析
fixed-pad thrust bearing 固定瓦推力轴承
flame hardening 火焰淬火
flank 齿根面
flashpoint (润滑油)闪点
flat belt 平带
flat key 平键
flexible coupling 弹性联轴器
flexible drive 柔性传动
fluctuating combined stress 脉动复合应力
fluctuating normal stress 脉动正应力
fluctuating shear stress 脉动剪切应力
fluctuating stress 脉动应力
fluid friction 液体摩擦
flux coefficient 流量系数
following gear 从动齿轮
force exerted on shaft 轴上所受的力
force-deflection characteristics 力－位移特性
forged piece 锻件
form milling 成型铣削加工
framework 机架
frequency 频率
friction 摩擦
friction material / tribo-material 摩擦材料
friction power 摩擦功率
friction torque 摩擦转矩
full annealing 完全退火
full film hydrodynamic bearing 全膜流体动压轴承 液体摩擦滑动轴承
full-film (hydrodynamic) lubrication 全膜/流体动压润滑
function 功能

G

gasket 垫片
gear reducer/ gear-type speed reducer 齿轮减速器
gear train 轮系
geometry factor 几何系数
gib head bolt 钩头螺栓
gib-head key 勾头键
gray cast iron 灰铸铁
grease 润滑脂
grooved belt/timing belt/synchronous belt /tooth belt 同步带
guide key 导向键

H

half round key 半圆键
hard face 硬齿面
heat balance 热平衡
heat treatment 热处理
heat-dissipation 散热
heavy-duty drag chain 重载牵引链
heavy-duty industrial V－belt 重载工业 V 带
helical compression spring 螺旋压缩弹簧
helical extension spring 螺旋拉伸弹簧
helical gear 斜齿圆柱齿轮
helical torsion spring 螺旋扭转弹簧
helix angle/helical angle 螺旋角(螺旋线与轴线的夹角)
Hertz stress on tooth 齿面赫兹应力(即接触应力)
hexagon bolt 六角头螺栓
hexagon nut 六角螺母
high-carbon steel 高碳钢
hobbing 滚齿加工

hydraulic brake 液压制动器
hydrostatic lubrication 流体静压润滑
hydrodynamic lubrication 流体动压润滑
hydrostatic bearing 流体静压轴承

I

idler gear 惰轮/过桥轮
impact strength 冲击强度
inch module 英制模数
induction hardening 感应淬火
initial tension 初拉力
inner race 滚动轴承内圈
instrument bearing 仪表轴承
internal friction (润滑油等的)内摩擦
internal gear 内齿轮
internal thread 内螺纹
inverted tooth chain/silent chain 齿形链 无声链
involute curve 渐开线曲线
involute profile 渐开线齿廓
involute spline 渐开线花键
involute tooth form 渐开线齿形
involute worm 渐开线蜗杆
involute 渐开线

J

jaw clutch 牙嵌式离合器
joined V belt 连组 V 带
joint link 接头链节
journal 轴颈
journal bearing 径向滑动轴承

K

key 键
keyset (轴上)键槽
keyway (轮毂上的)键槽
kinematic viscosity 运动黏度
kinetic energy 动能

L

labyrinth sealing 迷宫密封
lead angle 导程角
life factor 寿命系数
link plate 链板
load 载荷
load distribution factor 载荷分布系数
load/life relationship 载荷 - 寿命关系
load-bearing zone (轴承的)承载区
load-carrying capacity 承载能力
loading type 载荷类型
load-sharing factor 齿间载荷分配系数
locking device 锁紧装置
locknut 锁紧螺母
lockwasher 锁紧垫圈,带翅垫片
low-carbon steel 低碳钢
low-cycle fatigue 低周疲劳
lubricant 润滑剂
lubrication 润滑

M

machinability (零件或结构的)可加工性,工艺性
machine 机械, 机器
machine component/machine element 机械零件
machining 加工
maintenance 维修
major diameter (螺纹)大径
manual or drip feed lubrication 人工或滴油润滑
material specification 材料规格
maximum normal stress 最大正应力
maximum shear stress 最大剪应力

mean diameter (螺纹)中径
mean effective load 平均有效载荷
mechanism 机构
mean spring diameter 弹簧中径
mechanical drive 机械传动
medium-carbon steel 中碳钢
metallic material 金属材料
metric module 公制模数
metric unit 公制单位
mild face 软齿面
mineral oil 矿物润滑油
miniature precision bearing 微型精密轴承
minimum oil film thickness 最小油膜厚度
minor diameter (螺纹)小径
mixed-film lubrication 混合润滑
mixed friction 混合摩擦
moderate or heavy shock 中等或严重冲击
module (齿轮的)模数
module of gear 齿轮模数
modulus of elasticity 弹性模量
mounted bearing 带座轴承
multiple-threaded screw 多线螺纹
multi-strand chain/ multiple-strand chain 多排链

N

narrow-section V-belt 窄 V 带
needle bearing 滚针轴承
nickel-based alloy 镍基合金
nodular cast iron 球墨铸铁
nominal stress 名义应力
non-ferrous metal 非铁金属(有色金属)
normal force 法向力
normal module 法面模数
normal plane 法面
normal pressure angle 法面压力角
normal stress 正应力
normalizing 正火
number of coils 弹簧的圈数
number of teeth 齿数
nut 螺母

O

oil film 油膜
oil film angle of loading 承载油膜角
oil film rigidity 油膜刚度
oil stream lubrication 连续压力供油润滑
oil wedge 油楔
oil-bath lubrication 油浴润滑
optimum design 优化设计
O-ring O 形圈
outer race 滚动轴承外圈
outside diameter (蜗轮的)最大圆
over deformation 过度变形
overlap coefficient 重合度系数
overload clutch 超载离合器(当载荷高于预设值时才工作)
overload factor 过载系数
overload protection 过载保护
overrunning clutch 超越离合器
oxidation wear 氧化磨损

P

part 部件,零件
penetration 针入度
performance 性能
performance curve AC motor 交流电机的特性曲线
permissible misalignment 允许偏转角
physical adsorbed film 物理吸附膜
pin 销,销轴
pinion (一对啮合齿轮中的)小齿轮

pinion cutter 齿轮插刀
pipe thread 管螺纹
pitch (链)节距,(齿轮)节距
pitch angle (弹簧中径的)螺旋升角
pitch circle 节圆
pitch cone angle 节锥角
pitch diameter 节圆直径
pitch point (齿轮啮合的)节点
plain surface bearing 滑动轴承
planetary gear train /epicyclic gear train 行星轮系
plastic deformation 塑性变形
plastic gear material 塑料齿轮材料
plate-type clutch 摩擦片式离合器
Poisson's ratio 波松比
poly V-belt 多楔带
powder metallurgy material 粉末冶金材料
powdered metal 粉末金属
power rating 额定功率
power rating chart (单根带所能传递的)额定功率图
power screw 动力螺旋
power transmitting capacity 功率传送能力
power-transmission element 功率传动零件
preferred basic size 优选基本尺寸，优先尺寸数系
preloading 预紧
press fit/force fit/shrink fit/interference fit 过盈配合
pressure angle 压力角
pressure-viscosity characteristics 压黏特性
principal stress 主应力
processability 工艺性
project design 方案设计
proof load 许用载荷
proof strength 许用强度
proportional limit 比例极限
pulley sheave 带轮

Q

quenched and tempered steel 调质钢
quenched-hardened and fully tempered 调质
quenching and tempering 淬火和回火

R

rack 齿条
rack cutter 齿条插刀
radial bearing 向心轴承
radial elementary rated 径向基本额定动载荷
radial equivalent dynamic load 径向当量动载荷
radial force 径向力
radius clearance 半径间隙
rated life (L10) 额定寿命
rated power / power rating 额定功率
rating life (轴承)额定寿命
reference circle 分度圆
relative clearance 相对间隙
relative viscosity 相对黏度
reliability 可靠性，可靠度
reliability factor 可靠度修正系数
repeated and reversed stress 对称循环应力
residual deformation 残余变形
residual initial tightening load 剩余预紧力
residual stress 残余应力
resultant load 合力
retainer/cage/separator 保持架
retaining ring (轴或孔用)挡圈
Reynolds equation 雷诺方程
right-hand rule 右手定则
riveted joint 铆钉连接,铆接
robust product design 产品健壮性设计
Rockwell hardness 洛氏硬度
roller 滚子
roller bearing 滚子轴承
roller chain 滚子链
roller chain drive 滚子链传动
rolling contact bearing 滚动轴承

rolling element 滚动元件
rolling-contact bearing / antifriction bearing / rolling bearing 滚动轴承
root diameter 齿根圆
rope drive 绳索传动
rotating shaft 旋转轴
rotational speed 转速
rubber belt 胶带

S

safety coefficient 安全系数
screw thread 螺纹
scuffing resistance 耐胶合能力
seal 密封
sealed bearing 带密封圈的轴承
selection chart (带的)选型图
self-aligning bearing 调心轴承
self-locking 自锁
self-locking wormgear set 自锁蜗杆传动副
self-lubrication bearing 自润滑轴承
service factor 工作情况系数
serving load 工作载荷
servomotor 伺服马达
set screw 紧定螺钉
shaft 轴
shaft shoulder / collar 轴肩/轴环
shaft sleeve 轴套
shallow bath lubrication 浅油池浸油润滑
shaping of gear 插齿加工
shear strength 剪切强度
sheave groove 带轮轮槽
shielded bearing 带防尘圈的轴承
shim 垫片
shoe brake 滑靴式制动器 块式制动器
side leakage (滑动轴承)端部泄漏
single-phase motor/ power 单相电机/电源
single-strand chain 单排链
size factor 尺寸系数
slack side / tight side 松边和紧边
sleeve (轴上的)滑套 套筒
sliding bearing 滑动轴承
sliding bearing with multi-oil-wedge 多油楔滑动轴承
sliding ratio 滑动率 ε
slippage 打滑
solid-film lubrication 固体膜润滑
spacer 套筒
special element 专用零件
speed factor 速度影响系数
speed reduction ratio 减速比
spherical roller bearing 球面滚子轴承
spindle 主轴,心轴,轴
spiral angle 螺旋角
spline 花键
spline joint 花键连接
split form / apart form 剖分式
split taper bushing 剖分式锥套
spring index 弹簧指数
spring wire 弹簧丝
sprocket 链轮
spur gear 直齿圆柱齿轮
spur gear with solid hub 实心直齿圆柱齿轮
spur gear with spiked design 辐条式直齿圆柱齿轮
spur gear with thinned web 腹板式直齿圆柱齿轮
square key 矩形花键
square thread 矩形螺纹
squirrel cage motor 鼠笼电机
stainless steel 不锈钢
standardization 标准化
static load rating 额定静载荷
static stress 静应力
stationary shaft 静止轴
stepper motor 步进电机
stiffener 加强筋

stiffness 刚度
straight bevel gear 直齿圆锥齿轮
straight roller bearing 圆柱滚子轴承
straight-sided spline 矩形花键
stress 应力
stress concentration 应力集中
stress concentration factor 应力集中系数
stress cycle factor 应力循环系数
stress distribution 应力分布
stress element 应力分量
stress relief annealing 释放应力退火
Stribeck curve Stribeck 曲线，摩擦特性曲线
structural steel 结构钢
structure design 结构设计
stud 双头螺柱
surface durability 表面寿命/耐久性
surface finish 表面光洁度
surface hardness 齿面硬度
surface pitting 齿面点蚀
surface quenching 表面淬火
surface roughness 表面粗糙度
surface scuffing 齿面胶合
surface treatment 表面处理
synchronous motor 同步电机
synchronous pulley 同步带轮
synthetic oil 合成润滑油

T

tangential key 切向键
tangential plane 切平面
tangential stress 切应力
taper screw thread 锥螺纹
tapered roller bearing 圆锥滚子轴承
technology design 技术设计
technology document 技术文件
temperature of lubricant 润滑剂温度
temperature rise 温升
temperature-viscosity characteristics 黏温特性
tensile force / tension 拉伸力,拉力
tensile streng 抗拉强度
tensile stress 拉伸应力
the basic dynamic load rating 基本额定动载荷
the basic static load rating 基本额定静载荷
the length-to-diameter ratio 长径比
thermal conductivity 导热系数
thermal expansion coefficient 热膨胀系数
thin-film-lubricated bearing 薄膜润滑轴承
thread angle 螺纹牙型角
threaded connection 螺纹连接
threaded fastener 螺纹连接件
throat diameter (蜗轮的)顶圆
through hardening 整体淬火
thrust bearing 推力轴承
tightening torque 拧紧力矩
tolerance 公差
tool steel 工具钢
tooth break 轮齿折断
tooth number 齿数
tooth profile 齿廓
tooth thickness 齿厚
torque 转矩
torsional deformation 扭转变形
torsional shear stress 扭转剪应力
transition fit 过渡配合
transmission ratio 传动比
transverse module 端面模数
transverse plane 端面
transverse pressure angle 端面压力角
tribology 摩擦学
two-strand chain 双排链

U

undercutting 根切

undercutting of gear tooth 轮齿的根切

uniform distribution 均匀分布

unit system 单位制

universal element 通用零件

universal joint 万向联轴器

V

V-belt V 带

V-belt drive V 带传动

velocity ratio 速度比,速比

vertical shear stress 横向剪应力

V-grooved pulley V 带带轮

viscosity (流体)黏度

vital number of tooth (斜齿轮等)当量齿数

Von Mises theory 有关等效应力的 von Mises 理论

V-ribbed belt 多楔带

W

washer 垫片,垫圈

wear 磨损

wear factor 磨损系数

wear rating 额定磨损量

wear resistance 耐磨性

web (齿轮、带轮等的)腹板

wedge-shaped space 楔形空间

welded joint 焊接连接,焊接接头

whole depth (齿轮轮齿的)全齿高

width of space 齿槽宽

width-series code (轴承)宽度系列代号

wire diameters 簧丝直径

worm /wormgear 蜗杆/蜗轮

worm diameter 蜗杆直径

wormgear dimension 蜗轮的尺寸

wormgearing 蜗杆传动

wrap angle of shaft pad 轴瓦包角

wrench torque (扳手)拧紧力矩

Y

yield point 屈服点

yield strength 屈服强度

参考文献

[1] 濮良贵,纪名刚.机械设计[M].8 版.北京:高等教育出版社,2006.
[2] 邱宣怀.机械设计[M].4 版.北京:高等教育出版社,1997.
[3] 余俊等.机械设计[M].2 版.北京:高等教育出版社,1986.
[4] 吴宗泽.机械设计[M].北京:高等教育出版社,2001.
[5] 朱宝库.机械设计[M].哈尔滨:哈尔滨工业大学出版社,1994.
[6] 钟毅芳,吴昌林,唐增宝.机械设计[M].2 版.武汉:华中科技大学出版社,2001.
[7] 彭文生,黄华梁,等.机械设计[M].2 版.武汉:华中理工大学出版社,2000.
[8] 龙振宇.机械设计[M].北京:机械工业出版社,2002.
[9] 曹士鑫.机械设计[M].2 版.北京:高等教育出版社,1996.
[10] 吴宗泽.机械设计[M].北京:中央广播电视大学出版社,1998.
[11] (苏)Д H 列舍托夫著.机械零件[M].西安:西安交通大学机械原理及机械零件教研室,译.北京:高等教育出版社,1983.
[12] 杨可桢,程光蕴.机械设计基础[M].4 版.北京:高等教育出版社,1999.
[13] 陈秀宁,顾大强.机械设计[M].杭州:浙江大学出版社,2010.
[14] 吴宗泽.机械结构设计[M].北京:机械工业出版社,1988.
[15] 杨平,廉仲.机械电子工程设计[M].北京:国防工业出版社,2001.
[16] 赵少汴.抗疲劳设计[M].北京:机械工业出版社,1994.
[17] 杨家军.机械系统创新设计[M].武汉:华中理工大学出版社,2000.
[18] (日)畑村洋太郎著.机械设计实践——日本式机械设计的构思和设计方法[M].周德信,译.北京:机械工业出版社,1998.
[19] 王成焘.现代机械设计——思想与方法[M].上海:上海科学技术文献出版社,1999.
[20] 颜鸿森著.机械装置的创造性设计[M].姚燕安,王玉新,郭可谦,译.北京:机械工业出版社,2002.
[21] 石来德.机械的有限寿命设计和实验[M].上海:同济大学出版社,1990.
[22] 孙新民.现代设计方法实用教程[M].北京:人民邮电出版社,1998.
[23] 许尚贤.机械零部件的现代设计方法[M].北京:高等教育出版社,1994.
[24] 鲁明山,刘丽春,缪群华.机械设计学[M].北京:北京航空航天大学出版社,1995.
[25] 徐志毅.机电一体化实用技术[M].上海:上海科学技术文献出版社,1994.
[26] 高社生,张玲霞.可靠性理论与工程应用[M].北京:国防工业出版社,2002.
[27] 齐毓霖.摩擦与磨损[M].北京:高等教育出版社,1986.
[28] 张鹏顺,陆思聪.弹性流体力润滑及其应用[M].北京:高等教育出版社,1995.
[29] 温诗铸.摩擦学原理[M].北京:清华大学出版社,2002.

[30] 石森森.固体润滑技术[M].北京:化学工业出版社,2002.
[31] 徐博滋,陈铁鸣,韩永春.带传动[M].北京:高等教育出版社,1988.
[32] 朱孝录,鄂中凯.齿轮承载能力分析[M].北京:高等教育出版社,1992.
[33] 张桂芳.滑动轴承[M].北京:高等教育出版社,1985.
[34] 庞志成.液体动静压轴承[M].哈尔滨:哈尔滨工业大学出版社,1991.
[35] 张直明.滑动轴承的流体动力润滑理论[M].北京:高等教育出版社,1988.
[36] (日)川崎景民.自润滑轴承[M].丁琦,译.安徽:合肥工业大学摩擦学研究所,1990.
[37] 梁德沛,李宝丽.机械工程参量的动态测试技术[M].北京:机械工业出版社,1998.
[38] 机械工程手册编委会.机械工程手册[M]:机械设计基础卷,机械零部件设计卷[M].2版.传动设计卷.北京:机械工业出版社,1997.
[39] 中国机械设计大典编委会.中国机械设计大典:机械设计实践卷[M].南昌:江西科学技术出版社,2002.
[40] 吴宗泽.机械设计师手册[M].北京:机械工业出版社,2004.
[41]《现代机械传动手册》编委会.现代机械传动手册[M].2版.北京:机械工业出版社,2002.
[42] 徐灏.机械设计手册(第1,3,4卷)[M].北京:机械工业出版社,1992.
[43] 胡世炎.机械失效分析手册[M].成都:四川科学技术出版社,1989.
[44] 郑志峰.链传动设计与应用手册[M].北京:机械工业出版社,1992.
[45] SHIGLEY J E. MISCHKE C R. Mechanical engineering design[M]. McGraw-Hill Companies, Inc.,2001.
[46] ESPOSITO, ANTHONY, THROWER, et al. Machine design[M]. New York: Delmar Pubilshers,1991.
[47] HAMROCK B J, JACONSON B, SCHMID S R. Fundamentals of machine elements[M]. International Edition. Singapore: McGraw-Hill Book Company,1999.
[48] MOTT R L. Machine elements in mechanical design[M]. 3rd ed. Prentice-Hall, Inc.,1999.
[49] ECKHARDT H D. Kinematic design of machines and mechanisms[M]. McGraw-Hill Companies, Inc.,1998.
[50] 孙志礼,冷兴聚,魏延刚,曾海泉.机械设计[M].沈阳:东北大学出版社,2000.
[51] 唐金松.简明机械设计手册[M].3版.上海:上海科学技术出版社,2009.
[52] 蔡春源.新编机械设计手册[M].沈阳:辽宁科技出版社,1996.
[53] 徐灏.新编机械设计师手册[M].北京:机械工业出版社,1995.
[54] 孙志礼编著.实用机械可靠性设计理论与方法[M].北京:科学出版社,2003.
[55] 杨勇才.机械设计新标准应用手册[M].北京:北京科学技术出版社,1993.
[56] 刘品,陈军.机械精度设计与检测基础[M].7版.哈尔滨:哈尔滨工业大学出版社,2010.
[57] 喻子建,张磊,邵伟平.机械设计习题与解析分析[M].沈阳:东北大学出版社,2000.